Deepen Your Mind

Deepen Your Mind

前言

目前，資訊技術已被廣泛應用於網際網路、金融、航空、軍事、醫療等各個領域，在未來的應用將更加廣泛和深入。現在，很多中小學都已開設電腦語言課程，並且越來越多的中小學生對程式設計、演算法感興趣，甚至在 NOIP、NOI 等演算法競賽中大顯身手。大學生通常參加 ACM-ICPC、CCPC 等演算法競賽，其獲獎者更是被各大名企所青睞。

學習資料結構與演算法，不僅可以使我們具備較強的思維能力及解決問題的能力，還可以使我們快速學習各種新技術，擁有超強的學習能力。

寫作背景

很多讀者都覺得資料結構與演算法太難，市面上晦澀難懂的各種教材更是「嚇退」了一大批讀者。實際上，資料結構與演算法並沒有我們想像中那麼難，反而相當有趣。每當有學生說看不懂某個演算法的時候，筆者就會讓他畫圖。筆者認為，畫圖是學習資料結構與演算法最好的方法，它可以把抽象難懂的資料結構、演算法展現得生動活潑、簡單易懂。本書以巨量圖解的形式，結合大量競賽實例進行講解。全書圖文並茂，可幫助讀者全面、系統地架設資料結構與演算法知識系統，以模組化方式逐一拆解演算法問題。以通俗易懂的方式講解演算法，讓更多的讀者愛上演算法，這也是筆者寫作這本書的初衷。

本書詳細講解常用的資料結構和演算法，還增加了語言基礎和 STL 函數的內容。如果讀者已經熟悉 C++，則可跳過這些基礎章節。本書不是基礎知識的堆砌，也不是貼上程式的簡單題解，而是將基礎知識講解和對應的競賽刷題融會貫通，可讓讀者在輕鬆閱讀的同時進行實戰，在實戰中體會演算法的妙處，感受演算法之美。

本書特色

本書具有以下特色。

（1）完美圖解，通俗易懂。本書對每個演算法的基本操作都有圖解演示。透過圖解，許多問題都變得簡單，可迎刃而解。

（2）實例豐富，簡單有趣。本書結合大量競賽實例，講解如何利用資料結構與演算法解決實際問題，使複雜難懂的問題變得簡單有趣，幫助讀者輕鬆掌握演算法知識，體會其中的妙處。

（3）深入淺出，透析本質。本書透過問題看本質，重點講解如何分析和解決問題。本書採用了簡潔易懂的程式，對資料結構設計和演算法的描述全面細緻，而且有演算法複雜性分析及最佳化過程。

（4）實戰演練，循序漸進。本書在對每個資料結構與演算法講解清楚後，都進行了實戰演練，讓讀者在實戰中體會資料結構與演算法的設計和操作，從而提高了獨立思考、動手實踐的能力。書中有豐富的練習題和競賽題，可幫助讀者及時檢驗對知識的掌握情況，為從小問題出發、逐步解決大型複雜性工程問題奠定基礎。

（5）網路資源，技術支援。本書為讀者提供書中所有範例程式的原始程式碼、競賽題及答案解析，讀者可以對這些原始程式碼自由修改編譯，以符合自己的需要。

建議和回饋

寫書是極其瑣碎、繁重的工作，儘管筆者已經竭力使本書和網路支持接近完美，但仍然可能存在很多漏洞和瑕疵。歡迎讀者提供關於本書的回饋意見，因為對本書的評論和建議有利於我們改進，可以幫助更多的讀者。如果對本書有什麼評論和建議，或有問題需要幫助，可以致信 rainchxy@126.com 與筆者交流，筆者將不勝感激。

致謝

感謝筆者的家人和朋友在本書寫作過程中提供的大力支持。感謝電子工業出版社工作嚴謹、高效的張國霞編輯，她的認真負責促成本書的早日出版。感謝提供寶貴意見的同事們，感謝提供技術支援的同學們。感恩遇到這麼多良師益友！

目錄

01 語言基礎

02 演算法入門

03 線性串列的應用

04 堆疊和佇列的應用

05 樹的應用

06 圖論基礎

07 圖的應用

08 尋找演算法

09　搜尋技術

01 語言基礎

雖然演算法不依賴任何電腦語言，但要上機實現，至少需要學會一門電腦語言。本章講解最簡單的 C++ 基礎。C++ 集物件導向程式設計、泛型程式設計和過程化程式設計於一體，在 C 語言的基礎上擴充了自己特有的知識，例如 bool 類型、多載函數、範本、STL 等。初學 C++ 時可以使用 Dev C++、CodeBlocks 等編譯器，簡潔明瞭。

1.1 開啟演算法之旅：hello world!

首先以一段程式開啟演算法之旅，如下圖所示。

第 1 行：標頭檔。在程式中進行輸入輸出時需要引入 iostream 標頭檔，i 表示 input（輸入），o 表示 output（輸出），stream 表示串流，iostream 表示輸入輸出串流。C 語言中的標頭檔以 .h 為後綴，C++ 中的標頭檔不加後綴，形式上也有所改變，比如 C 語言中的 stdio.h 標頭檔對應 C++ 中的 cstdio 標頭檔，C 語言中的 string.h 標頭檔對應 C++ 中的 cstring 標頭檔，當然，其實現也有所不同。

第 2 行：命名空間。using 表示使用，namespace 表示命名空間，std 表示 standard（標準的）。在 C++ 標準函數庫中，所有識別符號都被定義於一個名為 std 的命名空間中，std 被稱為標準命名空間。引入標準命名空間的方法如下，注意，敘述尾端的分號不能少。

```
using namespace std;
```

命名空間有什麼用呢？舉例來說，有兩種純牛奶：A 品牌純牛奶、B 品牌純牛奶。如果將命名空間設定為 A 品牌，那麼你說 " 我要純牛奶 "，就是指要 A 品牌純牛奶。如果沒有設定命名空間，那麼你必須說 " 我要 A 品牌純牛奶 "，否則系統不知道你到底要哪種純牛奶。一般寫程式都使用標準命名空間 std，如果不寫，則輸出時要指明 std 的輸出：

```
std::cout<<"hello world!"<<std::endl;
```

第 3 行：主函數。主函數 main 是程式運行的入口，每個程式都有一個主函數，傳回值為 int（整數）類型。

第 4 行：輸出敘述。cout 表示輸出，"<<" 後面是輸出的內容，endl 表示換行。

第 5 行：傳回敘述。主程式在運行正確的情況下，會傳回 0。

1.2 常見資料類型及其表達範圍

C++ 中常用的資料類型如下。

- int：整數。
- char：字元類型。
- string：字串類型。
- float：浮點數（單精度）。
- double：浮點數（雙精度）。
- short：短型。
- long：長型。
- signed：有號數。

- unsigned：無號數。

各種資料類型所佔的位元組數和表達範圍如下。

- short：2 bytes，–32768 ~ 32767。
- int：4 bytes，–2147483648 ~ 2147483647。
- long：4 bytes，–2147483648 ~ 2147483647。
- long long：8 bytes，-9223372036854775808 ~ 9223372036854775807。
- long double：16 bytes，3.3621e-4932 ~ 1.18973e+4932。

1.3 玩轉輸入輸出

標準輸入輸出串流的物件和操作方法都是由 istream 和 ostream 兩個類別提供的，這兩個類別繼承自 ios 基礎類別，它們預先定義了標準輸入輸出串流物件，並且提供了多種形式的輸入輸出功能。C++ 在進行輸入時需要從串流中提取資料，在輸出時需要向串流中插入資料，提取和插入是透過在串流類別庫中多載 ">>" 和 "<<" 運算子實現的。

1．cin

cin 是 istream 類別的物件，用於處理標準輸入（即鍵盤輸入）；cout 是 ostream 類別的物件，用於處理標準輸出（即螢幕輸出）。cin 與提取運算子 ">>" 結合使用，cout 與插入運算子 "<<" 結合使用，完成了 C++ 中的輸入輸出操作。

cin 從標準輸入裝置（鍵盤）中獲取資料，透過提取運算子 ">>" 從串流中提取資料，然後發送給 cin 物件，由 cin 物件將資料發送到指定的地方。cin 是帶緩衝區的輸入串流物件，只有在輸入完資料並按下確認鍵後，該行資料才被送入鍵盤緩衝區，形成輸入串流，提取運算子 ">>" 才能從中提取資料。例如：

```
int a;
cin>>a;
```

此時若從鍵盤上輸入 10，則 10 只是被存入緩衝區，並不能被 ">>" 運算子提取，按下確認鍵後，緩衝區中的內容才被刷新成輸入串流，被 ">>" 運算子提取後傳遞給 cin 物件，由 cin 物件發送到變數 *a* 中儲存。

從串流中讀取資料要保證能正常進行。舉例來説，如果針對以上程式，從鍵盤上輸入字串 "abc"，則進行提取操作會失敗，此時 cin 串流被置為出錯狀態，因為變數 *a* 是 int 類型。只有在正常狀態時才能從輸入串流中提取資料，這也是 C++ I/O 的安全性表現。

除了單一變數讀取，cin 物件也可以一次性讀取多個變數的值，因為 ">>" 運算子傳回的是 istream 的引用，所以可連續提取資料。例如：

```
int a,b;
cin>>a>>b;
```

若從鍵盤輸入 12，上面的 cin 敘述就會把輸入的 1 發送給變數 *a*，把輸入的 2 發送給變數 *b*。當輸入多個數值時，要在數值之間加空格以示區分，cin 讀到空格時，就能夠區分輸入的各個數值。除了在輸入的資料之間加空格，也可以在每輸入一個資料後都按確認鍵或 Tab 鍵，這樣就可以正確地讀取資料了。

也可以採用 cin 物件一次性讀取多個不同類型的變數值。例如：

```
string s;
float f;
cin>>s>>f;
```

當從鍵盤正確輸入字串和 float 類型的值時，cin 會將它們分別儲存到對應變數中。

讀取字串後，也可以採用字元陣列儲存字串。例如：

```
char str[10];
cin>>str;
```

如果用一個字元陣列儲存字串，則要確保輸入的字串不超出字元陣列的大小，否則會發生溢位，破壞記憶體中的其他資料。

2 · cout

cout 是 ostream 類別的物件，對應的標準裝置為螢幕，叫作標準輸出物件或螢幕輸出物件，但也可被重新導向輸出到磁碟檔案。使用者可以透過 cout 物件呼叫 ostream 類別的插入運算子和成員函數來輸出資訊。

（1）利用 cout 物件可以直接輸出常數值。在輸出常數值時，直接將要輸出的內容放在 "<<" 運算子後面即可。例如：

```
cout<<10<<endl;
cout<<'a'<<endl;
cout<<"C++"<<endl;
```

（2）利用 cout 物件輸出變數的值。在用 cout 輸出變數值時，不必設定以什麼格式輸出，"<<" 運算子會根據變數的資料類型自動呼叫相符合的多載函數來正確輸出，這比 C 語言中的 printf() 函數的用法更簡便。例如：

```
int a=10;
string s="C++";
float f=1.2;
cout<<a<<endl;  // 輸出 int 類型的變數
cout<<s<<endl;  // 輸出 string 類型的變數
cout<<f<<endl;  // 輸出 float 類型的變數
```

（3）利用 cout 物件輸出指標、參考類型的資料。當輸出資料為指標或參考類型時，與 printf() 函數的用法一致，不帶 "*" 符號輸出的是指標的值，即變數的位址；帶 "*" 符號輸出的是指標指向的變數的值。它比 printf() 函數簡便之處在於不必設定資料的輸出格式。例如：

```
int a=10,*p;
int &b=a;// 引用，變數 b 和 a 指向同一個空間
p=&a;// 指標 p 儲存變數 a 的位址
string s="C++";
string *ps=&s;
cout<<p<<endl;      // 輸出結果是指標 p 的值，變數 a 的位址
cout<<b<<endl;      // 輸出結果是變數 b 的值 10
cout<<*p<<endl;     // 輸出結果是指標 p 指向的變數的值，即變數 a 的值 10
cout<<ps<<endl;     // 輸出結果是指標 ps 的值，變數 s 的位址
cout<<*ps<<endl;    // 輸出結果是指標 ps 指向的變數的值，即變數 s 的值 "C++"
```

（4）cout 物件可以連續輸出資料。例如：

```
int a=10;
char c='a';
cout<<a<<","<<c<<endl;
```

訓練 1-1：輸入圓的半徑 *r*，輸出其周長和面積。

```
#include<iostream>
using namespace std;
int main(){
    const double pi=3.14159;
    double r,c,s;
    cout<<"輸入圓的半徑：";
    cin>>r;
    c=2.0*pi*r;
    s=pi*r*r;
    cout<<"圓的周長為："<<c<<endl;
    cout<<"圓的面積為："<<s<<endl;
    return 0;
}
```

3．浮點數精度、域寬、填充

對於浮點數，可以設定精度，控制輸出的位數；也可以設定域寬，控制輸出佔多 少位元；還可以用字元填充，如下表所示。進行這些操作時需要引入標頭檔 #include <iomanip>。

操作符	功能
setprecision(int n)	設定以 n 表示的數值精度
setw(int n)	設定以 n 表示的域寬
setfill(char c)	設定以 c 表示的填補字元

訓練 1-2：將 2.0 開平方後設定不同的精度和寬度輸出。

```
#include<iostream>
#include<iomanip>
#include<cmath>
using namespace std;
int main(){
    double d=sqrt(2.0);
    cout<<"精度設定："<<endl;
    for(int i=0;i<5;i++){
        cout<<setprecision(i)<<d<<endl;//設定不同的精度
    }
    cout<<"目前精度為："<<cout.precision()<<endl;
    cout<<"目前域寬："<<cout.width()<<endl;
```

```
    cout<<setw(6)<<d<<endl;// 預設右對齊
    cout<<" 目前填補字元："<<endl;
    cout<<setfill('*')<<setw(10)<<d<<endl;// 透過 setfill() 函數可以直接插入串流
    return 0;
}
```

4．輸出格式

在輸出時，可以控制輸出的進位和換行，如下表所示。

操作符	功能
oct	以八進位格式輸出資料
dec	以十進位格式輸出資料
hex	以十六進位格式輸出資料
endl	插入分行符號並刷新輸出緩衝流
uppercase	在以十六進位格式輸出時字母大寫
skipws	在輸出時跳過空白
flush	刷新流

在輸出時，還可以控制左右對齊、科學記數法等，如下表所示。

操作符	功能
left	左對齊
right	右對齊
scientific	以科學記數法輸出
fixed	以定點數方式輸出
showbase	輸出前綴（八進位 0，十六進位 0x）
showpoint	在輸出浮點數時帶小數點
showpos	在輸出正整數時加 "+"

5．常用的運算子

常用的運算子及其作用如下表所示。

運算符	作用
算術運算子	處理四則運算
設定運算子	將運算式的值指定給變數
關係運算子	運算式比較，並傳回一個真值或假值
邏輯運算子	根據運算式的值傳回真值或假值
三目運算子	根據運算式的值執行對應的敘述

逗點運算子	連接並執行許多運算式，傳回最後一個運算式的值
位元運算符	處理資料的位元運算
sizeof 運算子	求佔用的位元組數

（1）常用的算術運算子及其運算、範例、結果如下表所示。

運算符	運算	範例	結果
+	正號	+3	3
-	負號	*b*=4; –*b*;	-4
+	加	5+5	10
-	減	6-4	2
*	乘	3*4	12
/	除	5/5	1
%	取模	7%5	2
++	自動增加（前）	*a*=2; *b*=++*a*;// *a*=*a*+1;*b*=*a*; 先加 1 後設定值	*a*=3; *b*=3;
++	自動增加（後）	*a*=2; *b*=*a*++;// *b*=*a*; *a*=*a*+1; 先設定值後加 1	*a*=3; *b*=2;
--	自減（前）	*a*=2; *b*=-–*a*;// 先減 1 後設定值	*a*=1; *b*=1;
--	自減（後）	*a*=2; *b*=*a*--;// 先設定值後減 1	*a*=1; *b*=2;

訓練 1-3：輸入一個三位數，輸出其個位、十位、百位上的數字。

```
#include<iostream>
#include<iomanip>
using namespace std;
int main(){
    int n;
    int ge,shi,bai;
    cin>>n;
    ge=n%10;
    shi=(n/10)%10;
    bai=(n/100)%10;
    cout<<ge<<setw(2)<<shi<<setw(2)<<bai<<endl;
    return 0;
}
```

（2）常用的設定運算子及其運算、範例、結果如下表所示。

運算符	運算	範例	結果
=	設定值	*a*=3; *b*=2;	*a*=3; *b*=2;
+=	加等於	*a*=3; *b*=2; *a*+=*b*; // 相當於 *a*=*a*+*b*;	*a*=5; *b*=2;

-=	減等於	a=3; b=2; a-=b; // 相當於 a=a–b;	a=1; b=2;
*=	乘等於	a=3; b=2; a*=b; // 相當於 a=a*b;	a=6; b=2;
/=	除等於	a=3; b=2; a/=b; // 相當於 a=a/b;	a=1; b=2;
%=	模等於	a=3; b=2; a%=b; // 相當於 a=a%b;	a=1; b=2;

（3）常用的關係運算子及其運算、範例、結果如下表所示。關係運算子用於對兩個數值或變數進行比較，其結果是一個邏輯值（"真"或"假"）。

運算符	運算	範例	結果
==	相等於	4==3	0
!=	不等於	4!=3	1
<	小於	4<3	0
>	大於	4>3	1
<=	小於或等於	4<=3	0
>=	大於或等於	4>=3	1

（4）常用的邏輯運算子及其運算、範例、結果如下表所示。邏輯運算子用於判斷資料的真假，其結果為"真"或"假"。

運算符	運算	範例	結果
!	非	!a	如果 a 為假，則 !a 為真 如果 a 為真，則 !a 為假
&&	與	a&&b	如果 a 和 b 都為真，則結果為真，否則為假
||	或	a || b	如果 a 和 b 有一個或一個以上為真，則結果為真；若二者都為假，則結果為假

注意：千萬不要將"=="運算子寫成設定運算子"="。舉例來說，不能將 if(a==b) 寫成 if(a=b)，雖然系統不會有錯誤訊息，卻存在邏輯錯誤。

- 優先順序如下：
- "&&" 優先順序高於 "||"；
- "&&""||" 優先順序低於關係運算；
- "！" 優先順序高於所有關係運算和算數運算。

訓練 1-4：輸入 3 個整數，分別輸出其增加 1、擴大 10 倍、縮小 10 倍的結果。

```
#include<iostream>
#include<iomanip>
using namespace std;
```

```
int main(){
    int n,a,b,c;
    cin>>n>>b>>c;
    a=++n;
    b*=10;
    c/=10;
    cout<<a<<setw(2)<<b<<setw(2)<<c<<endl;
    return 0;
}
```

1.4 人生就是不斷地選擇：if…else

在 C++ 中，經常需要對一些條件做出判斷，從而決定執行哪段程式，這時就需要使用選擇結構敘述。

1．if 條件陳述式

if 條件陳述式有三種語法格式，如下圖所示。

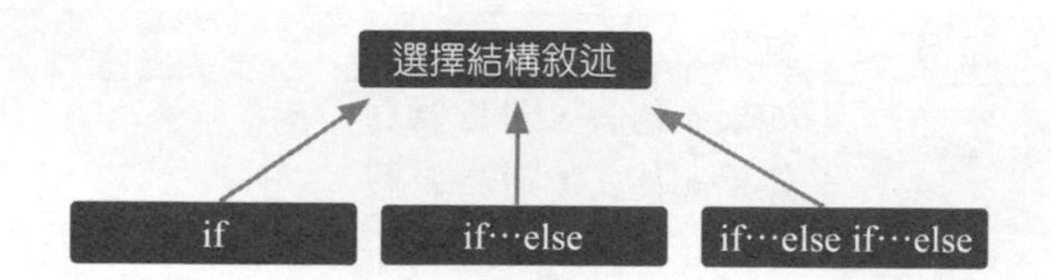

（1）if 敘述——單分支結構，如下圖所示。

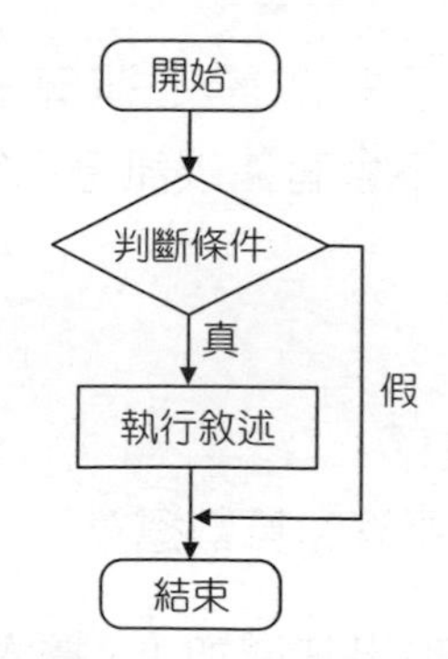

（2）if…else 敘述——雙分支結構，如下圖所示。

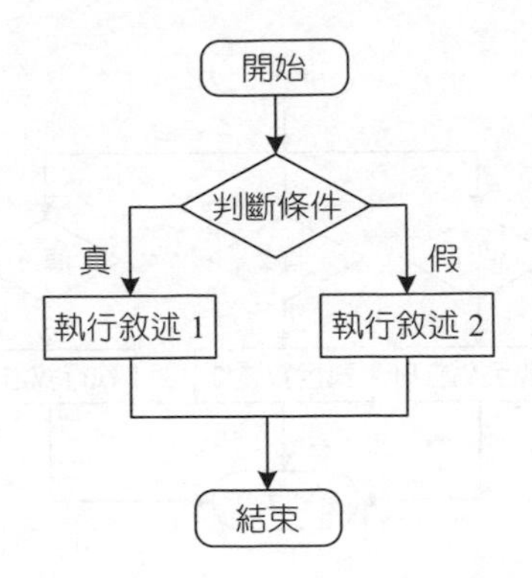

（3）if 敘述的巢狀結構。在一個 if 敘述中還可以包含一個或多個 if 敘述，這叫作 if 敘述的巢狀結構，如下圖所示。

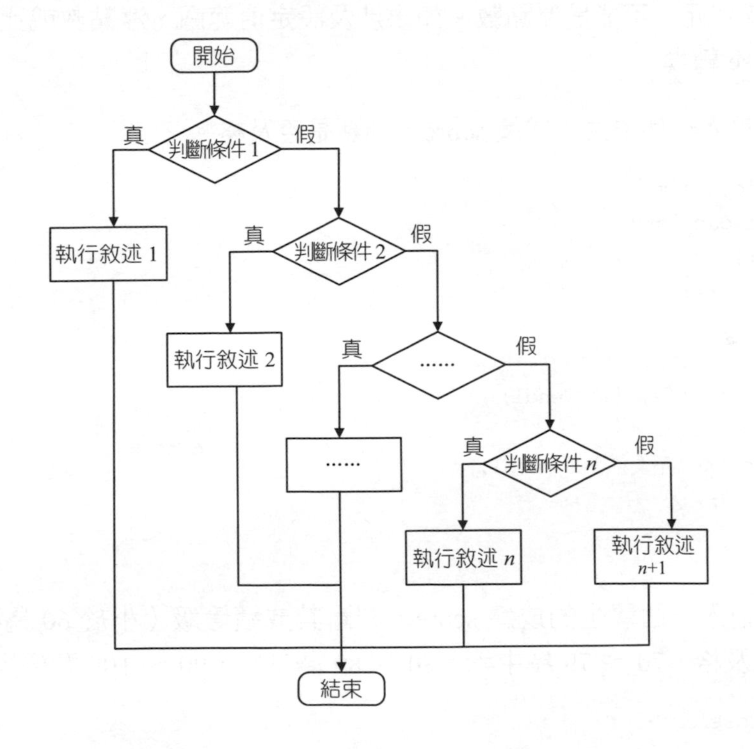

2．switch 條件陳述式

除了 if 敘述，switch 條件陳述式也是一種常用的選擇結構敘述。和 if 條件陳述式不同，switch 條件陳述式只能針對某個運算式的值做出判斷，從而決定程式執行哪段程式。

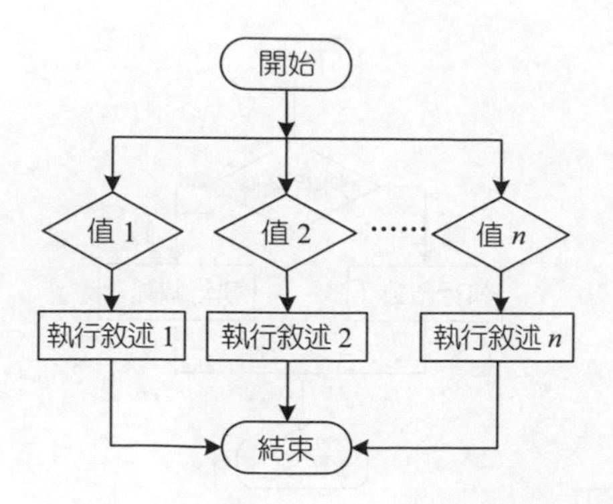

注意，switch 條件陳述式在執行完一個 case 之後不會自動停止，可以使用 break 敘述停止；switch 敘述中的每一個 case 都必須是一個單獨的值，該值必須是整數或字元，不能是浮點數。如果涉及設定值範圍、浮點數或比較，則先使用 if…else 轉換。

訓練 1-5：輸入一個學生的成績 score，判斷是否及格。

```
#include<iostream>
using namespace std;
int main(){
    float score;
    cin>>score;
    if(score>=60)
        cout<<" 及格！ "<<endl;
    else
        cout<<" 不及格！ "<<endl;
    return 0;
}
```

訓練 1-6：輸入一個學生的成績 score，判斷其成績等級（小於 60 為不及格，60 ～ 69 為及格，70 ～ 79 為中等，80 ～ 89 為良好，90 ～ 100 為優秀）。

```
#include<iostream>
using namespace std;
int main(){
    float score;
    cin>>score;
    if(score>=70)
        if(score<80)
            cout<<" 中等 "<<endl;
```

```
        else if(score<90)
                cout<<" 良好 "<<endl;
            else
                cout<<" 優秀 "<<endl;
    else if(score>=60)
            cout<<" 及格！ "<<endl;
        else
            cout<<" 不及格！ "<<endl;
    return 0;
}
```

訓練 1-7：輸入一個年份，判斷其是閏年還是平年（非整百年：能被 4 整除的為閏年。整百年：能被 400 整除的是閏年）。

```
#include<iostream>
using namespace std;
int main(){
    int year;
    cin>>year;
    if((year%4==0&&year%100!=0)||year%400==0)
        cout<<" 閏年 "<<endl;
    else
        cout<<" 平年 "<<endl;
    return 0;
}
```

訓練 1-8：輸入一個整數，判斷其是否為水仙花數。水仙花數是指一個 3 位數，它的各位數字的 3 次冪之和等於它本身。舉例來說，3 位數 153 是水仙花數，各位數字的立方和 $1^3+5^3+3^3= 153$。

```
#include<iostream>
using namespace std;
int main(){
    int num,a,b,c;
    cin>>num;
    a=num%10;       // 個位數字
    b=(num/10)%10;     // 十位數字
    c=num/100;         // 百位數字
    if(num==(a*a*a+b*b*b+c*c*c))
        cout<<num<<" 是水仙花數 "<<endl;
```

```
    else
        cout<<num<<" 不是水仙花數 "<<endl;
    return 0;
}
```

訓練 1-9：輸入一個月份，判斷該月份屬於什麼季節（在陽曆中，3～5 月為春季，6～8 月為夏季，9～11 月為秋季，12 月至來年 2 月為冬季）。

```
#include<iostream>
using namespace std;
int main(){
    int month,season=0;
    cin>>month;
    if(3<=month&&month<=5)
        season=1;
    else if(6<=month&&month<=8)
           season=2;
        else if(9<=month&&month<=11)
               season=3;
            else if((1<=month&&month<=2)||(month==12))
                   season=4;
    switch(season){
        case 1:
            cout<<" 春季 "<<endl;
            break;
        case 2:
            cout<<" 夏季 "<<endl;
            break;
        case 3:
            cout<<" 秋季 "<<endl;
            break;
        case 4:
            cout<<" 冬季 "<<endl;
            break;
        default:cout<<" 輸入的月份不對！ "<<endl;
    }
    return 0;
}
```

1.5 每天都有很多次重複：for/while

我們在實際生活中經常會將同一件事情重複做很多次。在 C++ 中也經常需要重複執行同一程式區塊，這時就需要使用迴圈結構。迴圈結構包括 for、while 和 do while 敘述。

1．for 敘述

for 敘述範例及其流程圖如下圖所示。

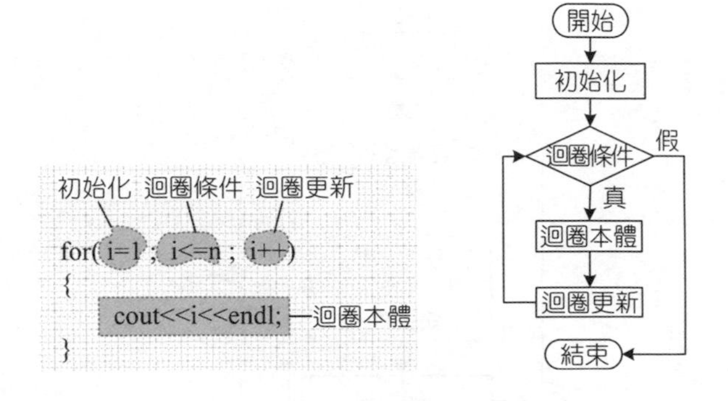

訓練 1-10：輸入一個整數 n，輸出 1 ～ n 的所有整數。

```
#include<iostream>
using namespace std;
int main(){
    int n;
    cin>>n;
    for(int i=1;i<=n;i++){
        cout<<i<<endl;
    }
    return 0;
}
```

1）偵錯工具

（1）工具→編譯選項→程式生成 / 最佳化→連接器，在 " 產生偵錯資訊 " 中將 "no" 改為 "yes"。

（2）設定中斷點。

（3）點擊選單→運行→偵錯，按 F5 或點擊工具列上的 " √ " 可以開始偵錯。

"Í" 用於停止偵錯。

（4）設定需要監控的物件。

（5）單步運行。

2）break 敘述

break 敘述指直接跳出所在的迴圈，流程圖如下圖所示。

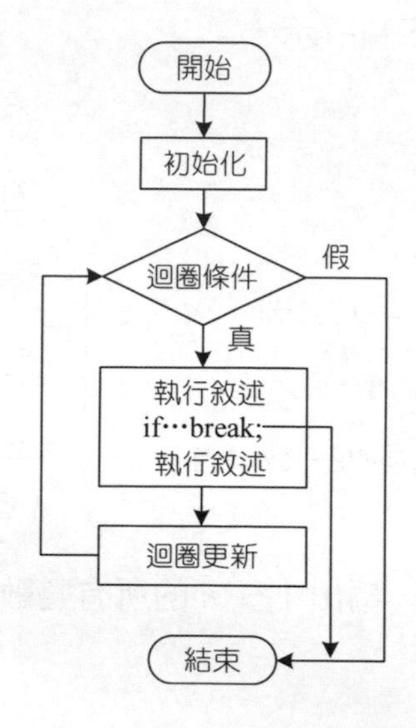

訓練 1-11：輸入一個整數 n，輸出 1 ～ n 的所有整數，遇到 5 時停止。

```
#include<iostream>
using namespace std;
int main(){
    int n;
    cin>>n;
    for(int i=1;i<=n;i++){
        if(i==5)
            break;
        cout<<i<<endl;
    }
    cout<<"This is a break test.";
    return 0;
}
```

訓練 1-12：輸入一個整數 n，輸出 n 行 1 ～ n 的整數（輸出 1 ～ n 的整數時遇到 5 停止）。

```
#include<iostream>
using namespace std;
int main(){
    int n;
    cin>>n;
    for(int i=1;i<=n;i++){
        cout<<"i="<<i<<"\n";
        for(int j=1;j<=n;j++){
            if(j==5)
                break; // 直接跳出該敘述所在的迴圈，執行該迴圈後面的敘述 "cout<<"\
n";"
            cout<<j<<" ";
        }
        cout<<"\n";
    }
    cout<<"This is a break test.";
    return 0;
}
```

3）continue 敘述

continue 敘述指直接執行下一次迴圈，流程圖如下圖所示。

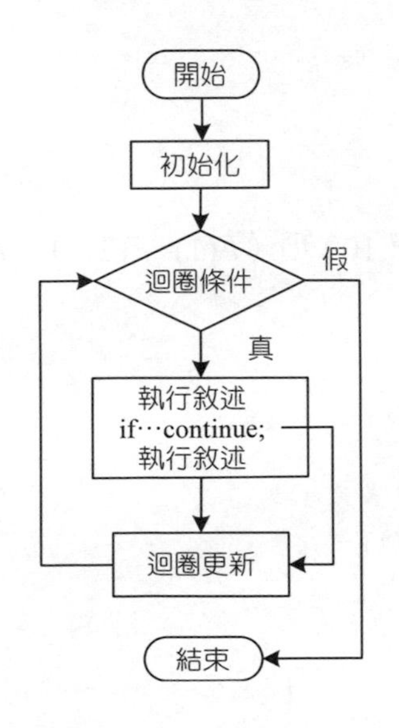

訓練 1-13：輸入一個整數 n，輸出 1 ～ n 的所有整數，遇到偶數時不輸出。

```
#include<iostream>
using namespace std;
int main(){
    int n;
    cin>>n;
    for(int i=1;i<=n;i++){
        if(i%2==0)
            continue;
        cout<<i<<"\n";
    }
    cout<<"This is a continue test.";
    return 0;
}
```

訓練 1-14：輸入一個整數 n（$0<n<10$），輸出 $n!$。

```
#include<iostream>
using namespace std;
int main(){
    int n,fac=1;
    cin>>n;
    for(int i=1;i<=n;i++){
        fac*=i;
    }
    cout<<"fac("<<n<<")="<<fac;
    return 0;
}
```

訓練 1-15：輸出費氏數列第 100 項（$F(1)=F(2)=1$；$F(n)=F(n-1)+F(n-2)$）。

```
#include<iostream>
using namespace std;
long long f[100+5];
int main(){
    f[1]=1,f[2]=1;
    for(int i=3;i<=100;i++){
        f[i]=f[i-1]+f[i-2];
    }
```

```
    cout<<"f[100]="<<f[100];
    return 0;
}
```

2．while 敘述

while 敘述會反覆地進行條件判斷，只要條件成立，"{}" 內的執行敘述就會一直執行，直到條件不成立，while 迴圈才會結束。其範例及流程圖如下圖所示。

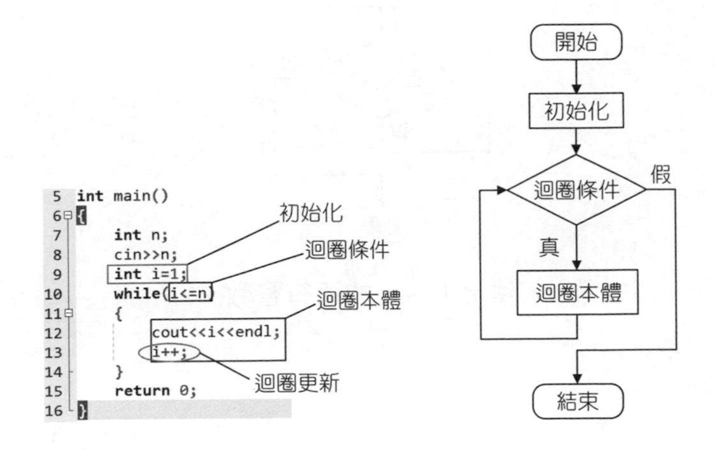

訓練 1-16：輸入一個整數 n，輸出 1 ～ n 的所有整數。

```
#include<iostream>
using namespace std;
int main(){
    int n;
    cin>>n;
    int i=1;
    while(i<=n){
        cout<<i<<endl;
        i++;
    }
    return 0;
}
```

3．do while 敘述

do while 迴圈敘述先執行一次大括號內的程式再判斷迴圈條件。

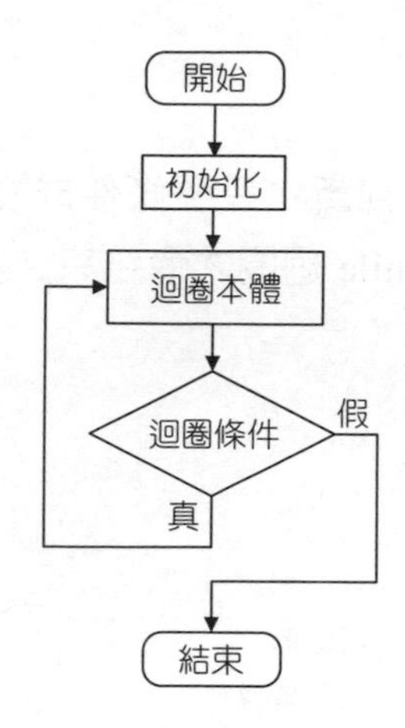

訓練 1-17：輸入一個整數 n，輸出 1～n 的所有整數。

```
#include<iostream>
using namespace std;
int main(){
    int n;
    cin>>n;
    int i=1;
    do{
        cout<<i<<endl;
        i++;
    }while(i<=n);
    return 0;
}
```

for、while、do while 敘述三者的區別如下。

- while 敘述先判斷迴圈條件，再決定是否執行迴圈本體。
- do while 敘述先執行迴圈本體，再判斷迴圈條件，至少執行一次迴圈本體。
- for 敘述在省略測試條件時，會認為條件為 true。
- for 敘述可以用初始化敘述宣告一個區域變數，while 敘述則不可以。
- 如果在迴圈本體中包含 continue 敘述，則 for 敘述會跳到迴圈更新處，while 敘述會跳到迴圈條件處。
- 在無法預知迴圈次數或迴圈更新不規律時，用 while 敘述。

訓練 1-18：輸入一個整數 *n*，輸出 1～*n* 的所有整數。

```
#include<iostream>
using namespace std;
int main(){
    int n;
    cin>>n;
    int i=1;
    for(;;){//for 敘述在省略測試條件時，會認為條件為 true，在迴圈本體內部設定結束條件
        cout<<i<<endl;
        i++;
        if(i>n)
         break;
    }
    return 0;
}
```

訓練 1-19：輸入一個整數 *n*，輸出 1～*n* 的所有整數。

```
#include<iostream>
using namespace std;
int main(){
    int n;
    cin>>n;
    for(int i=1;i<=n;i++){//for 敘述可以用初始化敘述宣告一個區域變數
        cout<<i<<endl;
    }
    return 0;
}
```

訓練 1-20：輸入一個整數 *n*，輸出 1～*n* 的所有整數，跳過 3 的倍數。

```
#include<iostream>
using namespace std;
int main(){
    int n;
    cin>>n;
    for(int i=1;i<=n;i++){
        if(i%3==0)
            continue;// 跳到迴圈更新處，執行 i++
        cout<<i<<endl;
    }
```

```
    int i=1;
    while(i<=n){// 請讀者觀察此段程式的問題
        if(i%3==0)
            continue;// 跳到迴圈條件處，執行 i<=n
        cout<<i<<endl;
        i++;
    }
    cout<<"This is a test.";
    return 0;
}
```

訓練 1-21：輸入一個大於 1 的整數 *n*（*n*<100），若 *n* 為奇數，則 *n* 變為 3*n*+1；否則 *n* 變為 *n*/2。經過許多變換，*n* 會變為 1 並停止，輸出變換次數。

在無法預知迴圈次數或迴圈更新不規律時，用 while 敘述。

```
#include<iostream>
using namespace std;
int main(){
    int n,count=0;
    cin>>n;
    while(n>1){
        if(n%2==1)
         n=3*n+1;
        else
         n=n/2;
        cout<<n<<endl;
        count++;
    }
    cout<<"count="<<count<<endl;
    return 0;
}
```

1.6 如何輕鬆寫一個函數

函數是對實現某一功能的程式的模組化封裝，其定義如下：

```
傳回數值型態函數名稱 ( 參數類型參數名稱 1, 參數類型參數名稱 2,…, 參數類型參數 n){
執行敘述
…return 傳回值 ;
```

```
}
```

1．標準函數

訓練 1-22：輸入 n 對整數 a 和 b，輸出它們的和。

如果前面有函數原型宣告，則可以將函數定義放在被呼叫函數之後。

```
#include<iostream>
using namespace std;

//int add(int a,int b);//函數原型宣告
int add(int a,int b){//函數定義
    return a+b;
}

int main(){
    int n,a,b;
    cin>>n;
    int C[n];
    for(int i=0;i<n;i++){
        cin>>a>>b;
        C[i]=add(a,b);//呼叫函數
    }
    for(int i=0;i<n;i++){
        cout<<C[i]<<endl;
    }
    return 0;
}
```

2．無傳回值函數

如果沒有傳回值，則傳回數值型態為 void。

訓練 1-23：輸入 n，輸出 1 ～ n 的所有整數（無傳回值）。

```
#include<iostream>
using namespace std;

void print(int n){//無傳回值
    for(int i=0;i<n;i++)
        cout<<i<<endl;
```

```
}

int main(){
    int n;
    cin>>n;
    print(n);
    return 0;
}
```

3．無參數函數

訓練 1-24：輸入 *n*，如果 *n* 為 10 的倍數，則輸出 3 個 "very good ！ "。

```
#include<iostream>
using namespace std;

void print(){//無參數
    for(int i=0;i<3;i++)
        cout<<"very good!"<<endl;
}

int main(){
    int n;
    cin>>n;
    if(n%10==0)
        print();
    return 0;
}
```

4．傳值參數函數

傳值參數在函數內部的改變出了函數後無效。

訓練 1-25：輸入兩個整數 *a* 和 *b*，交換後輸出。

```
#include<iostream>
using namespace std;

void swap(int x,int y){//傳值參數
    int temp;
    temp=x;
    x=y;
```

```
    y=temp;
    cout<<" 交換中 "<<x<<"\t"<<y<<endl;
}

int main(){
    int a,b;
    cin>>a>>b;
    cout<<endl;
    cout<<" 交換前 "<<a<<"\t"<<b<<endl;
    swap(a,b);
    cout<<" 交換後 "<<a<<"\t"<<b<<endl;
    return 0;
}
```

5．傳址參數函數

傳址參數在參數前加 "&" 符號，傳址參數在函數內部的改變出了函數後仍然有效。

訓練 1-26：輸入兩個整數 *a* 和 *b*，交換後輸出。

```
#include<iostream>
using namespace std;

void swap(int &x,int &y){// 傳址參數
    int temp;
    temp=x;
    x=y;
    y=temp;
    cout<<" 交換中 "<<x<<"\t"<<y<<endl;
}

int main(){
    int a,b;
    cin>>a>>b;
    cout<<endl;
    cout<<" 交換前 "<<a<<"\t"<<b<<endl;
    swap(a,b);
    cout<<" 交換後 "<<a<<"\t"<<b<<endl;
    return 0;
}
```

6．陣列參數函數

訓練 1-27：輸入 *n* 個整數並將其存入 *a*[] 陣列，求和後輸出和值。

```
#include<iostream>
using namespace std;

int arrayadd(int a[],int n){//a[n] 作為參數時，要分開寫，a[] 也可以使用 *a
    int sum=0;
    for(int i=0;i<n;i++)
        sum+=a[i];
    return sum;
}

int main(){
    int n,s;
    int a[1000];// 靜態定義長度為 1000 的陣列，靜態定義空間數必須是具體的數值或常數
    cin>>n;
    //int a=new int[n];// 動態定義長度為 n 的陣列，動態定義 n 可以為變數
    for(int i=0;i<n;i++)
        cin>>a[i];
    s=arrayadd(a,n);
    cout<<s<<endl;
    return 0;
}
```

7．字串參數函數

訓練 1-28：輸入 *n* 個字母，如果是小寫字母，則將其轉為大寫字母，輸出轉換後的字串。

```
#include<iostream>
#include<string>
using namespace std;

void strconvert(string &s){//char *s 字元類型陣列
    for(int i=0;i<s.length();i++)//strlen(s)
        if(s[i]>='a'&&s[i]<='z')
            s[i]-=32;
    cout<<s<<endl;
}
```

```
int main(){
    string str;//char str[10] 字元類型陣列
    cin>>str;
    strconvert(str);
    cout<<str<<endl;
    return 0;
}
```

8．函數巢狀結構

訓練 1-29：輸入兩個整數 a 和 b，求這兩個整數的最大公因數和最小公倍數。

```
#include<iostream>
using namespace std;

int gcd(int x,int y){          // 最大公因數
    int t;
    t=x%y;// 求餘數
    while(t!=0){
        x=y;           //y 作為被除數
        y=t;           // 餘數作為除數
        t=x%y;         // 求餘數
    }
    return y;
}

int lcm(int x,int y){          // 最小公倍數
    int g;
    g=gcd(x,y);
    return (x*y/g);
}

int main(){
    int a,b,c,d;
    cin>>a>>b;
    c=gcd(a,b);
    d=lcm(a,b);
    cout<<c<<"\t"<<d<<endl;
    return 0;
}
```

9．函數多載

函數多載（多形）指有多個名稱相同函數，但是每個名稱相同函數的參數量、類型、順序不同。

訓練 1-30：寫一個函數，對於字串類型的資料，取其長度的一半；對於浮點數類型的資料，取其值的二分之一。

```
#include<iostream>
#include<string>
using namespace std;

float half(float x){
    return x/2;
}

char *half(string s){
    int n=s.length()/2;
    char *str=new char[n+1];
    for(int i=0;i<n;i++)
        str[i]=s[i];
    str[n]='\0';
    return str;
}

int main(){
    float n;
    string st;
    cin>>n>>st;
    cout<<half(n)<<endl;
    cout<<half(st)<<endl;
    return 0;
}
```

10．函數範本

訓練 1-31：輸入兩個數 a 和 b（整數或浮點數），求這兩個數的和值。

```
#include<iostream>
using namespace std;

template<typename T>// 範本
```

```
T add(T x,T y){
    return x+y;
}

int main(){
    int a,b;
    double c,d;
    cin>>a>>b>>c>>d;
    cout<<add(a,b)<<"\t"<<add(c,d)<<endl;
    return 0;
}
```

練習：

（1）輸入 10 個學生的程式設計成績，將其儲存在陣列中，寫 3 個函數，分別輸入、顯示和計算平均成績。

（2）一直輸入兩個數，直到其中一個為 0，對每兩個數都求它們的調和平均數。調和平均數 $=2\times x\times y/(x+y)$。

1.7 從前有座山，山裡有座廟：遞迴之法

遞迴呼叫是函數內部呼叫自身的過程。遞迴必須要有結束條件，否則會進入無限遞迴狀態，永遠無法結束。

1．遞迴函數

訓練 1-32：輸入 *n* 個整數，倒序輸出所有整數。

```
#include<iostream>
using namespace std;
int a[100];

void print(int i){
    cout<<a[i]<<endl;
    if(i>0)
        print(i-1);
    //cout<<a[i]<<endl;
}

int main(){
```

```
    int n;
    cin>>n;
    for(int i=0;i<n;i++){
        cin>>a[i];
    }
    print(n-1);
    return 0;
}
```

2．遞迴原理

遞迴包括遞推和回歸。遞推指將原問題不斷分解成子問題，直到達到結束條件，傳回最近子問題的解；然後逆向逐一回歸，最終到達遞推開始時的原問題，傳回原問題的解。

階乘是典型的遞迴呼叫問題，5 的階乘遞推、回歸過程如下圖所示。

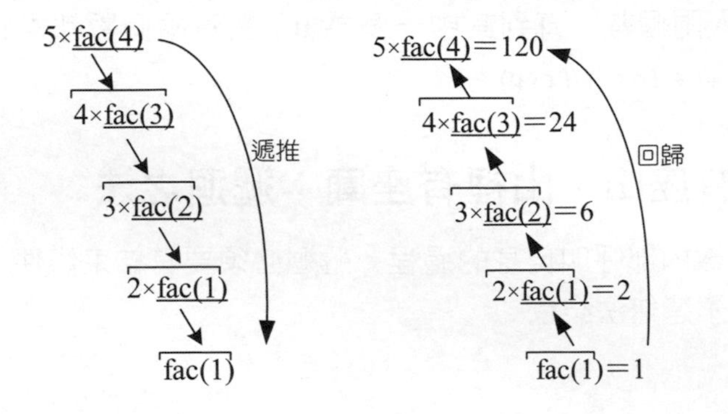

訓練 1-33：輸入一個整數 n，輸出 n 的階乘。

```
#include<iostream>
using namespace std;

long long fac(int n){
    if(n==0||n==1)
        return 1;
    else
        return n*fac(n-1);
}

int main(){
    int n;
```

```
    cin>>n;
    cout<<fac(n);
    return 0;
}
```

注意：在遞迴演算法中，每一次遞推都需要一個堆疊空間來保存呼叫記錄，因此在計算空間複雜度時需要計算遞迴堆疊的輔助空間。

上圖中的遞推、回歸過程是我們從邏輯思維上推理並用圖形象表達出來的，但其在電腦內部是怎樣處理的呢？電腦使用了一種被稱為 " 堆疊 " 的資料結構，它類似於一個放了一摞盤子的容器，每次放進去一個，拿出來的時候就只能從頂端拿一個，不允許從中間插入或取出，因此被稱為 " 後進先出 "（Last In First Out，LIFO）。

5 的階乘遞推（進堆疊）過程的形象表達如下圖所示，在實際遞迴中傳遞的是參數的位址。

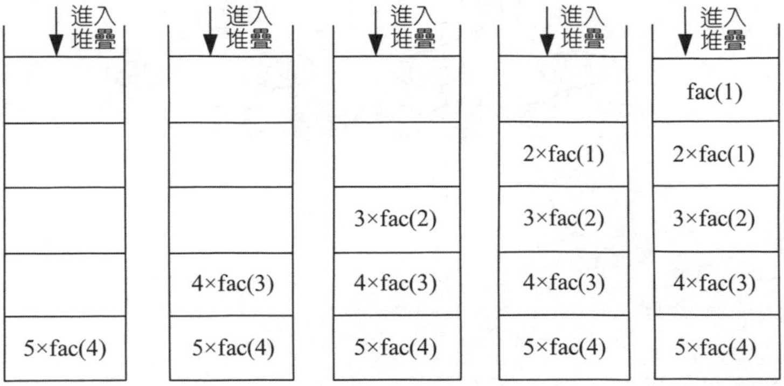

進入堆疊	進入堆疊	進入堆疊	進入堆疊	進入堆疊
				fac(1)
			2×fac(1)	2×fac(1)
		3×fac(2)	3×fac(2)	3×fac(2)
	4×fac(3)	4×fac(3)	4×fac(3)	4×fac(3)
5×fac(4)	5×fac(4)	5×fac(4)	5×fac(4)	5×fac(4)

5 的階乘回歸（移出堆疊）過程的形象表達如下圖所示。

fac(1)=1 離開堆疊	fac(2)=2 離開堆疊	fac(3)=6 離開堆疊	fac(4)=24 離開堆疊	fac(5)=120 離開堆疊
fac(1)				
2×fac(1)	2×fac(1)			
3×fac(2)	3×fac(2)	3×fac(2)		
4×fac(3)	4×fac(3)	4×fac(3)	4×fac(3)	
5×fac(4)	5×fac(4)	5×fac(4)	5×fac(4)	5×fac(4)

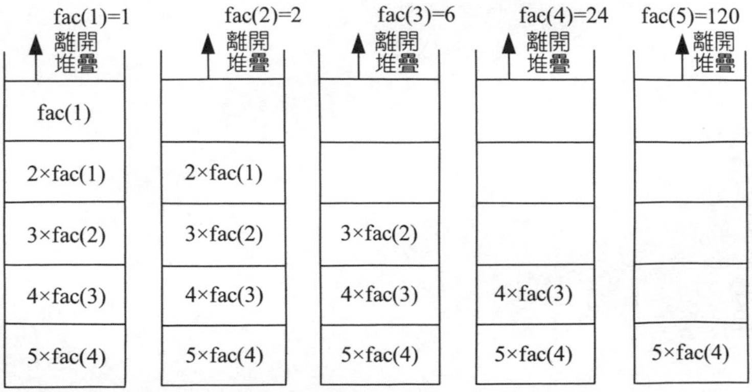

從圖中可以很清晰地看到，它首先一步步地把子問題壓存入堆疊，直到得到傳回值，再一步步地移出堆疊，最終得到遞迴結果。在運算過程中使用了 n 個堆疊空間作為輔助空間。

訓練 1-34：輸入一個整數 n，輸出費氏數列的第 n 項。

費氏數列：1,1,2,3,5,8,13,21,34……

遞迴式運算式如下：

$$F(n)=\begin{cases}1 & n=1\\1 & n=2\\F(n-1)+F(n-2) & n>2\end{cases}$$

以 $F(6)$ 為例，遞迴求解過程如下圖所示。

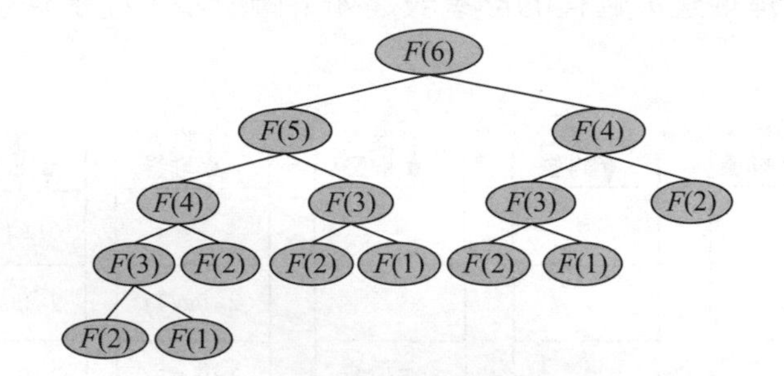


```
#include<iostream>
using namespace std;

long long fib(int n){
    if(n<1)
        return -1;
    if(n==1||n==2)
        return 1;
    return fib(n-1)+fib(n-2);
}

int main(){
    int n;
    long long s;
    cin>>n;
    s=fib(n);
```

```
    cout<<s<<endl;
    return 0;
}
```

練習：寫一個遞迴程式，輸出 $1+2+3+\cdots+n$。

1.8 資訊攜帶者：定義一個結構

在程式設計中，經常需要將多個資料項目組合在一起作為一個資料元素。舉例來說，一個學生的資訊包括姓名、學號、性別、年齡、分數等。此時可以將學生的資訊定義為結構類型。

```
struct student{// 學生資訊結構
    string name;
    string number;
    string sex;
    int age;
    float score;
};
student a;// 定義一個結構型變數 a
```

訓練 1-35：輸入一個學生的資訊（包括姓名、學號、性別、年齡、分數）並輸出。

```
#include<iostream>
#include<string>
using namespace std;

struct student{// 學生資訊結構
    string name;
    string number;
    string sex;
    int age;
    float score;
};

int main(){
    student a;
    cout<<" 請輸入學生的姓名、學號、性別、年齡、分數："<<endl;
    cin>>a.name>>a.number>>a.sex>>a.age>>a.score;
    cout<<"name: "<<a.name<<endl;
```

```
    cout<<"number: "<<a.number<<endl;
    cout<<"sex: "<<a.sex<<endl;
    cout<<"age: "<<a.age<<endl;
    cout<<"score: "<<a.score<<endl;
    return 0;
}
```

有時為了方便，會使用 typedef 給結構起一個別名（小名）：

```
typedef struct student{// 學生資訊結構
    string name;
    string number;
    string sex;
    int age;
    float score;
}stu;
stu a;// 定義一個結構型變數 a，與 student a 等效
```

使用 typedef 有什麼用處？ typedef 是 C、C++ 語言的關鍵字，用於給原有資料類型起一個別名。

語法規則如下：

```
typedef 類型名稱類型識別符號;
```

其中，"類型名稱"為已知資料類型，包括基底資料型態（如 int、float 等）和使用者自訂的資料類型（如用 struct 自訂的結構）；"類型識別符號"是為原有資料類型起的別名，需要滿足識別符號命名規則。就像給某個人起一個小名或綽號一樣，《水滸傳》中李逵的綽號是"黑旋風"，大家聽到"黑旋風"就知道是李逵。

使用 typedef 的好處如下。

（1）簡化比較複雜的型態宣告。給複雜的結構類型起一個別名，這樣就可以使用這個別名等值該結構類型，在宣告該類型變數時就方便多了。

（2）提高程式的可攜性。舉例來說，在程式中使用這樣的敘述：

```
typedef int ElemType; // 給 int 起個別名 ElemType
```

在程式中就可以直接定義：

```
ElemType a;
```

在程式中，假如有 *n* 個地方用到了 ElemType 類型，比如現在處理的資料變為字元類型了，就可以將上面類型定義中的 int 直接改為 char：

```
typedef char ElemType;
```

這樣只需修改類型定義，無須改動程式中的程式。如果不使用 typedef 類型定義，就需要把程式中 *n* 個用到 int 類型的地方，全部改為 char 類型。如果忘記修改某處，就會發生錯誤。

使用 ElemType 是為了讓演算法的通用性更好，因為很多時候結構定義並不指定處理的資料是什麼類型，不能簡單地將其寫成某種類型。將 ElemType 結合 typedef 使用，可以提高演算法的通用性和可攜性。

1.9 巧用陣列——好玩貪吃蛇

在程式設計中，陣列可以儲存一組具有相同資料類型的資料。

1．一維陣列

）靜態定義

一維陣列的靜態定義如下圖所示。

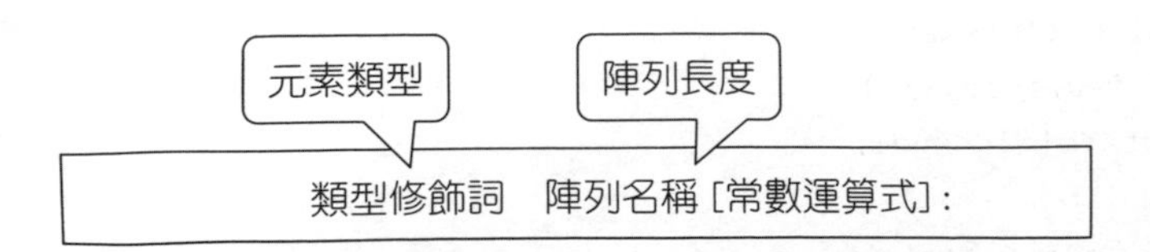

常數運算式必須是整數常數，不能是變數，這個數值必須是已知的數值。

- 可以在定義時，對陣列初始化。

```
int a[3]={0,1,2};
  int b[10]={0};
```

- 定義並初始化時可以不指定長度。

```
int a[ ]={0,1,2,3,4,5};
```

- 在非定義時不可以整體設定值。

```
a[3]={0,1,2};// 錯誤！
```

- 不可以在陣列變數之間設定值。

```
int a[3],b[3];
a=b;// 錯誤！
```

- 系統不會檢查索引是否有效。

```
int a[10]；// 索引 0~9，即 a[0]~a[9]，如果呼叫 a[10]，則系統不會提示錯誤
```

- 應該將特別大的陣列定義在 main() 函數外，如果將其定義在 main() 函數內，就會異常退出。

訓練 1-36：定義一些一維陣列，並設定值、運算、輸出。

```
#include<iostream>
using namespace std;
int a[1000000];// 全域（靜態）
int main(){
    //int a[1000000];// 局部（動態），局部陣列太大會閃退
    int b[5]={2,4,5};
    int c[]={1,2,3,4};
    cout<<sizeof(b)<<endl;
    cout<<sizeof(c)<<endl;
    for(int i=0;i<15;i++)
        cout<<b[i]<<endl;
    cout<<endl;
    for(int i=0;i<15;i++)
        a[i]=i;
    for(int i=0;i<15;i++)
        cout<<a[i]<<endl;
    return 0;
}
```

訓練 1-37：輸入一些整數，並將其反向輸出。

```
#include<iostream>
using namespace std;
#define maxn 105
int a[maxn];
int main(){
    int n=0,x;
    while(cin>>x){//ctrl+z，確認，結束
        a[n++]=x;
    }
    for(int i=n-1;i>=0;i--)
        cout<<a[i]<<endl;
    return 0;
}
```

訓練 1-38：現在有 n 盞燈，編號為 1 ～ n，開始時所有的燈都是關的，編號為 1 的人走過來，把編號是 1 的倍數的燈開關按下（開的關上，關的打開），編號為 2 的人把編號是 2 的倍數的燈開關按下，編號為 3 的人又把編號是 3 的倍數的燈開關按下……直到第 k 個人為止。

指定 n 和 k（$0<n,k\leq 1000$），輸出哪幾盞燈是開著的。

```
#include<iostream>
#include<cstring>//memset() 函數需要引入該標頭檔
using namespace std;
bool a[1005];
int main(){
    int n,k;
    bool first=1;
    memset(a,0,sizeof(a));// 初始化 a 陣列全部為 0
    cin>>n>>k;
    for(int i=1;i<=k;i++)
        for(int j=1;j<=n;j++)
            if(j%i==0)
                a[j]=!a[j];
    for(int j=1;j<=n;j++){
        if(a[j]){
            if(first)// 在第 1 個元素前面不輸出空格
                first=0;
            else
                cout<<" ";
```

```
            cout<<j;
        }
    }
    return 0;
}
```

訓練 1-39：輸入 *n* 個學生的成績（整數）並將其存入陣列中，求其總成績和平均成績（浮點數）。

```
#include<iostream>
using namespace std;
int a[100];
int add(int a[],int n){// 陣列作為參數，不可以直接寫 a[n]
    int sum=0;
    for(int i=0;i<n;i++)
        sum+=a[i];
    return sum;
}

int main(){
    int n,s;
    float avg;
    cin>>n;
    for(int i=0;i<n;i++)
        cin>>a[i];
    s=add(a,n);
    avg=float(s)/n; // 兩個整數相除不會得小數，因此需要將其中一個轉為浮點數
    cout<<s<<"\t"<<avg<<endl;
    return 0;
}
```

訓練 1-40：輸入 *n* 個學生的成績並將其存入陣列中，求其最低分和最高分。

```
#include<iostream>
using namespace std;
int a[100];
int max(int *a,int n){// 陣列作為參數（方法 1）
    int max=a[0];
    for(int i=1;i<n;i++)
        if(a[i]>max)
            max=a[i];
```

```
    return max;
}

int min(int a[],int n){// 陣列作為參數（方法 2）
    int min=a[0];
    for(int i=1;i<n;i++)
        if(a[i]<min)
            min=a[i];
    return min;
}

int main(){
    int n;
    cin>>n;
    for(int i=0;i<n;i++)
        cin>>a[i];
    cout<<"max="<<max(a,n)<<endl;
    cout<<"min="<<min(a,n)<<endl;
    return 0;
}
```

2）動態定義

在程式運行過程中動態分配空間定義陣列。一維陣列的動態定義如下圖所示。

使用 new 分配的陣列，在使用完畢後需要使用 delete 釋放記憶體空間。

```
delete[] 陣列名稱
```

注意：

- 不要使用 delete 釋放不是 new 分配的記憶體；
- 不要使用 delete 釋放同一個區塊兩次；
- 使用 new 為一個實體分配記憶體，需要使用 delete 釋放記憶體空間；
- 使用 new 為一個陣列分配記憶體，需要使用 delete[] 釋放記憶體空間；

對空指標使用 delete 是安全的。

訓練 1-41：輸入 *n* 個學生的成績並將其存入動態陣列 *a*[] 中，統計不及格的人數。

```
#include<iostream>
using namespace std;

int count(int a[],int n){
    int sum=0;
    for(int i=0;i<n;i++)
        if(a[i]<60)
            sum++;
    return sum;
}

int main(){
    int n;
    cin>>n;
    int *a=new int[n];// 動態陣列
    for(int i=0;i<n;i++)
        cin>>a[i];
    cout<<"no pass:"<<count(a,n)<<endl;
    delete[] a;
    return 0;
}
```

2．二維陣列

1）靜態定義

二維陣列的靜態定義如下圖所示。

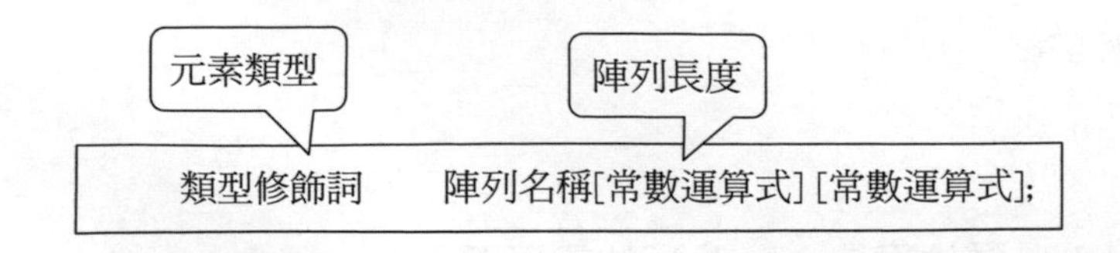

常數運算式必須是整數常數，不能是變數，該數值必須是已知的數值。

- 可以在定義時，對陣列初始化。

```
    int a[2][4]={{0,1,2,3},{7,2,9,5}};
    int a[2][4]={0,1,2,3,7,2,9,5};
    int a[2][4]={{0,1,2},{0}};
```

- 將二維陣列作為參數時，可以省略第 1 維的長度，但必須指定第 2 維的長度。

```
    int sum(int a[][5],int n);
```

2）動態定義

一個 *m* 行 *n* 列的二維陣列相當於 *m* 個長度為 *n* 的一維陣列。

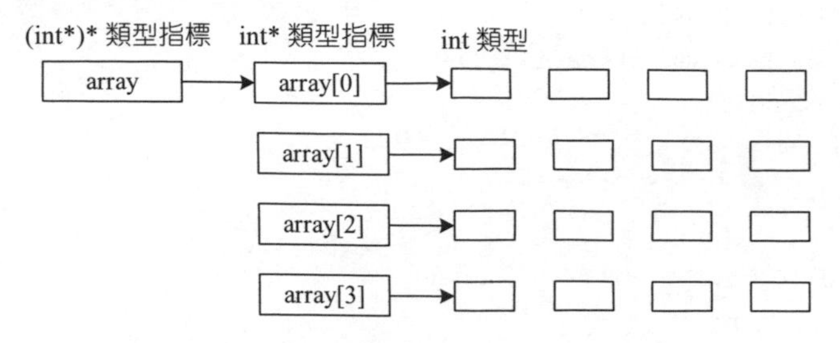


```
int **array=new int*[m];
for(int i=0;i<m;++i){
    array[i]=new int[n];// 按行分配空間
}
for(int i=0;i<m;i++){
    delete[] array[i]; // 按行釋放空間
}
delete[] array;
```

訓練 1-42：蛇形填數，輸入一個整數 *n*，按照蛇形填寫 $n \times n$ 的矩陣。

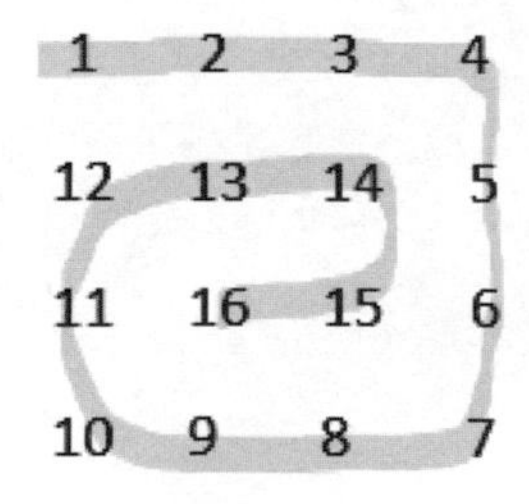


```
#include<iostream>
#include<cstring>
```

```
#include<iomanip>
using namespace std;
int main(){
    int n,x,y,total;
    cin>>n;
    int **a=new int*[n];
    for(int i=0;i<n;i++){
        a[i]=new int[n];
        memset(a[i],0,n*sizeof(int));
    }
    for(int i=0;i<n;i++){
        for(int j=0;j<n;j++)
            cout<<setw(5)<<a[i][j];
        cout<<endl;
    }
    cout<<endl;
    x=y=0;
    total=a[0][0]=1;
    while(total<n*n){
        while(y+1<n&&!a[x][y+1])//向右
            a[x][++y]=++total;
        while(x+1<n&&!a[x+1][y])//向下
            a[++x][y]=++total;
        while(y-1>=0&&!a[x][y-1])//向左
            a[x][--y]=++total;
        while(x-1>=0&&!a[x-1][y])//向上
            a[--x][y]=++total;
    }
    for(int i=0;i<n;i++){
        for(int j=0;j<n;j++)
            cout<<setw(5)<<a[i][j];
        cout<<endl;
    }
    for(int i=0;i<n;i++)
        delete[] a[i];
    delete[] a;
    return 0;
}
```

1.10 玩轉字串——不一樣的風格

字串指儲存在記憶體的連續位元組中的一系列字元。C++ 中的字串分為兩種形式：C- 風格字串、C++ string 類別字串。

1．C- 風格字串

C- 風格字串的標頭檔為 #include<cstring>，預設以 '\0' 結束，在儲存空間中不要忘了 '\0'。字串定義形式如下。

- 字元陣列：char a[8]={'v','e','r','y','g','o','o','d'}。
- 字串：char a[8]={'a','b','c','d','e','f','g','\0'}。

還有另外一種字串定義。

- 字串：char a[8]="abcdefg"。
- 字串：char a[]="afsdjkl;sd"。

字元陣列或字串的長度測量函數為 sizeof、strlen。

（1）sizeof：傳回所佔總空間的位元組數，針對整數或字元類型陣列及整數或字元類型指標。由於在編譯時計算，因此 sizeof 不能用來傳回動態分配的記憶體空間大小。

（2）strlen：傳回字元陣列或字串所佔的位元組數，針對字元陣列及字元指標。

訓練 1-43：定義一些字串，求長度並運算、輸出。

```
#include<iostream>
#include<cstring>
using namespace std;
int main(){
    char s1[100];
    char s2[20]="hello!";
    char s3[]="a";
    char s4='a';
    char s5[3]={'a','b','c'};
    char s6[3]={'a','b','\0'};
    cin>>s1;
    cout<<strlen(s1)<<endl;
    cout<<s1<<"  "<<s2<<"  "<<s3<<"  "<<s4<<"  "<<endl;
    cout<<s5<<"  "<<s6<<"  "<<endl;
```

```
    cout<<"jasfljfalfsd" "123"<<endl;
    cout<<"jasfljfalfsd"
    "123"<<endl;
    cout<<"jasfljfalfsd          123"<<endl;
    return 0;
}
```

C- 風格字串的輸入方式有 cin、getline 和 get。

- cin：使用空格、定位字元、分行符號來確定字串的結束位置，因此字串只能接收一個單字。分行符號被保留在輸入序列中。
- getline：讀取一行，直到遇到分行符號，捨棄分行符號。
- get：讀取一行，直到遇到分行符號，分行符號被保留在輸入序列中。

注意！使用 cin 和 get 後會將分行符號保留在輸入序列中，解決方法為再呼叫一次 cin.get。

```
char str[100];
cin>>str;
cin.get();
cin.getline(str,10);// 讀取 9 個字元，最後一個預設為 '\0'
cin.get();
cin.getline(str,10,':'); // 讀到冒號則停止
```

2．C++ string 類別字串

C++ string 類別字串的長度沒有限制，其標頭檔為 #include<string>。C++ 中的 string 類別隱藏了字串的陣列性質，讓使用者可以像處理普通變數一樣處理字串。

```
string str;
string str="afsdjkl;sd";
```

注意：

- 可以使用 C- 風格字串初始化 string 類別字串；
- 可以使用 cin 輸入並將輸入的內容儲存到 string 類別字串中；
- 可以使用 cout 輸出 string 類別字串；
- string 類別字串沒有 '\0' 的概念；

- char 陣列使用了一組用於儲存一個字串的儲存單元，而 string 變數使用了個表示字串的實體。

字串的長度測量函數有 .length、.size。舉例來說，str.length() 和 str.size() 都可用於求 str 字串的長度。

```
string str="0123456789";
cout<<"str.length()="<<str.length()<<endl;// 結果為 10
cout<<"str.size()="<<str.size()<<endl;// 結果為 10
```

C++string 類別字串的輸入方式有 cin 和 getline。

```
string str;
cin>>str;
getline(cin,str);
getline(cin,str,':');
```

訓練 1-45：輸入一些字串，複製、拼接、比較等操作。

```
#include<iostream>
#include<cstring>//c- 風格字串，標頭檔
#include<string>//c++ 風格字串，標頭檔
/*C- 風格：
strlen()：長度
strcpy()：複製
strcat()：拼接
strcmp()：比較
strchr()：尋找字元
strrchr()：右側尋找字元
strstr()：尋找字串
strlwr()：轉為小寫
strupr()：轉為大寫
*/
//string 類別： .size, .length,=,+,==,!=,>=,<=,find
using namespace std;

int main(){
    char s1[100];
    char s2[20]="Hello!";
    string str1,str2;
    cin>>s1;
```

```
    cout<<strlen(s1)<<endl;// 求長度
    strcat(s1,s2);// 拼接
    strcat(s1,"abc");// 拼接
    cout<<s1<<endl;
    cout<<strcmp(s1,s2)<<endl;// 比較
    cout<<strstr(s1,s2)<<endl;// 尋找字串，傳回指標
    strcpy(s1,s2);// 複製
    cout<<s1<<endl;
    cout<<strchr(s1,'l')<<endl;// 尋找字元，傳回指標
    cout<<strrchr(s1,'l')<<endl;// 從右側尋找字元，傳回指標
    cout<<strlwr(s1)<<endl;// 轉為小寫
    cout<<strupr(s1)<<endl;// 轉為大寫
    cin>>str1>>str2;
    cout<<str1+str2<<endl;// 拼接
    cout<<str1.find(str2)<<endl;// 尋找，傳回索引
    return 0;
}
```

訓練 1-46：輸入一行字元，統計單字的個數，單字之間以空格隔開。

```
#include<iostream>
#include<string>
using namespace std;

int countword(string s){
    int len,i=0,num=0;
    len=s.length();
    while(i<len){
        while(s[i]==' ')// 跳過多個空格
            i++;
        if(i<len)
            num++;
        while(s[i]!=' '&&i<len)// 跳過一個單字
            i++;
    }
    return num;
}
int main(){
    string s1;
    getline(cin,s1);
    cout<<countword(s1)<<endl;
```

```
    return 0;
}
```

訓練 1-47：輸入 3 個字串，找出其中最小的字串。

```
#include<iostream>
#include<string>
using namespace std;

string minstr(string s1,string s2){
    if(s1<s2)
        return s1;
    else
        return s2;
}

int main(){
    string s1,s2,s3,min;
    cin>>s1>>s2>>s3;
    min=minstr(s1,minstr(s2,s3));
    cout<<min<<endl;
    return 0;
}
```

02

演算法入門

2.1 演算法之美

著名的瑞士科學家 N.Wirth 教授提出：資料結構 + 演算法 程式。資料結構是程式的骨架，演算法是程式的靈魂。

2.1.1 如何評價一個演算法的優劣

演算法是對特定問題求解步驟的一種描述，不依賴任何語言，可以用自然語言、C、C++、Java、Python 等描述，也可以用流程圖、方塊圖來表示。同一個問題可以採用不同的演算法解決。

那麼怎樣才算一個好演算法呢？先看一個例子，寫一個演算法，求這個序列之和：$-1,1,-1,1,\cdots,(-1)^n$。

看到這個題目時，你會怎麼想？用 for 敘述？還是用 while 迴圈敘述？

先看演算法 sum1：

```
int sum1(int n){
    int sum=0;
    for(int i=1;i<=n;i++)
        sum+=pow(-1,i);// 表示 (-1)^i
    return sum;
}
```

這段程式可以實現求和運算，但是為什麼不這樣算？

$$\underbrace{-1,\ 1}_{0},\ \underbrace{-1,\ 1}_{0},\ \cdots,\ (-1)^n$$

再看演算法 sum2：

```
int sum2(int n){
    int sum=0;
    if(n%2==0)
        sum=0;
    else
        sum=-1;
    return sum;
}
```

假設 n=10^8，運行兩個程式，比較一下運行結果和時間：

```
sum1=0  time1=10124
sum2=0  time2=0
```

很明顯，演算法 sum2 的執行時間遠遠小於演算法 sum1，運行速度更快。

再看一個例子：假設第 1 個月有一對剛誕生的兔子，第 2 個月兔子進入成熟期，第 3 個月兔子開始生育兔子，而一對成熟的兔子每月會生一對兔子，兔子永不死去……那麼，從一對初生兔子開始，12 個月後會有多少對兔子呢？ M 個月後又會有多少對兔子呢？

兔子數列即費氏數列，費氏數列的發明者是義大利數學家列昂納多·費氏。這個數列有一個十分明顯的特點：從第 3 個月開始，當月的兔子數 = 上月的兔子數 + 當月新生的兔子數，而當月新生的兔子數正好是上上月的兔子數，因此，前面相鄰兩項之和組成了後一項。即當月的兔子數 = 上月兔子數 + 上上月的兔子數。

費氏數列範例：1,1,2,3,5,8,13,21,34……

費氏數列運算式如下：

$$F(n)=\begin{cases}1 & n=1\\ 1 & n=2\\ F(n-1)+F(n-2) & n>2\end{cases}$$

那麼該如何設計演算法呢？

按照數列運算式將其直接寫成遞迴程式：

```
long double fib1(int n){
    if(n<1)
        return -1;
    else if(n==1||n==2)
            return 1;
        else
            return fib1(n-1)+fib1(n-2);
}
```

如果採用陣列儲存每一項，則從前往後遞推，可以寫成非遞迴程式。

```
long double fib2(int n){
    long double temp;
    if(n<1)
        return -1;
    long double *a=new long double[n+1];
    a[1]=a[2]=1;
    for(int i=3;i<=n;i++){
        a[i]=a[i-1]+a[i-2];
        cout<<a[i]<<endl;
    }
    temp=a[n];
    delete []a;
    return temp;
}
```

兩個程式的運行結果和時間如下：

```
fib1(10)=55                time1=4
fib2(10)=55                time2=3
fib1(30)=832040            time1=17
fib2(30)=832040            time2=2
fib1(50)=1.25863e+010      time1=76269
fib2(50)=1.25863e+010      time2=6
fib1(100)=-----------------------------------------
fib2(100)=3.54225e+020      time2=151
```

兩個程式的運行結果都正確，但是執行時間隨著資料規模 n 的增大，差距越來越大。第 1 個程式計算到 100 的時候，已經非常緩慢了，緩慢到讓人無法忍受，以至於將視窗關閉。

不知你是否發現，第 2 個程式在 n=10 時，time2=3；在 n=30 時，time2=2。當數值變大時，時間反而變少了！其實，同一台機器，每一次運行的時間都可能不同，更不必說在不同的機器上運行了。因此計算演算法時間複雜度時並不是真的計算演算法的執行時間。

好演算法的衡量標準如下。

（1）正確性。指演算法能夠滿足具體問題的需求，程式運行正常，無語法錯誤，能夠透過典型的軟體測試，達到預期需求規格。

（2）易讀性。指演算法遵循識別符號命名規則，簡潔、易懂，註釋敘述恰當、適量，方便自己和他人閱讀，便於後期偵錯和修改。

（3）穩固性。指演算法對非法資料及操作有較好的反應和處理。例如在資訊管理系統中登記電話號碼時，少輸入 1 位，系統就應該提示出錯。

（4）高效性。指演算法運行效率高，即演算法運行所消耗的時間短。演算法時間複雜度就是演算法運行需要的時間。現代電腦一秒鐘能計算數億次，因此不能用秒來具體計算演算法消耗的時間。由於採用相同設定的電腦進行一次基本運算的時間是一定的，所以我們可以用演算法基本運算的執行次數來衡量演算法效率，即將演算法基本運算的執行次數作為時間複雜度的衡量標準。

（5）低儲存性。指演算法所需的儲存空間少。尤其像手機、Pad 這樣的嵌入式裝置，如果演算法佔用空間過大，則無法運行。演算法佔用的空間大小被稱為空間複雜度。

除前 3 個基本標準外，好演算法的評判標準是高效率和低儲存。

2.1.2 演算法複雜度的計算方法

演算法複雜度包括時間複雜度和空間複雜度。好演算法的評判標準就是高效率和低儲存，高效率即時間複雜度小，低儲存即空間複雜度小。

1．如何計算一個演算法的時間複雜度

時間複雜度指演算法運行需要的時間。我們一般將演算法的基本運算執行次數

作為時間複雜度的度量標準。

```
int sum(int n){
    int sum=0;//1 次
    for(int i=1;i<=n;i++)//n+1 次
        sum+=i;//n 次
    return sum;//1 次
}
```

整體執行次數為 $2\times n+3$。如果用一個函數 $T(n)$ 表達：$T(n)=2n+3$，當 n 足夠大時，例如 $n=10^5$ 時，$T(n)=2\times10^5+3$。演算法執行時間主要取決於最高項，後面的可以忽略不計。因為如果你告訴朋友買車花了 20 萬零 199 元，大家都認為是 20 萬元，沒有人關心後面的尾數。如果一個人是億萬富翁，那麼不管其有 2 億元還是 10 億元，都是億萬富翁。因此在表達時捨小項、捨係數，只看最高項就可以了。如果用時間複雜度的漸進上界 O 表示，那麼該演算法的時間複雜度為 $O(n)$。

其實完全沒有必要計算每一行程式的運行次數，只需計算敘述頻度最多的敘述即可。迴圈內層的敘述往往是運行次數最多的，對執行時間貢獻最大。舉例來說，在下面的演算法中，"total=total+i*j" 是對演算法貢獻最大的敘述，只計算該敘述的運行次數即可。該演算法的時間複雜度為 $O(n^2)$。

```
sum=0;                    // 運行 1 次
total=0;                  // 運行 1 次
for(i=1;i<=n;i++){  // 運行 n+1 次，最後 1 次判斷條件不成立，結束
    sum=sum+i;            // 運行 n 次
    for(j=1;j<=n;j++)   // 運行 n´(n+1) 次
        total=total+i*j;// 運行 n×n 次
}
```

並不是對每個演算法都能直接計算運行次數。有些演算法如排序、尋找、插入等，可以按最好、最壞和平均情況分別求演算法漸進複雜度。但在檢查一個演算法時，我們通常檢查最壞的情況是怎樣的，而非檢查最好的情況，最壞的情況對於衡量演算法的好壞具有實際意義。

2．如何計算一個演算法的空間複雜度

空間複雜度指演算法在運行過程中佔用了多少儲存空間。演算法佔用的儲存空

間包括：輸入輸出資料、演算法本身、額外需要的輔助空間。

輸入輸出資料佔用的空間是必需的，演算法本身佔用的空間可以透過精簡演算法來縮減，但這個壓縮的量是很小的，可以忽略不計。而在執行時期使用的輔助變數所佔用的空間，即輔助空間，是衡量空間複雜度的關鍵因素。我們一般將演算法的輔助空間作為衡量空間複雜度的標準。

舉例來說，將兩個數交換。

```
swap(int x,int y){//x與y交換
    int temp;
    temp=x;  //  temp為輔助空間
    x=y;     //
    y=temp; //
}
```

兩個數的交換過程如下圖所示。

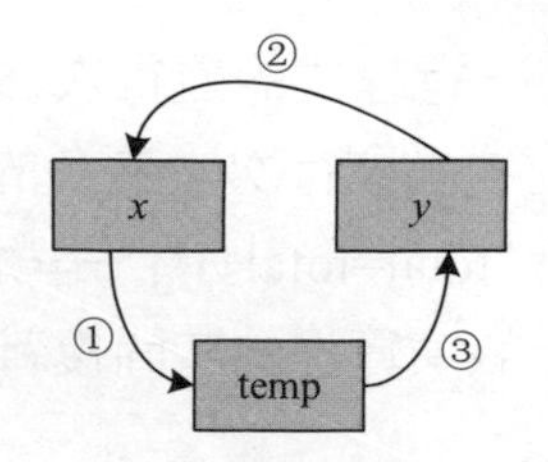

上圖中的步驟標誌與 swap 函數中的敘述標誌一一對應，該演算法使用了一個輔助空間 temp，空間複雜度為 O(1)。

注意：在遞迴演算法中，每一次遞推都需要一個堆疊空間來保存呼叫記錄，因此計算空間複雜度時需要計算遞迴堆疊的輔助空間。

舉例來說，計算 n 的階乘。

```
long long fac(int n){
    if(n<0)
        return -1;
    else if(n==0||n==1)
          return 1;
        else
          return n*fac(n-1);
}
```

遞推和回歸在系統內部使用堆疊實現，堆疊空間的大小為遞迴樹的深度。計算 n 的階乘，其遞迴樹如下圖所示。

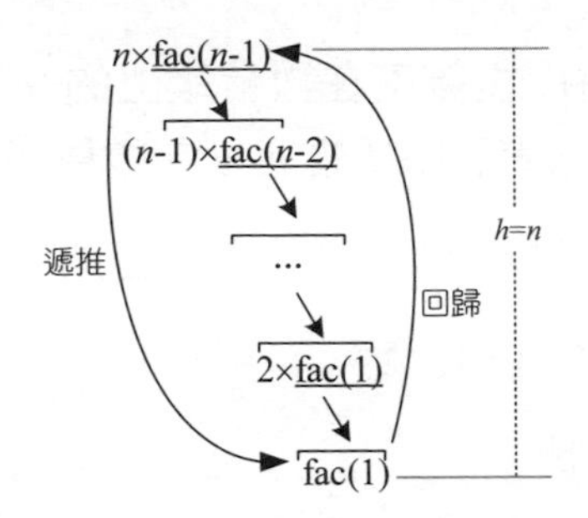

計算 n 的階乘時，遞迴樹的深度為 n，因此計算 n 的階乘的遞迴演算法的空間複雜度為 $O(n)$。

常見的演算法時間複雜度如下。

（1）常數階：演算法運行的次數是一個常數，例如 5、20、100，通常用 O(1) 表示。

（2）對數階：時間複雜度運行效率較高，常見的有 $O(\log n)$、$O(n\log n)$ 等。

（3）多項式階：很多演算法的時間複雜度是多項式，常見的有 $O(n)$、$O(n^2)$、$O(n^3)$ 等。

（4）指數階：指數階時間複雜度運行效率極差，是程式設計師避之不及的。常見的有 $O(2^n)$、$O(n!)$、$O(n^n)$ 等。

常見的時間複雜度函數曲線如下圖所示。

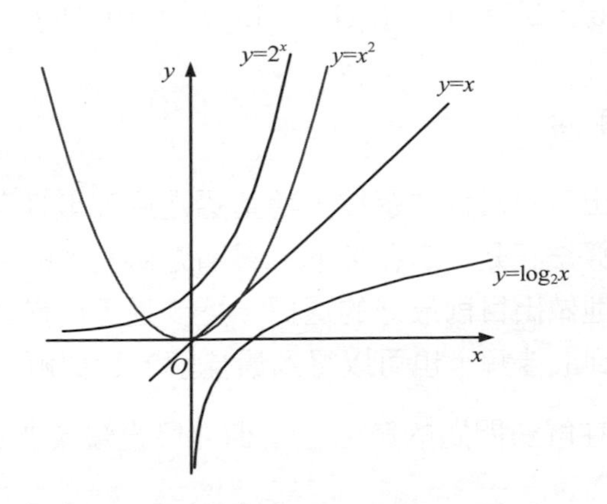

從上圖可以看出，指數階增量隨著 x 的增加而急劇增加，而對數階增加緩慢。它們之間的關係為 $O(1)<O(\log n)<O(n)<O(n\log n)<O(n^2)<O(n^3)<O(2^n)<O(n!)<O(n^n)$。

透過曲線可以大致看出時間複雜度在數量級上的差別，但仍然沒有具體的形象。下面透過具體的時間來看看時間複雜度在數量級上的差別。

因為一天有 24 小時，每小時有 60 分鐘，每分鐘有 60 秒，所以：

- 一天有 $24\times60\times60\approx25\times4000=10^5$ 秒；
- 一年有 $365\times10^5\approx3\times10^7$ 秒；
- 100 年有 $100\times3\times10^7\approx3\times10^9$ 秒；
- 三生三世有 $3\times3\times10^9\approx10^{10}$ 秒。

如果有 10 億資料排序，10 億 $=10^9$，那麼兩種不同機器運算的時間如下：

（1）普通 PC：10^9 次運算 / 秒。

- 如果排序的時間複雜度為 $O(n^2)$，則需要 $(10^9)^2/10^9=10^{18}/10^9=10^9$ 秒≈ 30 年。
- 如果排序的時間複雜度為 $O(n\log n)$，則需要 $(10^9\times\log10^9)/10^9=(10^9\times30)/10^9=30$ 秒。

（2）超級電腦：10^{17} 次運算 / 秒。

- 如果排序的時間複雜度為 $O(n^2)$，則需要 $(10^9)^2/10^{17}=10^{18}/10^{17}=10$ 秒。
- 如果排序的時間複雜度為 $O(n\log n)$，則需要 $(10^9\times\log10^9)/10^{17}=(10^9\times30)/10^{17}=3\times10^{-7}$ 秒。

注意：$2^{10}=1024\approx10^3$，$2^{30}\approx10^9$，$\log10^3\approx\log2^{10}\approx10$，$\log10^9\approx\log2^{30}\approx30$。

2.2 貪婪演算法

貪婪演算法總是做出目前最好的選擇，期望透過局部最佳選擇得到全域最佳的解決方案。貪婪演算法正是 " 活在當下，看清楚眼前 " 的演算法，從問題的初始解開始，一步步地做出目前最好的選擇，逐步逼近問題的目標，盡可能得到最佳解；即使得不到最佳解，也可以得到最佳解的近似解。

當然，貪婪演算法在解決問題的策略上看似 " 目光短淺 "，只根據目前已有的資訊做出選擇，而且一旦做出了選擇，則不管將來有什麼結果，都不會改變。換而言之，貪婪演算法並不是從整體最佳來考慮的，它所做出的選擇只是某種意義上的局部最佳。對許多問題都可以使用貪婪演算法得到整體最佳解或整體最佳解的近似解。因此貪婪演算法在生活、生產中得到大量應用。

🕮 2.2.1 貪婪本質

我們在遇到具體問題時，往往分不清對哪些問題可以用貪婪演算法，對哪些問題不可以用貪婪演算法。實際上，如果問題具有兩個特性：貪婪選擇性質和最佳子結構性質，則可以用貪婪演算法。

（1）貪婪選擇性質。貪婪選擇性質指原問題的整體最佳解可以透過一系列局部最佳的選擇得到。應用同一規則，將原問題變為一個相似的、但規模更小的子問題，而後的每一步都是目前最佳的選擇。這種選擇依賴於已做出的選擇，但不依賴於未做出的選擇。運用貪婪演算法解決的問題在程式的運行過程中無回溯過程。關於貪婪選擇性質，讀者可在後面貪婪演算法圖解中得到深刻的體會。

（2）最佳子結構性質。當一個問題的最佳解壓縮含其子問題的最佳解時，稱此問題具有最佳子結構性質。問題的最佳子結構性質是該問題是否可以用貪婪演算法求解的關鍵。例如原問題 $S=\{a_1,a_2,\cdots,a_i,\cdots,a_n\}$，透過貪婪選擇選出一個目前最佳解 $\{a_i\}$ 之後，轉化為求解子問題 $S-\{a_i\}$，如果原問題的最佳解壓縮含子問題的最佳解，則説明該問題滿足最佳子結構性質。

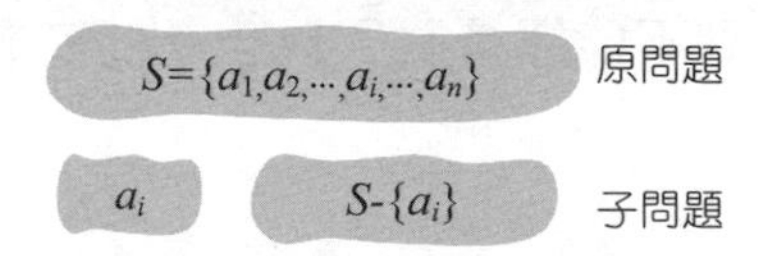

貪婪演算法的求解步驟如下。

（1）貪婪策略。指確定貪婪策略，選擇目前看上去最好的。比如挑選蘋果，如果你認為個頭大的是最好的，那麼每次都從蘋果堆中拿一個最大的作為局部最佳解，貪婪策略就是選擇目前最大的蘋果。如果你認為最紅的蘋果是最好的，那麼每次都從蘋果堆中拿一個最紅的，貪婪策略就是選擇目前最紅的蘋果。因此根據求解目標的不同，貪婪策略也會不同。

（2）局部最佳解。指根據貪婪策略，一步步地得到局部最佳解。比如第 1 次選一個最大的蘋果放起來，記為 a_1；第 2 次再從剩下的蘋果中選擇一個最大的蘋果放起來，記為 a_2，依此類推。

（3）全域最佳解。指把所有的局部最佳解都合成原問題的最佳解 $\{a_1, a_2 \cdots\cdots\}$。

2.2.2 最佳載入問題

有一天，海盜們截獲了一艘裝滿各種各樣古董的貨船，每件古董都價值連城，一旦打碎就失去了價值。雖然海盜船足夠大，但載重為 c，每件古董的重量為 w_i，海盜們絞盡腦汁要把盡可能多的寶貝裝上海盜船，該怎麼辦呢？

1．問題分析

根據問題描述可知，這是一個可以用貪婪演算法求解的最佳載入問題，要求載入的物品盡可能多，而船的容量是固定的，那麼優先把重量小的物品放進去，在容量固定的情況下，裝的物品最多。可以採用重量最輕者先裝的貪婪選擇策略，從局部最佳達到全域最佳，從而得到最佳載入問題的最佳解。

2．演算法設計

（1）當載重為定值 c 時，w_i 越小，可載入的古董數量 n 越大。依次選擇最小重量的古董，直到不能載入為止。

（2）把 n 個古董的重量從小到大（非遞減）排序，然後根據貪婪策略盡可能多地選出前 i 個古董，直到不能繼續載入為止。此時載入的古董數量就達到全域最佳解。

3．完美圖解

每個古董的重量都如下表所示，海盜船的載重 c 為 30，那麼在不打碎古董又不超過載重的情況下，怎樣載入最多的古董？

重量 $w[i]$	4	10	7	11	3	5	14	2

因為貪婪策略是每次都選擇重量最小的古董載入海盜船，因此可以按照古董的重量非遞減排序，排序後如下表所示。

重量 $w[i]$	2	3	4	5	7	10	11	14

按照貪婪策略，每次都選擇重量最小的古董載入。

- i=0：選擇排序後的第 1 個古董載入，載入重量 tmp=2，不超過載重 30，ans=1。
- i=1：選擇排序後的第 2 個古董載入，載入重量 tmp=2+3=5，不超過載重 30，ans=2。
- i=2：選擇排序後的第 3 個古董載入，載入重量 tmp=5+4=9，不超過載重 30，ans=3。
- i=3：選擇排序後的第 4 個古董載入，載入重量 tmp=9+5=14，不超過載重 30，ans=4。
- i=4：選擇排序後的第 5 個古董載入，載入重量 tmp=14+7=21，不超過載重 30，ans=5。
- i=5：選擇排序後的第 6 個古董載入，載入重量 tmp=21+10=31，超過載重 30，演算法結束。

即載入古董的個數為 5（ans=5）個。

4．演算法實現

根據演算法設計描述，可以用一維陣列 w[] 儲存古董的重量。

（1）按重量排序。可以利用 C++ 中的排序函數 sort，對古董的重量從小到大（非遞減）排序。要使用此函數，只需引入標頭檔：#include <algorithm>。排序函數如下：

```
sort(begin, end)// 參數 begin 和 end 表示一個範圍，分別為待排序陣列的啟始位址和尾位址，
預設為昇冪
```

在本例中，只需要呼叫 sort 函數對古董的重量從小到大排序即可：sort(w,w+n)。

（2）按照貪婪策略找最佳解。首先用變數 ans 記錄已經載入的古董個數，tmp 代表載入到船上的古董的重量，將兩個變數都初始化為 0；然後在按照重量從小到大排序的基礎上，依次檢查每個古董，使 tmp 加上該古董的重量，如果其結果小於或等於載重 c，則令 ans++；否則退出。

```
double tmp=0.0;
int ans=0; //tmp 為已載入到船上的古董的重量，ans 為已載入的古董個數
for(int i=0;i<n;i++){
    tmp+=w[i];
    if(tmp<=c)
        ans++;
    else
        break;
}
cout<<ans<<endl;
```

5．演算法分析

時間複雜度：按古董重量排序並呼叫 sort 函數，其平均時間複雜度為 $O(n\log n)$，輸入和貪婪策略求解的兩個 for 敘述的時間複雜度均為 $O(n)$，因此總時間複雜度為 $O(n\log n)$。

空間複雜度：在程式中使用了 tmp、ans 等輔助變數，空間複雜度為 $O(1)$。

2.3 分治演算法

《孫子兵法》中有句名言 " 凡治眾如治寡，分數是也 "，意思是把部隊分為各級組織，將帥只需透過管理少數幾個人就可以領導全軍。管理和指揮人數許多的大軍，如同管理和指揮人數少的部隊一樣容易。在演算法設計中，常常引入分而治之的策略，稱之為分治演算法，其本質就是將一個大規模的問題分解為許多規模較小的相同子問題，分而治之。

2.3.1 分治演算法秘笈

在現實生活中，對什麼樣的問題才能使用分治演算法解決呢？想要使用分治演算法，需要滿足以下三個條件：

（1）原問題可被分解為許多規模較小的相同子問題；

（2）子問題相互獨立；

（3）子問題的解可以合併為原問題的解。

分治演算法求解秘笈如下。

（1）分解：將原問題分解為許多規模較小、相互獨立且與原問題形式相同的子問題。

（2）治理：求解各個子問題。由於各個子問題與原問題形式相同，只是規模較小，所以當子問題劃分得足夠小時，就可以用較簡單的方法解決。

（3）合併：按原問題的要求，將子問題的解逐層合併成原問題的解。

一言以蔽之，分治演算法是將一個難以直接解決的大問題分割成一些規模較小的相同問題，以便各個擊破、分而治之。在分治演算法中，各個子問題形式相同，解決方法也一樣，因此可以使用遞迴演算法快速解決。所以，遞迴是彰顯分治演算法優勢的利器。

2.3.2 合併排序

在數列排序中，如果只有一個數，那麼它本身就是有序的；如果只有兩個數，那麼進行一次比較就可以完成排序。也就是說，數越少，排序越容易。那麼，對於一個由大量資料組成的數列，我們很難一次完成排序，這時可將其分解為小的數列，一直分解到只剩一個數時，本身已有序，再把這些有序的數列合併在一起，執行一個和分解相反的過程，從而完成對整個序列的排序。

合併排序就是採用分治策略，將一個大問題分成很多個小問題，先解決小問題，再透過小問題解決大問題。由於排序問題指定的是一個無序序列，所以可以把待排序元素分解成兩個規模大致相等的子序列，如果不易解決，則再將得到的子序列繼續分解，直到在子序列中包含的元素個數為 1。因為單一元素的序列本身是有序的，此時便可以進行合併，從而得到一個完整的有序序列。

1．演算法設計

合併排序是採用分治策略進行排序的演算法，是分治演算法的典型應用和完美表現。它是一種平衡、簡單的二分分治策略。

演算法步驟如下。

（1）分解：將待排序元素分成大小大致相同的兩個子序列。

（2）治理：對兩個子序列進行合併排序。

（3）合併：將排好序的有序子序列進行合併，得到最終的有序序列。

2．完美圖解

指定一個數列 (42,15,20,6,8,38,50,12)，執行合併排序的過程如下圖所示。

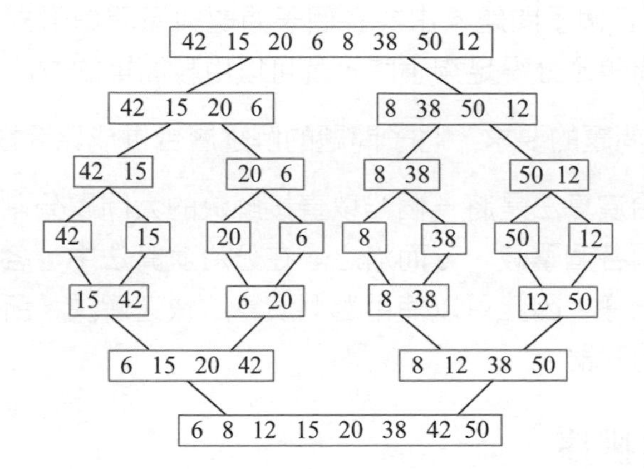

從上圖可以看出，首先將待排序元素分成大小大致相同的兩個子序列，然後把子序列分成大小大致相同的兩個子序列，如此下去，直到分解成一個元素時為止，這時含有一個元素的子序列就是有序的；然後執行合併操作，將兩個有序的子序列合併為一個有序序列，如此下去，直到所有的元素都合併為一個有序序列時為止。

3．演算法設計

1）合併操作

為了進行合併，這裡引入一個輔助合併函數 Merge(A,low,mid,high)，該函數將排好序的兩個子序列 A[low:mid] 和 A[mid+1:high] 進行合併。其中，low、high 代表待合併的兩個子序列在陣列中的下界和上界，mid 代表下界和上界的中間位置，如下圖所示。

low　mid　mid+1　high

A[]　| 4 | 9 | 15 | 24 | 30 |　| 2 | 6 | 18 | 20 |

這裡還設定 3 個工作指標 i、j、k（整數索引）和一個輔助陣列 B。其中，i 和 j 分別指向兩個待排序子序列中目前待比較的元素，k 指向輔助陣列 B 中待放置元素的位置。比較 A[i] 和 A[j]，將較小的設定值給 B[k]，對應的指標同時向後移動。如此反覆，直到所有元素都處理完畢。最後把輔助陣列 B 中排好序的元素複製到陣列 A 中，如下圖所示。

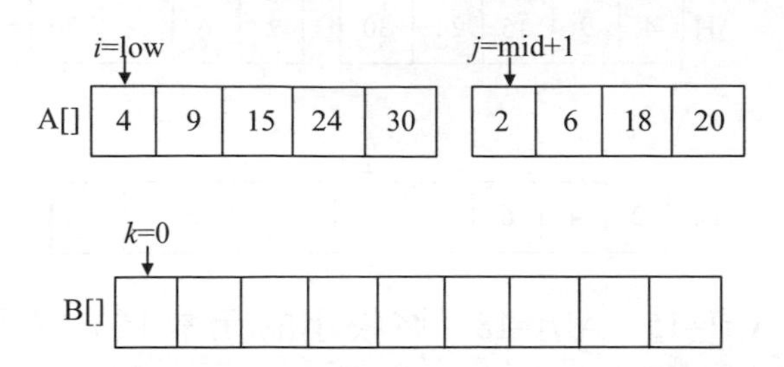

第 1 次比較時，A[*i*]=4，A[*j*]=2，將較小的元素 2 放入陣列 B 中，*j*++，*k*++。

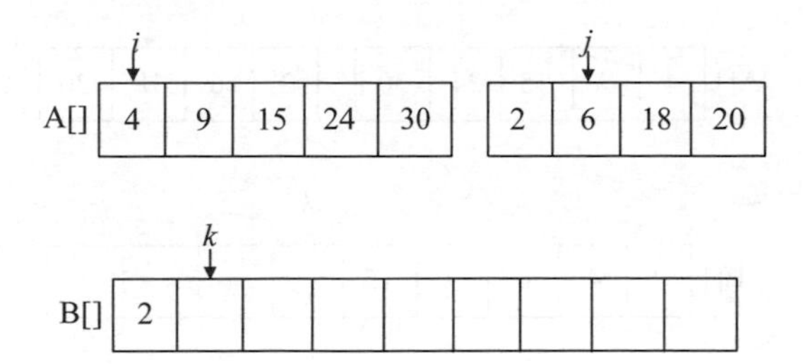

第 2 次比較時，A[*i*]=4，A[*j*]=6，將較小的元素 4 放入陣列 B 中，*i*++，*k*++。

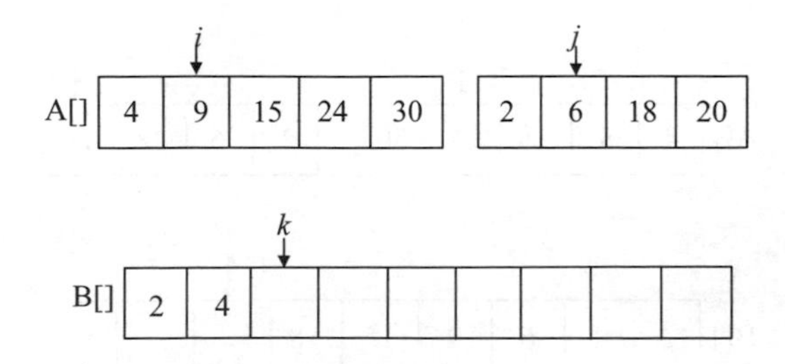

第 3 次比較時，A[*i*]=9，A[*j*]=6，將較小的元素 6 放入陣列 B 中，*j*++，*k*++。

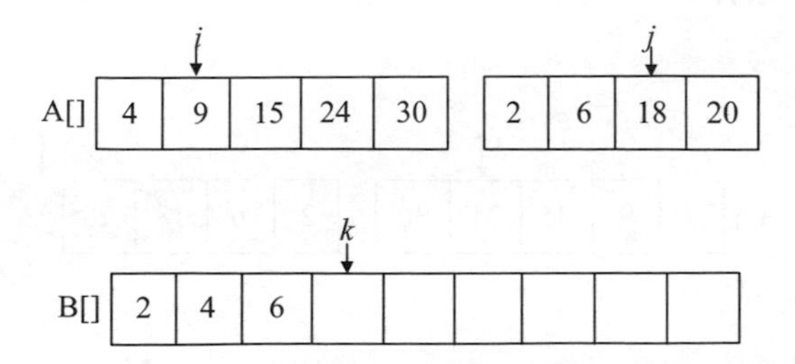

第 4 次比較時，A[*i*]=9，A[*j*]=18，將較小的元素 9 放入陣列 B 中，*i*++，*k*++。

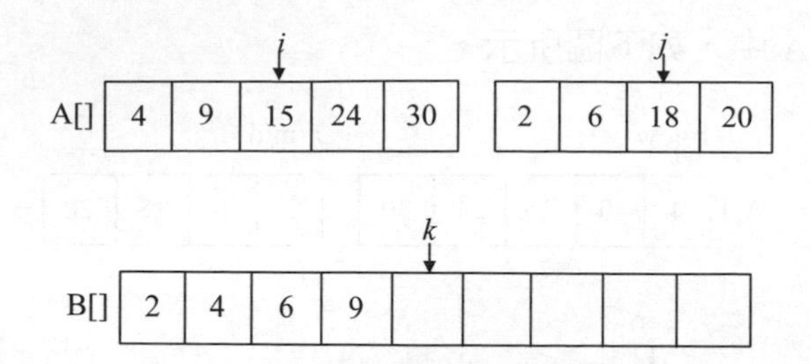

第 5 次比較時，A[i]=15，A[j]=18，將較小的元素 15 放入陣列 B 中，i++，k++。

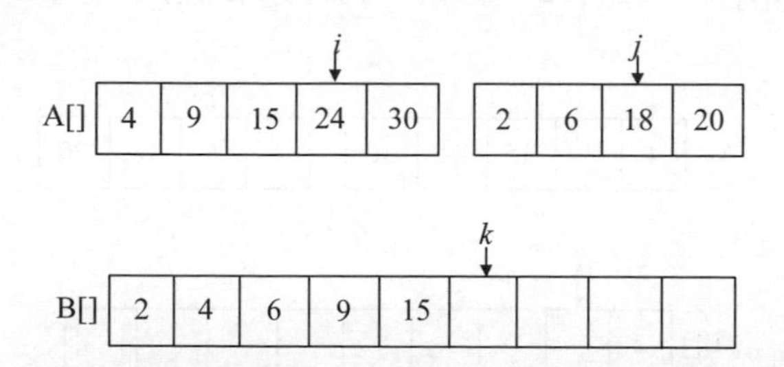

第 6 次比較時，A[i]=24，A[j]=18，將較小的元素 18 放入陣列 B 中，j++，k++。

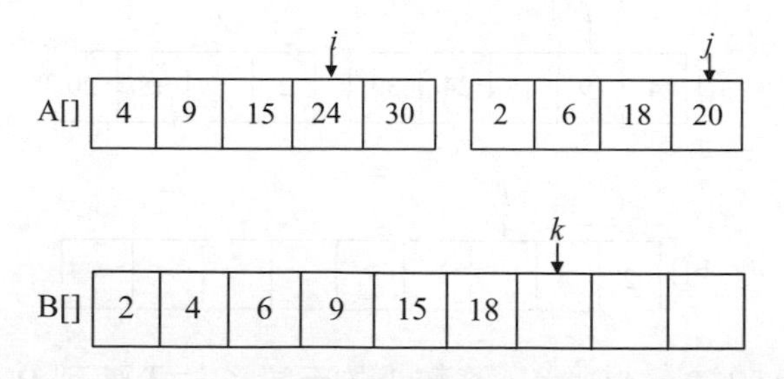

第 7 次比較時，A[i]=24，A[j]=20，將較小的元素 20 放入陣列 B 中，j++，k++。

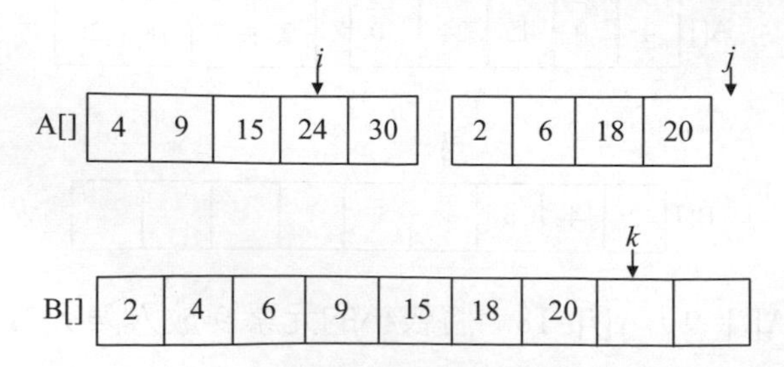

此時，j > high 的後半部分已處理完畢，但前半部分還剩餘元素，該怎麼辦？將剩餘元素照搬到陣列 B 就可以了。

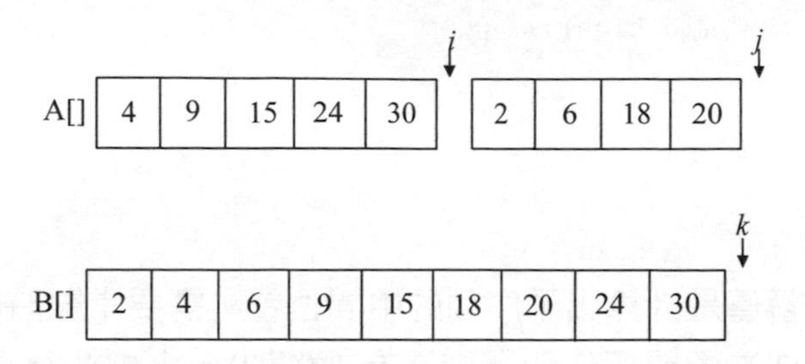

完成合併後，需要把輔助陣列 B 中的元素複製到原來的陣列 A 中。

	low								high
A[]	2	4	6	9	15	18	20	24	30

演算法程式：

```
void Merge(int A[],int low,int mid,int high){
    int *B=new int[high-low+1];// 申請一個輔助陣列
    int i=low,j=mid+1,k=0;
    while(i<=mid&&j<=high){// 按從小到大存放到輔助陣列 B 中
        if(A[i]<=A[j])
            B[k++]=A[i++];
        else
            B[k++]=A[j++];
    }
    while(i<=mid) B[k++]=A[i++];// 將陣列中剩下的元素放置到陣列 B 中
    while(j<=high) B[k++]=A[j++];
    for(i=low,k=0;i<=high;i++)
        A[i]=B[k++];
    delete[] B;
}
```

2）合併排序

將序列分為兩個子序列，然後對子序列進行遞迴排序，再把兩個已排好序的子序列合併成一個有序的序列。

```
void MergeSort(int A[],int low,int high){
    if(low<high){
```

```
        int mid=(low+high)/2;// 取中點
        MergeSort(A,low,mid);// 對 A[low:mid] 中的元素合併排序
        MergeSort(A,mid+1,high);// 對 A[mid+1:high] 中的元素合併排序
        Merge(A,low,mid,high);// 合併
    }
}
```

4．演算法分析

時間複雜度：分解僅是計算出子序列的中間位置，需要常數時間 $O(1)$。遞迴求解兩個規模為 $n/2$ 的子問題，所需時間為 $2T(n/2)$。合併演算法可以在 $O(n)$ 時間內完成。所以總執行時間如下：

$$T(n)=\begin{cases} O(1) & n=1 \\ 2T(n/2)+O(n) & n>1 \end{cases}$$

當 $n>1$ 時，遞推求解：

$$\begin{aligned} T(n) &= 2T(n/2)+O(n) \\ &= 2(2T(n/4)+O(n/2))+O(n) \\ &= 4T(n/4)+2O(n) \\ &= 8T(n/8)+3O(n) \\ &\cdots \\ &= 2^x T(n/2^x)+xO(n) \end{aligned}$$

遞推最終的規模為 1，令 $n=2^x$，則 $x=\log n$，那麼

$$\begin{aligned} T(n) &= nT(1)+\log nO(n) \\ &= n+\log nO(n) \\ &= O(n\log n) \end{aligned}$$

合併排序演算法的時間複雜度為 $O(n\log n)$。

空間複雜度：程式中的變數佔用了一些輔助空間，這些輔助空間都是常數階的，但每呼叫一個 Merge()，都分配一個適當大小的緩衝區，在退出時釋放。最多分配的大小為 n，所以空間複雜度為 $O(n)$。遞迴呼叫所使用的堆疊空間等於遞迴樹的深度，遞迴樹如下圖所示。

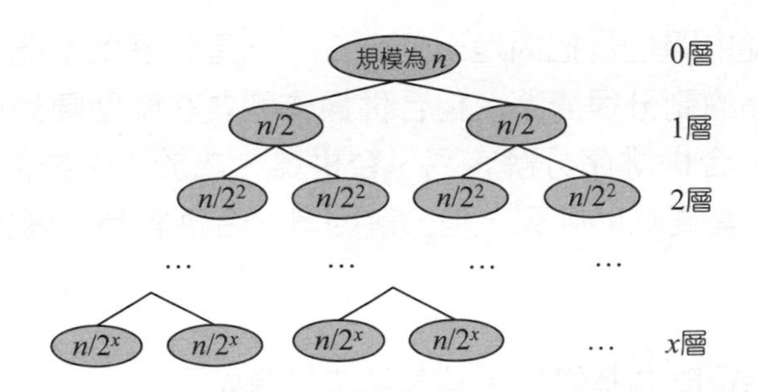

遞迴呼叫的底層元素個數為 1，因此 $n=2^x$，$x=\log n$，遞迴樹的深度為 $\log n$。

📖 2.3.3 快速排序

我們在生活中到處都會用到排序，例如比賽、獎學金評選、推薦系統等。排序演算法有很多種，能不能找到更快速、高效的排序演算法呢？

有人曾透過實驗，對各種排序演算法效率做了比較（單位：毫秒），比較結果如下表所示。

資料規模 / 排序演算法	10	100	1k	10k	100k	1M
上浮排序	0.000276	0.005643	0.545	61	8174	549432
選擇排序	0.000237	0.006438	0.488	47	4717	478694
插入排序	0.000258	0.008619	0.764	56	5145	515621
希爾排序（增量 3）	0.000522	0.003372	0.036	0.518	4.152	61
堆排序	0.000450	0.002991	0.041	0.531	6.506	79
歸併排序	0.000723	0.006225	0.066	0.561	5.48	70
快速排序	0.000291	0.003051	0.030	0.311	3.634	39
基數排序（進位 100）	0.005181	0.021	0.165	1.65	11.428	117
基數排序（進位 1000）	0.016134	0.026	0.139	1.264	8.394	89

從上表可以看出，如果對 10 萬個資料進行排序，則上浮排序需要 8174 毫秒，快速排序只需 3.634 毫秒！

快速排序是比較快速的排序方法，由 C. A. R. Hoare 在 1962 年提出。它的基本思想是：透過一趟排序將要排序的資料分割成獨立的兩部分，其中一部分的所有資料都比另外一部分的所有資料小，然後按此方法對這兩部分資料分別進行快速排序，整個排序過程可以遞迴進行，以此達到整個資料變成有序序列。

合併排序每次都從中間位置把問題一分為二，一直分解到不能再分時再執行合併操作。合併排序的劃分很簡單，但合併操作需要在輔助陣列中完成，是一種異地排序的方法。合併排序分解容易、合併難，屬於"先易後難"。而快速排序是原地排序，不需要輔助陣列，但分解困難、合併容易，屬於"先苦後甜"。

1．演算法設計

快速排序是以分治策略為基礎的，其演算法思想如下。

（1）分解：先從數列中取出一個元素作為基準元素。以基準元素為標準，將問題分解為兩個子序列，使小於或等於基準元素的子序列在左側，使大於基準元素的子序列在右側。

（2）治理：對兩個子序列進行快速排序。

（3）合併：將排好序的兩個子序列合併在一起，得到原問題的解。

如何分解是一個難題，因為如果基準元素選取不當，就有可能分解成規模為 0 和 n–1 的兩個子序列，這樣快速排序就退化為上浮排序了。

例如對於序列 (30,24,5,58,18,36,12,42,39)，第 1 次選取 5 作為基準元素，分解後如下圖所示。

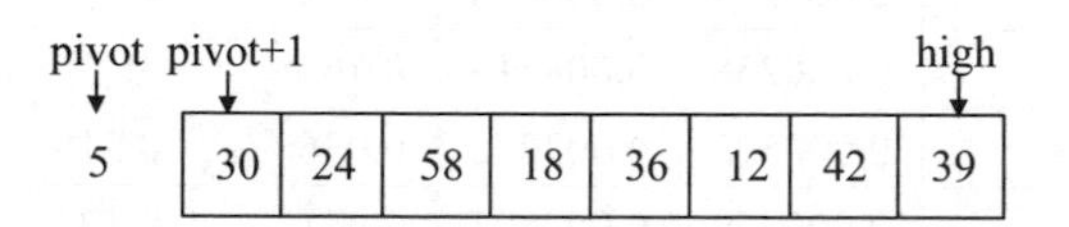

第 2 次選取 12 作為基準元素，分解後如下圖所示。

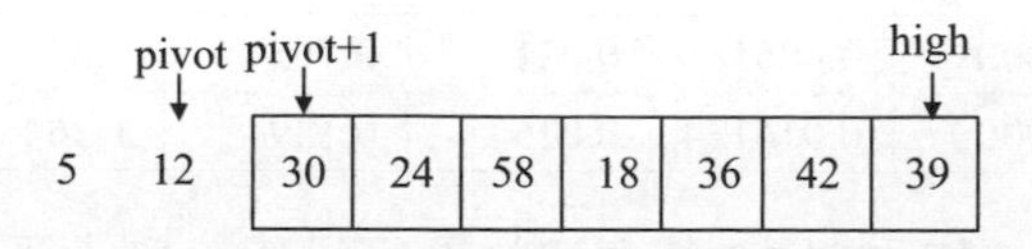

這樣做的效率是最低的，最理想的狀態是把序列分解為兩個規模相當的子序列，那麼怎樣選取基準元素呢？一般來說，對基準元素的選取有以下幾種方法：

- 取第一個元素；
- 取最後一個元素；
- 取中間位置的元素；

- 取第一個元素、最後一個元素、中間位置的元素三者的中位數；
- 取第一個元素和最後一個元素之間位置的隨機數 k（low ≤ k ≤ high），選 R[k] 作為基準元素。

2．完美圖解

因為並沒有明確說明哪一種基準元素選取方案最好，所以在此選取第一個元素作為基準，以說明快速排序的執行過程。

假設目前待排序的序列為 r[low: high]，其中 low ≤ high。

（1）取陣列的第一個元素作為基準元素 pivot=r[low]，i=low，j=high。

（2）從右向左掃描，找小於或等於 pivot 的數，如果找到，則 r[i] 和 r[j] 交換，i++。

（3）從左向右掃描，找大於 pivot 的數，如果找到，則 r[i] 和 r[j] 交換，j––。

（4）重複第 2 ～ 3 步，直到 i 和 j 重合，傳回 mid=i，該位置的數正好是 pivot 元素。

至此完成一趟排序。此時以 mid 為界，將原資料分為兩個子序列，左側子序列都比 pivot 小，右側子序列都比 pivot 大。然後分別對這兩個子序列進行快速排序。

這裡以序列 (30,24,5,58,18,36,12,42,39) 為例，演示快速排序過程。

（1）初始化。i=low，j=high，pivot=r[low]=30。

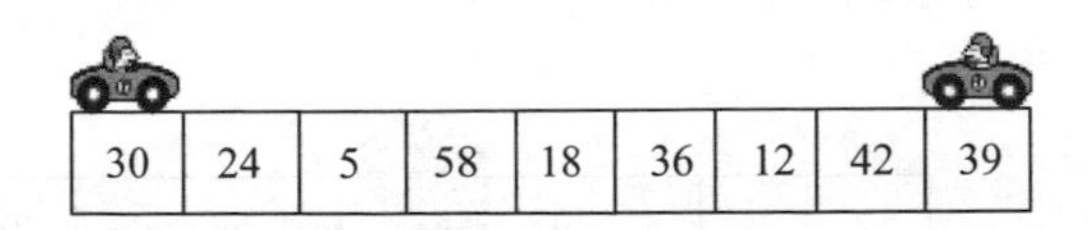

（2）向左走。從陣列的右邊位置向左找，一直找小於或等於 pivot 的數，找到 r[j]=12。

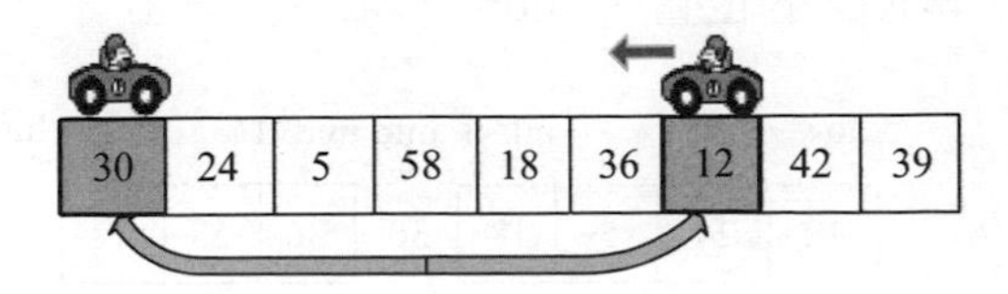

r[i] 和 r[j] 交換，i++，如下圖所示。

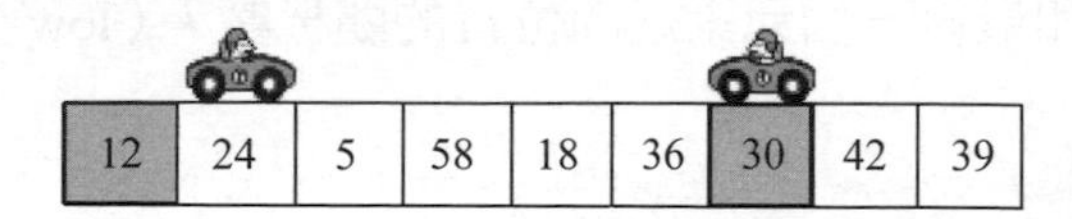

（3）向右走。從陣列的左邊位置向右找，一直找比 pivot 大的數，找到 r[i]=58。

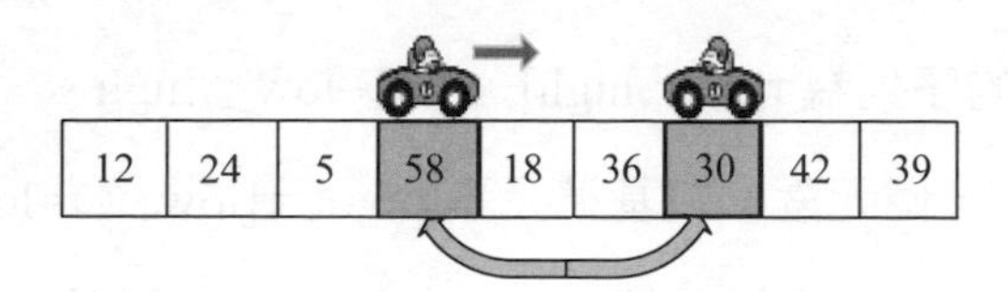

r[i] 和 r[j] 交換，j––，如下圖所示。

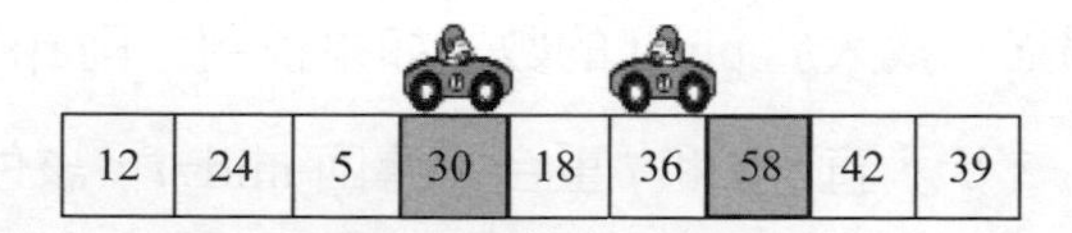

（4）向左走。從陣列的右邊位置向左找，一直找小於或等於 pivot 的數，找到 r[j]=18。

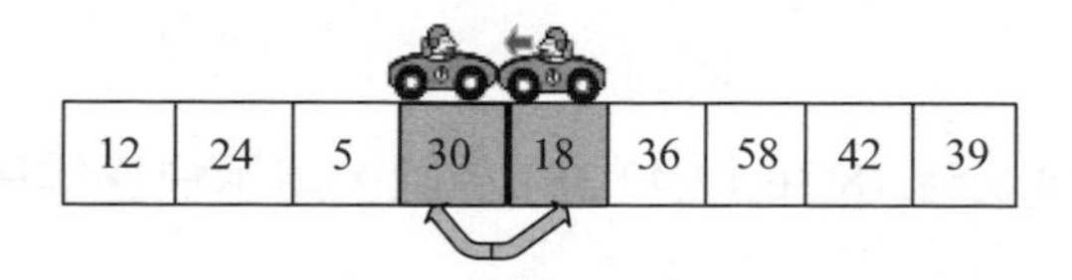

r[i] 和 r[j] 交換，i++，如下圖所示。

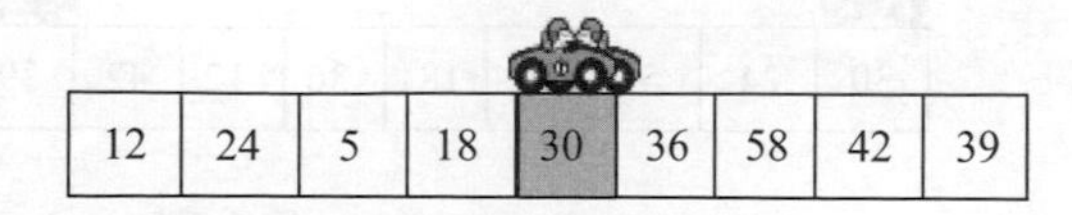

（5）向右走。從陣列的左邊位置向右找，一直找比 pivot 大的數，此時 i=j，第一趟排序結束，傳回 i 的位置，mid=i，如下圖所示。

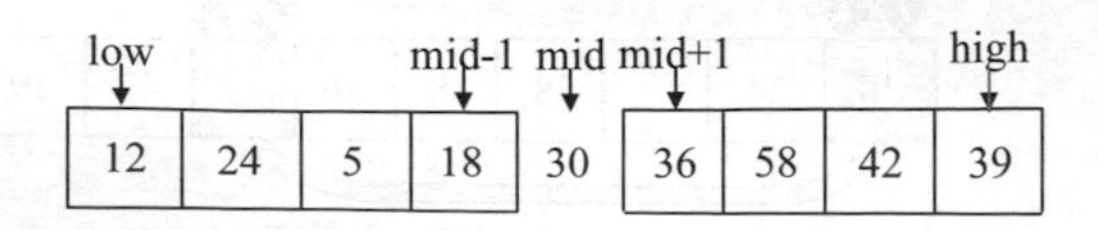

此時以 mid 為界，將原序列分為兩個子序列，左側子序列都比 pivot 小，右側子序列都比 pivot 大。然後分別對兩個子序列 (12,24,5,18)、(36,58,42,39) 進行快速排序。

3．演算法實現

（1）劃分函數。劃分函數對原序列進行分解，將其分解為兩個子序列，以基準元素 pivot 為界，左側子序列都比 pivot 小，右側子序列都比 pivot 大。先從右向左掃描，找小於或等於 pivot 的數，找到後兩者交換（在 r[*i*] 和 r[*j*] 交換後，*i*++）；再從左向右掃描，找比基準元素大的數，找到後兩者交換（在 r[*i*] 和 r[*j*] 交換後，*j*--）。掃描交替進行，直到 *i*=*j* 時停止，傳回劃分的中間位置 *i*。

```
int Partition(int r[],int low,int high){// 劃分函數
    int i=low,j=high,pivot=r[low];// 基準元素
    while(i<j){
        while(i<j&&r[j]>pivot) j--;// 向左掃描
        if(i<j)
            swap(r[i++],r[j]);        // 在 r[i] 和 r[j] 交換後，i+1，右移 1 位
        while(i<j&&r[i]<=pivot) i++;// 向右掃描
        if(i<j)
            swap(r[i],r[j--]);      // 在 r[i] 和 r[j] 交換後，j-1，左移 1 位
    }
    return i;// 傳回基準元素位置
}
```

（2）快速排序。首先對原序列劃分，得到劃分的中間位置 mid；然後以中間位置為界，分別對左半部分 (low,mid–1) 執行快速排序，對右半部分 (mid+1,high) 執行快速排序。遞迴結束的條件是 low ≥ high。

```
void QuickSort(int r[],int low,int high){// 快速排序
    if(low<high){
        int mid=Partition(r,low,high); // 劃分
        QuickSort(r,low,mid-1);    // 左區間遞迴快速排序
        QuickSort(r,mid+1,high);   // 右區間遞迴快速排序
    }
}
```

4．演算法分析

這裡將快速排序分為最好情況、最壞情況和平均情況進行演算法分析。

1）最好情況

分解：劃分 Partition 時需要掃描每個元素，每次掃描的元素個數都不超過 n，因此時間複雜度為 $O(n)$。

解決子問題：在最理想情況下，每次劃分都將問題分解為兩個規模為 $n/2$ 的子問題，遞迴求解兩個規模為 $n/2$ 的子問題，所需時間為 $2T(n/2)$，如下圖所示。

合併：因為是原地排序，所以合併操作不需要時間複雜度，如下圖所示。

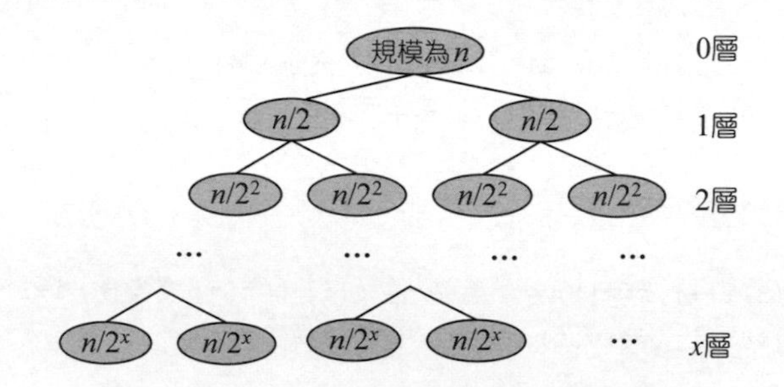

所以總執行時間如下：

$$T(n)=\begin{cases} O(1) & n=1 \\ 2T(n/2)+O(n) & n>1 \end{cases}$$

當 $n>1$ 時，可以遞推求解：

$$\begin{aligned} T(n) &= 2T(n/2)+O(n) \\ &= 2(2T(n/4)+O(n/2))+O(n) \\ &= 4T(n/4)+2O(n) \\ &= 8T(n/8)+3O(n) \\ &\cdots \\ &= 2^x T(n/2^x)+xO(n) \end{aligned}$$

遞推最終的規模為 1，令 $n=2^x$，則 $x=\log n$，那麼

$$\begin{aligned} T(n) &= nT(1)+\log nO(n) \\ &= n+\log nO(n) \\ &= O(n\log n) \end{aligned}$$

快速排序演算法在最好情況下的時間複雜度為 $O(n\log n)$。

空間複雜度：程式中的變數的輔助空間是常數階的，遞迴呼叫所使用的堆疊空間為遞迴樹的高度 $O(\log n)$，快速排序演算法在最好情況下的空間複雜度為 $O(\log n)$。

2）最壞情況

分解：劃分函數 Partition 時需要掃描每個元素，每次掃描的元素個數都不超過 n，因此時間複雜度為 $O(n)$。

解決子問題：在最壞情況下，每次劃分並將問題分解後，基準元素的左側（或右側）都沒有元素，基準元素的另一側為 1 個規模為 $n-1$ 的子問題，遞迴求解這個規模為 $n-1$ 的子問題，所需時間為 $T(n-1)$，如下圖所示。

合併：因為是原地排序，所以合併操作不需要時間複雜度，如下圖所示。

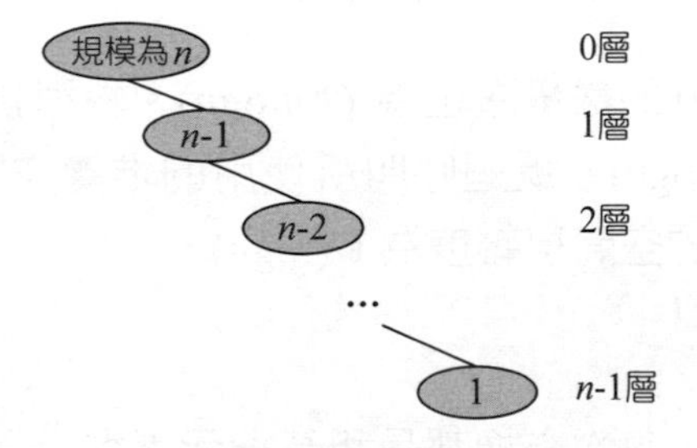

所以總執行時間如下：

$$T(n)=\begin{cases} O(1) & n=1 \\ T(n-1)+O(n) & n>1 \end{cases}$$

當 $n>1$ 時，可以遞推求解：

$$\begin{aligned} T(n) &= T(n-1)+O(n) \\ &= T(n-2)+O(n-1)+O(n) \\ &= T(n-3)+O(n-2)+O(n-1)+O(n) \\ &\cdots \\ &= T(1)+O(2)+\cdots+O(n-1)+O(n) \\ &= O(1)+O(2)+\cdots+O(n-1)+O(n) \\ &= O(n(n+1)/2) \end{aligned}$$

快速排序演算法在最壞情況下的時間複雜度為 $O(n^2)$。

空間複雜度：程式中的變數的輔助空間是常數階的，遞迴呼叫所使用的堆疊空間為遞迴樹的高度 $O(n)$，快速排序演算法在最壞情況下的空間複雜度為 $O(n)$。

3）平均情況

假設劃分後基準元素的位置在第 k（k=1,2,⋯,n）個，如下圖所示。

則：

$$
\begin{aligned}
T(n) &= \frac{1}{n}\sum_{k=1}^{n}(T(n-k)+T(k-1))+O(n) \\
&= \frac{1}{n}(T(n-1)+T(0)+T(n-2)+T(1)+\cdots+T(1)+T(n-2)+T(0)+T(n-1))+O(n) \\
&= \frac{2}{n}\sum_{k=1}^{n-1}T(k)+O(n)
\end{aligned}
$$

由歸納法可以得出，$T(n)$ 的數量級也為 $O(n\log n)$。快速排序演算法在平均情況下的時間複雜度為 $O(n\log n)$。遞迴呼叫所使用的堆疊空間為 $O(\log n)$，快速排序演算法在平均情況下的空間複雜度為 $O(\log n)$。

5．最佳化拓展

從上述演算法可以看出，每次交換都是和基準元素進行交換，實際上沒必要這樣做。我們的目的是把原序列分成以基準元素為界的兩個子序列，左側子序列小於或等於基準元素，右側子序列大於基準元素。那麼有很多方法可以實現：可以從右向左掃描，找小於或等於 pivot 的數 r[j]，然後從左向右掃描，找大於 pivot 的數 r[i]，將 r[i] 和 r[j] 交換，一直交替進行，直到 i 和 j 相遇為止，這時將基準元素與 r[i] 交換即可。這樣就完成了一次劃分過程，但交換元素的次數少了很多。

假設目前待排序的序列為 r[low: high]，其中 low ≤ high。

（1）首先取陣列的第一個元素作為基準元素，pivot=r[low]，i=low，j=high。

（2）從右向左掃描，找小於或等於 pivot 的數 r[j]。

（3）從左向右掃描，找大於 pivot 的數 r[*i*]。

（4）r[*i*] 和 r[*j*] 交換，*i*++，*j*--。

（5）重複第 2 ～ 4 步，直到 *i* 和 *j* 相等。此時如果 r[*i*] 大於 pivot，則 r[*i*–1] 和基準元素 r[low] 交換，傳回該位置，mid=*i*–1；否則 r[*i*] 和 r[low] 交換，傳回該位置，mid=*i*。該位置的數正好是基準元素。

至此完成一趟排序。此時以 mid 為界，將原資料分為兩個子序列，左側子序列都比 pivot 小，右側子序列都比 pivot 大。然後分別對這兩個子序列進行快速排序。

這裡以序列 (30,24,5,58,18,36,12,42,39) 為例，演示快速排序的最佳化過程。

（1）初始化。*i*=low，*j*=high，pivot=r[low]=30。

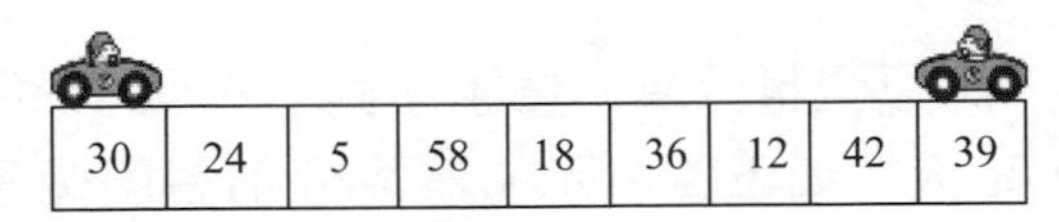

（2）向左走。從陣列的右邊位置向左找，一直找小於或等於 pivot 的數，找到 r[*j*]=12。

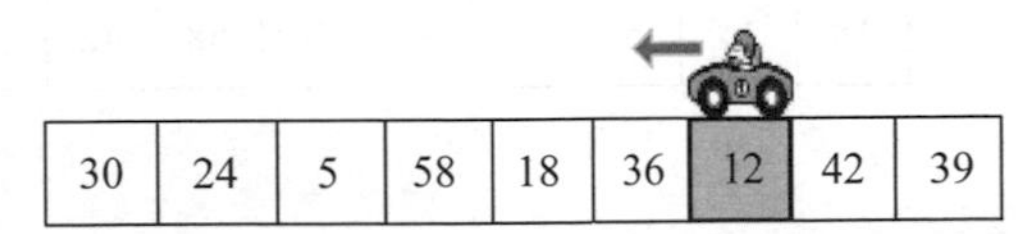

（3）向右走。從陣列的左邊位置向右找，一直找比 pivot 大的數，找到 R[*i*]=58。

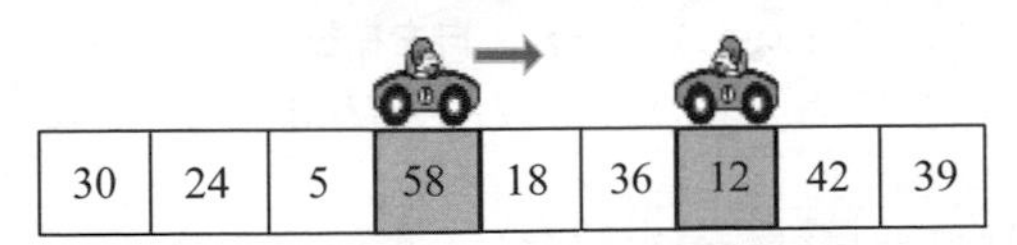

r[*i*] 和 r[*j*] 交換，*i*++，*j*--。

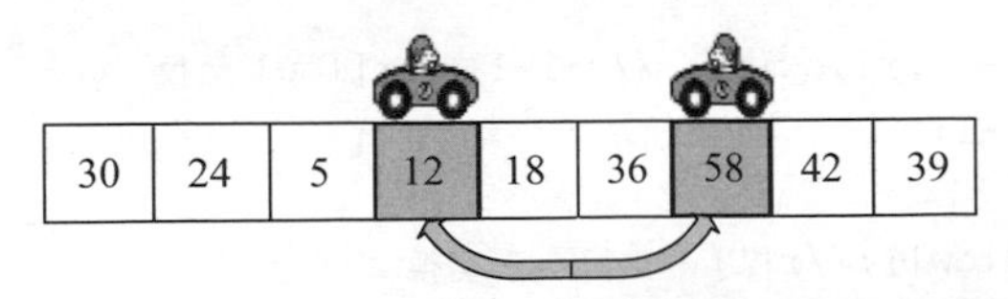

（4）向左走。從陣列的右邊位置向左找，一直找小於或等於 pivot 的數，找到 r[*j*]=18。

（5）向右走。從陣列的左邊位置向右找，一直找比 pivot 大的數，這時 *i*=*j*，停止。

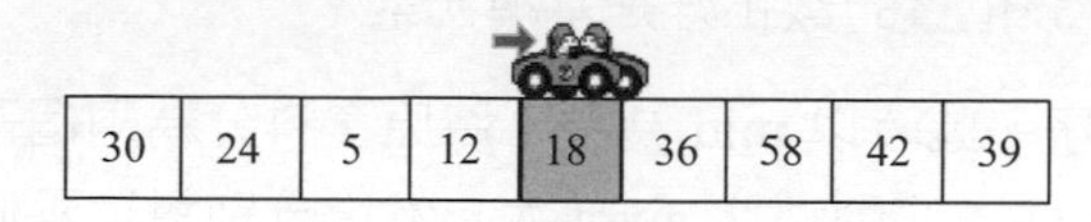

（6）r[*i*] 小於 pivot，r[*i*] 和 r[low] 交換，傳回 *i* 的位置，mid=*i*，第一趟排序結束。

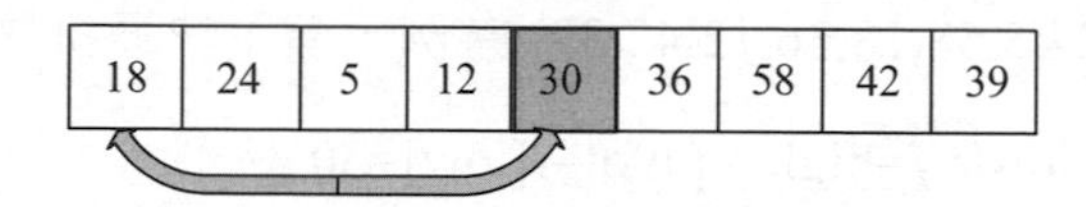

此時以 mid 為界，將原資料分為兩個子序列，左側子序列都比 pivot 小，右側子序列都比 pivot 大，如下圖所示。然後分別對兩個子序列 (18,24,5,12)、(36,58,42,39) 進行快速排序。

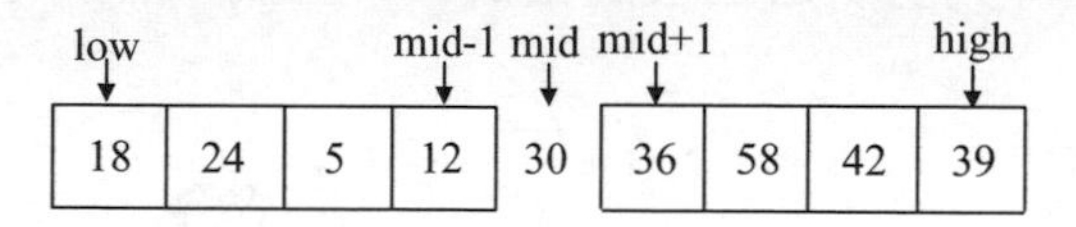

演算法程式：

```
int Partition2(int r[],int low,int high){// 劃分函數最佳化
    int i=low,j=high,pivot=r[low];// 基準元素
    while(i<j){
        while(i<j&&r[j]>pivot) j--;// 向左掃描
        while(i<j&&r[i]<=pivot) i++;// 向右掃描
        if(i<j)
            swap(r[i++],r[j--]); //r[i] 和 r[j] 交換
    }
    if(r[i]>pivot){
        swap(r[i-1],r[low]);   //r[i-1] 和 r[low] 交換
        return i-1;         // 傳回基準元素的位置
    }
    swap(r[i],r[low]);//r[i] 和 r[low] 交換
    return i;// 傳回基準元素的位置
}
```

2.4 STL 應用

容器通用函數如下。

- .size()：容器內的元素個數，無號整數。
- .empty()：判斷容器是否為空，傳回一個 bool 值。
- .front()：傳回容器第一個元素。
- .back()：傳回容器最後一個元素。
- .begin()：指向容器第一個元素的指標。
- .end()：指向容器最後一個元素的下一個位置的指標。
- .swap(b)：交換兩個容器的內容。
- ::iterator：迭代器。

在講解 STL 容器之前，首先要明白什麼是迭代器。迭代器是一個廣義的指標，可以是指標，也可以是類似指標操作的物件。範本使演算法獨立於儲存的資料類型，而迭代器使演算法獨立於使用的容器類型。舉例來說，使用迭代器輸出 vector 容器中的元素，程式如下。

```
for(vector<int>::iterator it=a.begin();it!=a.end();it++)
    cout<<*it<<endl;
```

📖 2.4.1 vector

vector（向量）是一個封裝了動態大小陣列的順序容器（Sequence Container）。順序容器中的元素按照嚴格的線性順序排序，可以透過元素在序列中的位置存取對應的元素，支援陣列標記法和隨機存取。vector 使用一個記憶體分配器動態處理儲存需求。使用 vector 時需要引入標頭檔 #include<vector>。

（1）創建。vector 能夠存放各種類型的物件，可以是 C++ 標準資料類型，也可以是結構類型。例如：

```
vector<int>a; //創建一個空的 vector，資料類型為 int，陣列名稱為 a
vector<int>a(100); //創建一個 vector，陣列名稱為 a，元素個數為 100，所有數的初值都為 0
vector<int>a(10,666); //創建一個 vector，陣列名稱為 a，元素個數為 10，所有數的初值都為
666
vector<int>b(a); //b 是 a 的複製
```

```
vector<int>b(a.begin()+3,a.end()-3); // 複製 [a.begin()+3,a.end()-3) 區間內的元素
到 vector 中
```

創建二維陣列：

```
vector<int>a[5];// 相當於創建了 5 個 vector，每個都是一個陣列
```

（2）增加。在 vector 中增加元素，可以從尾部增加，也可以從中間增加。需要注意的是，從中間插入時需要將插入位置之後的所有元素後移，時間複雜度為 $O(n)$，效率較低。

```
a.push_back(5); // 在在量尾部增加一個元素 5
a.insert(a.begin()+1,10); // 在 a.begin()+1 指向元素前插入一個 10
a.insert(a.begin()+1,5,10); // 在 a.begin()+1 指向元素前插入 5 個 10
a.insert(a.begin()+1,b,b+3); // 在 a.begin()+1 指向元素前插入 b 向量的區間元素
```

（3）刪除。可以刪除尾部元素、指定位置的元素、區間，還可以清空整個向量。

```
a.pop_back(); // 刪除向量中的最後一個元素
a.erase(a.begin()+1); // 刪除指定位置的元素
a.erase(a.begin()+3,a.end()-3); // 刪除區間 [first,last) 中的元素
a.clear(); // 清空向量
```

（4）遍歷。可以用陣列標記法，也可以用迭代器對向量元素進行存取。

```
for(int i=0;i<a.size();i++)
    cout<<a[i]<<"\t";
for(vector<int>::iterator it=a.begin();it<a.end();it++)
    cout<<*it<<"\t";
```

（5）改變向量的大小。resize 可以改變目前向量的大小，如果它比目前向量大，則填充預設值；如果比目前向量小，則捨棄後面的部分。

```
a.resize(5); // 設定向量的大小為 5，如果在目前向量內有 8 個元素，則捨棄後面 3 個
```

訓練　間諜

題目描述（HDU3527）：X 國的情報委員收到一份可靠的資訊，資訊表明 Y 國將派間諜去竊取 X 國的機密檔案。X 國指揮官手中有兩份名單列表，一份是 Y 國派往 X 國的間諜名單列表，另一份是 X 國以前派往 Y 國的間諜名單列表。

這兩份名單列表可能有些重疊。因為間諜可能同時扮演兩個角色，稱之為"雙重間諜"。因此，Y 國可以把雙重間諜送回 X 國。很明顯，這對 X 國是有利的，因為雙重間諜可以把 Y 國的機密檔案帶回，而不必擔心被 Y 國邊境拘留。所以指揮官決定抓住由 Y 國派出的間諜，讓普通人和雙重間諜進入。那麼你能確定指揮官需要抓捕的間諜名單嗎？

輸入：有幾個測試使用案例。每個測試使用案例都包含 4 部分。第 1 部分包含 3 個正整數 A、B、C，A 是進入邊境的人數，B 是 Y 國將派出的間諜人數，C 是 X 國以前派到 Y 國的間諜人數。第 2 部分包含 A 個字串，為進入邊境的人員名單。第 3 部分包含 B 個字串，為由 Y 國派出的間諜名單。第 4 部分包含 C 個字串，即雙重間諜的名單。每個測試使用案例後都有一個空白行。在一份名單列表中不會有任何名字重複，如果有重複的名字出現在兩份名單列表中，則表示同一個人。

輸出：輸出指揮官抓捕的間諜名單（按清單 B 的出現順序）。如果不應捕捉任何人，則輸出 "No enemy spy"。

輸入範例	輸出範例
84 3	Qian Sun Li
Zhao Qian Sun Li Zhou Wu Zheng Wang	No enemy spy
Zhao Qian Sun Li	
Zhao Zhou Zheng	
22 2	
Zhao Qian	
Zhao Qian	
Zhao Qian	

1．演算法設計

本題有 3 個名單，可以使用陣列 vector 解決。

（1）定義 4 個 vector，分別記錄 3 行字串和答案。

（2）判斷第 2 行在第 1 行中出現但沒在第 3 行中出現的字串，將其增加到答案中。

（3）如果答案陣列不空，則按順序輸出。

2．演算法實現

```
vector<string> x,y,z,ans;
int main(){
    int a,b,c;
    string s;
    while(cin>>a>>b>>c){
        x.clear(),y.clear(),z.clear(),ans.clear();
        for(int i=0;i<a;i++){
            cin>>s;
            x.push_back(s);
        }
        for(int i=0;i<b;i++){
            cin>>s;
            y.push_back(s);
        }
        for(int i=0;i<c;i++){
            cin>>s;
            z.push_back(s);
        }
        for(int i=0;i<b;i++){// 判斷第 2 行在第 1 行中出現但沒在第 3 行中出現的字串
            if(find(x.begin(),x.end(),y[i])!=x.end())
                if(find(z.begin(),z.end(),y[i])==z.end())
                    ans.push_back(y[i]);
        }
        if(!ans.size())
            cout<<"No enemy spy\n";
        else{
            for(int i=0;i<ans.size();i++){
                if(i!=0)
                    cout<<" ";
                cout<<ans[i];
            }
            cout<<endl;
        }
    }
    return 0;
}
```

📖 2.4.2 堆疊

堆疊（stack）只允許在堆疊頂操作，不允許在中間位置進行插入和刪除操作，不支援陣列標記法和隨機存取。使用 stack 時需要引入標頭檔 #include<stack>。堆疊的基本操作很簡單，包括存入堆疊、移出堆疊、取堆疊頂、判斷堆疊空、求堆疊大小。

- stack<int>*s*：創建一個空堆疊 *s*，資料類型為 int。
- push(*x*)：*x* 存入堆疊。
- pop()：移出堆疊。
- top()：取堆疊頂（未移出堆疊）。
- empty()：判斷堆疊是否為空，若為空則傳回 true。
- size()：求堆疊大小，傳回堆疊中的元素個數。

訓練　Web 導覽

題目描述（POJ1028）：標準的 Web 瀏覽器包含在最近存取過的頁面中向後和向前移動的功能。實現這些特性的一種方法是使用兩個堆疊來追蹤前後移動可到達的頁面。支援以下命令。

- BACK：將目前頁面推到前向堆疊的頂部。從後向堆疊的頂部彈出頁面，使其成為新的目前頁面。如果後向堆疊為空，則忽略該命令。
- FORWARD：將目前頁面推到後向堆疊的頂部。從前向堆疊頂部彈出頁面，使其成為新的目前頁面。如果前向堆疊為空，則忽略該命令。
- VISIT：將目前頁面推到後向堆疊的頂部，使 URL 成為新的目前頁面。前向堆疊清空。
- QUIT：退出瀏覽器。

假設瀏覽器的最初頁面為 URL ***###.acm.org/（對 "http://" 用 "***" 代替，對 "www" 用 "###" 代替）。

輸入：輸入是一系列 BACK、FORWARD、VISIT、QUIT 命令。URL 沒有空白，最多有 70 個字元。任何時候，在每個堆疊中都不會超過 100 個元素。QUIT 命令表示輸入結束。

輸出：對於除 QUIT 外的每個命令，如果不忽略該命令，則在執行該命令後單行輸出目前頁的 URL，否則輸出 "Ignored"。QUIT 命令沒有輸出。

輸入範例	輸出範例
VISIT ***acm.ashland.edu/	***acm.ashland.edu/
VISIT ***acm.baylor.edu/acmicpc/	***acm.baylor.edu/acmicpc/
BACK	***acm.ashland.edu/
BACK	***###.acm.org/
BACK	Ignored
FORWARD	***acm.ashland.edu/
VISIT ***###.ibm.com/	***###.ibm.com/
BACK	***acm.ashland.edu/
BACK	***###.acm.org/
FORWARD	***acm.ashland.edu/
FORWARD	***###.ibm.com/
FORWARD	Ignored
QUIT	

1．演算法設計

本題模擬 Web 瀏覽器中的前進和後退兩個操作，可以使用兩個 stack 解決。backward 表示後向堆疊；forward 表示前向堆疊。

（1）初始時，目前頁面 cur 為 "***###.acm.org/"。

（2）BACK：如果後向堆疊為空，則忽略該命令；否則將目前頁面放入前向堆疊，從後向堆疊的頂部彈出頁面，使其成為新的目前頁面。輸出目前頁面。

（3）FORWARD：如果前向堆疊為空，則忽略該命令；否則將目前頁面放入後向堆疊，從前向堆疊的頂部彈出頁面，使其成為新的目前頁面。輸出目前頁面。

（4）VISIT：將目前頁面放入後向堆疊的頂部，並使 URL 成為新的目前頁面。前向堆疊清空。輸出目前頁面。

（5）QUIT：退出瀏覽器。

2．完美圖解：

（1）初始時，cur 為 "***###.acm.org/"。

（2）VISIT ***acm.ashland.edu/，將目前頁面放入後向堆疊的頂部，並使 URL 成為新的目前頁面。前向堆疊清空。

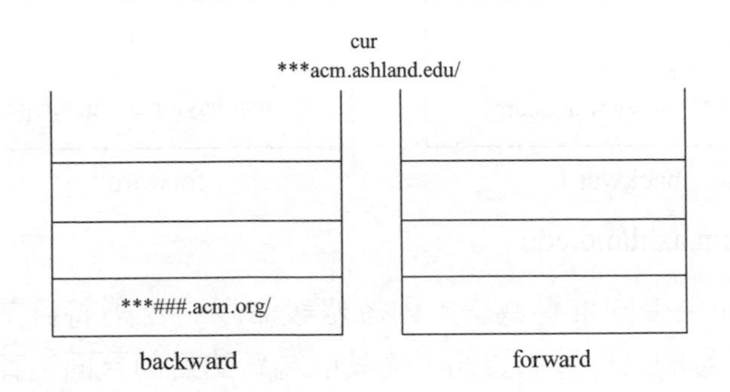

輸出 cur：***acm.ashland.edu/。

（3）VISIT ***acm.baylor.edu/acmicpc/，將目前頁面放入後向堆疊的頂部，並使 URL 成為新的目前頁面。前向堆疊清空。

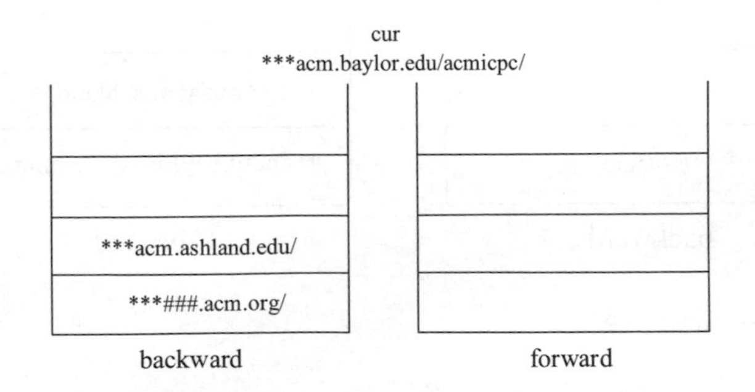

輸出 cur：***acm.baylor.edu/acmicpc/。

（4）BACK：如果後向堆疊為空，則忽略該命令；否則將目前頁面放入前向堆疊，從後向堆疊的頂部彈出頁面，使其成為新的目前頁面。輸出目前頁面。

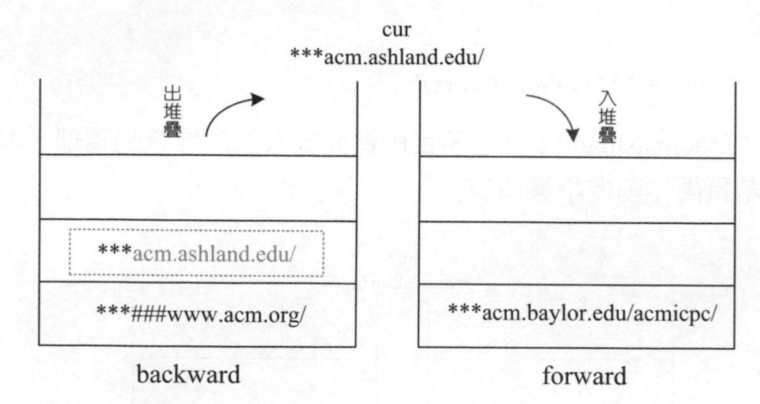

輸出 cur：***acm.ashland.edu/。

（5）BACK：如果後向堆疊為空，則忽略該命令；否則將目前頁面放入前向堆疊，從後向堆疊的頂部彈出頁面，使其成為新的目前頁面。輸出目前頁面。

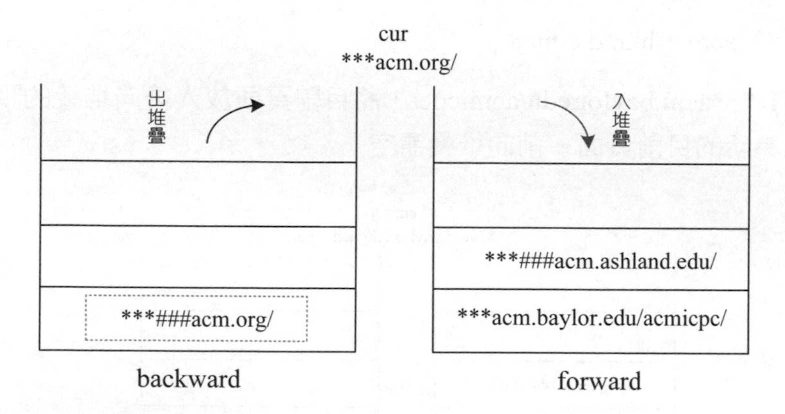

輸出 cur：***###.acm.org/。

（6）BACK：後向堆疊為空，輸出忽略命令。

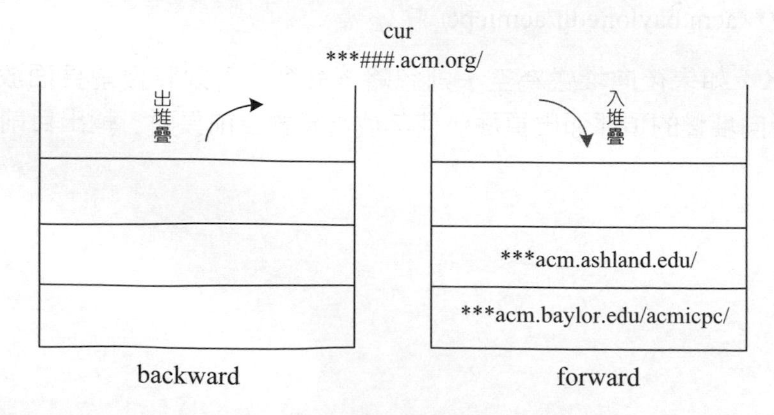

輸出：Ignored。

（7）FORWARD：如果前向堆疊為空，則忽略該命令；否則將目前頁面放入後向堆疊，從前向堆疊的頂部彈出頁面，使其成為新的目前頁面。輸出目前頁面。

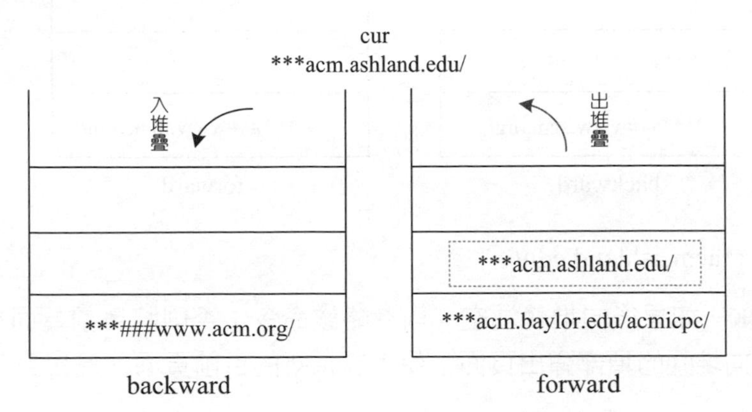

輸出 cur：***acm.ashland.edu/。

（8）VISIT ***###.ibm.com/，將目前頁面放入後向堆疊的頂部，並使 URL 成為新的目前頁面。前向堆疊清空。

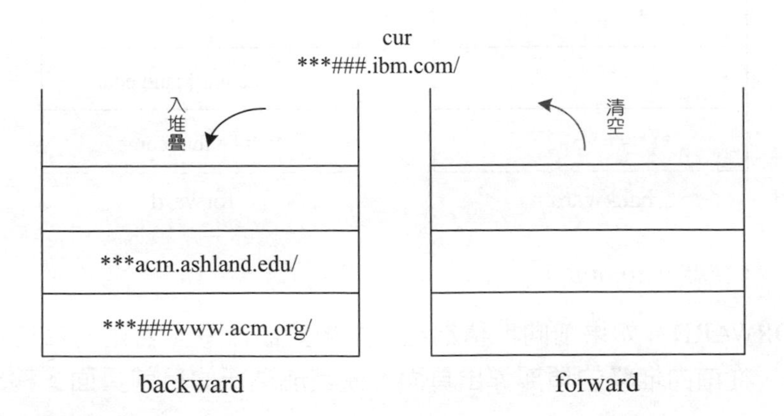

輸出 cur：***###.ibm.com/。

（9）BACK：如果後向堆疊為空，則忽略該命令；否則將目前頁面放入前向堆疊，從後向堆疊的頂部彈出頁面，使其成為新的目前頁面。輸出目前頁面。

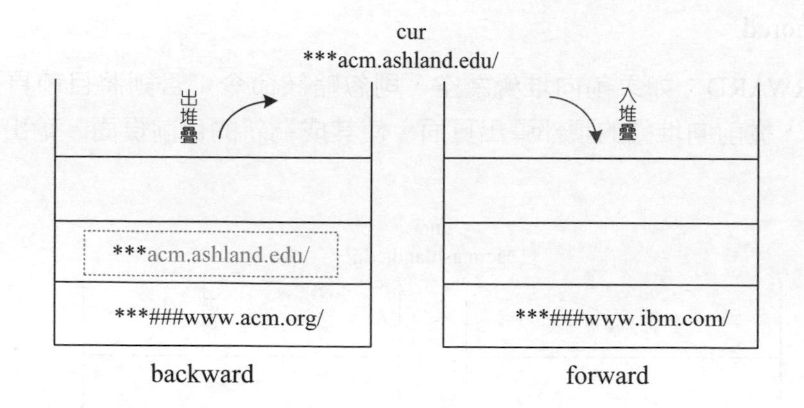

輸出 cur：***acm.ashland.edu/。

（10）BACK：如果後向堆疊為空，則忽略該命令；否則將目前頁面放入前向堆疊，從後向堆疊的頂部彈出頁面，使其成為新的目前頁面。輸出目前頁面。

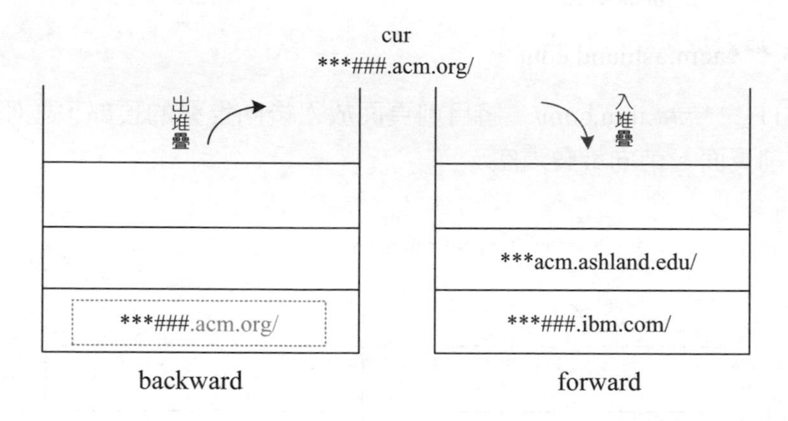

輸出 cur：***###.acm.org/。

（11）FORWARD：如果前向堆積為空，則忽略該命令；否則將目前頁面放入後向堆疊，從前向堆疊的頂部彈出頁面，使其成為新的目前頁面。輸出目前頁面。

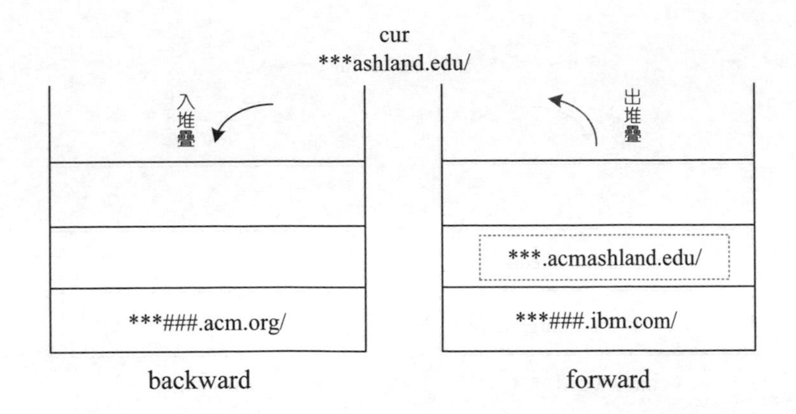

輸出 cur：***acm.ashland.edu/。

（12）FORWARD：如果前向堆疊為空，則忽略該命令；否則將目前頁面放入後向堆疊，從前向堆疊的頂部彈出頁面，使其成為新的目前頁面。輸出目前頁面。

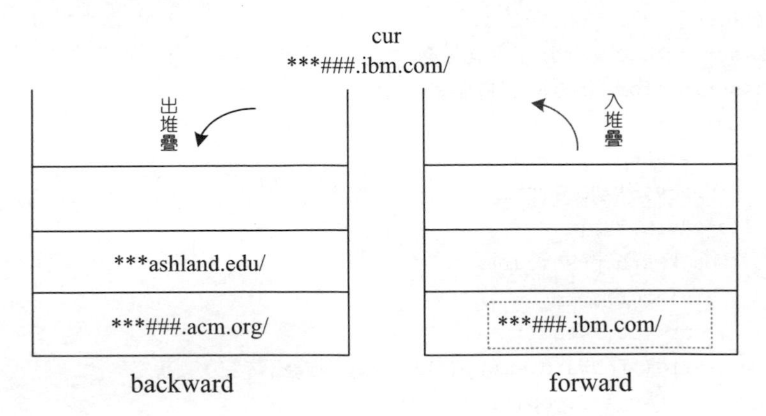

輸出 cur：***###.ibm.com/。

（13）FORWARD：前向堆疊為空，忽略該命令。

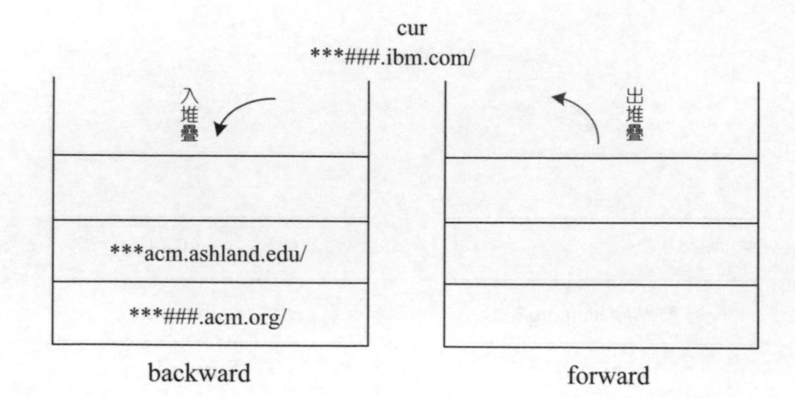

輸出：Ignored。

（14）QUIT：結束。

3．演算法實現

```
int main(){
    stack<string>backward;// 後向堆疊
    stack<string>forward;// 前向堆疊
    string c;
    string cur="http://www.acm.org/";
    while(cin>>c&&c!="QUIT"){
        if(c=="VISIT"){
            backward.push(cur);
            cin>>cur;
            cout<<cur<<endl;
            while(!forward.empty())// 若前向堆疊不為空，則清空
                forward.pop();
        }else if(c=="BACK"){
            if(backward.empty())
                cout<<"Ignored"<<endl;
            else{
                forward.push(cur);
                cur=backward.top();
                backward.pop();
                cout<<cur<<endl;
            }
        }else{
```

```
            if(forward.empty())
                cout<<"Ignored"<<endl;
            else{
                backward.push(cur);
                cur=forward.top();
                forward.pop();
                cout<<cur<<endl;
            }
        }
    }
    return 0 ;
}
```

📖 2.4.3 queue

佇列（queue）只允許從佇列尾加入佇列、從佇列首移出佇列，不允許在中間位置插入和刪除，不支援陣列標記法和隨機存取。使用 queue 時需要引入標頭檔 #include<queue>。佇列的基本操作很簡單，包括加入佇列、移出佇列、取佇列首、判斷佇列空、求佇列大小。

- queue<int>*q*：創建一個空佇列 *q*，資料類型為 int。
- push(*x*)：*x* 加入佇列。
- pop()：移出佇列。
- front()：取佇列首（未移出佇列）。
- empty()：判斷佇列是否為空，若為空，則傳回 true。
- size()：求佇列大小，傳回佇列中的元素個數。

訓練　騎士移動

題目描述（POJ1915）：寫程式，計算騎士從一個位置移動到另一個位置所需的最少移動次數。騎士移動的規則如下圖所示。

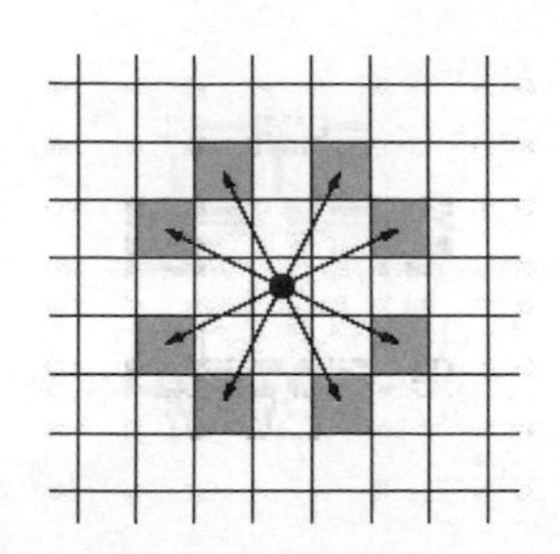

輸入：輸入的第 1 行為測試使用案例的個數 N。每個測試使用案例都包含 3 行。第 1 行表示棋盤的長度 L（$4 \le L \le 300$），棋盤的大小為 $L \times L$；第 2 行和第 3 行包含一對 $\{0,\cdots,L-1\} \times \{0,\cdots,L-1\}$ 的整數，表示騎士在棋盤上的起始位置和結束位置。假設這些位置是該棋盤上的有效位置。

輸出：對於每個測試使用案例，都單行輸出騎士從起點移動到終點所需的最少移動次數。如果起點和終點相等，則移動次數為零。

輸入範例	輸出範例
3 8 0 0 7 0 100 0 0 30 50 10 1 1 1 1	5 28 0

1．演算法設計

本題是求解棋盤上從起點到終點最短距離的問題，可以使用 queue 進行廣度優先搜尋，步驟如下：

（1）如果起點正好等於終點，則傳回 0；

（2）將起點放入佇列；

（3）如果佇列不空，則佇列首移出佇列，否則擴充 8 個方向，如果找到目標，則立即傳回步進值 +1，否則判斷是否越界；如果沒有越界，則將步進值 +1 並放入佇列，標記其已存取。如果騎士的目前位置為 (x, y)，則移動時目前位置座標加上偏移量即可。例如騎士從目前位置移動到右上角的位置 $(x-2, y+1)$，如下圖所示。

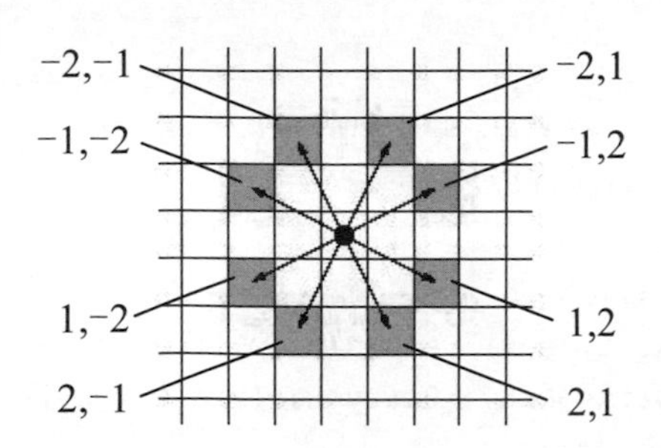

8 個方向的位置偏移如下。

```
int dx[8]={-2,-2,-1,-1,1,1,2,2};  // 行偏移量
int dy[8]={1,-1,2,-2,2,-2,1,-1};  // 列偏移量
```

也可以用一個二維陣列 int dir[8][2]={-2,-1,-2,1,-1,-2,-1,2,1,-2,1,2,2,-1,2,1} 表示位置偏移。

2．演算法實現

```
struct point{// 到達的點和需要的步數
    int x,y;
    int step;
};
int dx[8]={-2,-2,-1,-1,1,1,2,2};
int dy[8]={1,-1,2,-2,2,-2,1,-1};
//int dir[8][2]={-2,-1,-2,1,-1,-2,-1,2,1,-2,1,2,2,-1,2,1};
bool vis[maxn][maxn];
int sx,sy,ex,ey,tx,ty,L;

int bfs(){
    if(sx==ex&&sy==ey) return 0;
    memset(vis,false,sizeof(vis));// 初始化
    queue<point>Q;// 定義一個佇列
    point start,node;
    start.x=sx;
    start.y=sy;
    start.step=0;// 佇列初始化
```

```
    Q.push(start);// 壓進佇列
    int step,x,y;
    while(!Q.empty()){
        start=Q.front(),Q.pop();// 取佇列的頭元素，同時把這個元素彈出
        x=start.x;
        y=start.y;
        step=start.step;// 把佇列頭元素的 x、y、step 取出
        for(int i=0;i<8;i++){// 擴充
            tx=x+dx[i];
            ty=y+dy[i];
            if(tx==ex&&ty==ey) return step+1;
            if(tx>=0&&tx<L&&ty>=0&&ty<L&&!vis[tx][ty]){
                node.x=tx;
                node.y=ty;
                node.step=step+1;
                Q.push(node);// 滿足條件的進佇列
                vis[tx][ty]=true;
            }
        }
    }
}
```

🕮 2.4.4 list

list 是一個雙向鏈結串列，可以在常數時間內插入和刪除，不支援陣列標記法和隨機存取。使用 list 時，需要引入標頭檔 #include<list>。

list 的專用成員函數如下。

- merge(*b*)：將鏈結串列 *b* 與呼叫鏈結串列合併，在合併之前，兩個鏈結串列必須已經排序，合併後經過排序的鏈結串列被保存在呼叫鏈結串列中，*b* 為空。
- remove(val)：從鏈結串列中刪除 val 的所有節點。
- splice(pos,*b*)：將鏈結串列 *b* 的內容插入 pos 的前面，*b* 為空。
- reverse()：將鏈結串列翻轉。
- sort()：將鏈結串列排序。

- unique()：將連續的相同元素壓縮為單一元素。不連續的相同元素無法壓縮，因此一般先排序後去重。

其他成員函數如下。

- push_front(*x*)/push_back(*x*)：*x* 從鏈結串列頭或尾入。
- pop_front()/pop_back()：從鏈結串列頭或尾出。
- front()/back()：傳回鏈結串列頭或尾元素。
- insert(*p*,*t*)：在 *p* 之前插入 *t*。
- erase(*p*)：刪除 *p*。
- clear()：清空鏈結串列。

∴ 訓練　士兵隊伍訓練

題目描述（HDU1276）：某部隊進行新兵隊伍訓練，將新兵從一開始按順序依次編號，並排成一行橫隊。訓練的規則為從頭開始進行 1 至 2 報數，凡報 2 的出列，剩下的向小序號方向接近，再從頭開始進行 1 至 3 報數，凡報到 3 的出列，剩下的向小序號方向接近，繼續從頭開始進行 1 至 2 報數……以後從頭開始輪流進行 1 至 2 報數、1 至 3 報數，直到剩下的人數不超過 3 人時為止。

輸入：包含多個測試使用案例，第 1 行為測試使用案例數 *N*，接著為 *N* 行新兵人數（不超過 5000）。

輸出：單行輸出剩下的新兵的最初編號，編號之間有一個空格。

輸入範例	輸出範例
2 20 40	17 19 1 19 37

1．演算法設計

本題為報數問題，可以使用 list 解決。

（1）定義一個 list，將 1 ～ *n* 依次放入鏈結串列尾部。

（2）如果鏈結串列中元素大於 3，則計數器 cnt=1；遍歷鏈結串列，如果 cnt++%*k*==0，則刪除目前元素，否則指向下一個繼續計數；首先 *k*=2 報數，報數結束後，再 *k*=3 報數，交替進行。

（3）按順序輸出鏈結串列中的元素，以空格隔開，最後換行。

注意：慎用 STL 的 list，空間複雜度和時間複雜度都容易超出限制。

2．演算法實現

```
int main(){
    int T,n;
    list<int> a;
    list<int>::iterator it;
    scanf("%d",&T);
    while(T--){
        scanf("%d",&n);
        a.clear();
        int k=2;// 第一次刪除喊 "2" 的士兵
        for(int i=1;i<=n;i++)
            a.push_back(i);// 存入每個士兵的編號
        while(a.size()>3){
            int cnt=1;
            for(it=a.begin();it!=a.end();){
                if(cnt++%k==0)// 刪除喊 "k" 的士兵
                    it=a.erase(it);//it 指向下一位士兵的位址
                else
                    it++;//it 指到下一位士兵的位址
            }
            k=(k==2?3:2);
        }
        for(it=a.begin();it!=a.end();it++){
            if(it!=a.begin()) printf(" ");
            printf("%d",*it);
        }
        printf("\n");
    }
    return 0;
}
```

📖 2.4.5 deque

deque 是一個雙端佇列，可以在兩端進移出佇列，支援陣列標記法和隨機存取，經常在序列兩端操作時應用。使用 deque 時，需要引入標頭檔 #include<deque>。

雙端佇列的成員函數如下。

- push_front(x)/push_back(x)：x 從佇列首或佇列尾加入佇列。
- pop_front()/pop_back()：從佇列首或佇列尾移出佇列。
- front()/back()：傳回佇列首或佇列尾元素。
- size()：傳回佇列中的元素個數。
- empty()：判斷佇列空，若為空，則傳回 true。
- clear()：清空雙端佇列。

訓練　度度熊學佇列

題目描述（HDU6375）：度度熊正在學習雙端佇列，它對翻轉和合併產生了很大的興趣。初始時有 N 個空的雙端佇列（編號為 1 ～ N），度度熊的 Q 次操作如下。

① 1 u w val：在編號為 u 的佇列中加入一個權值為 val 的元素（w=0 表示加在最前面，w=1 表示加在最後面）。

② 2 u w：詢問編號為 u 的佇列中的某個元素並刪除它（w=0 表示詢問並操作最前面的元素，w=1 表示詢問並操作最後面的元素）

③ 3 u v w ：把編號為 v 的佇列 " 接在 " 編號為 u 的佇列的最後面。w=0 表示順序接（將佇列 v 的開頭和佇列 u 的結尾連在一起，將佇列 v 的結尾作為新佇列的結尾），w=1 表示反向接（先將佇列 v 翻轉，再按順序接在佇列 u 的後面）。而且在該操作完成後，佇列 v 被清空。

輸入：有多組資料。對於每一組資料，第 1 行都包含兩個整數 N 和 Q。接下來有 Q 行，每行 3 ～ 4 個數，意義如上。$N \leq 1.5\times10^5$；$Q \leq 4\times10^5$；$1 \leq u,v \leq N$；$0 \leq w \leq 1$；$1 \leq \text{val} \leq 10^5$；所有資料裡 Q 的和都不超過 5×10^5。

輸出：對於每組資料的每一個操作②，都輸出一行表示答案。如果操作②的佇列是空的，則輸出 –1 且不執行刪除操作。

輸入範例	輸出範例
2 10	23
1 1 1 23	-1
1 1 0 233	2333
2 1 1	233
1 2 1 2333	23333
1 2 1 23333	
3 1 2 1	
2 2 0	
2 1 1	
2 1 0	
2 1 1	

提示：由於讀取過大，建議使用讀取最佳化。一個簡單的例子如下。

```
void read(int &x){
    char ch=getchar();x=0;
    for(;ch<'0'||ch>'9';ch=getchar());
    for(;ch>='0'&&ch<='9';ch=getchar()) x=x*10+ch-'0';
}
```

1．演算法設計

本題描述的就是雙端佇列，可以使用 deque 解決。

（1）定義一個 deque 陣列 d[]。

（2）判斷分別執行 3 種操作，第 2 種操作需要輸出。

（3）第 3 種情況，由於 deque 不支援翻轉，因此可以使用反向迭代器控制。

```
if(w)
    d[u].insert(d[u].end(),d[v].rbegin(),d[v].rend());
else
    d[u].insert(d[u].end(),d[v].begin(),d[v].end());
d[v].clear();
```

鏈結串列支持翻轉和拼接，因此也可以採用鏈結串列解決，時間複雜度和空間複雜度更小。

（1）定義一個 list []。

（2）判斷分別執行 3 種操作，第 2 種操作需要輸出。

（3）第 3 種情況，list 支援翻轉，拼接函數 splice 可以將另一個鏈結串列 *v* 拼接到目前鏈結串列的 pos 位置之前，並自動清空 *v*，且時間複雜度為常數。

```
    if(w)
        d[v].reverse();
    d[u].splice(d[u].end(),d[v]);// 拼接函數 splice 會自動清空 v，時間複雜度為常數
```

2．演算法實現

```
deque<int> d[maxn];

int main(){
    while(~scanf("%d%d",&n,&m)){
        for(int i=1;i<=n;i++)
            d[i].clear();
        int k,u,v,w;
        while(m--){
            read(k);
            switch(k){
            case 1:
                read(u),read(w),read(v);
                if(w==0)
                   d[u].push_front(v);
                else
                   d[u].push_back(v);
                break;
            case 2:
                read(u),read(w);
                if(d[u].empty())
                   printf("-1\n");
                else{
                   if(w==0){
                          printf("%d\n",d[u].front());
                          d[u].pop_front();
                   }
                   else{
                          printf("%d\n",d[u].back());
                          d[u].pop_back();
```

```
                    }
                }
                break;
            case 3:
                read(u),read(v),read(w);
                if(w)
                    d[u].insert(d[u].end(),d[v].rbegin(),d[v].rend());
                else
                    d[u].insert(d[u].end(),d[v].begin(),d[v].end());
                d[v].clear();
                break;
            }
        }
    }
    return 0;
}
```

📖 2.4.6 priority_queue

priority_queue 是一個優先佇列，優先順序高的最先移出佇列，預設最大值優先。內部實現為堆積，因此移出佇列和加入佇列的時間複雜度均為 $O(\log n)$。可以自訂優先順序控制移出佇列順序，如果是數值，則也可以採用加負號的方式實現最小值優先，優先佇列不支援刪除堆積中的指定元素，只可以刪除堆積頂元素，如果需要刪除指定元素，則可以採用懶操作。使用 priority_queue 時，需要引入標頭檔 #include <queue>。

優先佇列的成員函數如下。

- push(x)：x 加入佇列。
- pop()：移出佇列。
- top()：取佇列首。
- size()：傳回佇列中的元素個數。
- empty()：判斷佇列空，若為空則傳回 true。

∴ 訓練　黑盒子

題目描述（POJ1442）：黑盒子代表一個原始資料庫，保存一個整數陣列和一個特殊的 i 變數。在最初的時刻，黑盒子是空的，i=0。黑盒子處理一系列命令（交易），有以下兩種類型的交易。

- ADD(x)：將元素 x 放入黑盒子。
- GET：將 i 增加 1，並列出包含在黑盒子中的所有整數中第 i 小的值。第 i 小的值是黑盒子中按非降冪排序後的第 i 個位置的數字。

範例如下。

N	交易	i	黑盒子的內容	答案（元素按非降冪排列）
1	ADD(3)	0	3	
2	GET	1	3	3
3	ADD(1)	1	1, 3	
4	GET	2	1, 3	3
5	ADD(-4)	2	-4, 1, 3	
6	ADD(2)	2	-4, 1, 2, 3	
7	ADD(8)	2	-4, 1, 2, 3, 8	
8	ADD(-1000)	2	-1000, -4, 1, 2, 3, 8	
9	GET	3	-1000, -4, 1, 2, 3, 8	1
10	GET	4	-1000, -4, 1, 2, 3, 8	2
11	ADD(2)	4	-1000, -4, 1, 2, 2, 3, 8	

寫一個有效的演算法來處理指定的交易序列。ADD 和 GET 交易的最大數量均為 30000。用兩個整數陣列來描述交易的順序。

（1）A(1),A(2),⋯,A(M)：包含在黑盒子中的一系列元素。A 值是絕對值不超過 2000000000 的整數，$M \le 30000$。對於範例，序列 A =(3, 1, -4, 2, 8, –1000, 2)。

（2）$u(1),u(2),\cdots,u(N)$：表示在第 1 個 , 第 2 個 ,⋯, 第 N 個 GET 交易時包含在黑盒子中的元素個數。對於範例，u=(1, 2, 6, 6）。

假設自然數序列 $u(1),u(2),\cdots,u(N)$ 按非降冪排序，$N \le M$ 且每個 p（$1 \le p \le N$）對不等式 $p \le u(p) \le M$ 都有效。由此得出這樣的事實：對於 u 序列的第 p 個元素，執行 GET 交易，列出 A(1),A(2),⋯,A($u(p)$) 序列第 p 小的數。

輸入：輸入包含 M,N,A(1) ,A(2) ,⋯,A(M) ,$u(1)$,$u(2)$,⋯,$u(N)$。

輸出：根據指定的交易順序輸出答案序列，每行一個數字。

輸入範例	輸出範例
7 4 3 1 -4 2 8 -1000 2 1 2 6 6	3 3 1 2

1．演算法設計

可以採用兩個優先佇列：一個是最大值優先佇列 q_1，保存前 i–1 大的數；另一個是最小值優先佇列 q_2，保存從 i 到序列尾端的數。q_2 的堆積頂就是要查詢的第 i 小的數。

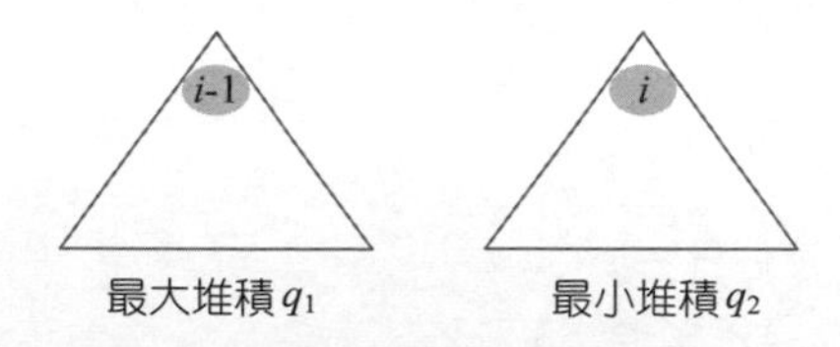

（1）用 cnt 計數，控制放入黑盒子的元素個數。

（2）讀取 $u(i)$，如果 cnt $\le u(i)$，則重複以下操作：如果 q_1 不空且 a[cnt]<q_1.top()，則說明 a[cnt] 屬於前 i–1 大的數，因此將 q_1 堆積頂放入 q_2，q1 堆積頂移出佇列，將 a[cnt] 放入 q_1；不然直接將 a[cnt] 放入 q_2。cnt++。

（3）輸出 q2 的堆積頂（第 i 小的數）。

（4）因為查詢第 i 小時，i 每次都增 1，因此每次處理完畢後，都需要將 q_2 中的堆積頂放入 q_1，q_2 堆積頂移出佇列。

2．演算法實現

```
priority_queue<int>q1;
priority_queue<int,vector<int>,greater<int> >q2;
int main(){
    int n,m,x;
    scanf("%d%d",&m,&n);
    for(int i=1;i<=m;i++)
        scanf("%d",&a[i]);
```

```
    int cnt=1;
    for(int i=1;i<=n;i++){
        scanf("%d",&x);
        while(cnt<=x){
            if(!q1.empty()&&a[cnt]<q1.top()){
                q2.push(q1.top());
                q1.pop();
                q1.push(a[cnt]);
            }
            else
                q2.push(a[cnt]);
            cnt++;
        }
        printf("%d\n",q2.top());
        q1.push(q2.top());
        q2.pop();
    }
    return 0;
}
```

📖 2.4.7 bitset

bitset 是一個多位元二進位數字，如同狀態壓縮的二進位數字。使用 bitset 時，需要引入標頭檔 #include<bitset>。"bitset<1000>s;" 表示定義一個 1000 位元的二進位數字 s。

基本的位元運算有 ~（反轉）、&（與）、|（或）、^（互斥）、>>（右移）、<<（左移）、==（相等比較）、!=（不相等比較）。

我們可以透過 "[ ]" 運算符號直接得到第 k 位的值，也可以透過設定值操作改變該位的值。例如 $s[k]=1$，表示將二進位數字 s 的第 k 位置 1。需要注意的是，最右側為低位第 0 位，左側為高位。1000 位的二進位數字，位序自右向左是 0～999。

成員函數如下。

- count()：統計有多少位是 1。
- any()：若至少有一位是 1，則傳回 true。

- none()：若沒有位是 1，全為 0，則傳回 true。
- set()：將所有位置 1。
- set(*k*)：將第 *k* 位置 1。
- set(*k*,val)：將第 *k* 位的值改為 val，即 *s*[*k*]=val。
- reset()：將所有位置 0。
- reset(*k*)：將第 *k* 位置 0，即 *s*[*k*]=0。
- flip()：將所有位反轉。
- flip(*k*)：將第 *k* 位反轉。
- size()：傳回大小（位數）。
- to_ulong()：傳回它轉為 unsigned long 的結果，如果超出範圍，則顯示出錯。
- to_string()：傳回它轉為 string 的結果。

1）bitset 定義和初始化

下面列出了 bitset 的建構函數：

```
bitset<n> b;          //b 有 n 位，每位都為 0
bitset<n> b(u);     //b 是 unsigned long 型 u 的備份
bitset<n> b(s);   //b 是 string 物件 s 中含有的位元串的備份
bitset<n> b(s, pos, n);   //b 是 s 中從位置 pos 開始的 n 位的備份
```

在定義 bitset 時，要明確 bitset 有多 少位，必須在中括號內列出它的長度值，列出的長度值必須是常數運算式。"bitset<32> bitvec;" 表示定義 bitvec 為 32 位的 bitset 物件，bitvec 的位序自右向左為 0 ～ 31。

2）用 unsigned 類型的值初始化 bitset 物件

當用 unsigned long 值作為 bitset 物件的初值時，該值將轉化為二進位的位元模式，而 bitset 物件中 的位元集將作為這種位元模式的備份。如果 bitset 類型的長度大於 unsigned long 值的二進位位元數，則其餘高階位置為 0；如果 bitset 類型的長度小於 unsigned long 值的二進位位元數，則只使用 unsigned 值中的低階位元，超過 bitset 類型長度的高 階位元將被捨棄。在 32 位元 unsigned long 值的機器上，十六進位值 0xffff 表示為二進位位元就是 16 個 1 和 16 個 0（每個 0xf 都可被表示為 1111）。可以用 0xffff 初始化 bitset 物件：

```
bitset<16> bitvec1(0xffff);          //0 ～ 15 位置 1
bitset<32> bitvec2(0xffff);          //0 ～ 15 位置 1，16 ～ 31 位置 0
bitset<128> bitvec3(0xffff);         //0 ～ 15 位置 1，16 ～ 31 位置 0，32 ～ 127 位置 0
```

在上面的三個例子中，0 ～ 15 位元都置 1。由於 bitvec1 的位數少於 unsigned long 值的位數，因此 bitvec1 的初值的高 階位元被捨棄。bitvec2 和 unsigned long 值的長度相同，因此所有位元正好被置為初值。bitvec3 的長度大於 32，31 位元以上的高階位元就被置為 0。

可以用輸出運算符號輸出 bitset 物件中的位元模式：

```
bitset<32> bitvec2(0xffff);
cout<<"bitvec2: "<<bitvec2<<endl;
```

輸出結果如下：

```
bitvec2: 00000000000000001111111111111111
```

3）用 string 物件初始化 bitset 物件

當用 string 物件初始化 bitset 物件時，string 物件直接被表示為位元模式。從 string 物件讀取位元集的順序是從右向左：

```
string strval("1100");
bitset<32> bitvec4(strval);
```

在 bitvec4 的位元模式中，第 2、3 位元被置為 1，其餘位置都被置為 0。如果 string 物件的字元個數小於 bitset 類型的長度，則高階位元將被置為 0。

注意：string 物件和 bitset 物件之間是反向轉化的：string 物件的最右邊字元（即索引最大的字元）用來初始化 bitset 物件的低 階位元（即索引為 0 的位元）。當用 string 物件初始化 bitset 物件時，記住這一差別很重要。

也可以只用某個子字串作為初值：

```
string str("1111111000000011001101");
bitset<32> bitvec5(str, 5, 4); // 從 str[5] 開始取 4 位元，即 1100
bitset<32> bitvec6(str, str.size()-4); // 取尾端 4 位元，即 1101
```

bitvec5(str, 5, 4) 表示從 str[5] 開始取 4 個字元初始化 bitvec5。如果省略第 3 個參數，則表示取從開始位置一直到 string 尾端的所有字元。bitvec6(str, str.size()-4) 表示取出 str 尾端的 4 位元來對 bitvec6 的低 4 位元進行初始化。

4）bitset 上的操作

（1）any/none。如果在 bitset 物件中有一個或多個二進位位元被置為 1，則 any 操作傳回 true，否則傳回 false；相反，如果 bitset 物件中的二進位位元全為 0，則 none 操作傳回 true。

```
bitset<32> bitvec; //32 位元，將所有位元都置 0
bool is_set=bitvec.any();     // 所有位元為 0，傳回 false
bool is_not_set=bitvec.none();  // 所有位元為 0，傳回 true
```

（2）count/size。可以使用 count 操作統計二進位位元為 1 的個數：

```
size_t bits_set=bitvec.count();
```

count 操作的傳回類型是標準函數庫中命名為 size_t 的類型。與 vector 和 string 中的 size 操作一樣，bitset 的 size 操作傳回 bitset 物件中二進位位元的個數，傳回值的類型是 size_t。

```
size_t sz=bitvec.size(); // 傳回 32
```

（3）set/test。可以用索引運算符號讀或寫某個索引位置的二進位位元。

```
for(int index=0;index!=32;index+=2) // 把 bitvec 中的偶數索引的位元都置為 1
    bitvec[index]=1;
```

除了用索引運算符號，還可以用 set 設定指定二進位位元的值。

```
for(int index=0;index!=32;index+=2) // 把 bitvec 中的偶數索引的位元都置為 1
    bitvec.set(index);
```

為了測試某個二進位位元是否為 1，可以用 test 操作或索引運算符號。如果測試的二進位位元為 1，則傳回 true，否則傳回 false。

```
if(bitvec.test(i))  // 測試第 i 位元是否為 1
if(bitvec[i])  // 測試第 i 位元是否為 1
```

（4）set/reset。set 和 reset 操作分別用來對整個 bitset 物件的所有二進位位元都置 1 和都置 0。

```
bitvec.set();     //都置1
bitvec.reset();   //都置0
```

（5）flip。flip 操作可以對 bitset 物件的所有位元或特定位逐位元反轉。

```
bitvec.flip(0);    // 0位元反轉
bitvec[0].flip(); // 0位元反轉
bitvec.flip();     //所有位元反轉
```

（6）to_ulong。to_ulong 操作傳回一個 unsigned long 值，該值與 bitset 物件的位元模式儲存值相同。僅當 bitset 類型的長度小於或等於 unsigned long 的長度時，才可以使用 to_ulong 操作。

```
unsigned long ulong=bitvec3.to_ulong();
cout<<"ulong = "<<ulong<<endl;
```

to_ulong 操作主要用於把 bitset 物件轉到 C 風格或標準 C++ 之前風格的程式上。如果 bitset 物件包含的二進位位元數超過 unsigned long 值的長度，則將產生執行時期異常。

（7）to_string()。to_string 操作主要用於把 bitset 物件轉化為字串。

（8）將十進位數字轉化為二進位數字。bitset 可以很方便地將十進位數字轉化為二進位數字。

```
cout<<bitset<x>(y); //輸出y轉化為二進位後的數，共 x位元，不足補0， 高位元捨去
cout<<bitset<5>(12)<<endl; //輸出01100
```

∴ 訓練　集合運算

題目描述（POJ2443）：指定 N 個集合，第 i 個集合 S_i 有 C_i 個元素（集合可以包含兩個相同的元素）。集合中的每個元素都用 1 ～ 10000 的正數表示。查詢兩個指定元素 i 和 j 是否同時屬於至少一個集合。換句話說，確定是否存在一個數字 k（$1 \le k \le N$），使得元素 i 和元素 j 都屬於 S_k。

輸入：輸入的第 1 行包含一個整數 N（$1 \le N \le 1000$），表示集合的數量。第 2～N+1 行，每行都以數字 C_i（$1 \le C_i \le 10000$）開始，後面有 C_i 個數字，表示該集合中的元素。第 N+2 行包含一個數字 Q（$1 \le Q \le 200000$），表示查詢數。接下來的 Q 行，每行都包含一對數字 i 和 j（$1 \le i, j \le 10000$，i 可以等於 j），表示待查詢的元素。

輸出：對於每個查詢，如果存在這樣的數字 k，則輸出 "Yes"，否則輸出 "No"。

輸入範例	輸出範例
3	Yes
3 1 2 3	Yes
3 1 2 5	No
1 10	No
4	
1 3	
1 5	
3 5	
1 10	

1．演算法設計

本題查詢兩個元素是否同屬於一個集合（至少一個）。所屬集合可以用二進位標記法。

輸入範例 1：

```
3       // 表示 3 個集合
31 23 // 表示第 1 個集合包含 3 個元素 1、2、3
31 25 // 表示第 2 個集合包含 3 個元素 1、2、5
110   // 表示第 3 個集合包含 1 個元素 10
```

每個元素都可以用一個二進位數字記錄所屬的集合。最右側為低位元 0 位，自右向左。舉例來說，1 屬於第 1 個集合，就將 1 對應的二進位數字的第 1 位置為 1，即 s[1]=0010；1 還屬於第 2 個集合，就將 1 對應的二進位數字的第 2 位置為 1，即 s[1]=0110；s[1]=0110 表示元素 1 屬於 1、2 兩個集合。同理，s[2]=0110，s[3]=0010，s[5]=0100，s[10]=1000。

```
4    //表示查詢數
13  //表示查詢 1 和 3 是否屬於同一集合，只需要計算 s[1]&s[3]=0110&0010=0010，統計 1 的
個數，即 1 和 3 同屬於集合的個數，輸出 "Yes"
15   //s[1]&s[5]=0110&0100=0100，統計 1 的個數為 1，輸出 "Yes"
35   //s[3]&s[5]=0010&0100=0000，統計 1 的個數為 0，輸出 "No"
110  //s[1]&s[10]=0110&1000=0000，統計 1 的個數為 0，輸出 "No"
```

可以採用 bitset 解決。

（1）定義一個 bitset 陣列，對每個數都用二進位表示。

（2）根據輸入資料，將元素所屬集合對應的位置為 1。

（3）根據查詢輸入的兩個數 x、y，統計 $s[x]\&s[y]$ 運算後二進位數字中 1 的個數，如果大於或等於 1，則輸出 "Yes"，否則輸出 "No"。

2．演算法實現

```
const int maxn=10010;
bitset<1010>s[maxn]; //s[x] 表示元素 x 所屬集合的二進位表示
int main(){
    int N,Q,num,x,y;
    scanf("%d",&N);
    for(int i=1;i<=N;i++){
        scanf("%d",&num);
        while(num--){
            scanf("%d",&x);
            s[x][i]=1;
        }
    }
    scanf("%d",&Q);
    while(Q--){
        scanf("%d%d",&x,&y);
        if((s[x]&s[y]).count())// 統計與運算後二進位數字中 1 的個數
            printf("Yes\n");
        else printf("No\n");
    }
    return 0;
}
```

2.4.8 set/multiset

STL 提供了 4 種連結容器：set、multiset、map、multimap。連結容器將值和鍵連結在一起，透過鍵來尋找值。這 4 種容器都是可反轉的經過排序的連結容器，不可以指定插入位置，因為需要保持有序性，可提供對元素的快速存取，內部採用紅黑樹實現。

set 是有序集合，multiset 是有序多重集合。set 的鍵和值是統一的，值就是鍵，set 的每個鍵都是唯一的，不允許重複；而 multiset 與 set 類似，只是允許多個值的鍵相同。使用 set 或 multiset 時，需要引入標頭檔 #include<set>。

set 或 multiset 的迭代器為雙向存取，不支持隨機存取。執行一次 "++" 和 "--" 操作的時間複雜度均為 $O(\log n)$。預設的元素順序為昇冪，也可以透過第 2 個範本的參數設定為降冪。

```
set<int>a; // 昇冪
set<int,greater<int> >a; // 降冪，注意 greater<int> 後面有空格，避免兩個符號一起 >>，有右移問題
```

成員函數如下。

- size/empty/clear：元素個數、判空、清空。
- begin/end：開始位置和結束位置。
- insert(*x*)：將元素 *x* 插入集合。
- erase(*x*)：刪除所有等於 *x* 的元素。
- erase(it)：刪除 it 迭代器指向的元素。
- find(*x*)：尋找元素 *x* 在集合中的位置，若不存在，則傳回 end。
- count(*x*)：統計等於 *x* 的元素個數。
- lower_bound/upper_bound：傳回大於或等於 *x* 的最小元素位置、大於 *x* 的最小元素位置。

訓練 1　集合合併

題目描述（HDU1412）：指定兩個集合 *A*、*B*，求 *A*+*B*（在同一個集合中不會有兩個相同的元素）。

輸入：每組輸入資料均分為三行。第 1 行包含兩個整數 n 和 m（$0<n,m\leq 10000$），分別表示集合 A 和集合 B 中的元素個數；後兩行分別表示集合 A 和集合 B 中的元素（不超出 int 範圍的整數），元素之間以一個空格隔開。

輸出：單行輸出合併後的集合，要求從小到大輸出，元素之間以一個空格隔開。

輸入範例	輸出範例
1 2 1 2 3 1 2 1 1 2	1 2 3 1 2

1．演算法設計

本題是兩個集合的合併問題，集合不允許元素重複，且輸出時有序。set 是有序集合，且每個鍵都是唯一的，不允許重複，因此可以使用 set 解決，具體如下。

（1）定義一個 set，記錄合併後的集合。

（2）將第 1 個集合中的元素插入 set。

（3）將第 2 個集合中的元素插入 set。

（4）按順序輸出集合中的元素。

2．演算法實現

```
set<int> sum;
int main(){
    while(~scanf("%d%d", &n,&m)){
        sum.clear();
        for(int i=0;i<n;i++){
            scanf("%d", &x);
            sum.insert(x);
        }
        for(int j=0;j<m;j++){
            scanf("%d", &x);
            sum.insert(x);
        }
        for(set<int>::iterator it=sum.begin();it!=sum.end();it++){
            if(it!=sum.begin())
```

```
            printf(" ");
          printf("%d",*it);
        }
        printf("\n");
    }
    return 0;
}
```

訓練 2　平行處理

題目描述（POJ1281）：平行處理中的程式設計範型之一是生產者/消費者范型，可以使用具有管理者處理程序和多個客戶處理程序的系統來實現。客戶可以是生產者、消費者等，管理者追蹤客戶處理程序。每個處理程序都有一個成本（正整數，範圍是 1 ～ 10000）。具有相同成本的處理程序數不能超過 10000。佇列根據三種類型的請求進行管理，如下所述。

- *ax*：將成本為 *x* 的處理程序增加到佇列中。
- *r*：根據目前管理者策略從佇列中刪除處理程序（如果可能）。
- *pi*：執行管理者的策略 *i*，其中 *i* 是 1 或 2。1 表示刪除最小成本處理程序；2 表示刪除最大成本處理程序。預設管理者策略為 1。
- *e*：結束請求列表。

只有在刪除列表中包含已刪除處理程序的序號時，管理者才會輸出已刪除處理程序的成本。編寫一個程式來模擬管理者處理程序。

輸入：輸入中的每個資料集都有以下格式。

- 處理程序的最大成本。
- 刪除列表的長度。
- 刪除列表。查詢已刪除處理程序的序號列表；例如 14，表示查詢第 1 個和第 4 個已刪除處理程序的成本。
- 每個請求列表，各佔一行。

每個資料集都以 *e* 請求結束。資料集以空行分隔。

輸出：如果刪除請求的序號在清單中，並且此時佇列不為空，則單行輸出刪除的每個處理程序的成本。如果佇列為空，則輸出 –1。以空行分隔不同資料集的結果。

輸入範例	輸出範例
5 2 1 3 a 2 a 3 r a 4 p 2 r a 5 r e	2 5

1．演算法設計

因為可能有多個相同成本，因此使用 multiset 解決。

（1）用 vis[] 標記刪除清單要顯示的序號。

（2）預設管理者策略，*p*=1。

（3）讀取字元，判斷執行對應的操作。

（4）進行刪除操作時，如果佇列為空，則輸出 –1；判斷管理者策略，如果 *p*=1，則刪除最小成本，否則刪除最大成本。如果刪除的成本序號在刪除列表中，則輸出該成本。

2．演算法實現

```
bool vis[10005];
multiset<int>s;
int k;// 對已刪除的處理程序統計計數
void del(int p){
    if(s.empty()){
        printf("-1\n");
        return;
    }
```

```
    if(p==1){ //刪除最小成本
        if(vis[k++])
            printf("%d\n",*s.begin());
        s.erase(*s.begin());
    }
    else{ //刪除最大成本
        if(vis[k++])
            printf("%d\n",*s.rbegin());
        s.erase(*s.rbegin());
    }
}

int main(){
    char c;
    int m,n,x,p;
    while(~scanf("%d%d",&m,&n)){
        memset(vis,false,sizeof(vis));
        s.clear();
        for(int i=0;i<n;i++){
            scanf("%d",&x);
            vis[x]=true;
        }
        p=1;
        k=1;
        while(scanf("%c",&c)){
            if(c=='e') break;
            if(c=='a'){
                scanf("%d",&x);
                s.insert(x);
            }
            else if(c=='p'){
                scanf("%d",&x);
                p=x;
            }
            else if(c=='r')
                del(p);
        }
        printf("\n");
    }
    return 0;
}
```

2.4.9 map/multimap

map 的鍵和值可以是不同的類型，鍵是唯一的，每個鍵都對應一個值。multimap 與 map 類似，只是允許一個鍵對應多個值。map 可被當作雜湊表使用，它建立了從鍵（關鍵字）到值的映射。map 是鍵和值的一一映射，multimap 是一對多映射。使用 map 或 multimap 時需要引入標頭檔 #include<map>。

map 的迭代器和 set 類似，支持雙向存取，不支持隨機存取，執行一次 "++" 和 "--" 操作的時間複雜度均為 $O(\log n)$。預設的元素順序為昇冪，也可以透過第 3 個範本參數設定為降冪。

```
map<string,int>a; //昇冪
map<string,int,greater<string> >a;//降冪
```

上述 map 範本的第 1 個參數為鍵的類型，第 2 個參數為值的類型，第 3 個參數可選，用於對鍵進行排序的比較函數或物件。

在 map 中，鍵和值是一對數，可以使用 make_pair 生成一對數 (鍵 , 值) 進行插入。

```
a.insert(make_pair(s,i));
```

輸出時，可以分別輸出第 1 個元素（鍵）和第 2 個元素（值）。

```
for(map<string,int>::iterator it=a.begin();it!=a.end();it++)
    cout<<it->first<<"\t"<<it->second<<endl;
```

成員函數如下。

- size/empty/clear：元素個數、判空、清空。
- begin/end：開始位置和結束位置。
- insert(x)：將元素 x 插入集合（x 為二元組）。
- erase(x)：刪除所有等於 x 的元素（x 為二元組）。
- erase(it)：刪除 it 指向的元素（it 為指向二元組的迭代器）。
- find(k)：尋找鍵為 k 的二元組的位置，若不存在，則傳回尾指標。

可以透過 "[ ]" 運算符號直接得到鍵映射的值，也可以透過設定值操作改變鍵映射的值，例如 h[key]=val。是不是特別像雜湊表？

舉例來說，可以用 map 統計字串出現的次數。

```
map<string,int>mp;
string word;
for(int i=0;i<n;i++){
    cin>>s;
    mp[s]++;
}
cout<<" 輸入字串 s，查詢該字串出現的次數 :"<<endl;
cin>>s;
cout<<mp[s]<<endl;
```

需要特別注意的是，如果尋找的 key 不存在，則執行 h[key] 之後會自動新建一個二元組 (key,0) 並傳回 0，進行多次尋找之後，有可能包含很多無用的二元組。因此使用尋找時最好先查詢 key 是否存在。

```
if(mp.find(s)!=mp.end())
    cout<<mp[s]<<endl;
else
    cout<<" 沒找到！ "<<endl;
```

multimap 和 map 類似，不同的是一個鍵可以對應多個值。由於是一對多的映射關係，multimap 不能使用 "[ ]" 運算符號。

舉例來說，可以增加多個關於 X 國的資料：

```
multimap<string,int> mp;
string s1("X"),s2("Y");
mp.insert(make_pair(s1,50));
mp.insert(make_pair(s1,55));
mp.insert(make_pair(s1,60));
mp.insert(make_pair(s2,30));
mp.insert(make_pair(s2,20));
mp.insert(make_pair(s1,10));
```

輸出所有關於 X 國的資料：

```
multimap<string,int>::iterator it;
it=mp.find(s1);
for(int k=0;k<mp.count(s1);k++,it++)
    cout<<it->first<<"--"<<it->second<<endl;
```

∴ 訓練 1　硬木種類

題目描述（POJ2418）：某國有數百種硬木樹種，該國自然資源部利用衛星成像技術編制了一份特定日期每棵樹的物種清單。計算每個物種佔所有種群的百分比。

輸入：輸入包括每棵樹的物種清單，每行一棵樹。物種名稱不超過 30 個字元，不超過 10000 種，不超過 1000000 棵樹。

輸出：按字母順序輸出植物種群中代表的每個物種的名稱，然後是佔所有種群的百分比，保留小數點後 4 位。

輸入範例	輸出範例
Red Alder Ash Aspen Basswood Ash Beech Yellow Birch Ash Cherry Cottonwood Ash Cypress Red Elm Gum Hackberry White Oak Hickory Pecan Hard Maple White Oak Soft Maple Red Oak Red Oak White Oak Poplan Sassafras Sycamore Black Walnut Willow	Ash 13.7931 Aspen 3.4483 Basswood 3.4483 Beech 3.4483 Black Walnut 3.4483 Cherry 3.4483 Cottonwood 3.4483 Cypress 3.4483 Gum 3.4483 Hackberry 3.4483 Hard Maple 3.4483 Hickory 3.4483 Pecan 3.4483 Poplan 3.4483 Red Alder 3.4483 Red Elm 3.4483 Red Oak 6.8966 Sassafras 3.4483 Soft Maple 3.4483 Sycamore 3.4483 White Oak 10.3448 Willow 3.4483 Yellow Birch 3.4483

1．演算法設計

本題統計每個物種的數量，計算佔所有種群的百分比。可以在排序後統計並輸出結果，也可以利用 map 附帶的排序功能輕鬆統計。

2．演算法實現

```
int main(){
    map<string,int>mp;
    int cnt=0;
    string s;
    while(getline(cin,s)){
        mp[s]++;
        cnt++;
    }
    for(map<string,int>::iterator it=mp.begin();it!=mp.end();it++){
        cout<<it->first<<" ";
        printf("%.4f\n",100.0*(it->second)/cnt);
    }
    return 0;
}
```

訓練 2　雙重佇列

題目描述（POJ3481）：銀行的每個客戶都有一個正整數標識 K，到銀行請求服務時將收到一個正整數優先順序 P。銀行經理提議打破傳統，有時為優先順序最低的客戶服務，而非為優先順序最高的客戶服務。系統將收到以下類型的請求。

- 0：系統需要停止服務。
- 1 K P：將客戶 K 及其優先順序 P 增加到等待列表中。
- 2：為優先順序最高的客戶提供服務，並將其從等待名單中刪除。
- 3：為優先順序最低的客戶提供服務，並將其從等待名單中刪除。

輸入：輸入的每一行都包含一個請求，只有最後一行包含停止請求（程式 0）。假設在清單中包含新客戶的請求時（程式 1），在清單中沒有同一客戶的其他請求或有相同的優先順序。識別符號 K 小於 10^6，優先順序 P 小於 10^7。客戶可以多次到銀行請求服務，並且每次都可以獲得不同的優先順序。

輸出：對於程式為 2 或 3 的每個請求，都單行輸出所服務客戶的標識。如果請求時等待列表為空，則輸出 0。

輸入範例	輸出範例
2	0
1 20 14	20
1 30 3	30
2	10
1 10 99	0
3	
2	
2	
0	

1．演算法設計

本題包括插入、刪除優先順序最大元素和刪除優先順序最小元素這 3 種操作。map 本身按第 1 元素（鍵）有序，因此將優先順序作為第 1 元素即可。

2．演算法實現

```
int main(){
    int n,k,p;
    while(scanf("%d",&n)&&n){
        switch(n){
            case 1:
                scanf("%d%d",&k,&p);
                mp[p]=k;// 按優先順序有序，因此 p 為鍵
                break;
            case 2:
                if(mp.empty()){
                   printf("0\n");
                   break;
                }
                it=--mp.end();
                printf("%d\n",it->second);
                mp.erase(it);
                break;
            case 3:
                if(mp.empty()){
                   printf("0\n");
```

```
                    break;
                }
                it=mp.begin();
                printf("%d\n",it->second);
                mp.erase(it);
                break;
        }
    }
    return 0;
}
```

訓練 3　水果

題目描述（**HDU1263**）：Joe 經營著一家水果店，他想要一份水果銷售情況明細表，這樣就可以很容易掌握所有水果的銷售情況了。

輸入：第 1 行輸入正整數 N（$0<N\leq 10$），表示有 N 組測試資料。每組測試資料的第 1 行都是一個整數 M（$0<M\leq 100$），表示共有 M 次成功的交易。其後有 M 行資料，每行都表示一次交易，由水果名稱（小寫字母組成，長度不超過 80）、水果產地（由小寫字母組成，長度不超過 80）和交易的水果數量（正整數，不超過 100）組成。

輸出：對每組測試資料，都按照輸出範例輸出水果銷售情況明細表。這份明細表包括所有水果的產地、名稱和銷售數量的資訊。水果先按產地分類，產地按照字母順序排列；同一產地的水果按照名稱排序，名稱按照字母順序排序。每兩組測試資料之間都有一個空行。最後一組測試資料之後沒有空行。

輸入範例	輸出範例

1
5
apple shandong 3
pineapple guangdong 1
sugarcane guangdong 1
pineapple guangdong 3
pineapple guangdong 1
	guangdong
	   |----pineapple(5)
	   |----sugarcane(1)
	shandong
	   |----apple(3)

1．演算法設計

本題統計水果銷售情況（產地、名稱和銷售數量）。水果按產地分類，產地按照字母順序排序；同一產地的水果按照名稱排序，名稱按照字母順序排序。可以利用 map 的有序性和映射關係輕鬆解決。

（1）定義一個 map，其第 1 元素（鍵）為產地，第 2 元素（值）也是一個 map，記錄名稱和銷售數量。"map<string,map<string,int> >mp;" 中 map 裡面的值也是一個 map，相當於二維 map，可以使用 mp[place][name] 對銷售數量進行統計。

（2）根據輸入資訊，統計銷售數量，mp[place][name]+=num。

（3）按順序輸出統計資訊。

2．演算法實現

```
int main(){
    cin>>T;
    while(T--){
        map<string,map<string,int> >mp; //二維 map，注意空格
        cin>>m;
        for(int i=0;i<m;i++){
           cin>>name>>place>>num;
           mp[place][name]+=num;
        }
        map<string,map<string,int> >::iterator iter1;
        map<string,int>::iterator iter2;
        for(iter1=mp.begin();iter1!=mp.end();iter1++){ //第 1 元素
            cout<<iter1->first<<endl;
            for(iter2=iter1->second.begin();iter2!=iter1->second.
end();iter2++)//第 2 元素
                cout<<"   |----"<<iter2->first<<"("<<iter2->second <<
")"<<endl;
        }
       if(T) cout<<endl;
    }
    return 0;
}
```

📖 2.4.10 STL 的常用函數

STL 提供了一些常用函數，包含在標頭檔 #include<algorithm> 中，如下所述。

（1）min(*x*,*y*)：求兩個元素的最小值。

（2）max(*x*,*y*)：求兩個元素的最大值。

（3）swap(*x*,*y*)：交換兩個元素。

（4）find(begin,end,*x*)：傳回指向區間 [begin,end) 第 1 個值為 *x* 的元素指標。如果沒找到，則傳回 end。

（5）count(begin,end,*x*)：傳回指向區間 [begin,end) 值為 *x* 的元素數量，傳回值為整數。

（6）reverse(begin,end)：翻轉一個序列。

（7）random_shuffle(begin,end)：隨機打亂一個序列。

（8）unique(begin,end)：將連續的相同元素壓縮為一個元素，傳回去重後的尾指標。不連續的相同元素不會被壓縮，因此一般先排序後去重。

（9）fill(begin,end,val)：將區間 [begin,end) 的每個元素都設定為 val。

（10）sort(begin,end,compare)：對一個序列排序，參數 begin 和 end 表示一個範圍，分別為待排序陣列的啟始位址和尾位址；compare 表示排序的比較函數，可省略，預設為昇冪。stable_sort (begin, end, compare) 為穩定排序，即保持相等元素的相對順序。

（11）nth_element(begin,begin+*k*,end,compare)：使區間 [begin,end) 第 *k* 小的元素處在第 *k* 個位置上，左邊元素都小於或等於它，右邊元素都大於或等於它，但並不保證其他元素有序。

（12）lower_bound(begin,end,*x*)/upper_bound(begin,end,*x*)：兩個函數都是利用二分尋找的方法，在有序陣列中尋找第 1 個滿足條件的元素，傳回指向該元素的指標。

（13）next_permutation(begin,end)/pre_permutation(begin,end)：next_permutation() 是求按字典序的下一個排列的函數，可以得到全排列。pre_permutation() 是求按字典序的上一個排列的函數。

下面詳細講解後 5 種函數。

1．fill(begin,end,val)

fill(begin,end,val) 將區間 [begin,end) 的每個元素都設定為 val。與 #include <cstring> 中的 memset 不同，memset 是逐位元組填充的。舉例來說，int 佔 4 位元組，因此 memset(*a*,0x3f,sizeof(*a*)) 逐位元組填充相當於將 0x3f3f3f3f 設定值給陣列 *a*[] 的每個元素。memset 經常用來初始化一個 int 型陣列為 0、–1，或最大值、最小值，也可以初始化一個 bool 型陣列為 true(1) 或 false(0)。

不可以用 memset 初始化一個 int 型陣列為 1，因為 memset(*a*,1,sizeof(*a*)) 相當於將每個元素都設定值為 00000001000000010000000100000001，即將 00000001 分別填充到 4 位元組中。布林陣列可以設定值為 true，是因為布林陣列中的每個元素都只佔 1 位元組。

```
memset(a,0,sizeof(a));// 初始化為 0
memset(a,-1,sizeof(a));// 初始化為 -1
memset(a,0x3f,sizeof(a));// 初始化為最大值 0x3f3f3f3f
memset(a,0xcf,sizeof(a)); // 初始化為最小值 0xcfcfcfcf
```

需要注意的是，動態陣列或陣列作為函數參數時，不可以用 sizeof(*a*) 測量陣列空間，因為這樣只能測量到啟始位址的空間。可以用 memset (*a*,0x3f,*n*×sizeof (int)) 的方法處理，或用 fill 函數填充。

如果用 memset(*a*,0x3f,sizeof(*a*)) 填充 double 類型的陣列，則經常會得到一個連 1 都不到的小數。double 類型的陣列填充極值時需要用 fill(*a*,*a*+*n*,0x3f3f3f3f)。

儘管 0x7fffffff 是 32-bit int 的最大值，但是一般不使用該值初始化最大值，因為 0x7fffffff 不能滿足 " 無限大加一個有限的數依然是無限大 "，它會變成一個很小的負數。0x3f3f3f3f 的十進位是 1061109567，也就是 10^9 等級的（和 0x7fffffff 在一個數量級），而一般情況下的資料都是小於 10^9 的，所以它可以作為無限大使用而不至於出現資料大於無限大的情形。另一方面，由於一般的資料都不會大於 10^9，所以當把無限大加上一個資料時，它並不會溢位（這就滿足了 " 無限大加一個有限的數依然是無限大 "）。事實上，0x3f3f3f3f+0x3f3f3f3f=2122219134，這非常大但卻沒有超過 32-bit int 的表示範圍，所以 0x3f3f3f3f 還滿足了 " 無限大加無限大還是無限大 " 的需求。

2．sort(begin,end,compare)

（1）使用預設的函數排序。

```
int main(){
    int a[10]={7,4,5,23,2,73,41,52,28,60};
    sort(a,a+10);// 陣列 a 按昇冪排序
    for(int i=0;i<10;i++)
        cout<<a[i]<<" ";
    return 0;
}
```

（2）自訂比較函數。sort 函數預設為昇冪排序。如何用 sort 函數實現降冪排序呢？自己可以編寫一個比較函數來實現，接著呼叫含 3 個參數的 sort(begin,end,compare)，前兩個參數分別為待排序陣列的啟始位址和尾位址，最後一個參數表示比較的類型。自訂比較函數同樣適用於結構類型，可以指定按照結構的某個成員進行昇冪或降冪排序。

```
bool cmp(int a,int b){
    return a<b; // 昇冪排列，如果改為 return a>b，則為降冪
}
int main(){
    int a[10]={7,4,5,23,2,73,41,52,28,60};
    sort(a,a+10,cmp); // 陣列 a 按昇冪排序
    for(int i=0;i<10;i++)
        cout<<a[i]<<" ";
    return 0;
}
```

（3）利用 functional 標準函數庫。其實對於這麼簡單的任務（類型支持 "<"">" 等比較運算子），完全沒必要自己寫一個類別出來，引入標頭檔 #include<functional> 即可。functional 提供了一些以範本為基礎的比較函數物件。

- equal_to<Type>：等於。
- not_equal_to<Type>：不等於。
- greater<Type>：大於。
- greater_equal<Type>：大於或等於。

- less<Type>：小於。
- less_equal<Type>：小於或等於。
- 昇冪：sort(begin,end,less<data-type>())。
- 降冪：sort(begin,end,greater<data-type>())。

```
int main(){
    int a[10]={7,4,5,23,2,73,41,52,28,60};
    sort(a,a+10,greater<int>());// 從大到小排序
    for(int i=0;i<10;i++)
        cout<<a[i]<<" ";
    return 0;
}
```

3．nth_element(begin,begin+*k*,end,compare)

當省略最後一個參數時，該函數使區間 [begin,end) 第 *k*（*k* 從 0 開始）小的元素處在第 *k* 個位置上。當最後一個參數為 greater<int>() 時，該函數使區間 [begin,end) 第 *k* 大的元素處在第 *k* 個位置上。特別注意：在函數執行後會改變原序列，但不保證其他元素有序。

```
void print(int a[],int n){
    for(int i=0;i<n;i++)
        cout<<a[i]<<" ";
    cout<<endl;
}
int main(){
    int a[7]={6,2,7,4,20,15,5};
    nth_element(a,a+2,a+7);
    print(a,7);
    int b[7]={6,2,7,4,20,15,5};
    nth_element(b,b+2,b+7,greater<int>());
    print(b,7);
    return 0;
}
```

輸出結果如下：

```
42 56 20157   // 第 2 小的數 5 在第 2 個位置上
15207 64 52   // 第 2 大的數 7 在第 2 個位置上
```

4．lower_bound(begin,end,*x*)/upper_bound(begin,end,*x*)

lower_bound() 和 upper_bound() 都是用二分尋找的方法在一個有序陣列中尋找第 1 個滿足條件的元素。

1）在從小到大的排序陣列中

- lower_bound(begin,end,*x*)：從陣列的 begin 位置到 end–1 位置二分尋找第 1 個大於或等於 *x* 的元素，找到後傳回該元素的位址，不存在則傳回 end。透過傳回的位址減去起始位址 begin，得到元素在陣列中的索引。
- upper_bound(begin,end,*x*)：從陣列的 begin 位置到 end–1 位置二分尋找第 1 個大於 *x* 的元素，找到後傳回該元素的位址，不存在則傳回 end。

2）在從大到小的排序陣列中

- lower_bound(begin,end,*x*,greater<type>())：從陣列的 begin 位置到 end–1 位置二分尋找第 1 個小於或等於 *x* 的元素，找到後傳回該元素的位址，不存在則傳回 end。
- upper_bound(begin,end,*x*,greater<type>())：從陣列的 begin 位置到 end–1 位置二分尋找第 1 個小於 *x* 的元素，找到後傳回該元素的位址，不存在則傳回 end。

```
int main(){
    int a[6]={6,2,7,4,20,15};
    sort(a,a+6);  //從小到大排序
    print(a,6);
    int pos1=lower_bound(a,a+6,7)-a; //傳回陣列中第 1 個大於或等於 7 的元素索引
    int pos2=upper_bound(a,a+6,7)-a; //傳回陣列中第 1 個大於 7 的元素索引
    cout<<pos1<<" "<<a[pos1]<<endl;
    cout<<pos2<<" "<<a[pos2]<<endl;
    sort(a,a+6,greater<int>());  //從大到小排序
    print(a,6);
    int pos3=lower_bound(a,a+6,7,greater<int>())-a; //傳回第 1 個小於或等於 7 的
元素索引
    int pos4=upper_bound(a,a+6,7,greater<int>())-a; //傳回第 1 個小於 7 的元素索引
    cout<<pos3<<" "<<a[pos3]<<endl;
    cout<<pos4<<" "<<a[pos4]<<endl;
    return 0;
}
```

5 · next_permutation(begin,end)/pre_permutation(begin,end)

next_permutation() 是求按字典序排序的下一個排列的函數，可以得到全排列。pre_permutation() 是求按字典序排序的上一個排列的函數。

1）int 類型的 next_permutation

```
int main(){
    int a[3];
    a[0]=1;a[1]=2;a[2]=3;
    do{
        cout<<a[0]<<" "<<a[1]<<" "<<a[2]<<endl;
    }while(next_permutation(a,a+3));
    // 如果存在 a 之後的排列，就傳回 true
    // 如果 a 是最後一個排列且沒有後繼，則傳回 false
    // 每執行一次，a 就變成它的後繼
    return 0;
}
```

輸出：

```
1 2 3
1 3 2
2 1 3
2 3 1
3 1 2
3 2 1
```

如果改成 "while(next_permutation(*a*,*a*+2));"，則輸出：

```
1 2 3
2 1 3
```

只對前兩個元素進行字典序排序。顯然，如果改成 "while(next_permutation(*a*,*a*+1));"，則只輸出：

```
1 2 3。
```

若排列本來就最大且沒有後繼，則在 next_permutation 執行後，對排列進行字典昇冪排序，相當於迴圈。

```
int list[3]={3,2,1};
next_permutation(list,list+3);
cout<<list[0]<<" "<<list[1]<<" "<<list[2]<<endl;// 輸出 : 12 3
```

2）char 類型的 next_permutation

```
int main(){
    char ch[205];
    cin>>ch;
    sort(ch,ch+strlen(ch)); // 該敘述對輸入的陣列進行字典昇冪排序，
// 例如輸入"9874563102 cout<<ch;"，則將輸出"0123456789"，這樣就能輸出全排列了
    char *first=ch;
    char *last=ch+strlen(ch);
    do{
        cout<<ch<<endl;
    }while(next_permutation(first,last));
    return 0;
}
```

3）string 類型的 next_permutation

```
int main(){
    string s;
    while(cin>>s&&s!="#"){
        sort(s.begin(),s.end());// 全排列
        cout<<s<<endl;
        while(next_permutation(s.begin(),s.end()))
            cout<<s<<endl;
    }
    return 0;
}
```

4）自訂優先順序的 next_permutation

```
int cmp(char a,char b) {//'A'<'a'<'B'<'b'<...<'Z'<'z'
    if(tolower(a)!=tolower(b))
         return tolower(a)<tolower(b);
    else
        return a<b;
}
sort(ch,ch+strlen(ch),cmp);
```

```
do{
    printf("%s\n",ch);
}while(next_permutation(ch,ch+strlen(ch),cmp));
```

訓練 1　差的中位數

題目描述（POJ3579）：指定 N 個數 $X_1, X_2,\cdots, X_N$，計算每一對數字的差：$|X_i - X_j|$，$1 \le i \quad j \le N$。請儘快找到差的中位數！

注意，在這個問題中，中位數被定義為第 $m/2$ 個數，m 為差的數量。

輸入：輸入由幾個測試使用案例組成。每個測試使用案例的第 1 行都為 N。然後列出 N 個數字，表示 $X_1, X_2,\cdots, X_N$（$X_i \le 10^9$，$3 \le N \le 10^5$）。

輸出：對於每個測試，都單行輸出差的中位數。

輸入範例	輸出範例
輸入範例 4 1 3 2 4 3 1 10 2	輸出範例 1 8

1．演算法設計

本題資料量較大，$N \le 10^5$，如果列舉每兩個數的差，然後找中位數，則時間複雜度為 $O(N^2)$，$N^2 \le 10^{10}$，時間限制為 1 秒，顯然逾時。可以採用二分法尋找差的中位數。使用 algorithm 標頭檔中的 lower_bound() 函數尋找第 1 個大於或等於 $a[i]$+val 的數，統計有多少個數與 $a[i]$ 的差值大於或等於 val，步驟如下。

（1）對序列排序。可呼叫 algorithm 標頭檔中的 sort()。

（2）二分尋找，如果差值大於或等於 mid 的數多於一半，則向後尋找，否則向前尋找。

```
int l=0,r=a[n-1]-a[0];
while(l<=r){
    int mid=(l+r)>>1;
    if(check(mid)){
```

```
            ans=mid;
            l=mid+1;
        }
        else
            r=mid-1;
}
```

check 函數統計有多少個數的差大於或等於 val。對於每一個 $a[i]$，都統計有多少個數與 $a[i]$ 的差大於或等於 val，可以採用 lower_bound(a,$a+n$,$a[i]$+val) 找到第 1 個大於或等於 $a[i]$+val 的數 $a[k]$（相當於 $a[k]-a[i] \geq$ val），減去啟始位址 a 得到該數的索引 k，$n-k$ 即差值大於或等於 val 的數的個數。n 個數兩兩求差，差的序列共有 $n(n-1)/2$ 個，該序列的一半即 m，$m=n\times(n-1)/4$。

```
bool check(int val){
    int cnt=0;
    for(int i=0;i<n;i++)
        cnt+=n-(lower_bound(a,a+n,a[i]+val)-a);
    return cnt>m;
}
```

（3）輸出答案 ans 即可。

2．完美圖解

輸入範例 1，包含 4 個數 1、3、2、4，求差的中位數。

（1）排序，排序後的結果如下圖所示。

	0	1	2	3
$a[\,]$	1	2	3	4

（2）二分搜尋。$m=n\times(n-1)/4=3$；$l=0$，$r=a[n-1]-a[0]=3$，求解如下。

- mid=$(l+r)/2=1$，統計有多少個數的差大於或等於 1。

$i=0$：第 1 個大於或等於 $a[0]+1$ 的索引為 1，有 $n-1=3$ 個數與 $a[0]$ 的差大於或等於 1。

$i=1$：第 1 個大於或等於 $a[1]+1$ 的索引為 2，有 $n-2=2$ 個數與 $a[1]$ 的差大於或等於 1。

i=2：第 1 個大於或等於 a[2]+1 的索引為 3，有 n−3=1 個數與 a[2] 的差大於或等於 1。

i=4：第 1 個大於或等於 a[3]+1 的索引為 n（不存在則為 n），有 n−n=0 個數與 a[3] 的差大於或等於 1。

cnt=3+2+1+0=6>m（m=3），差大於或等於 1 的數多於一半，說明差的中位數在後半部分，ans=mid=1；l=mid+1=2，r=3，繼續求解。

- mid=(l+r)/2=2，統計有多少個數的差大於或等於 2。

i=0：第 1 個大於或等於 a[0]+2 的索引為 2，有 n−2=2 個數與 a[0] 的差大於或等於 2。

i=1：第 1 個大於或等於 a[1]+2 的索引為 3，有 n−3=1 個數與 a[1] 的差大於或等於 2。

i=2：第 1 個大於或等於 a[2]+2 的索引為 n（不存在則為 n），有 n−n=0 個數與 a[2] 的差大於或等於 2。

i=4：第 1 個大於或等於 a[3]+2 的索引為 n（不存在則為 n），有 n−n=0 個數與 a[3] 的差大於或等於 2。

cnt=2+1+0+0=3 不大於 m（m=3），差大於或等於 2 的數少於等於一半，說明差的中位數在前半部分，r=mid−1=1，此時 l=2，不滿足二分條件 $l \leq r$，迴圈結束。

（3）輸出答案 ans=1。

3．演算法分析

排序的時間複雜度為 $O(n\log n)$，二分搜尋的時間複雜度為 $O(\log X_{\max})$，lower_bound() 函數內部也是二分尋找，時間複雜度為 $O(\log n)$，check 函數的總時間複雜度為 $O(n\log n)$。Xmax=10^9，$\log 10^9 \approx \log 2^{30} \approx 30$，$n \leq 10^5$，$n\log n \approx 10^6$，在一般情況下，$10^7$ 以內均可透過 1 秒測試。

check 函數也可以不呼叫 STL，直接求解：

```
bool check(int val){
    int cnt=0,k=0;
    for(int i=0;i<n;i++){
        while(k<n&&a[k]-a[i]<val)// 找第一個與 a[i] 的差大於或等於 val 的數
```

```
            k++;
        cnt+=n-k;
    }
    return cnt>m;
}
```

該 check 函數充分利用了 $a[i]$ 遞增的特性，總時間複雜度為 $O(n)$，速度更快，但排序的時間複雜度不變。

訓練 2　中位數

題目描述（POJ2388）：約翰正在調查他的牛群以尋找產乳量最平均的乳牛。他想知道這頭 " 中位數 " 乳牛的產乳量是多少：一半的乳牛產乳量與 " 中位數 " 乳牛的產乳量一樣多或更多；另一半與 " 中位數 " 乳牛的產乳量一樣多或更少。 指定乳牛的數量 N（$1 \le N<10000$，N 為奇數）及其牛奶產量（1 ～ 1000000），找產乳量的中位數。

輸入：第 1 行為整數 N；第 2 ～ N+1 行，每行都包含一個整數，表示一頭乳牛的產乳量。

輸出：單行輸出產乳量的中位數。

輸入範例	輸出範例
5 2 4 1 3 5	3

本題很簡單，可以在排序後輸出中位數，或使用 nth_element 函數找中位數（第 $n/2$ 小），後者速度更快。

```
int main(){
    while(~scanf("%d",&n)){
            for(int i=0;i<n;i++)
                scanf("%d",&r[i]);
            int mid=n>>1;
```

```
        nth_element(r,r+mid,r+n);//nth_element(a+l,a+k,a+r) 求 [l,r) 之間第 k 小
        printf("%d\n",r[mid]);
    }
    return 0;
}
```

訓練 3　訂單管理

題目描述（POJ1731）：商店經理按貨物標籤的字母順序對各種貨物進行分類，將所有擁有以同一個字母開頭的標籤的貨物都儲存在同一個倉庫中，並用該字母標記。經理收到並登記從商店發出的貨物訂單，每個訂單只需要一種貨物。商店經理按照預訂的連續處理請求。請計算經理存取倉庫的所有可能方式，以便在一天中一個接一個地解決所有需求。

輸入：輸入包含一行，其中包含所需貨物的所有標籤（隨機排列）。對每種貨物都用標籤的起始字母表示，只使用英文字母表中的小字母。訂單數量不超過 200 個。

輸出：輸出將包含商店經理可以存取其倉庫的所有可能的訂單。對每個倉庫都用英文字母表中的小字母表示──貨物標籤的起始字母。倉庫的每個排序在輸出檔案中只在單獨的行上寫入一次，並且包含排序的所有行必須按字母順序排序（請參見範例）。任何輸出都不會超過 2MB 位元組。

輸入範例	輸出範例
bbjd	bbdj bbjd bdbj bdjb bjbd bjdb dbbj dbjb djbb jbbd jbdb jdbb

本題其實就是按順序輸出字串的全排列，可以使用 algorithm 標頭檔中的 next_permutation 函數求解。這是一個求一個排序的下一個排列的函數，可以得到全排列。

```
int main(){
    int len,i,n;
    while(~scanf("%s",s)){
        len=strlen(s);
        sort(s,s+len);
        printf("%s\n",s);
        while(next_permutation(s,s+len))
            printf("%s\n",s);
    }
    return 0;
}
```

訓練 4　字謎

題目描述（POJ1256）：寫程式從一組指定的字母中生成所有可能的單字。舉例來說，指定單字 "abc"，應該輸出單字 "abc""acb""bac""bca""cab" 和 "cba"。在輸入的單字中，某些字母可能會出現多次。對於指定的單字，程式不應多次生成同一個單字，並且這些單字應按字母昇冪輸出。

輸入：輸入由幾個單字組成。第 1 行包含一個數字，表示單字數。以下每行各包含一個單字。單字由 a 到 z 的大小寫字母組成。大小寫字母應被視為不同。每個單字的長度都小於 13。

輸出：對於輸入中的每個單字，輸出應該包含所有可以用指定單字的字母生成的不同單字。由同一輸入詞生成的詞應按字母昇冪輸出。大寫字母在對應的小寫字母之前。

輸入範例	輸出範例
3 aAb abc acba	Aab Aba aAb abA bAa baA abc acb bac bca cab cba aabc aacb abac abca acab acba baac baca bcaa caab caba cbaa

提示：大寫字母在對應的小寫字母之前，所以正確的字母順序是'A'<'a'<'B'<'b'<…<'Z'<'z'。

題解：本題要求按正確的字母順序輸出全排列，可以使用 algorithm 標頭檔中的 next_ permutation 函數，需要自訂優先順序。

```
int cmp(char a,char b){//'A'<'a'<'B'<'b'<...<'Z'<'z'
    if(tolower(a)!=tolower(b))
        return tolower(a)<tolower(b);
    else
        return a<b;
}

int main(){
    char ch[20];
```

```
    int n;
    cin>>n;
    while(n--){
        scanf("%s",ch);
        sort(ch,ch+strlen(ch),cmp);
        do{
            printf("%s\n",ch);
        }while(next_permutation(ch,ch+strlen(ch),cmp));
    }
    return 0;
}
```

03 線性串列的應用

線性串列是由 n（$n \geq 0$）個相同類型的資料元素組成的有限序列，它是最基本、最常用的一種線性結構。顧名思義，線性串列就像是一條線，不會分叉。線性串列有唯一的開始和結束，除了第 1 個元素，每個元素都有唯一的直接前驅；除了最後一個元素，每個元素都有唯一的直接後繼，如下圖所示。

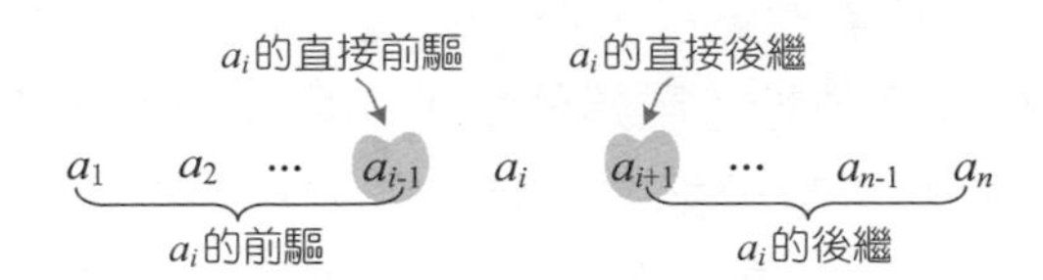

注意：為了描述方便，在本書中提到的前驅和後繼均指直接前驅和直接後繼。

線性串列有兩種儲存方式：循序儲存和鏈式儲存。採用循序儲存的線性串列被稱為循序串列，採用鏈式儲存的線性串列被稱為鏈結串列。

3.1 循序串列

循序串列是循序儲存方式，即邏輯上相鄰的資料在電腦內的儲存位置也是相鄰的。在循序儲存方式中，元素儲存是連續的，中間不允許有空，可以快速定位某個元素，所以插入、刪除時需要移動大量元素。根據分配空間方法的不同，循序串列可以分為靜態設定和動態分配兩種。

在循序串列中，最簡單的方法是使用一個定長陣列 data[] 儲存資料，最大空間為 Maxsize，用 length 記錄實際的元素個數，即循序串列的長度。這種用定長陣列儲存的方法被稱為靜態設定。

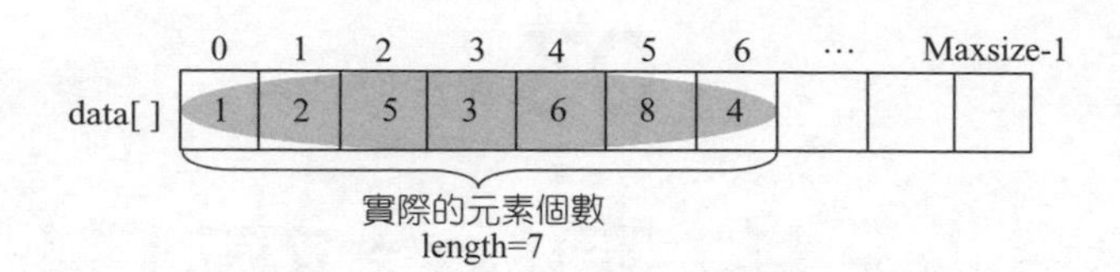

當採用靜態設定的方法時，定長陣列需要預先分配一段固定大小的連續空間，但是在運算過程中進行合併、插入等操作容易超過預分配的空間長度，並出現溢位。可以採用動態分配的方法解決溢出問題。

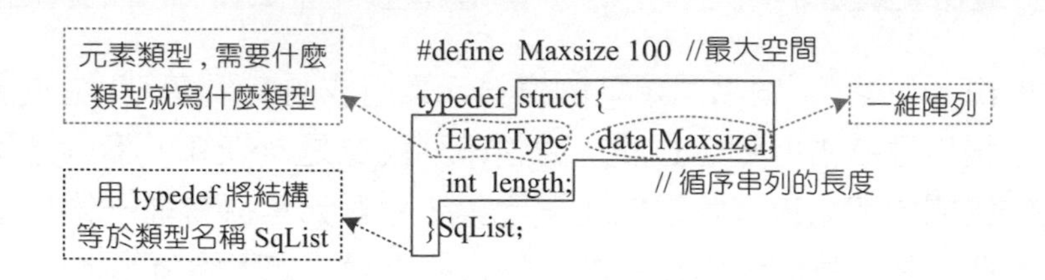

在程式運行過程中，根據需要動態分配一段連續的空間（大小為 Maxsize），用 elem 記錄該空間的基底位址（啟始位址），用 length 記錄實際的元素個數，即循序串列的長度。採用動態分配方法時，在運算過程中如果發生溢位，則可以另外開闢一塊更大的儲存空間，用來替換原來的儲存空間，從而達到擴充儲存空間的目的。

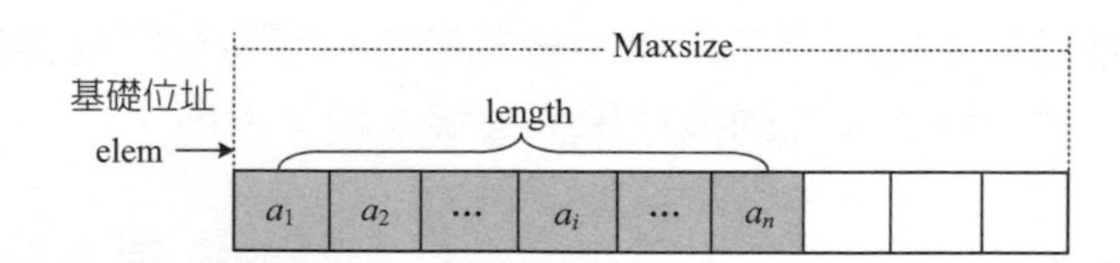

循序串列的動態分配結構定義如下圖所示。

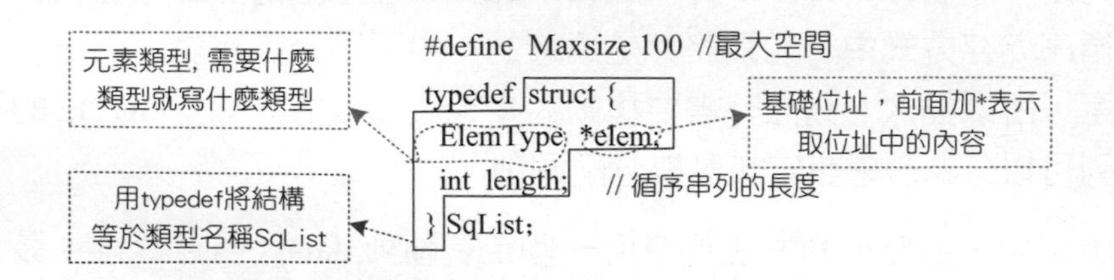

1．插入

在循序串列中的第 i 個位置之前插入一個元素 e，需要從最後一個元素開始，後移一位……直到把第 i 個元素也後移一位，然後把 e 放入第 i 個位置，如下圖所示。

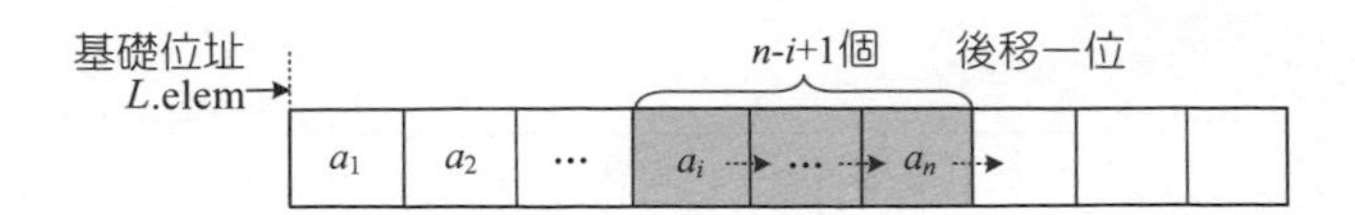

演算法步驟：

（1）判斷插入位置 i 是否合法（$1 \le i \le L$.length+1），可以在第 1 個元素之前插入，也可以在第 L.length+1 個元素之前插入。

（2）判斷循序串列的儲存空間是否已滿。

（3）將第 L.length 至第 i 個元素依次向後移動一個位置，空出第 i 個位置。

（4）將要插入的新元素 e 放入第 i 個位置。

（5）表長加 1，插入成功後傳回 true。

完美圖解：舉例來說，在循序串列中的第 5 個位置之前插入一個元素 9。

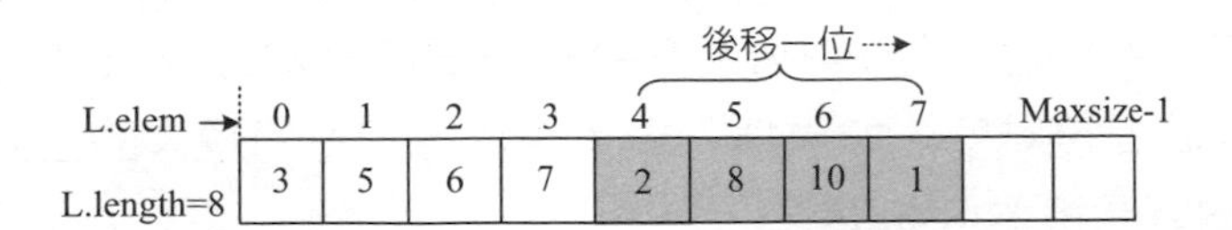

（1）移動元素。從最後一個元素（索引為 L.length−1）開始後移一位，移動過程如下圖所示。

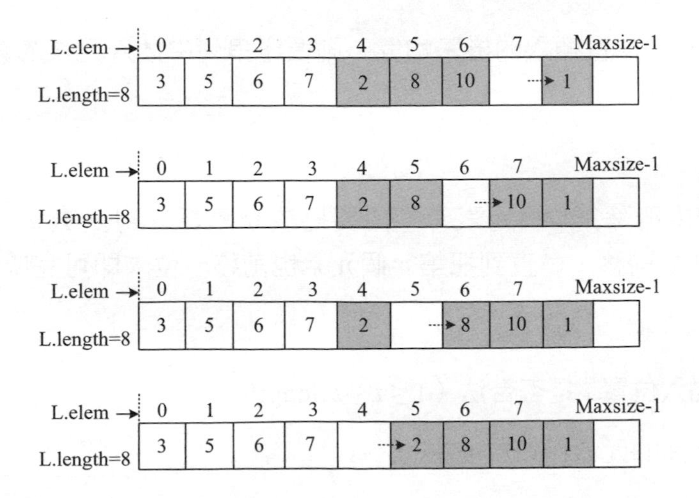

（2）插入元素。此時第 5 個位清空出來，將要插入的元素 9 放入第 5 個位置，表長加 1。

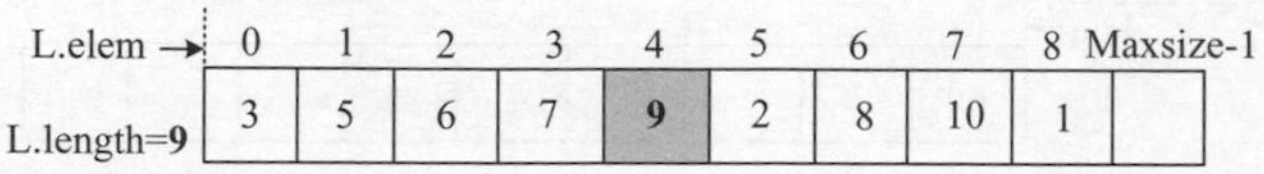

L.elem →, L.length=9

0	1	2	3	4	5	6	7	8	Maxsize-1
3	5	6	7	9	2	8	10	1	

```
bool ListInsert_Sq(SqList &L,int i ,int e){
   if(i<1||i>L.length+1) return false;  //i 值非法
   if(L.length==Maxsize) return false;  //儲存空間已滿
   for(int j=L.length-1;j>=i-1;j--)
      L.elem[j+1]=L.elem[j];       //從最後一個元素開始後移，直到第 i 個元素後移
   L.elem[i-1]=e;                  //將新元素 e 放入第 i 個位置
   L.length++;                     //表長加 1
   return true;
}
```

演算法分析：可以在第 1 個位置之前插入，也可以在第 2 個位置之前插入……在第 n 個位置之前插入或在第 n+1 個位置之前插入，共有 n+1 種情況，每種情況下移動元素的個數都是 n–i+1。把每種情況移動次數乘以其插入機率 p_i 並求和，即平均時間複雜度。如果插入機率均等，即每個位置的插入機率均為 1/(n+1)，則平均時間複雜度如下：

$$\sum_{i=1}^{n+1} p_i \times (n-i+1) = \frac{1}{n+1}\sum_{i=1}^{n+1}(n-i+1) = \frac{1}{n+1}(n+(n-1)+\cdots+1+0) = \frac{n}{2}$$

因此，假設每個位置插入的機率均等，則循序串列中插入元素演算法的平均時間複雜度為 $O(n)$。

2．刪除

在循序串列中刪除第 i 個元素時，需要把該元素暫存到變數 e 中，然後從第 i+1 個元素開始前移……直到把第 n 個元素也前移一位，即可完成刪除操作。

演算法步驟：

（1）判斷插入位置 i 是否合法（$1 \le i \le L$.length）。

（2）將欲刪除的元素保留在 e 中。

（3）將第 i+1 至第 n 個元素依次向前移動一個位置。

（4）表長減 1，若刪除成功則傳回 true。

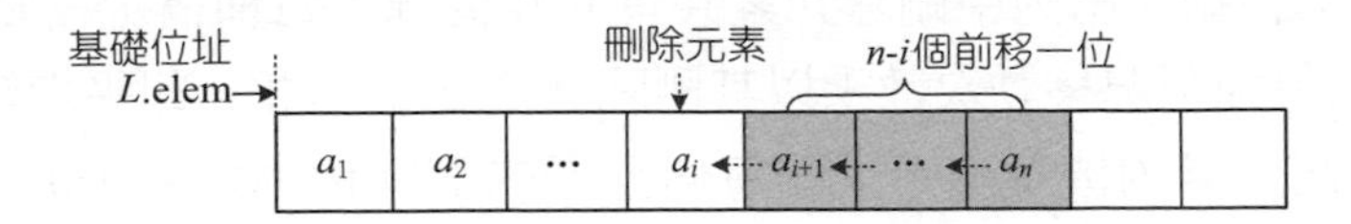

完美圖解：舉例來說，從循序串列中刪除第 5 個元素，如下圖所示。

（1）移動元素。首先將待刪除元素 2 暫存到變數 e 中，以後可能有用，如果不暫存，則將被覆蓋。然後從第 6 個元素開始前移一位，移動元素的過程如下圖所示。

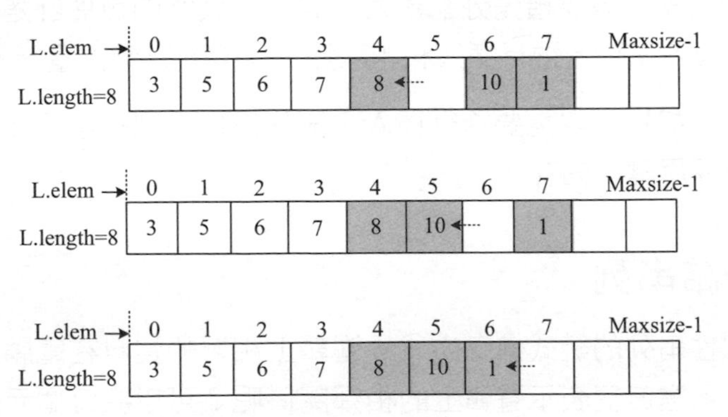

（2）表長減 1，刪除元素後的循序串列如下圖所示。

L.elem →	0	1	2	3	4	5	6	7		Maxsize-1
L.length=7	3	5	6	7	8	10	1			

```
bool ListDelete_Sq(SqList &L,int i, int &e){
   if(i<1||i>L.length) return false;          //i 值非法
   e=L.elem[i-1];                             //將欲刪除的元素保留在 e 中
   for(int j=i;j<=L.length-1;j++)
        L.elem[j-1]=L.elem[j];                //被刪除元素之後的元素前移
   L.length--;                                //表長減 1
```

```
    return true;
}
```

演算法分析：在循序串列中刪除元素共有 n 種情況，每種情況移動元素的個數都是 $n-i$。把每種情況移動次數乘以其刪除機率 p_i 並求和，即平均時間複雜度。假設刪除每個元素的機率均等，即每個元素的刪除機率均為 $1/n$，則平均時間複雜度如下：

$$\sum_{i=1}^{n} p_i \times (n-i) = \frac{1}{n}\sum_{i=1}^{n}(n-i) = \frac{1}{n}((n-1)+\cdots+1+0) = \frac{n-1}{2}$$

因此，假設每個元素刪除的機率均等，則循序串列中刪除元素演算法的平均時間複雜度為 $O(n)$。

- 循序串列的優點：操作簡單，儲存密度高，可以隨機存取，只需 $O(1)$ 的時間就可以取出第 i 個元素。
- 循序串列的缺點：需要預先分配最大空間，最大空間數估計過大或過小都會造成空間浪費或溢位。進行插入和刪除操作時需要移動大量元素。

在實際問題中，如果經常需要進行插入、刪除操作，則採用循序串列的效率很低，這時可以採用鏈式儲存。

3.2 單鏈結串列

鏈結串列是線性串列的鏈式儲存方式，邏輯上相鄰的資料在電腦內的儲存位置不一定相鄰，那麼怎麼表示邏輯上的相鄰關係呢？可以給每個元素都附加一個指標域，指向下一個元素的儲存位置。

從下圖可以看出，每個節點都包含兩個域：資料欄和指標域。資料欄儲存資料元素，指標域儲存下一個節點的位址，因此指標指向的類型也是節點類型。鏈結串列中的每個指標都指向下一個節點，都朝向一個方向的，這樣的鏈結串列被稱為單向鏈結串列或單鏈結串列。

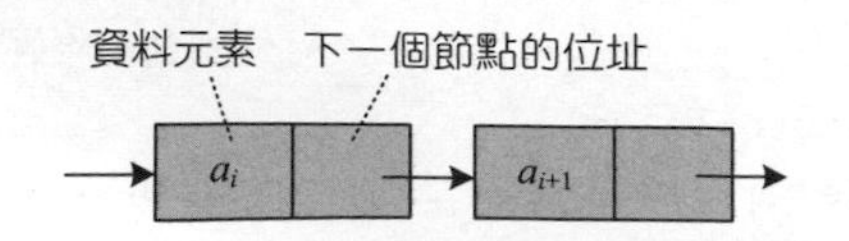

單鏈結串列的節點結構定義如下圖所示。

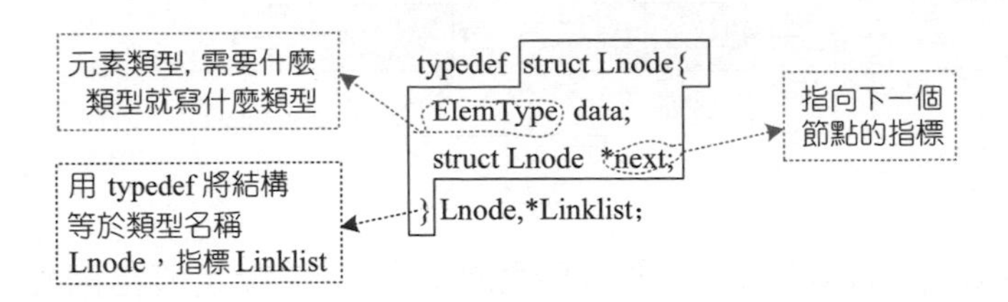

定義了節點結構之後，就可以把許多節點連接在一起，形成一個單鏈結串列了。

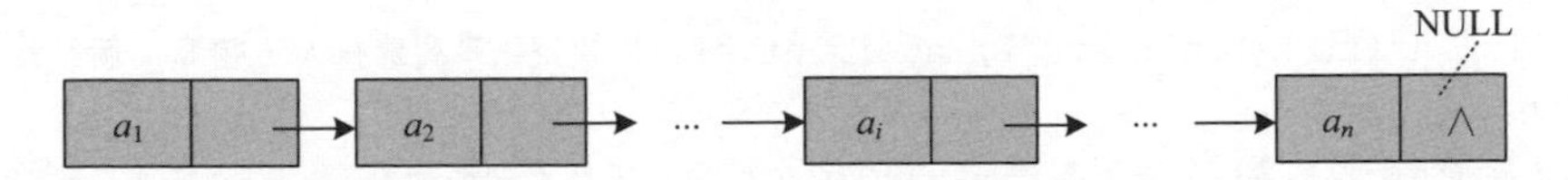

不管這個單鏈結串列有多長，只要找到它的頭，就可以拉起整個單鏈結串列，因此如果給這個單鏈結串列設定一個頭指標，則這個單鏈結串列中的每個節點就都可以找到了。

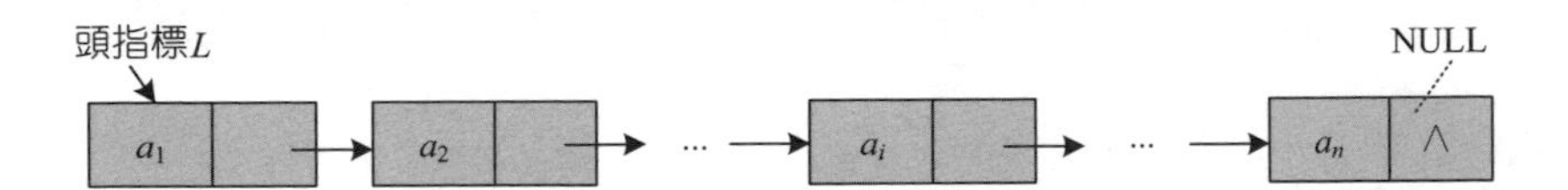

有時為了操作方便，還會替單鏈結串列增加一個不存放資料的頭節點（也可以存放表長等資訊）。給單鏈結串列加上頭節點，就像給鐵鍊子加上鑰匙扣。

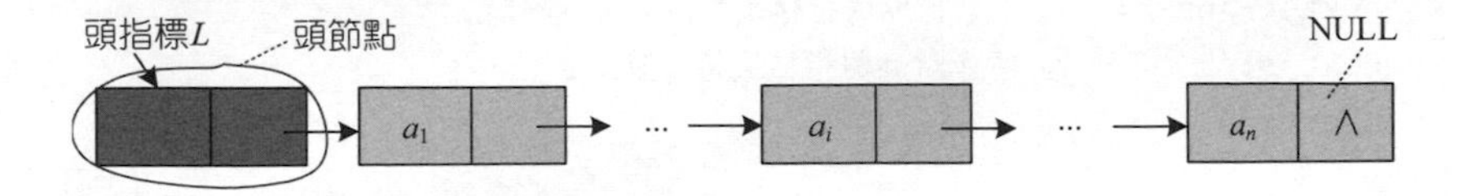

若想在循序串列中找第 i 個元素，則可以立即透過 L.elem[i–1] 找到，想找哪個就找哪個，被稱為隨機存取。但若想在單鏈結串列中找第 i 個元素該怎麼辦？答案是必須從頭開始，按順序一個一個地找，一直數到第 i 個元素，被稱為循序串列取。

（1）插入。在第 i 個節點之前插入元素 e，相當於在第 i–1 個節點之後插入元素 e。假設已找到第 i–1 個節點，並用 p 指標指向該節點，s 指向待插入的新節點，則插入操作如下圖所示。

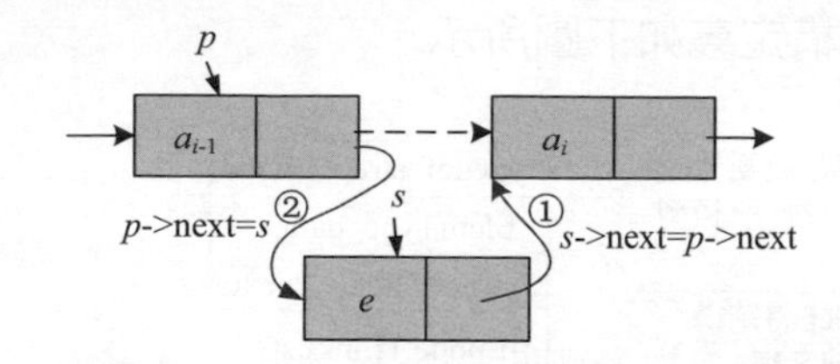

其中，"*s*->next=*p*->next" 指將節點 *p* 後面的節點位址設定值給節點 *s* 的指標域，即節點 *s* 的 next 指標指向 *p* 後面的節點；"*p*->next=s" 指將節點 *s* 的位址設定值給節點 *p* 的指標域，即節點 *p* 的 next 指標指向節點 *s*。

```
bool ListInsert_L(LinkList &L,int i,int e){// 單鏈結串列的插入，在第 i 個節點之前插
入元素 e
    // 在帶頭節點的單鏈結串列 L 中第 i 個位置之前插入值為 e 的新節點
    int j;
    LinkList p, s;
    p=L;
    j=0;
    while(p&&j<i-1){ // 尋找第 i-1 個節點，p 指向該節點
        p=p->next;
        j++;
    }
    if(!p||j>i-1)  //i  n+1 或 i  1
        return false;
    s=new Lnode;         // 生成新節點
    s->data=e;           // 將資料元素 e 放入新節點的資料欄中
    s->next=p->next;     // 將新節點的指標域指向第 i 個節點
    p->next=s;           // 將節點 p 的指標域指向節點 s
    return true;
}
```

（2）刪除。刪除一個節點，實際上是把這個節點跳過去。根據單向鏈結串列向後操作的特性，要想跳過第 *i* 個節點，就必須先找到第 *i*–1 個節點，否則是無法跳過去的，如下圖所示。

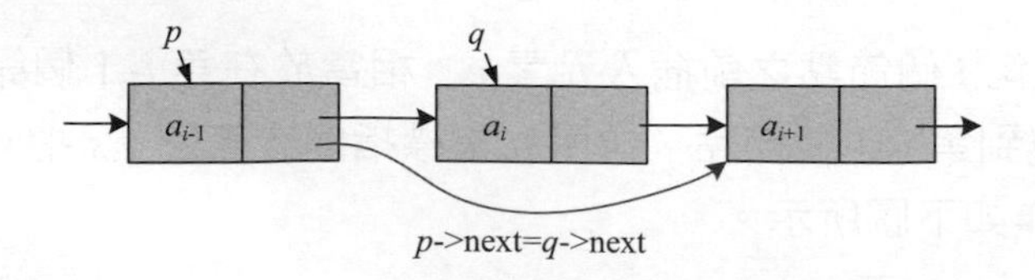

其中，"*p*->next=*q*->next" 指將節點 *q* 的下一個節點位址設定值給節點 *p* 的指標域。

在這些有關指標的設定陳述式中，等號的右側是節點的位址，等號的左側是節點的指標域，如下圖所示。

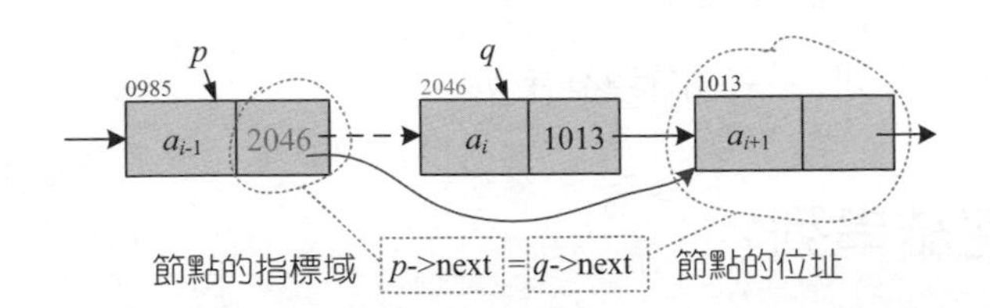

在上圖中，假設節點 *q* 的下一個節點位址為 1013，該位址被儲存在 *q*->next 裡面，因此等號右側 *q*->next 的值為 1013。把該位址設定值給節點 *p* 的 next 指標域，把原來的值 2046 覆蓋，這樣，*p*->next 的值也為 1013，相當於把節點 *q* 跳過去了。設定值之後如下圖所示。然後用 delete *q* 釋放被刪除節點的空間。

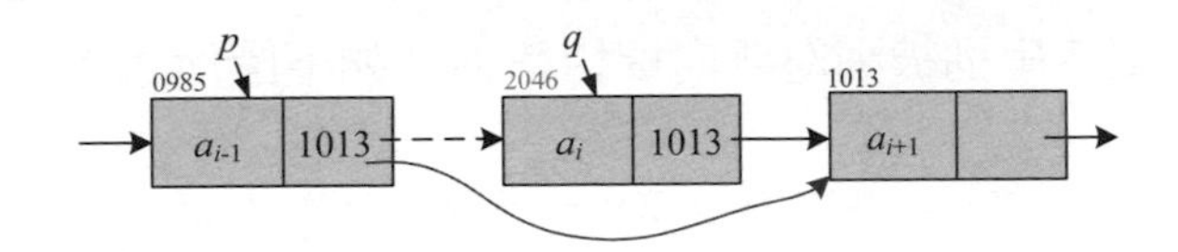


```
bool ListDelete_L(LinkList &L,int i){// 在帶頭節點的單鏈結串列 L 中刪除第 i 個元素
    LinkList p,q;
    int j;
    p=L;
    j=0;
    while((p->next)&&(j<i-1)) { // 尋找第 i-1 個節點，p 指向該節點
        p=p->next;
        j++;
    }
    if(!(p->next)||(j>i-1))// 當 i>n 或 i<1 時，刪除位置不合理
        return false;
    q=p->next;          // 臨時保存被刪除節點的位址以備釋放空間
    p->next=q->next;    // 將節點 q 的下一個節點位址設定值給節點 p 的指標域
    delete q;           // 釋放被刪除節點的空間
    return true;
}
```

在單鏈結串列中，每個節點除了儲存自身資料，還儲存下一個節點的位址，因此可以輕鬆存取下一個節點，以及後面的所有後繼節點，但是如果想存取前面的節點就不行了，再也回不去了。例如刪除節點 q 時，要先找到它的前一個節點 p，然後才能刪掉節點 q，單鏈結串列只能向後操作，不能向前操作。如果需要向前操作，則該怎麼辦呢？

還有另外一種鏈結串列——雙向鏈結串列。

3.3 雙向鏈結串列

在單鏈結串列中，每個元素都附加了一個指標域，指向下一個元素的儲存位置。在雙向鏈結串列中，每個元素都附加了兩個指標域，分別指向前驅節點和後繼節點。

單鏈結串列只能向後操作，不能向前操作。為了向前、向後操作方便，可以給每個元素都附加兩個指標域，一個儲存前一個元素的位址，一個儲存下一個元素的位址。這種鏈結串列被稱為雙向鏈結串列，如下圖所示。

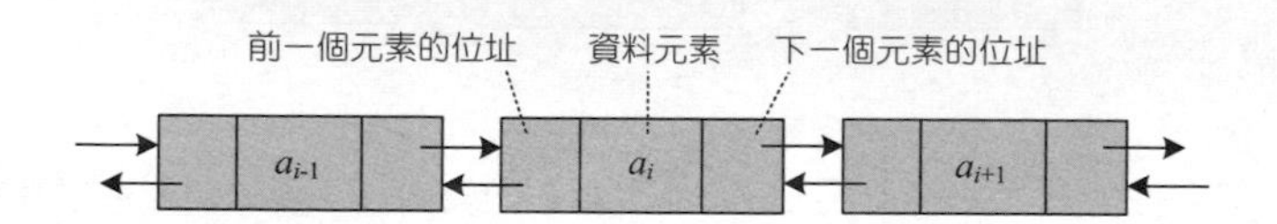

從上圖中可以看出，雙向鏈結串列的每個節點都包含三個域：資料欄和兩個指標域。兩個指標域分別儲存前後兩個元素的位址，即指向前驅節點和後繼節點。

雙向鏈結串列的節點結構定義如下圖所示。

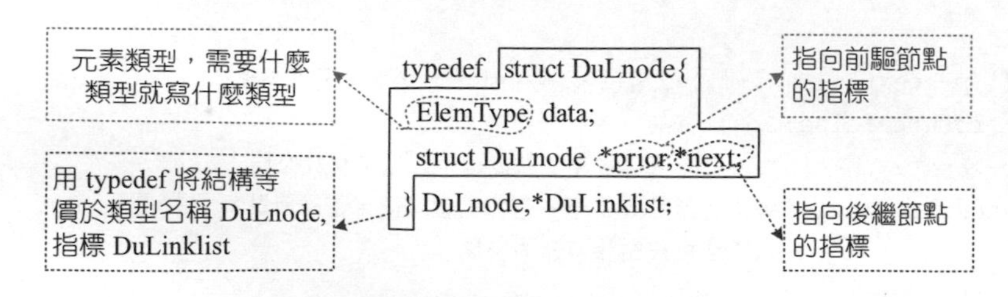

（1）插入。單鏈結串列只有一個指標域，是向後操作的，不可以向前處理，因此單鏈結串列如果要在第 i 個節點之前插入一個元素，則必須先找到第 i–1 個節點。在第 i 個節點之前插入一個元素相當於把新節點放在第 i–1 個節點之後。而雙向鏈結串列不需要，因為有兩個指標，所以可以向前、後兩個方向操作，直接找到第 i 個節點，就可以把新節點插入第 i 個節點之前。注意：這裡假設第 i 個節點是存在的，如果第 i 個節點不存在，而第 i–1 個節點存在，則還是需要找到第 i–1 個節點，將新節點插在第 i–1 個節點之後，如下圖所示。

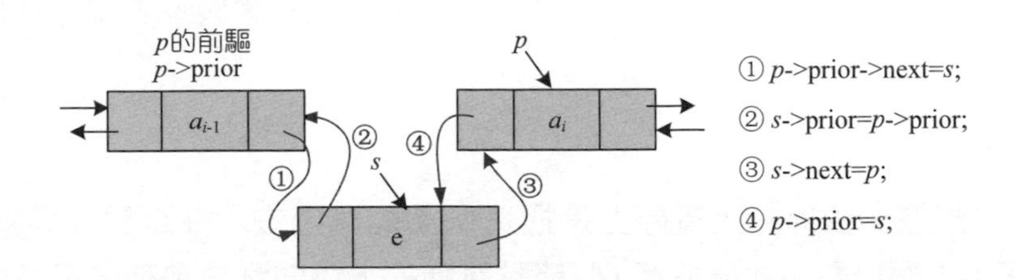

其中：

①指將節點 s 的位址設定值給 p 的前驅節點的 next 指標域，即 p 的前驅的 next 指標指向 s；

②指將 p 的前驅節點的位址設定值給節點 s 的 prior 指標域，即節點 s 的 prior 指標指向 p 的前驅節點；

③指將節點 p 的位址設定值給節點 s 的 next 指標域，即節點 s 的 next 指標指向節點 p；

④指將節點 s 的位址設定值給節點 p 的 prior 指標域，即節點 p 的 prior 指標指向節點 s。

因為 p 的前驅節點無標記，一旦修改了節點 p 的 prior 指標，p 的前驅節點就找不到了，因此最後修改這個指標。修改指標順序的原則：先修改沒有指標標記的那一端。

```
bool ListInsert_L(DuLinkList &L,int i,int e) {//在第 i 個位置之前插入 e
    int j;
    DuLinkList p,s;
    p=L;
    j=0;
    while(p&&j<i){ //尋找第 i 個節點，p 指向該節點
        p=p->next;
        j++;
    }
    if(!p||j>i)//i  n+1 或 i  1
```

```
        return false;
    s=new DuLnode;          //生成新節點
    s->data=e;              //將新節點的資料欄置為 e
    p->prior->next=s;
    s->prior=p->prior;
    s->next=p;
    p->prior=s;
    return true;
}
```

（2）刪除。刪除一個節點，實際上是把這個節點跳過去。在單鏈結串列中必須先找到第 $i-1$ 個節點，才能把第 i 個節點跳過去。雙向鏈結串列則不必如此，直接找到第 i 個節點，然後修改指標即可，如下圖所示。

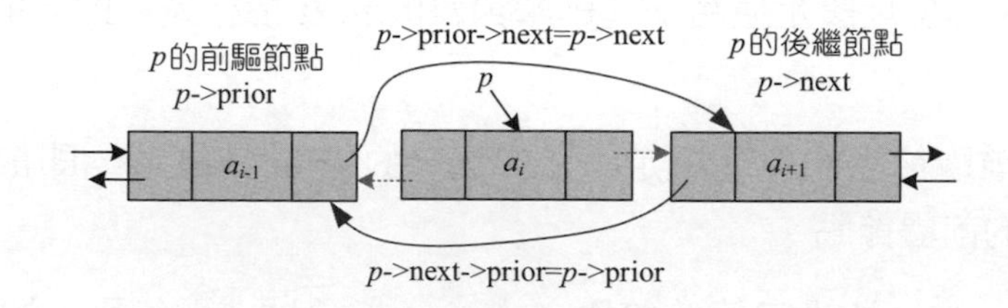

"*p*->prior->next=*p*->next" 指將 *p* 的後繼節點的位址設定值給 *p* 的前驅節點的 next 指標域。即 *p* 的前驅節點的 next 指標指向 *p* 的後繼節點。注意：等號的右側是節點的位址，等號的左側是節點的指標域。

"*p*->next->prior=*p*->prior" 指將 *p* 的前驅節點的位址設定值給 *p* 的後繼節點的 prior 指標域。即 *p* 的後繼節點的 prior 指標指向 *p* 的前驅節點。此項修改的前提是 *p* 的後繼節點是存在的，如果不存在，則不需要修改此項。

這樣，就把節點 *p* 跳過去了。然後用 delete *p* 釋放被刪除節點的空間。刪除節點修改指標沒有順序，先修改哪個都可以。

```
bool ListDelete_L(DuLinkList &L,int i){//刪除第 i 個元素
    DuLinkList p;
    int j;
    p=L;
    j=0;
    while(p&&(j<i)){ //尋找第 i 個節點，p 指向該節點
        p=p->next;
        j++;
```

```
    }
    if(!p||(j>i))// 當 i>n 或 i<1 時，刪除位置不合理
        return false;
    if(p->next) // 如果 p 的後繼節點存在
        p->next->prior=p->prior;
    p->prior->next=p->next;
    delete p;      // 釋放被刪除節點的空間
    return true;
}
```

3.4 循環鏈結串列

在單鏈結串列中，只能向後操作，不能向前操作，如果從目前節點開始，則無法存取該節點前面的節點；如果最後一個節點的指標指向頭節點，形成一個環，就可以從任何一個節點出發，存取所有節點，這就是循環鏈結串列。循環鏈結串列和普通鏈結串列的區別就是最後一個節點的後繼指向了頭節點。下面看看單鏈結串列和單向循環鏈結串列的區別。單鏈結串列如下圖所示。

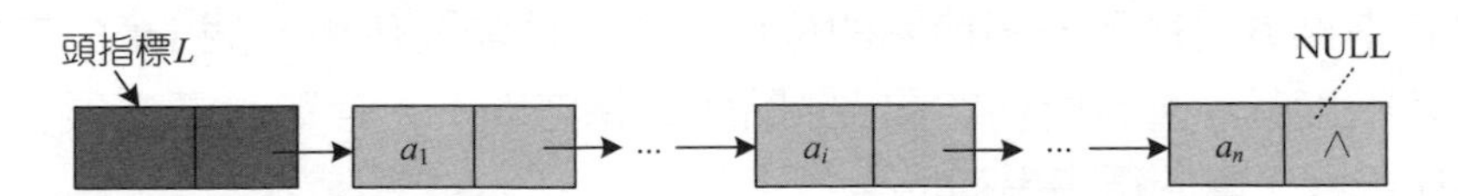

單向循環鏈結串列最後一個節點的 next 域不為空，而是指向了頭節點，如下圖所示。

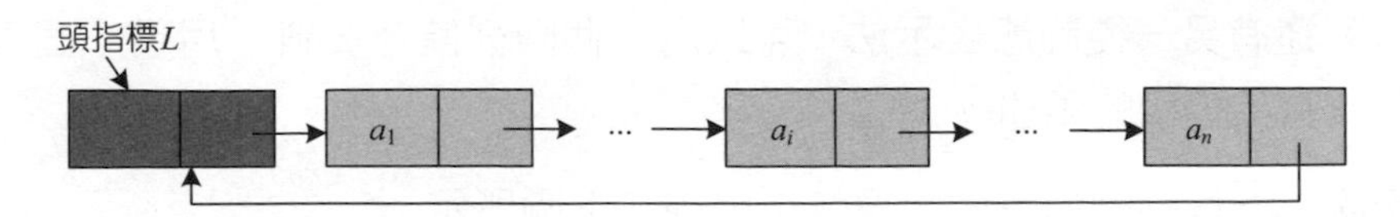

而單鏈結串列和單向循環鏈結串列判斷空白資料表的條件也發生了變化，單鏈結串列為空白資料表時，L->next=NULL；單向循環鏈結串列為空白資料表時，L->next=L，如下圖所示。

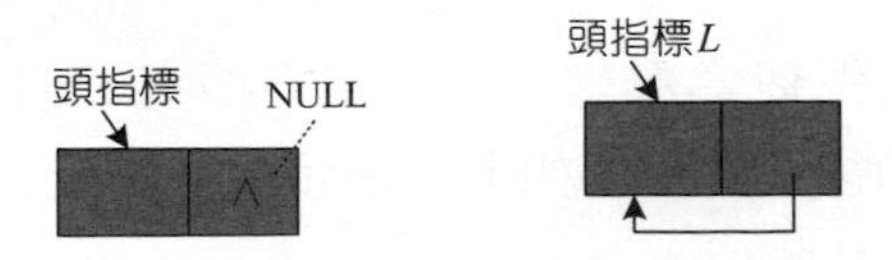

雙向循環鏈結串列除了要讓最後一個節點的後繼指向第 1 個節點，還要讓頭節點的前驅指向最後一個節點，如下圖所示。

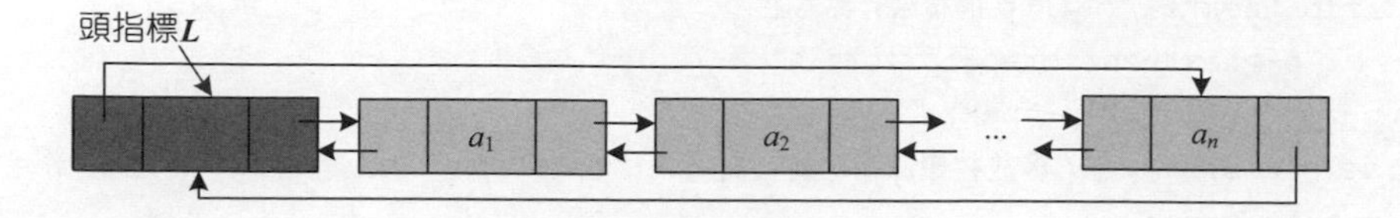

雙向循環鏈結串列為空白資料表時，*L*->next=*L*->prior=*L*，如下圖所示。

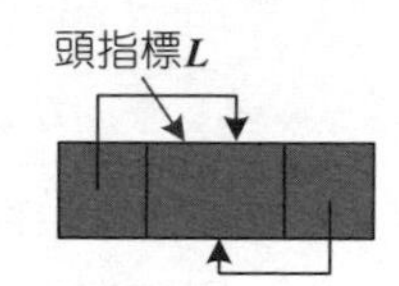

- 鏈結串列的優點：鏈結串列是動態儲存裝置的，不需要預先分配最大空間。進行插入、刪除時不需要移動元素。
- 鏈結串列的缺點：每次都動態分配一個節點，每個節點的位址是不連續的，需要有指標域記錄下一個節點的位址，指標域需要佔用一個 int 的空間，因此儲存密度低（資料所佔空間 / 節點所佔總空間）。存取元素必須從頭到尾按順序尋找，屬於循序串列取。

3.5 靜態鏈結串列

鏈結串列還有另一種靜態表示法，可以用一個陣列儲存資料，用另一個陣列記錄目前資料的後繼的索引。

舉例來說，一個動態的單向循環鏈結串列如下圖所示。

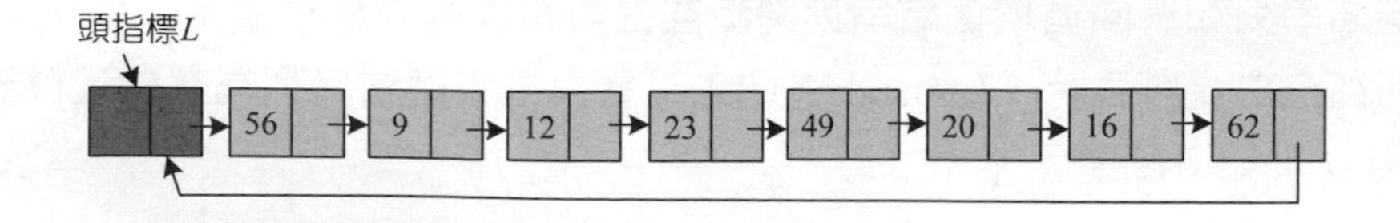

用靜態鏈結串列可以先把資料儲存在一維陣列 data[] 中，然後用後繼陣列 right[] 記錄每個元素的後繼索引，如下圖所示。

	0	1	2	3	4	5	6	7	8	9	10
data[ ]		56	9	12	23	49	20	16	62		

	0	1	2	3	4	5	6	7	8	9	10
right[ ]	1	2	3	4	5	6	7	8	0		

0 空間沒有儲存資料，作為頭節點。right[1]=2，代表 data[1] 的後繼索引為 2，即 data[2]，也就是說元素 56 的後繼為 9；right[8]=0，代表 data[8] 的後繼為頭節點。

1）插入

若在第 6 個元素之前插入一個元素 25，則只需將 25 放入 data[] 陣列的尾部，即 data[9]=25，然後修改後繼陣列 right[5]=9，right[9]=6，如下圖所示。

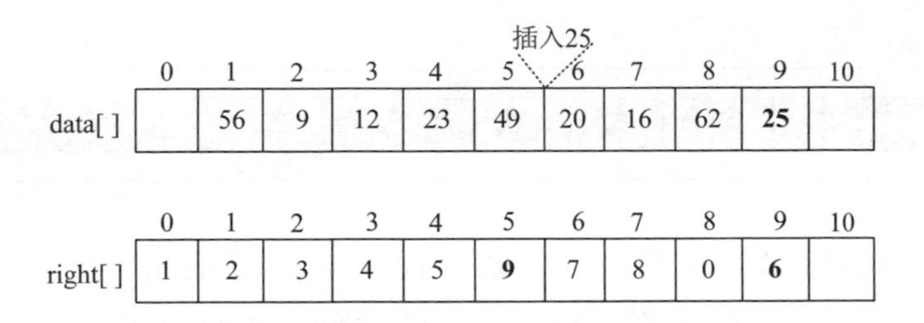

插入之後，right[5]=9，right[9]=6，也就是說節點 5 的後繼為 9，節點 9 的後繼為 6，節點 6 的前驅為 9，節點 9 的後繼為 6。

5 → 9 → 6

相當於節點 9 被插入節點 5 和節點 6 之間，即插入節點 6 之前。也就是說，元素 49 的後繼為 25，元素 25 的後繼為 20。這就相當於把元素 25 插入 49、20 之間。是不是也很方便？不需要移動元素，只改動後繼陣列就可以了。

2）刪除

若刪除第 3 個元素，則只需修改後繼陣列 right[2]=4，如下圖所示。此時，2 的後繼為 4，相當於把第 3 個元素跳過去了，實現了刪除功能，而第 3 個元素並未被真正刪除，只是它已不在鏈結串列中。這樣做的好處是不需要移動大量的元素。

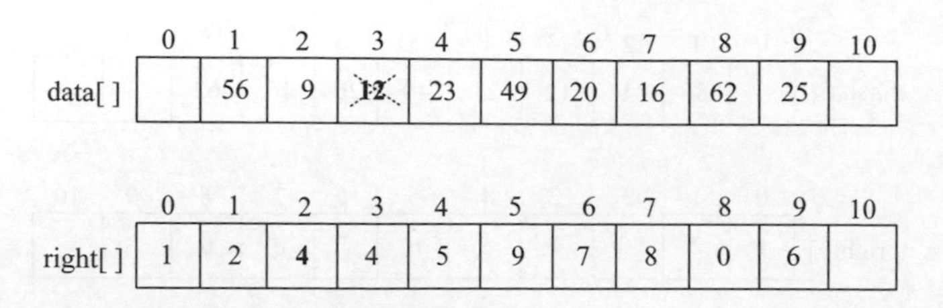

	0	1	2	3	4	5	6	7	8	9	10
data[ ]		56	9	12	23	49	20	16	62	25	

	0	1	2	3	4	5	6	7	8	9	10
right[ ]	1	2	4	4	5	9	7	8	0	6	

想一想：後繼陣列為什麼不直接儲存資料？

靜態鏈結串列儲存通常儲存後繼的索引，而非直接儲存資料，除非特殊需要。因為陣列索引為 int 類型資料，而資料有可能為 long long 類型或結構類型，佔的位元組數更多。

靜態的雙向鏈結串列怎麼表示呢？舉例來說，一個動態的雙向鏈結串列如下圖所示。

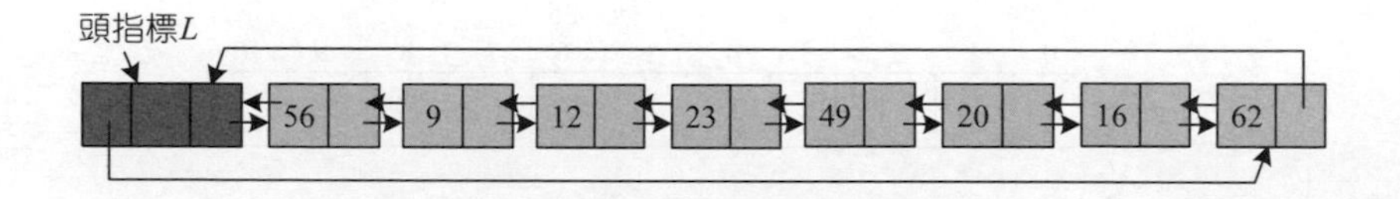

可以先用靜態的雙鏈結串列把資料儲存在一維陣列 data[] 中，然後用前驅陣列 left[] 記錄每個元素的前驅索引，用後繼陣列 right[] 記錄每個元素的後繼索引。

	0	1	2	3	4	5	6	7	8	9	10
data[ ]		56	9	12	23	49	20	16	62		

	0	1	2	3	4	5	6	7	8	9	10
left[ ]	8	0	1	2	3	4	5	6	7		

	0	1	2	3	4	5	6	7	8	9	10
right[ ]	1	2	3	4	5	6	7	8	0		

left[1]=0，代表 data[1] 沒有前驅；right[1]=2，代表 data[1] 的後繼索引為 2，即 data[2]，表示元素 56 沒有前驅，其後繼為 9。left[8]=7，right[8]=0，表示 62 的前驅為 16，沒有後繼。

1）插入

若在第 6 個元素之前插入一個元素 25，則只需將 25 放入 data[] 陣列的尾部，即 data[9]=25，然後修改前驅和後繼陣列，left[9]=5，right[5]=9，left[6]=9，right[9]=6，如下圖所示。

插入25

	0	1	2	3	4	5	6	7	8	9	10
data[ ]		56	9	12	23	49	20	16	62	**25**	

	0	1	2	3	4	5	6	7	8	9	10
left[ ]	8	0	1	2	3	4	**9**	6	7	**5**	

	0	1	2	3	4	5	6	7	8	9	10
right[ ]	1	2	3	4	5	**9**	7	8	0	**6**	

插入之後，left[9]=5，right[5]=9，left[6]=9，right[9]=6，也就是說節點 5 的前驅為 9，節點 9 的後繼為 9，節點 6 的前驅為 9，節點 9 的後繼為 6。

5 ⇆ 9 ⇆ 6

相當於節點 9 被插入節點 5 和節點 6 之間，即插入節點 6 之前。不需要移動元素，只改動前驅陣列、後繼陣列就可以了。

2）刪除

若刪除第 3 個元素，則只需修改 left[4]=2，right[2]=4，如下圖所示。此時，4 的前驅為 2，2 的後繼為 4，相當於跳過了第 3 個元素，實現了刪除功能。和靜態單鏈結串列一樣，第 3 個元素並未被真正刪除，只是已不在鏈結串列中。這樣做的好處是不需要移動大量元素。

	0	1	2	3	4	5	6	7	8	9	10
data[ ]		56	9	~~12~~	23	49	20	16	62	25	

	0	1	2	3	4	5	6	7	8	9	10
left[ ]	8	0	1	2	**2**	4	9	6	7	5	

	0	1	2	3	4	5	6	7	8	9	10
right[ ]		2	**4**	4	5	9	7	8	0	6	

刪除之後，left[4]=2，right[2]=4，也就是說節點 2 的前驅為 4，節點 2 的後繼為 4，跳過了節點 3。

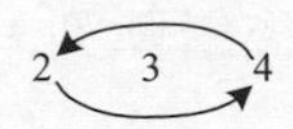

訓練 1　區塊世界

題目描述（UVA101）：在早期的人工智慧規劃和機器人研究中使用了一個區塊世界，在這個世界中，機器人手臂執行涉及區塊操作的任務。問題是要解析一系列命令，這些命令指導機器人手臂如何操作平板上的區塊。最初，有 n 個區塊（編號為 0 ～ n–1），對於所有 $0 \le i<n-1$ 的情況，區塊 b_i 與區塊 b_i+1 相鄰，如下圖所示。

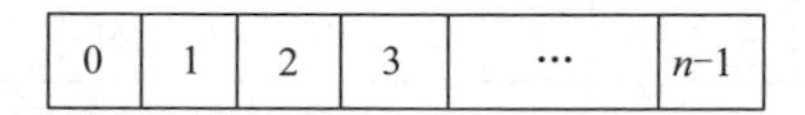

0	1	2	3	…	n–1

用於操縱區塊的有效命令如下。

- move a onto b：把 a 和 b 上方的區塊全部放回初始位置，然後把 a 放到 b 上方。
- move a over b：把 a 上方的區塊全部放回初始位置，然後把 a 放到 b 所在區塊堆積的最上方。
- pile a onto b：把 b 上方的區塊全部放回初始位置，然後把 a 和 a 上方所有的區塊整體放到 b 上方。
- pile a over b：把 a 和 a 上方所有的區塊整體放到 b 所在區塊堆積的最上方。
- quit：結束標示。

任何 a=b 或 a 和 b 在同一區塊堆積中的命令都是非法命令。所有非法命令都應被忽略。

輸入：輸入的第 1 行為整數 n（$0<n<25$），表示區塊世界中的區塊數。後面是一系列區塊命令，每行一個命令。在遇到 quit 命令之前，程式應該處理所有命令。所有命令都將採用上面指定的格式，不會有語法錯誤的命令。

輸出：輸出應該包含區塊世界的最終狀態。每一個區塊 i（$0 \le i<n$）後面都有一個冒號。如果上面至少有一個區塊，則冒號後面必須跟一個空格，後面跟一

個顯示在該位置的區塊列表，每個區塊號與其他區塊號之間用空格隔開。不要在行末加空格。

輸入範例	輸出範例
10	0: 0
move 9 onto 1	1: 19 24
move 8 over 1	2:
move 7 over 1	3: 3
move 6 over 1	4:
pile 8 over 6	5: 58 76
pile 8 over 5	6:
move 2 over 1	7:
move 4 over 9	8:
quit	9:

題解：初始時從左到右有 n（$0<n<25$）個區塊，編號為 0 ～ $n-1$，要求實現一些操作。透過這些操作可以歸納複習出以下規律。

- move：將 a 上方的區塊全部放回初始位置。
- onto：將 b 上方的區塊全部放回初始位置。
- 公共操作：將 a 和 a 上方所有的區塊整體放到 b 所在區塊堆積的最上方。

而實際上，前兩種可以算一個操作：將 a（或 b）上方的區塊全部放回初始位置，簡稱**歸位**。將 a 和 a 上面所有的區塊整體放到 b 所在區塊堆積的最上方，簡稱**移動**。

只需透過判斷執行歸位和移動操作就可以了。

1．演算法設計

（1）讀取操作命令 s1，如果 s1="quit"，則結束；否則執行下兩步；

（2）讀取操作命令 a s2 b，如果 s2="move"，則 a 歸位；如果 s2="onto"，則 b 歸位；

（3）執行移動操作，即將 a 和 a 上方所有的區塊整體放到 b 所在區塊堆積的最上方。

那麼如何執行歸位和移動操作呢？

1）歸位

要想使 a 上方的所有區塊歸位，則首先要找到 a 所在的區塊堆積，並知道 a 在區塊堆積中的位置（高度），然後才能將 a 上方的所有區塊歸位。

舉例來說，區塊堆積如下圖所示，將 8 上方所有的區塊歸位。首先尋找到 8 所在的區塊堆積為 1，8 所在區塊堆積的高度為 2，然後將 1 號區塊堆積高度大於 2 的所有區塊放回原來的位置。

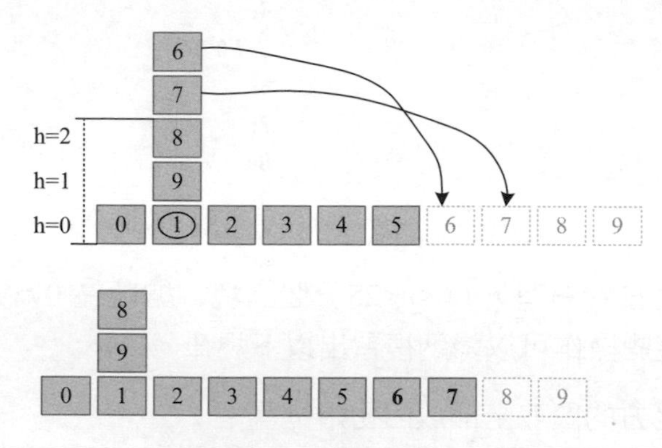


```
void goback(int p,int h){// 將 p 區塊堆積高度大於 h 的所有區塊歸位
    for(int i=h+1;i<block[p].size();i++){
        int k=block[p][i];
        block[k].push_back(k);
    }
    block[p].resize(h+1);// 重置大小
}
```

2）移動

要想將 a 和 a 上方所有的區塊整體放到 b 所在區塊堆積的最上方，則首先要找到 a 和 b 所在的區塊堆積，如果 a、b 所在的區塊堆積一樣，則什麼都不做。不然將 a 區塊堆積中高度大於或等於 h（a 的高度）的所有區塊移動到 b 所在區塊堆積的上方。

舉例來說，區塊堆積如下圖所示，將 8 和 8 上方所有的區塊整體放到 9 所在區塊堆積的最上方。首先尋找到 8 所在的區塊堆積為 5 號，9 所在的區塊堆積為 1 號，8 所在區塊堆積的高度為 1，然後將 5 號區塊堆積高度大於或等於 1 的所有區塊放到 1 號區塊堆積的上方，如下圖所示。

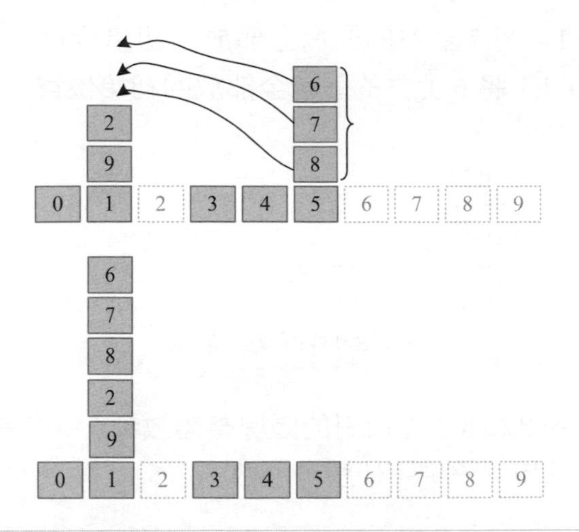

```
void moveall(int p,int h,int q){// 將 p 區塊堆積高度大於或等於 h 的所有區塊都移動到 q 
區塊堆積的上方
    for(int i=h;i<block[p].size();i++){
        int k=block[p][i];
        block[q].push_back(k);
    }
    block[p].resize(h);// 重置大小
}
```

2．完美圖解

以輸入範例為例，有 10 個區塊，初始時各就其位，如下圖所示。

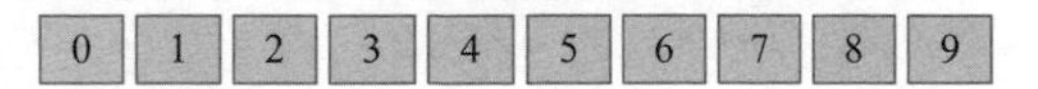

（1）move 9 onto 1：將 9 和 1 上方的區塊全部放回初始位置，然後把 9 放到 1 的上方。

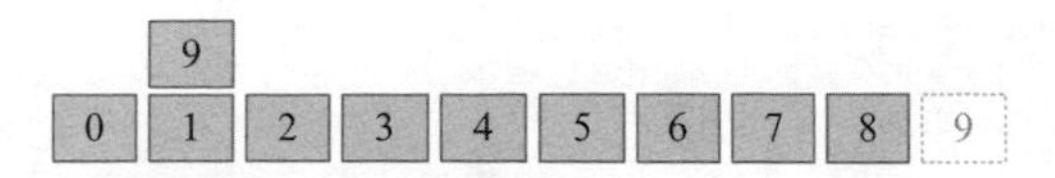

（2）move 8 over 1：將 8 上方的區塊全部放回初始位置，然後把 8 放到 1 的上方。

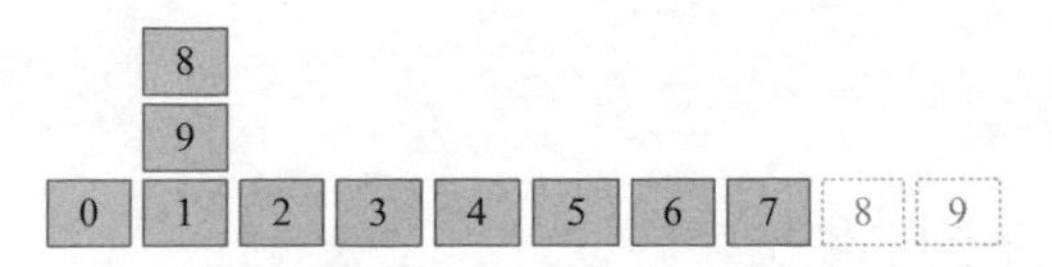

（3）move 7 over 1：將 7 上方的區塊全部放回初始位置，然後把 7 放到 1 的上方。move 6 over 1：將 6 上方的區塊全部放回初始位置，然後把 6 放到 1 的上方。

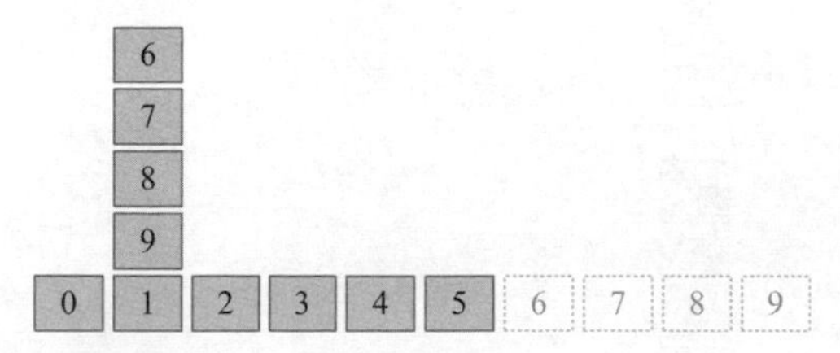

（4）pile 8 over 6：將 8 和 8 上方所有的區塊整體放到 6 所在區塊堆積的最上方；此時 8 和 6 在同一區塊堆積中，什麼也不做。

（5）pile 8 over 5：將 8 和 8 上方所有的區塊整體放到 5 所在區塊堆積的最上方，即將 8、7、6 一起放到 5 所在區塊堆積的上方。

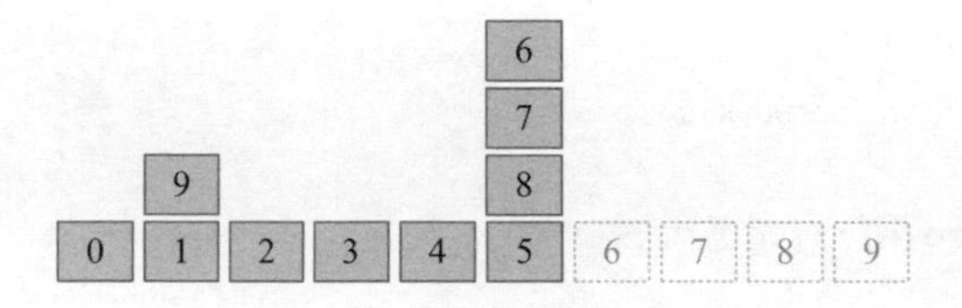

（6）move 2 over 1：將 2 上方的區塊全部放回初始位置，將 2 放到 1 所在區塊堆積的最上方。

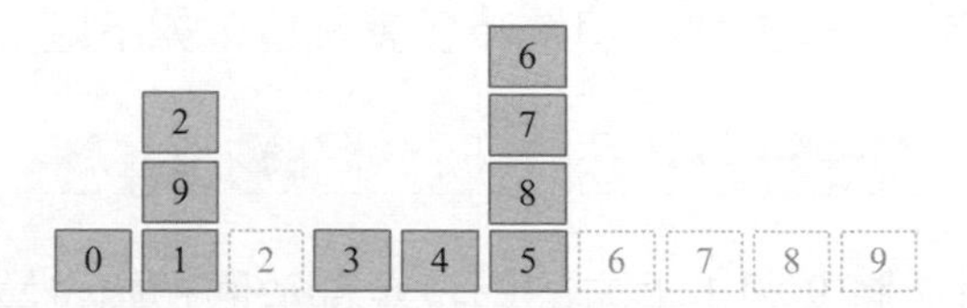

（7）move 4 over 9：將 4 上方的區塊全部放回初始位置，將 4 放到 9 所在區塊堆積的最上方。

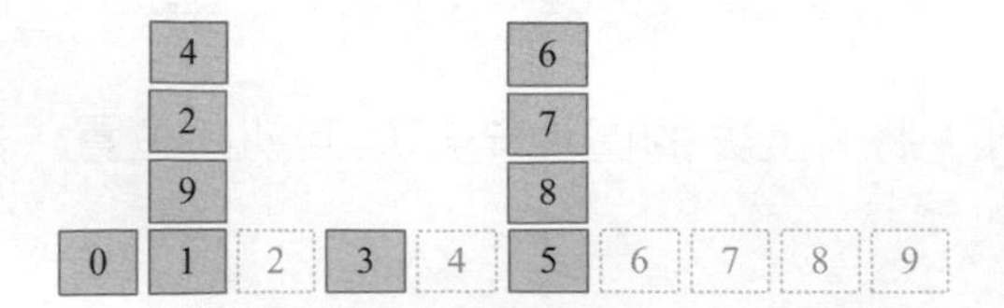

（8）quit：結束。

（9）從左到右、從下到上輸出每個位置的區塊編號。

3．演算法實現

因為每一個區塊堆積的長度都發生了變化，因此可以使用變長陣列 vector，即對每個區塊堆積都用一個 vector 儲存。區塊堆積的個數為 n（$0<n<25$），定義一個長度比 25 稍大的 vector 陣列即可。

```
vector<int>block[30];
void init(){
    cin>>n;
    for(int i=0;i<n;i++)
        block[i].push_back(i);
}

void loc(int x,int &p,int &h){// 找位置
    for(int i=0;i<n;i++)
        for(int j=0;j<block[i].size();j++){
            if(block[i][j]==x){
                p=i;
                h=j;
            }
        }
}

void goback(int p,int h){// 將 p 區塊堆積高度大於 h 的所有區塊歸位
    for(int i=h+1;i<block[p].size();i++){
        int k=block[p][i];
        block[k].push_back(k);
    }
    block[p].resize(h+1);// 重置大小
}

void moveall(int p,int h,int q){// 將 p 區塊堆積高度大於或等於 h 的所有區塊都移動到 q
區塊堆積的上方
    for(int i=h;i<block[p].size();i++){
        int k=block[p][i];
        block[q].push_back(k);
    }
    block[p].resize(h);// 重置大小
}

void solve(){
```

```
    int a,b;
    string s1,s2;
    while(cin>>s1){
        if(s1=="quit")
            break;
        cin>>a>>s2>>b;
        int ap=0,ah=0,bp=0,bh=0;
        loc(a,ap,ah);
        loc(b,bp,bh);
        if(ap==bp)
         continue;
        if(s1=="move")//a 歸位
            goback(ap,ah);
        if(s2=="onto")//b 歸位
            goback(bp,bh);
        moveall(ap,ah,bp);
    }
}

void print(){
    for(int i=0;i<n;i++){
        cout<<i<<":";
        for(int j=0;j<block[i].size();j++)
            cout<<" "<<block[i][j];
        cout<<endl;
    }
}
```

訓練 2　悲劇文字

題目描述（UVA11988）：假設你在用壞鍵盤輸入一個長文字。鍵盤的唯一問題是有時 Home 鍵或 End 鍵會自動按下（內部）。你沒有意識到這個問題，因為你只關注文字，甚至沒有打開顯示器！輸入完畢後，你才發現螢幕上顯示的是一段悲劇文字。你的任務是找到悲劇文字。

輸入：有幾個測試使用案例。每個測試使用案例各佔一行，包含至少一個且最多 100000 個字母、底線和兩個特殊字元 "[" 和 "]"。"[" 表示內部按了 Home 鍵，"]" 表示內部按下了 End 鍵。輸入由檔案結尾（EOF）終止。

輸出：對於每種情況，都在螢幕上輸出悲劇文字。

輸入範例	輸出範例
This_is_a_[Beiju]_text	BeijuThis_is_a__text
[[]][][]Happy_Birthday_to_Tsinghua_University	Happy_Birthday_to_Tsinghua_University

題解：輸入範例 1"This_is_a_[Beiju]_text"，輸入 "This_is_a_" 之後，遇到 "["，說明按下了 Home 鍵，即游標跑到行首，在行首輸入 "Beiju"，此時悲劇文字為 "BeijuThis_is_a_"；又遇到 "]"，說明按下了 End 鍵，即游標跑到行尾，在行尾接著輸入 "_text"，此時悲劇文字為 "BeijuThis_is_a__text"。

本題一直在頭部和尾部操作，使用循序儲存時需要移動大量的元素，因此可以考慮雙向鏈結串列，不需要移動元素，直接進行插入操作。在 C++ 的 STL 中，list 是一個雙向鏈結串列，可以快速在頭尾操作。

1．演算法設計

（1）定義一個字元類型的 list，鏈結串列名為 text。

（2）定義一個迭代器 it，指向鏈結串列的開頭。

（3）檢查字串，如果遇到 "["，則指向鏈結串列的開頭，即 it=text.begin()；如果遇到 "]"，則指向鏈結串列的尾部，即 it=text.end()。

（4）如果是正常文字，則執行插入操作。

2．演算法實現

```
void solve(string s){
    int len=s.length();
    list<char> text;
    list<char>::iterator it=text.begin();
    for(int i=0;i<len;i++){
        if(s[i]=='[')
            it=text.begin();
        else if(s[i]==']')
                it=text.end();
            else {
                it=text.insert(it,s[i]);
                it++;
            }
    }
```

```
    for(it=text.begin();it!=text.end();it++)
        cout<<*it;
    s.clear();
    cout<<endl;
}
```

訓練 3　移動盒子

題目描述（**UVA12657**）：一行有 n 個盒子，從左到右編號為 1 ～ n。模擬以下 4 種命令。

- 1 X Y：將盒子 X 移動到 Y 的左側（如果 X 已經在 Y 的左側，則忽略此項）。
- 2 X Y：將盒子 X 移動到 Y 的右側（如果 X 已經在 Y 的右側，則忽略此項）。
- 3 X Y：交換盒子 X 和 Y 的位置。
- 4：翻轉整行盒子序列。

以上命令保證有效，即 X 不等於 Y。

舉例說明：有 6 個盒子，執行 1 1 4，即 1 移動到 4 的左側，變成 2 3 1 4 5 6。然後執行 2 3 5，即 3 移動到 5 的右側，變成 2 1 4 5 3 6。接著執行 3 1 6，即交換 1 和 6 的位置，變成 2 6 4 5 3 1。最後執行 4，即翻轉整行序列，變成 1 3 5 4 6 2。

輸入：最多有 10 個測試使用案例。每個測試使用案例的第 1 行都包含兩個整數 n 和 m（$1 \leq n, m \leq 100000$），下面的 m 行，每行都包含一個命令。

輸出：對於每個測試使用案例，都單行輸出奇數索引位置的數字總和。

輸入範例	輸出範例
6 4	Case 1: 12
1 1 4	Case 2: 9
2 3 5	Case 3: 2500050000
3 1 6	
4	
6 3	
1 1 4	
2 3 5	
3 1 6	
100000 1	
4	

題解：本題涉及大量移動元素，因此使用鏈結串列比較合適。但是將盒子 X 移動到盒子 Y 的左側，還需要尋找盒子 X 和盒子 Y 在鏈結串列中的位置，尋找是鏈結串列不擅長的，每次尋找的時間複雜度都為 $O(n)$，而鏈結串列的長度最多為 100000，多次尋找會逾時，所以不能使用 list 鏈結串列實現。這裡可以使用既具有鏈結串列特性又具有快速尋找能力的靜態鏈結串列實現，因為在題目中既有向前操作，也有向後操作，因此選擇靜態雙向鏈結串列。另外，有大量元素的鏈結串列，其翻轉操作的時間複雜度很高，會逾時，此時只需做標記即可，不需要真的翻轉。

1．演算法設計

（1）初始化雙向靜態鏈結串列（前驅陣列為 l[]，後繼陣列為 r[]），翻轉標記 flag=false。

（2）讀取操作指令 a。

（3）如果 a=4，則標記翻轉，flag=!flag，否則讀取 x、y。

（4）如果 a!=3&&flag，則 a=3−a。因為如果翻轉標記為真，則左右是倒置的，1、2 指令正好相反，即 1 號指令（將 x 移到 y 左側）相當於 2 號指令（將 x 移到 y 右側）。因此如果 a=1，則轉為 2；如果 a=2，則轉為 1。

（5）對於 1、2 指令，如果本來位置就是對的，則什麼都不做。

（6）如果 a=1，則刪除 x，將 x 插入 y 左側。

（7）如果 a=2，則刪除 x，將 x 插入 y 右側。

（8）如果 a=3，則考慮相鄰和不相鄰兩種情況進行處理。

演算法中的基本操作如下。

（1）連結。舉例來說，將 L 和 R 連結起來，則 L 的後繼為 R，R 的前驅為 L，如下圖所示。

```
void link(int L,int R){//將L和R連結起來
    r[L]=R;
    l[R]=L;
}
```

L R

（2）刪除。刪除 x 時，只需將 x 跳過去，即將 x 的前驅和後繼連結起來即可。

```
link(Lx,Rx);// 刪除 x
```

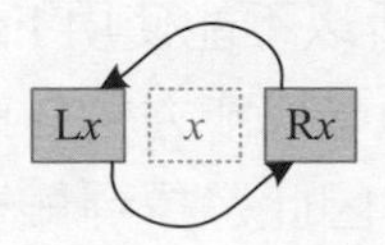

（3）插入（將 x 插入 y 左側）。將 x 插入 y 左側時，先刪除 x，然後將 x 插入 y 左側，刪除操作需要 1 次連結，插入左側操作需要兩次連結，如下圖所示。

```
link(Lx,Rx);// 刪除 x
link(Ly,x);//Ly 和 x 連結
link(x,y);//x 和 y 連結
```

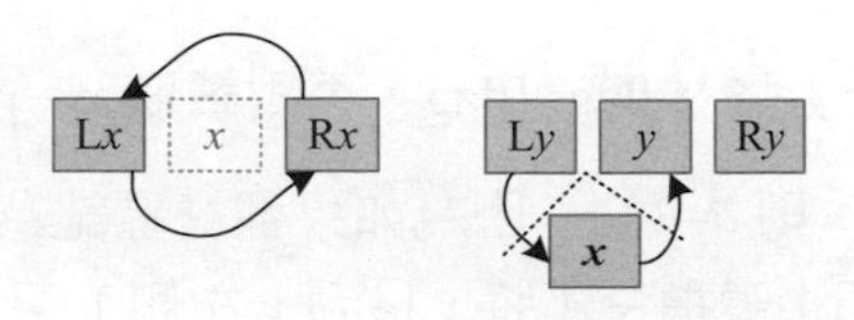

（4）插入（將 x 插入 y 右側）。將 x 插入 y 右側時，先刪除 x，然後將 x 插入 y 右側，刪除操作需要 1 次連結，插入右側操作需要兩次連結，如下圖所示。

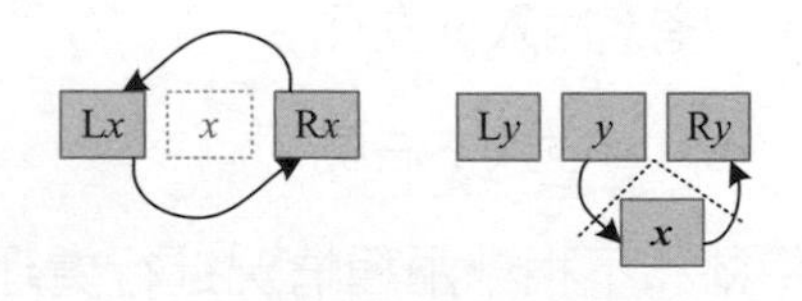


```
link(Lx,Rx);// 刪除 x
link(y,x); // 將 y 和 x 連結
link(x,Ry); // 將 x 和 Ry 連結
```

（5）交換（相鄰）。將 x 與 y 交換位置，如果 x 和 y 相鄰且 x 在 y 右側，則先交換 x、y，統一為 x 在 y 左側處理。相鄰情況的交換操作需要 3 次連結，如下圖所示。

```
link(Lx,y); //Lx 和 y 連結
link(y,x); //y 和 x 連結
link(x,Ry); //x 和 Ry 連結
```

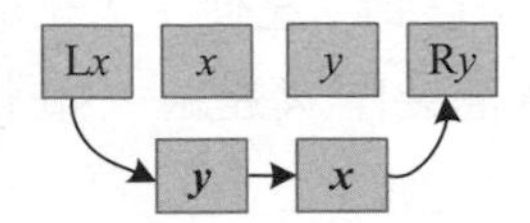

（6）交換（不相鄰）。將 x 與 y 交換位置，如果 x 和 y 不相鄰，則交換操作需要 4 次連結，如下圖所示。

```
link(Lx,y); //Lx 和 y 連結
link(y,Rx); //y 和 Rx 連結
link(Ly,x); //Ly 和 x 連結
link(x,Ry); //x 和 Ry 連結
```

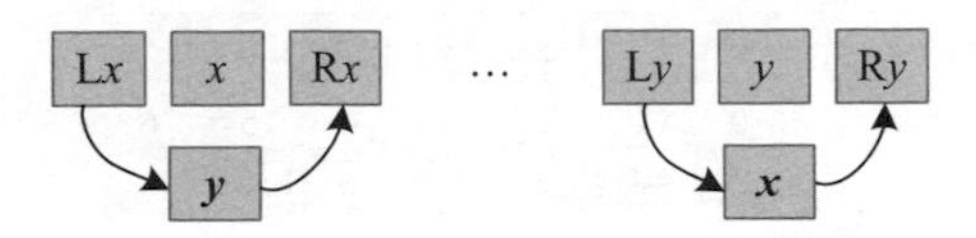

（7）翻轉。如果標記了翻轉，且長度 n 為奇數，則正向奇數字之和與反向奇數字之和是一樣的。

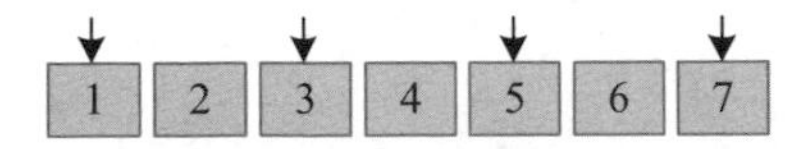

如果標記了翻轉，且長度 n 為偶數，則反向奇數字之和等於所有元素之和減去正向奇數字之和。

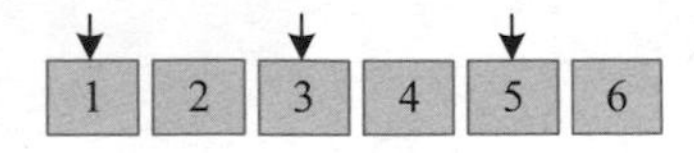

因此只需統計正向奇數字之和，再判斷翻轉標記和長度是否為偶數即可。

2．完美圖解

（1）以輸入範例為例，n=6，初始化前驅陣列和後繼陣列，如下圖所示。

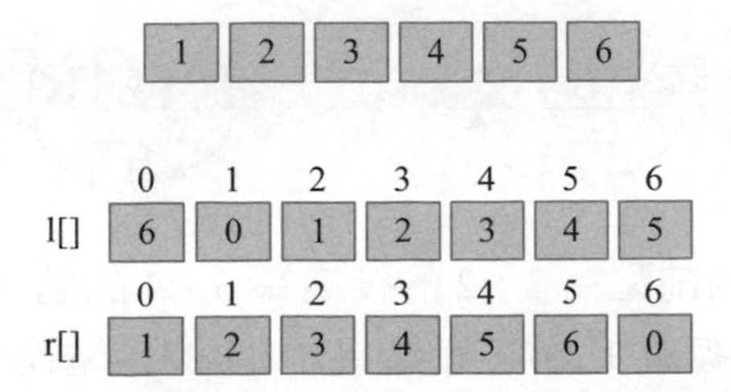

（2）11 4：執行 1 號指令（將 1 移到 4 左側），先刪除 1，然後將 1 插入 4 左側。刪除操作需要 1 次連結，插入需要兩次連結，如下圖所示。

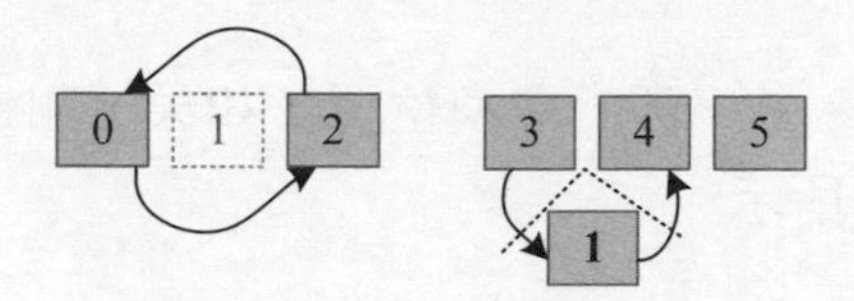

即修改 2 的前驅為 0，0 的後繼為 2；1 的前驅為 1，3 的後繼為 1；4 的前驅為 1，1 的後繼為 4，如下圖所示。

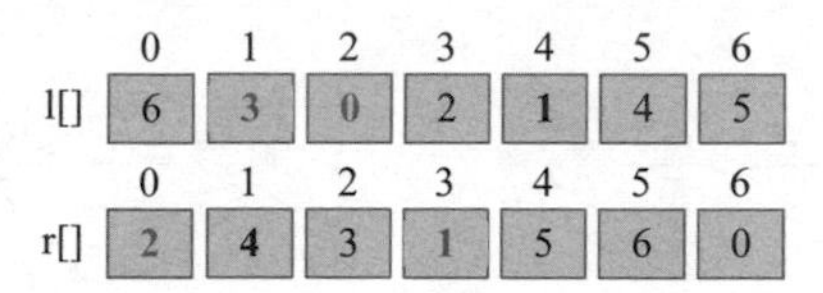

（3）23 5：執行 2 號指令（將 3 移到 5 右側），先刪除 3，然後將 3 插入 5 右側。刪除操作需要 1 次連結，插入需要兩次連結，如下圖所示。

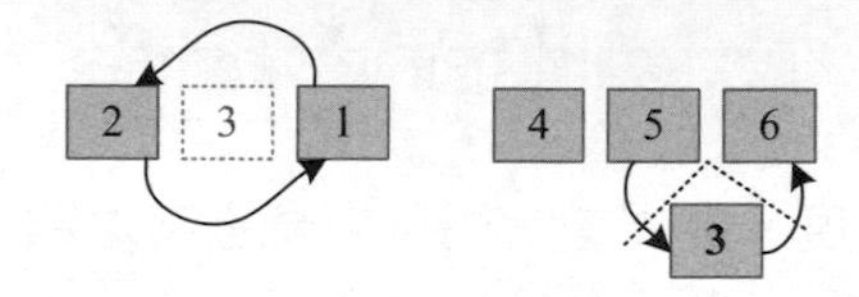

即修改 1 的前驅為 2，2 的後繼為 1；3 的前驅為 5，5 的後繼為 3；6 的前驅為 3，3 的後繼為 6，如下圖所示。

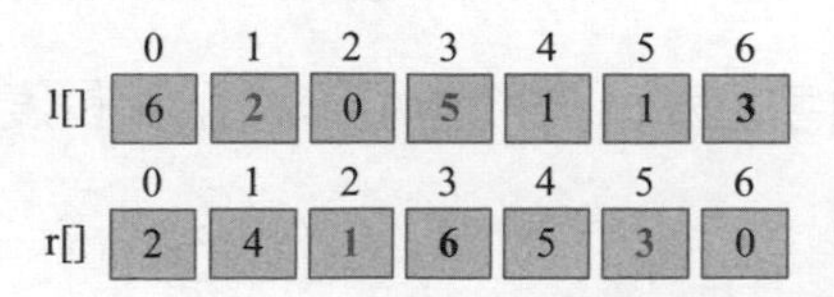

（4）31 6：執行交換（不相鄰）指令，1 和 6 不相鄰，交換操作需要 4 次連結。

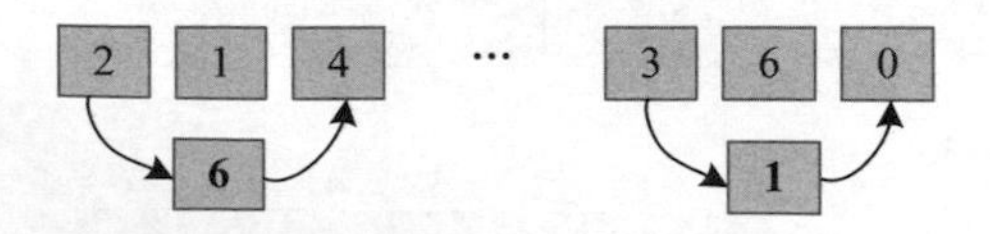

即修改 4 個連結：6 的前驅為 2，2 的後繼為 6；4 的前驅為 6，6 的後繼為 4；1 的前驅為 3，3 的後繼為 1；0 的前驅為 1，1 的後繼為 0。

	0	1	2	3	4	5	6
l[]	1	3	0	5	6	1	2

	0	1	2	3	4	5	6
r[]	2	0	6	1	5	3	4

（5）4：執行翻轉指令，標記翻轉 flag=true。

（6）如果 n 為偶數且翻轉為真，則反向奇數字之和等於所有數之和減去正向奇數字之和。

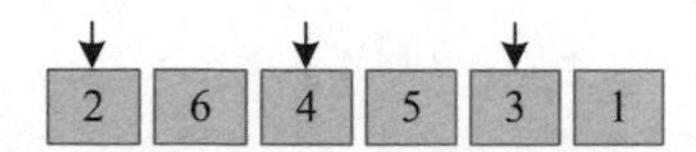

反向奇數字之和 = 所有數之和 – 正向奇數字之和 $=6\times(6+1)/2-(2+4+3)=12$。

3 · 演算法實現

```
void init(int n){
    for(int i=1;i<=n;i++){
        l[i]=i-1;
        r[i]=(i+1)%(n+1);
    }
    r[0]=1;
    l[0]=n;
}

void link(int L,int R){
    r[L]=R;
    l[R]=L;
}

int main(){
    int n,m,a,x,y,k=0;
    bool flag;
    while(cin>>n>>m) {
        flag=false;
        init(n);
        for(int i=0;i<m;i++){
            cin>>a;
            if(a==4)
                flag=!flag;// 翻轉
            else {
```

```
            cin>>x>>y;
            if(a==3&&r[y]==x) swap(x,y);
            if(a!=3&&flag)
               a=3-a;
            if(a==1&&x==l[y])
               continue;
            if(a==2&&x==r[y])
               continue;
            int Lx=l[x],Rx=r[x],Ly=l[y],Ry=r[y];
            if(a==1){
               link(Lx,Rx);// 刪除 x
               link(Ly,x);
               link(x,y);// 將 x 插入 y 左側
            }
            else if(a==2){
                        link(Lx,Rx);// 刪除 x
                        link(y,x);
                        link(x,Ry);// 將 x 插入 y 右側
               }
               else if(a==3){
                        if(r[x]==y){
                                 link(Lx,y);
                                 link(y,x);
                                 link(x,Ry);
                        }
                        else    {
                                 link(Lx,y);// 交換位置
                                 link(y,Rx);
                                 link(Ly,x);
                                 link(x,Ry);
                        }
               }
       }
   }
   int t=0;
   long long sum=0;
   for(int i=1;i<=n;i++){
        t=r[t];
        if(i%2==1)
              sum+=t;
    }
```

```
        if(flag&&n%2==0)
            sum=(long long)n*(n+1)/2-sum;
        cout<<"Case "<<++k<<": "<<sum<<endl;
    }
    return 0;
}
```

04

堆疊和佇列的應用

後進先出（Last In First Out，LIFO）的線性序列被稱為 " 堆疊 "。堆疊也是一種線性串列，只不過是操作受限的線性串列，只能在一端進行進出操作。進出的一端被稱為堆疊頂，另一端被稱為堆疊底。堆疊可以採用循序儲存，也可以採用鏈式儲存，分別被稱為順序堆疊和鏈堆疊。

4.1 順序堆疊

堆疊的循序儲存方式如下圖所示。

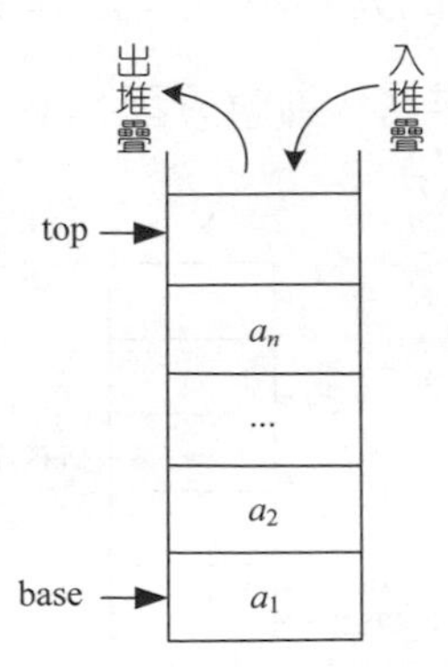

順序堆疊需要兩個指標，base 指向堆疊底，top 指向堆疊頂。順序堆疊的資料結構定義（動態分配）如下圖所示。

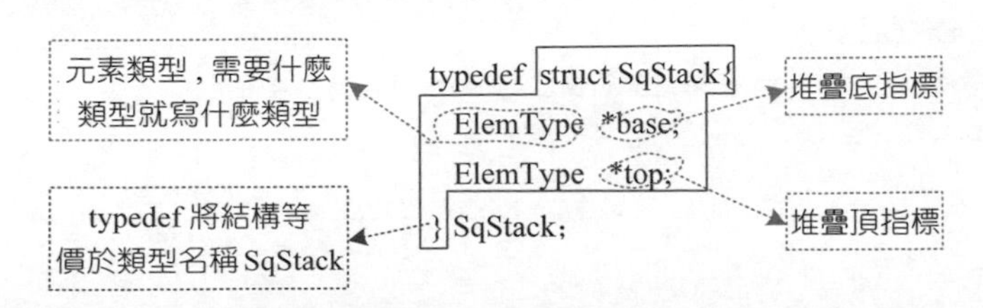

在堆疊定義好了之後，還要先定義一個最大的分配空間，順序結構都是如此，需要預先分配空間，因此可以採用巨集定義或常數。

```
#define Maxsize 100  //預先分配空間，根據實際需要預估確定
const int Maxsize=100;
```

上面的結構定義採用了動態分配形式，也可以採用靜態設定形式，使用一個定長陣列儲存資料元素，使用一個整數索引記錄堆疊頂元素的位置。順序堆疊的資料結構定義（靜態設定）如下圖所示。

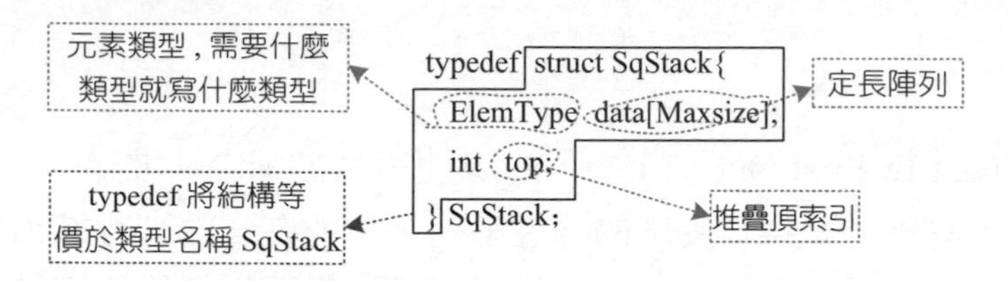

注意：堆疊只能在一端操作，後進先出的特性是人為規定的，也就是說不允許在中間進行尋找、設定值、插入、刪除等操作，但順序堆疊本身是按循序儲存的，確實能夠從中間取出一個元素，但這樣就不是堆疊了。

順序堆疊的基本操作包括初始化、存入堆疊、移出堆疊和取堆疊頂元素等。這裡以動態分配空間及 int 類型的元素為例進行講解。

（1）初始化。初始化一個空堆疊，動態分配 Maxsize 大小的空間，*S*.top 和 *S*.base 指向該空間的基底位址。

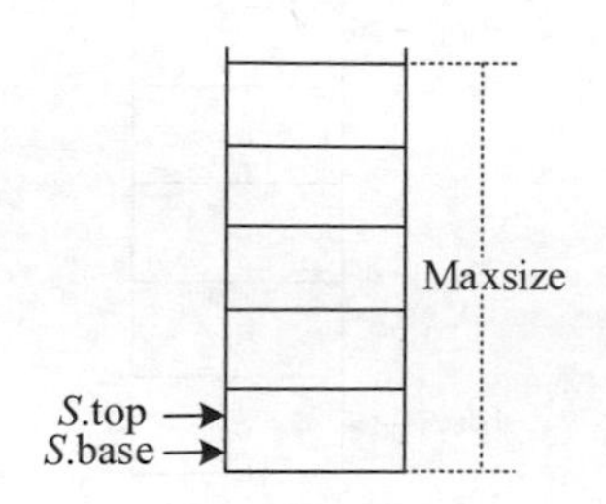


```
bool InitStack(SqStack &S){// 構造一個空堆疊 S
    S.base=new int[Maxsize];// 為順序堆疊分配一個最大容量為 Maxsize 的空間
    if(!S.base)     // 空間分配失敗
        return false;
    S.top=S.base;  //top 初始為基底位址 base，目前為空堆疊
    return true;
}
```

（2）存入堆疊。存入堆疊前要判斷堆疊是否已滿，如果堆疊已滿，則存入堆疊失敗；否則將元素放存入堆疊頂，堆疊頂指標向上移動一個位置（top++）。依次輸入 1、2，存入堆疊，如下圖所示。

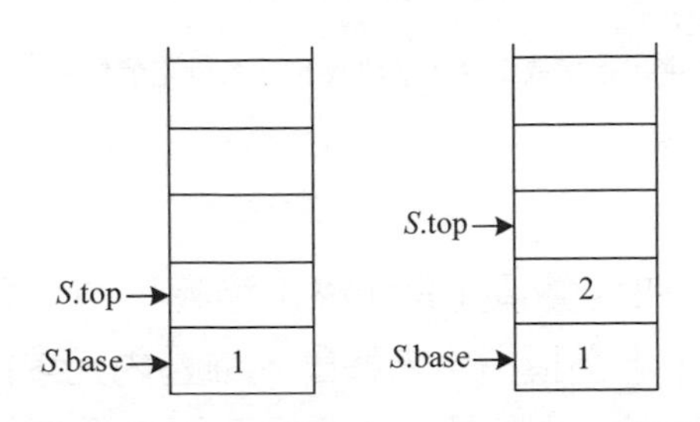


```
bool Push(SqStack &S,int e){ // 存入堆疊
    if(S.top-S.base==Maxsize) // 堆疊滿
        return false;
    *S.top++=e; // 將新元素 e 壓存入堆疊頂，然後堆疊頂指標加 1，等於 *S.top=e; S.top++;
    return true;
}
```

（3）移出堆疊。移出堆疊前要判斷堆疊是否已空，如果堆疊已空，則移出堆疊失敗；否則將堆疊頂元素暫存到一個變數中，堆疊頂指標向下移動一個空間（top--）。堆疊頂元素所在的位置實際上是 *S*.top–1，因此把該元素取出來，暫存在變數 *e* 中，然後 *S*.top 指標向下移動一個位置。因此可以先移動一個位置，即 --*S*.top，然後取元素。舉例來說，堆疊頂元素 4 移出堆疊前後的狀態如下圖所示。

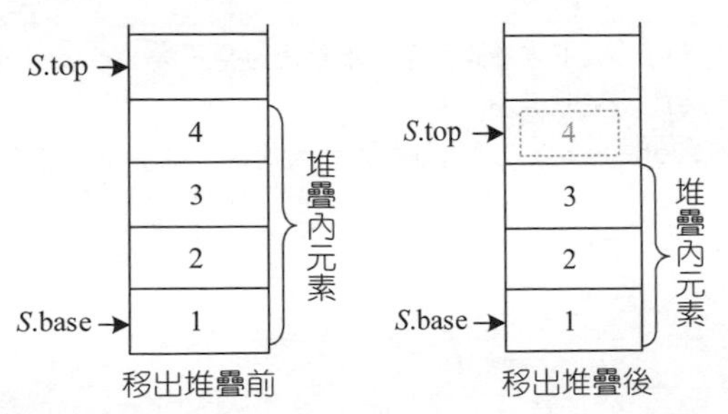

注意：因為按循序儲存方式刪除一個元素時，並沒有銷毀該空間，所以 4 其實還在那個位置，只不過下次再有元素進堆疊時，就把它覆蓋了。相當於該元素已移出堆疊，因為堆疊的內容是 *S*.base 到 *S*.top–1。

演算法程式：

```
bool Pop(SqStack &S,int &e) {// 移出堆疊
    if(S.base==S.top) // 堆疊空
        return false;
    e=*--S.top; // 堆疊頂指標減 1 後，將堆疊頂元素設定值給 e
    return true;
}
```

（4）取堆疊頂元素。取堆疊頂元素和移出堆疊不同，取堆疊頂元素時只是把堆疊頂元素複製一份，堆疊頂指標未移動，堆疊內元素的個數未變。而移出堆疊指堆疊頂指標向下移動一個位置，堆疊內不再包含這個元素。

舉例來說，取堆疊頂元素 *(*S*.top–1)，即元素 4，設定值後 *S*.top 指標沒有改變，堆疊內元素的個數也沒有改變。

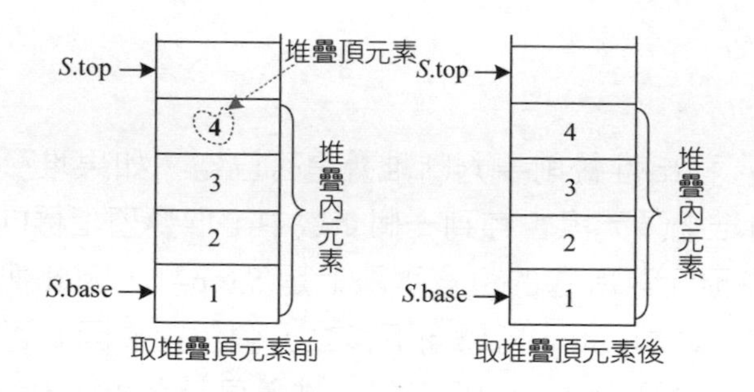

演算法程式：

```
int GetTop(SqStack S){ // 取堆疊頂元素，堆疊頂指標不變
    if(S.top!=S.base)  // 堆疊不可為空
        return *(S.top-1); // 傳回堆疊頂元素的值，堆疊頂指標不變
    else
        return -1;
}
```

4.2 鏈堆疊

堆疊可以採用循序儲存（順序堆疊），也可以採用鏈式儲存（鏈堆疊）。順序堆疊和鏈堆疊如下圖所示。

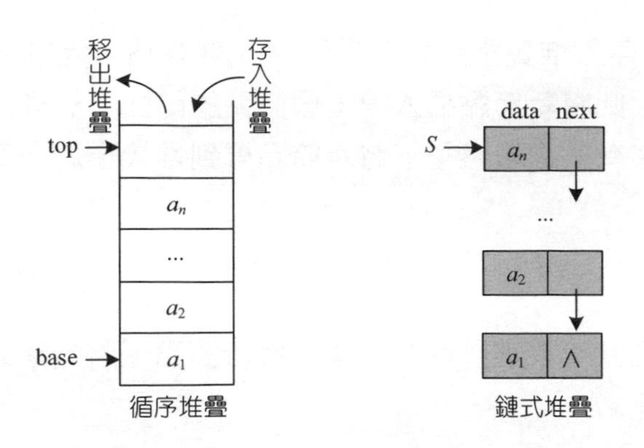

順序堆疊是分配一段連續的空間，需要兩個指標，base 指向堆疊底，top 指向堆疊頂。而鏈堆疊每個節點的位址都是不連續的，只需一個堆疊頂指標即可。鏈堆疊的節點和單鏈結串列節點一樣，包含兩個域：資料欄和指標域。可以把鏈堆疊看作一個不帶頭節點的單鏈結串列，但只能在頭部進行插入、刪除、設定值等操作，不可以在中間和尾部操作。

鏈堆疊的資料結構定義如下圖所示。

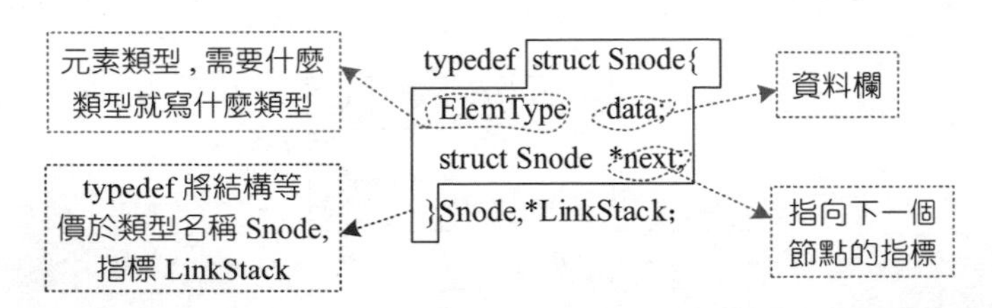

鏈堆疊的節點定義和單鏈結串列一樣，只不過它只能在堆疊頂那一端操作。

鏈堆疊的基本操作包括初始化、存入堆疊、移出堆疊、取堆疊頂元素等（以 int 類型為例）。

（1）初始化。初始化一個空堆疊，鏈堆疊是不需要頭節點的，因此只需讓堆疊頂指標為空即可。

演算法程式：

```
bool InitStack(LinkStack &S) {// 構造一個空堆疊 S
    S=NULL;
    return true;
}
```

（2）存入堆疊。存入堆疊指將新節點壓存入堆疊頂，因為鏈堆疊中的第 1 個節點為堆疊頂，因此將新節點插入第 1 個節點的前面，然後修改堆疊頂指標指向新節點即可。這有點像摞盤子，將新節點摞到堆疊頂之上，新節點成為新的堆疊頂。

完美圖解：

首先，生成新節點。存入堆疊前要創建一個新節點，將元素 *e* 存入該節點的資料欄，如下圖所示。

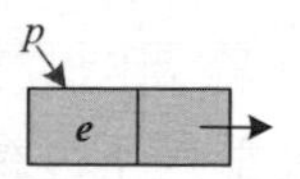


```
p=new Snode; // 生成新節點，用 p 指標指向該節點
p->data=e; // 將元素 e 放在新節點資料欄
```

然後，將新節點插入第 1 個節點的前面，修改堆疊頂指標指向新節點，如下圖所示。

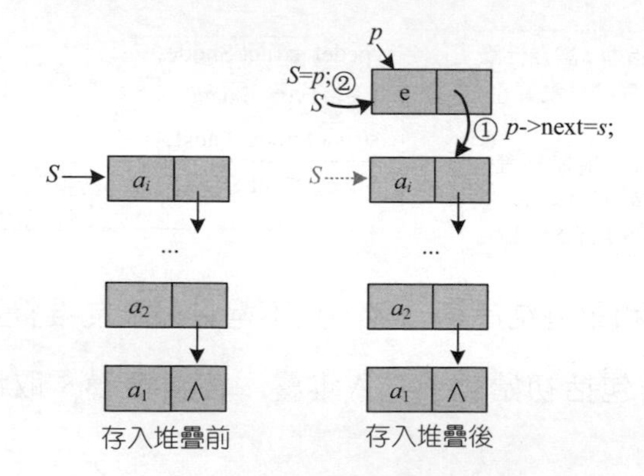

"*p*->next=*S*" 指將 *S* 的位址設定值給 *p* 的指標域，即新節點 *p* 的 next 指標指向 *S*；"*S*=*p*" 指修改新的堆疊頂指標為 *p*。

演算法程式：

```
bool Push(LinkStack &S, int e){ // 存入堆疊，在堆疊頂插入元素 e
    LinkStack p;
    p=new Snode; // 生成新節點
    p->data=e; // 將 e 存入新節點的資料欄中
```

```
    p->next=S; // 將新節點 p 的 next 指標指向 S，即將 S 的位址設定值給新節點的指標域
    S=p;     // 修改新堆疊頂指標為 p
    return true;
}
```

（3）移出堆疊。移出堆疊指將堆疊頂元素刪除，堆疊頂指標指向下一個節點，然後釋放該節點空間。

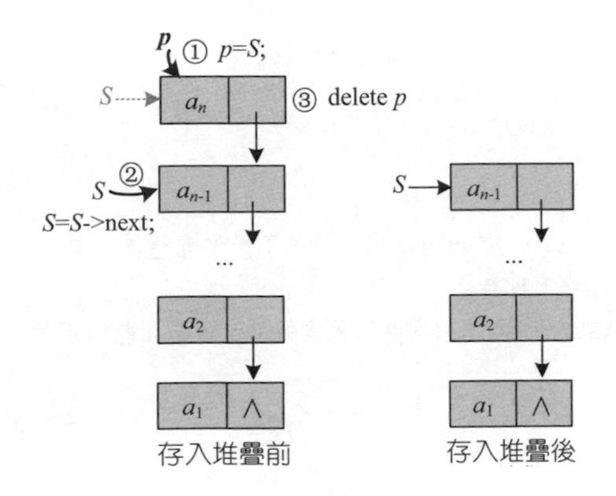

其中，"p=S" 指將 S 的位址設定值給 p，即 p 指向堆疊頂元素節點；"S=S->next" 指將 S 的後繼節點的位址設定值給 S，即 S 指向它的後繼節點；"delete p" 指最後釋放 p 指向的節點空間。

演算法程式：

```
bool Pop(LinkStack &S,int &e){ // 移出堆疊，刪除 S 的堆疊頂元素，用 e 保存其值
    LinkStack p;
    if(S==NULL) // 堆疊空
        return false;
    e=S->data;  // 用 e 暫存堆疊頂元素資料
    p=S;        // 用 p 保存堆疊頂元素位址，以備釋放
    S=S->next;  // 修改堆疊頂指標，指向下一個節點
    delete p;  // 釋放原堆疊頂元素的空間
    return true;
}
```

（4）取堆疊頂元素。取堆疊頂元素和移出堆疊不同，取堆疊頂元素只是把堆疊頂元素複製一份，堆疊頂指標並沒有改變，如下圖所示。而移出堆疊指刪除堆疊頂元素，堆疊頂指標指向下一個元素。

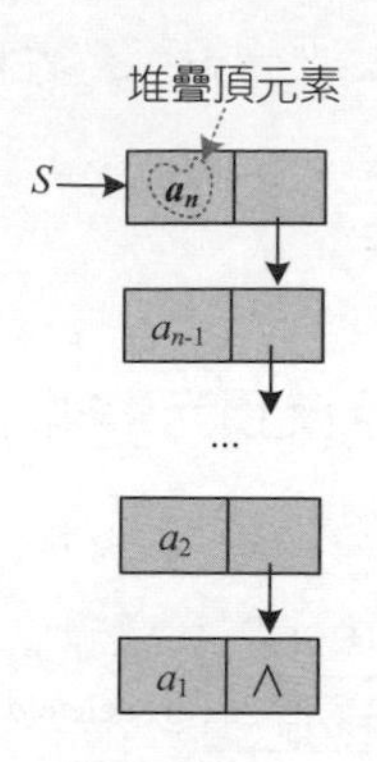

演算法程式：

```
int GetTop(LinkStack S) {// 取堆疊頂元素，不修改堆疊頂指標
    if(S!=NULL) // 堆疊不可為空
        return S->data; // 傳回堆疊頂元素的值，堆疊頂指標不變
    else
         return -1;
}
```

順序堆疊和鏈堆疊的所有基本操作都只需常數時間，所以在時間效率上難分伯仲。在空間效率方面，順序堆疊需要預先分配固定長度的空間，有可能造成空間浪費或溢位；鏈堆疊每次都只分配一個節點，除非沒有記憶體，否則不會溢位，但是每個節點都需要一個指標域，結構性負擔增加。因此，如果元素個數變化較大，則可以採用鏈堆疊，否則可以採用順序堆疊。在實際應用中，順序堆疊比鏈堆疊應用得更廣泛。

4.3 順序佇列

在只有一個車道的單行道上，小汽車呈線性排列，只能從一端進，從另一端出，先進先出（First In First Out，FIFO）。

這種先進先出的線性序列，被稱為 " 佇列 "。佇列也是一種線性串列，只不過它是操作受限的線性串列，只能在兩端操作：從一端進，從另一端出。進的一端被稱為佇列尾（rear），出的一端被稱為佇列首（front）。佇列可以採用循序儲存，也可以採用鏈式儲存。

1．順序佇列

佇列的循序儲存指用一段連續的空間儲存資料元素，用兩個整數變數記錄佇列首和佇列尾元素的索引。採用循序儲存方式的佇列如下圖所示。

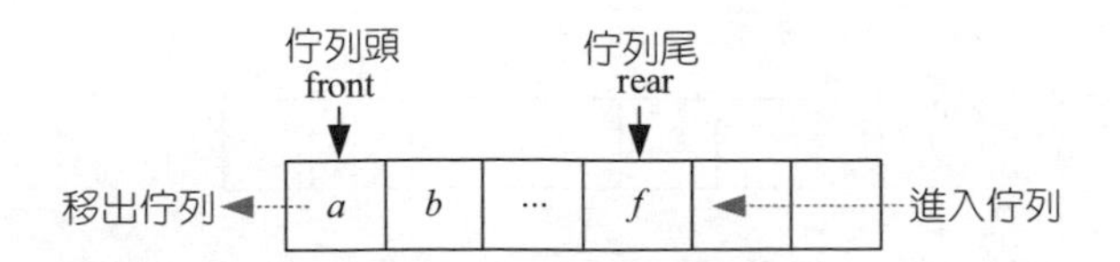

順序佇列的資料結構定義（動態分配）如下圖所示。

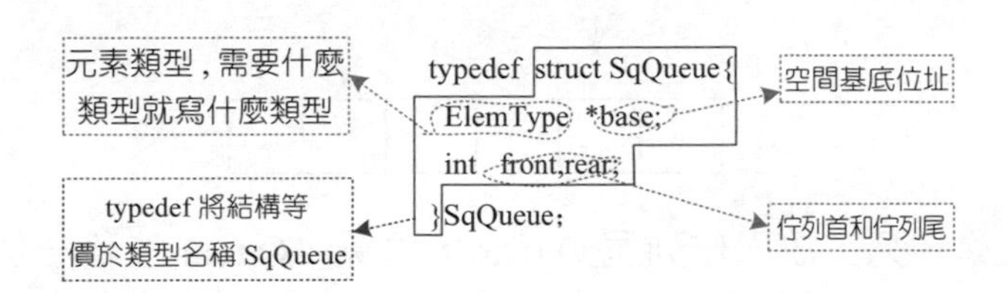

在順序佇列定義好了之後，還要先定義一個最大的分配空間，順序結構都是如此，需要預先分配空間，因此可以採用巨集定義：

```
#define Maxsize 100  //預先分配空間，這個數值根據實際需要預估並確定
```

上面的結構定義採用了動態分配形式，也可以採用靜態設定形式，使用一個定長陣列儲存資料元素，用兩個整數變數記錄佇列首和佇列尾元素的索引。順序佇列的資料結構定義（靜態設定）如下圖所示。

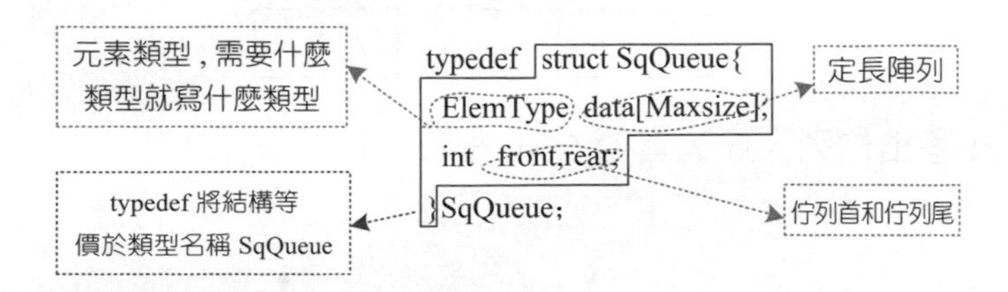

注意：佇列只能從一端進，從另一端出，不允許在中間進行尋找、設定值、插入、刪除等操作，先進先出是人為規定的，如果破壞了此規則，就不是佇列了。

完美圖解：

假設現在順序佇列 Q 分配了 6 個空間，然後進行加入佇列和移出佇列操作（Q.front 和 Q.rear 都是整數索引）。

（1）開始時為空佇列，Q.front=Q.rear。

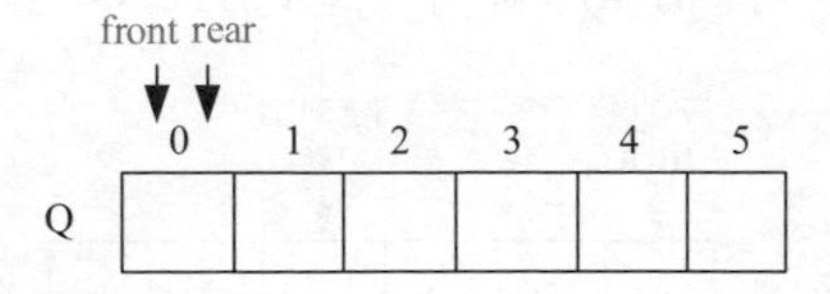

（2）元素 *a*1 進佇列，放入佇列尾 Q.rear 的位置，Q.rear 後移一位。

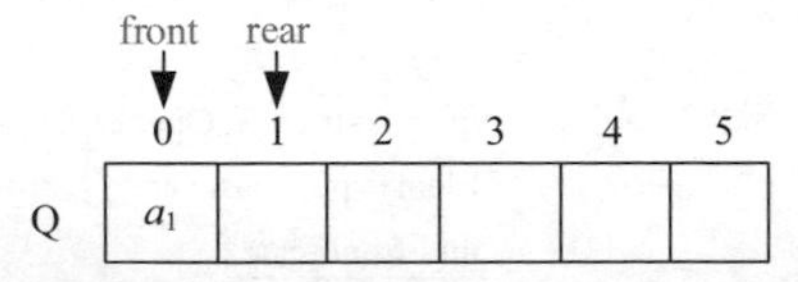

（3）元素 *a*2 進佇列，放入佇列尾 Q.rear 的位置，Q.rear 後移一位。

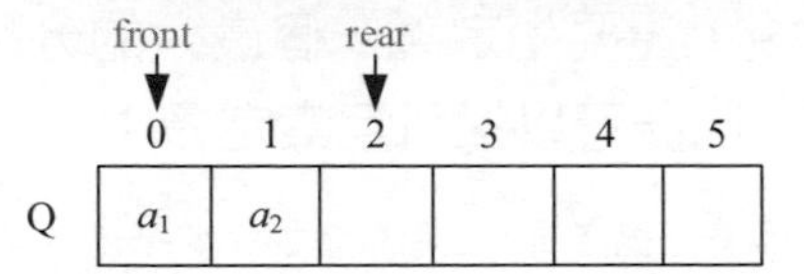

（4）元素 *a*3、*a*4、*a*5 分別按順序進佇列，佇列尾 Q.rear 依次後移。

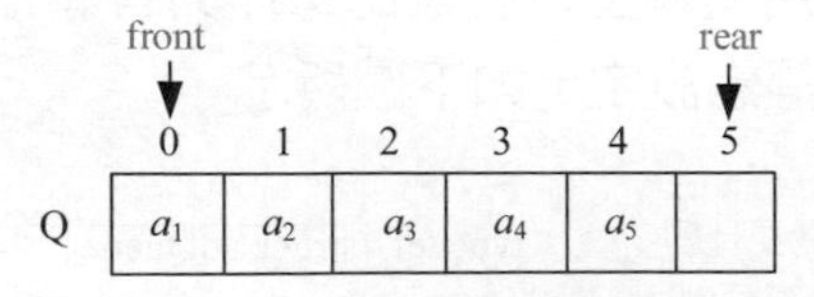

（5）元素 *a*1 移出佇列，佇列首 Q.front 後移一位。

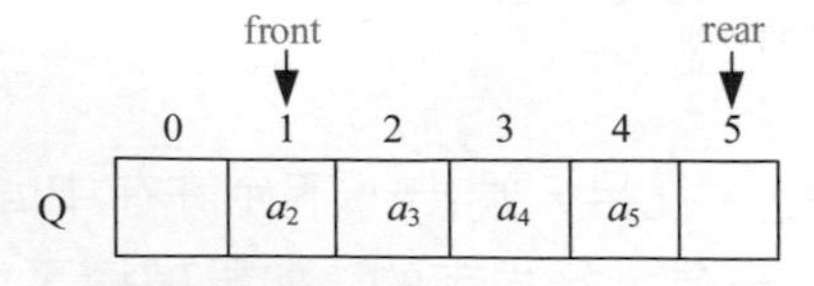

（6）元素 *a*2 移出佇列，佇列首 Q.front 後移一位。

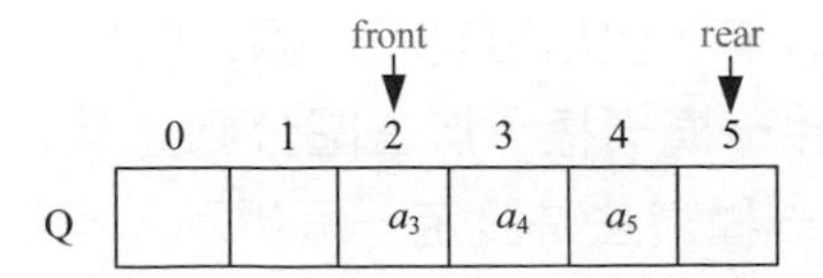

（7）元素 *a*6 進佇列，放入佇列尾 Q.rear 的位置，Q.rear 後移一位。

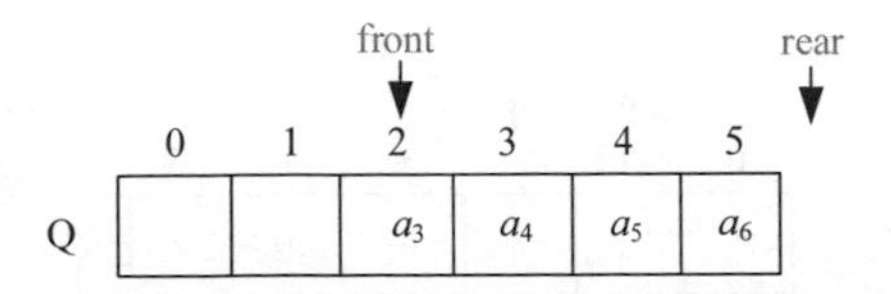

（8）元素 *a*7 進佇列，此時佇列尾 Q.rear 已經超過了陣列的最大索引，無法再進佇列，但是前面明明有兩個空間，卻出現了佇列滿的情況，這種情況被稱為 " 假溢位 "。如何解決該問題呢？能否利用前面的空間繼續加入佇列呢？

進行步驟 7 後，佇列尾 Q.rear 要後移一個位置，此時已經超過了陣列的最大索引，即 Q.rear+1=Maxsize（最大空間數 6），那麼如果前面有空間，Q.rear 就可以轉向前面索引為 0 的位置，如下圖所示。

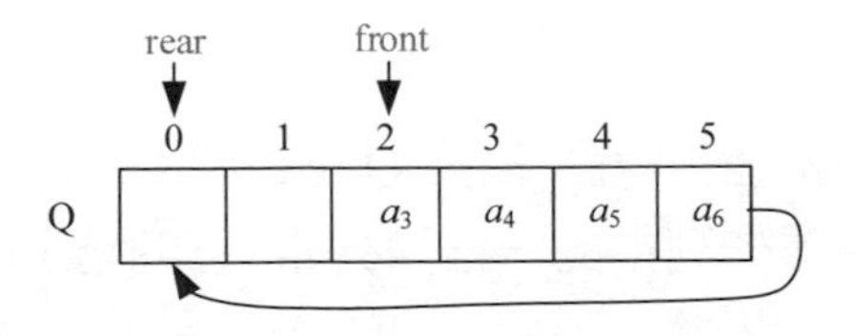

元素 *a*7 進佇列，被放入佇列尾 Q.rear 的位置，然後 Q.rear 後移一位，如下圖所示。

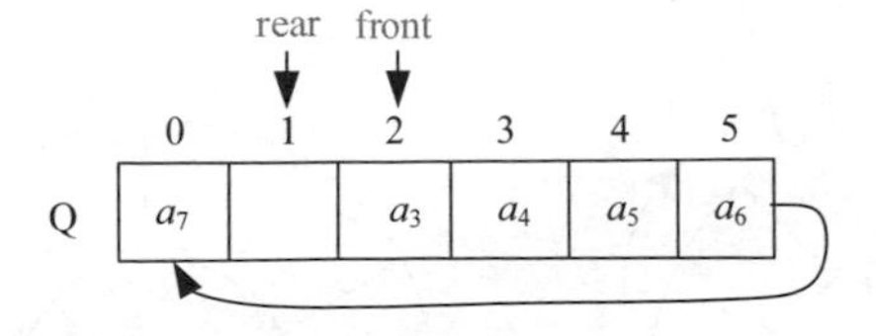

元素 *a*8 進佇列，被放入佇列尾 Q.rear 的位置，然後 Q.rear 後移一位，如下圖所示。

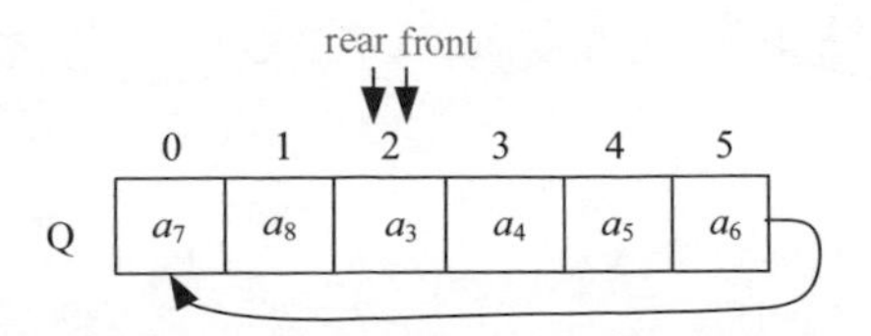

這時，雖然佇列空間已存滿，但是出現了一個大問題：當佇列滿時，Q.front=Q.rear，這和佇列空的條件一模一樣，無法區分到底是佇列空還是佇列滿。如何解決呢？有兩種辦法：一種辦法是設定一個標示，標記佇列空和佇列滿；另一種辦法是浪費一個空間，當佇列尾 Q.rear 的下一個位置是 Q.front 時，就認為佇列滿，如下圖所示。

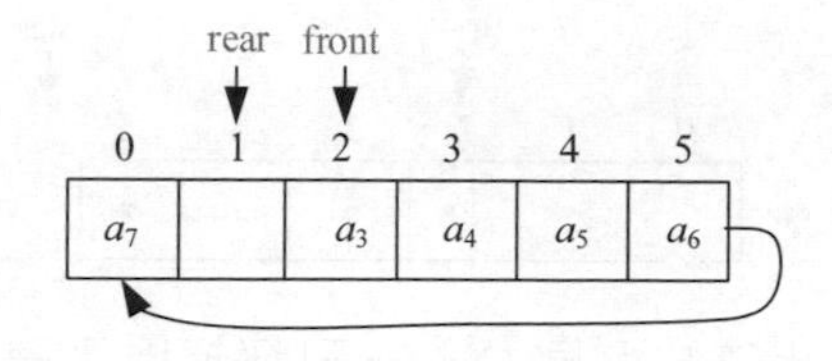

上述到達尾部又向前儲存的佇列被稱為循環佇列，為了避免 " 假溢位 "，順序佇列通常採用循環佇列。

2．循環佇列

這裡簡單講解循環佇列佇列空、佇列滿的判定條件，以及加入佇列、移出佇列、佇列元素個數計算等基本操作方法。

1）佇列空

無論佇列首和佇列尾在什麼位置，只要 Q.rear 和 Q.front 指向同一個位置，就認為佇列空。如果將循環佇列中的一維陣列畫成環狀圖，則佇列空的情況如下圖所示。

循環佇列佇列空的判定條件為 Q.front==Q.rear。

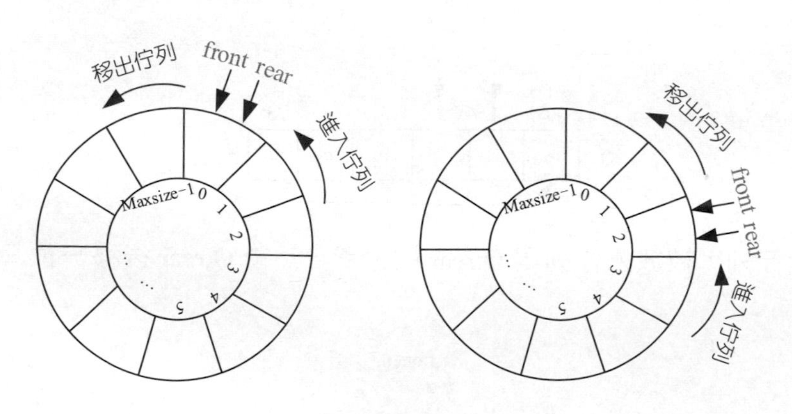

2）佇列滿

在此採用浪費一個空間的方法，當佇列尾 Q.rear 的下一個位置是 Q.front 時，就認為佇列滿。但是 Q.rear 向後移動一個位置（Q.rear+1）後，很可能超出了陣列的最大索引，這時它的下一個位置應該為 0，佇列滿（臨界狀態）的情況如下圖所示。其中，佇列的最大空間為 Maxsize，當 Q.rear=Maxsize–1 時，Q.rear+1=Maxsize。而根據循環佇列的規則，Q.rear 的下一個位置為 0 才對，怎麼才能變為 0 呢？可以考慮取餘數運算，即 (Q.rear+1)%Maxsize=0，而此時 Q.front=0，即 (Q.rear+1)%Maxsize=Q.front，為佇列滿的臨界狀態。

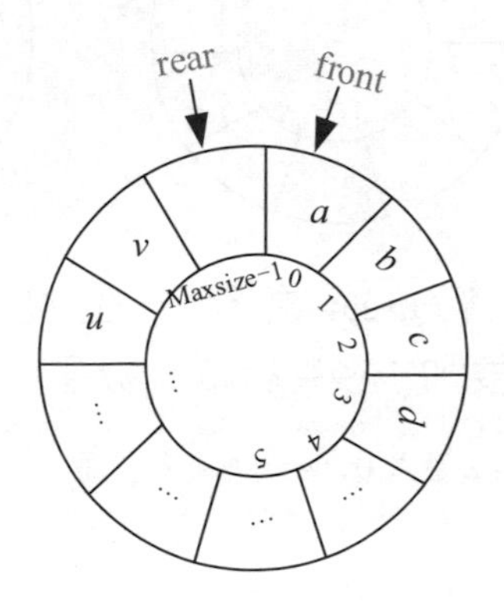

對佇列滿的一般狀態是否也適用此方法呢？舉例來說，循環佇列佇列滿（一般狀態）的情況如下圖所示。其中，假如最大空間數 Maxsize=100，當 Q.rear=1 時，Q.rear+1=2。 取 餘 數 後，(Q.rear+1)%Maxsize=2， 而 此 時 Q.front=2，即 (Q.rear+1)%Maxsize=Q.front。對一般狀態也可以採用此公式判斷是否佇列滿，因為一個不大於 Maxsize 的數，與 Maxsize 取餘數運算，結果仍然是該數本身，所以在一般狀態下，取餘數運算沒有任何影響。只有在臨界狀態下（Q.rear+1=Maxsize），取餘數運算 (Q.rear+1)%Maxsize 才會變為 0。

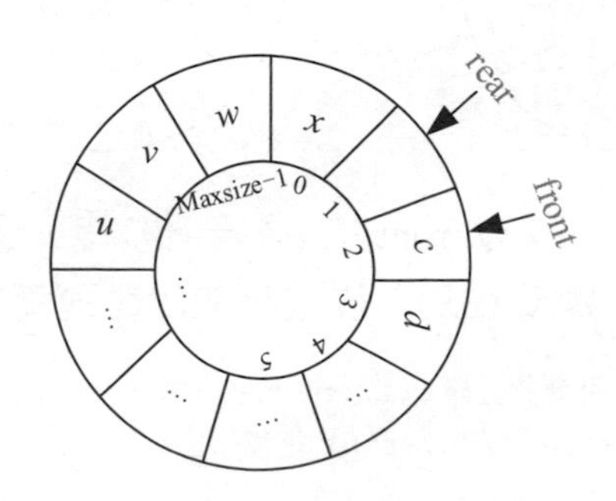

因此，循環佇列佇列滿的判定條件為 (Q.rear+1)%Maxsize==Q.front。

3）加入佇列

加入佇列時，首先將元素 *x* 放入 Q.rear 所指的空間，然後 Q.rear 後移一位。舉例來說，*a*、*b*、*c* 依次加入佇列的過程如下圖所示。

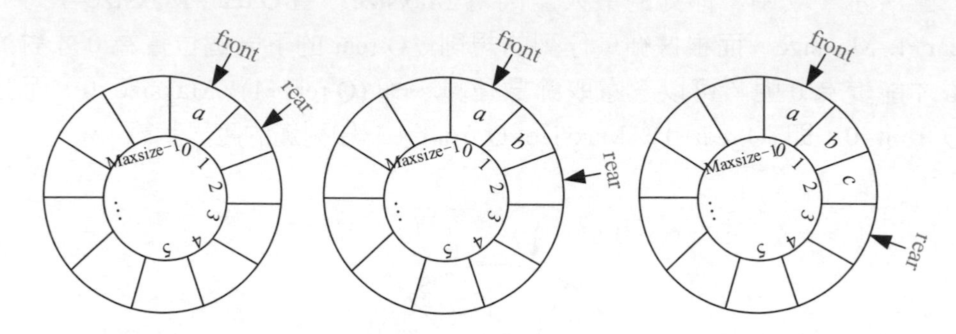

對於加入佇列操作，當 Q.rear 後移一位時，為了處理臨界狀態（Q.rear+1=Maxsize），需要加 1 後進行取餘數運算。

```
Q.base[Q.rear]=x;  //將元素 x 放入 Q.rear 所指的空間
Q.rear=(Q.rear+1)%Maxsize; //Q.rear 後移一位
```

4）移出佇列

先用變數保存佇列首元素，然後佇列首 Q.front 後移一位。舉例來說，*a*、*b* 依次移出佇列的過程如下圖所示。

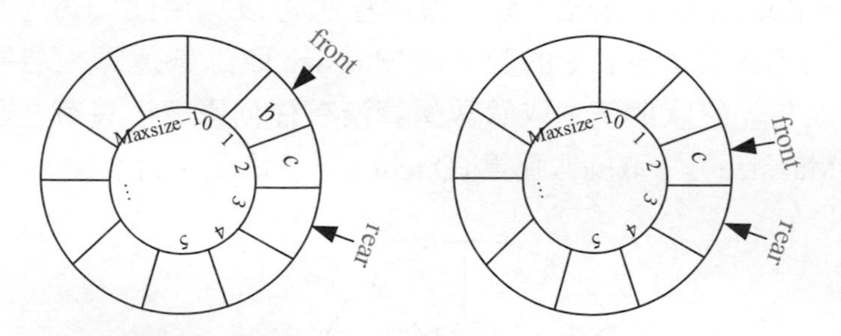

對於移出佇列操作，當 Q.front 後移一位時，為了處理臨界狀態（Q.front+1=Maxsize），需要在加 1 後進行取餘數運算。

```
e=Q.base[Q.front];    //用變數記錄 Q.front 所指元素，
Q.front=(Q.front+1)%Maxsize; //Q.front 後移一位
```

注意：對循環佇列無論是加入佇列還是移出佇列，在佇列尾、佇列首加 1 後都要進行取餘數運算，主要是為了處理臨界狀態。

5）佇列元素個數計算

在循環佇列中到底存了多少個元素呢？循環佇列中的內容實際上是從 Q.front 到 Q.rear–1 這一區間的資料元素，但是不可以直接用兩個索引相減得到。因為佇列是循環的，所以存在兩種情況：Q.rear ≥ Q.front，如下圖（a）所示；Q.rear<Q.front，如下圖（b）所示。

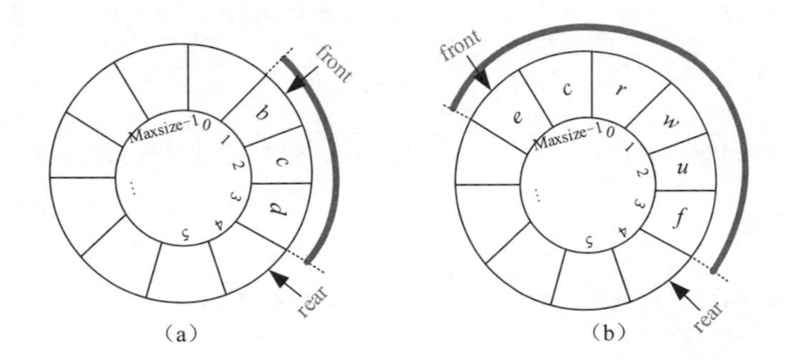

在上圖（b）中，Q.rear=4，Q.front=Maxsize–2，Q.rear–Q.front=6-Maxsize。但是可以看到循環佇列中的元素實際上為 6 個，那怎麼辦呢？當兩者之差為負數時，可以將差值加上 Maxsize 計算元素個數，即 Q.rear–Q.front+Maxsize=6-Maxsize+Maxsize=6，元素個數為 6。

在計算元素個數時，可以分兩種情況進行判斷：① Q.rear ≥ Q.front，元素個數為 Q.rear–Q.front；② Q.rear<Q.front，元素個數為 Q.rear–Q.front+Maxsize。也可以採用取餘數的方法把兩種情況巧妙地統一為一個敘述，即 (Q.rear–Q.front+Maxsize)%Maxsize。

佇列中元素個數的計算公式是否正確呢？

假如 Maxsize=100，則在上圖（a）中，Q.rear=4，Q.front=1，Q.rear–Q.front=3，(3+100)%100=3，元素個數為 3；在上圖（b）中，Q.rear=4，Q.front=98，Q.rear–Q.front=-94，(-94+100)%100=6，元素個數為 6。所以計算公式正確。

當 Q.rear–Q.front 為正數時，加上 Maxsize 後超過了最大空間數，取餘數後正好是元素個數；當 Q.rear–Q.front 為負數時，加上 Maxsize 後正好是元素個數，因為元素個數小於 Maxsize，所以取餘數運算對其無影響。

因此，%Maxsize 用於防止出現 Q.rear–Q.front 為正數的情況，+Maxsize 用於防止出現 Q.rear–Q.front 為負數的情況，如下圖所示。

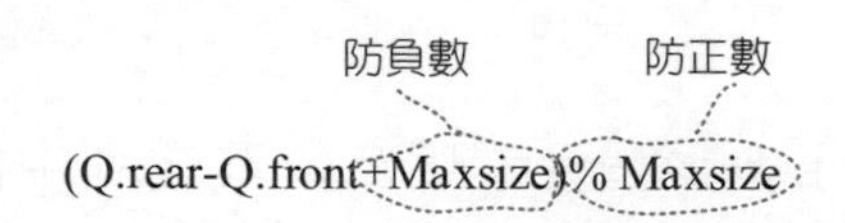

複習如下。

佇列空：

```
Q.front==Q.rear;                    //Q.rear 和 Q.front 指向同一個位置
```

佇列滿：

```
(Q.rear+1) %Maxsize==Q.front;       //Q.rear 後移一位正好是 Q.front
```

加入佇列：

```
Q.base[Q.rear]=x;                   //將元素 x 放入 Q.rear 所指的空間
Q.rear=(Q.rear+1)%Maxsize;          //Q.rear 後移一位
```

移出佇列：

```
e=Q.base[Q.front];                  //用變數記錄 Q.front 所指的元素
Q.front=(Q.front+1)%Maxsize         //Q.front 後移一位
```

佇列中的元素個數：

```
(Q.rear-Q.front+Maxsize)%Maxsize
```

3．循環佇列的基本操作

循環佇列的基本操作包括初始化、加入佇列、移出佇列、取佇列首元素、求佇列長度。

（1）初始化。初始化時，首先分配一個大小為 Maxsize 的空間，然後令 Q.front=Q.rear=0，即佇列首和佇列尾為 0，佇列為空。

演算法程式：

```
bool InitQueue(SqQueue &Q) {// 注意使用傳址參數，否則出了函數，其改變無效
     Q.base=new int[Maxsize];// 分配 Maxsize 大小的空間
     if(!Q.base) return false;// 分配空間失敗
     Q.front=Q.rear=0; // 佇列首和佇列尾為 0，佇列為空
     return true;
}
```

（2）加入佇列。加入佇列時，判斷佇列是否已滿，如果已滿，則加入佇列失敗；如果未滿，則將新元素插入佇列尾，佇列尾後移一位。

演算法程式：

```
bool EnQueue(SqQueue &Q,int e) { // 加入佇列，將元素 e 放入 Q 的佇列尾
    if((Q.rear+1)%Maxsize==Q.front) // 佇列尾後移一位等於佇列首，表明佇列滿
        return false;
    Q.base[Q.rear]=e; // 將新元素插入佇列尾
    Q.rear=(Q.rear+1)%Maxsize; // 佇列尾後移一位
    return true;
}
```

（3）移出佇列。移出佇列時，判斷佇列是否為空，如果佇列為空，則移出佇列失敗；如果佇列不為空，則用變數保存佇列首元素，佇列首後移一位。

演算法程式：

```
bool DeQueue(SqQueue &Q,int &e) {// 移出佇列，刪除 Q 的佇列首元素，用 e 傳回其值
    if(Q.front==Q.rear)
        return false; // 佇列空
    e=Q.base[Q.front]; // 保存佇列首元素
    Q.front=(Q.front+1)%Maxsize; // 佇列首後移一位
    return true;
}
```

（4）取佇列首元素。取佇列首元素時，只是把佇列首元素資料複製一份，並未改變佇列首的位置，因此佇列中的內容沒有改變，如下圖所示。

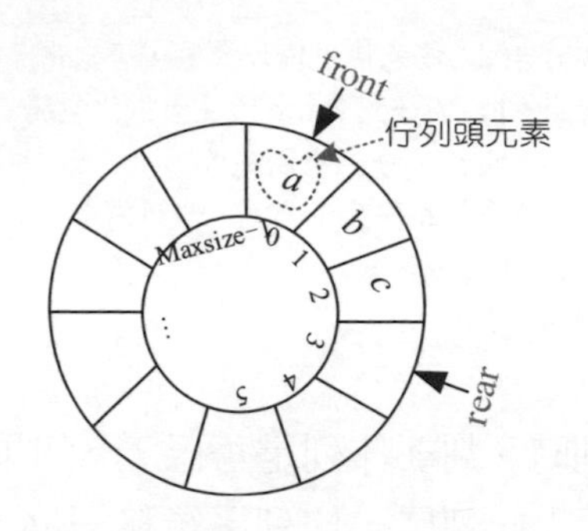

演算法程式：

```
int GetHead(SqQueue Q) {// 取佇列首元素，不修改佇列首
    if(Q.front!=Q.rear) // 佇列不可為空
        return Q.base[Q.front];
    return -1;
}
```

（5）求佇列長度。透過前面的分析，我們已經知道循環佇列中的元素個數為(Q.rear–Q.front+Maxsize)% Maxsize，循環佇列中的元素個數為循環佇列的長度。

演算法程式：

```
int QueueLength(SqQueue Q){
    return (Q.rear-Q.front+Maxsize)%Maxsize;
}
```

4.4 鏈佇列

佇列除了可以採用循序儲存（順序佇列），也可以採用鏈式儲存（鏈佇列）。順序佇列和鏈佇列如下圖所示。

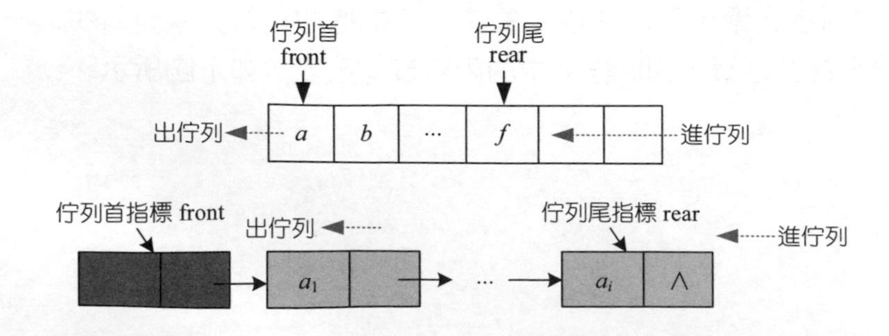

順序佇列指分配一段連續的空間，用兩個整數索引 front 和 rear 分別指在佇列首和佇列尾。而鏈佇列類似於一個單鏈結串列，需要用兩個指標 front 和 rear 分別指向佇列首和佇列尾。為了在移出佇列時刪除元素方便，可以增加一個頭節點。因為鏈佇列是單鏈結串列形式，因此可以借助單鏈結串列的定義。鏈佇列中節點的結構定義如下圖所示。

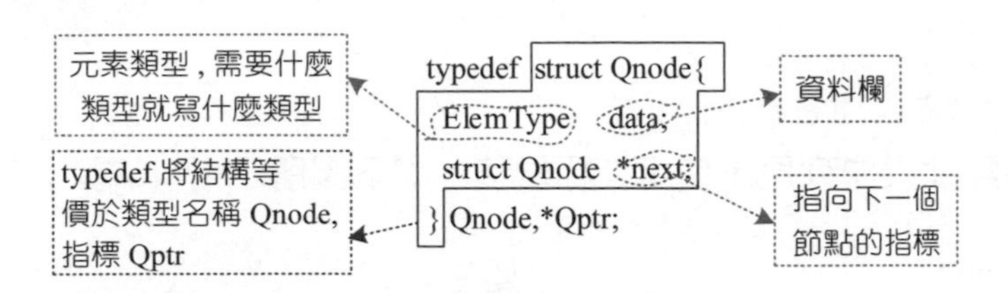

鏈佇列的結構定義如下圖所示。

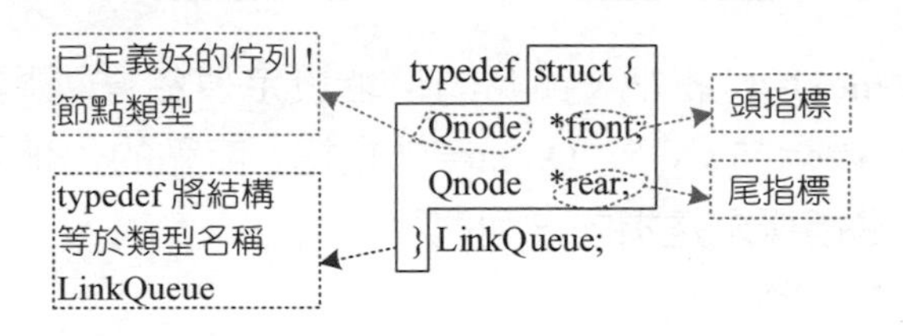

對鏈佇列的操作和單鏈結串列一樣，只不過它只能在佇列首刪除，在佇列尾插入，是操作受限的單鏈結串列。對鏈佇列的基本操作包括初始化、加入佇列、移出佇列和取佇列首元素等。

1）初始化

進行鏈佇列的初始化，創建一個頭節點，使頭指標和尾指標指向頭節點，如下圖所示。

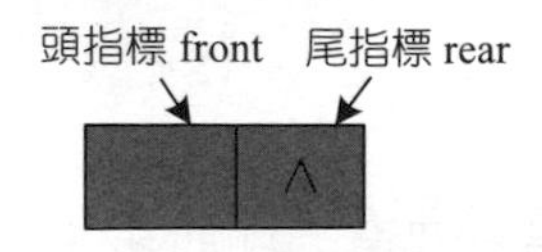

演算法程式：

```
void InitQueue(LinkQueue &Q) {// 注意使用傳址參數，否則出了函數的作用域，其改變無效
    Q.front=Q.rear=new Qnode; // 創建頭節點，使頭指標和尾指標指向頭節點
    Q.front->next=NULL;
}
```

2）加入佇列

先創建一個新節點，將元素 e 存入該節點的數值域，如下圖所示。

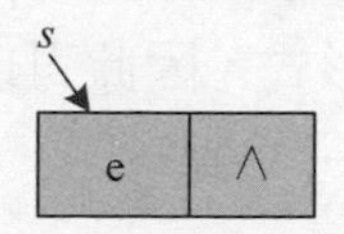


```
p=new Snode; // 生成新節點
p->data=e; // 將 e 放在新節點的資料欄
```

然後將新節點插入佇列尾，使尾指標後移，如下圖所示。

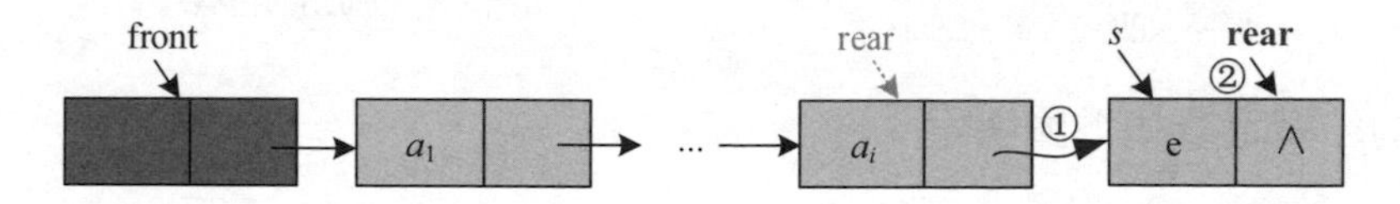

其中：① "Q.rear->next=s" 指把 s 節點的位址設定值給佇列尾節點的 next 域，即尾節點的 next 指標指向 s；② "Q.rear=s" 指把 s 節點的位址設定值給尾指標，即尾指標指向 s，尾指標永遠指向佇列尾。

演算法程式：

```
void EnQueue(LinkQueue &Q,int e) {// 加入佇列，將元素 e 放入佇列尾
     Qptr s;
     s=new Qnode;
     s->data=e;
     s->next=NULL;
     Q.rear->next=s;// 將新節點插入佇列尾
     Q.rear=s;   // 尾指標後移
}
```

3）移出佇列

移出佇列相當於刪除第 1 個資料元素，即將第 1 個資料元素節點跳過去，首先用 p 指標指向第 1 個資料節點，然後跳過該節點，即 Q.front->next=p->next，如下圖所示。

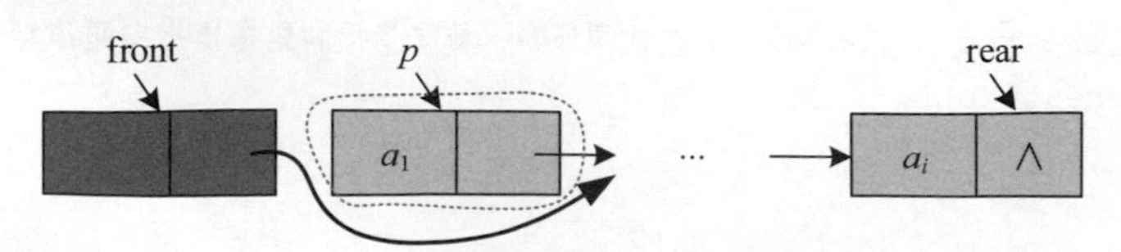

若在佇列中只有一個元素，則在刪除後需要修改佇列尾指標，如下圖所示。

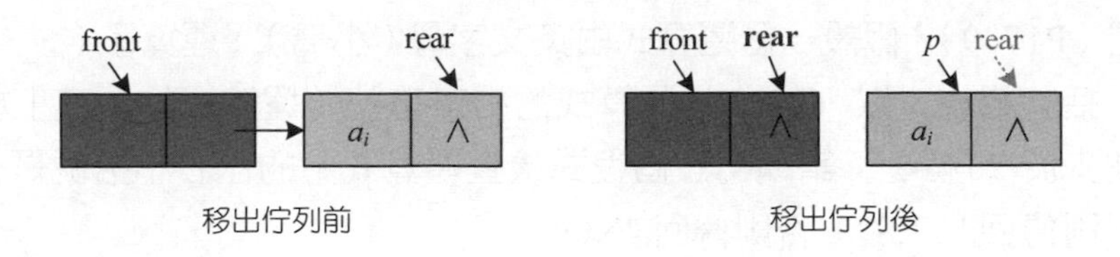

演算法程式：

```
bool DeQueue(LinkQueue &Q, int &e) {// 移出佇列，刪除Q的佇列首元素，用e傳回其值
     if(Q.front==Q.rear)// 佇列空
        return false;
     Qptr p=Q.front->next;
     e=p->data;    // 保存佇列首元素
     Q.front->next=p->next;
     if(Q.rear==p) // 若在佇列中只有一個元素，則在刪除後需要修改佇列尾指標
        Q.rear=Q.front;
     delete p;
     return true;
}
```

4）取佇列首元素

佇列首實際上是 Q.front->next 指向的節點，即第 1 個資料節點，佇列首元素就是該節點的資料欄儲存的資料元素，如下圖所示。

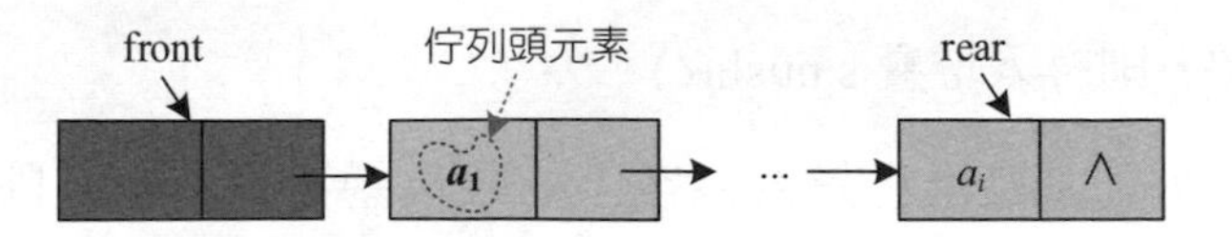

演算法程式：

```
int GetHead(LinkQueue Q){// 取佇列首元素，不修改佇列首指標
    if(Q.front!=Q.rear) // 佇列不可為空
        return Q.front->next->data;
    return -1;
}
```

∴ 訓練 1　括號符合

題目描述（P1739）：假設一個運算式由英文字母（小寫）、運算子（+、–、*、/）和左右小括號組成，以 "@" 作為運算式的結束符號（運算式的長度小於 255，左小括號少於 20 個）。請編寫一個程式檢查運算式中的左右小括號是否符合，若符合，則傳回 "YES"，否則傳回 "NO"。

輸入：每個測試使用案例都對應一行運算式。

輸出：對每個測試使用案例都單行輸出 "YES" 或 "NO"。

輸入範例	輸出範例
2*(x+y)/(1-x)@ (25+x)*(a*(a+b+b)@	YES NO

題解：本題比較簡單，只有左右小括號，可以將左小括號存入堆疊，遇到右小括號時，彈移出堆疊頂的左小括號，如果堆疊空，則說明右小括號多了。如果在運算式處理完畢後，在堆疊中還有元素，則說明左小括號多了。結果是大寫的 "YES""NO"，不要寫成小寫的。

1．演算法設計

（1）初始化一個堆疊 s。

（2）讀取字元 c，如果 c!='@'，則執行第 3 步，否則轉向第 5 步。

（3）如果 c='('，則存入堆疊 s.push(c)。

（4）如果 c=')'，則判斷堆疊是否為空，如果堆疊不可為空，則移出堆疊，否則輸出 "NO"，結束。

（5）在字串處理完畢，判斷堆疊是否為空，如果堆疊為空，則說明正好配對，輸出 "YES"，否則輸出 "NO"，結束。

2．完美圖解

（1）以輸入範例 "2*(x+y)/(1–x)@" 為例，初始化一個堆疊，如下圖所示。

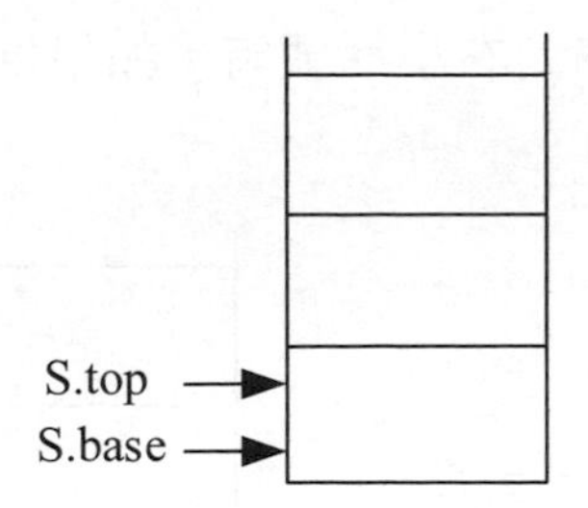

（2）讀取字元 "2*("，遇到左小括號時存入堆疊，如下圖所示。

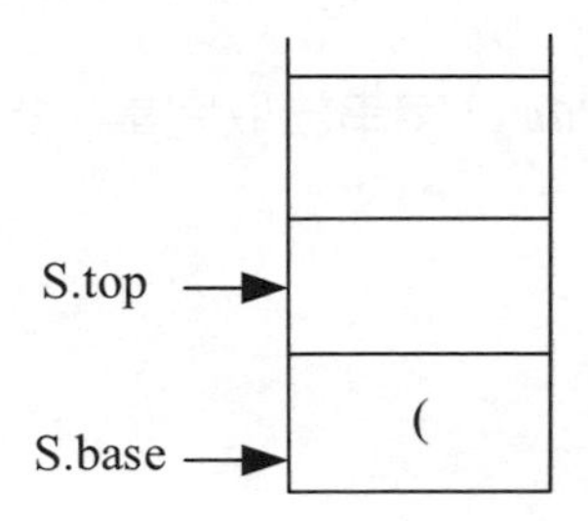

（3）繼續讀取 "x+y)"，遇到右小括號時，如果堆疊不可為空，則移出堆疊，如下圖所示。

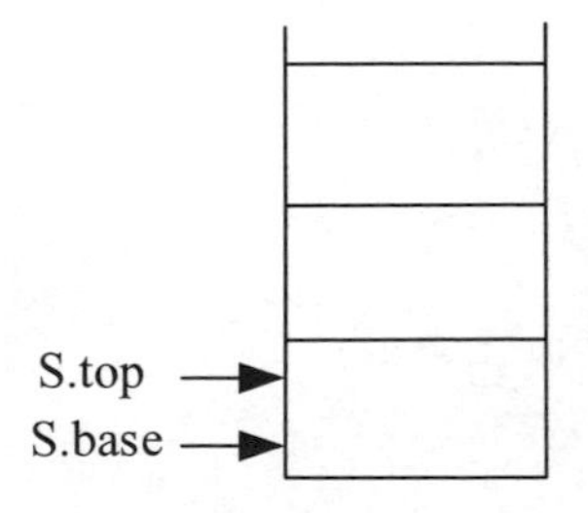

（4）繼續讀取 "/("，遇到左小括號時存入堆疊，如下圖所示。

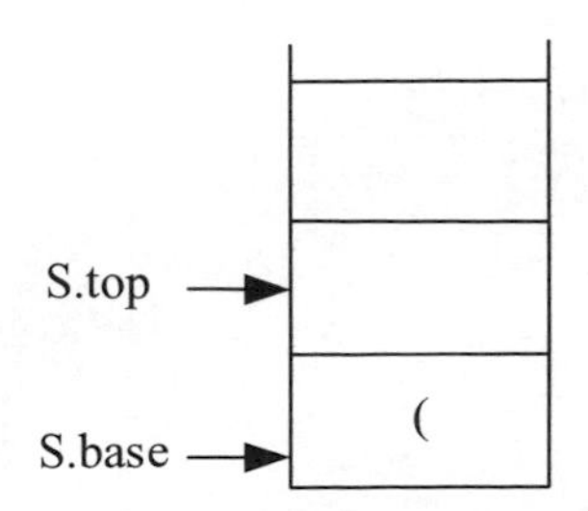

（5）繼續讀取 "1–x)"，遇到右小括號時，如果堆疊不可為空，則移出堆疊，如下圖所示。

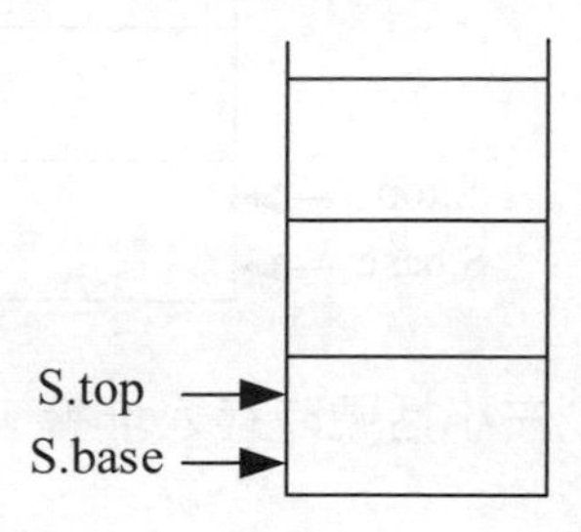

（6）繼續讀取 "@"，遇到 "@"，字串讀取完畢，此時堆疊為空，說明括號符合，輸出 "YES"。

3．演算法實現

```
int main(){
    char c;
    stack<char> s;
    while(cin>>c&&c!='@'){
        if(c=='(')
            s.push(c);
        if(c==')'){
            if(!s.empty())
                s.pop();
            else{
                cout<<"NO"<<endl;
                return 0;
            }
        }
    }
    if(s.empty())
        cout<<"YES"<<endl;
    else
        cout<<"NO"<<endl;
    return 0;
}
```

∴ 訓練 2　鐵軌

題目描述（UVA514）：某城市有一個火車站，鐵軌鋪設如下圖所示。有 n（$n \leq 1000$）節車廂從 A 方向駛入車站，將其按進站的順序編號為 1 ～ n。你的任務是判斷是否能讓它們按照某種特定的順序進入 B 方向的鐵軌並駛出車站。舉例來說，移出堆疊順序（5 4 1 2 3）是不可能的，但移出堆疊順序（5 4 3 2 1）是可能的。為了重組車廂，你可以借助中轉站 C。中轉站 C 是一個可以停放任意多節車廂的車站，但由於末端封頂，駛入 C 的車廂必須按照相反的順序駛出 C。對於每節車廂，一旦從 A 移入 C，就不能返回 A 了；一旦從 C 移入 B，就不能返回 C 了。在任意時刻只有兩種選擇：A 到 C 和 C 到 B。

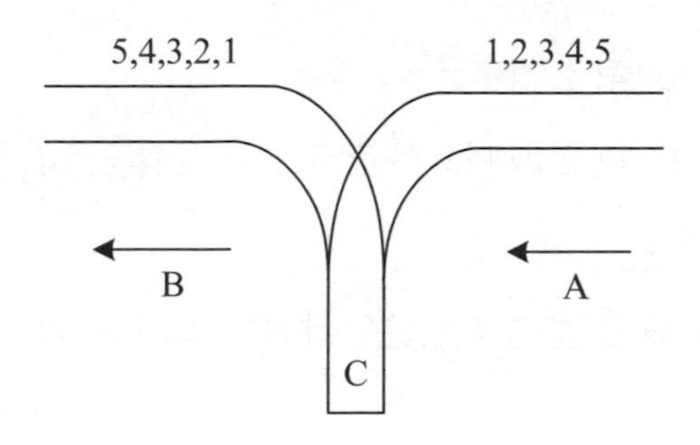

輸入：輸入包含多組資料，對於每一組資料，第 1 行是一個整數 n。接下來的許多行，每行 n 個數，代表 1 ~ n 車廂的移出堆疊順序，最後一行只有一個整數 0。最後一組資料 "n=0"，輸入結束，不輸出答案。

輸出：對每行的移出堆疊順序都單行輸出 "Yes" 或 "No"。對每組資料都在最後輸出空行。

輸入範例	輸出範例
5	Yes
1 2 3 4 5	No
5 4 1 2 3	
0	Yes
6	
6 5 4 3 2 1	
0	
0	

題解：本題中的 C 就是一個堆疊，1 ～ n 車廂按順序依次從 A 端進來，首先和 B 端的字元進行比較，如果相等，則直接從 B 端出去，如果不相等則進存入堆疊 C。如果堆疊不可為空，則判斷堆疊頂元素是否與 B 端的字元相等，如果相等則移出堆疊，一直比較下去。如果 1 ～ n 車廂都已處理完畢，B 端字元還未處理完，則輸出 "No"，否則輸出 "Yes"。

需要特別注意：輸入包含多組資料，每組資料都以 0 結束，每組資料輸出結束時都會加一個空行。最後一組資料為 0，不輸出。

1．演算法設計

（1）輸入 n，如果 n 為 0，則結束。

（2）輸入第 1 組資料的第 1 個字元。

（3）如果 B[1] 不為 0，則讀取剩餘的字元並將其存入 B[]。

（4）初始化一個堆疊 s。

（5）1 ～ n 車廂依次與 B 端的字元進行比較，如果相等，則直接從 B 端移出堆疊，否則存入堆疊。

（6）如果堆疊不可為空，則判斷堆疊頂元素是否與 B 端的字元相等，相等則移出堆疊，一直比較下去。

（7）如果 1 ～ n 車廂都已處理完畢，B 端字元還未處理完，則輸出 "No"，否則輸出 "Yes"。

2．完美圖解

（1）以輸入 3 2 1 5 4 為例，將序列存入 B[]，j=1，初始化一個堆疊。

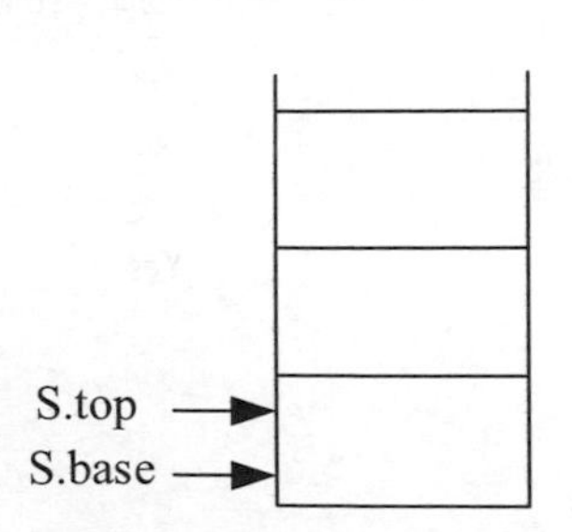

（2）i=1，將 i 與 B[1]=3 進行比較，不相等，1 存入堆疊。

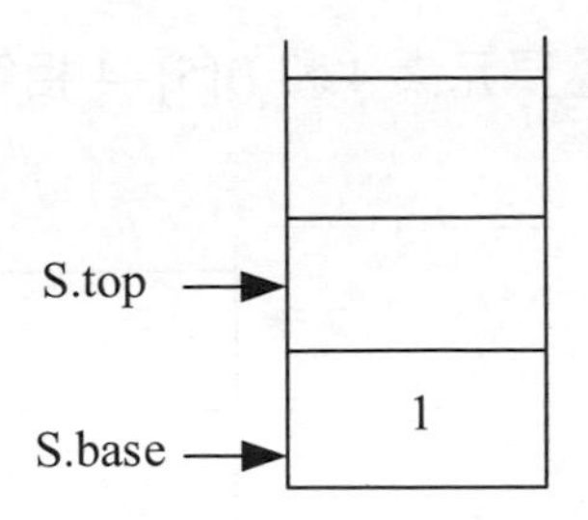

（3）i=2，將 i 與 B[1]=3 進行比較，不相等，2 存入堆疊。

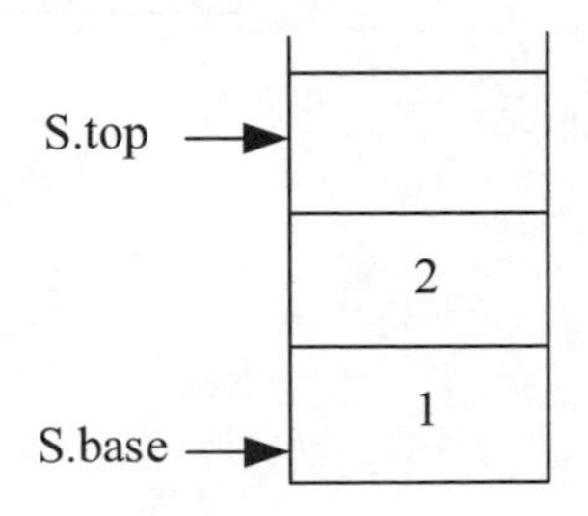

（4）i=3，將 i 與 B[1]=3 進行比較，相等，j++（j=2）。

（5）堆疊不可為空，堆疊頂元素 2 和 B[2]=2 相等，移出堆疊，j++（j=3）；堆疊不可為空，堆疊頂元素 1 和 B[3]=1 相等，移出堆疊，j++（j=4）；此時堆疊空。

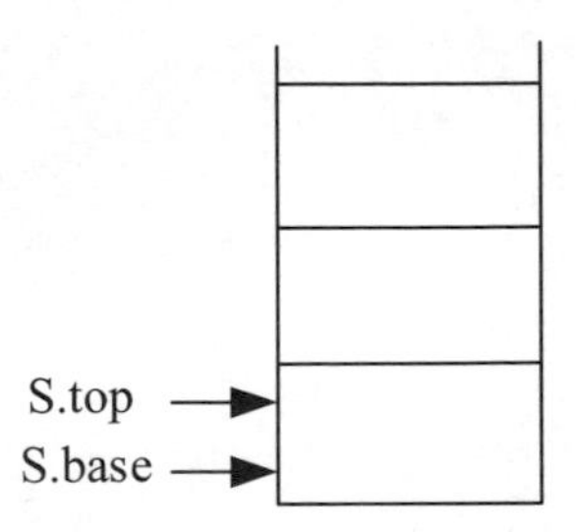

（6）i=4，將 i 與 B[4]=5 進行比較，不相等，4 存入堆疊。

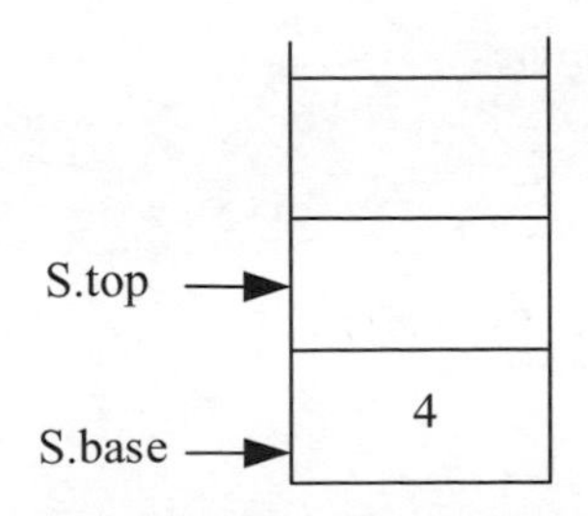

（7）i=5，將 i 與 B[4]=5 進行比較，相等，j++（j=5）。

（8）堆疊不可為空，堆疊頂元素 4 和 B[5]=4 相等，移出堆疊，j++（j=6）；此時堆疊空。

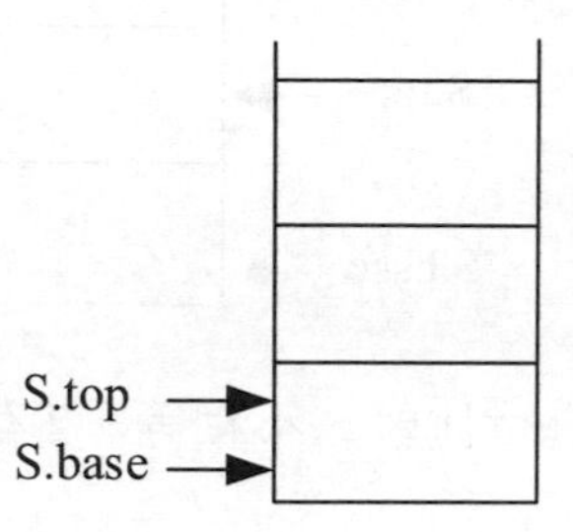

（9）此時 $j>n$，輸出 "Yes"。

3．演算法實現

```
int main(){
    while(cin>>n&&n){
        while(1){
            int i=1,j=1;
            cin>>B[1];
            if(!B[1])
                break;
            for(int i=2;i<=n;i++)
                cin>>B[i];
            stack<int>s;
            while(i<=n){
                if(i==B[j]){
                    i++;
                    j++;
                }
                else
                    s.push(i++);
                while(!s.empty()&&s.top()==B[j]){
                    j++;
                    s.pop();
                }
            }
            if(j<=n)
                cout<<"No"<<endl;
            else
```

```
                cout<<"Yes"<<endl;
        }
        cout<<endl;
    }
    return 0;
}
```

∴ 訓練 3　矩陣連乘

題目描述（**UVA442**）：假設你必須評估一種運算式，比如 $A\times B\times C\times D\times E$，其中 A、B、C、D、E 是矩陣。既然矩陣乘法滿足結合率，那麼乘法的順序是任意的。矩陣連乘的乘法次數由相乘的順序決定。舉例來說，A、B、C 分別是 50×10、10×20 和 20×5 的矩陣。現在有兩種方案計算 $A\times B\times C$，即 $(A\times B)\times C$ 和 $A\times(B\times C)$。第 1 種要進行 15000 次乘法運算，而第 2 種只進行 3500 次乘法運算。寫程式，計算指定矩陣運算式需要進行多少次乘法運算。

輸入：輸入包含矩陣和運算式兩部分。在第 1 部分，第 1 行包含一個整數 n（$1 \le n \le 26$），代表矩陣的個數；接下來的 n 行，每行都包含了一個大寫字母來表示矩陣的名稱，以及兩個整數來表示矩陣的行數和列數。第 2 部分是一個矩陣或矩陣運算式。

輸出：對於每一個運算式，如果乘法無法進行，則輸出 "Error"，否則輸出所需的乘法運算次數。

輸入範例	輸出範例
9	0
A 50 10	0
B 10 20	0
C 20 5	Error
D 30 35	10000
E 35 15	Error
F 15 5	3500
G 5 10	15000
H 10 20	40500
I 20 25	47500
A	15125

```
B
C
(AA)
(AB)
(AC)
(A(BC))
((AB)C)
(((((DE)F)G)H)I)
(D(E(F(G(HI)))))
((D(EF))((GH)I))
```

題解：首先需要了解以下 3 個問題。

1）什麼是矩陣可乘

如果第 1 個矩陣的列等於第 2 個矩陣的行，那麼這兩個矩陣是可乘的。

$$\boldsymbol{A}_{m\times n} \times \boldsymbol{B}_{n\times k} = \boldsymbol{C}_{m\times k}$$

列 = 行

2）矩陣相乘後的結果是什麼

兩個矩陣相乘的結果矩陣，其行、列分別等於第 1 個矩陣的行、第 2 個矩陣的列。如果有很多矩陣相乘呢？

$$\boldsymbol{A}_{m\times n} \times \boldsymbol{A}_{n\times k} \times \boldsymbol{A}_{k\times u} \times \boldsymbol{A}_{u\times v} = \boldsymbol{A}_{m\times v}$$

多個矩陣相乘的結果矩陣，其行、列分別等於第 1 個矩陣的行、最後 1 個矩陣的列。而且無論矩陣的計算次序如何，都不影響它們的結果矩陣。

3）兩個矩陣相乘需要多少次乘法運算

例如兩個矩陣 $\boldsymbol{A}_{3\times 2}$、$\boldsymbol{B}_{2\times 4}$ 相乘，結果為 $C_{3\times 4}$，要怎麼計算呢？

A 矩陣第 1 行第 1 個數 ×**B** 矩陣第 1 列第 1 個數：1×2。

A 矩陣第 1 行第 2 個數 ×**B** 矩陣第 1 列第 2 個數：2×3。

將兩者相加並存放在 C 矩陣第 1 行第 1 列：1×2+2×3。

A 矩陣第 1 行第 1 個數 ×***B*** 矩陣第 2 列第 1 個數：1×4。

A 矩陣第 1 行第 2 個數 ×***B*** 矩陣第 2 列第 2 個數：2×6。

將兩者相加並存放在 C 矩陣第 1 行第 2 列：1×4+2×6。

A 矩陣第 1 行第 1 個數 ×***B*** 矩陣第 3 列第 1 個數：1×5。

A 矩陣第 1 行第 2 個數 ×***B*** 矩陣第 3 列第 2 個數：2×9。

將兩者相加並存放在 C 矩陣第 1 行第 3 列：1×5+2×9。

A 矩陣第 1 行第 1 個數 ×***B*** 矩陣第 4 列第 1 個數：1×8。

A 矩陣第 1 行第 2 個數 ×***B*** 矩陣第 4 列第 2 個數：2×10。

將兩者相加並存放在 C 矩陣第 1 行第 4 列：1×8+2×10。

其他行依此類推，計算結果如下圖所示。

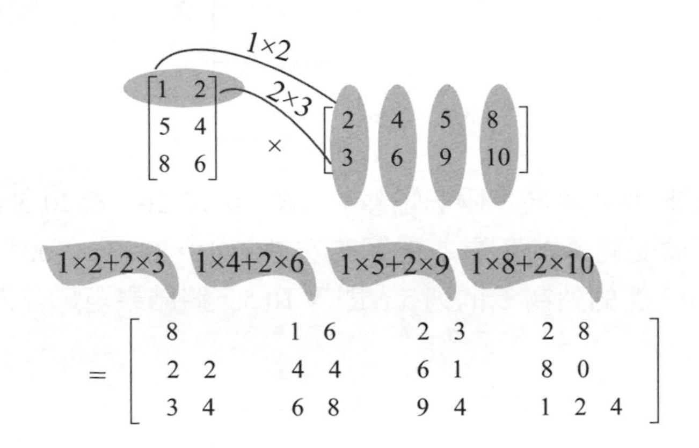

可以看出，結果矩陣中的每個元素都執行了兩次乘法運算，那麼在結果矩陣中有 3×4=12 個數，共需要執行 2×3×4=24 次乘法運算，兩個矩陣 *A*3×2、*A*2×4 相乘執行乘法運算的次數為 3×2×4。因此，$A_m \times_n$、$A_n \times_k$ 相乘執行乘法運算的次數為 $m \times n \times k$。

1．演算法設計

（1）首先將矩陣及行列值儲存在陣列中。

（2）讀取一行矩陣運算式。

（3）遇到矩陣名稱時存入堆疊，遇到右括號時移出堆疊。兩個矩陣 m_2、m_1，如果 m_1 的列不等於 m_2 的行，則矩陣不可乘，標記 error=true 並退出迴圈，否則計算乘法運算的次數，並將兩個矩陣相乘後的結果矩陣存入堆疊。

（4）如果 error=true，則輸出 "error"，否則輸出乘法運算的次數。

2．完美圖解

（1）以輸入範例 (A(BC)) 為例，其中 ***A*** 50 10；***B*** 10 20；***C*** 20 5，字母表示矩陣名，後兩個數字分別表示該矩陣的行和列。遇到左括號什麼也不做，遇到矩陣名則存入堆疊，首先 ***ABC*** 存入堆疊，如下圖所示。

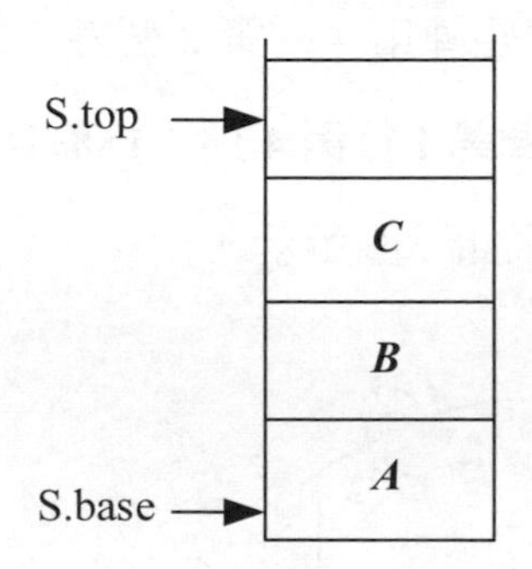

（2）遇到右括號時移出堆疊。兩個矩陣 ***C***、***B***，***B*** 10 20；***C*** 20 5；***B*** 的列等於 C 的行，兩個矩陣是可乘的，乘法運算的次數為 10×20×5=1000，結果矩陣 ***X*** 的行為 ***B*** 的行 10，***X*** 的列為 ***C*** 的列 5，即 ***X*** 10 5，將結果矩陣存入堆疊，如下圖所示。

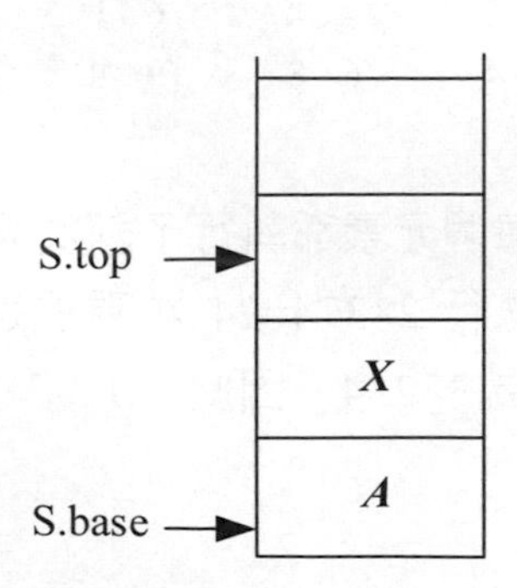

（3）遇到右括號時移出堆疊。兩個矩陣 ***X***、***A***，***A*** 50 10；***X*** 10 5；***A*** 的列等於 X 的行，兩個矩陣是可乘的，乘法運算的次數為 50×10×5=2500，累計次數為 1000+2500=3500，結果矩陣 ***Y*** 的行為 ***A*** 的行 50，***Y*** 的列為 ***X*** 的列 5，即 ***Y*** 50 5，將結果矩陣存入堆疊，如下圖所示。

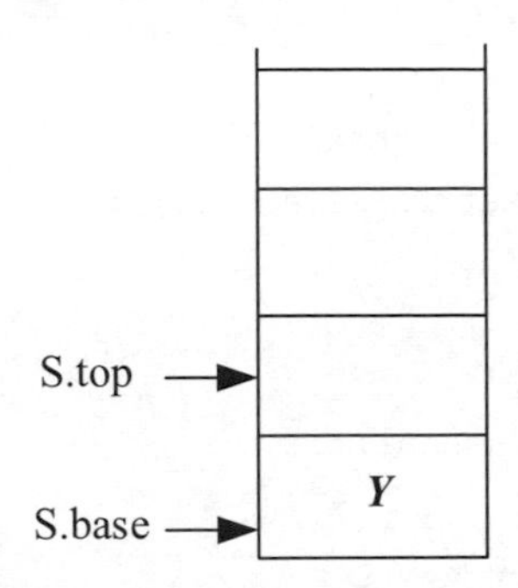

（4）運算式讀取完畢，輸出結果 3500。

3．演算法實現

```
struct Matrix{// 矩陣結構
    int a,b;// 矩陣行列
    Matrix(int a=0,int b=0):a(a),b(b){}
}m[maxsize];
stack<Matrix> s;
int main(){
    int n;
    char c;
    string str;
    cin>>n;
    for(int i=0;i<n;i++){
        cin>>c;
        int k=c-'A';// 轉為整數
        cin>>m[k].a>>m[k].b;// 輸入矩陣的行和列
    }
    while(cin>>str){
        int len=str.length();
        bool error=false;
        int ans=0;
        for(int i=0;i<len;i++){
            if(isalpha(str[i]))
                s.push(m[str[i]-'A']);
```

```
            else if(str[i]==')'){
                Matrix m2=s.top();s.pop();
                Matrix m1=s.top();s.pop();
                if(m1.b!=m2.a){
                    error=true;
                    break;
                }
                ans+=m1.a*m1.b*m2.b;
                s.push(Matrix(m1.a,m2.b));
            }
        }
        if(error)
            cout<<"error"<<endl;
        else
            cout<<ans<<endl;
    }
    return 0;
}
```

訓練 4　列印佇列

題目描述（UVA12100）：在電腦學生會裡只有一台印表機，但是有很多檔案需要列印，因此列印任務不可避免地需要等待。有些列印任務比較急，有些不那麼急，所以每個任務都有一個 1～9 的優先順序，優先順序越高表示任務越急。

印表機的運作方式：首先從列印佇列裡取出一個任務 J，如果佇列裡有比 J 更急的任務，則直接把 J 放到列印佇列尾部，否則列印任務 J（此時不會把它放回列印佇列）。輸入列印佇列中各個任務的優先順序及你的任務在佇列中的位置（佇列首位置為 0），輸出該任務完成的時刻。所有任務都需要 1 分鐘列印。舉例來說，列印佇列為 {1,1,9,1,1,1}，目前處於佇列首的任務最終完成時刻為 5。

輸入：第 1 行為測試使用案例數 T（最多 100 個）；每個測試使用案例的第 1 行都包括 n（$1 \le n \le 100$）和 m（$0 \le m \le n-1$），其中 n 為列印任務數量，m 為你的任務序號（從 0 開始編號）。接下來為 n 個數，為 n 個列印任務的優先順序。

輸出：對於每個測試使用案例，都單行輸出你的作業列印完成的分鐘數。

輸入範例

```
3
1 0
5
4 2
1 2 3 4
6 0
1 1 9 1 1 1
```

輸出範例

```
1
2
5
```

題解：本題需要用一個佇列儲存列印任務，還需要知道目前佇列中優先順序最高是多少。首先從佇列首取出一個任務 J，如果 J 的優先順序不低於佇列中的最高優先順序，則直接列印，否則將任務 J 放入佇列尾。怎麼知道目前佇列中的最高優先順序呢？最簡單的辦法就是按優先順序非遞增（允許相等的遞減）排序，排序的時間複雜度為 $O(n\log n)$。如果寫一個函數來尋找目前佇列中的最高優先順序，則每次尋找的時間複雜度為 $O(n)$，在最壞情況下執行 n 次，時間複雜度為 $O(n^2)$。

1．演算法設計

（1）讀取 T，表示 T 組資料。

（2）讀取 n、m，表示列印任務的個數和你要列印的任務編號。

（3）讀取優先順序序列，將其儲存在 $a[]$、$b[]$ 兩個陣列中，並將優先順序序列的索引依次（從 0 開始）放入佇列 q。

（4）$b[]$ 陣列非遞增排序，w=0，k=0，w 用來取最高優先順序的索引，k 用來計數已列印了多少個任務。

（5）如果佇列 q 不可為空，則取出佇列首索引 t，它的優先順序為 $a[t]$，max=$b[w]$。如果 $a[t]$<max，則 t 移出佇列後被放入佇列尾，否則將 t 與 m 進行比較，如果相等，則輸出 ++k，跳出迴圈；如果不相等，則移出佇列，k++，w++。

（6）在 T 組資料處理完畢後結束。

2．完美圖解

（1）以下面的輸入範例為例，n=4，m=2，即共有 4 個列印任務，你的列印任務編號為 2。

```
42
12 34
```

（2）讀取優先順序序列，將其儲存在 *a*[]、*b*[] 兩個陣列中，並將優先順序序列的索引依次（從 0 開始）放入佇列 *q*，如下圖所示。

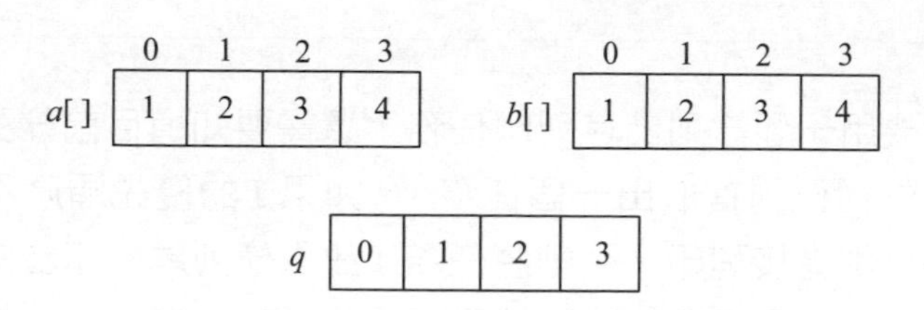

（3）*b*[] 陣列非遞增排序，初始化 *w*=0，*k*=0，如下圖所示。

	0	1	2	3
b[ ]	4	3	2	1

（4）取佇列首 *t*=0，其優先順序為 *a*[0]=1，max=*b*[0]=4，*a*[0]<max，則將 *t* 移出佇列並放入佇列尾。

q	1	2	3	0

（5）取佇列首 *t*=1，其優先順序為 *a*[1]=2，max=*b*[0]=4，*a*[1]<max，則將 *t* 移出佇列並放入佇列尾。

q	2	3	0	1

（6）取佇列首 *t*=2，其優先順序為 *a*[2]=3，max=*b*[0]=4，*a*[2]<max，則將 *t* 移出佇列並放入佇列尾。

q	3	0	1	2

（7）取佇列首 *t*=3，其優先順序為 *a*[3]=4，max=*b*[0]=4，*a*[3]=max，可以列印該任務。$t \neq m$，不是你的列印任務，移出佇列，*k*++，*w*++，此時 *w*=1，*k*=1，佇列如下圖所示。

q	0	1	2	

（8）取佇列首 t=0，其優先順序為 $a[0]=1$，$max=b[1]=3$，$a[0]<max$，則將 t 移出佇列並放入佇列尾。

q	1	2	0	

（9）取佇列首 t=1，其優先順序為 $a[1]=2$，$max=b[1]=3$，$a[1]<max$，則將 t 移出佇列並放入佇列尾。

q	2	0	1	

（10）取出佇列首 t=2，其優先順序為 $a[2]=3$，$max=b[1]=3$，$a[2]=max$，可以列印該任務。$t=m$，是你的列印任務，輸出 $++k$，此時 k=2，輸出 2，表示列印你的任務分鐘數 2。

3．演算法實現

```
int main(){
    int T,n,m;
    cin>>T;
    for(int i=0;i<T;i++){
        queue<int> q;
        vector<int> a,b;
        int k=0,x;
        cin>>n>>m;
        for(int j=0;j<n;j++){
            cin>>x;
            a.push_back(x);
            b.push_back(x);
            q.push(j);
        }
        sort(b.begin(),b.end(),greater<int>());// 降冪
        int w=0;
        int max=0;
        while(!q.empty()){
            max=b[w];
            int t=q.front();
            if(a[t]<max){
                q.pop();
```

```
                q.push(t);
            }
            else{
                if(t==m){
                    cout<<++k<<endl;
                    break;
                }
                else{
                    q.pop();
                    k++;
                    w++;
                }
            }
        }
    }
    return 0;
}
```

∴ 訓練 5　併發模擬器

題目描述（UVA210）：模擬 n 個程式（按輸入順序編號 1 ～ n）的並存執行。每個程式都包含不超過 25 行敘述。敘述格式共有 5 種：設定值（var=constant）、列印（print var）、鎖（lock）、解鎖（unlock）、結束（end），耗分時別為 t_1、t_2、t_3、t_4、t_5。

將變數用一個小寫字母表示，初始時值為 0，為所有平行程式共有，且它的值始終保持在 [0,100)，所以一個程式對某一個變數的設定值會影響另一個程式。在每個時刻只能有一個程式處於運行狀態，其他程式處於等候狀態。處於運行狀態的程式每次最多分配 Q 個單位時間，一旦在未執行完程式時超過分配時間，則這個程式會被放入就緒佇列，然後從其佇列首取出一個程式繼續執行。而初始的就緒佇列按照程式輸入順序。

但是由於 lock 和 unlock 命令的出現，這個順序會被改變。lock 的作用是申請對所有變數的獨佔存取，unlock 則是解除對所有變數的獨佔存取，且它們一定成對出現。當一個程式已經對所有的變數獨佔存取後，其他程式若試圖執行 lock，則無論其是否耗盡分配時間，都會被放在一個阻止佇列的尾部，且當解鎖的時候，會將阻止佇列頭部的程式放入就緒佇列的頭部。

輸入：第 1 行為測試使用案例數 T，第 2 行為空行，第 3 行包含 7 個數，分別為 n、t_1、t_2、t_3、t_4、t_5 和 Q，接下來有 n 個程式。

輸出：對於每個測試使用案例，兩個測試使用案例的輸出都將用一個空行隔開，輸出包含 print 敘述在模擬過程中生成的輸出。執行 print 敘述時，程式應該顯示程式 ID、冒號、空格和所選變數的值。不同 print 敘述的輸出應該在單獨的行上。

輸入範例	輸出範例
1	1: 3
	2: 3
3 1 1 1 1 1 1	3: 17
a = 4	3: 9
print a	1: 9
lock	1: 9
b = 9	2: 8
print b	2: 8
unlock	3: 21
print b	3: 21
end	
a = 3	
print a	
lock	
b = 8	
print b	
unlock	
print b	
end	
b = 5	
a = 17	
print a	
print b	
lock	
b = 21	
print b	
unlock	
print b	
end	

題解：本題需要兩個佇列：就緒佇列和阻止佇列。解鎖時，會將阻止佇列頭部的程式放入就緒佇列的頭部，因此就緒佇列需要使用雙端佇列（支援兩端進出操作）。每個程式都被儲存在一個 vector 中，因此使用 vector 陣列。

1．演算法設計

（1）讀取 *T*，表示 *T* 個測試使用案例。

（2）讀取 7 個整數，包括程式數、5 行指令執行時間及時間週期。

（3）將程式分別讀取陣列 prg[]。

（4）將程式序號加入就緒佇列，初始化阻止佇列。

（5）變數均為小寫字母 a ～ z，轉為數字索引 0 ～ 25，因此變數陣列 val[26] 初始化為 0，目前運行程式的位置陣列 p[maxNum] 也初始化為 0，鎖初始化為 locked=false。

（6）如果就緒佇列不可為空，則佇列首元素 pid 移出佇列，執行 pid 程式。

（7）獲取目前指令，即第 pid 個程式的第 p[pid] 單元，cur=prg[pid][p[pid]]，執行該指令，然後 p[pid]++，指向第 pid 個程式的下一行指令。如果時間週期未用完，則繼續執行該程式的下一行指令，直到時間週期耗盡。時間週期已用完時，將 pid 號程式加入就緒佇列的佇列尾。

（8）如果 cur="lock"，且 locked 為 true，則將 pid 號程式加入阻止佇列，p[pid] 不加 1。

（9）如果 cur="unlock"，則 locked=false，解鎖，當阻止佇列不為空時，將阻止佇列的佇列首加入就緒佇列的佇列首。

（10）如果是設定值、列印、結束，則執行對應的指令。

2．完美圖解

（1）以輸入範例為例，有 1 個測試使用案例，包含 3 個程式，5 行指令的執行時間都為 1，時間週期為 1。

（2）將 3 個程式分別讀取 prg[]，如下圖所示。

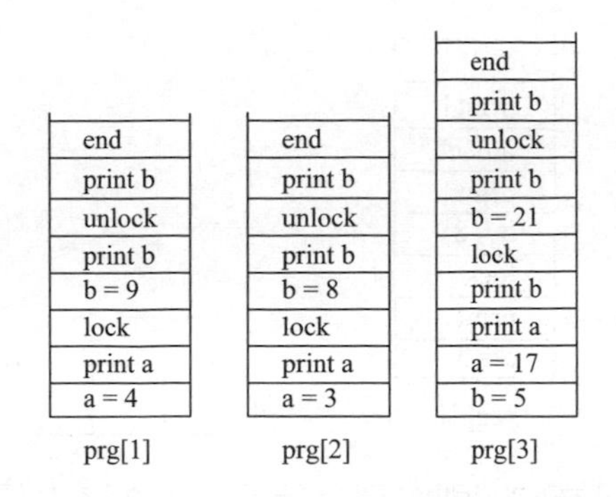
end
print b
unlock
print b
b = 9
lock
print a
a = 4
prg[1]
end
print b
unlock
print b
b = 8
lock
print a
a = 3
prg[2]
end
print b
unlock
print b
b = 21
lock
print b
print a
a = 17
b = 5
prg[3]

（3）將程式的序號加入就緒佇列，就緒佇列和阻止佇列如下圖所示。

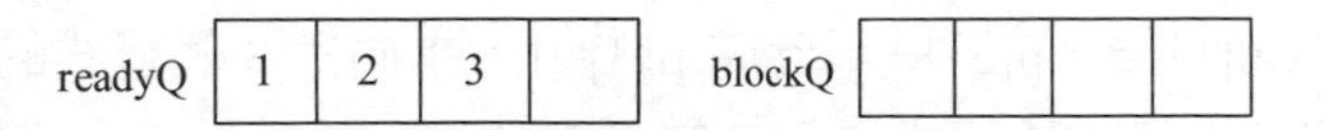
readyQ
1
2
3
blockQ

（4）將變數陣列 val[26] 和目前運行程式的位置陣列 p[maxNum] 初始化為 0，鎖初始化為 locked=false。

（5）如果就緒佇列不可為空，則佇列首元素 pid=1 移出佇列，執行第 1 個程式。

（6）獲取目前指令，第 1 個程式的第 p[1]（p[1]=0）單元，目前運行指令為 cur="a = 4"，注意 "a = 4" 中的 "=" 號前後都有空格。val[0]=4，p[1]++，此時 p[1]=1，指向第 1 個程式的下一行指令。如果時間週期未用完，則繼續執行該程式的下一行指令，直到時間週期耗盡。時間週期已用完，將 1 號程式加入就緒佇列的佇列尾。

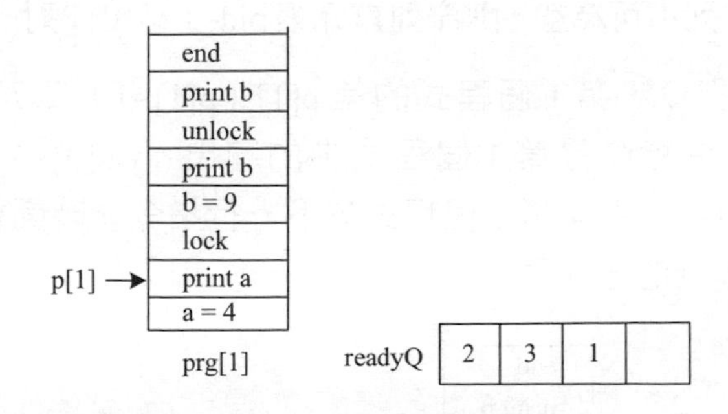
end
print b
unlock
print b
b = 9
lock
p[1]
print a
a = 4
prg[1]
readyQ
2
3
1

（7）如果就緒佇列不可為空，則佇列首元素 pid=2 移出佇列，執行第 2 個程式。

（8）獲取目前指令，第 2 個程式的第 p[2]（p[2]=0）單元，目前運行指令為 cur="a=3"。val[0]=3，p[2]++，此時 p[2]=1，指向第 2 個程式的下一行指令。時間週期已用完，將 2 號程式加入就緒佇列的佇列尾。

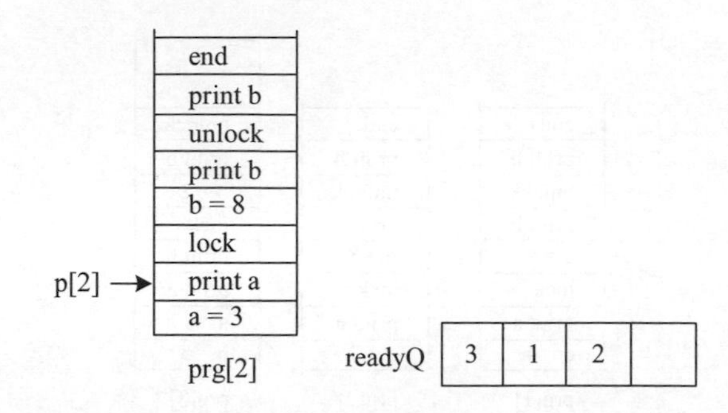
end
print b
unlock
print b
b = 8
lock
p[2]
print a
a = 3
prg[2]
readyQ
3
1
2

（9）如果就緒佇列不可為空，則佇列首元素pid=3移出佇列，執行第3個程式。

（10）獲取目前指令，第 3 個程式的第 p[3]（p[3]=0）單元，目前運行指令為 cur="b = 5"。val[1]=5，p[3]++，此時 p[3]=1，指向第 3 個程式的下一行指令。時間週期已用完，將 3 號程式加入就緒佇列的佇列尾。

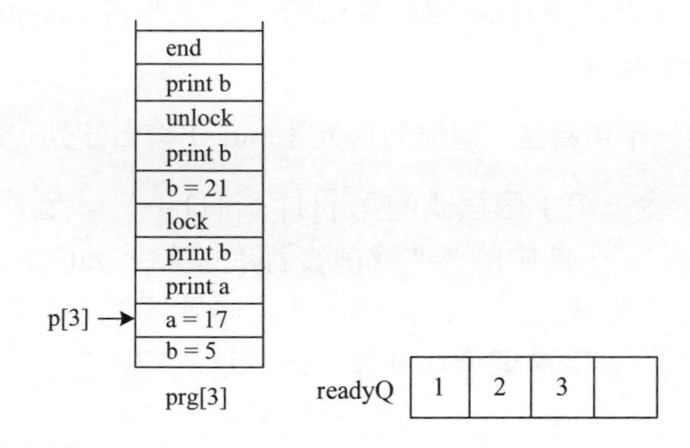
end
print b
unlock
print b
b = 21
lock
print b
print a
p[3]
a = 17
b = 5
prg[3]
readyQ
1
2
3

（11）如果就緒佇列不可為空，則佇列首元素pid=1移出佇列，執行第1個程式。

（12）獲取目前指令，第 1 個程式的第 p[1]（p[1]=1）單元，目前運行指令為 cur="print a"，該指令是第 1 個程式中的輸出，val[0]=3，因此輸出 1:3，p[1]++，此時 p[1]=2，指向第 1 個程式的下一行指令。時間週期已用完，將 1 號程式加入就緒佇列的佇列尾。

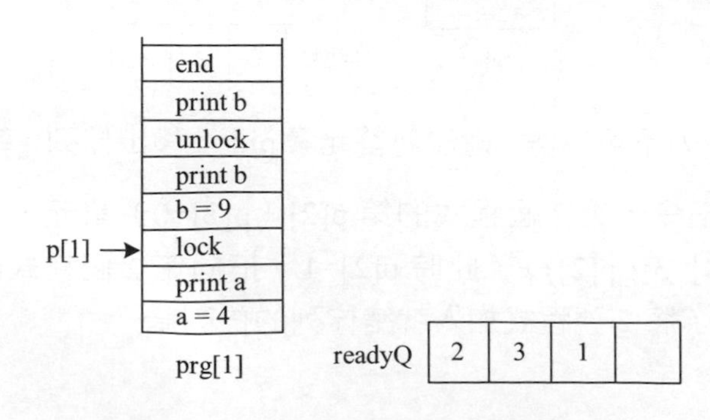
end
print b
unlock
print b
b = 9
p[1]
lock
print a
a = 4
prg[1]
readyQ
2
3
1

（13）如果就緒佇列不可為空，則佇列首元素 pid=2 移出佇列，執行第 2 個程式。

（14）獲取目前指令，第 2 個程式的第 p[2]（p[2]=1）單元，目前運行指令為 cur="print a"，該指令是第 2 個程式中的輸出，val[0]=3，因此輸出 2: 3，p[2]++，此時 p[2]=2，指向第 2 個程式的下一行指令。時間週期已用完，將 2 號程式加入就緒佇列的佇列尾。

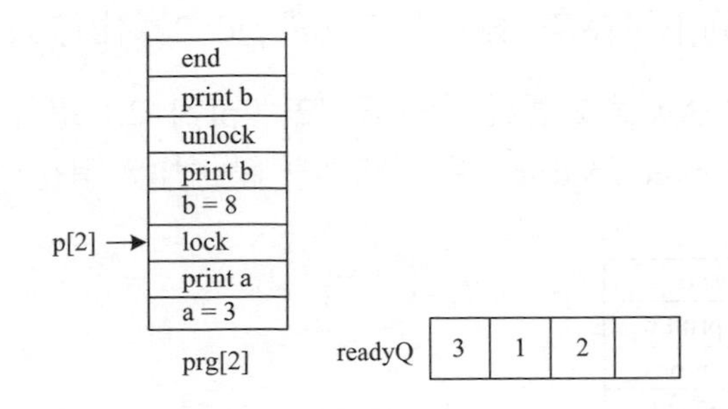
end
print b
unlock
print b
b = 8
p[2]
lock
print a
a = 3
prg[2]
readyQ
3
1
2

（15）如果就緒佇列不可為空，則佇列首元素 pid=3 移出佇列，執行第 3 個程式。

（16）獲取目前指令，第 3 個程式的第 p[3]（p[3]=1）單元，目前運行指令為 cur="a=17"。val[0]=17，p[3]++，此時 p[3]=2，指向第 3 個程式的下一行指令。時間週期已用完，將 3 號程式加入就緒佇列的佇列尾。

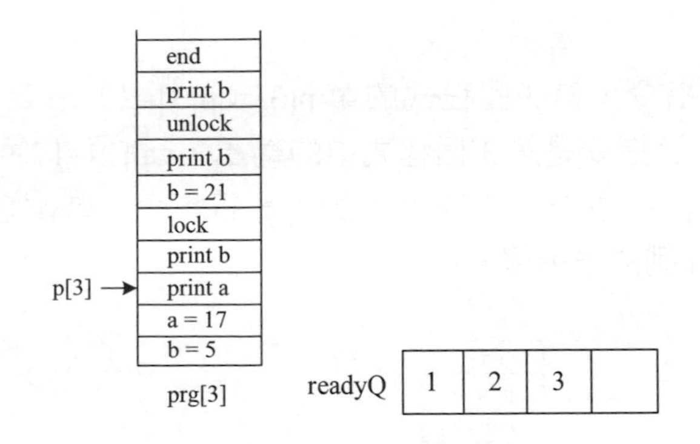
end
print b
unlock
print b
b = 21
lock
print b
p[3]
print a
a = 17
b = 5
prg[3]
readyQ
1
2
3

（17）如果就緒佇列不可為空，則佇列首元素 pid=1 移出佇列，執行第 1 個程式。

（18）獲取目前指令，第 1 個程式的第 p[1]（p[1]=2）單元，目前運行指令為 cur="lock"，locked=true，p[1]++，此時 p[1]=3，指向第 1 個程式的下一行指令。時間週期已用完，將 1 號程式加入就緒佇列的佇列尾。

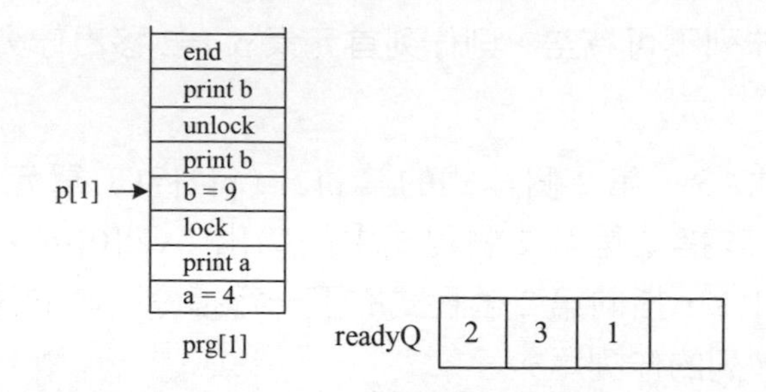
end
print b
unlock
print b
p[1]
b = 9
lock
print a
a = 4
prg[1]
readyQ
2
3
1

（19）如果就緒佇列不可為空，則佇列首元素pid=2移出佇列，執行第2個程式。

（20）獲取目前指令，第 2 個程式的第 p[2]（p[2]=2）單元，目前運行指令為 cur="lock"，因為 locked 為 true，所以將 2 號程式加入阻止佇列，p[2] 不加 1。

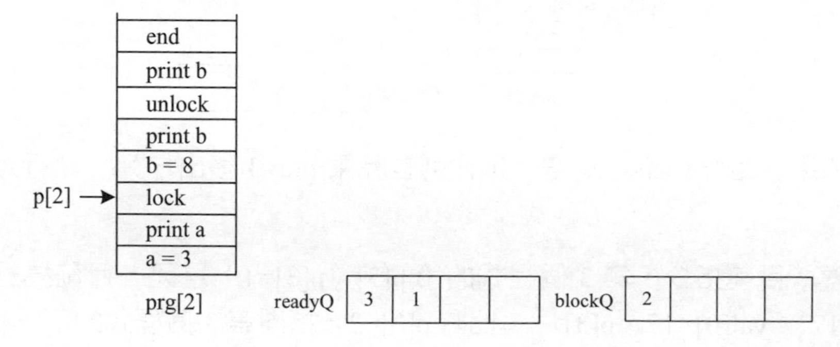
end
print b
unlock
print b
b = 8
p[2]
lock
print a
a = 3
prg[2]
readyQ
3
1
blockQ
2

（21）如果就緒佇列不可為空，則佇列首元素 pid=3 移出佇列，執行第 3 個程式。

（22）獲取目前指令，第 3 個程式的第 p[3]（p[3]=2）單元，目前運行指令為 cur="print a"，該指令是第 3 個程式中的輸出，val[0]=17，因此輸出 3:17。p[3]++，此時 p[3]=3，指向第 3 個程式的下一行指令。時間週期已用完，將 3 號程式加入就緒佇列的佇列尾。

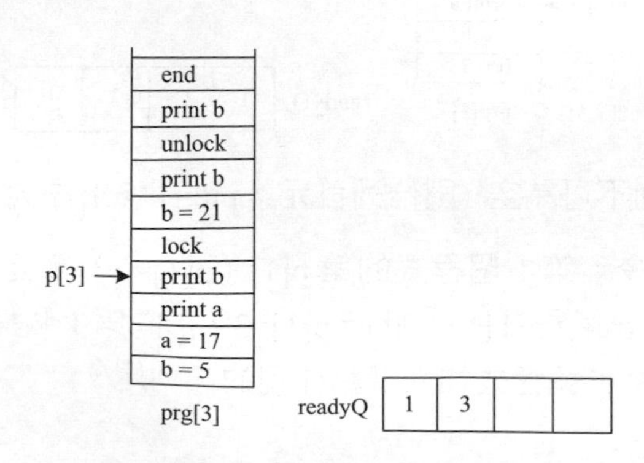
end
print b
unlock
print b
b = 21
lock
p[3]
print b
print a
a = 17
b = 5
prg[3]
readyQ
1
3

（23）如果就緒佇列不可為空，則佇列首元素 pid=1，移出佇列，執行第 1 個程式。

（24）獲取目前指令，第 1 個程式的第 p[1]（p[1]=3）單元，目前運行指令為 cur="b=9"，令 val[1]=9，p[1]++，此時 p[1]=4，指向第 1 個程式的下一行指令。時間週期已用完，將 1 號程式加入就緒佇列的佇列尾。

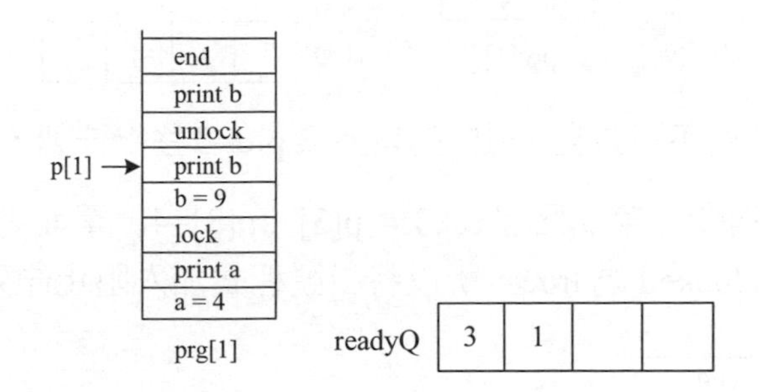
end
print b
unlock
p[1]
print b
b = 9
lock
print a
a = 4
prg[1]
readyQ
3
1

（25）如果就緒佇列不可為空，則佇列首元素pid=3移出佇列，執行第3個程式。

（26）獲取目前指令，第 3 個程式的第 p[3]（p[3]=3）單元，目前運行指令為 cur="print b"，該指令是第 3 個程式中的輸出，val[1]=9，因此輸出 3:9。p[3]++，此時 p[3]=4，指向第 3 個程式的下一行指令。時間週期已用完，將 3 號程式加入就緒佇列的佇列尾。

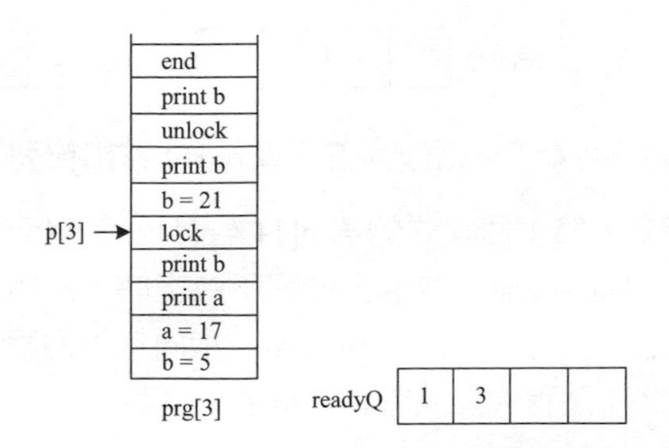
end
print b
unlock
print b
b = 21
p[3]
lock
print b
print a
a = 17
b = 5
prg[3]
readyQ
1
3

（27）如果就緒佇列不可為空，則佇列首元素pid=1移出佇列，執行第1個程式。

（28）獲取目前指令，第 1 個程式的第 p[1]（p[1]=4）單元，目前運行指令為 cur="print b"，該指令是第 1 個程式中的輸出，val[1]=9，因此輸出 1:9。p[1]++，此時 p[1]=5，指向第 1 個程式的下一行指令。時間週期已用完，將 1 號程式加入就緒佇列的佇列尾。

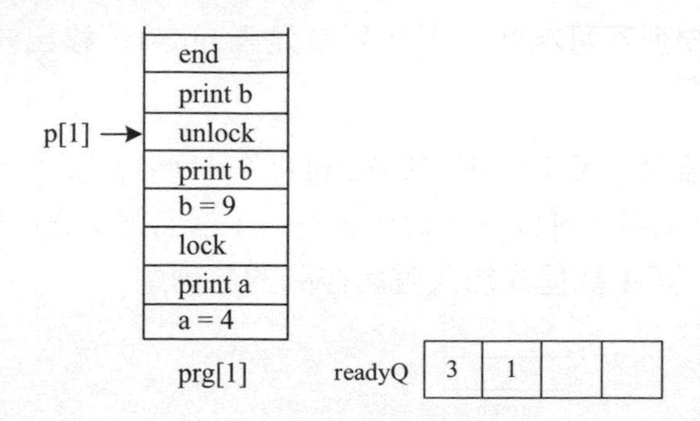
end
print b
p[1]
unlock
print b
b = 9
lock
print a
a = 4
prg[1]
readyQ
3
1

（29）如果就緒佇列不可為空，則佇列首元素pid=3移出佇列，執行第3個程式。

（30）獲取目前指令，第 3 個程式的第 p[3]（p[3]=4）單元，目前運行指令為 cur="lock"，因為 locked 為 true，所以將 3 號程式加入阻止佇列，p[3] 不加 1。

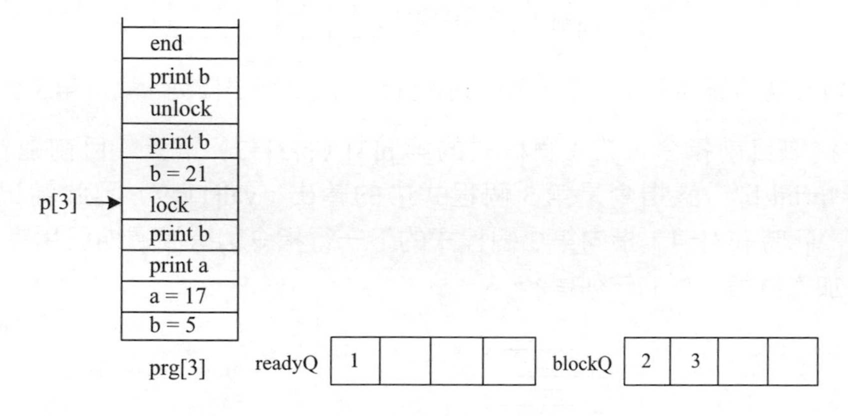
end
print b
unlock
print b
b = 21
p[3]
lock
print b
print a
a = 17
b = 5
prg[3]
readyQ
1
blockQ
2
3

（31）如果就緒佇列不可為空，則佇列首元素pid=1移出佇列，執行第1個程式。

（32）獲取目前指令，第 1 個程式的第 p[1]（p[1]=5）單元，目前運行指令為 cur="unlock"。令 locked=false；當阻止佇列不為空時，將阻止佇列的佇列首加入就緒佇列的佇列首。p[1]++，此時 p[1]=6，指向第 1 個程式的下一行指令。時間週期已用完，將 1 號程式加入就緒佇列的佇列尾。

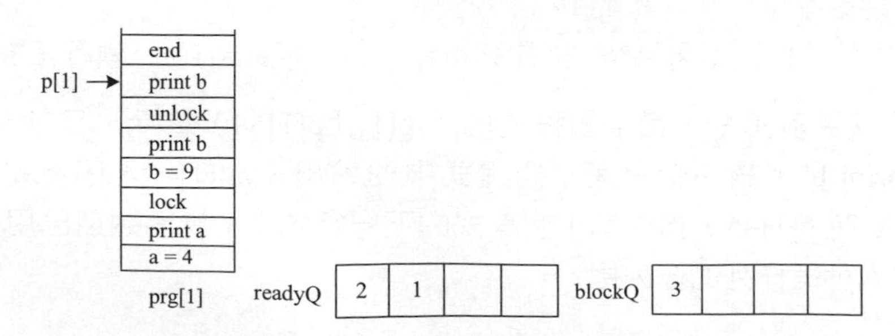
end
p[1]
print b
unlock
print b
b = 9
lock
print a
a = 4
prg[1]
readyQ
2
1
blockQ
3

（33）如果就緒佇列不可為空，則佇列首元素pid=2移出佇列，執行第2個程式。

（34）獲取目前指令，第2個程式的第p[2]（p[2]=2）單元，目前運行指令為cur="lock"，locked=true，p[2]++，此時p[2]=3，指向第2個程式的下一行指令。時間週期已用完，將2號程式加入就緒佇列的佇列尾。

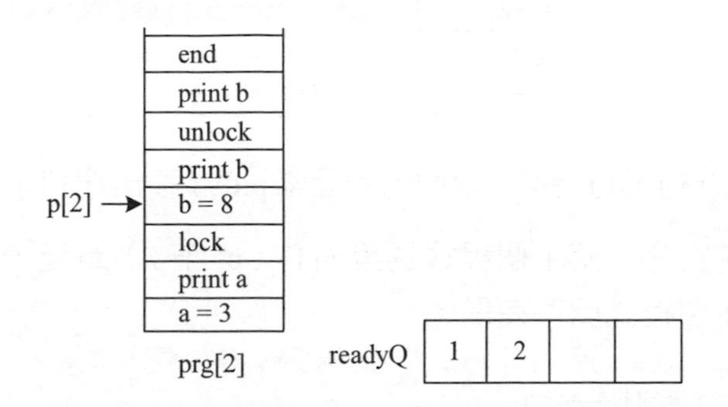
end
print b
unlock
print b
p[2]
b = 8
lock
print a
a = 3
prg[2]
readyQ
1
2

（35）如果就緒佇列不可為空，則佇列首元素pid=1移出佇列，執行第1個程式。

（36）獲取目前指令，第1個程式的第p[1]（p[1]=6）單元，目前運行指令為cur="print b"，該指令是第1個程式中的輸出，val[1]=9，因此輸出1: 9。p[1]++，此時p[1]=7，指向第1個程式的下一行指令。時間週期已用完，將1號程式加入就緒佇列的佇列尾。

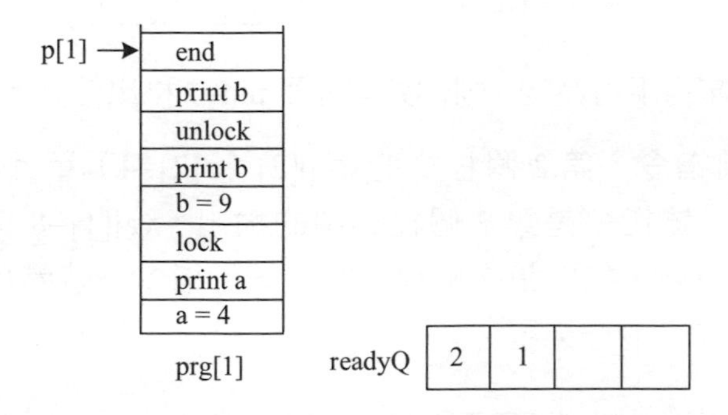
p[1]
end
print b
unlock
print b
b = 9
lock
print a
a = 4
prg[1]
readyQ
2
1

（37）如果就緒佇列不可為空，則佇列首元素pid=2移出佇列，執行第2個程式。

（38）獲取目前指令，第2個程式的第p[2]（p[2]=3）單元，目前運行指令為cur="b=8"，令val[1]=8。p[2]++，此時p[2]=4，指向第2個程式的下一行指令。時間週期已用完，將2號程式加入就緒佇列的佇列尾。

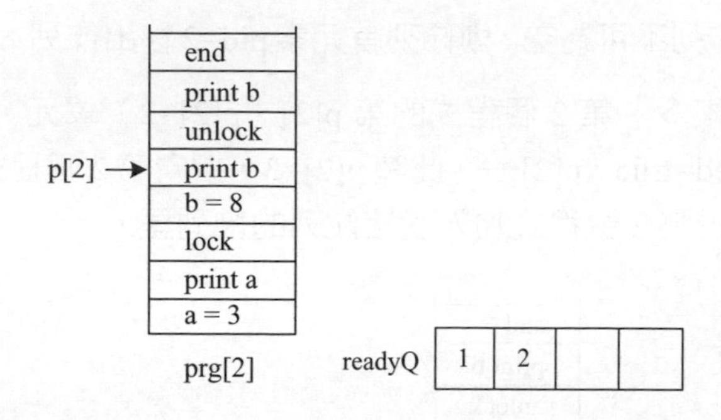

（39）如果就緒佇列不可為空，則佇列首元素pid=1移出佇列，執行第1個程式。

（40）獲取目前指令，第 1 個程式的第 p[1]（p[1]=7）單元，目前運行指令為 cur="end"，第 1 個程式處理完畢。

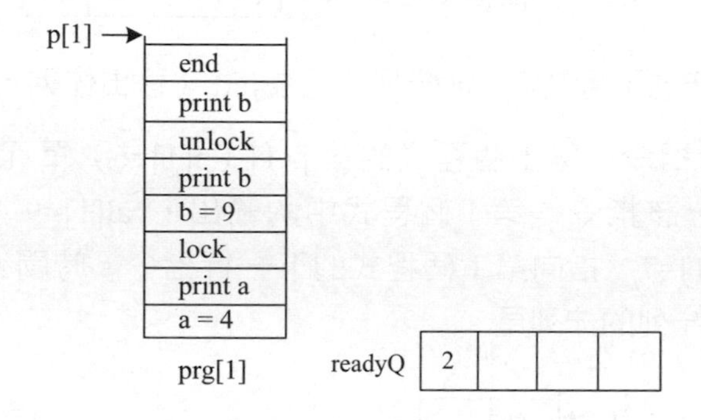

（41）如果就緒佇列不可為空，則佇列首元素pid=2移出佇列，執行第2個程式。

（42）獲取目前指令，第 2 個程式的第 p[2]（p[2]=4）單元，目前運行指令為 cur="print b"，該指令是第 2 個程式中的輸出，val[1]=8，因此輸出 2: 8。p[2]++，此時 p[2]=5，指向第 2 個程式的下一行指令。時間週期已用完，將 2 號程式加入就緒佇列的佇列尾。

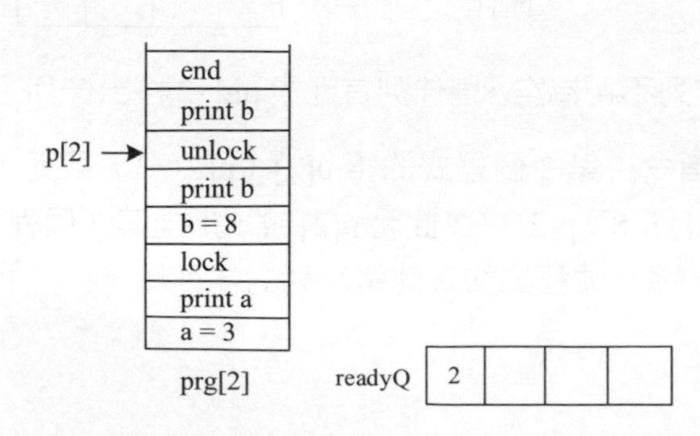

（43）如果就緒佇列不可為空，則佇列首元素pid=2移出佇列，執行第2個程式。

（44）獲取目前指令，第 2 個程式的第 p[2]（p[2]=5）單元，目前運行指令為 cur="unlock"，令 locked=false；當阻止佇列不為空時，將阻止佇列的第 1 個加入就緒佇列佇列首。p[2]++，此時 p[2]=6，指向第 2 個程式的下一行指令。時間週期已用完，將 2 號程式加入就緒佇列的佇列尾。

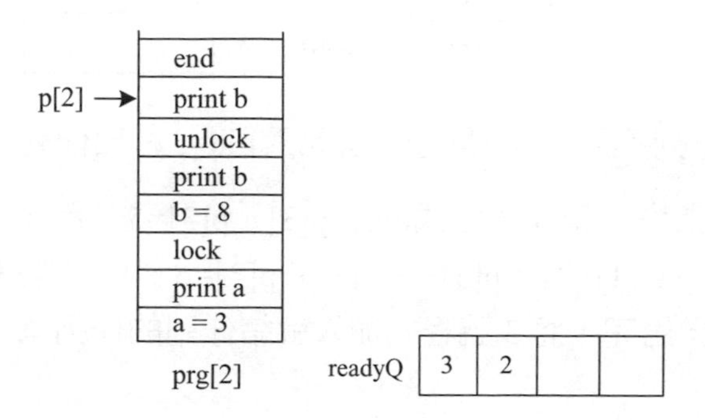
end
p[2]
print b
unlock
print b
b = 8
lock
print a
a = 3
prg[2]
readyQ
3
2

（45）如果就緒佇列不可為空，則佇列首元素pid=3移出佇列，執行第3個程式。

（46）獲取目前指令，第 3 個程式的第 p[3]（p[3]=4）單元，目前運行指令為 cur="lock"，locked=true，p[3]++，此時 p[3]=5，指向第 3 個程式的下一行指令。時間週期已用完，將 3 號程式加入就緒佇列的佇列尾。

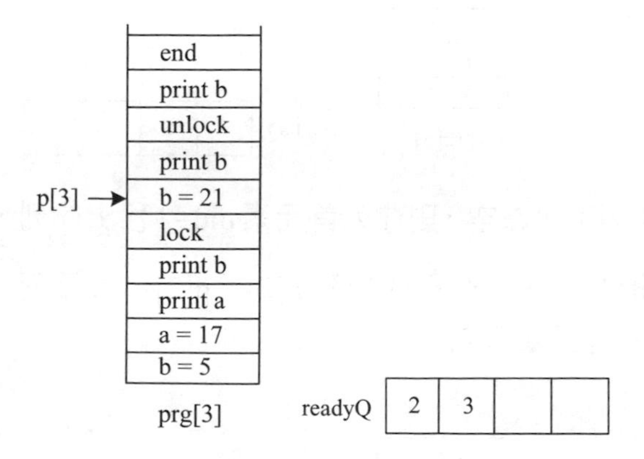
end
print b
unlock
print b
p[3]
b = 21
lock
print b
print a
a = 17
b = 5
prg[3]
readyQ
2
3

（47）如果就緒佇列不可為空，則佇列首元素pid=2移出佇列，執行第2個程式。

（48）獲取目前指令，第 2 個程式的第 p[2]（p[2]=6）單元，目前運行指令為 cur="print b"，該指令是第 2 個程式中的輸出，val[1]=8，因此輸出 2:8。p[2]++，此時 p[2]=7，指向第 3 個程式的下一行指令。時間週期已用完，將 2 號程式加入就緒佇列的佇列尾。

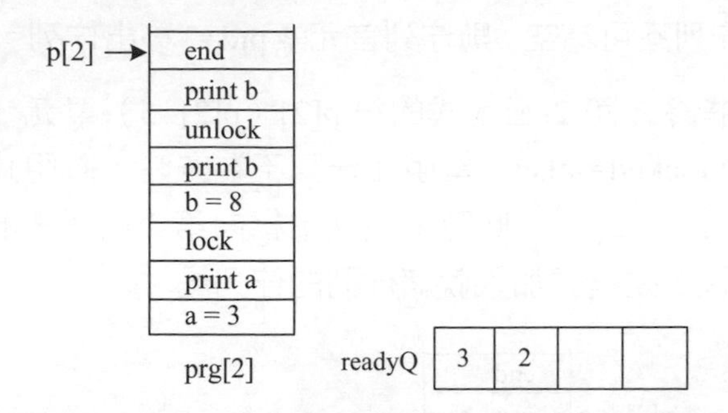
p[2]
end
print b
unlock
print b
b = 8
lock
print a
a = 3
prg[2]
readyQ
3
2

（49）如果就緒佇列不可為空，則佇列首元素pid=3移出佇列，執行第3個程式。

（50）獲取目前指令，第 3 個程式的第 p[3]（p[3]=5）單元，目前運行指令為 cur="b = 21"，令 val[1]=21，p[3]++，此時 p[3]=6，指向第 3 個程式的下一行指令。時間週期已用完，將 3 號程式加入就緒佇列的佇列尾。

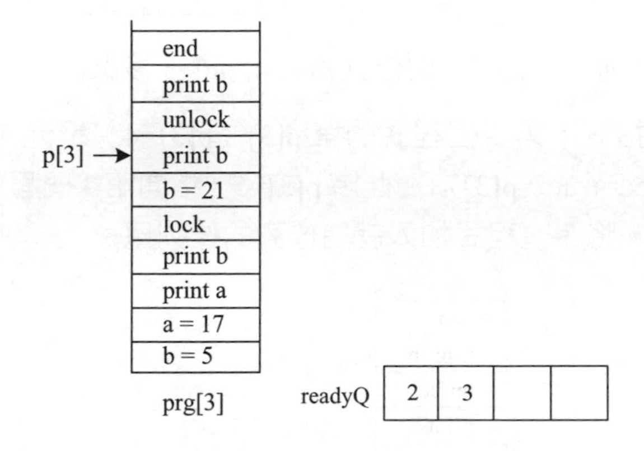
end
print b
unlock
p[3]
print b
b = 21
lock
print b
print a
a = 17
b = 5
prg[3]
readyQ
2
3

（51）如果就緒佇列不可為空，則佇列首元素pid=2移出佇列，執行第2個程式。

（52）獲取目前指令，第 2 個程式的第 p[2]（p[2]=7）單元，目前運行指令為 cur="end"，第 2 個程式處理完畢。

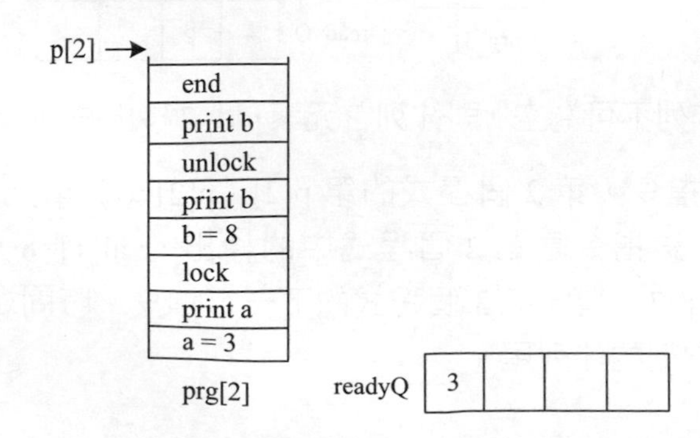
p[2]
end
print b
unlock
print b
b = 8
lock
print a
a = 3
prg[2]
readyQ
3

（53）佇列中只剩下第 3 個程式，一直執行完畢即可。又執行兩個 "print b"，val[1]=21，因此輸出兩個 3:21。

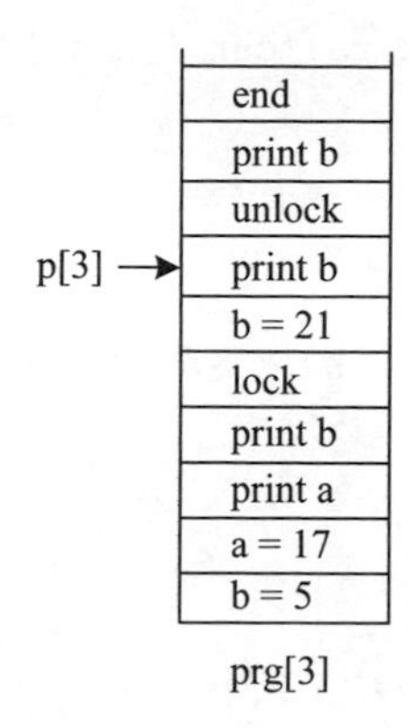
end
print b
unlock
p[3]
print b
b = 21
lock
print b
print a
a = 17
b = 5
prg[3]

3．演算法實現

```
int n;//n 個處理程序
int times[5];// 表示 5 個指令所花的時間
int quantum;// 週期時間
int val[26];//26 個變數
int p[maxNum];// 處理程序運行在指令的位置
vector<string>prg[maxNum];// 指令
deque<int>readyQ;// 就緒佇列
queue<int>blockQ;// 阻止佇列
bool locked;// 鎖
string s;

void run(int i){// 執行指令
    int t=quantum,v;// 週期時間
    while(t>0){
        string cur;
        cur=prg[i][p[i]];// 獲取指令
        switch(cur[2]){
            case '=':{// 舉例 a=58，常數為正整數，且小於 100
                t-=times[0];
                v=cur[4]-'0';
                if(cur.size()==6)
                    v=v*10+cur[5]-'0';// 兩位數
                val[cur[0]-'a']=v;
                break;
```

```
            }
            case 'i':{// 舉例 print a
                t-=times[1];
                cout<<i<<": "<<val[cur[6]-'a']<<endl;
                break;
            }
            case 'c':{
                t-=times[2];
                if(locked){//lock，將處理程序加入阻止佇列
                    blockQ.push(i);
                    return;
                }
                else// 上鎖
                    locked=true;
                break;
            }
            case 'l':{ // 舉例 unlock
             t-=times[3];
                locked=false; // 解鎖
                // 當阻止佇列不空時，將阻止佇列的第 1 個加入就緒佇列的第 1 個
                if(!blockQ.empty()){
                    int u=blockQ.front();
                    blockQ.pop();
                    readyQ.push_front(u);// 加入佇列首
                }
                break;
            }
            case 'd':{//end
                return;
            }
        }
        p[i]++;// 時間沒用完，進入該處理程序的下一行指令
    }
    readyQ.push_back(i);// 時間已用完，將該處理程序加入執行佇列的佇列尾
}

int main(){
    int T;//T 組使用案例
    cin>>T;
    while(T--){
        cin>>n;
```

```
        for(int i=0;i<5;i++)
            cin>>times[i];
        cin>>quantum;// 時間週期
        memset(val,0,sizeof(val));
        for(int i=1;i<=n;i++){
            prg[i].clear();
            while(getline(cin,s)){
                prg[i].push_back(s);
                if(prg[i].back()=="end")
                    break;
            }
            readyQ.push_back(i);// 加入就緒佇列
        }
        memset(p,0,sizeof(p));
        memset(val,0,sizeof(val));
        locked=false;
        while(!readyQ.empty()){
            int pid=readyQ.front();// 獲取就緒佇列最前面的處理程序編號
            readyQ.pop_front();
            run(pid);// 執行指令
        }
        if(T)
            cout<<endl;
    }
    return 0;
}
```

05 樹的應用

5.1 樹

樹（Tree）是 n（$n \geq 0$）個節點的有限集合，當 n=0 時，為空樹；當 n>0 時，為不可為空樹。任意一棵不可為空樹，都滿足：①有且僅有一個被稱為根的節點；②除根節點外的其餘節點可分為 m（m>0）個互不相交的有限集 $T_1, T_2, \cdots, T_m$，其中每一個集合本身又是一棵樹，被稱為根的子樹（SubTree）。

一棵樹如下圖所示。該樹除了樹根，還有 3 棵互不相交的子樹：T_1、T_2、T_3。

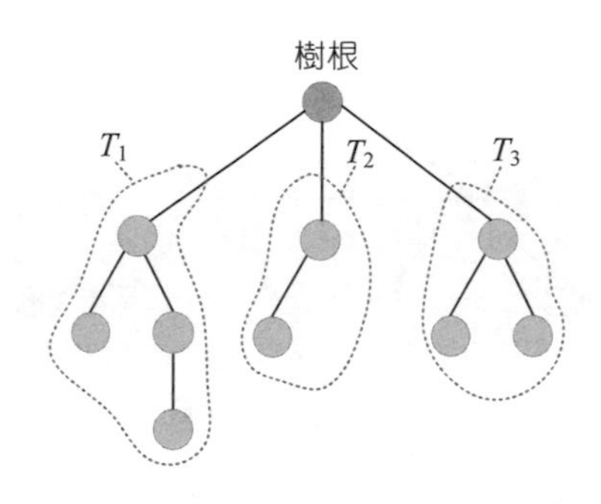

該定義是從集合論的角度列出的對樹的遞迴定義，即把樹的節點看作一個集合，除了樹根，其餘節點被分為 m 個互不相交的集合，每一個集合又都是一棵樹。

樹的相關術語較多，在此一一介紹。

- 節點：節點包含資料元素及許多指向子樹的分支資訊。
- 節點的度：節點擁有的子樹個數。
- 樹的度：樹中節點的最大度數。

- 終端節點：度為 0 的節點，又被稱為葉子。
- 分支節點：度大於 0 的節點。除了葉子，都是分支節點。
- 內部節點：除了樹根和葉子，都是內部節點。

一棵樹如下圖所示，該樹的度為 3，其內部節點和終端節點均用虛線圈起來。

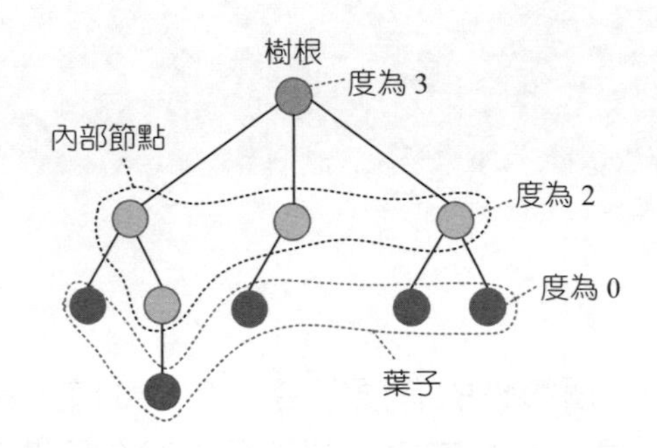

- 節點的層次：從根到該節點的層數（根節點為第 1 層）。
- 樹的深度（或高度）：所有節點中最大的層數。

一棵樹如下圖所示，根為第 1 層，根的子節點為第 2 層……該樹的最大層次為 4，因此樹的深度為 4。

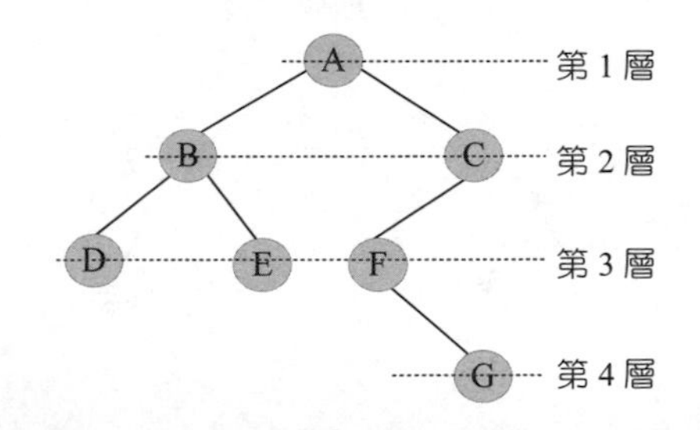

- 路徑：樹中兩個節點之間所經過的節點序列。
- 路徑長度：兩個節點之間路徑上經過的邊數。

一棵樹如下圖所示，D 到 A 的路徑為 D-B-A，D 到 A 的路徑長度為 2。由於樹中沒有環，因此樹中任意兩個節點之間的路徑都是唯一的。

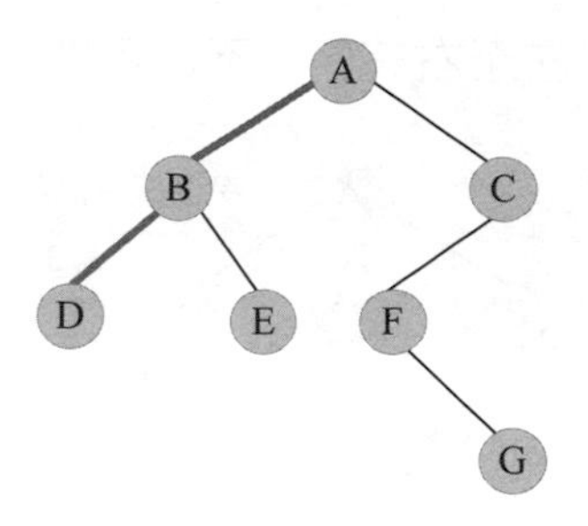

如果把樹看作一個族譜，就成了一棵家族樹，如下圖所示。

- 父節點、子節點：節點的子樹的根被稱為該節點的子節點，反之，該節點為其子節點的父節點。
- 兄弟：父節點相同的節點互稱兄弟。
- 堂兄弟：父節點是兄弟的節點互稱堂兄弟。

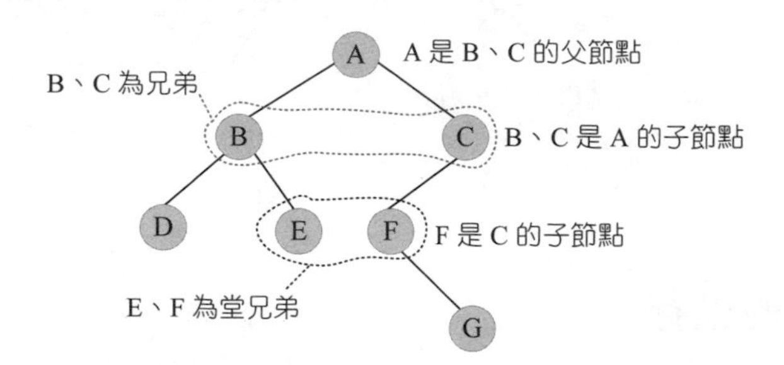

- 祖先節點：即從該節點到樹根經過的所有節點，被稱為該節點的祖先節點。
- 子孫：節點的子樹中的所有節點都被稱為該節點的子孫。

祖先節點和子孫的關係。如下圖所示，D 的祖先節點為 B、A，A 的子孫為 B、C、D、E、F、G。

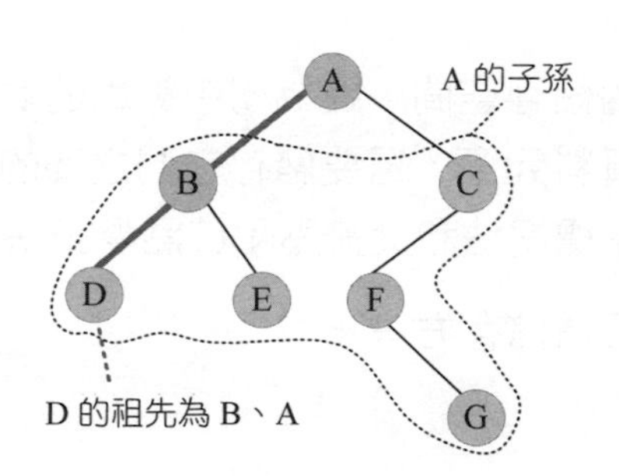

- 有序樹：節點的各子樹從左至右有序，不能互換位置，如下圖所示。

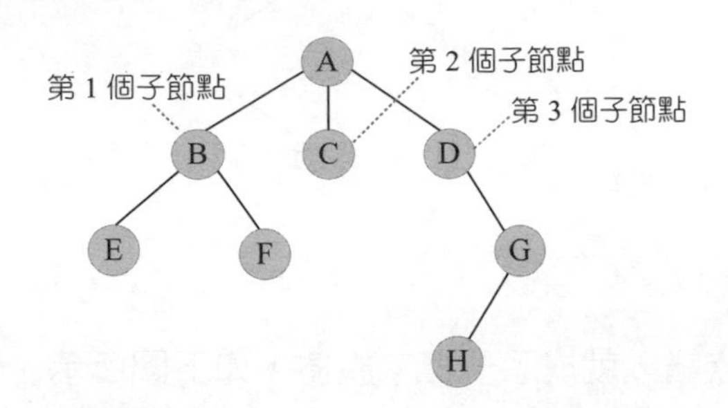

- 無序樹：節點的各子樹可互換位置。
- 森林：由 m（$m \geq 0$）棵不相交的樹組成的集合。

上圖中的樹，刪除樹根 A 後，剩餘的 3 棵子樹組成一個森林，如下圖所示。

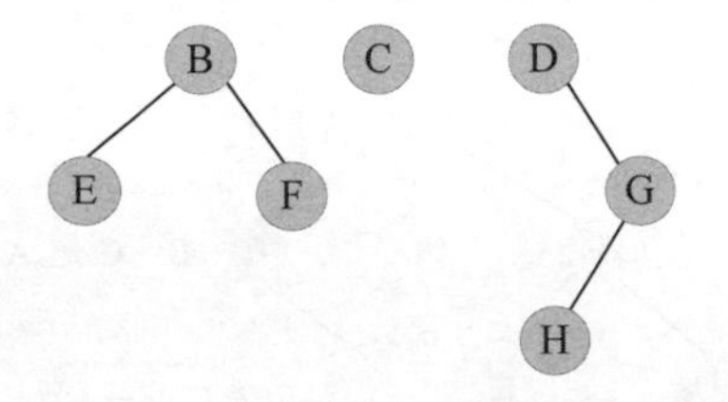

📖 5.1.1 樹的儲存

樹狀結構是一對多的關係，除了樹根，每個節點都有一個唯一的直接前驅（父節點）；除了葉子，每個節點都有一個或多個直接後繼（子節點）。那麼如何將資料及它們之間的邏輯關係儲存起來呢？仍然可以採用循序儲存和鏈式儲存。

1．循序儲存

循序儲存採用一段連續的儲存空間，因為樹中節點的資料關係是一對多的邏輯關係，所以不僅要儲存資料元素，還要儲存它們之間的邏輯關係。循序儲存分為父節點標記法、子節點標記法和父節點子節點標記法。

如下圖為例，分別說明三種儲存方法。

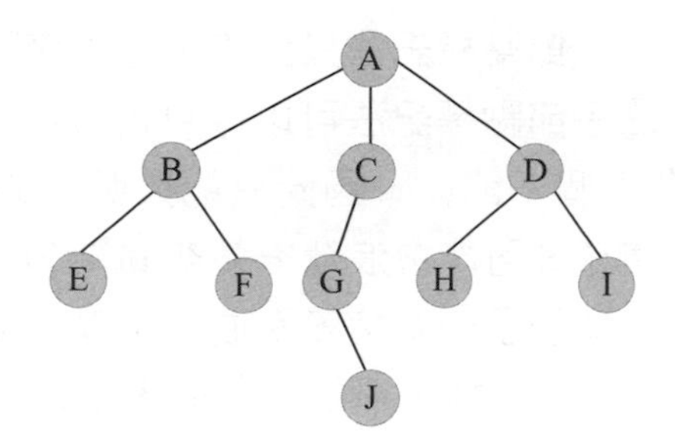

（1）父節點標記法。除了儲存資料元素，還儲存其父節點的儲存位置索引，其中 "–1" 表示不存在。每個節點都有兩個域：資料欄 data 和父節點域 parent，如下圖（a）所示。樹根 A 沒有父節點，父節點被記為 –1。B、C、D 的父節點為 A，而 A 的儲存位置索引為 0，因此 B、C、D 的父節點被記為 0。同樣，E、F 的父節點為 B，而 B 的儲存位置索引為 1，因此 E、F 的父節點被記為 1。同理，其他節點也這樣儲存。

（2）子節點標記法。除了儲存資料元素，還儲存其所有子節點的儲存位置索引，如下圖（b）所示。A 有 3 個子節點 B、C、D，而 B、C、D 的儲存位置索引為 1、2、3，因此將 1、2、3 存入 A 的子節點域。同樣，B 有兩個子節點 E、F，而 E、F 的儲存位置索引為 4、5，因此將 4、5 存入 B 的子節點域。在本題中，每個節點都被分配了 3 個子節點域（想一想為什麼？），B 只有兩個子節點，另一個子節點域記為 –1，表示不存在。同理，其他節點也這樣儲存。

（3）父節點子節點標記法。除了儲存資料元素，還儲存其父節點、所有子節點的儲存位置索引，如下圖（c）所示。其實就是在子節點標記法的基礎上增加了一個父節點域，其他的都和子節點標記法相同，是父節點標記法和子節點標記法的結合體。

	data	parent
0	A	-1
1	B	0
2	C	0
3	D	0
4	E	1
5	F	1
6	G	2
7	H	3
8	I	3
9	J	6

(a) 父節點標記法

	data	child	child	child
0	A	1	2	3
1	B	4	5	-1
2	C	6	-1	-1
3	D	7	8	-1
4	E	-1	-1	-1
5	F	-1	-1	-1
6	G	9	-1	-1
7	H	-1	-1	-1
8	I	-1	-1	-1
9	J	-1	-1	-1

(b) 子節點標記法

	data	parent	child	child	child
0	A	-1	1	2	3
1	B	0	4	5	-1
2	C	0	6	-1	-1
3	D	0	7	8	-1
4	E	1	-1	-1	-1
5	F	1	-1	-1	-1
6	G	2	9	-1	-1
7	H	3	-1	-1	-1
8	I	3	-1	-1	-1
9	J	6	-1	-1	-1

(c) 父節點子節點標記法

三種標記法的優缺點：①父節點標記法只記錄了每個節點的父節點，無法直接得到該節點的子節點；②子節點標記法可以得到該節點的子節點，但是由於不知道每個節點到底有多少個子節點，因此只能按照樹的度（樹中節點的最大度）分配子節點空間，這樣做可能會浪費很多空間；③父節點子節點標記法是在子節點標記法的基礎上增加了一個父節點域，可以快速得到節點的父節點和子節點，缺點和子節點標記法一樣，可能浪費很多空間。

2．鏈式儲存

由於樹中每個節點的子節點數量無法確定，因此在使用鏈式儲存時，子節點指標域不確定分配多少個合適。如果採用"異質型"資料結構，將每個節點的指標域個數都按照節點的子節點數分配，則資料結構描述困難；如果採用每個節點都分配固定個數的指標域（例如樹的度），則浪費很多空間。可以考慮透過兩種方法儲存：一種採用鄰接表的想法，將節點的所有子節點都儲存在一個單鏈結串列中，稱之為子節點鏈結串列標記法；另一種採用二元鏈結串列的想法，左指標儲存第 1 個子節點，右指標儲存右兄弟，稱之為子節點兄弟標記法。

1）子節點鏈結串列標記法

子節點鏈結串列標記法類似於鄰接表，標頭包含資料元素和指向第 1 個子節點指標，將所有子節點都放入一個單鏈結串列中。在標頭中，data 儲存資料元素，first 為指向第 1 個子節點的指標。單鏈結串列中的節點記錄該節點的索引和下一個節點的位址。上圖中的樹，其子節點鏈結串列標記法如下圖所示。

A 有 3 個子節點 B、C、D，而 B、C、D 的儲存位置索引為 1、2、3，因此將 1、2、3 放入單鏈結串列中，連結在 A 的 first 指標域。同樣，B 有 2 個子節點 E、F，而 E、F 的儲存位置索引為 4、5，因此，將 4、5 放入單鏈結串列中，連結在 B 的 first 指標域。同理，其他節點也這樣儲存。

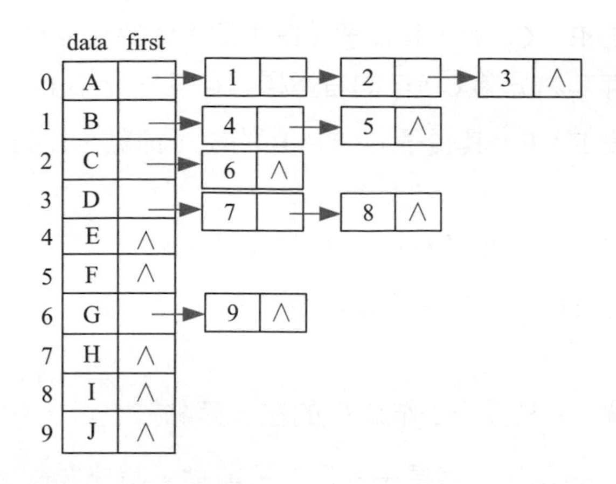

在子節點鏈結串列標記法的基礎上，如果在標頭中再增加一個父節點域 parent，則為父節點子節點鏈結串列標記法。

2）子節點兄弟標記法

節點除了儲存資料元素，還儲存兩個指標域：lchild 和 rchild，稱之為二元鏈結串列。lchild 儲存第 1 個子節點的位址，rchild 儲存其右兄弟的位址。其節點的資料結構如下圖所示。

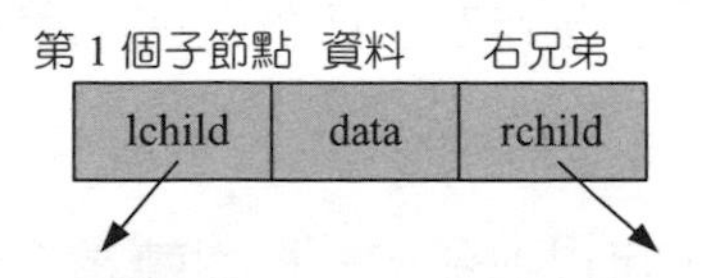

下面左圖中的樹，其子節點兄弟標記法以下面右圖所示。

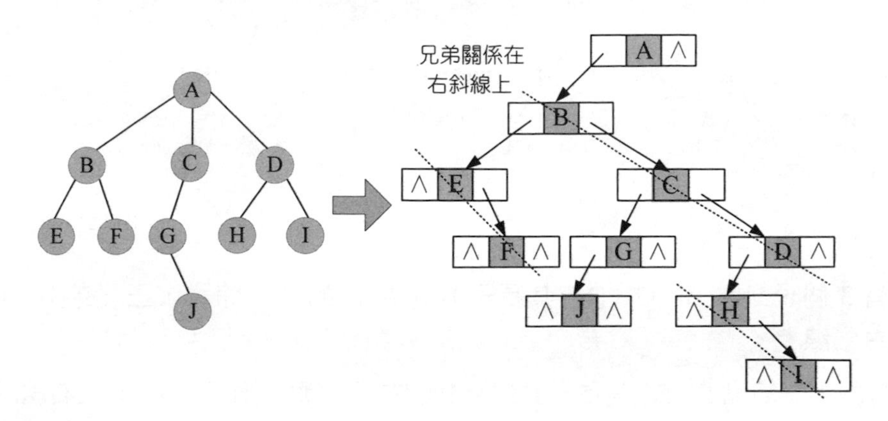

- A 有 3 個子節點 B、C、D，其長子（第 1 個子節點）B 作為 A 的左子節點，B 的右指標儲存其右兄弟 C，C 的右指標儲存其右兄弟 D。
- B 有兩個子節點 E、F，其長子 E 作為 B 的左子節點，E 的右指標儲存其右兄弟 F。
- C 有 1 個子節點 G，其長子 G 作為 C 的左子節點。
- D 有兩個子節點 H、I，其長子 H 作為 D 的左子節點，H 的右指標儲存其右兄弟 I。
- G 有 1 個子節點 J，其長子 J 作為 G 的左子節點。

子節點兄弟標記法的秘笈：將長子當作左子節點，將兄弟關係向右斜。

📖 5.1.2 樹、森林與二元樹的轉換

根據樹的子節點兄弟標記法，任何一棵樹都可以根據秘笈轉為二元鏈結串列儲存形式。在二元鏈結串列儲存法中，每個節點都有兩個指標域，也被稱為二元樹標記法。這樣，任何樹和森林都可以被轉為二元樹，其儲存方式就簡單多了，這完美解決了樹中子節點數量無法確定且難以分配空間的問題。

樹轉為二元樹的秘笈：將長子當作左子節點，將兄弟關係向右斜。

1）樹和二元樹的轉換

根據樹轉為二元樹的秘笈，可以把任何一棵樹轉為二元樹，如下圖所示。

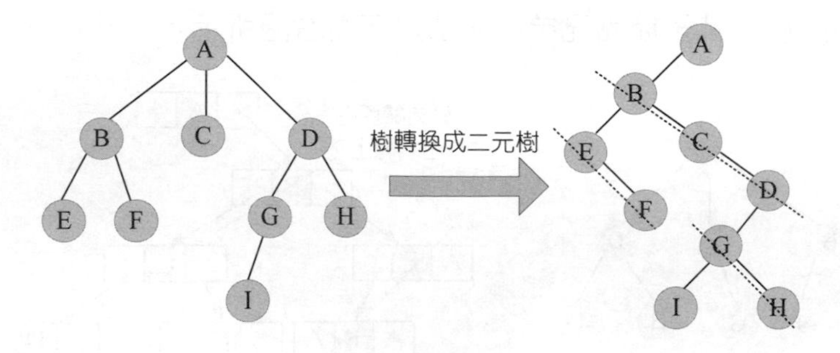

- A 有 3 個子節點 B、C、D，其長子 B 作為 A 的左子節點，三兄弟 B、C、D 在右斜線上。
- B 有兩個子節點 E、F，其長子 E 作為 B 的左子節點，兩兄弟 E、F 在右斜線上。

- D 有兩個子節點 G、H，其長子 G 作為 D 的左子節點，兩兄弟 G、H 在右斜線上。
- G 有 1 個子節點 I，其長子 I 作為 G 的左子節點。

那麼怎麼將二元樹還原為樹呢？仍然根據樹轉換二元樹的秘笈，反操作即可，如下圖所示。

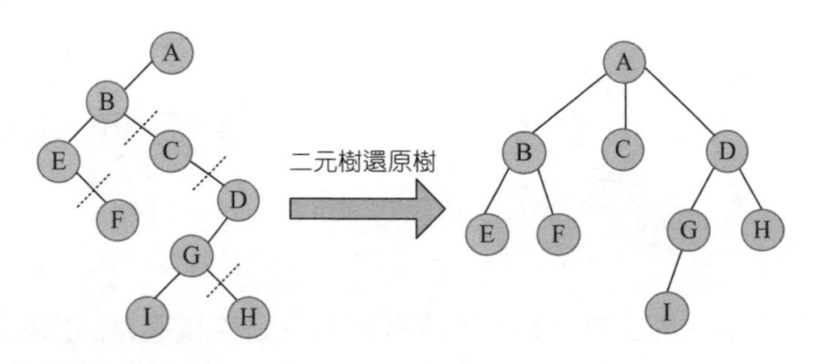

- B 是 A 的左子節點，說明 B 是 A 的長子，B、C、D 在右斜線上，說明 B、C、D 是兄弟，它們的父親都是 A。
- E 是 B 的左子節點，說明 E 是 B 的長子，E、F 在右斜線上，說明 E、F 是兄弟，它們的父親都是 B。
- G 是 D 的左子節點，說明 G 是 D 的長子，G、H 在右斜線上，說明 G、H 是兄弟，它們的父親都是 D。
- I 是 G 的左子節點，說明 I 是 G 的長子。

2）森林和二元樹的轉換

森林是由 m（$m \geq 0$）棵不相交的樹組成的集合。可以把森林中的每棵樹的樹根都看作兄弟，因此三棵樹的樹根 B、C、D 是兄弟，兄弟關係在右斜線上，其他的轉換和樹轉二元樹一樣，將長子當作左子節點，將兄弟關係向右斜。或把森林中的每一棵樹都轉換成二元樹，然後把每棵樹的根節點都連接在右斜線上即可。

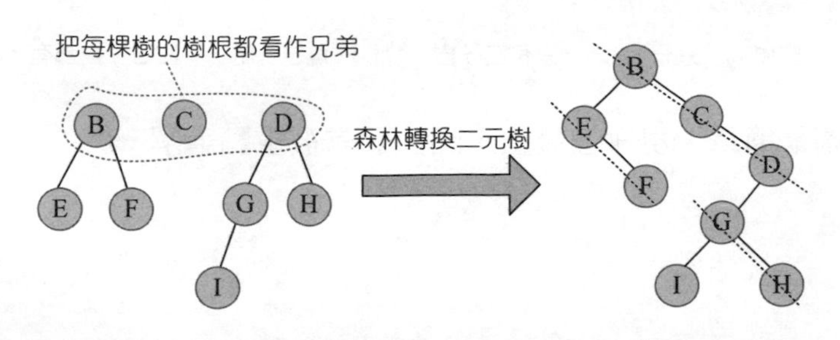

同理，二元樹也可以被還原為森林，如下圖所示。B、C、D 在右斜線上，說明它們是兄弟，將其斷開，那麼 B 和其子孫是第 1 棵二元樹；C 是第 2 棵二元樹，那麼 D 和其子孫是第 3 棵二元樹，再按照二元樹還原樹的規則，將這 3 個二元樹分別還原為樹即可。

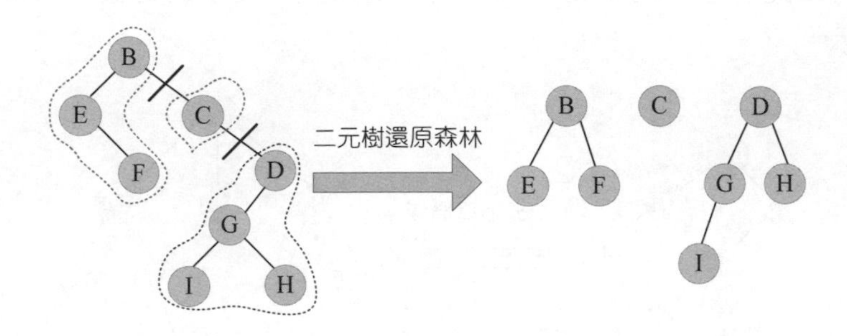

由於在普通的樹中，每個節點的子樹個數不同，儲存和運算都比較困難，因此在實際應用中可以將樹或森林轉為二元樹，然後進行儲存和運算。二者存在唯一的對應關係，因此不影響其結果。

5.2 二元樹

二元樹（Binary Tree）是 n（$n \geq 0$）個節點組成的集合，或為空樹（n=0），或為不可為空樹。對於不可為空樹 T，要滿足：①有且僅有一個被稱為根的節點；②除了根節點，其餘節點分為兩個互不相交的子集 T1 和 T2，分別被稱為 T 的左子樹和右子樹，且 T1 和 T2 本身都是二元樹。

二元樹是種特殊的樹，它最多有兩個子樹，分別為左子樹和右子樹，二者是有序的，不可以互換。也就是說，在二元樹中不存在度大於 2 的節點。

二元樹共有 5 種形態，如下圖所示。

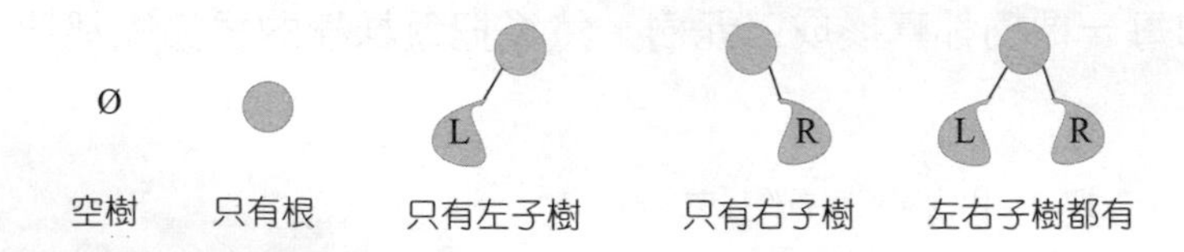

二元樹的結構最簡單，規律性最強，因此通常被重點講解。

5.2.1 二元樹的性質

性質 1：在二元樹的第 i 層上至多有 2^{i-1} 個節點。

一棵二元樹如下圖所示。由於二元樹的每個節點最多有 2 個子節點，第 1 層樹根為 1 個節點，第 2 層最多為 2 個節點，第 3 層最多有 4 個節點，因為上一層的每個節點最多有 2 個子節點，因此目前層最多是上一層節點數的兩倍。

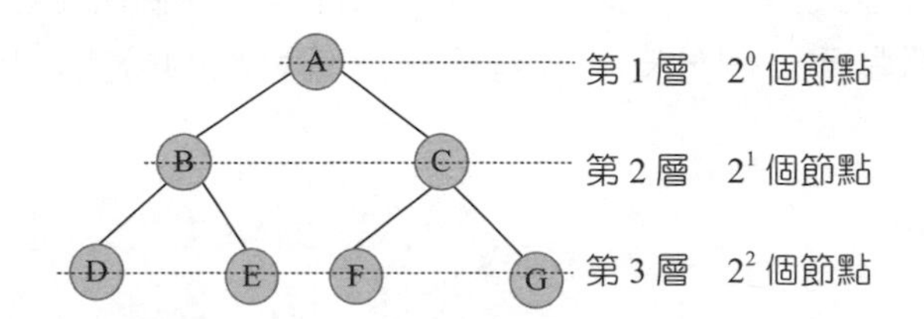

下面使用數學歸納法證明。

- i=1 時：只有一個根節點，$2^{i-1}=2^0=1$。
- i>1 時：假設第 i–1 層有 2^{i-2} 個節點，而第 i 層節點數最多是第 i–1 層的兩倍，即第 i 層節點數最多有 $2\times2^{i-2}=2^{i-1}$。

性質 2：深度為 k 的二元樹至多有 2^k-1 個節點。

證明：如果深度為 k 的二元樹，每一層都達到最大節點數，如下圖所示，則把每一層的節點數加起來就是整棵二元樹的最大節點數。

$$\sum_{i=1}^{k} 2^{i-1} = 2^0 + 2^1 + \cdots + 2^{k-1} = 2^k - 1$$

A
B　C
D　E　F　G
第 1 層　2^0 個節點
第 2 層　2^1 個節點
第 3 層　2^2 個節點
…　…　…　…　…
…　…　…
第 k 層　2^{k-1} 個節點

性質 3：對於任何一棵二元樹，若葉子數為 n_0，度為 2 的節點數為 n_2，則 $n_0=n_2+1$。

證明：二元樹中的節點度數不超過 2，因此共有 3 種節點：度為 0、度為 1、度為 2。設二元樹整體節點數為 n，度為 0 的節點數為 n_0，度為 1 的節點數為 n_1，度為 2 的節點數為 n_2，總節點數等於三種節點數之和，即 $n=n_0+n_1+n_2$。

而總節點數又等於分支數 $b+1$，即 $n=b+1$。為什麼呢？如下圖所示，從下向上看，每一個節點都對應一個分支，只有樹根沒有對應的分支，因此整體節點數為分支數 $b+1$。

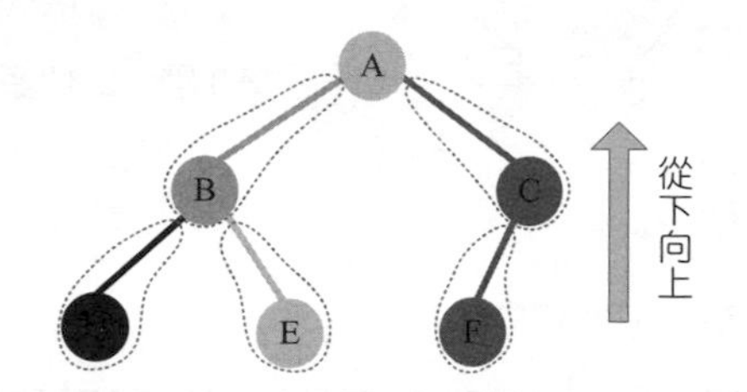

而分支數 b 怎麼計算呢？從上向下看，如下圖所示，每個度為 2 的節點都產生 2 個分支，度為 1 的節點產生 1 個分支，度為 0 的節點沒有分支，因此分支數 $b=n_1+2n_2$，則 $n=b+1=n_1+2n_2+1$。而前面已經得到 $n=n_0+n_1+n_2$，兩式聯合得：$n_0=n_2+1$。

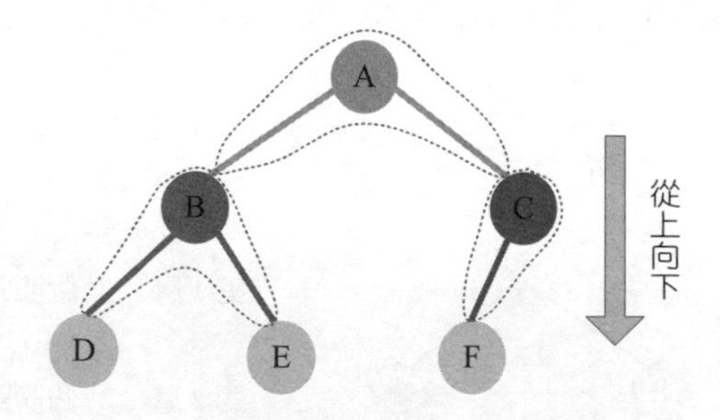

有兩種比較特殊的二元樹：滿二元樹和完全二元樹。

- 滿二元樹：一棵深度為 k 且有 2^k-1 個節點的二元樹。滿二元樹的每一層都 " 充滿 " 了節點，達到最大節點數，如下圖所示。

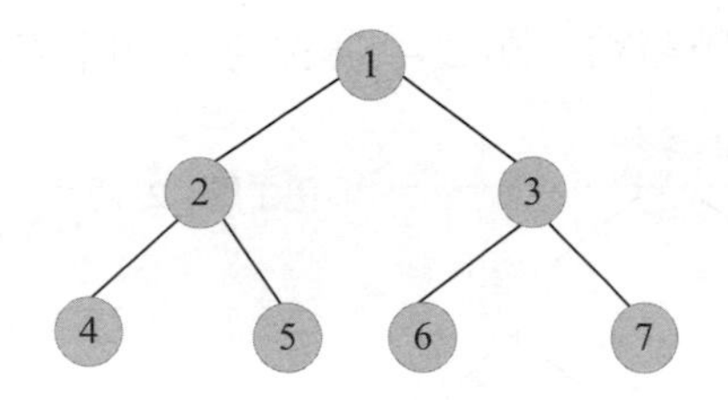

- 完全二元樹：除了最後一層，每一層都是滿的（達到最大節點數），最後一層節點是從左向右出現的。深度為 k 的完全二元樹，當且僅當其每一個節點都與深度為 k 的滿二元樹中編號為 1 ～ n 的節點一一對應。舉例來說，完全二元樹如下圖所示，它和上圖中的滿二元樹編號一一對應。完全二元樹除了最後一層，前面每一層都是滿的，最後一層必須從左向右排列。也就是說，如果 2 沒有左子節點，就不可以有右子節點，如果 2 沒有右子節點，則 3 不可以有左子節點。

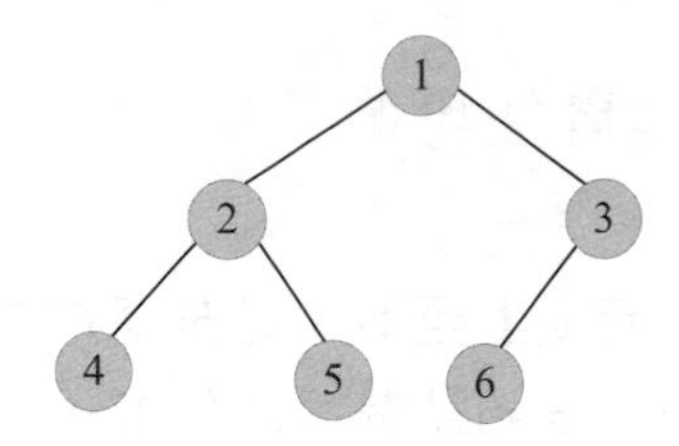

性質 4：具有 n 個節點的完全二元樹的深度必為 $\lfloor \log_2 n \rfloor + 1$。

證明：假設完全二元樹的深度為 k，那麼除了最後一層，前 k–1 層都是滿的，最後一層最少有一個節點，如下圖所示。

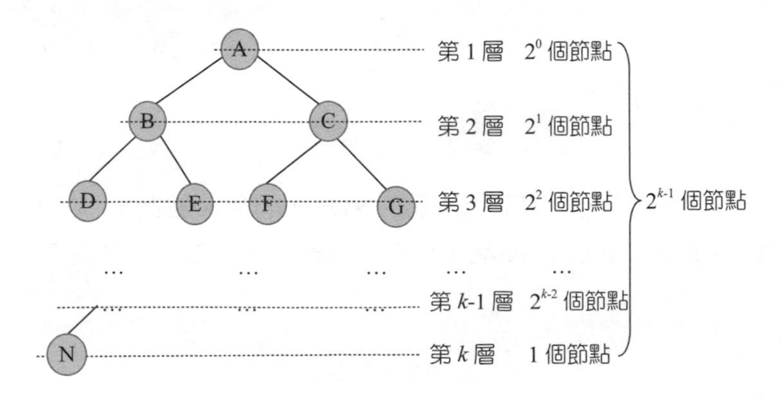

最後一層最多也可以充滿節點，即 2^{k-1} 個節點，如下圖所示。

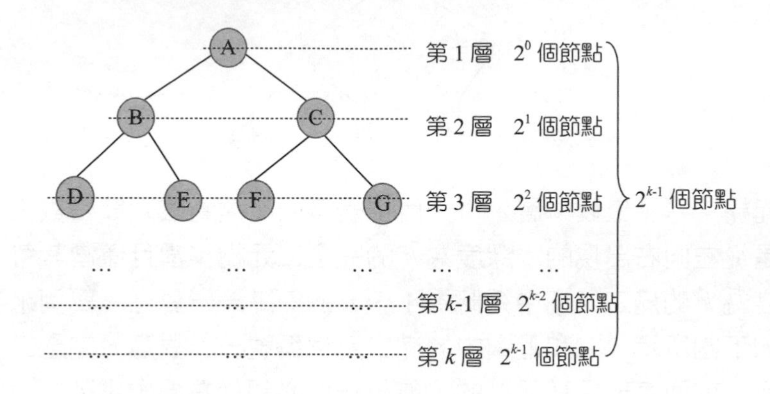

因此，$2^{k-1} \leq n \leq 2^k-1$，右邊放大後，$2^{k-1} \leq n<2^k$，同時取對數，$k-1 \leq \log_2 n <k$，所以 $k=\lfloor \log_2 n \rfloor+1$。其中，$\lfloor\rfloor$ 表示取下限，$\lfloor x \rfloor$ 表示小於 x 的最大整數，如 $\lfloor 3.6 \rfloor=3$。

舉例來說，一棵完全二元樹有 10 個節點，那麼該完全二元樹的深度為 $k=\lfloor \log_2 10 \rfloor+1=4$。

性質 5：對於完全二元樹，若從上至下、從左至右編號，則編號為 i 的節點，其左子節點編號必為 $2i$，其右子節點編號必為 $2i+1$；其父節點編號必為 $i/2$。

完全二元樹的編號如下圖所示。

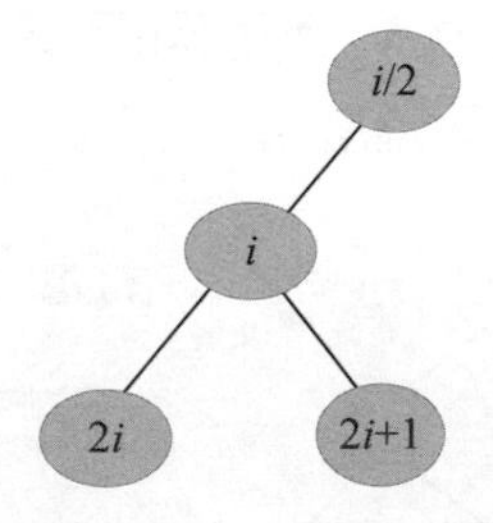

舉例來說，一棵完全二元樹如下圖所示。節點 2 的父節點為 1，左子節點為 4，右子節點為 5；節點 3 的父節點為 1，左子節點為 6，右子節點為 7。

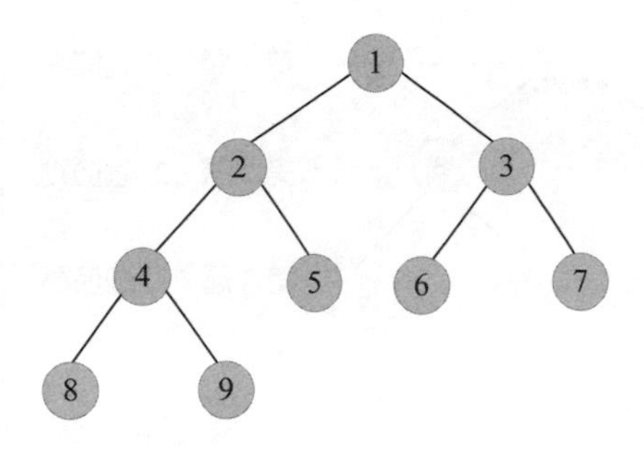

例題 1：一棵完全二元樹有 1001 個節點，其中葉子節點的個數是多少？

首先找到最後一個節點 1001 的父節點，其父節點編號為 1001/2=500，該節點是最後一個擁有子節點的節點，其後面全是葉子，即 1001-500=501 個葉子。

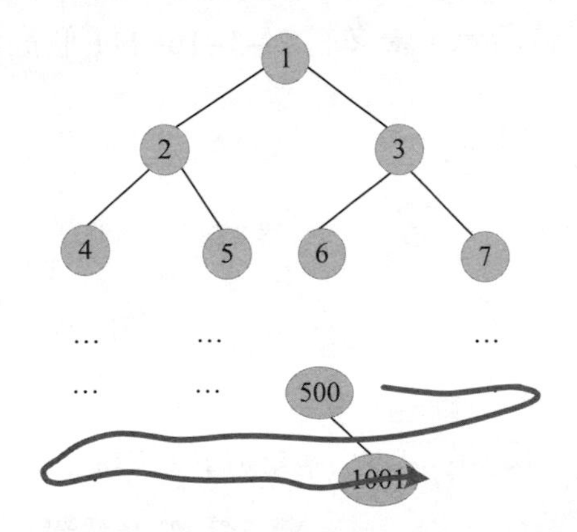

例題 2：一棵完全二元樹第 6 層有 8 個葉子，則該完全二元樹最少有多少個節點，最多有多少個節點？

完全二元樹的葉子分佈在最後一層或倒數第二層。因此該樹有可能為 6 層或 7 層。

節點最少的情況（6 層）：8 個葉子在最後一層（即第 6 層），前 5 層是滿的，如下圖所示。最少有 $2^5-1+8=39$ 個節點。

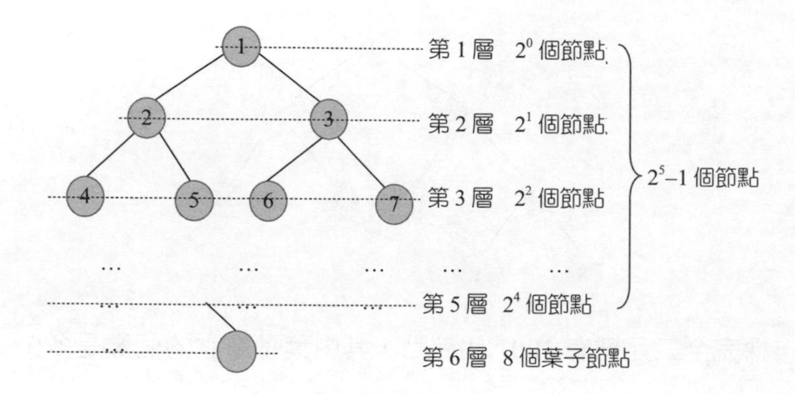

節點最多的情況（7 層）：8 個葉子在倒數第 2 層（即第 6 層），前 6 層是滿的，第 7 層最少缺失了 8×2 個節點，因為第 6 層的 8 個葉子如果生成子節點的話，會有 16 個節點。如下圖所示，最多有 $2^7-1-16=111$ 個節點。

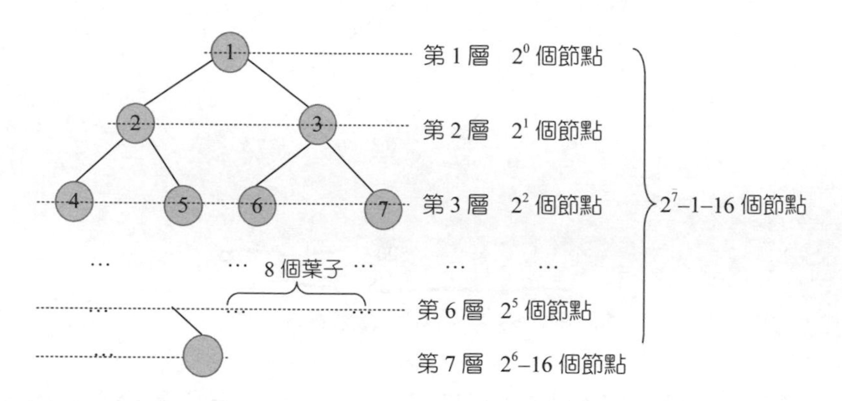

📖 5.2.2 二元樹的儲存結構

二元樹的儲存結構分為兩種：循序儲存結構和鏈式儲存結構，下面一一進行講解。

1．循序儲存結構

二元樹可以採用循序儲存結構，按完全二元樹的節點層次編號，依次存放二元樹中的資料元素。完全二元樹很適合循序儲存結構，下面左圖中的完全二元樹的循序儲存結構如右圖所示。

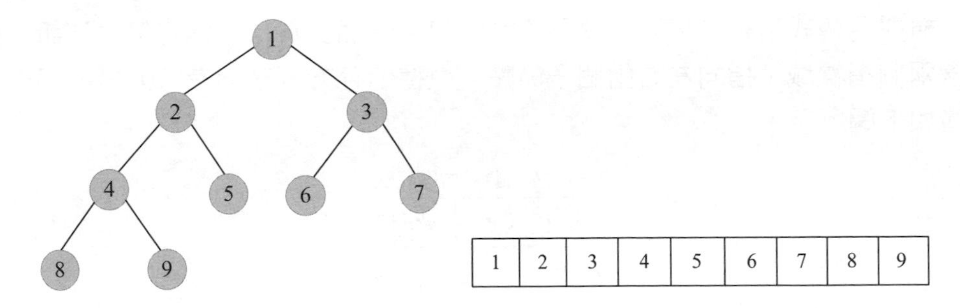

普通二元樹進行循序儲存時需要被補充為完全二元樹，在對應的完全二元樹沒有子節點的位置補 0，其循序儲存結構如下圖所示。

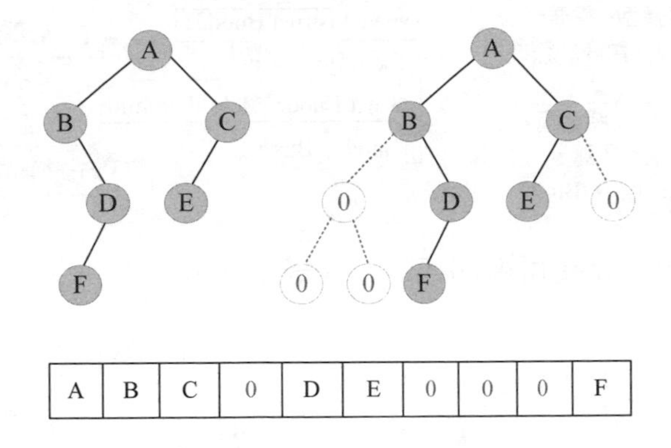

顯然，普通二元樹不適合採用循序儲存結構，因為有可能在補充為完全二元樹的過程中，補充了太多的 0，而浪費了大量的空間。因此普通二元樹可以使用鏈式儲存結構。

2．鏈式儲存結構

二元樹最多有兩個 " 叉 "，即最多有兩棵子樹。

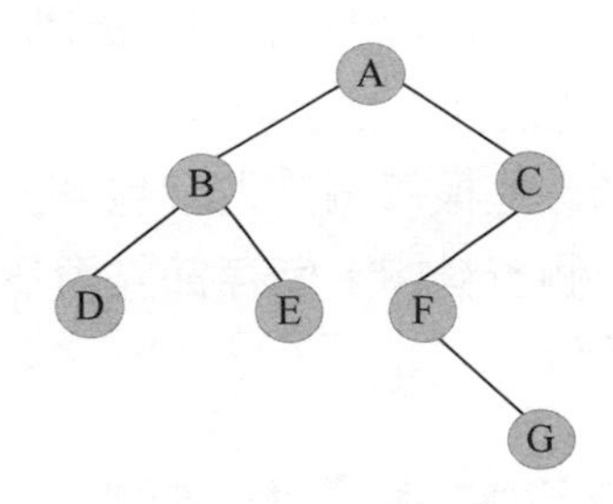

二元樹採用鏈式儲存結構時，每個節點都包含一個資料欄，儲存節點資訊；還包含兩個指標域，指向左右兩個子節點。這種儲存方式被稱為二元鏈結串列，結構如下圖所示。

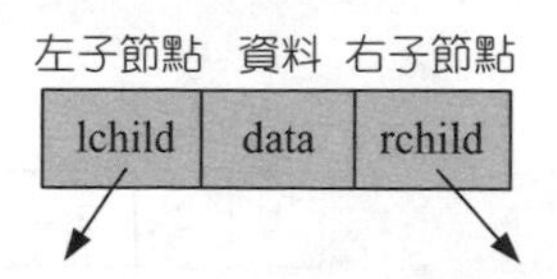

二元鏈結串列節點的結構定義如下圖所示。

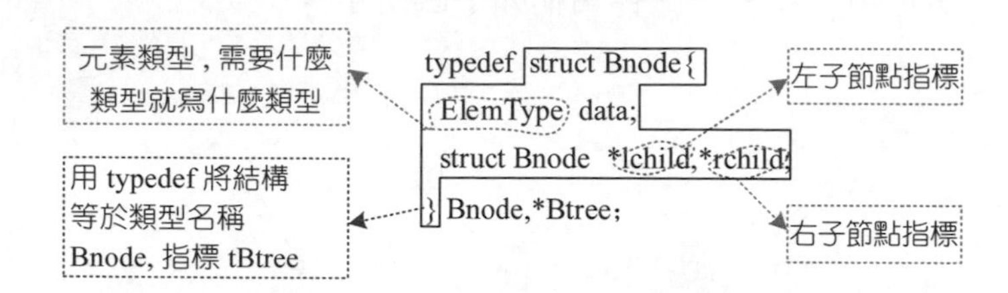

那麼下面左圖中的二元樹可被儲存為二元鏈結串列形式，如下面右圖所示。

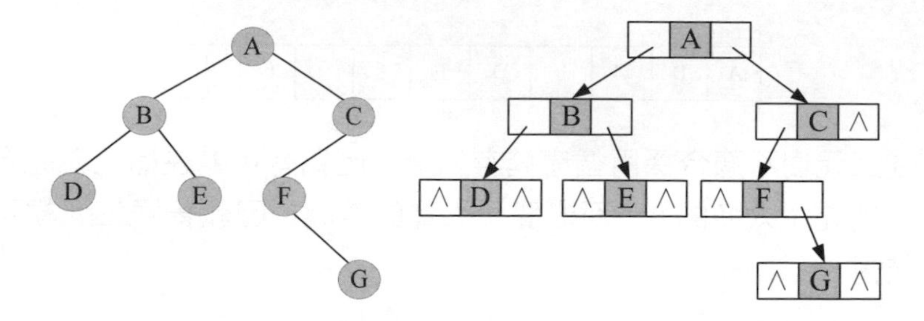

一般情況下，二元樹採用二元鏈結串列儲存即可，但是在實際問題中，如果經常需要存取父節點，二元鏈結串列儲存則必須從根節點出發尋找其父節點，這樣做非常麻煩。例如在上圖中，如果想找 F 的父節點，就必須從根節點 A 出發，存取 C，再存取 F，此時才能返回 F 的父節點為 C。為了解決該問題，可以增加一個指向父節點的指標域，這樣每個節點就包含三個指標域，分別指向兩個子節點和父節點，還包含一個資料欄，儲存節點資訊。這種儲存方式被稱為三叉鏈結串列，結構如下圖所示。

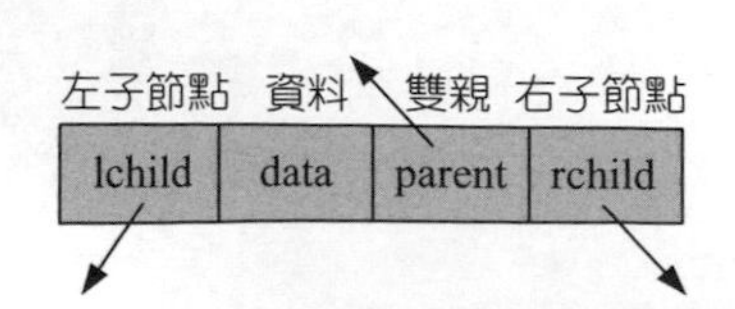

三叉鏈結串列節點的結構定義如下圖所示。

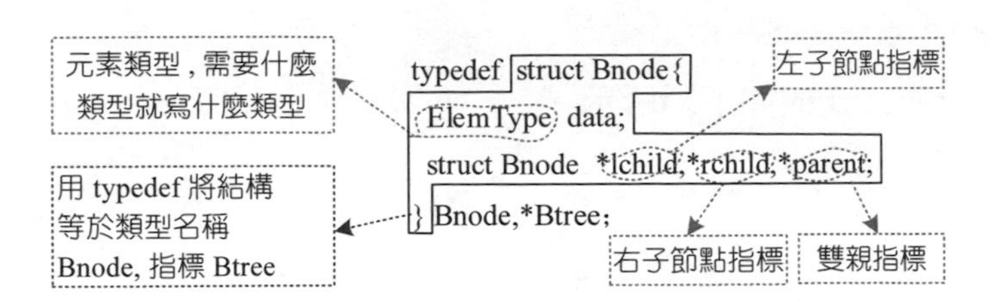

那麼下面左圖中的二元樹也可以被儲存為三叉鏈結串列形式，以下面右圖所示。

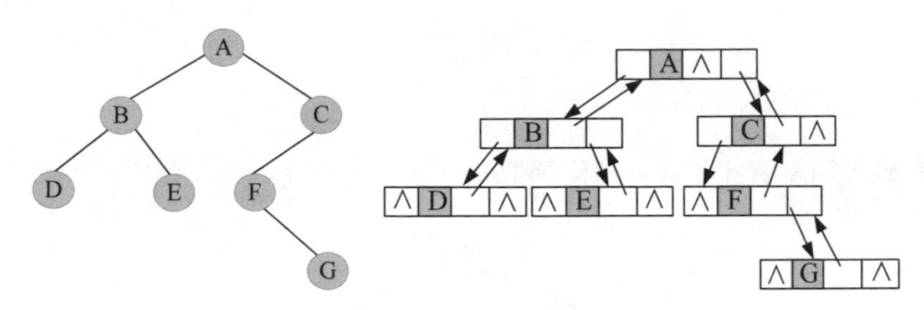

📖 5.2.3 二元樹的創建

如果對二元樹操作，必須先創建一棵二元樹。如何創建一棵二元樹呢？從二元樹的定義就可以看出，它是遞迴定義的（除了根，左、右子樹也各是一棵二元樹），因此也可以用遞迴程式來創建二元樹。

遞迴創建二元樹有兩種方法：詢問法和補空法。

1．詢問法

按照先序遍歷的順序，每次輸入節點資訊後，都詢問是否創建該節點的左子樹，如果是，則遞迴創建其左子樹，否則其左子樹為空；詢問是否創建該節點的右子樹，如果是，則遞迴創建其右子樹，否則其右子樹為空。

演算法步驟：

（1）輸入節點資訊，創建一個節點 T。

（2）詢問是否創建 T 的左子樹，如果是，則遞迴創建其左子樹，否則其左子樹為 NULL。

（3）詢問是否創建 T 的右子樹，如果是，則遞迴創建其右子樹，否則其右子樹為 NULL。

完美圖解：一棵二元樹如下圖所示。

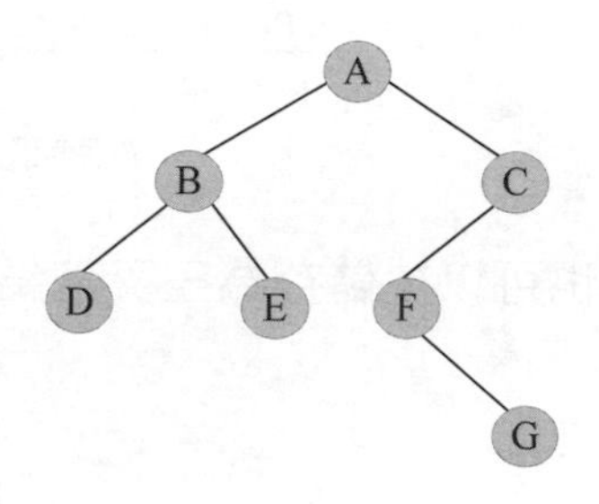

該二元樹的創建過程如下。

（1）請輸入節點資訊：A。創建節點 A，如下圖所示。

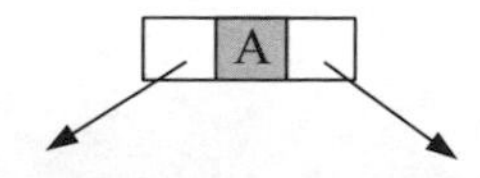

（2）是否增加 A 的左子節點？(Y/N)：Y。

（3）請輸入節點資訊：B。創建節點 B，作為 A 的左子節點，如下圖所示。

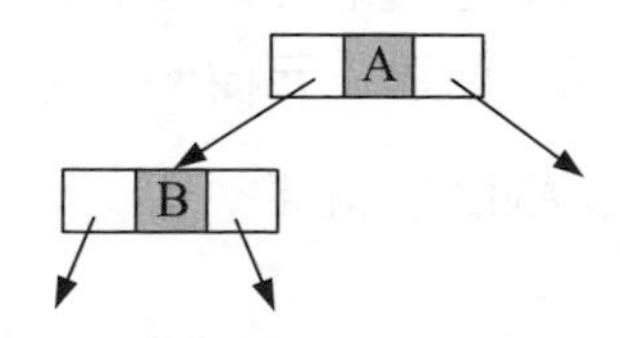

（4）是否增加 B 的左子節點？(Y/N)：Y。

（5）請輸入節點資訊：D。創建節點 D，作為 B 的左子節點，如下圖所示。

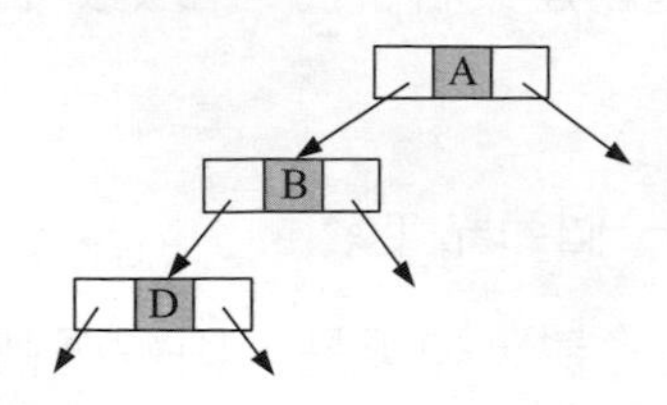

（6）是否增加 D 的左子節點？(Y/N)：N。

（7）是否增加 D 的右子節點？(Y/N)：N。D 左右子節點均為空，如下圖所示。

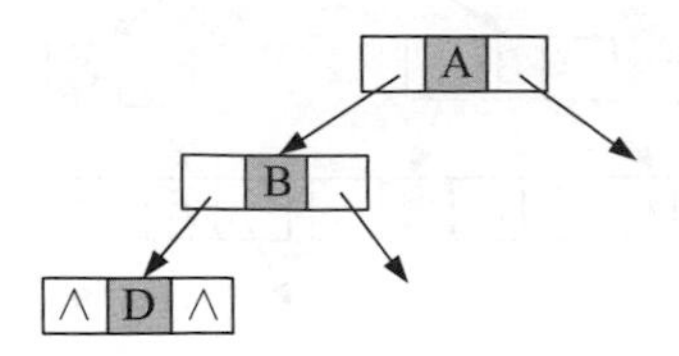

（8）是否增加 B 的右子節點？(Y/N)：Y。

（9）請輸入節點資訊：E。創建節點 E，作為 B 的右子節點，如下圖所示。

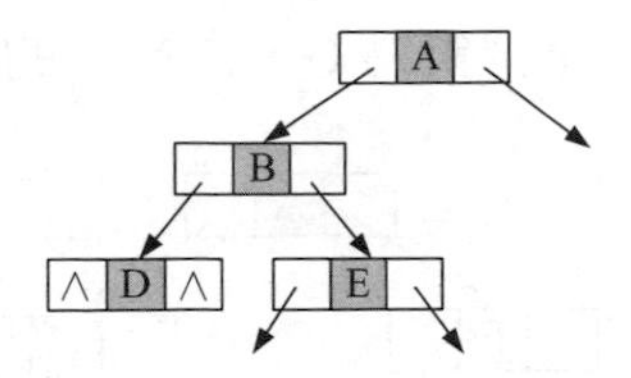

（10）是否增加 E 的左子節點？(Y/N)：N。

（11）是否增加 E 的右子節點？(Y/N)：N。E 左右子節點均為空，如下圖所示。

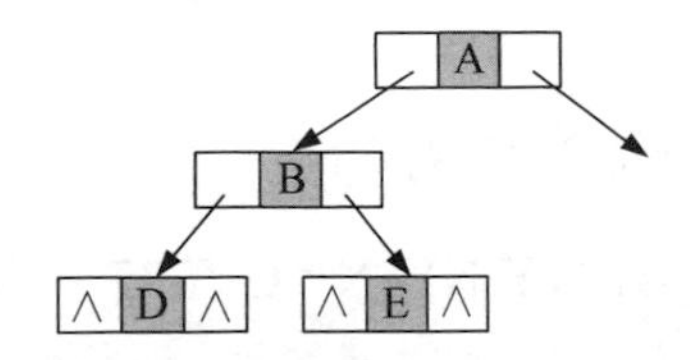

（12）是否增加 A 的右子節點？(Y/N)：Y。

（13）請輸入節點資訊：C。創建節點 C，作為 A 的右子節點，如下圖所示。

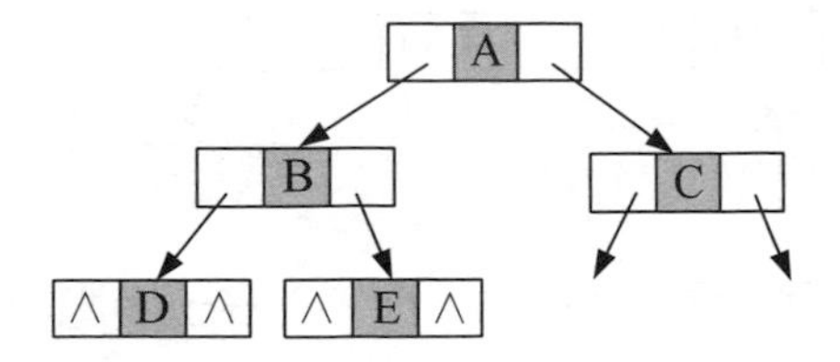

（14）是否增加 C 的左子節點？(Y/N)：Y。

（15）請輸入節點資訊：F。創建節點 F，作為 C 的左子節點，如下圖所示。

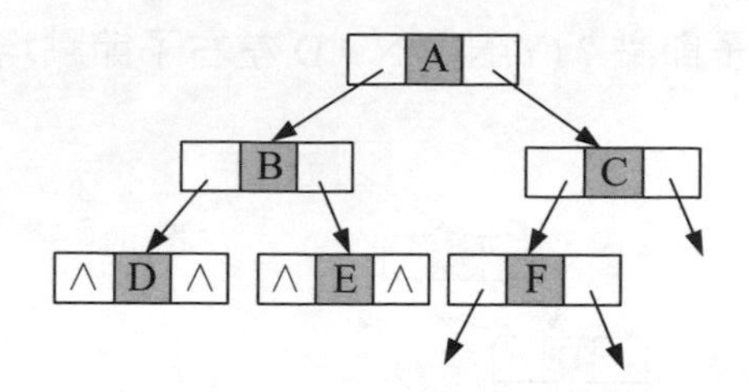

（16）是否增加 F 的左子節點？(Y/N)：N。F 的左子節點為空。

（17）是否增加 F 的右子節點？(Y/N)：Y。

（18）請輸入節點資訊：G。創建節點 G，作為 F 的右子節點，如下圖所示。

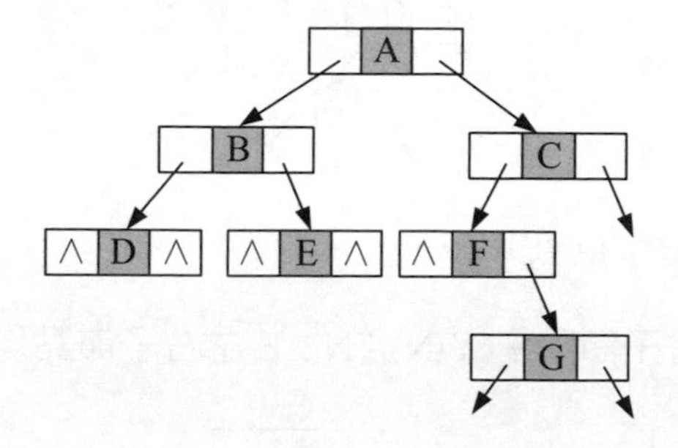

（19）是否增加 G 的左子節點？(Y/N)：N。

（20）是否增加 G 的右子節點？(Y/N)：N。G 左右子節點均為空，如下圖所示。

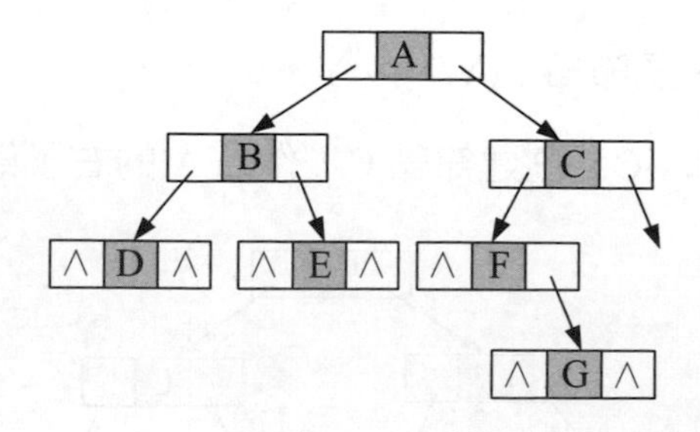

（21）是否增加 C 的右子節點？(Y/N)：N。C 右子節點為空，如下圖所示。

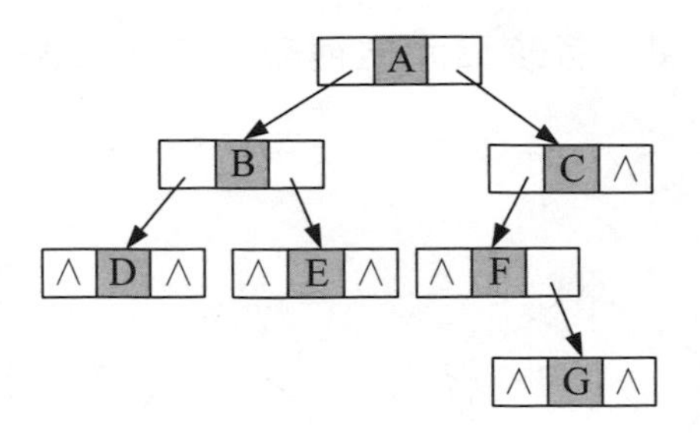

（22）二元樹創建完畢。

演算法程式：

```
void createtree(Btree &T) {// 創建二元樹函數（詢問法）
    char check;    // 判斷是否創建左右子節點
    T=new Bnode;
    cout<<" 請輸入節點資訊 :"<<endl; // 輸入根節點資料
    cin>>T->data;
    cout<<" 是否增加 "<<T->data<<" 的左子節點 ? (Y/N)"<<endl; // 詢問創建 T 的左子樹
    cin>>check;
    if(check=='Y')
        createtree(T->lchild);
    else
        T->lchild=NULL;
    cout<<" 是否增加 "<<T->data<<" 的右子節點 ? (Y/N)"<<endl; // 詢問創建 T 的右子樹
    cin>>check;
    if(check=='Y')
        createtree(T->rchild);
    else
        T->rchild=NULL;
}
```

2．補空法

補空法指如果左子樹或右子樹為空，則用特殊字元補空，例如 "#"。然後按照先序遍歷的順序，得到先序遍歷序列，根據該序列遞迴創建二元樹。

演算法步驟：

（1）輸入補空後的二元樹先序遍歷序列。

（2）如果 ch=='#'，則 T=NULL；否則創建一個新節點 T，令 T->data=ch；遞迴創建 T 的左子樹；遞迴創建 T 的右子樹。

完美圖解：一棵二元樹，將該二元樹補空，在子節點為空時補全特殊符號 "#"，如下圖所示。

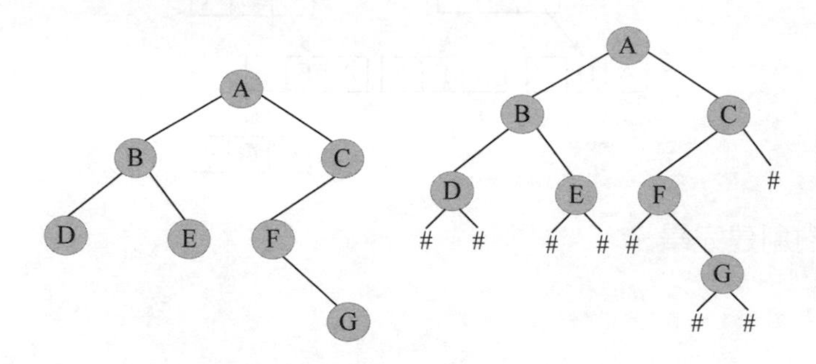

二元樹補空後的先序遍歷結果為 ABD##E##CF#G###。

該二元樹的創建過程如下。

（1）讀取先序序列的第 1 個字元 "A"，創建一個新節點，如下圖所示。然後遞迴創建 A 的左子樹。

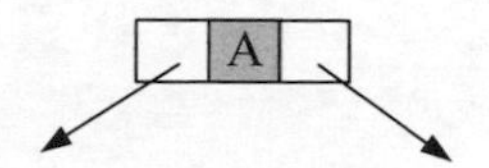

（2）讀取先序序列的第 2 個字元 "B"，創建一個新節點，作為 A 的左子樹，如下圖所示。然後遞迴創建 B 的左子樹。

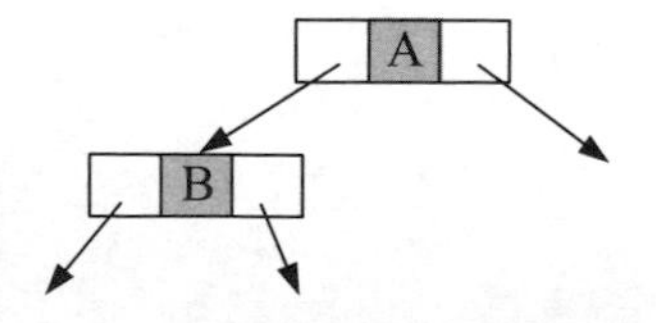

（3）讀取先序序列的第 3 個字元 "D"，創建一個新節點，作為 B 的左子樹，如下圖所示。然後遞迴創建 D 的左子樹。

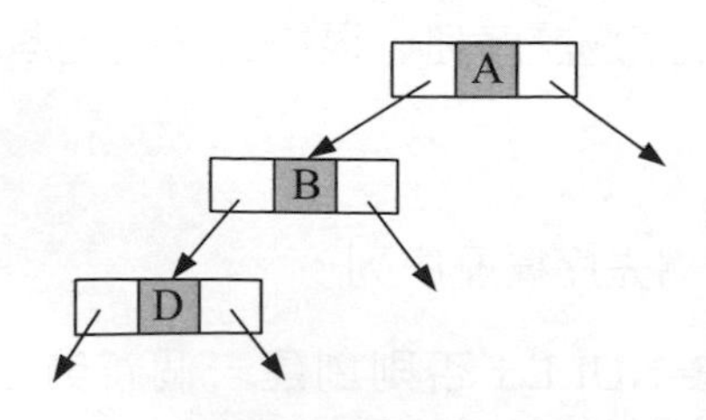

（4）讀取先序序列的第 4 個字元 "#"，說明 D 的左子樹為空，如下圖所示。然後遞迴創建 D 的右子樹。

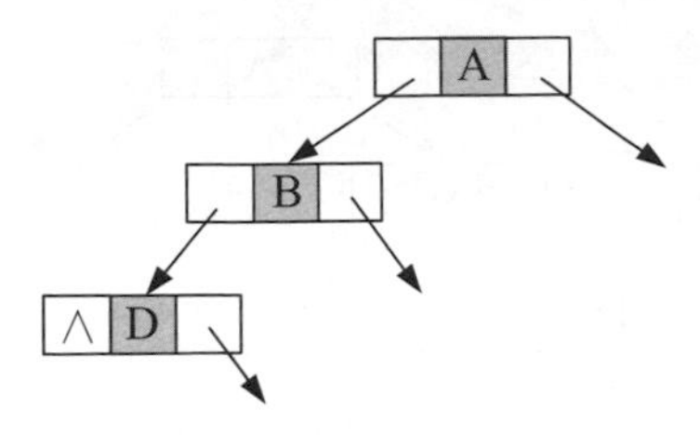

（5）讀取先序序列的第 5 個字元 "#"，說明 D 的右子樹為空，如下圖所示。然後遞迴創建 B 的右子樹。

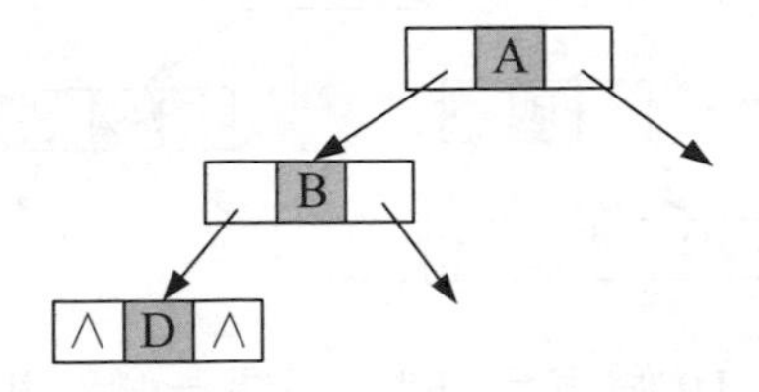

（6）讀取先序序列的第 6 個字元 "E"，創建一個新節點，作為 B 的右子樹，如下圖所示。然後遞迴創建 E 的左子樹。

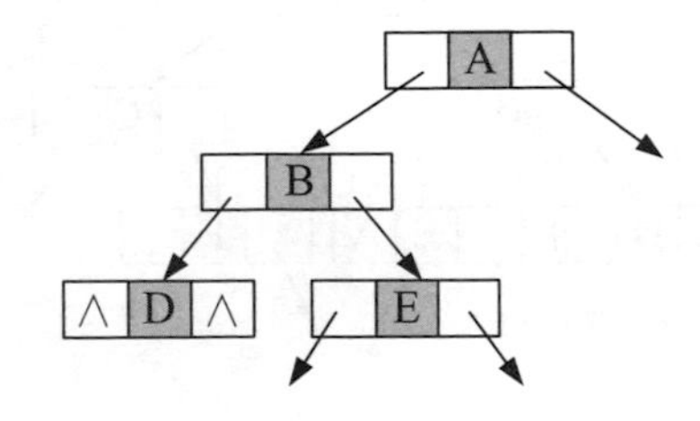

（7）讀取先序序列的第 7 個字元 "#"，說明 E 的左子樹為空，如下圖所示。然後遞迴創建 E 的右子樹。

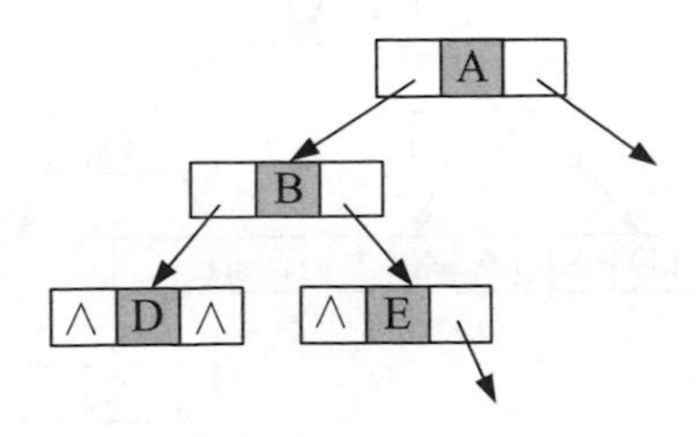

（8）讀取先序序列的第 8 個字元 "#"，説明 E 的右子樹為空，如下圖所示。然後遞迴創建 A 的右子樹。

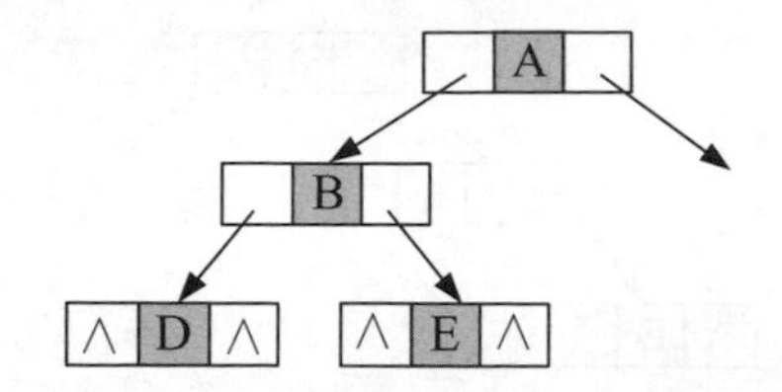

（9）讀取先序序列的第 9 個字元 "C"，創建一個新節點，作為 A 的右子樹，如下圖所示。然後遞迴創建 C 的左子樹。

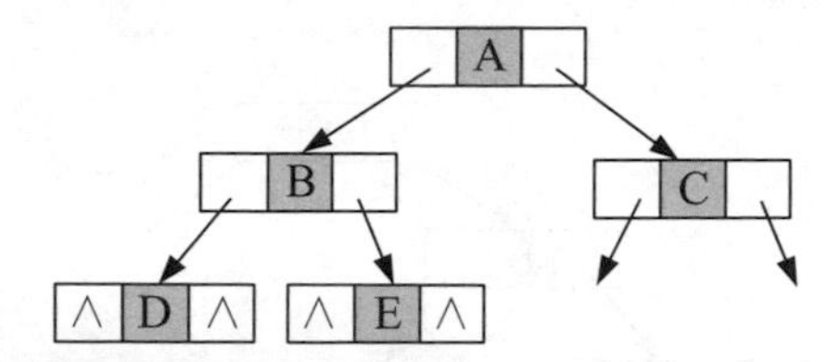

（10）讀取先序序列的第 10 個字元 "F"，創建一個新節點，作為 C 的左子樹，如下圖所示。然後遞迴創建 F 的左子樹。

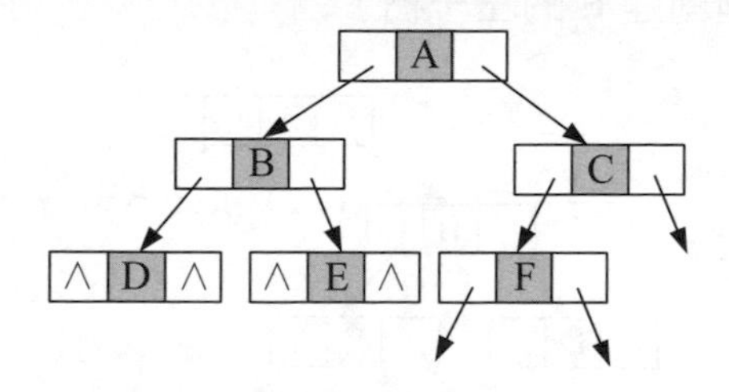

（11）讀取先序序列的第 11 個字元 "#"，説明 F 的左子樹為空，如下圖所示。然後遞迴創建 F 的右子樹。

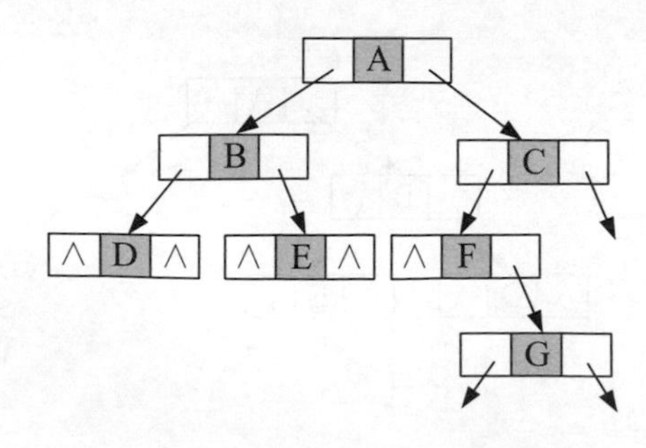

（12）讀取先序序列的第 12 個字元 "G"，創建一個新節點，作為 F 的右子樹，如下圖所示。然後遞迴創建 G 的左子樹。

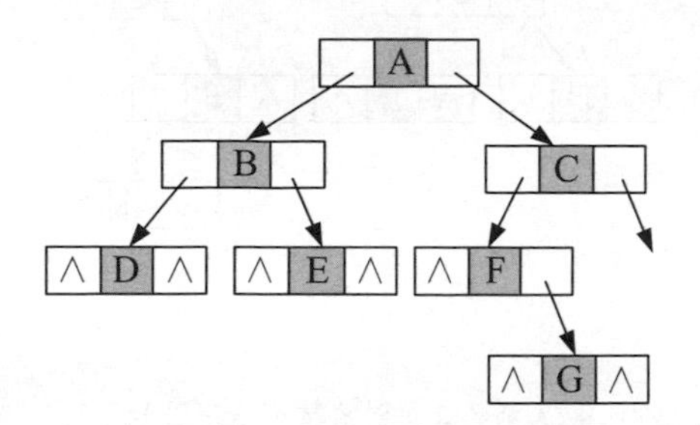

（13）讀取先序序列的第 13 個字元 "#"，説明 G 的左子樹為空，如下圖所示。然後遞迴創建 G 的右子樹。

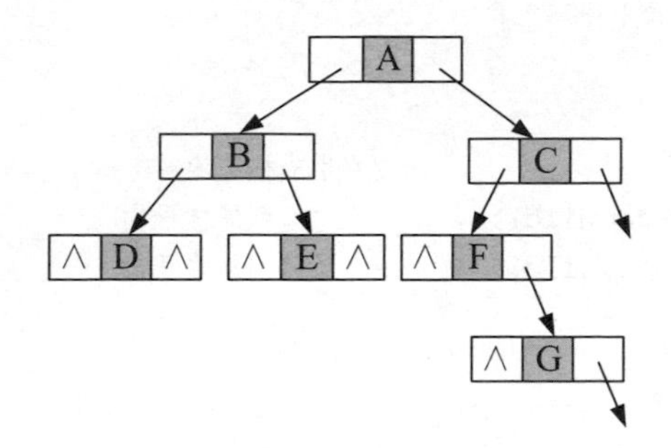

（14）讀取先序序列的第 14 個字元 "#"，説明 G 的右子樹為空，如下圖所示。然後遞迴創建 C 的右子樹。

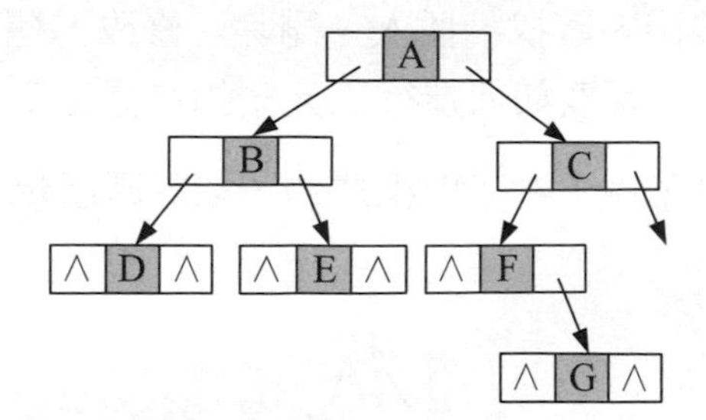

（15）讀取先序序列的第 15 個字元 "#"，説明 C 的右子樹為空，如下圖所示。序列讀取完畢，二元樹創建成功。

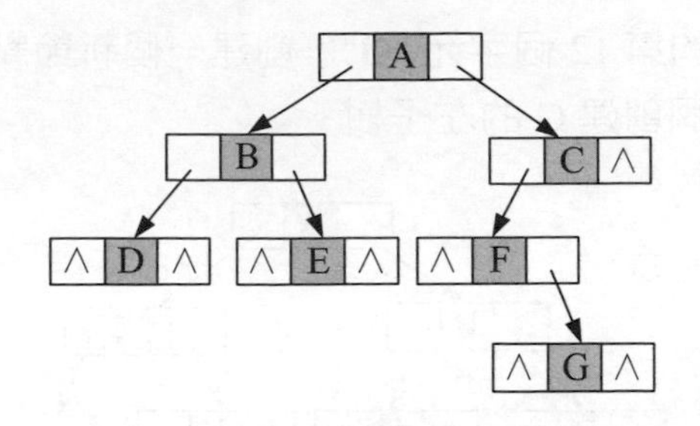

演算法程式：

```
void Createtree(Btree &T) {// 創建二元樹函數（補空法）
    char ch;
    cin >> ch; // 二元樹補空後，按先序遍歷序列輸入字元
    if(ch=='#')
        T=NULL;    // 建空樹
    else{
        T=new Bnode;
        T->data=ch;                  // 生成根節點
        Createtree(T->lchild);       // 遞迴創建左子樹
        Createtree(T->rchild);       // 遞迴創建右子樹
    }
}
```

5.3 二元樹遍歷

二元樹的遍歷就是按某條搜尋路徑存取二元樹中的每個節點一次且僅一次。存取的含義很廣，例如輸出、尋找、插入、刪除、修改、運算等，都可以被稱為存取。遍歷是有順序的，那麼如何進行二元樹的遍歷呢？

一棵二元樹是由根、左子樹、右子樹組成的，如下圖所示。

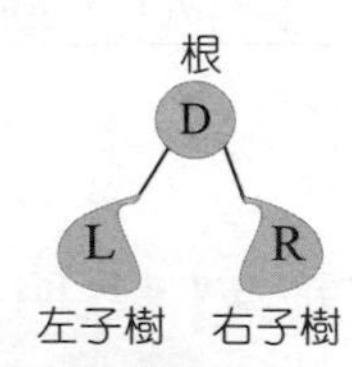

那麼按照根、左子樹、右子樹的存取先後順序不同，可以有 6 種遍歷方案：DLR、LDR、LRD、DRL、RDL、RLD，如果限定先左後右（先左子樹後右子

樹），則只有前 3 種遍歷方案：DLR、LDR、LRD。按照根的存取順序不同，根在前面的被稱為先序遍歷（DLR），根在中間的被稱為中序遍歷（LDR），根在最後的被稱為後序遍歷（LRD）。

因為樹的定義本身就是遞迴的，因此樹和二元樹的基本操作用遞迴演算法很容易實現。下面分別介紹二元樹的 3 種遍歷方法及實現。

5.3.1 先序遍歷

先序遍歷指先存取根，然後先序遍歷左子樹，再先序遍歷右子樹，即 DLR。

演算法步驟：如果二元樹為空，則為空操作，否則①存取根節點；②先序遍歷左子樹；③先序遍歷右子樹。

先序遍歷的秘笈：存取根，先序遍歷左子樹，在左子樹為空或已遍歷時才可以遍歷右子樹。

完美圖解：一棵二元樹的先序遍歷過程如下。

（1）存取根節點 A，然後先序遍歷 A 的左子樹。

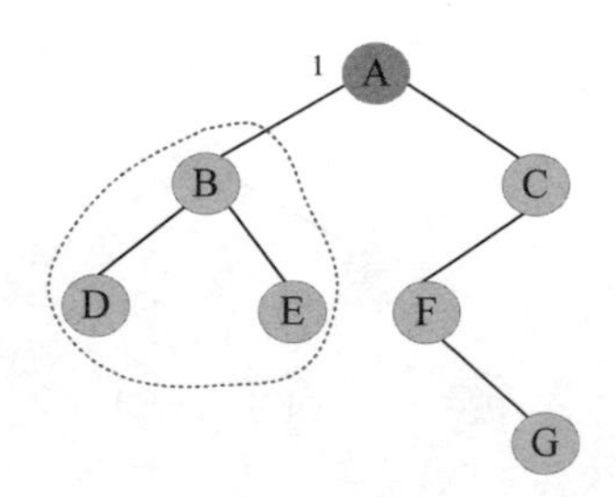

（2）存取根節點 B，然後先序遍歷 B 的左子樹。

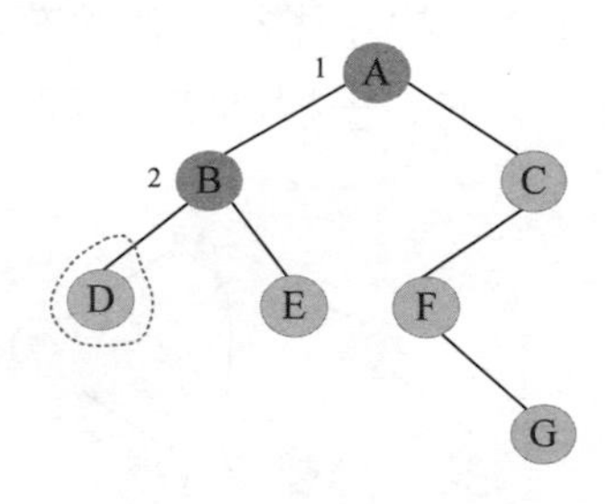

（3）存取根節點D，然後先序遍歷D的左子樹，D的左子樹為空，什麼也不做，返回。

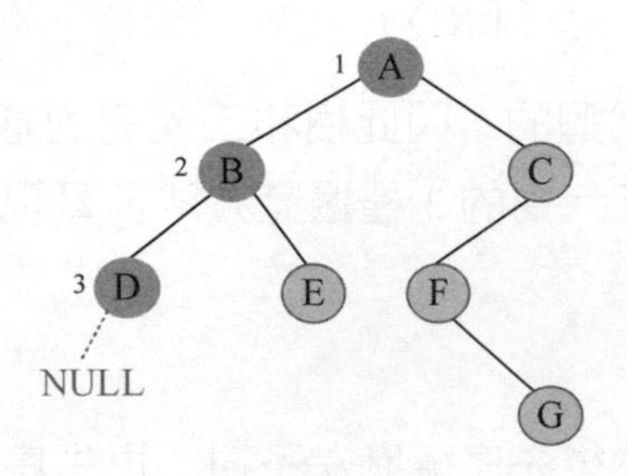

（4）先序遍歷 D 的右子樹，D 的右子樹為空，什麼也不做，返回 B。

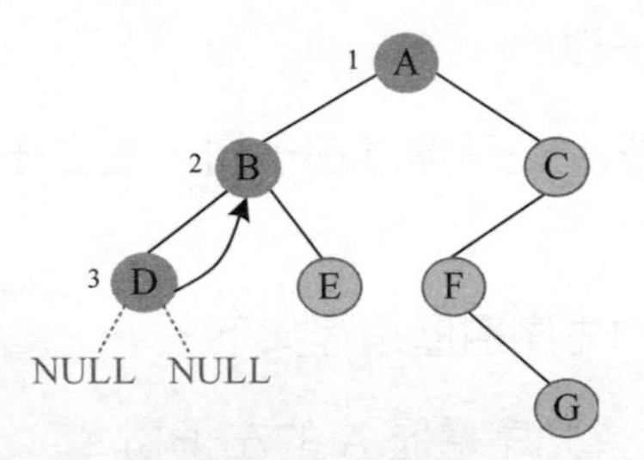

（5）先序遍歷 B 的右子樹。

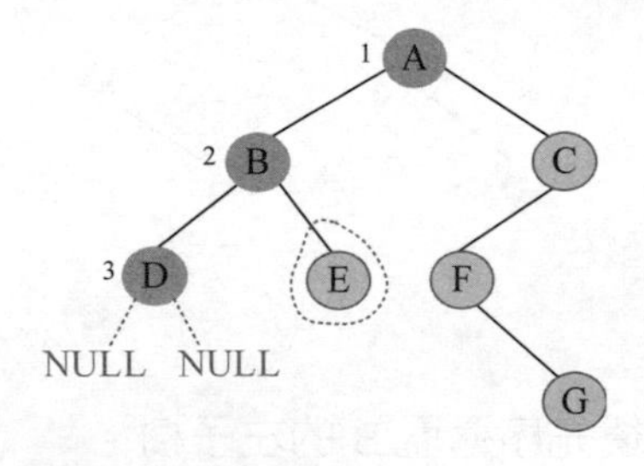

（6）存取根節點 E，先序遍歷 E 的左子樹，E 的左子樹為空，什麼也不做，返回。先序遍歷 E 的右子樹，E 的右子樹為空，什麼也不做，返回 A。

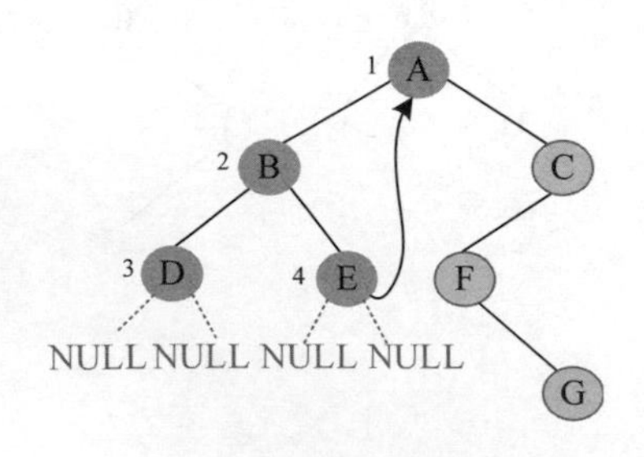

（7）先序遍歷 A 的右子樹。

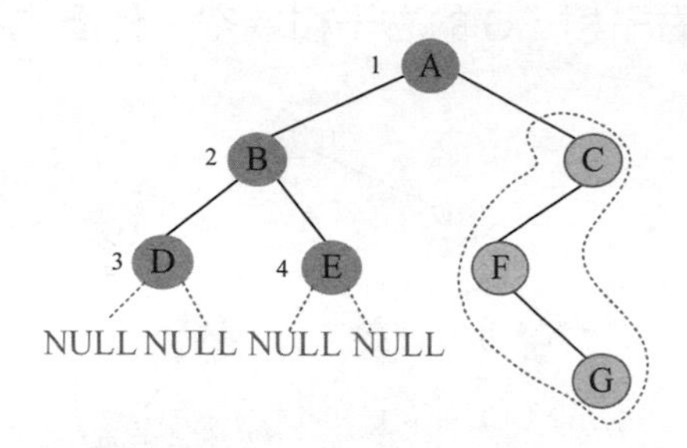

（8）存取根節點 C，然後先序遍歷 C 的左子樹。

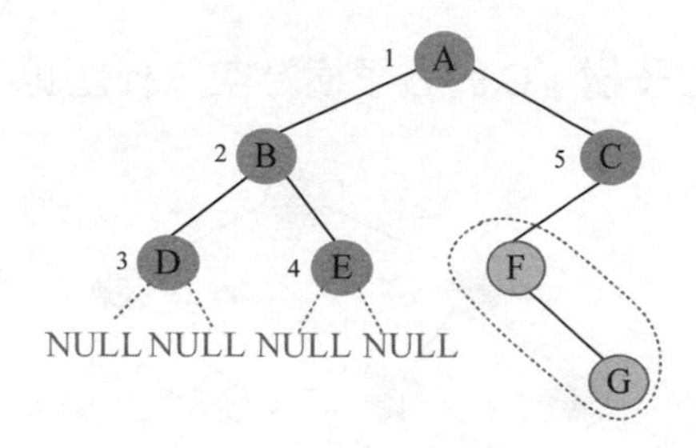

（9）存取根節點 F，然後先序遍歷 F 的左子樹，F 的左子樹為空，什麼也不做，返回。

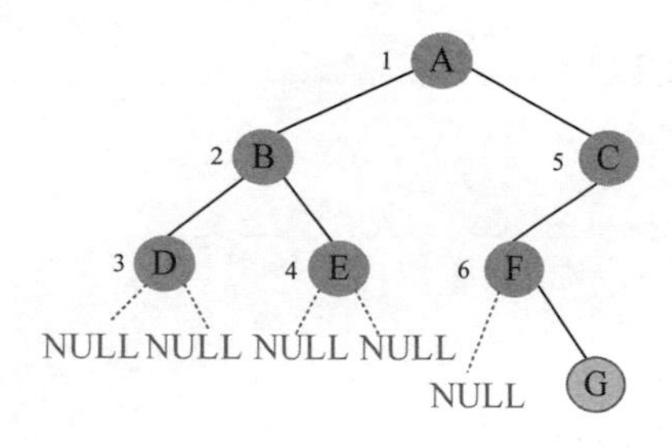

（10）先序遍歷 F 的右子樹。

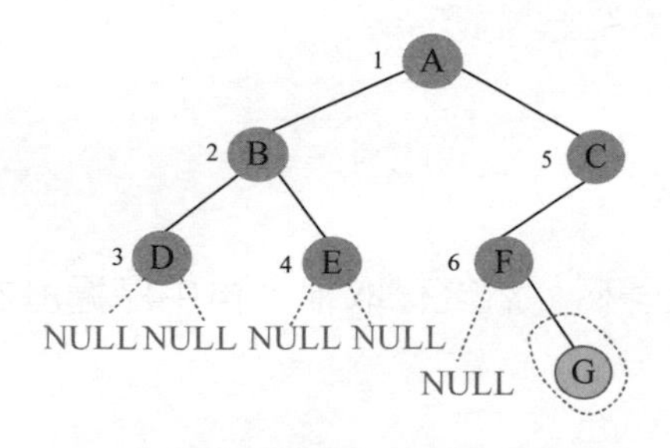

（11）存取根節點 G，先序遍歷 G 的左子樹，G 的左子樹為空，什麼也不做，返回。先序遍歷 G 的右子樹，G 的右子樹為空，什麼也不做，返回 C。

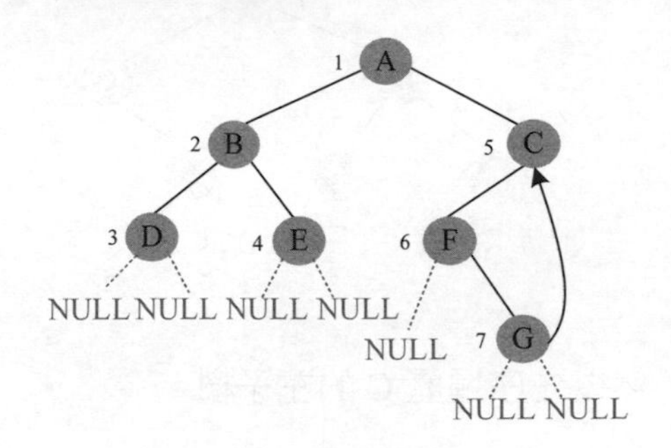

（12）先序遍歷 C 的右子樹，C 的右子樹為空，什麼也不做，遍歷結束。

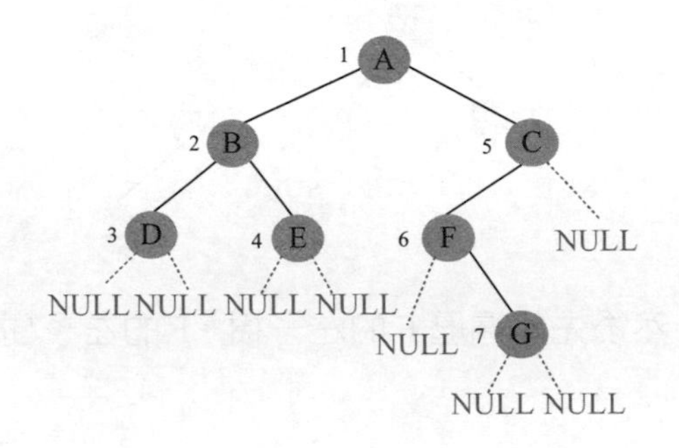

先序遍歷序列為 ABDECFG。

演算法程式：

```
void preorder(Btree T) {// 先序遍歷
    if(T){
        cout<<T->data<<"  ";
        preorder(T->lchild);
        preorder(T->rchild);
    }
}
```

📖 5.3.2 中序遍歷

中序遍歷指中序遍歷左子樹，然後存取根，再中序遍歷右子樹，即 LDR。

演算法步驟：如果二元樹為空，則為空操作，否則①中序遍歷左子樹；②存取根節點；③中序遍歷右子樹。

中序遍歷秘笈：中序遍歷左子樹，在左子樹為空或已遍歷時才可以存取根，中序遍歷右子樹。

完美圖解：一棵二元樹的中序遍歷過程如下。

（1）中序遍歷 A 的左子樹，如下圖所示。

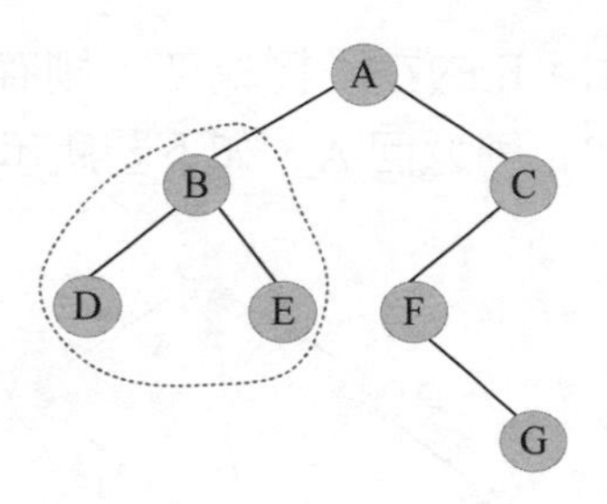

（2）中序遍歷 B 的左子樹，如下圖所示。

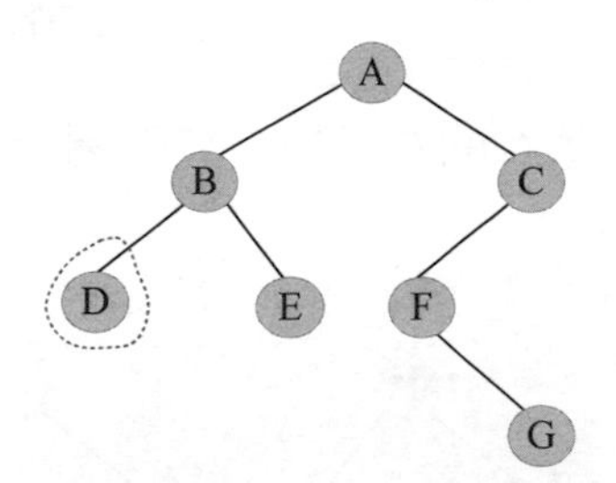

（3）中序遍歷 D 的左子樹，D 的左子樹為空，則存取 D，然後中序遍歷 D 的右子樹，D 的右子樹也為空，則返回 B，如下圖所示。

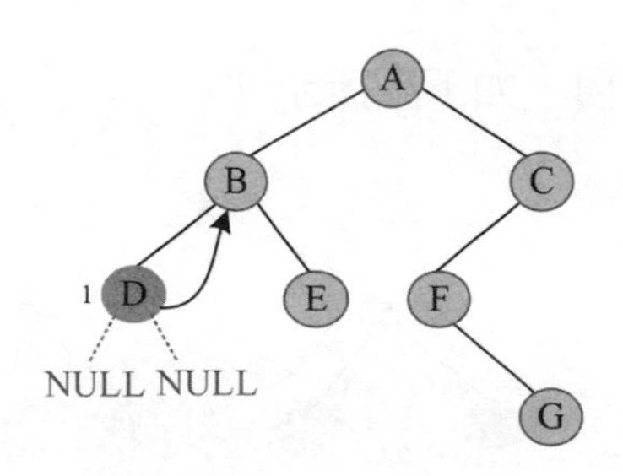

（4）存取 B，然後中序遍歷 B 的右子樹，如下圖所示。

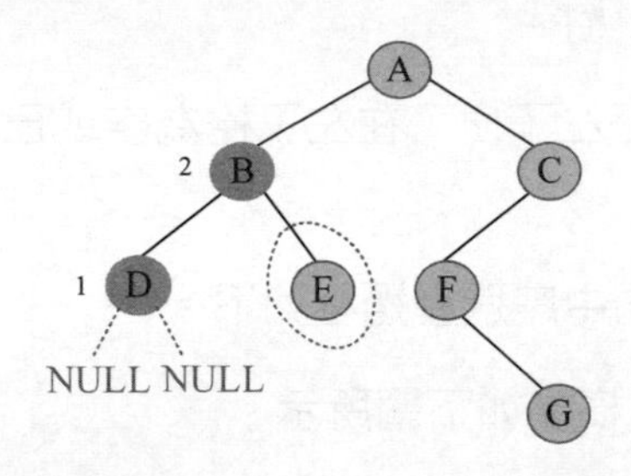

（5）中序遍歷 E 的左子樹，E 的左子樹為空，則存取 E，然後中序遍歷 E 的右子樹，E 的右子樹也為空，則返回 A，如下圖所示。

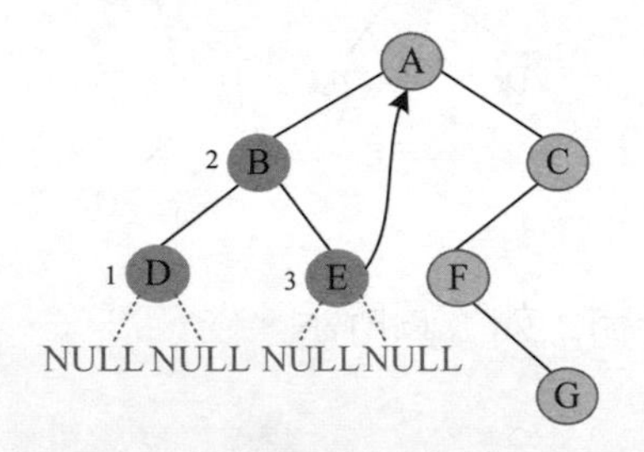

（6）存取 A，然後中序遍歷 A 的右子樹，如下圖所示。

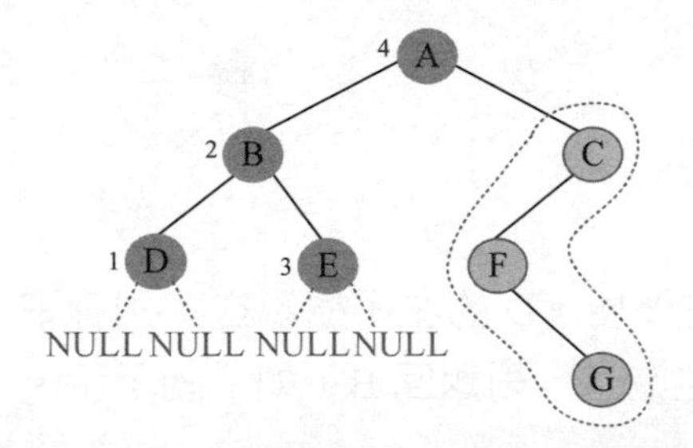

（7）中序遍歷 C 的左子樹，如下圖所示。

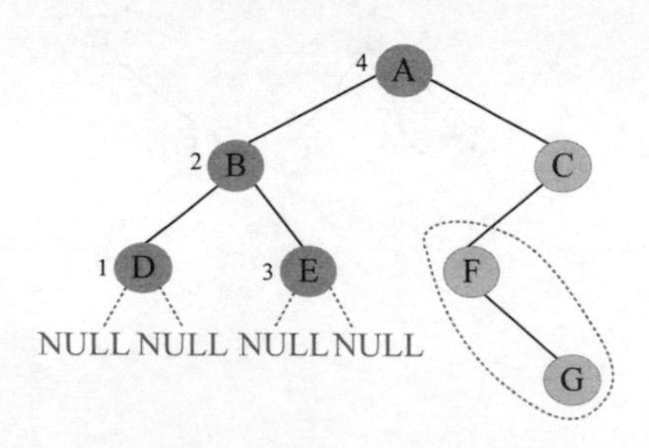

（8）中序遍歷 F 的左子樹，F 的左子樹為空，則存取 F，然後中序遍歷 F 的右子樹。

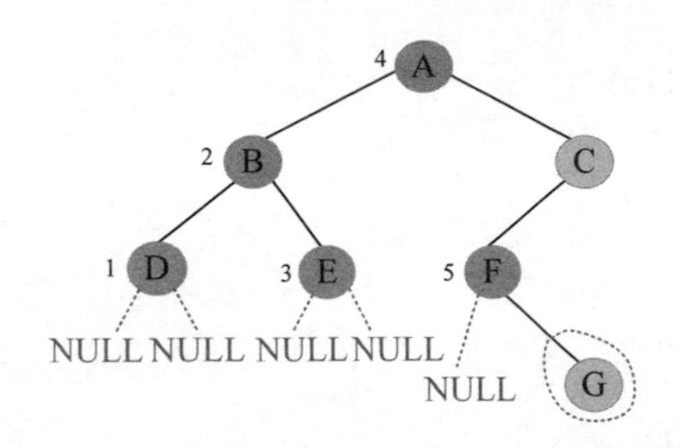

（9）中序遍歷 G 的左子樹，G 的左子樹為空，則存取 G，然後中序遍歷 G 的右子樹，G 的右子樹也為空，則返回 C，如下圖所示。

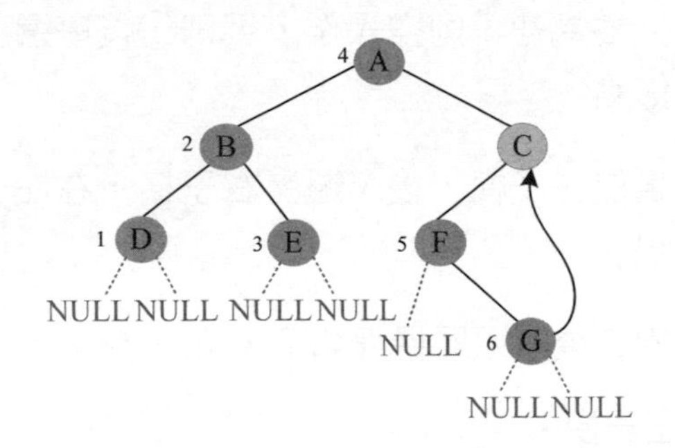

（10）存取 C，然後中序遍歷 C 的右子樹，G 的右子樹為空，遍歷結束，如下圖所示。

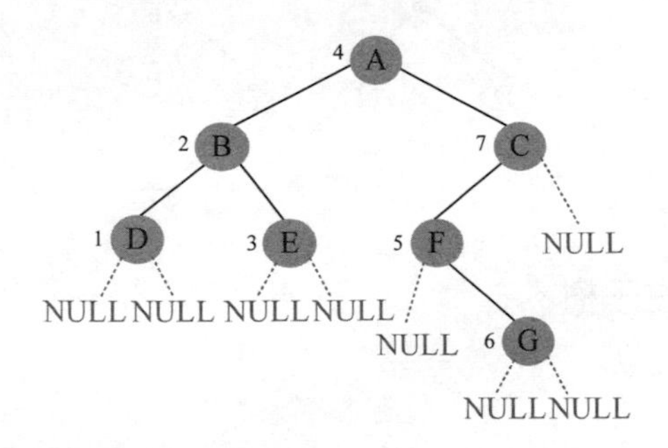

中序遍歷序列為 DBEAFGC。

演算法程式：

```
void inorder(Btree T){// 中序遍歷
    if(T){
        inorder(T->lchild);
        cout<<T->data<<"  ";
        inorder(T->rchild);
    }
}
```

📖 5.3.3 後序遍歷

後序遍歷指後序遍歷左子樹，後序遍歷右子樹，然後存取根，即 LRD。

演算法步驟：如果二元樹為空，則空操作，否則①後序遍歷左子樹；②後序遍歷右子樹；③存取根節點。

後序遍歷秘笈：後序遍歷左子樹，後序遍歷右子樹，在左子樹、右子樹為空或已遍歷時才可以存取根。

完美圖解：一棵二元樹的後序遍歷過程如下。

（1）後序遍歷 A 的左子樹。

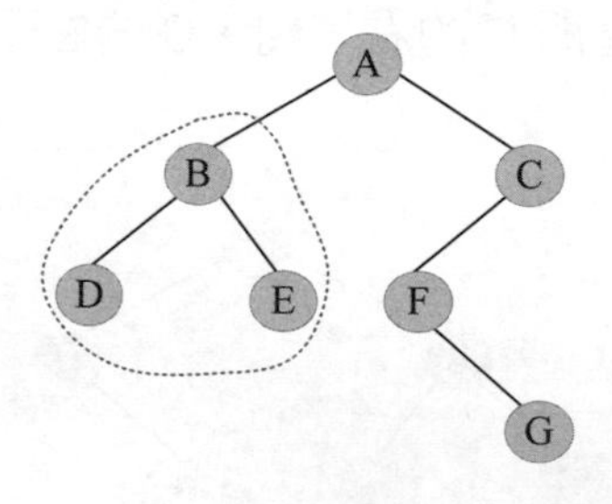

（2）後序遍歷 B 的左子樹。

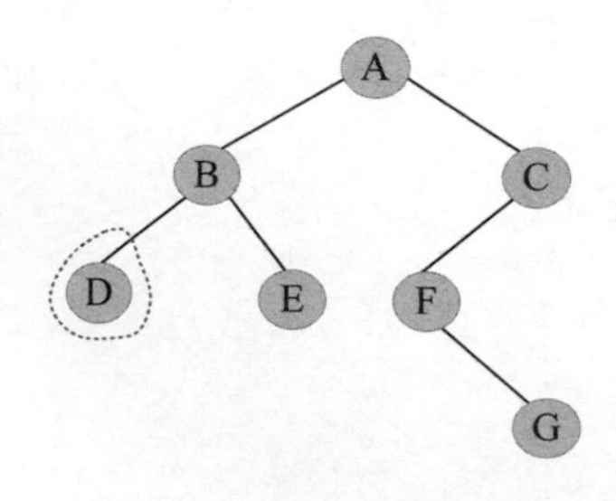

（3）後序遍歷 D 的左子樹，D 的左子樹為空，後序遍歷 D 的右子樹，D 的右子樹也為空，則存取 D，返回 B。

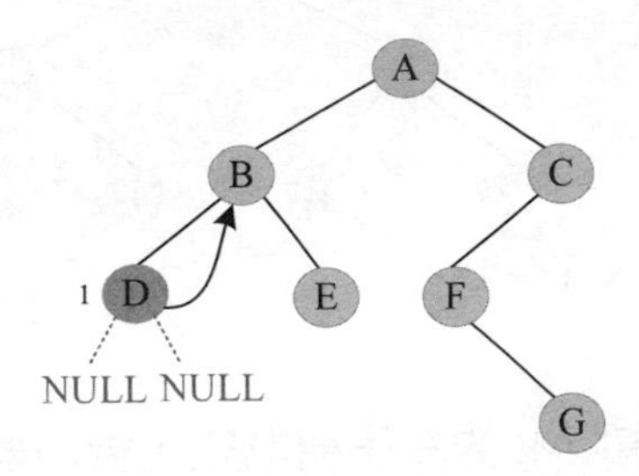

（4）後序遍歷 B 的右子樹。

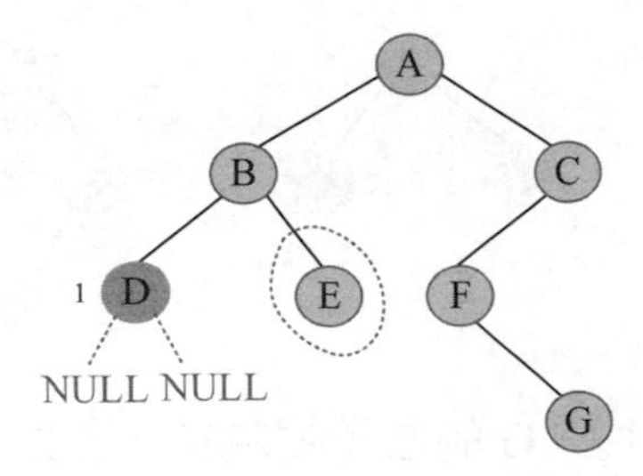

（5）後序遍歷 E 的左子樹，E 的左子樹為空，後序遍歷 E 的右子樹，E 的右子樹也為空，則存取 E，此時 B 的左、右子樹都已遍歷，存取 B，返回 A。

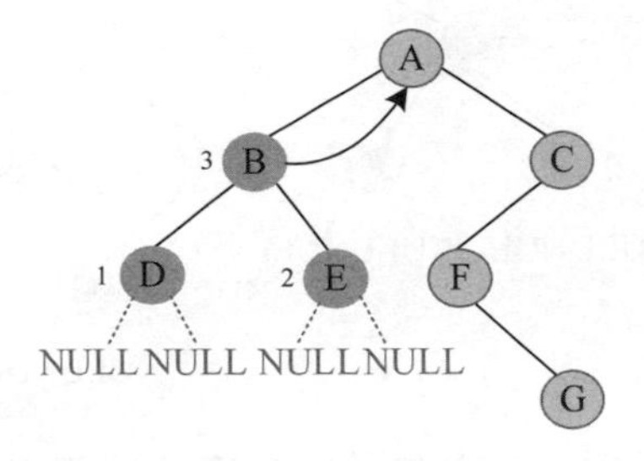

（6）後序遍歷 A 的右子樹。

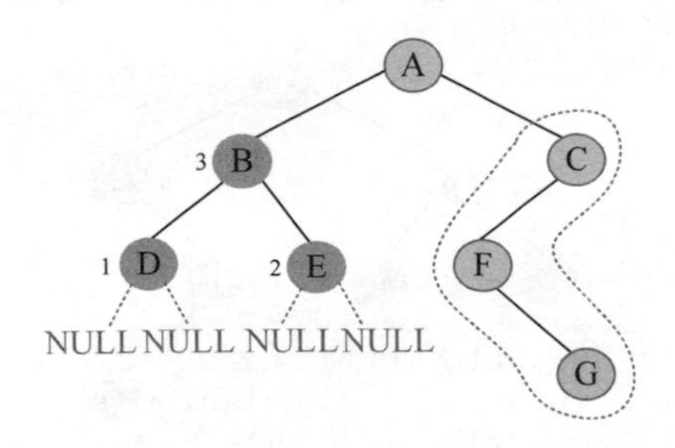

（7）後序遍歷 C 的左子樹。

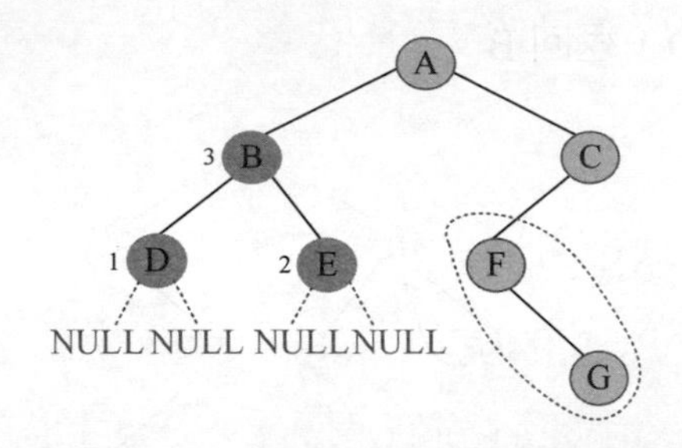

（8）後序遍歷 F 的左子樹，F 的左子樹為空，後序遍歷 F 的右子樹。

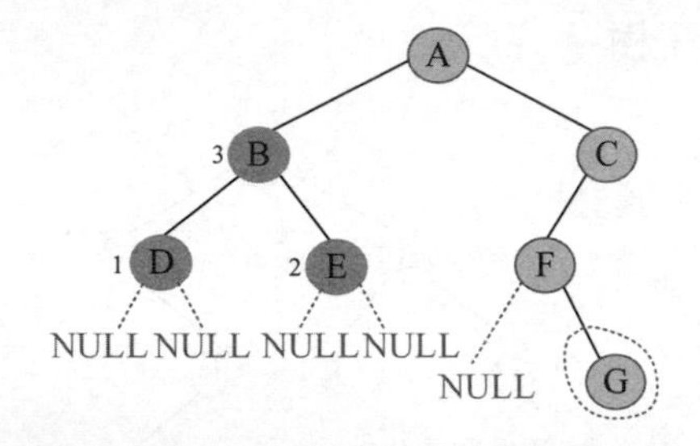

（9）後序遍歷 G 的左子樹，G 的左子樹為空，後序遍歷 G 的右子樹，G 的右子樹也為空，則存取 G，此時 F 的左、右子樹都已遍歷，存取 F，然後返回 C。

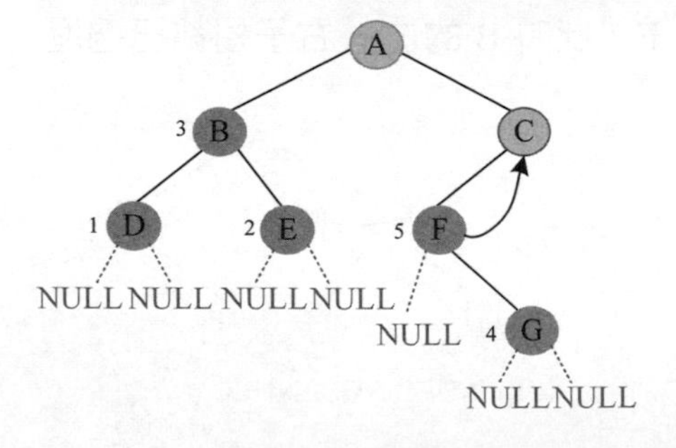

（10）後序遍歷 C 的右子樹，C 的右子樹為空，此時 C 的左、右子樹都已遍歷，存取 C，此時 A 的左、右子樹都已遍歷，存取 A，遍歷結束。

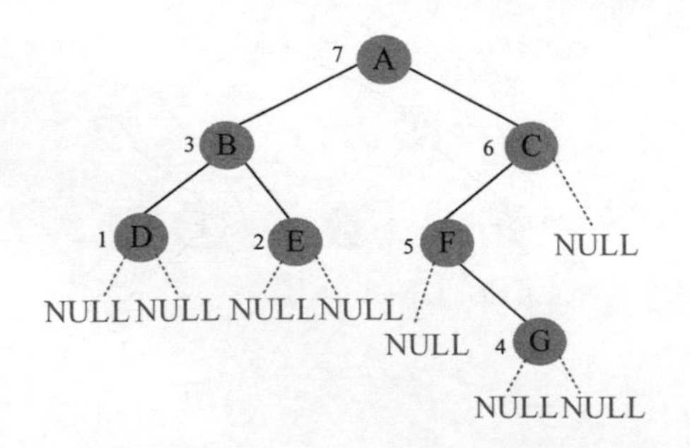

後序遍歷序列為 DEBGFCA。

演算法程式：

```
void posorder(Btree T) {// 後序遍歷
    if(T){
        posorder(T->lchild);
        posorder(T->rchild);
        cout<<T->data<<"  ";
    }
}
```

二元樹遍歷的程式非常簡單明瞭，"cout<<T->data;" 敘述在前面就是先序，在中間就是中序，在後面就是後序。

如果不按照程式執行流程，只要求寫出二元樹的遍歷序列，則還可以使用投影法快速得到遍歷序列。

1．中序遍歷

中序遍歷就像在無風的情況下，順序為左子樹、根、右子樹，太陽直射，將所有節點都投影到地上。一棵二元樹，其中序序列投影如下圖所示。中序遍歷序列為 DBEAFGC。

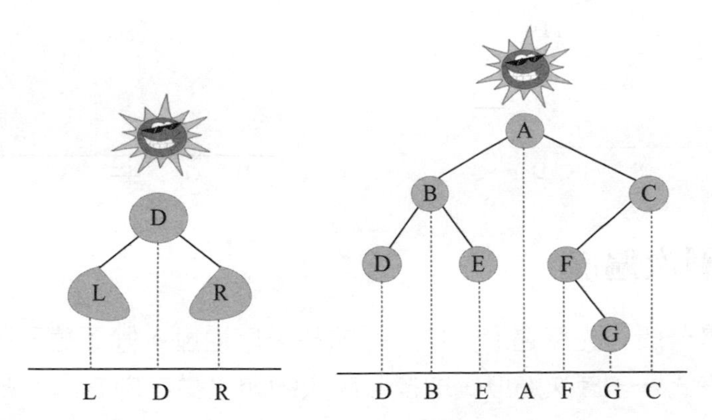

2．先序遍歷

先序遍歷就像在左邊大風的情況下，將二元樹樹枝刮向右方，且順序為根、左子樹、右子樹，太陽直射，將所有節點都投影到地上。一棵二元樹，其先序遍歷投影序列如下圖所示。先序遍歷序列為 ABDECFG。

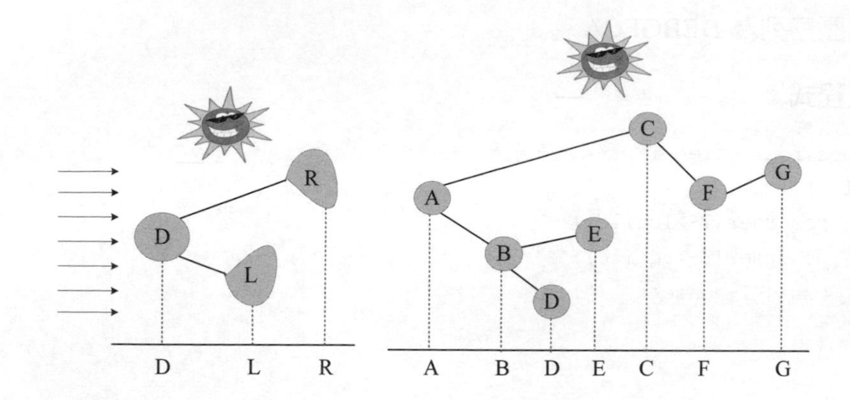

3．後序遍歷

後序遍歷就像在右邊大風的情況下，將二元樹樹枝刮向左方，且順序為左子樹、右子樹、根，太陽直射，將所有節點都投影到地上。一棵二元樹，其後序遍歷投影序列如下圖所示。後序遍歷序列為 DEBGFCA。

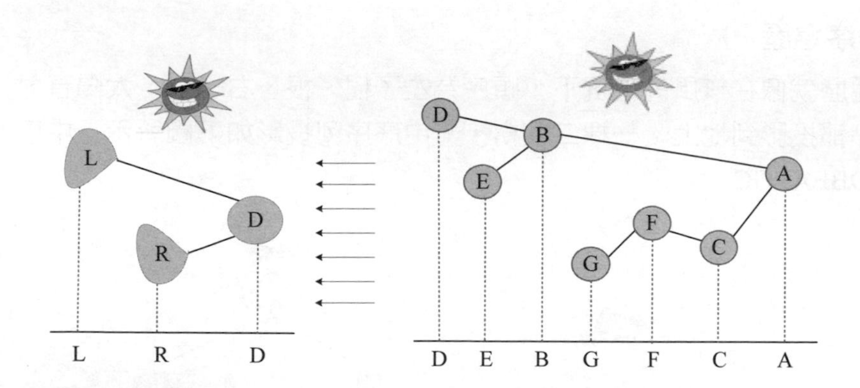

📖 5.3.4 層次遍歷

二元樹的遍歷一般有先序遍歷、中序遍歷和後序遍歷，除了這三種遍歷，還有另一種遍歷方式——層次遍歷，即按照層次的順序從左向右進行遍歷。

一棵樹如下圖所示。層次遍歷的流程：首先遍歷第 1 層 A，然後遍歷第 2 層，從左向右 B、C，再遍歷第 3 層，從左向右 D、E、F，再遍歷第 4 層 G。

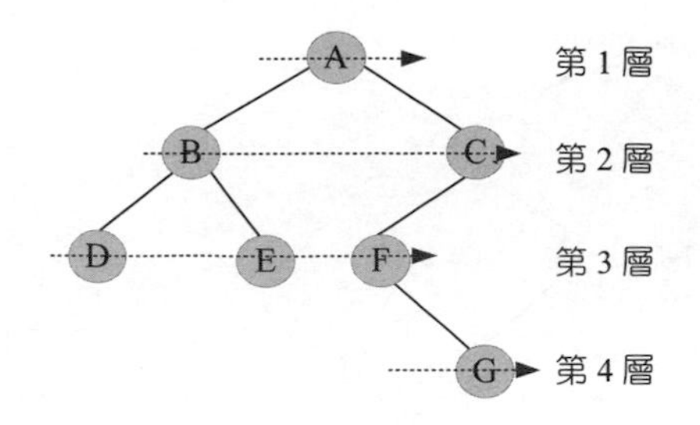

層次遍歷的秘笈：首先遍歷第 1 層，然後第 2 層……同一層按照從左向右的循序存取，直到最後一層。

程式是怎麼實現層次遍歷的呢？透過觀察可以發現，先被存取的節點，其子節點也先被存取，先來先服務，因此可以用佇列實現。

完美圖解：下面以上圖的二元樹為例，展示層次遍歷的過程。

（1）首先創建一個佇列 Q，令樹根加入佇列，如下圖所示（**注意**：實際上是指向樹根 A 的指標加入佇列，為了圖解方便，將資料加入佇列）。

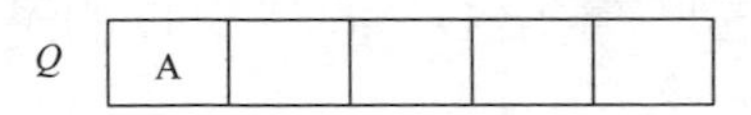

（2）佇列首元素移出佇列，輸出 A，同時令 A 的子節點 B、C 加入佇列（按從左向右的順序進行，如果是普通樹，則包含所有子節點）。二元樹和佇列的狀態如下圖所示。

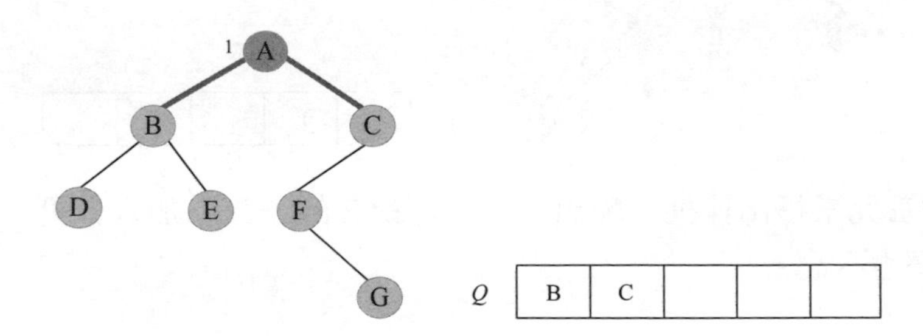

（3）佇列首元素移出佇列，輸出 B，同時令 B 的子節點 D、E 加入佇列，如下圖所示。

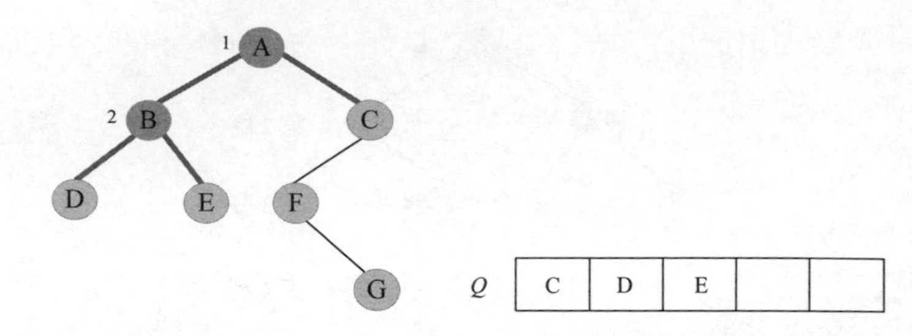

（4）佇列首元素移出佇列，輸出 C，同時令 C 的子節點 F 加入佇列。二元樹和佇列的狀態如下圖所示。

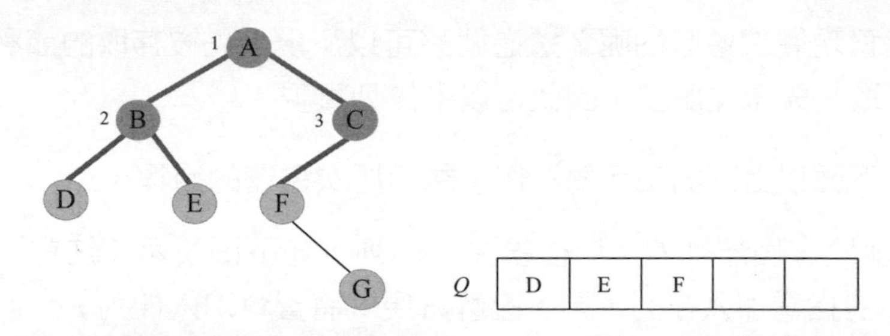

（5）佇列首元素移出佇列，輸出 D，同時令 D 的子節點加入佇列，D 沒有子節點，什麼也不做。

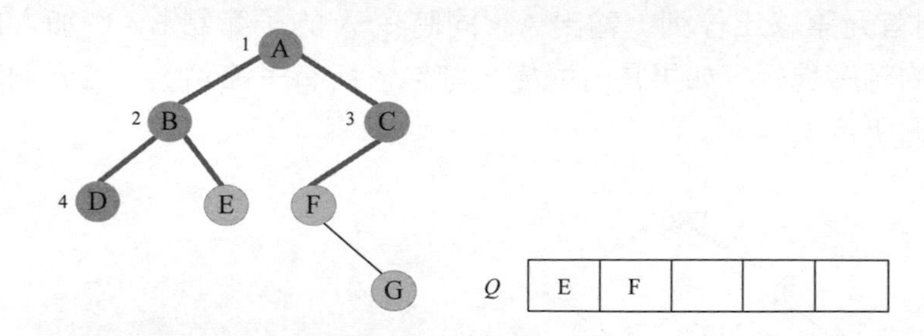

（6）佇列首元素移出佇列，輸出 E，同時令 E 的子節點加入佇列，E 沒有子節點，什麼也不做。

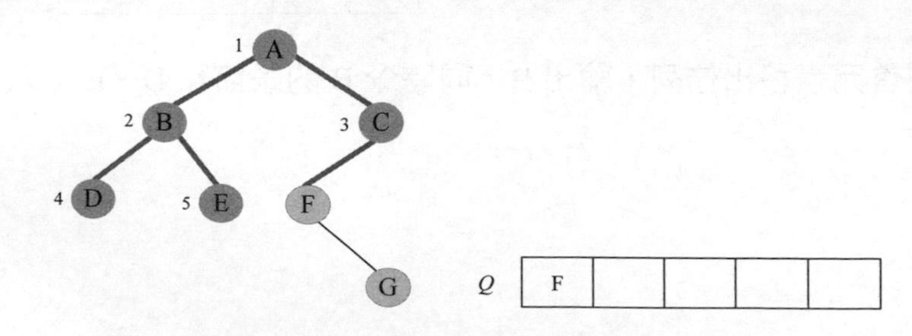

（7）佇列首元素移出佇列，輸出 F，同時令 F 的子節點 G 加入佇列。二元樹和佇列的狀態如下圖所示。

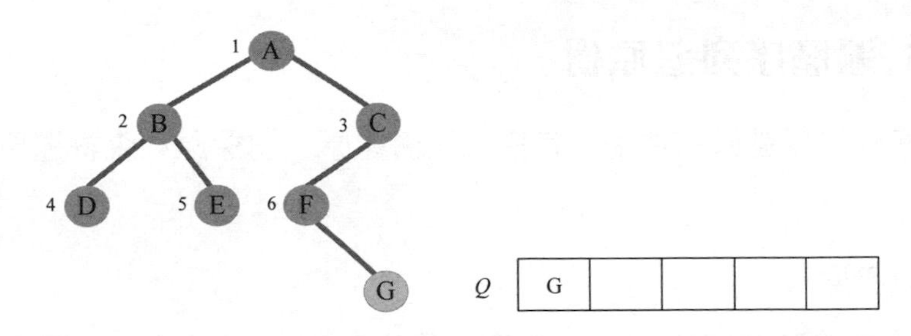

（8）佇列首元素移出佇列，輸出 G，同時令 G 的子節點加入佇列，G 沒有子節點，什麼也不做。

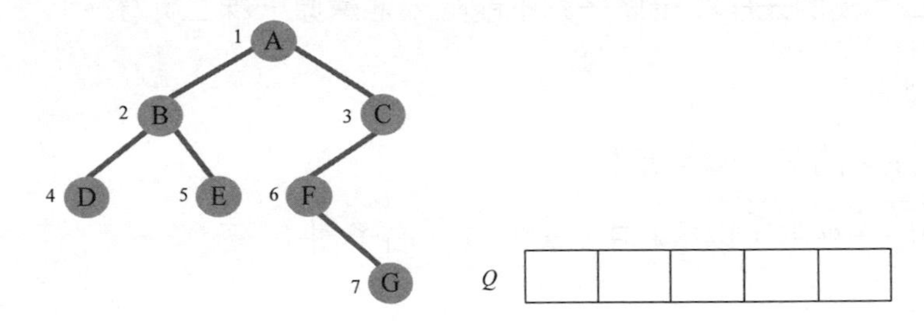

（9）佇列為空，演算法結束。

演算法程式：

```
bool Leveltraverse(Btree T){
    Btree p;
    if(!T)
        return false;
    queue<Btree>Q; // 創建一個普通佇列（先進先出），裡面存放指標類型
    Q.push(T); // 根指標加入佇列
    while(!Q.empty()){ // 如果佇列不空
        p=Q.front();// 取出佇列首元素作為目前節點
        Q.pop(); // 佇列首元素移出佇列
        cout<<p->data<<"  ";
        if(p->lchild)
            Q.push(p->lchild); // 左子節點指標加入佇列
        if(p->rchild)
            Q.push(p->rchild); // 右子節點指標加入佇列
    }
```

```
    return true;
}
```

📖 5.3.5 遍歷序列還原樹

根據遍歷序列可以還原這棵樹，包括二元樹還原、樹還原和森林還原三種還原方式。

1．二元樹還原

由二元樹的先序和中序序列，或中序和後序序列，可以唯一地還原一棵二元樹。

注意：由二元樹的先序和後序序列不能唯一地還原一棵二元樹。

演算法步驟：

（1）先序序列的第 1 個字元為根；

（2）在中序序列中，以根為中心劃分左、右子樹；

（3）還原左、右子樹。

完美圖解：已知一棵二元樹的先序序列 ABDECFG 和中序序列 DBEAFGC，還原這棵二元樹。

（1）先序序列的第 1 個字元 A 為根，在中序序列中以 A 為中心劃分左、右子樹，左子樹包含 D、B、E 三個節點，右子樹包含 F、G、C 三個節點。

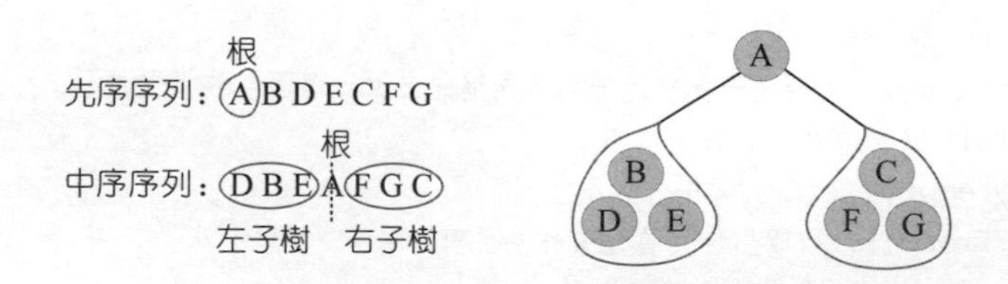

（2）左子樹 DBE，在先序序列中的順序為 BDE，第 1 個字元 B 為根，在中序序列中以 B 為中心劃分左、右子樹，左、右子樹各只有一個節點，直接作為 B 的左、右子節點。

根
先序序列：ABDECFG
根
中序序列：DBEAFGC
左子樹　右子樹

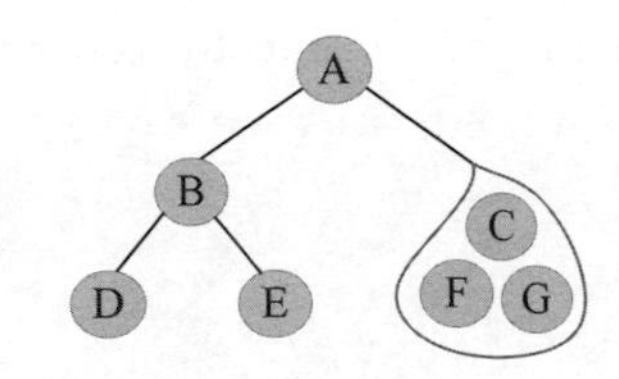

（3）右子樹 FGC，在先序序列中的順序為 CFG，第 1 個字元 C 為根，在中序序列中以 C 為中心劃分左、右子樹，左子樹包含 F、G 節點，右子樹為空。

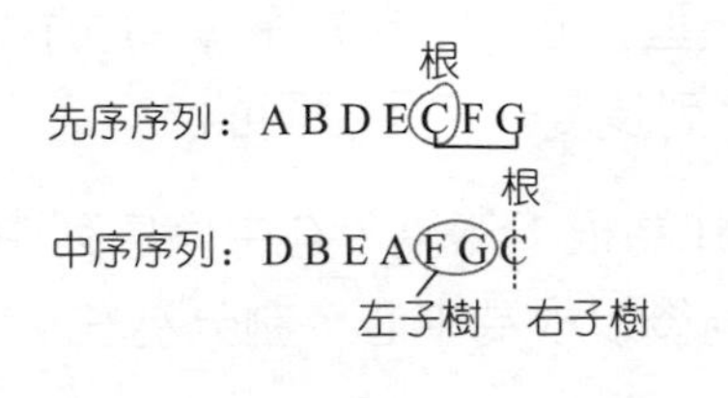

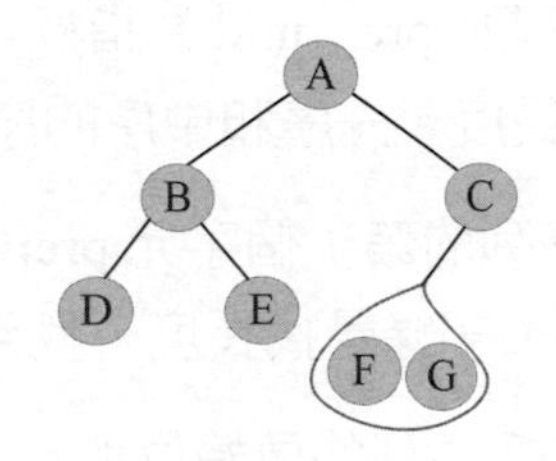

（4）左子樹 FG，在先序序列中的順序為 FG，第 1 個字元 F 為根，在中序序列中以 F 為中心劃分左、右子樹，左為空，右子樹只有一個節點 G，作為 F 的右子節點即可。

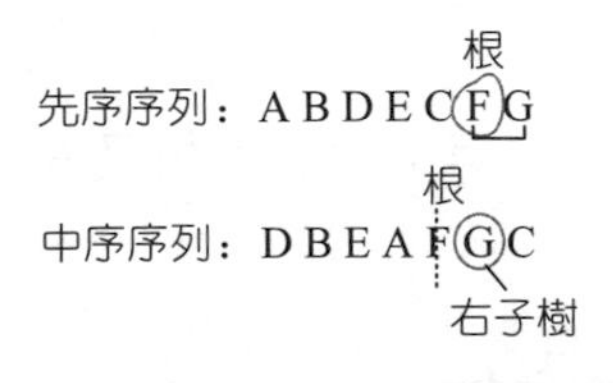

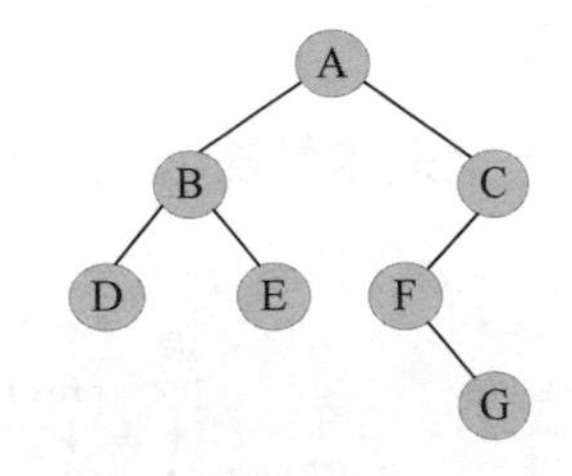

演算法程式：

```
BiTree pre_mid_createBiTree(char *pre,char *mid,int len) {// 由先序、中序還原建
立二元樹
    if(len==0)
        return NULL;
    char ch=pre[0]; // 先序序列中的第 1 個節點，作為根
    int index=0; // 在中序序列中尋找根節點，並用 index 記錄尋找長度
    while(mid[index]!=ch)// 在中序序列中尋找根節點，左邊為該節點的左子樹，右邊為右子樹
        index++;
    BiTree T=new BiTNode;// 創建根節點
    T->data=ch;
    T->lchild=pre_mid_createBiTree(pre+1,mid,index);// 創建左子樹
```

```
    T->rchild=pre_mid_createBiTree(pre+index+1,mid+index+1,len-index-1);//創
建右子樹
    return T;
}
```

程式解釋：

```
pre_mid_createBiTree(char *pre,char *mid,int len) //由先序、中序還原建立二元樹
```

函數有三個參數：pre、mid 為指標類型，分別指向先序、中序序列的啟始位址；len 為序列的長度。先序和中序的序列長度一定是相同的。

首先，先序序列的第 1 個字元 pre[0] 為根；然後，在中序序列中尋找根所在的位置，用 index 記錄尋找長度，找到後以根為中心，劃分為左、右子樹。

- 左子樹：先序序列的啟始位址為 pre+1，中序序列的啟始位址為 mid，長度為 index。
- 右子樹：先序序列的啟始位址為 pre+index+1，中序序列的啟始位址為 mid+index+1，長度為 len–index–1；右子樹的長度為總長度減去左子樹的長度，再減去根。

確定參數後，再遞迴求解左、右子樹即可。第 1 次的樹根及左、右子樹劃分如下圖所示。

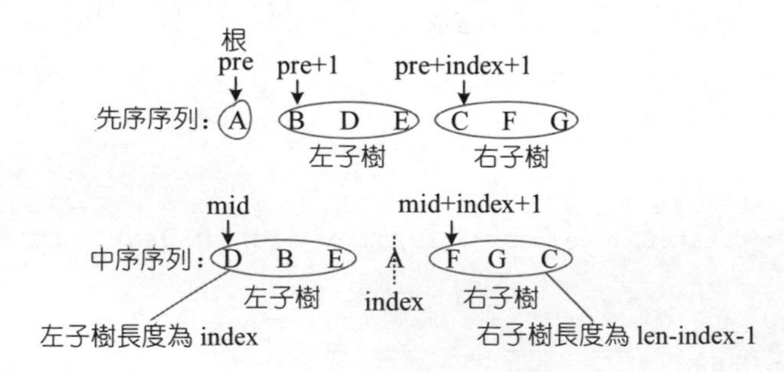

由二元樹的後序序列和中序序列也可以唯一確定一棵二元樹，方法和上面一樣，只不過後序序列的最後一個字元為根，然後在中序序列中以根為中心劃分左、右子樹。

練習：已知一棵二元樹的後序序列 DEBGFCA 和中序序列 DBEAFGC，還原二元樹。

演算法程式：

```
BiTree pro_mid_createBiTree(char *last,char *mid,int len) {// 由後序、中序還原
建立二元樹
    if(len==0)
       return NULL;
    char ch=last[len-1]; // 找到後序序列中的最後一個節點，作為根
    int index=0;// 在中序序列中尋找根節點，並用 index 記錄尋找長度
    while(mid[index]!=ch)// 在中序序列中找根節點，左邊為該節點的左子樹，右邊為右子樹
       index++;
    BiTree T=new BiTNode;// 創建根節點
    T->data=ch;
    T->lchild=pro_mid_createBiTree(last,mid,index);// 創建左子樹
    T->rchild=pro_mid_createBiTree(last+index,mid+index+1,len-index-1);// 創建
右子樹
    return T;
}
```

先序遍歷、中序遍歷還原二元樹的秘笈：先序找根，中序分左右。

後序遍歷、中序遍歷還原二元樹的秘笈：後序找根，中序分左右。

2．樹還原

由於樹的先根遍歷、後根遍歷與其對應二元樹的先序遍歷、中序遍歷相同，因此可以根據該對應關係，先還原為二元樹，然後把二元樹轉為樹。

演算法步驟：

（1）樹的先根遍歷、後根遍歷與其對應的二元樹的先序遍歷、中序遍歷相同，因此根據這兩個序列，按照先序遍歷、中序遍歷還原二元樹的方法，還原為二元樹。

（2）將該二元樹轉為樹。

已知一棵樹的先根遍歷序列 ABEFCDGIH 和後根遍歷序列 EFBCIGHDA，還原這棵樹。

完美圖解：

（1）樹的先根遍歷、後根遍歷與其對應的二元樹的先序遍歷、中序遍歷相同，因此其對應二元樹的先序序列 ABEFCDGIH 和中序遍歷序列 EFBCIGHDA，

按照先序遍歷、中序遍歷還原二元樹的方法，還原為二元樹，如下圖所示。

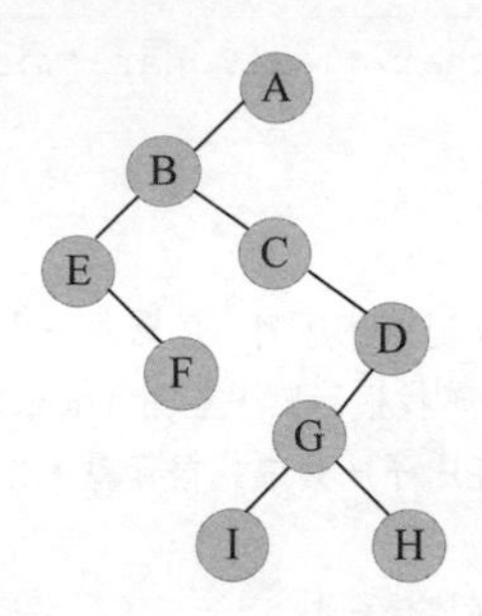

（2）按二元樹轉換樹的規則，將該二元樹轉為樹，如下圖所示。

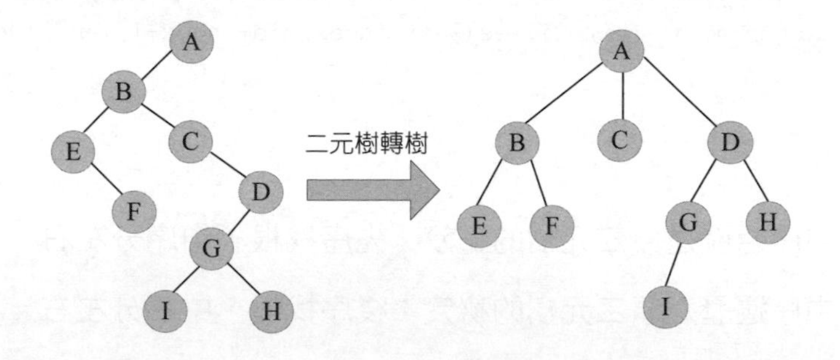

3・森林還原

由於森林的先序遍歷、中序遍歷與其對應二元樹的先序遍歷、中序遍歷相同，因此可以根據該對應關係，先將其還原為二元樹，然後將二元樹轉為森林。

已知森林的先序遍歷序列 ABCDEFGHJI 和中序遍歷序列 BCDAFEJHIG，還原森林。

森林的先序和中序對應二元樹的先序和中序，根據該先序和中序序列先將其還原為二元樹，然後將二元樹轉為森林，如下圖所示。

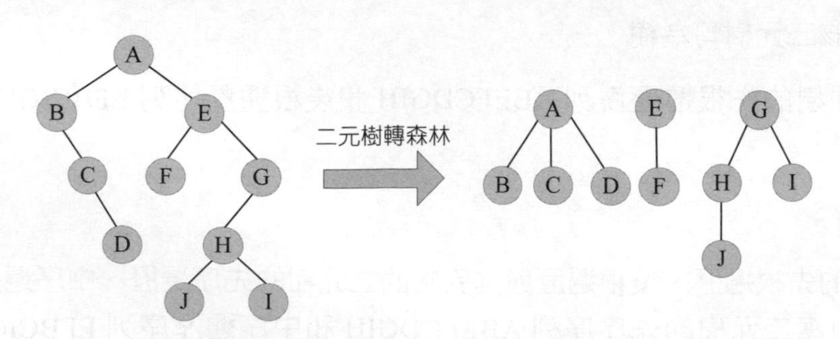

∴ 訓練 1　新二元樹

題目描述（P1305）：輸入一棵二元樹，輸出其先序遍歷序列。

輸入：第 1 行為二元樹的節點數 n（$1 \le n \le 26$）。後面的 n 行，以每一個字母為節點，後兩個字母分別為其左、右子節點。對空節點用 * 表示。

輸出：輸出二元樹的先序遍歷序列。

輸入範例	輸出範例
6 abc bdi cj* d** i** j**	abdicj

題解：可用靜態儲存方式，儲存每個節點的左、右子節點，然後按先序遍歷順序輸出。

演算法程式：

```
int n,root,l[100],r[100];
string s;
void preorder(int t){// 先序遍歷
    if(t!='*'-'a'){
        cout<<char(t+'a');
        preorder(l[t]);
        preorder(r[t]);
    }
}

int main(){
    cin>>n;
    for(int i=0;i<n;i++){
        cin>>s;
        if(!i)
            root=s[0]-'a';
        l[s[0]-'a']=s[1]-'a';
```

```
        r[s[0]-'a']=s[2]-'a';
    }
    preorder(root);
    return 0;
}
```

訓練 2　還原樹

題目描述（UVA536）：小瓦倫丁非常喜歡玩二元樹。她最喜歡的遊戲是根據二元樹節點的大寫字母隨機構造的。

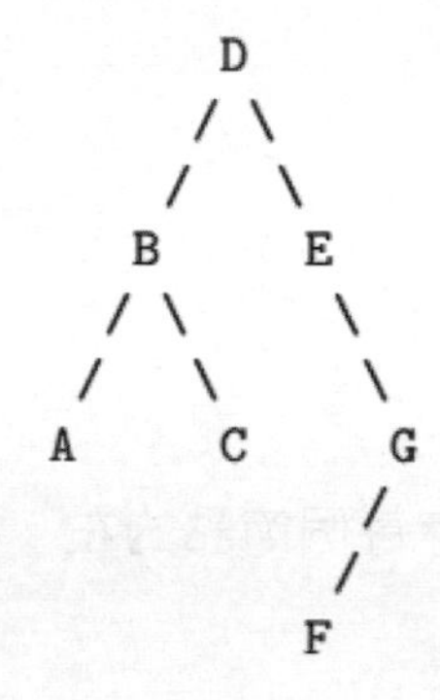

為了記錄她的樹，她為每棵樹都寫下兩個字串：一個先序遍歷（根、左子樹、右子樹）和一個中序遍歷（左子樹、根、右子樹）。上圖所示的樹，先序遍歷是 DBACEGF，中序遍歷是 ABCDEFG。她認為這樣一對字串可以提供足夠的資訊，以便以後重建這棵樹。

輸入：輸入包含一個或多個測試使用案例。每個測試使用案例都包含一行，其中包含兩個字串，表示二元樹的先序遍歷和中序遍歷。兩個字串都由唯一的大寫字母組成。

輸出：對於每個測試使用案例，都單行輸出該二元樹的後序遍歷序列（左子樹、右子樹、根）。

輸入範例	輸出範例
DBACEGF ABCDEFG	ACBFGED
BCAD CBAD	CDAB

題解：本題列出二元樹的先序和中序序列，要求輸出後序序列。無須建構二元樹，只需在還原二元樹的同時，輸出後序序列即可。根據先序序列找根，以中序序列劃分左、右子樹。

演算法程式：

```
string preorder,inorder;
void postorder(int l1,int l2,int n){// 傳索引
    if(n<=0)
        return;
    int len=inorder.find(preorder[l1])-l2;// 返回其位置
    postorder(l1+1,l2,len);
    postorder(l1+len+1,l2+len+1,n-len-1);
    cout<<preorder[l1];
}

int main(){
    while(cin>>preorder>>inorder){
        int len=preorder.size();
        postorder(0,0,len);
        cout<<endl;
    }
    return 0;
 }
```

∴ 訓練 3　樹

題目描述（UVA548）：確定指定二元樹中的葉子節點，使從根到葉子路徑上的節點權值之和最小。

輸入：輸入包含二元樹的中序遍歷和後序遍歷。從輸入檔案中讀取兩行（直到檔案結束）。第 1 行包含與中序遍歷相連結的值序列，第 2 行包含與後序遍歷相連結的值序列。所有值均不同，都大於零且小於 10000。假設沒有二元樹超過 10000 個節點或少於 1 個節點。

輸出：對於每棵二元樹，都輸出值最小的路徑上葉子節點的值。如果多筆路徑的值最小，則選擇葉子節點值最小的路徑。

輸入範例	輸出範例
3 2 1 4 5 7 6	1
3 1 2 5 6 7 4	3
7 8 11 3 5 16 12 18	255
8 3 11 7 16 18 12 5	
255	
255	

題解：本題輸入二元樹的中序、後序序列，求解從根到葉子權值之和最小的葉子節點，如果有多個答案，則選擇具有最小權值的葉子節點。首先根據二元樹的後序序列確定樹根；然後根據中序序列劃分左、右子樹，還原二元樹；最後進行先序遍歷，尋找從根到葉子權值之和最小的葉子節點的權值。

演算法程式：

```
int createtree(int l1,int l2,int m){// 由遍歷序列創建二元樹
    if(m<=0)
        return 0;
    int root=postorder[l2+m-1];
    int len=0;
    while(inorder[l1+len]!=root)// 計算左子樹的長度
        len++;
    lch[root]=createtree(l1,l2,len);
    rch[root]=createtree(l1+len+1,l2+len,m-len-1);
    return root;
}

bool readline(int *a){// 讀取遍歷序列，中間有空格
    string line;
    if(!getline(cin,line))
        return false;
    stringstream s(line);
    n=0;
    int x;
    while(s>>x)
        a[n++]=x;
    return n>0;
 }
```

```
void findmin(int v,int sum){
    sum+=v;
    if(!lch[v]&&!rch[v])//葉子
        if(sum<minsum||(sum==minsum&&v<minv)){
            minv=v;
            minsum=sum;
        }
    if(lch[v])//v有左子樹
        findmin(lch[v],sum);
    if(rch[v])//v有右子樹
        findmin(rch[v],sum);
}

int main(){
    while(readline(inorder)){//讀取中序序列
        readline(postorder);//讀取後序序列
        createtree(0,0,n);
        minsum=0x7fffffff;
        findmin(postorder[n-1],0);
        cout<<minv<<endl;
    }
    return 0;
}
```

5.4 霍夫曼樹

📖 原理　霍夫曼編碼

通常的編碼方法有固定長度編碼和不等長編碼兩種。這是一個設計最佳編碼方案的問題，目的是使總碼長度最短。這個問題是利用字元的使用頻率來編碼，是不等長編碼方法，使得經常使用的字元編碼較短，不常使用的字元編碼較長。如果採用等長的編碼方案，假設所有字元的編碼都等長，則表示 n 個不同的字元需要 $\log n$ 位元。例如 3 個不同的字元 a、b、c，至少需要兩位元二進位數字表示，即 a:00、b:01、c:10。如果每個字元的使用頻率都相等，則固定長度編碼是空間效率最高的方法。

不等長編碼方法需要解決兩個關鍵問題：①編碼盡可能短，我們可以讓使用頻率高的字元編碼較短，使用頻率低的字元編碼較長，這種方法可以提高壓縮率，節省空間，也能提高運算和通訊速度，即頻率越高，編碼越短；②不能有不明確性。

例如：ABCD 四個字元如果這樣編碼：

```
A:0   B:1   C:01   D:10
```

那麼現在有一列數 0110，該怎樣翻譯呢？是翻譯為 ABBA、ABD、CBA 還是 CD ？這種混亂的解碼如果用在軍事情報中後果會很嚴重！那麼如何消除不明確性呢？解決的辦法是：任何一個字元的編碼都不能是另一個字元編碼的前綴，即前綴碼特性。

1952 年，數學家 D.A.Huffman 提出了一種最佳編碼方式，被稱為霍夫曼（Huffman）編碼。霍夫曼編碼極佳地解決了上述兩個關鍵問題，被廣泛地應用於資料壓縮，尤其是遠距離通訊和大容量資料儲存。常用的 JPEG 圖片就是採用霍夫曼編碼壓縮的。

霍夫曼編碼的基本思想是以字元的使用頻率作為權值建構一棵霍夫曼樹，然後利用霍夫曼樹對字元進行編碼。構造一棵霍夫曼樹，是將所要編碼的字元作為葉子節點，將該字元在檔案中的使用頻率作為葉子節點的權值，以自底向上的方式，透過 $n-1$ 次的 " 合併 " 運算後構造出的樹。其核心思想是讓權值大的葉子離根最近。

霍夫曼演算法採取的貪婪策略是，每次都從樹的集合中取出沒有父節點且權值最小的兩棵樹作為左、右子樹，構造一棵新樹，新樹根節點的權值為其左、右子節點權值之和，將新樹插入樹的集合中。

1 · 演算法步驟

（1）確定合適的資料結構。編寫程式前需要考慮的情況如下。

- 在霍夫曼樹中，如果沒有度為 1 的節點，則一棵有 n 個葉子節點的霍夫曼樹共有 $2n-1$ 個節點（$n-1$ 次的 " 合併 "，每次都產生一個新節點）。
- 組成霍夫曼樹後，編碼需要從葉子節點出發走一條從葉子到根的路徑。解碼需要從根出發走一條從根到葉子的路徑。那麼對於每個節點而言，需要知道每個節點的權值、父節點、左子節點、右子節點和節點的資訊。

（2）初始化。構造 n 棵節點為 n 個字元的單節點樹集合 $T=\{t_1,t_2,t_3,\cdots,t_n\}$，每棵樹只有一個帶權的根節點，權值為該字元的使用頻率。

（3）如果在 T 中只剩下一棵樹，則霍夫曼樹構造成功，跳到第 6 步。不然從集合 T 中取出沒有父節點且權值最小的兩棵樹 t_i 和 t_j，將它們合併成一棵新樹 z_k，新樹的左子節點為 t_i，右子節點為 t_j，z_k 的權值為 t_i 和 t_j 的權值之和。

（4）從集合 T 中刪去 t_i、t_j，加入 z_k。

（5）重複第（3）～（4）步。

（6）約定左分支上的編碼為 "0"，右分支上的編碼為 "1"。從葉子節點到根節點逆向求出每個字元的霍夫曼編碼。那麼從根節點到葉子節點路徑上的字元組成的字串為該葉子節點的霍夫曼編碼，演算法結束。

2．完美圖解

假設一些字元及它們的使用頻率如下表所示，那麼如何得到它們的霍夫曼編碼呢？

字元	a	b	c	d	e	f
頻率	0.05	0.32	0.18	0.07	0.25	0.13

可以把每一個字元都作為葉子，將它們對應的頻率作為其權值，因為只是比較大小，所以為了比較方便，可以對其同時擴大一百倍，得到 a:5、b:32、c:18、d:7、e:25、f:13。

（1）初始化。構造 n 棵節點為 n 個字元的單節點樹集合 T={a,b,c,d,e,f}，如下圖所示。

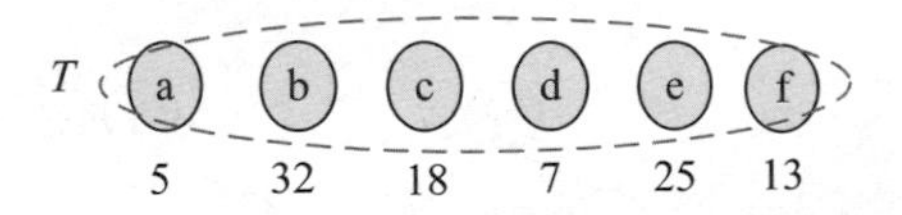

（2）從集合 T 中取出沒有父節點且權值最小的兩棵樹 a 和 d，將它們合併成一棵新樹 t_1，新樹的左子節點為 a，右子節點為 d，新樹的權值為 a 和 d 的權值之和 12。將新樹的樹根 t_1 加入集合 T，將 a、d 從集合 T 中刪除，如下圖所示。

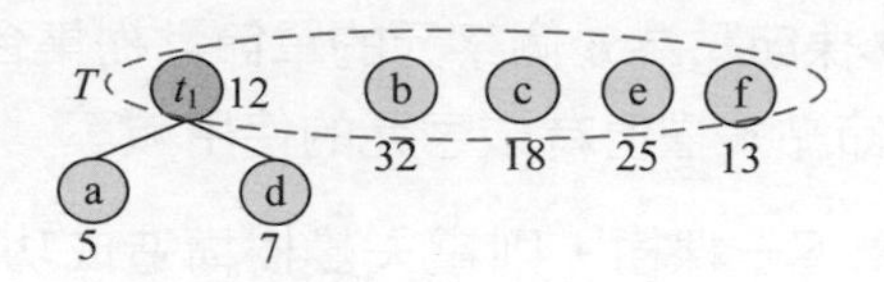

（3）從集合 T 中取出沒有父節點且權值最小的兩棵樹 t_1 和 f，將它們合併成一棵新樹 t_2，新樹的左子節點為 t_1，右子節點為 f，新樹的權值為 t_1 和 f 的權值之和 25。將新樹的樹根 t_2 加入集合 T，將 t_1 和 f 從集合 T 中刪除，如下圖所示。

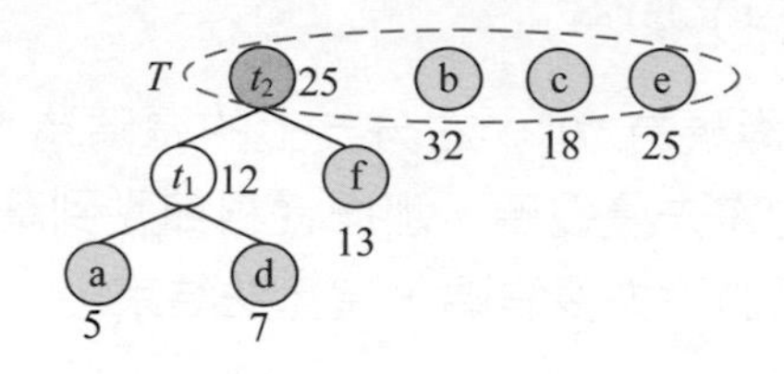

（4）從集合 T 中取出沒有父節點且權值最小的兩棵樹 c 和 e，將它們合併成一棵新樹 t_3，新樹的左子節點為 c，右子節點為 e，新樹的權值為 c 和 e 的權值之和 43。將新樹的樹根 t_3 加入集合 T，將 c 和 e 從集合 T 中刪除，如下圖所示。

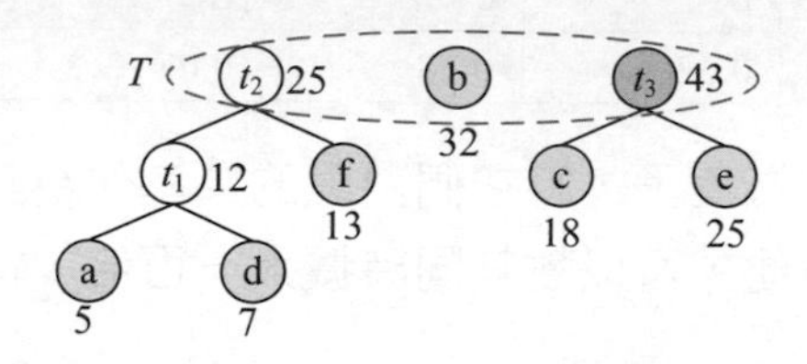

（5）從集合 T 中取出沒有父節點且權值最小的兩棵樹 t_2 和 b，將它們合併成一棵新樹 t_4，新樹的左子節點為 t_2，右子節點為 b，新樹的權值為 t_2 和 b 的權值之和 57。新樹的樹根 t_4 加入集合 T，將 t_2 和 b 從集合 T 中刪除，如下圖所示。

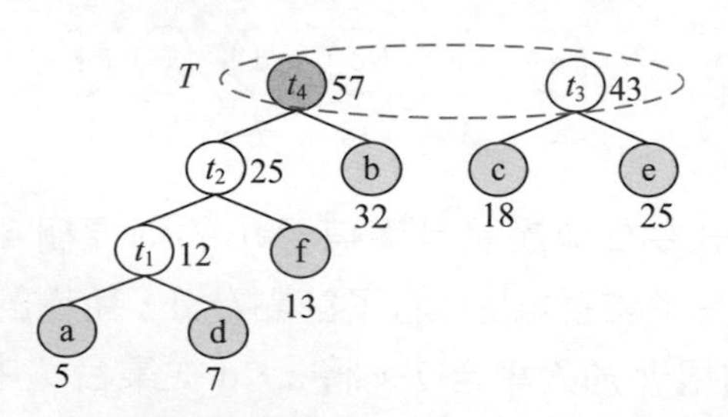

（6）從集合 T 中取出沒有父節點且權值最小的兩棵樹 t_3 和 t_4，將它們合併成一棵新樹 t_5，新樹的左子節點為 t_4，右子節點為 t_3，新樹的權值為 t_3 和 t_4 的權

值之和 100。將新樹的樹根 t_5 加入集合 T，將 t_3 和 t_4 從集合 T 中刪除，如下圖所示。

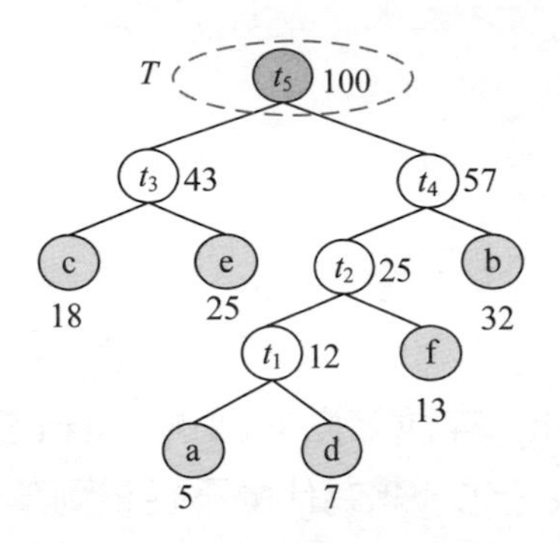

（7）在集合 T 中只剩下一棵樹，霍夫曼樹構造成功。

（8）約定左分支上的編碼為 "0"，右分支上的編碼為 "1"。從葉子節點到根節點逆向求出每個字元的霍夫曼編碼。那麼從根節點到葉子節點路徑上的字元組成的字串為該葉子節點的霍夫曼編碼，如下圖所示。

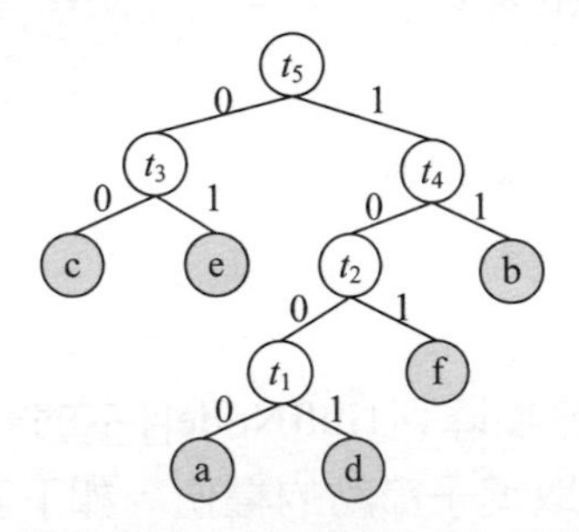

a:1000 b:11 c:00 d:1001 e:01 f:101

3．演算法實現

在構造霍夫曼樹的過程中，首先將每個節點的父節點、左子節點、右子節點都初始化為 –1，找出所有節點中父節點為 –1 且權值最小的兩個節點 t_1、t_2，併合並為一棵二元樹，更新資訊（父節點的權值為 $t1$、t_2 權值之和，其左子節點為權值最小的節點 t_1，右子節點為次小的節點 t_2，t_1、t_2 的父節點為父節點的編號）。重複此過程，建成一棵霍夫曼樹。

（1）資料結構。每個節點的結構都包括權值、父節點、左子節點、右子節點、節點字元資訊五個域，如下圖所示。

weight	parent	lchild	rchild	value

將其定義為結構體形式，定義節點結構 HnodeType。

```
typedef struct{
    double weight; // 權值
    int parent;  // 父節點
    int lchild;  // 左子節點
    int rchild;  // 右子節點
    char value; // 該節點表示的字元
} HNodeType;
```

在結構的開發過程中，bit[] 存放節點的編碼，start 記錄編碼開始時的索引，在逆向編碼（從葉子到根，想一想為什麼不從根到葉子呢？）儲存時，start 從 $n-1$ 開始依次遞減，從後向前儲存；當讀取時，從 start+1 開始到 $n-1$，從前向後輸出，即該字元的編碼，如下圖所示。

bit[]				1 (start)	0	1	1 (n-1)

編碼結構 HcodeType 程式如下。

```
typedef struct{
    int bit[MAXBIT]; // 儲存編碼的陣列
    int start; // 編碼開始索引
} HCodeType;
```

（2）初始化。初始化霍夫曼樹陣列 HuffNode[] 中的節點權值為 0，父節點和左、右子節點均為 –1，然後讀取葉子節點的權值，如下表所示。

	weight	parent	lchild	rchild	value
0	5	–1	–1	–1	a
1	32	–1	–1	–1	b
2	18	–1	–1	–1	c
3	7	–1	–1	–1	d
4	25	–1	–1	–1	e
5	13	–1	–1	–1	f
6	0	–1	–1	–1	
7	0	–1	–1	–1	
8	0	–1	–1	–1	
9	0	–1	–1	–1	
10	0	–1	–1	–1	

（3）循環構造霍夫曼樹。從集合 T 中取出父節點為 –1 且權值最小的兩棵樹 t_i 和 t_j，將它們合併成一棵新樹 z_k，新樹的左子節點為 t_i，右子節點為 t_j，z_k 的權值為 t_i 和 t_j 的權值之和。

```
int i,j,x1,x2; //x1、x2 為兩個最小權值節點的序號
double m1,m2; //m1、m2 為兩個最小權值節點的權值
for(i=0;i<n-1;i++){
        m1=m2=MAXVALUE;   // 初始化為最大值
        x1=x2=-1;   // 初始化為 -1
        // 找出所有節點中權值最小、無父節點的兩個節點
        for(j=0;j<n+i;j++){
            if(HuffNode[j].weight<m1 && HuffNode[j].parent==-1){
                m2=m1;
                x2=x1;
                m1=HuffNode[j].weight;
                x1=j;
            }
            else if(HuffNode[j].weight<m2 && HuffNode[j].parent==-1){
                m2=HuffNode[j].weight;
                x2=j;
            }
        }
        /* 更新新樹資訊 */
        HuffNode[x1].parent=n+i; //x1 的父親為新節點編號 n+i
        HuffNode[x2].parent=n+i; //x2 的父親為新節點編號 n+i
        HuffNode[n+i].weight=m1+m2; // 新節點權值為兩個最小權值之和 m1+m2
        HuffNode[n+i].lchild=x1; // 新節點 n+i 的左子節點為 x1
        HuffNode[n+i].rchild=x2; // 新節點 n+i 的右子節點為 x2
    }
}
```

完美圖解：

第 1 步，i=0 時：j=0; j<6；找父節點為 –1 且權值最小的兩個數。

```
x1=0    x2=3；//x1、x2 為兩個最小權值節點的序號
m1=5   m2=7；//m1、m2 為兩個最小權值節點的權值
HuffNode[0].parent=6;    //x1 的父親為新節點編號 n+i
HuffNode[3].parent=6;    //x2 的父親為新節點編號 n+i
HuffNode[6].weight=12;   // 新節點權值為兩個最小權值之和 m1+m2
HuffNode[6].lchild=0;    // 新節點 n+i 的左子節點為 x1
HuffNode[6].rchild=3;    // 新節點 n+i 的右子節點為 x2
```

資料更新後如下表所示。

	weight	parent	lchild	rchild	value
0	5	6	–1	–1	a
1	32	–1	–1	–1	b
2	18	–1	–1	–1	c
3	7	6	–1	–1	d
4	25	–1	–1	–1	e
5	13	–1	–1	–1	f
6	12	–1	0	3	
7	0	–1	–1	–1	
8	0	–1	–1	–1	
9	0	–1	–1	–1	
10	0	–1	–1	–1	

對應的霍夫曼樹如下圖所示。

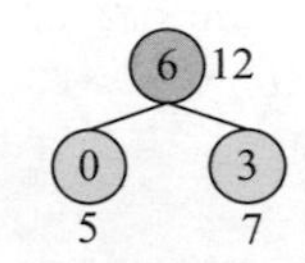

第 2 步，i=1 時：j=0; j<7；找父節點為 –1 且權值最小的兩個數。

```
x1=6      x2=5；//x1、x2 為兩個最小權值節點的序號
m1=12   m2=13；//m1、m2 為兩個最小權值節點的權值
HuffNode[5].parent=7;     //x1 的父親為新節點編號 n+i
HuffNode[6].parent=7;     //x2 的父親為新節點編號 n+i
HuffNode[7].weight=25;    // 新節點權值為兩個最小權值之和 m1+m2
HuffNode[7].lchild=6;     // 新節點 n+i 的左子節點為 x1
HuffNode[7].rchild=5;     // 新節點 n+i 的右子節點為 x2
```

資料更新後如下表所示。

	weight	parent	lchild	rchild	value
0	5	6	–1	–1	a
1	32	–1	–1	–1	b
2	18	–1	–1	–1	c
3	7	6	–1	–1	d
4	25	–1	–1	–1	e
5	13	7	–1	–1	f

6	12	7	0	3	
7	25	–1	6	5	
8	0	–1	–1	–1	
9	0	–1	–1	–1	
10	0	–1	–1	–1	

對應的霍夫曼樹如下圖所示。

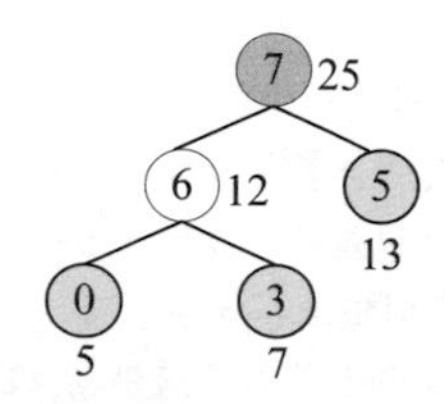

第 3 步，i=2 時：j=0; j<8；找父節點為 –1 且權值最小的兩個數。

```
x1=2     x2=4；//x1、x2 為兩個最小權值節點的序號
m1=18  m2=25；//m1、m2 為兩個最小權值節點的權值
HuffNode[2].parent=8;    //x1 的父親為新節點編號 n+i
HuffNode[4].parent=8;    //x2 的父親為新節點編號 n+i
HuffNode[8].weight=43;   // 新節點權值為兩個最小權值之和 m1+m2
HuffNode[8].lchild=2;    // 新節點 n+i 的左子節點為 x1
HuffNode[8].rchild=4;    // 新節點 n+i 的右子節點為 x2
```

資料更新後如下表所示。

	weight	parent	lchild	rchild	value
0	5	6	–1	–1	a
1	32	–1	–1	–1	b
2	18	8	–1	–1	c
3	7	6	–1	–1	d
4	25	8	–1	–1	e
5	13	7	–1	–1	f
6	12	7	0	3	
7	25	–1	6	5	
8	43	–1	2	4	
9	0	–1	–1	–1	
10	0	–1	–1	–1	

對應的霍夫曼樹如下圖所示。

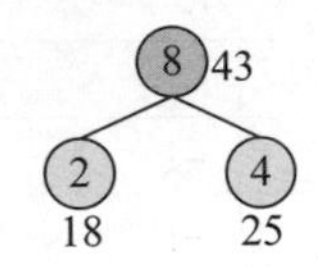

第 4 步，i=3 時：j=0; j<9；找父節點為 –1 且權值最小的兩個數。

```
x1=7     x2=1；//x1、x2 為兩個最小權值節點的序號
m1=25  m2=32；//m1、m2 為兩個最小權值節點的權值
HuffNode[7].parent=9;     //x1 的父親為新節點編號 n+i
HuffNode[1].parent=9;     //x2 的父親為新節點編號 n+i
HuffNode[9].weight=57;   // 新節點權值為兩個最小權值之和 m1+m2
HuffNode[9].lchild=7;    // 新節點 n+i 的左子節點為 x1
HuffNode[9].rchild=1;    // 新節點 n+i 的右子節點為 x2
```

資料更新後如下表所示。

	weight	parent	lchild	rchild	value
0	5	6	–1	–1	a
1	32	9	–1	–1	b
2	18	8	–1	–1	c
3	7	6	–1	–1	d
4	25	8	–1	–1	e
5	13	7	–1	–1	f
6	12	7	0	3	
7	25	9	6	5	
8	43	–1	2	4	
9	57	–1	7	1	
10	0	–1	–1	–1	

對應的霍夫曼樹如下圖所示。

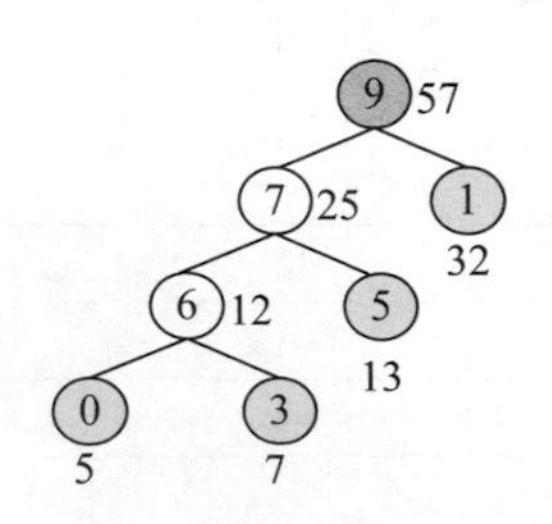

第 5 步，i=4 時：j=0; j<10；找父節點為 –1 且權值最小的兩個數。

```
x1=8     x2=9；//x1、x2 為兩個最小權值節點的序號
m1=43   m2=57；//m1、m2 為兩個最小權值節點的權值
HuffNode[8].parent=10;     //x1 的父親為生成的新節點編號 n+i
HuffNode[9].parent=10;     //x2 的父親為生成的新節點編號 n+i
HuffNode[10].weight=100;   // 新節點權值為兩個最小權值之和 m1+m2
HuffNode[10].lchild=8;     // 新節點編號 n+i 的左子節點為 x1
HuffNode[10].rchild=9;     // 新節點編號 n+i 的右子節點為 x2
```

資料更新後如下表所示。

	weight	parent	lchild	rchild	value
0	5	6	–1	–1	a
1	32	9	–1	–1	b
2	18	8	–1	–1	c
3	7	6	–1	–1	d
4	25	8	–1	–1	e
5	13	7	–1	–1	f
6	12	7	0	3	
7	25	9	6	5	
8	43	10	2	4	
9	57	10	7	1	
10	100	–1	8	9	

對應的霍夫曼樹如下圖所示。

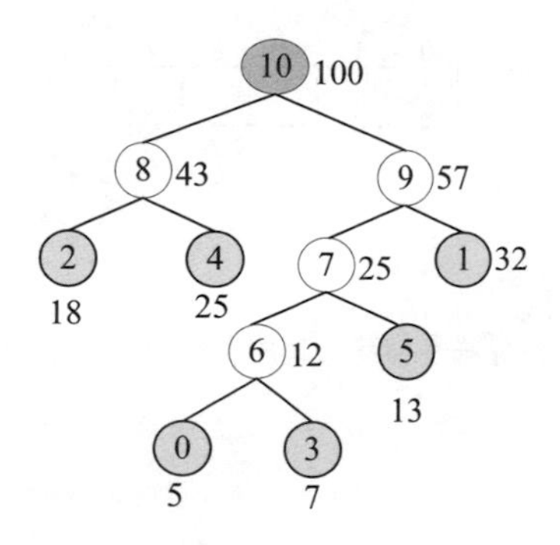

（4）輸出霍夫曼編碼。

```
void HuffmanCode(HCodeType HuffCode[MAXLEAF], int n){
    HCodeType cd;          /* 定義一個臨時變數來存放求解編碼時的資訊 */
    int i,j,c,p;
    for(i=0;i<n;i++){
        cd.start=n-1;
        c=i;  //i 為葉子節點編號
        p=HuffNode[c].parent;
        while(p!=-1){
            if(HuffNode[p].lchild==c){
                cd.bit[cd.start]=0;
            }
            else
                cd.bit[cd.start]=1;
            cd.start--;          /* start 向前移動一位 */
            c=p;               /* c、p 變數上移，準備下一迴圈 */
            p=HuffNode[c].parent;
        }
    /* 把葉子節點的編碼資訊從臨時編碼 cd 中複製出來，放入編碼結構陣列 */
        for(j=cd.start+1;j<n;j++)
            HuffCode[i].bit[j]=cd.bit[j];
        HuffCode[i].start=cd.start;
    }
}
```

霍夫曼編碼陣列如下圖所示。

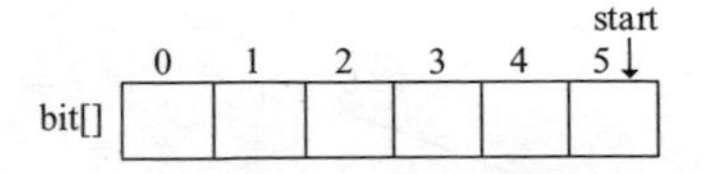

第 1 步，i=0 時：c=0。

```
cd.start=n-1=5;
p=HuffNode[0].parent=6;// 從霍夫曼樹建成後的表 HuffNode[] 中讀出，p 指向 0 號節點的父親
6 號
```

構造好的霍夫曼樹陣列如下表所示。

	weight	parent	lchild	rchild	value
0	5	6	–1	–1	a
1	32	9	–1	–1	b
2	18	8	–1	–1	c
3	7	6	–1	–1	d
4	25	8	–1	–1	e
5	13	7	–1	–1	f
6	12	7	0	3	
7	25	9	6	5	
8	43	10	2	4	
9	57	10	7	1	
10	100	–1	8	9	

如果 p!=–1，那麼從表 HuffNode[] 中讀出節點 6 的左子節點和右子節點，判斷節點 0 是它的左子節點還是右子節點；如果是左子節點，則編碼為 0；如果是右子節點，則編碼為 1。

從上表中可以看出：

```
HuffNode[6].lchild=0;// 節點 0 是其父親節點 6 的左子節點
cd.bit[5]=0;// 編碼為 0
cd.start--=4; /* start 向前移動一位 */
```

霍夫曼樹和霍夫曼編碼陣列如下圖所示。

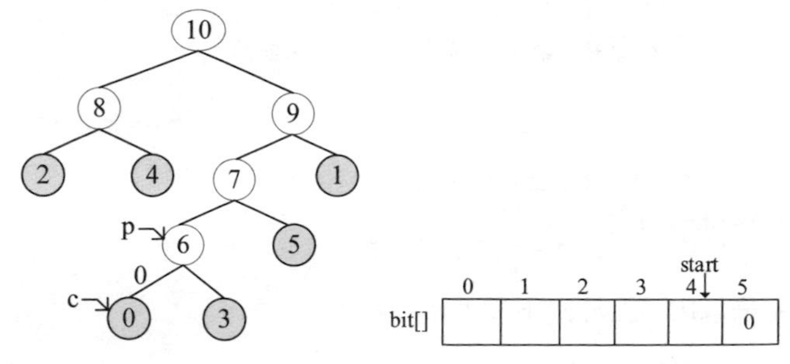


```
c=p=6;                    /* c、p 變數上移，準備下一迴圈 */
p=HuffNode[6].parent=7;
```

c、p 變數上移後如下圖所示。

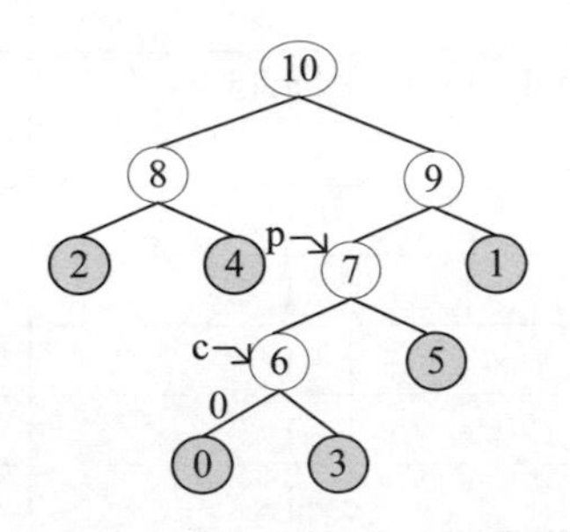


```
p!=-1;
HuffNode[7].lchild=6;// 節點 6 是其父親節點 7 的左子節點
cd.bit[4]=0;// 編碼為 0
cd.start--=3;          /* start 向前移動一位 */
c=p=7;               /* c、p 變數上移，準備下一迴圈 */
p=HuffNode[7].parent=9;
```

霍夫曼樹和霍夫曼編碼陣列如下圖所示。

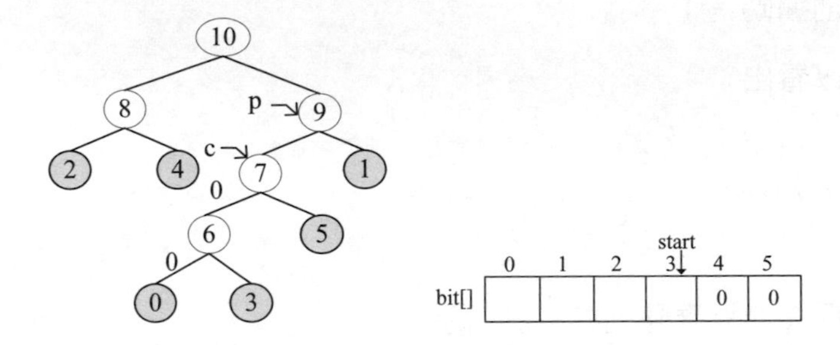


```
p!=-1;
HuffNode[9].lchild=7;// 節點 7 是其父親節點 9 的左子節點
cd.bit[3]=0;// 編碼為 0
cd.start--=2;          /* start 向前移動一位 */
c=p=9;               /* c、p 變數上移，準備下一迴圈 */
p=HuffNode[9].parent=10;
```

霍夫曼樹和霍夫曼編碼陣列如下圖所示。

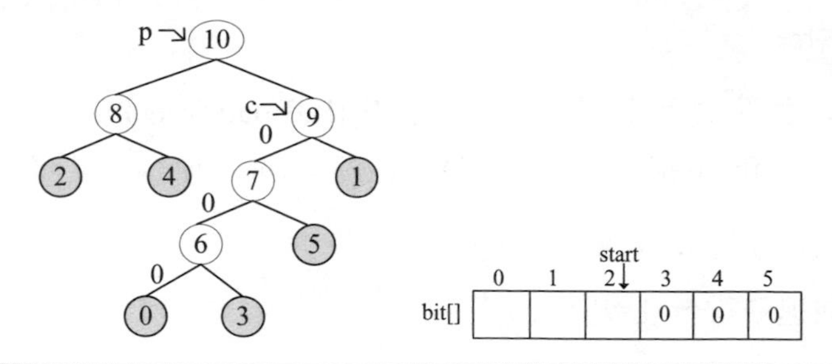


```
p!=-1;
HuffNode[10].lchild!=9;// 節點 9 不是其父親節點 10 的左子節點
cd.bit[2]=1;// 編碼為 1
cd.start--=1;          /* start 向前移動一位 */
c=p=10;              /* c、p 變數上移，準備下一迴圈 */
p=HuffNode[10].parent=-1;
```

霍夫曼樹和霍夫曼編碼陣列如下圖所示。

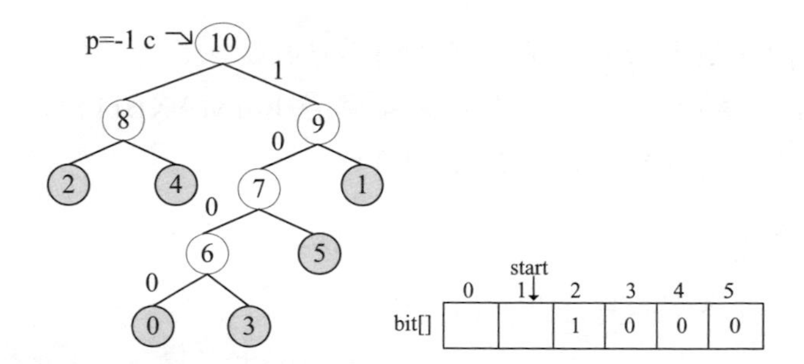


```
p=-1; 該葉子節點編碼結束
/* 把葉子節點的編碼資訊從臨時編碼 cd 中複製出來，放入編碼結構陣列 */
for(j=cd.start+1; j<n; j++)
    HuffCode[i].bit[j]=cd.bit[j];
HuffCode[i].start=cd.start;
```

HuffCode[] 陣列如下圖所示（圖中的箭頭不表示指標）。

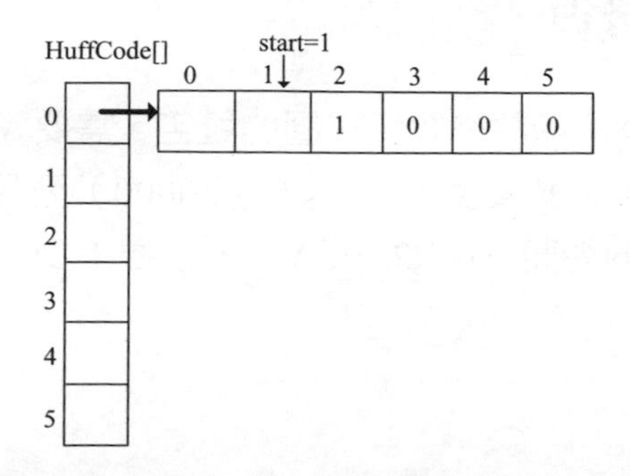

4．演算法分析

時間複雜度：由程式可以看出，在函數 HuffmanTree() 中，"if(HuffNode[j].weight<m1&& HuffNode[j].parent==–1)" 為基本敘述，外層 i 與 j 組成雙層迴圈。

- i=0 時，該敘述執行 n 次。
- i=1 時，該敘述執行 n+1 次。
- i=2 時，該敘述執行 n+2 次。
- ……
- i=n–2 時，該敘述執行 n+(n–2) 次。

基本敘述共執行 $n+(n+1)+(n+2)+\cdots+(n+(n-2))=(n-1)\times(3n-2)/2$ 次。在函數 HuffmanCode() 中，編碼和輸出編碼的時間複雜度都接近 n^2，則該演算法時間複雜度為 $O(n^2)$。

空間複雜度：所需儲存空間為節點結構陣列與編碼結構陣列，霍夫曼樹陣列 HuffNode[] 中的節點為 n 個，每個節點都包含 bit[MAXBIT] 和 start 兩個域，則該演算法的空間複雜度為 $O(n\times\text{MAXBIT})$。

5．演算法最佳化

該演算法可以從以下兩個方面進行最佳化。

（1）在函數 HuffmanTree() 中找兩個權值最小節點時，使用優先佇列，時間複雜度為 log$n$，執行 n–1 次，總時間複雜度為 $O(n\log n)$。

（2）在函數 HuffmanCode() 中，在霍夫曼編碼陣列 HuffNode[] 中可以定義一個動態分配空間的線性串列來儲存編碼，每個線性串列的長度都為實際的編碼長度，這樣可以大大節省空間。

訓練 1　圍欄修復

題目描述（POJ3253）：約翰想修牧場周圍的籬笆，需要 N 區塊（$1\le N\le 20000$）木板，每塊木板都具有整數長度 L_i（$1\le L_i\le 50000$）公尺。他購買了一塊足夠長的木板（長度為 L_i 的總和，i=1,2,⋯, N），以便得到 N 區塊木板。切割時木屑損失的長度不計。

農夫唐向約翰收取切割費用。切割一塊木板的費用與其長度相同。切割長度為 21 公尺的木板需要 21 美分。唐讓約翰決定切割木板的順序和位置。約翰知道以不同的順序切割木板，將產生不同的費用。幫助約翰確定他得到 N 區塊木板的最低金額。

輸入：第 1 行包含一個整數 N，表示木板的數量。第 2 ～ N+1 行，每行都包含一個所需木板的長度 L_i。

輸出：一個整數，即進行 N–1 次切割的最低花費。

輸入範例	輸出範例
3 8 5 8	34

題解：本題類似霍夫曼樹的構造方法，每次都選擇兩個最小的合併，直到合併為一棵樹。每次合併的結果就是切割的費用。使用優先佇列（最小值優先）時，每次都彈出兩個最小值 t_1、t_2，$t = t_1+t_2$，sum+=t，將 t 加入佇列，繼續，直到佇列空。sum 為所需花費。

演算法程式：

```
int main(){
     long long sum;
     int n,t,t1,t2;
     while(cin>>n){
          priority_queue<int,vector<int>,greater<int> >q;
          for(int i=0;i<n;i++){
               cin>>t;
               q.push(t);
          }
          sum=0;
          if(q.size()==1){
               t1=q.top();
               sum+=t1;
               q.pop();
          }
          while(q.size()>1){
```

```
            t1=q.top(),q.pop();
            t2=q.top(),q.pop();
            t=t1+t2;
            sum+=t;
            q.push(t);
        }
        cout<<sum<<endl;
    }
    return 0;
}
```

訓練 2　資訊熵

題目描述（POJ1521）：熵編碼是一種資料編碼方法，透過對去除 " 容錯 " 或 " 額外 " 資訊的訊息進行編碼來實現無損資料壓縮。為了能夠恢復資訊，編碼字形的位元模式不允許作為任何其他編碼位元模式的前綴，稱之為 " 無前綴可變長度 " 編碼。只允許逐位讀取編碼的位元流，並且每當遇到表示字形的一組位元時，都可以解碼該字形。如果不強制使用無前綴約束，則不可能進行這種解碼。

第 1 個例子，考慮文字 "AAAAABCD"，對其使用 8 位元 ASCII 編碼需要 64 位元。如果用 "00" 對 "A" 編碼，用 "01" 對 "B" 編碼，用 "10" 對 "C" 編碼，用 "11" 對 "D" 編碼，那麼只需 16 位元編碼，得到的位元模式將是 "0000000000011011"。不過，這仍然是固定長度的編碼；使用的是每個字形兩位元，而非八位元。既然字形 "A" 出現的頻率更高，那麼能用更少 的位元來編碼它嗎？實際上可以，但為了保持無前綴編碼，其他一些位元模式將變得比兩位元長。最佳編碼是將 "A" 編碼為 "0"，將 "B" 編碼為 "10"，將 "C" 編碼為 "110"，將 "D" 編碼為 "111"（這顯然不是唯一的最佳編碼，因為 B、C 和 D 的編碼可以在不增加最終編碼訊息大小的情況下自由地交換給任何指定的編碼）。使用此編碼，訊息僅以 13 位元編碼到 "0000010110111"，壓縮比為 4.9:1（即最終編碼訊息中的每一位元表示的資訊與原始編碼中的 4.9 位元表示的資訊相同）。從左到右閱讀這個位模式，將看到無前綴編碼使得將其解碼為原始文字變得簡單，即使程式的位元長度不同。

第 2 個例子，考慮文字 "THE CAT IN THE HAT"。字母 "T" 和空格字元都以最高頻率出現，因此它們在最佳編碼中顯然具有最短的編碼位元模式。字母 "C"、"I" 和 "N" 只出現一次，因此它們的程式最長。有許多可能的無前綴可變長度位元模式集可以產生最佳編碼，也就是說，允許文字以最少的位元進行編碼。其中一種最佳編碼是：空格 :00、A:100、C:1110、E:1111、H:110、I:1010、N:1011、T:01。因此，這種最佳編碼只需 51 位元，與用 8 位元 ASCII 編碼對訊息進行編碼所需的 144 位元相比，壓縮比為 2.8:1。

輸入：輸入檔案包含一個字串清單，每行一個。字串將只包含大寫字母、數字字元和底線（用於代替空格）。以字串 "END" 結尾，不應處理此行。

輸出：對於每個字串，都輸出 8 位元 ASCII 編碼的位元長度、最佳無前綴可變長度編碼的位元長度及精確到一個小數點的壓縮比。

輸入範例	輸出範例
AAAAABCD THE_CAT_IN_THE_HAT END	64134.9 144512.8

題解：本題非常簡單，最佳無前綴可變長度編碼就是霍夫曼編碼。首先根據字串統計每個字元出現的頻率，然後按照頻率構造霍夫曼樹，計算整體編碼長度。

演算法程式：

```
int main(){
    while(1){
        cin>>s;
        if(s=="END")
            break;
        memset(a,0,sizeof(a));
        int n=s.size();
        for(int i=0;i<n;i++)
            if(s[i]=='_')
                a[26]++;
            else
                a[s[i]-'A']++;
        priority_queue<int,vector<int>,greater<int> >q;
```

```
        for(int i=0;i<=26;i++)
            if(a[i])
                q.push(a[i]);
        int ans=n;
        while(q.size()>2){
            int t,t1,t2;
            t1=q.top(),q.pop();
            t2=q.top(),q.pop();
            t=t1+t2;
            ans+=t;
            q.push(t);
        }
        printf("%d %d %.1lf\n",n*8,ans,(double)n*8/ans);
    }
    return 0;
}
```

訓練 3　轉換霍夫曼編碼

題目描述（UVA12676）：靜態霍夫曼編碼是一種主要用於文字壓縮的編碼演算法。指定一個由 N 個不同字元組成的特定長度的文字，演算法選擇 N 個編碼，每個不同的字元都對應一個編碼。使用這些編碼壓縮文字，當選擇編碼演算法建構一個具有 N 個葉子的二元樹時，對於 $N \geq 2$，樹的建構流程如下。

（1）對文字中的每個不同字元，都建構一個僅包含單一節點的樹，其權值為該字元在文字中的出現次數。

（2）建構一個包含上述 N 棵樹的集合 S。

（3）當 S 包含多於一棵樹時：①選擇最小的權值 $t_1 \in S$，並將其從 S 中刪除；②選擇最小的權值 $t_2 \in S$，並將其從 S 中刪除；③建構一棵新樹 t，t_1 為其左子樹，t_2 為其右子樹，t 的權值為 t_1、t_2 權值之和；④將 t 加入 S 集合。

（4）返回保留在 S 中的唯一一棵樹。

對於文字 "abracadabra"，由上述過程生成的樹，可以像下面左圖，其中每個葉子節點內都是該字元在文字中出現的次數（權值）。請注意獲得的樹不是唯一的，也可以像下面右圖或其他，因為可能包含幾個權值最小的樹。

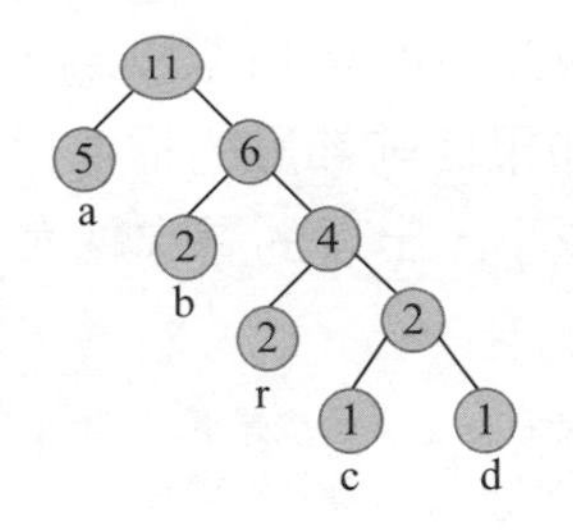

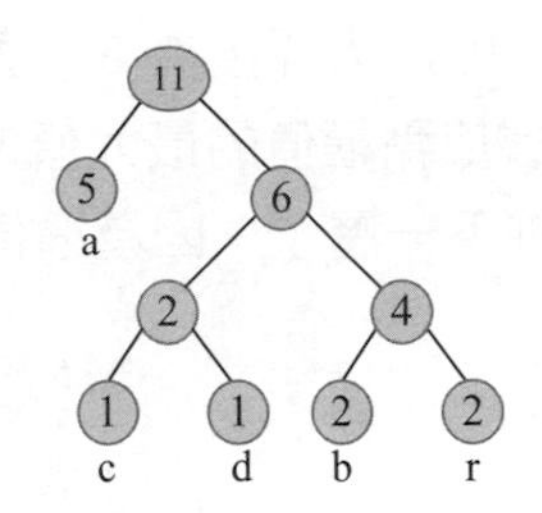

對文字中的每個不同字元，其編碼都取決於最終樹中從根到對應字元的葉子之間的路徑，編碼的長度是這條路徑中的邊數。假設該演算法建構的是左側的樹，"r" 的程式長度為 3，"d" 的程式長度為 4。根據演算法選擇的 N 個程式的長度，找所有字元總數的最小值。

輸入：輸入包含多個測試使用案例，每個測試使用案例的第 1 行都包含一個整數 N（$2 \leq N \leq 50$），表示在文字中出現的不同字元數。第 2 行包含 N 個整數 L_i（$1 \leq L_i \leq 50$，i=1,2,⋯,N），表示由霍夫曼演算法生成的不同字元的編碼長度。假設至少存在一棵由上述演算法建構的樹，那麼可以生成具有指定長度的編碼。

輸出：對每個測試使用案例都輸出一行，表示所有字元總數的最小值。

輸入範例	輸出範例
2 1 1 4 2 2 2 2 10 8 2 4 7 5 1 6 9 3 9	2 4 89

題解：本題不是簡單的霍夫曼編碼問題，而是反其道而行之，根據編碼長度，推測最小字元數。

例如：

```
4 // 表示 4 個不同字元
31 23 // 每個字元編碼長度
```

其最長編碼為 3，即最大深度為 3。底層節點的權值至少為 1，每一層節點的權值至少是下一層節點權值的最大值。如果目前節點的權值比下一層節點的權值小，就會出現在下一層了，因為權值越小，出現的層次越大，如下圖所示。

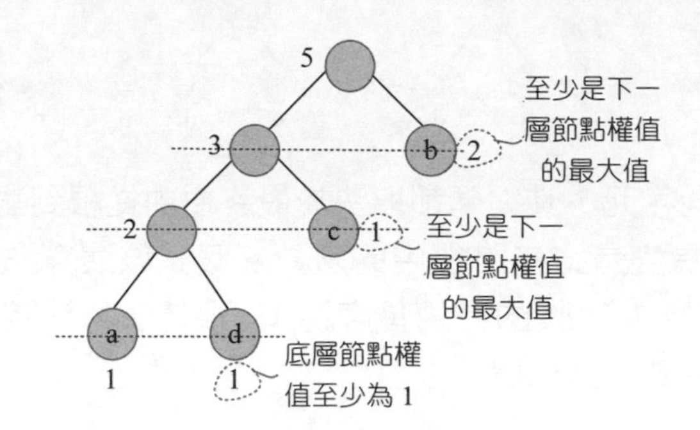

根據編碼長度推測，該文字至少有 5 個字元：1 個 a、1 個 d、1 個 c、2 個 b。

1 · 演算法設計

（1）在每一層都用一個深度陣列 deep[] 記錄該層節點的權值，將該層每個節點的權值都初始化為 0，等待推測權值。

（2）根據輸入的編碼長度算出最大長度，即霍夫曼樹的最大深度 maxd。

（3）從最大深度 maxd 向上計算並推測，直到樹根。開始時 temp=1。

- *i*=maxd：第 *i* 層的節點權值如果為 0，則被初始化為 temp。對第 *i* 層從小到大排序，然後將第 *i* 層每兩個合併，將權值放入上一層（*i*–1 層）。更新 temp 為第 *i* 層排序後的最後一個元素（最大元素）。
- *i*=maxd–1：重複上述操作。
- *i*=0：結束，輸出第 0 層第 1 個元素。

2 · 演算法實現

```
vector<long long>deep[maxn];// 權值有可能很大，將其定義為 long long 類型，否則不通過
int main(){
    int n,x;
    while(cin>>n){
        for(int i=0;i<n;i++)
            deep[i].clear();
        int maxd=0;
        for(int i=0;i<n;i++){
```

```
            cin>>x;
            deep[x].push_back(0);
            maxd=max(maxd,x);// 求最大深度
        }
        long long temp=1;
        for(int i=maxd;i>0;i--){
            for(int j=0;j<deep[i].size();j++)
                if(!deep[i][j])
                    deep[i][j]=temp;// 將第 i 層最大的元素值設定值給第 i-1 層沒有權
值的節點
            sort(deep[i].begin(),deep[i].end());// 第 i 層排序
            for(int j=0;j<deep[i].size();j+=2)
                deep[i-1].push_back(deep[i][j]+deep[i][j+1]);// 合併後放入上
一層
            temp=*(deep[i].end()-1);// 取第 i 層的最後一個元素，即第 i 層最大的元素
        }
        cout<<*deep[0].begin()<<endl;// 輸出樹根的權值
    }
    return 0;
}
```

訓練 4　可變基霍夫曼編碼

題目描述（UVA240）：霍夫曼編碼是一種最佳編碼方法。根據已知來源字母表中字元的出現頻率，將來源字母表中的字元編碼為目標字母表中的字元，最佳的意思是編碼資訊的平均長度最小。在該問題中，需要將 N 個大寫字母（來源字母 $S_1 \cdots S_N$、頻率 $f_1 \cdots f_N$）轉換成 R 進位數字（目標字母 $T_1 \cdots T_R$）。

當 R=2 時，開發過程分幾個步驟。在每個步驟中都有兩個最低頻率的來源字母 S_1 和 S_2，合併成一個新的 " 組合字母 "，頻率為 S_1 和 S_2 的頻率之和。如果最低頻率和次低頻率相等，則字母表中最早出現的字母被選中。經過一系列步驟後，最後只剩兩個字母合併，將每次合併的字母都分配一個目標字元，將較低頻率的分配 0，將另一個分配 1。如果在一次合併中，每個字母都有相同的頻率，則將最早出現的分配 0。出於比較的目的，組合字母的值為合併中最早出現的字母的值。來源字母的最終編碼由每次形成的目標字元組成。

目標字元以相反的順序連接，最終編碼序列中的第 1 個字元為分配給組合字母的最後一個目標字元。下面的兩個圖展示了 R=2 的過程。

Symbol	Frequency
A	5
B	7
C	8
D	15

Pass 1: A and B grouped
Pass 2: {A,B} and C grouped
Pass 3: {A,B,C} and D grouped
Resulting codes: A=110, B=111, C=10, D=0
Avg. length=(3*5+3*7+2*8+1*15)/35=1.91

Symbol	Frequency
A	7
B	7
C	7
D	7

Pass 1: A and B grouped
Pass 2: C and D grouped
Pass 3: {A,B} and {C,D} grouped
Resulting codes: A=00, B=01, C=10, D=11
Avg. length=(2*7+2*7+2*7+2*7)/28=2.00

當 $R>2$ 時，對每一個步驟都分配 R 個字母。由於每個步驟都將 R 個字母或組合字母合併為一個組合字母，並且最後一次合併必須合併 R 個字母或組合字母，來源字母必須包含 $k\times(R-1)+R$ 個字母，k 為整數。由於 N 可能不是很大，因此必須包括適當數量具有 0 頻率的虛擬字母。這些虛擬字母不包含在輸出中。進行比較時，虛擬字母晚於字母表中的任何字母。

霍夫曼編碼的基本過程與 $R=2$ 的過程相同。在每次合併中都將具有最低頻率的 R 個字母合併，形成新的組合字母，其頻率等於在組合字母中包括的字母頻率的總和。被合併的字母被分配目標字母符號 0 ～ $R-1$。0 被分配給具有最低頻率的組合中的字母，1 被分配給下一個最低頻率，等等。如果字母組合中的幾個字母具有相同的頻率，則字母表中最早出現的字母被分配較小的目標符號，依此類推。

下圖說明了 $R=3$ 的過程。

Symbol	Frequency
A	5
B	7
C	8
D	15

Pass 1: ? (fictitious symbol), A and B are grouped
Pass 2: {?,A,B}, C and D are grouped
Resulting codes: A=11, B=12, C=0, D=2
Avg. length=(2*5+2*7+1*8+1*15)/35=1.34

輸入：輸入將包含一個或多個資料集，每行一個。每個資料集都包含整數值 R（$2 \le R \le 10$）、整數值 N（$2 \le N \le 26$）和整數頻率 $f_1 \cdots f_N$，每個都為 1 ～ 999。整個輸入資料都以 R 為 0 結束，它不被認為是單獨的資料集。

輸出：對每個資料集都在單行上顯示其編號（編號從 1 開始按順序排列）和平均目標符號長度（四捨五入到小數點後兩位）。然後顯示 N 個來源字母和對應的霍夫曼程式，每行都有一個字母和程式。在每個測試使用案例後都列印一個空行。

輸入範例	輸出範例
2 5 5 10 20 25 40 2 5 4 2 2 1 1 3 7 20 5 8 5 12 6 9 4 6 10 23 18 25 9 12 0	Set 1; average length 2.10 A: 1100 B: 1101 C: 111 D: 10 E: 0 Set 2; average length 2.20 A: 11 B: 00 C: 01 D: 100 E: 101 Set 3; average length 1.69 A: 1 B: 00 C: 20 D: 01 E: 22 F: 02 G: 21 Set 4; average length 1.32 A: 32 B: 1 C: 0 D: 2 E: 31 F: 33

題解：本題為可變基霍夫曼編碼，普通的霍夫曼編碼為二元樹，即 R=2。

舉例來說，輸入 34 57 815，表示基數 R=3，字元個數 N=4，每個字元的頻率為 A: 5、B: 7、C: 8、D: 15，建構的霍夫曼樹如下圖所示。

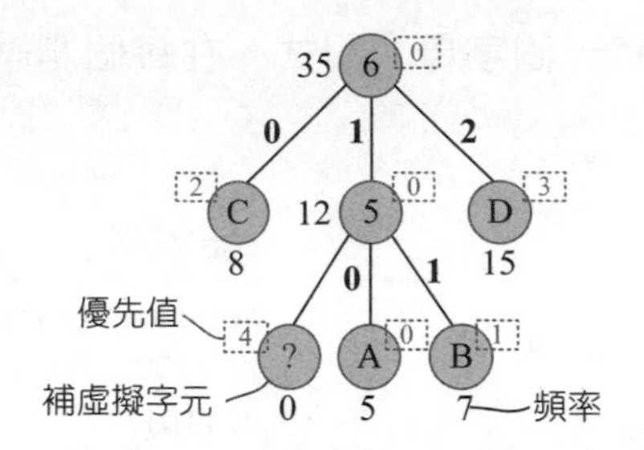

需要補充一些虛擬字元，使總數滿足 $k\times(R-1)+R$，k 為整數，這樣可以保證每個分支節點都有 R 個叉。虛擬字元的頻率為 0，其優先值排在所有字母之後。生成一個組合時，組合節點的頻率為所有子節點頻率之和，組合節點的優先值為所有子節點中的最小優先值。

1．演算法設計

（1）先補充虛擬字元，使 $N=k\times(R-1)+R$，k 為整數，即 $(N-R)\%(R-1)=0$。

（2）每個節點都包含 frequency、va、id 這 3 個域，分別表示頻率、優先值、序號。

（3）定義優先順序。頻率越小越優先，如果頻率相等，則值越小越優先。

（4）將所有節點都加入優先佇列。

（5）建構可變基霍夫曼樹。

（6）進行可變基霍夫曼編碼。

2．演算法實現

```
struct node{
    int freq,va,id;// 頻率，優先值，序號
    node(int x=0,int y=0,int z=0){// 建構函數
        freq=x,va=y,id=z;
    }
    bool operator <(const node &b) const{
        if(freq==b.freq)
            return va>b.va;
        return freq>b.freq;
    }
};
int R,N;// 基數，字母個數
```

```
int n,c;// 補虛擬字母後的個數，重新生成字母編號
int fre[maxn],father[maxn],code[maxn];
priority_queue<node>Q;// 優先佇列
int main(){
    int cas=1;
    while(cin>>R&&R){
        cin>>N;
        memset(fre,0,sizeof(fre));
        int total=0;
        for(int i=0;i<N;i++){
            cin>>fre[i];
            total+=fre[i];
        }
        n=N;
        while((n-R)%(R-1)!=0)// 補虛擬節點
            n++;
        while(!Q.empty())// 優先佇列清空
            Q.pop();
        for(int i=0;i<n;i++)// 將所有節點都加入佇列
            Q.push(node(fre[i],i,i));
        c=n;// 重新合成節點編號
        int rec=0;// 統計所有頻率和值
        while(Q.size()!=1){// 建構霍夫曼樹，剩餘一個節點停止合併
            int sum=0,minva=n;
            for(int i=0;i<R;i++){
                sum+=Q.top().freq;// 統計頻率和
                minva=min(Q.top().va,minva);// 求最小優先值
                father[Q.top().id]=c;// 記錄父節點
                code[Q.top().id]=i;// 記錄編碼
                Q.pop(); // 移出佇列
            }
            Q.push(node(sum,minva,c));// 新節點加入佇列
            c++;
            rec+=sum;
        }
        c--;
        printf("Set %d; average length %0.2f\n",cas,1.0*rec/total);
        for(int i=0;i<N;i++){// 霍夫曼編碼
            int cur=i;
            string s;
            while(cur!=c){// 從葉子到根進行編碼
```

```
                s.push_back(code[cur]+'0');
                cur=father[cur];
            }
            reverse(s.begin(),s.end());//翻轉編碼，轉為從根到葉子編碼
            cout<<"    "<<char('A'+i)<<": "<<s<<endl;
        }
        cout<<endl;
        cas++;
    }
    return 0;
}
```

06

圖論基礎

圖通常以一個二元組 G=<V, E> 表示，V 表示節點集，E 表示邊集。|V| 表示節點集中元素的個數，即節點數，也被稱為圖 G 的階，例如在 n 階圖中有 n 個節點。|E| 表示邊集中元素的個數，即邊數。

若圖 G 中的每條邊都是沒有方向的，則稱之為無向圖；若圖 G 中的每條邊都是有方向的，則稱之為有方向圖。在無向圖中，每條邊都是由兩個節點組成的無序對，例如節點 $v1$ 和節點 $v3$ 之間的邊，記為 $(v1,v3)$ 或 $(v3,v1)$。在有方向圖中，有向邊也被稱為弧，每條弧都是由兩個節點組成的有序對，例如從節點 $v1$ 到節點 $v3$ 的弧，記為 $<v1,v3>$，$v1$ 被稱為弧尾，$v3$ 被稱為弧頭，如下圖所示。

節點的度指與該節點相連結的邊數，記為 TD(v)。

握手定理：所有節點的度數之和等於邊數的兩倍，即

$$\sum_{i=1}^{n} \mathrm{TD}(v_i) = 2e$$

其中，n 為節點數，e 為邊數。

如果在計算度數之和時，每計算一度就畫一條小短線，則可以看出每條邊都被計算了兩次，如下圖所示。

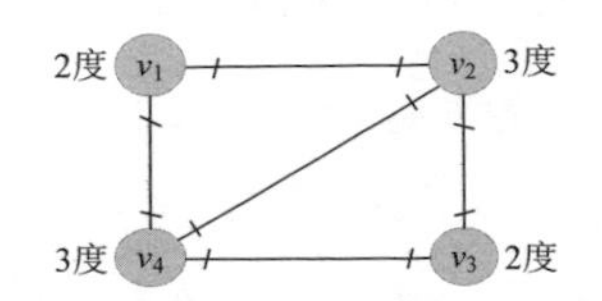

在有方向圖中，節點的度又被分為內分支度和外分支度。節點 v 的內分支度是以節點 v 為終點的有向邊的數量，記為 ID(v)，即進來的邊數。節點 v 的外分支度是以節點 v 為始點的有向邊的數量，記為 OD(v)，即發出的邊數。節點 v 的度等於內分支度加上外分支度。所有節點的內分支度之和等於外分支度之和，又因為所有節點的度數之和等於邊的 2 倍，因此：

$$\sum_{i=1}^{n} \mathrm{ID}(v_i) = \sum_{i=1}^{n} \mathrm{OD}(v_i) = e$$

6.1 圖的儲存

圖的結構比較複雜，任何兩個節點之間都可能有關係。圖的儲存分為循序儲存和鏈式儲存。循序儲存包括鄰接矩陣和邊集陣列，鏈式儲存包括鄰接表、鏈式前向星、十字鏈結串列和鄰接多重表。

📖 6.1.1 鄰接矩陣

鄰接矩陣通常採用一個一維陣列儲存圖中節點的資訊，採用一個二維陣列儲存圖中節點之間的鄰接關係。

1．鄰接矩陣的表示方法

無向圖、有方向圖和網的鄰接矩陣的表示方法如下所述。

1）無向圖的鄰接矩陣

在無向圖中，若從節點 v_i 到節點 v_j 有邊，則鄰接矩陣 M[i][j]=M[j][i]=1，否則 M[i][j]=0。

$$\boldsymbol{M}[i][j] = \begin{cases} 1 & 若(v_i, v_j) \in E \\ 0 & 其他 \end{cases}$$

舉例來說，一個無向圖的節點資訊和鄰接矩陣如下圖所示。在該無向圖中，從節點 a 到節點 b 有邊，從節點 b 到節點 a 也有邊，節點 a、b 在一維陣列中的儲存位置分別為 0、1，則 $\boldsymbol{M}[0][1]=\boldsymbol{M}[1][0]=1$。

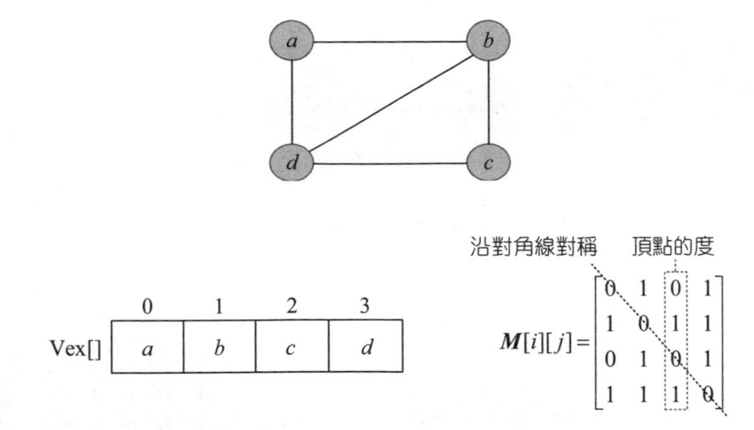

$$M[i][j]=\begin{bmatrix}0&1&0&1\\1&0&1&1\\0&1&0&1\\1&1&1&0\end{bmatrix}$$

無向圖的鄰接矩陣的特點如下。

（1）無向圖的鄰接矩陣是對稱矩陣，並且是唯一的。

（2）第 i 行或第 i 列非零元素的個數正好是第 i 個節點的度。上圖中的鄰接矩陣，第 3 列非零元素的個數為 2，說明第 3 個節點 c 的度為 2。

2）有方向圖的鄰接矩陣

在有方向圖中，若從節點 v_i 到節點 v_j 有邊，則鄰接矩陣 $\boldsymbol{M}[i][j]=1$，否則 $\boldsymbol{M}[i][j]=0$。

$$\boldsymbol{M}[i][j]=\begin{cases}w_{ij} & 若 <v_i, v_j>\in E 或 <v_i, v_j>\in E\\ \infty & 其他\end{cases}$$

注意：以中括號 $<v_i,v_j>$ 表示的是有序對，以小括號 (v_i,v_j) 表示的是無序對，後同。

舉例來說，一個有方向圖的節點資訊和鄰接矩陣如下圖所示。在該有方向圖中，從節點 a 到節點 b 有邊，節點 a、b 在一維陣列中的儲存位置分別為 0、1，因此 $\boldsymbol{M}[0][1]=1$。有方向圖中的邊是有向邊，從節點 a 到節點 b 有邊，從節點 b 到節點 a 不一定有邊，因此有方向圖的鄰接矩陣不一定是對稱的。

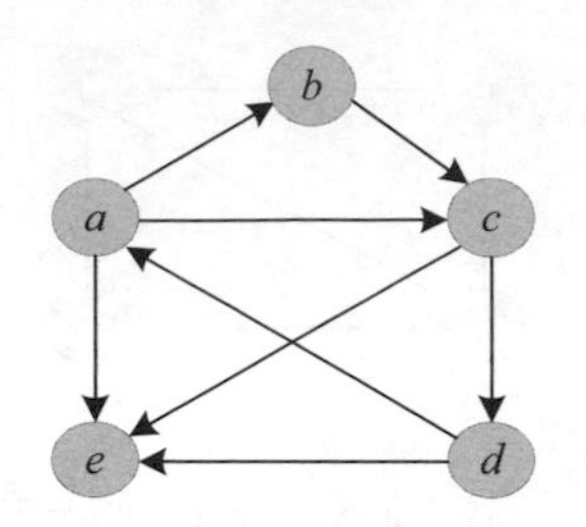

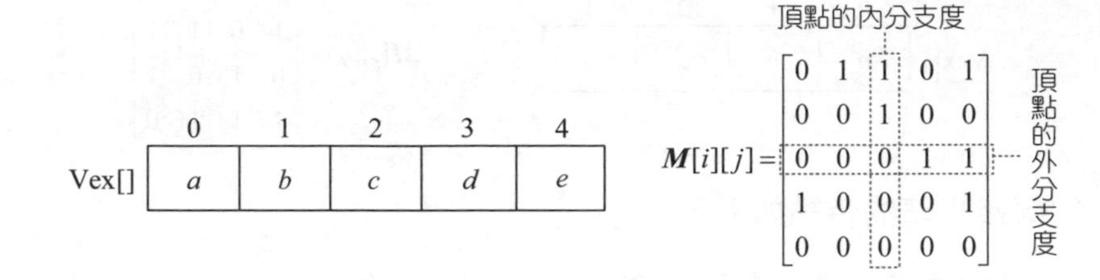

有方向圖的鄰接矩陣的特點如下。

（1）有方向圖的鄰接矩陣不一定是對稱的。

（2）第 i 行非零元素的個數正好是第 i 個節點的外分支度，第 i 列非零元素的個數正好是第 i 個節點的內分支度。上圖中的鄰接矩陣，第 3 行非零元素的個數為 2，第 3 列非零元素的個數也為 2，說明第 3 個節點 c 的外分支度和內分支度均為 2。

3）網的鄰接矩陣

網是帶權圖，需要儲存邊的權值，則鄰接矩陣表示為

$$\boldsymbol{M}[i][j]=\begin{cases} w_{ij} & 若(v_i, v_j)\in E或<v_i, v_j>\in E \\ \infty & 其他 \end{cases}$$

其中，w_{ij} 表示邊上的權值，∞表示無限大。當 i=j 時，w_{ii} 也可被設定為 0。

舉例來說，一個網的節點資訊和鄰接矩陣如下圖所示。在該網中，從節點 a 到節點 b 有邊，且該邊的權值為 2，節點 a、b 在一維陣列中的儲存位置分別為 0、1，因此 $\boldsymbol{M}[0][1]=2$。從節點 b 到節點 a 沒有邊，因此 $\boldsymbol{M}[1][0]=\infty$。

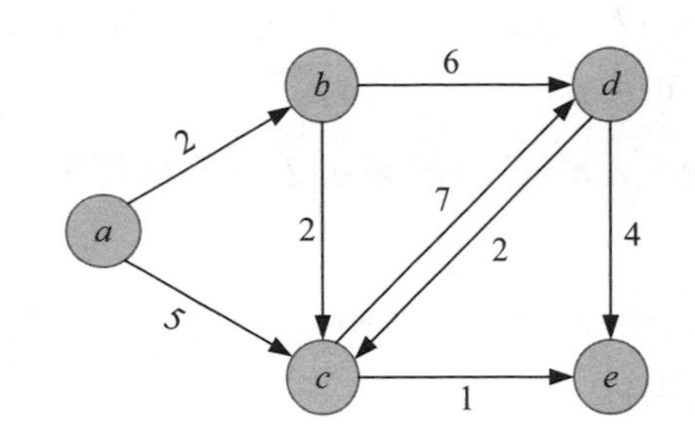

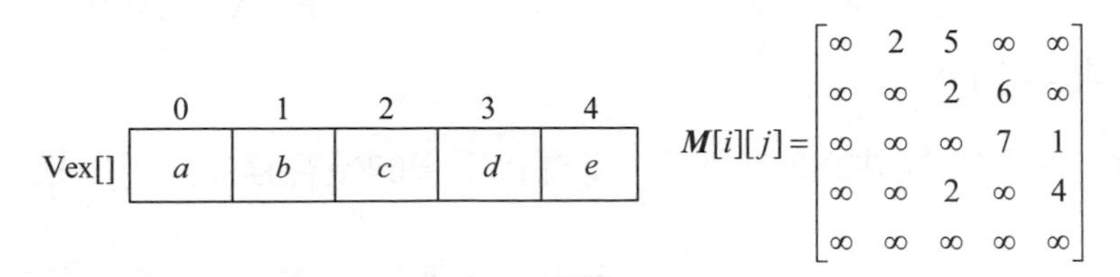

2．鄰接矩陣的資料結構定義

首先定義鄰接矩陣的資料結構，如下圖所示。

```
#define MaxVnum 100   // 節點數的最大值
typedef char VexType;   // 節點的資料類型，根據需要定義
typedef int EdgeType;   // 邊上權值的資料類型，若為不帶權值的圖，則為 0 或 1
```

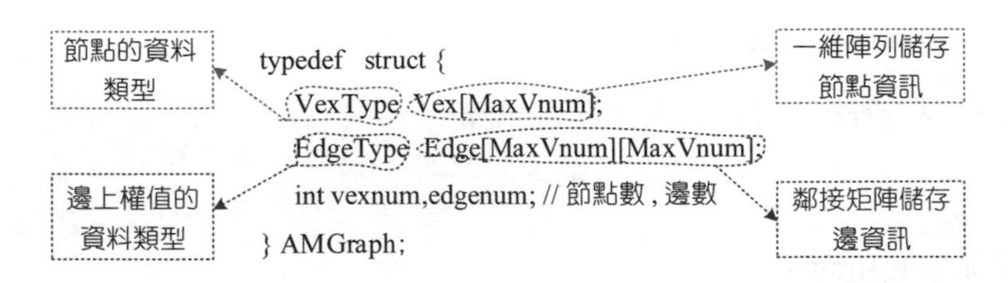

3．鄰接矩陣的儲存方法

演算法步驟：

（1）輸入節點數和邊數；

（2）依次輸入節點資訊，將其儲存到節點陣列 Vex[] 中；

（3）初始化鄰接矩陣，如果是圖，則將其初始化為 0；如果是網，則將其初始化為∞；

（4）依次輸入每條邊依附的兩個節點，如果是網，則還需要輸入該邊的權值。

- 如果是無向圖，則輸入 a b，查詢節點 a、b 在節點陣列 Vex[] 中的儲存索引 i、j，令 Edge[i][j]=Edge[j][i]=1。
- 如果是有方向圖，則輸入 a b，查詢節點 a、b 在節點陣列 Vex[] 中的儲存索引 i、j，令 Edge[i][j]=1。
- 如果是無向網，則輸入 a b w，查詢節點 a、b 在節點陣列 Vex[] 中的儲存索引 i、j，令 Edge[i][j]=Edge[j][i]=w。
- 如果是有向網，則輸入 a b w，查詢節點 a、b 在節點陣列 Vex[] 中的儲存索引 i、j，令 Edge[i][j]=w。

完美圖解：一個無向圖如下圖所示，其鄰接矩陣的預存程序如下所述。

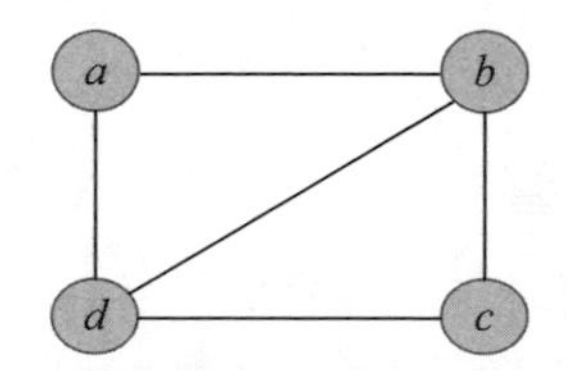

（1）輸入節點數和邊數。

```
4 5
```

結果：G.vexnum=4、G.edgenum=5。

（2）輸入節點資訊，將其存入節點資訊陣列。

```
a b c d
```

儲存結果如下圖所示。

	0	1	2	3
Vex[]	a	b	c	d

（3）初始化鄰接矩陣的值均為 0，如下圖所示。

$$\text{Edge}[i][j]=\begin{bmatrix}0&0&0&0\\0&0&0&0\\0&0&0&0\\0&0&0&0\end{bmatrix}$$

（4）依次輸入每條邊依附的兩個節點。

- 輸入 *a b*，處理結果：在 Vex[] 陣列中尋找到節點 *a*、*b* 的索引分別為 0、1，是無向圖，因此令 Edge[0][1]=Edge[1][0]=1，如下圖所示。

$$\text{Edge}[i][j]=\begin{bmatrix}0&1&0&0\\1&0&0&0\\0&0&0&0\\0&0&0&0\end{bmatrix}$$

- 輸入 *a d*，處理結果：在 Vex[] 陣列中尋找到節點 *a*、*d* 的索引分別為 0、3，是無向圖，因此令 Edge[0][3]= Edge[3][0]=1，如下圖所示。

$$\text{Edge}[i][j]=\begin{bmatrix}0&1&0&1\\1&0&0&0\\0&0&0&0\\1&0&0&0\end{bmatrix}$$

- 輸入 *b c*，處理結果：在 Vex[] 陣列中尋找到節點 *b*、*c* 的索引分別為 1、2，是無向圖，因此令 Edge[1][2]= Edge[2][1]=1，如下圖所示。

$$\text{Edge}[i][j]=\begin{bmatrix}0&1&0&1\\1&0&1&0\\0&1&0&0\\1&0&0&0\end{bmatrix}$$

- 輸入 *b d*，處理結果：在 Vex[] 陣列中尋找到節點 *b*、*d* 的索引分別為 1、3，是無向圖，因此令 Edge[1][3]= Edge[3][1]=1，如下圖所示。

$$\text{Edge}[i][j]=\begin{bmatrix}0&1&0&1\\1&0&1&1\\0&1&0&0\\1&1&0&0\end{bmatrix}$$

- 輸入 *c d*，處理結果：在 Vex[] 陣列中尋找到節點 *c*、*d* 的索引分別為 2、3，是無向圖，因此令 Edge[2][3]= Edge[3][2]=1，如下圖所示。

$$Edge[i][j]=\begin{bmatrix}0&1&0&1\\1&0&1&1\\0&1&0&1\\1&1&1&0\end{bmatrix}$$

在實際應用中，也可以先輸入節點資訊並將其存入陣列 Vex[]。在輸入邊時直接輸入節點的儲存索引序號，這樣可以節省查詢節點索引所需的時間，從而提高效率。

演算法程式：

```
void CreateAMGraph(AMGraph &G){
    int i,j;
    VexType u,v;
    cout<<" 請輸入節點數："<<endl;
    cin>>G.vexnum;
    cout<<" 請輸入邊數 :"<<endl;
    cin>>G.edgenum;
    cout<<" 請輸入節點資訊 :"<<endl;
    for(int i=0;i<G.vexnum;i++)// 輸入節點資訊，將其存入節點資訊陣列
        cin>>G.Vex[i];
    for(int i=0;i<G.vexnum;i++)// 初始化鄰接矩陣的所有值為 0，如果是網，則初始化其鄰
接矩陣為無限大
        for(int j=0;j<G.vexnum;j++)
            G.Edge[i][j]=0;
    cout<<" 請輸入每條邊依附的兩個節點："<<endl;
    while(G.edgenum--){
        cin>>u>>v;
        i=locatevex(G,u);// 尋找節點 u 的儲存索引
        j=locatevex(G,v);// 尋找節點 v 的儲存索引
        if(i!=-1&&j!=-1)
            G.Edge[i][j]=G.Edge[j][i]=1; // 將鄰接矩陣設定為 1
    }
}
```

4．鄰接矩陣的優缺點

（1）優點如下。

- 快速判斷在兩節點之間是否有邊。在圖中，Edge[i][j]=1，表示有邊；Edge[i]

[j]=0，表示無邊。在網中，Edge[i][j]= ∞，表示無邊，否則表示有邊。時間複雜度為 $O(1)$。

- 方便計算各節點的度。在無向圖中，鄰接矩陣第 i 行元素之和就是節點 i 的度；在有方向圖中，第 i 行元素之和就是節點 i 的外分支度，第 i 列元素之和就是節點 i 的內分支度。時間複雜度為 $O(n)$。

（2）缺點如下。

- 不便於增刪節點。增刪節點時，需要改變鄰接矩陣的大小，效率較低。
- 不便於存取所有鄰接點。存取第 i 個節點的所有鄰接點時，需要存取第 i 行的所有元素，時間複雜度為 $O(n)$。存取所有節點的鄰接點，時間複雜度為 $O(n^2)$。
- 空間複雜度高，為 $O(n^2)$。

在實際應用中，如果在一個程式中只用到一個圖，就可以用一個二維陣列表示鄰接矩陣，直接輸入節點的索引，省去節點資訊查詢步驟。有時如果圖無變化，則為了方便，可以省去輸入操作，直接在程式頭部定義鄰接矩陣。

舉例來說，可以直接定義圖的鄰接矩陣如下：

```
int M[m][n]={{0,1,0,1},{1,0,1,1},{0,1,0,1},{1,1,1,0}};
```

🕮 6.1.2 邊集陣列

邊集陣列透過陣列儲存每條邊的起點和終點，如果是網，則增加一個權值域。網的邊集陣列資料結構定義如下：

```
struct Edge {
    int u;
    int v;
    int w;
}e[N*N];
```

採用邊集陣列計算節點的度或尋找邊時，要遍歷整個邊集陣列，時間複雜度為 $O(e)$。除非特殊需要，很少使用邊集陣列，例如求解最小生成樹 kruskal 演算法時需要按權值對邊進行排序，使用邊集陣列更方便。

📖 6.1.3 鄰接表

鄰接表是圖的一種鏈式儲存方法，其資料結構包括兩部分：節點和鄰接點。

1．鄰接表的表示方法

1）無向圖的鄰接表

舉例來說，一個無向圖及其鄰接表如下圖所示。一個節點的所有鄰接點組成一個單鏈結串列。

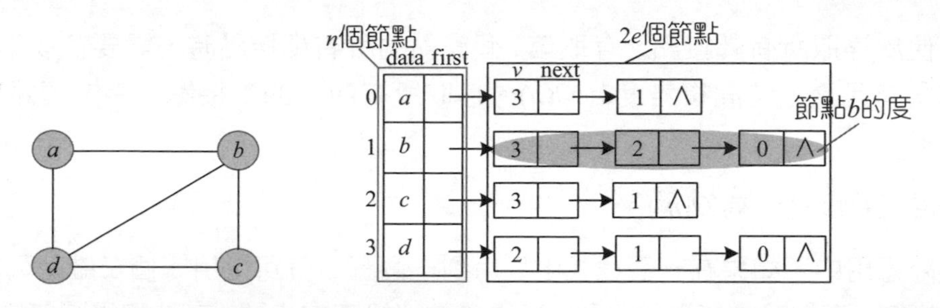

解釋：

- 節點 a 的鄰接點是節點 b、d，其鄰接點的儲存索引為 1、3，按照頭插法（反向）將其放入節點 a 後面的單鏈結串列中；
- 節點 b 的鄰接點是節點 a、c、d，其鄰接點的儲存索引為 0、2、3，將其放入節點 b 後面的單鏈結串列中；
- 節點 c 的鄰接點是節點 b、d，其鄰接點的儲存索引為 1、3，將其放入節點 c 後面的單鏈結串列中；
- 節點 d 的鄰接點是節點 a、b、c，其鄰接點的儲存索引為 0、1、2，將其放入節點 d 後面的單鏈結串列中。

無向圖鄰接表的特點如下。

- 如果無向圖有 n 個節點、e 條邊，則節點表有 n 個節點，鄰接點表有 $2e$ 個節點。
- 節點的度為該節點後面單鏈結串列中的節點數。

在上圖中，節點數 n=4，邊數 e=5，則在該圖的鄰接表中，節點表有 4 個節點，鄰接點表有 10 個節點。節點 a 的度為 2，其後面單鏈結串列中的節點數為 2；節點 b 的度為 3，其後面單鏈結串列中的節點數為 3。

2）有方向圖的鄰接表（出弧）

舉例來說，一個有方向圖及其鄰接表如下圖所示。

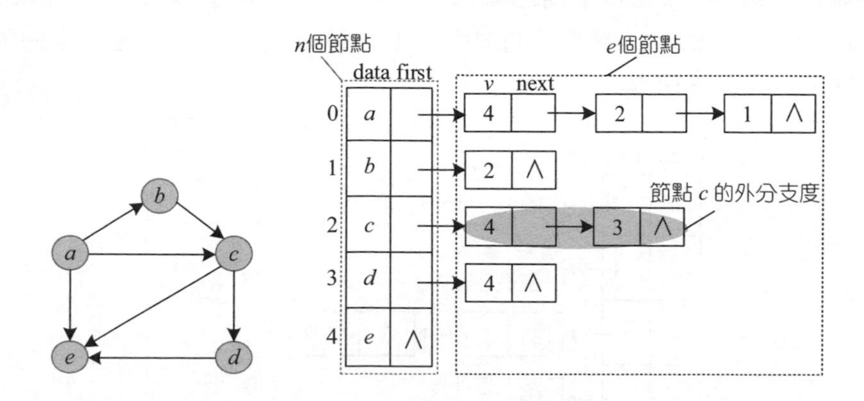

解釋：

- 節點 a 的鄰接點（只看出邊，即出弧）是節點 b、c、e，其鄰接點的儲存索引為 1、2、4，按照頭插法（反向）將其放入節點 a 後面的單鏈結串列中；
- 節點 b 的鄰接點是節點 c，其鄰接點的儲存索引為 2，將其放入節點 b 後面的單鏈結串列中；
- 節點 c 的鄰接點是節點 d、e，其鄰接點的儲存索引為 3、4，按頭插法將其放入節點 c 後面的單鏈結串列中；
- 節點 d 的鄰接點是節點 e，其鄰接點的儲存索引為 4，將其放入節點 d 後面的單鏈結串列中；
- 節點 e 沒有鄰接點，其後面的單鏈結串列為空。

注意：對有方向圖中節點的鄰接點，只看該節點的出邊（出弧）。

有方向圖的鄰接表的特點如下。

- 如果有方向圖有 n 個節點、e 條邊，則節點表有 n 個節點，鄰接點表有 e 個節點。
- 節點的外分支度為該節點後面單鏈結串列中的節點數。

在上圖中，節點數 n=5，邊數 e=7，則在該圖的鄰接表中，節點表有 5 個節點，鄰接點表有 7 個節點。節點 a 的外分支度為 3，其後面單鏈結串列中的節點數為 3；節點 c 的外分支度為 2，其後面單鏈結串列中的節點數為 2。

在有方向圖鄰接表中很容易找到節點的外分支度，但是找內分支度很難，需要遍歷所有鄰接點表中的節點，尋找到該節點出現了多少次，內分支度就是多少。例如在下圖中，節點 c 的索引為 2，在鄰接點表中有兩個為 2 的節點，因此節點 c 的內分支度為 2；節點 e 的索引為 4，在鄰接點表中有 3 個為 4 的節點，因此節點 e 的內分支度為 3。

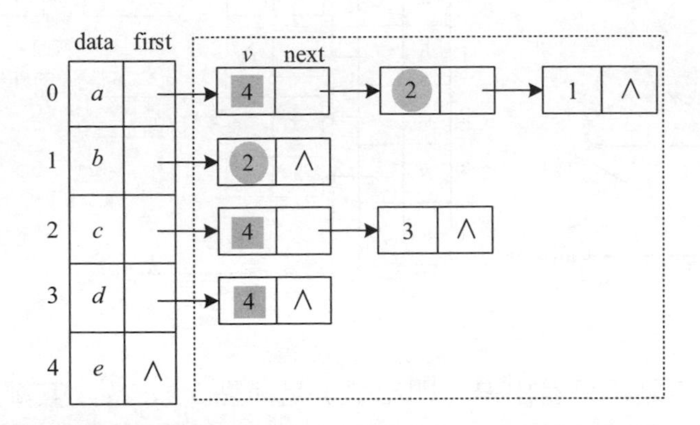

3）有方向圖的逆鄰接表（入弧）

有時為了方便得到節點的內分支度，可以建立一個有方向圖的逆鄰接表，如下圖所示。

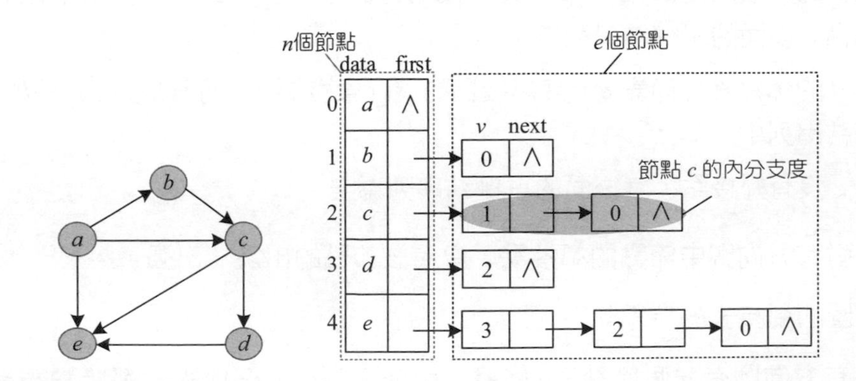

解釋：

- 節點 a 沒有逆鄰接點（只看入邊，即入弧），其後面的單鏈結串列為空；
- 節點 b 的逆鄰接點是節點 a，其鄰接點的儲存索引為 0，將其放入節點 b 後面的單鏈結串列中；

- 節點 c 的逆鄰接點是 a、b，其鄰接點的儲存索引為 0、1，按照頭插法將其放入節點 c 後面的單鏈結串列中；
- 節點 d 的逆鄰接點是節點 c，其鄰接點的儲存索引為 2，將其放入節點 d 後面的單鏈結串列中；
- 節點 e 的逆鄰接點是節點 a、c、d，其鄰接點的儲存索引為 0、2、3，按照頭插法（反向）將其放入節點 e 後面的單鏈結串列中。

注意：對有方向圖中節點的逆鄰接點，只看該節點的入邊（入弧）。

有方向圖的逆鄰接表的特點如下。

（1）如果有方向圖有 n 個節點、e 條邊，則節點表有 n 個節點，鄰接點表有 e 個節點。

（2）節點的內分支度為該節點後面的單鏈結串列中的節點數。

在上圖中，節點數 n=5，邊數 e=7，在該圖的鄰接表中，節點表有 5 個節點，鄰接點表有 7 個節點。節點 a 的內分支度為其後面的單鏈結串列中的節點數 0，節點 c 的內分支度為其後面的單鏈結串列中的節點數 2。

2．鄰接表的資料結構定義

鄰接表的資料結構包括節點和鄰接點，對其分別定義如下。

（1）節點。包括節點資訊 data 和指向第 1 個鄰接點的指標 first，如下圖所示。

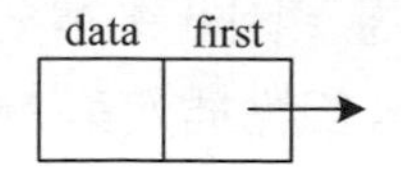


```
typedef struct VexNode{ // 定義節點類型
VexType data; //VexType 為節點資訊的資料類型，根據需要定義
AdjNode *first; // 指向第 1 個鄰接點
}VexNode;
```

（2）鄰接點。包括該鄰接點的儲存索引 v 和指在下一個鄰接點的指標 next，如果是網的鄰接點，則還需增加一個權值域 w，如下圖所示。

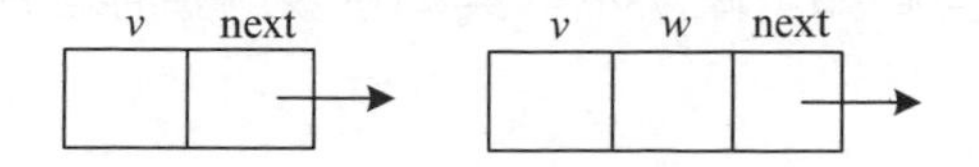

```
typedef struct AdjNode{ // 定義鄰接點類型
int v; // 鄰接點索引
struct AdjNode *next; // 指向下一個鄰接點
} AdjNode;
```

鄰接表的結構定義，如下圖所示。

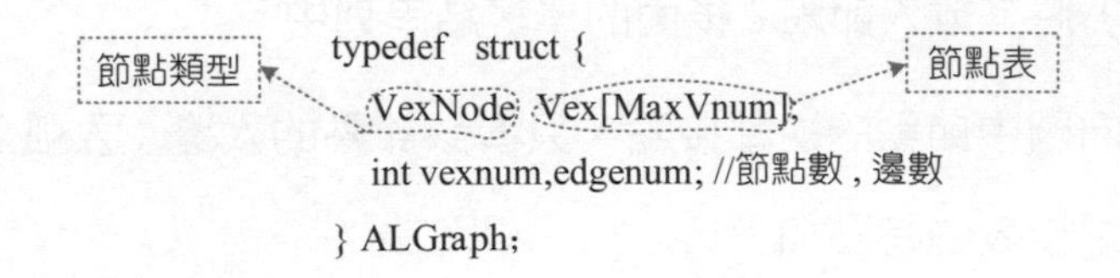

3．鄰接表的儲存方法

演算法步驟：

（1）輸入節點數和邊數；

（2）依次輸入節點資訊，將其儲存到節點陣列 Vex[] 的 data 域中，將 Vex[] 的 first 域清空；

（3）依次輸入每條邊依附的兩個節點，如果是網，則還需要輸入該邊的權值。

- 如果是無向圖，則輸入 *a b*，查詢節點 *a*、*b* 在節點陣列 Vex[] 中的儲存索引 *i*、*j*，創建一個新的鄰接點 *s*，令 *s*->*v*=*j*; *s*->next=NULL；然後將節點 *s* 插入第 *i* 個節點的第 1 個鄰接點之前（頭插法）。在無向圖中，從節點 *a* 到節點 *b* 有邊，從節點 *b* 到節點 *a* 也有邊，因此還需要創建一個新的鄰接點 s_2，令 s_2->*v*=*i*; s_2->next=NULL；然後將 s_2 節點插入第 *j* 個節點的第 1 個鄰接點之前（頭插法）。
- 如果是有方向圖，則輸入 *a b*，查詢節點 *a*、*b* 在節點陣列 Vex[] 中的儲存索引 *i*、*j*，創建一個新的鄰接點 *s*，令 *s*->*v*=*j*; *s*->next=NULL；將節點 *s* 插入第 *i* 個節點的第 1 個鄰接點之前（頭插法）。
- 如果是無向網或有向網，則和無向圖或有方向圖的處理方式一樣，只是鄰接點多了一個權值域。

完美圖解：一個有方向圖如下圖所示，其鄰接表的預存程序如下所述。

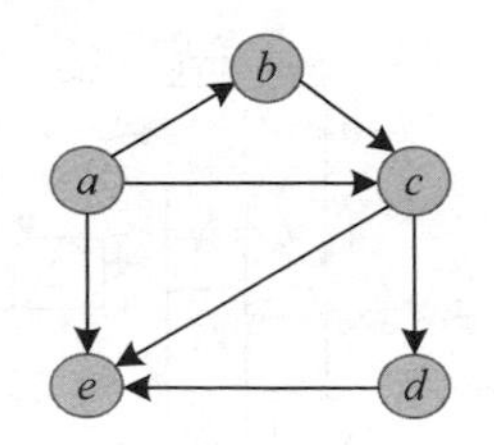

（1）輸入節點數 5 和邊數 7，*G*.vexnum=5，*G*.edgenum=7。

（2）輸入節點資訊 *a b c d e* 並將其存入節點表，儲存結果如下圖所示。

	data	first
0	*a*	∧
1	*b*	∧
2	*c*	∧
3	*d*	∧
4	*e*	∧

（3）依次輸入每條邊依附的兩個節點。

- 輸入 *a b*，處理結果：在 Vex[] 陣列的 data 域中尋找到節點 *a*、*b* 的索引分別為 0、1，創建一個新的鄰接點 *s*，令 *s*->*v*=1; *s*->next=NULL。將節點 *s* 插入第 0 個節點的第 1 個鄰接點之前（頭插法）。

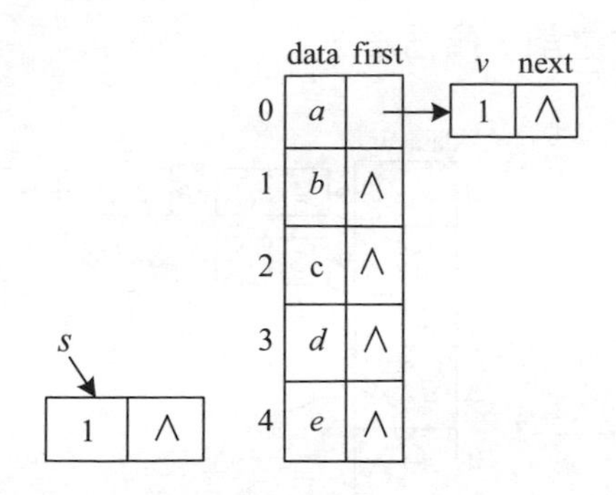

- 輸入 *a c*，處理結果：在 Vex[] 陣列的 data 域中尋找到節點 *a*、*c* 的索引分別為 0、2，創建一個新的鄰接點 *s*，令 *s*->v=2; *s*->next=NULL。將節點 *s* 插入第 0 個節點的第 1 個鄰接點之前（頭插法）。

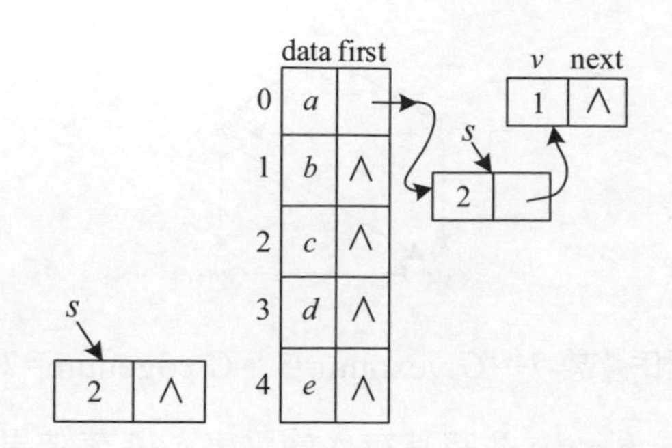

- 輸入*a e*，處理結果：在 Vex[] 陣列的 data 域中尋找到節點*a*、*e*的索引分別為 0、4，創建一個新的鄰接點 *s*，令 *s*->*v*=4; *s*->next=NULL。將節點 *s* 插入第 0 個節點的第 1 個鄰接點之前（頭插法）。

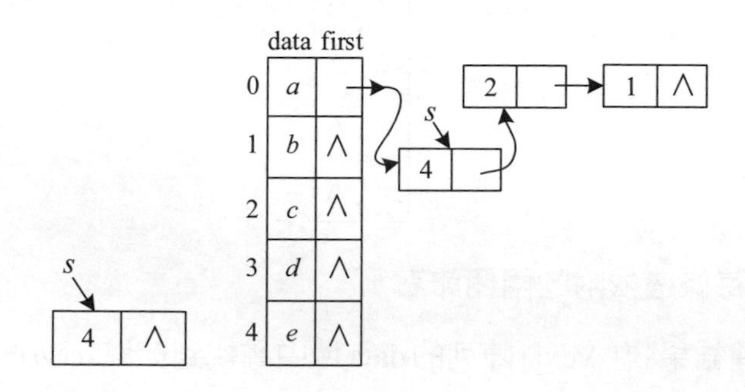

- 輸入*b c*，處理結果：在 Vex[] 陣列的 data 域中尋找到節點*b*、*c*的索引分別為 1、2，創建一個新的鄰接點 *s*，令 *s*->*v*=2; *s*->next=NULL。將節點 *s* 插入第 1 個節點的第 1 個鄰接點之前（頭插法）。

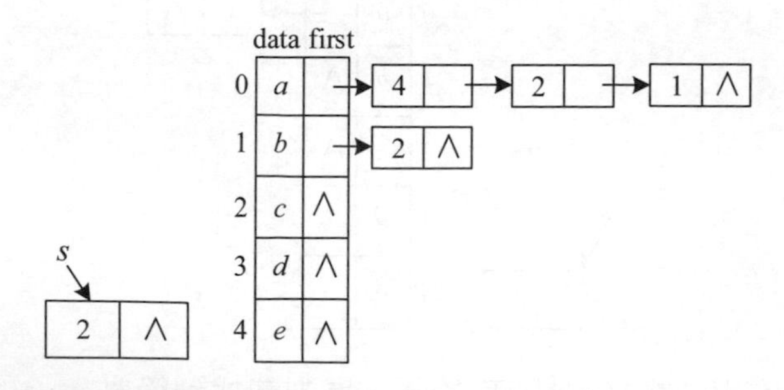

- 輸入*c d*，處理結果：在 Vex[] 陣列的 data 域中尋找到節點*c*、*d*的索引分別為 2、3，創建一個新的鄰接點 *s*，令 *s*->*v*=3; *s*->next=NULL。將節點 *s* 插入第 2 個節點的第 1 個鄰接點之前（頭插法）。

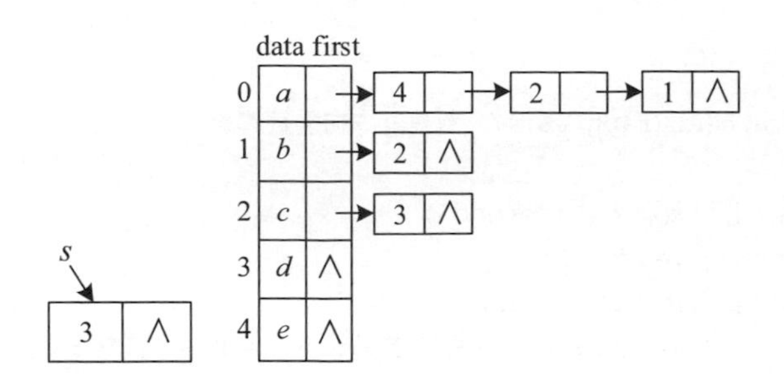

- 輸入 *c e*，處理結果：在 Vex[] 陣列的 data 域中尋找到 *c*、*e* 的索引分別為 2、4，創建一個新的鄰接點 *s*，令 *s*->*v*=4; *s*->next=NULL。將節點 *s* 插入第 2 個節點的第 1 個鄰接點之前（頭插法）。

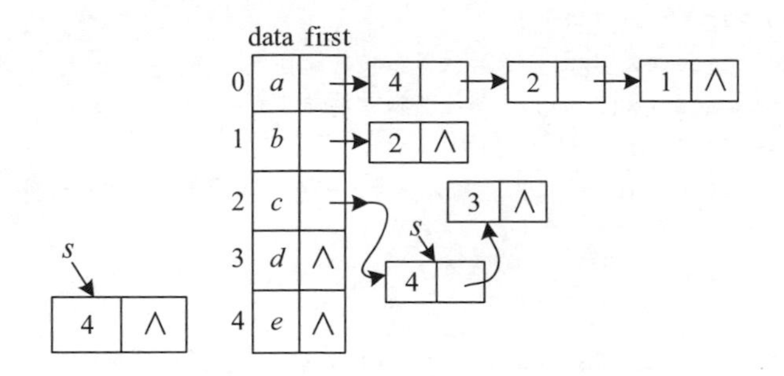

- 輸入 *d e*，處理結果：在 Vex[] 陣列的 data 域中尋找到節點 *d*、*e* 的索引分別為 3、4，創建一個新的鄰接點 *s*，令 *s*->*v*=4; *s*->next=NULL。將節點 *s* 插入第 3 個節點的第 1 個鄰接點之前（頭插法）。

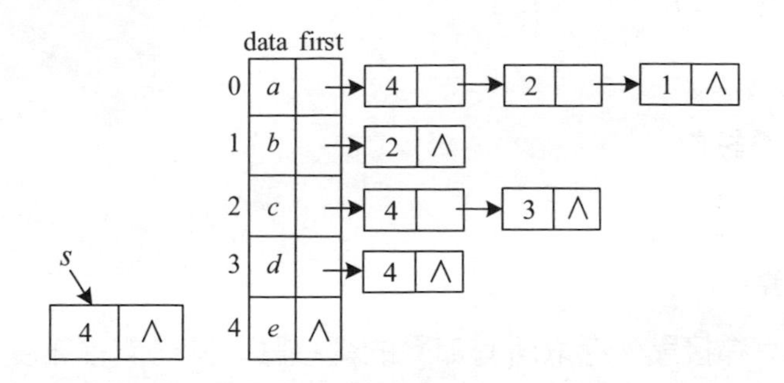

注意：由於後輸入的內容被插在了單鏈結串列的前面，因此若輸入順序不同，則建立的單鏈結串列也不同。

演算法程式：

```
void CreateALGraph(ALGraph &G){// 創建有方向圖的鄰接表
    VexType u,v;
    cout<<" 請輸入節點數和邊數 :"<<endl;
    cin>>G.vexnum>>G.edgenum;
    cout<<" 請輸入節點資訊 :"<<endl;
    for(int i=0;i<G.vexnum;i++)// 輸入節點資訊，將其存入節點資訊陣列
        cin>>G.Vex[i].data;
    for(int i=0;i<G.vexnum;i++)
        G.Vex[i].first=NULL;
    cout<<" 請依次輸入每條邊的兩個節點 u,v"<<endl;
    while(G.edgenum--){
        cin>>u>>v;
        int i=locatevex(G,u);// 尋找節點 u 的儲存索引
        int j=locatevex(G,v);// 尋找節點 v 的儲存索引
        if(i!=-1&&j!=-1)
            insertedge(G,i,j);// 插入該邊，若無向圖還需要插入一條邊
    }
}

void insertedge(ALGraph &G,int i,int j){// 插入一條邊（頭插法）
    AdjNode *s;
    s=new AdjNode;
    s->v=j;
    s->next=G.Vex[i].first;
    G.Vex[i].first=s;
}
```

4．鄰接表的優缺點

（1）優點如下。

- 便於增刪節點。
- 便於存取所有鄰接點。存取所有節點的鄰接點，其時間複雜度為 $O(n+e)$。
- 空間複雜度低。節點表佔用 n 個空間，無向圖的鄰接點表佔用 $n+2e$ 個空間，有方向圖的鄰接點表佔用 $n+e$ 個空間，整體空間複雜度為 $O(n+e)$。而鄰接矩陣的空間複雜度為 $O(n^2)$。因此，對於稀疏圖，可採用鄰接表儲存；對於稠密圖，可採用鄰接矩陣儲存。

（2）缺點如下。

- 不便於判斷在兩個節點之間是否有邊。要判斷在兩個節點之間是否有邊，需要遍歷該節點後面的鄰接點鏈結串列。
- 不便於計算各節點的度。在無向圖鄰接表中，節點的度為該節點後面單鏈結串列中的節點數；在有方向圖鄰接表中，節點的外分支度為該節點後面單鏈結串列中的節點數，但不易於求內分支度；在有方向圖的逆鄰接表中，節點的內分支度為該節點後面單鏈結串列中的節點數，但不易於求外分支度。

雖然以鄰接表存取單筆邊的效率不高，但是存取同一節點的所有連結邊時，僅需存取該節點後面的單鏈結串列，時間複雜度為該節點的度 $O(d(v_i))$；而以鄰接矩陣存取同一節點的所有連結邊時，時間複雜度為 $O(n)$。整體上，鄰接表比鄰接矩陣效率更高。

📖 6.1.4 鏈式前向星

鏈式前向星採用了一種靜態鏈結串列儲存方式，將邊集陣列和鄰接表相結合，可以快速存取一個節點的所有鄰接點，在演算法競賽中被廣泛應用。

鏈式前向星有以下兩種儲存結構。

（1）邊集陣列：edge[]，edge[i] 表示第 i 條邊。

（2）頭節點陣列：head[]，head[i] 儲存以 i 為起點的第 1 條邊的索引（edge[] 中的索引）。

```
struct node{
    int to,next,w;
}edge[maxe];// 邊集陣列，對邊數一般要設定比 maxn×maxn 大的數，題目有要求除外
int head[maxn];// 頭節點陣列
```

每一條邊的結構都如下圖所示。

	to	w	next
edge[i]			

舉例來說，一個無向圖如下圖所示。

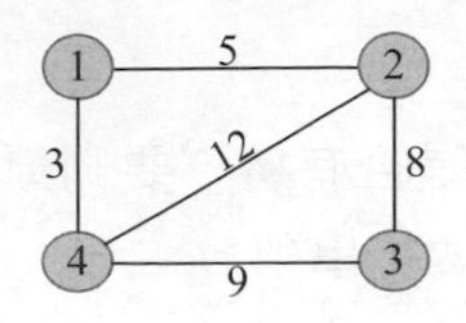

按以下順序輸入每條邊的兩個端點，建立鏈式前向星，過程如下。

（1）輸入 1 2 5。創建一條邊 1-2，權值為 5，創建第 1 條邊 edge[0]，將該邊連結到節點 1 的頭節點中（初始時 head[] 陣列全部被初始化為 –1）。即 edge[0].next=head[1]; head[1]=0，表示節點 1 連結的第 1 條邊為 0 號邊，如下圖所示。圖中的虛線箭頭僅表示它們之間的連結關係，不是指標。

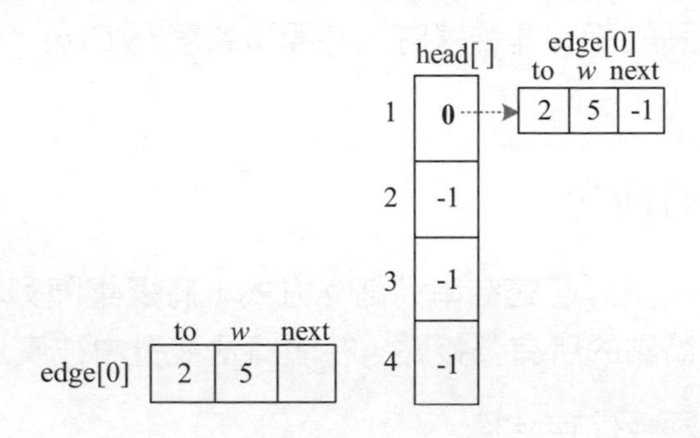

因為是無向圖，所以還需增加它的反向邊 2-1，權值為 5。創建第 2 條邊 edge[1]，將該邊連結到節點 2 的頭節點中。即 edge[1].next=head[2]; head[2]=1；表示節點 2 連結的第 1 條邊為 1 號邊，如下圖所示。

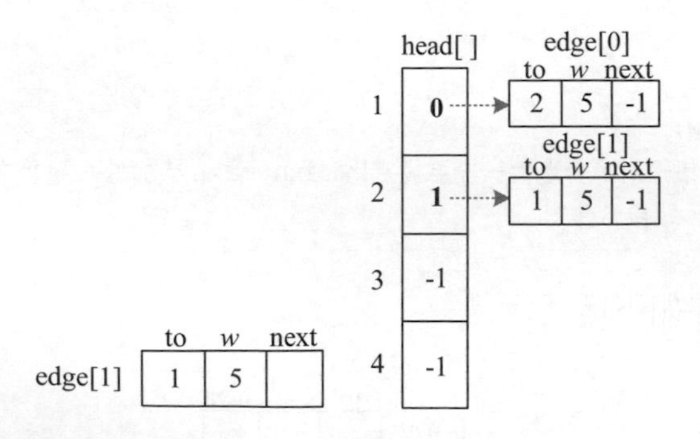

（2）輸入 1 4 3。創建一條邊 1-4，權值為 3。創建第 3 條邊 edge[2]，將該邊連結到節點 1 的頭節點中（頭插法）。即 edge[2].next=head[1]; head[1]=2，表示節點 1 連結的第 1 條邊為 2 號邊，如下圖所示。

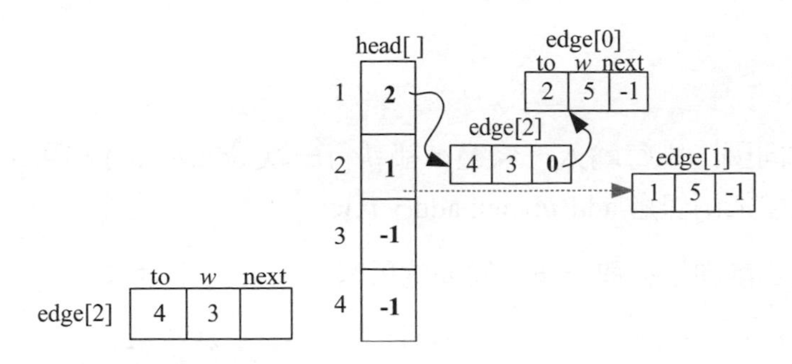

因為是無向圖，所以還需要增加它的反向邊 4-1，權值為 3。創建第 4 條邊 edge[3]，將該邊連結到節點 4 的頭節點中。即 edge[3].next=head[4]; head[4]=3，表示節點 4 連結的第 1 條邊為 3 號邊，如下圖所示。

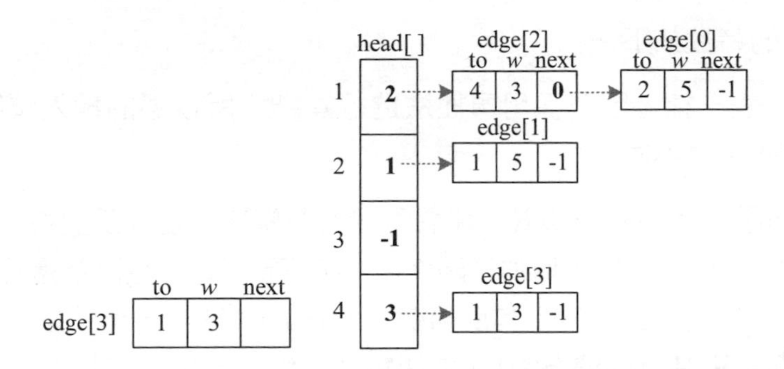

（3）依次輸入三條邊 2 3 8、2 4 12、3 4 9，創建的鏈式前向星如下圖所示。

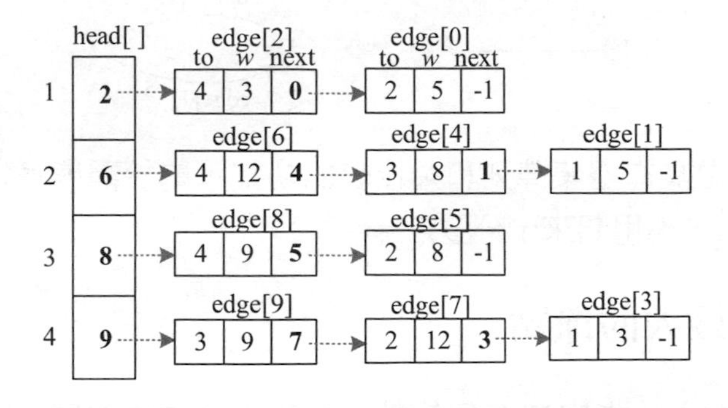

增加一條邊 *u v w* 的程式如下：

```
void add(int u,int v,int w) {// 增加一條邊
    edge[cnt].to=v;
    edge[cnt].w=w;
    edge[cnt].next=head[u];
```

```
    head[u]=cnt++;
}
```

如果是有方向圖，則每輸入一條邊，都執行一次 add(u,v,w) 即可；如果是無向圖，則需要增加兩條邊 add(u,v,w); add(v,u,w)。

如何使用鏈式前向星存取一個節點 u 的所有鄰接點呢？程式如下。

```
for(int i=head[u];i!=-1;i=edge[i].next){//i!=-1 可以寫為 ~i
    int v=edge[i].to;//u 的鄰接點
    int w=edge[i].w;//u-v 的權值
    …
}
```

鏈式前向星的特性如下。

（1）和鄰接表一樣，因為採用頭插法進行連結，所以邊的輸入順序不同，創建的鏈式前向星也不同。

（2）對無向圖，每輸入一條邊，都需要增加兩條邊，互為反向邊。舉例來說，輸入第 1 條邊 1 2 5，實際上增加了兩條邊，如下圖所示。這兩條邊互為反向邊，可以透過與 1 的互斥運算得到其反向邊，0^1=1，1^1=0。也就是說，如果一條邊的索引為 i，則其反向邊為 i^1。這個特性在網路流中應用起來非常方便。

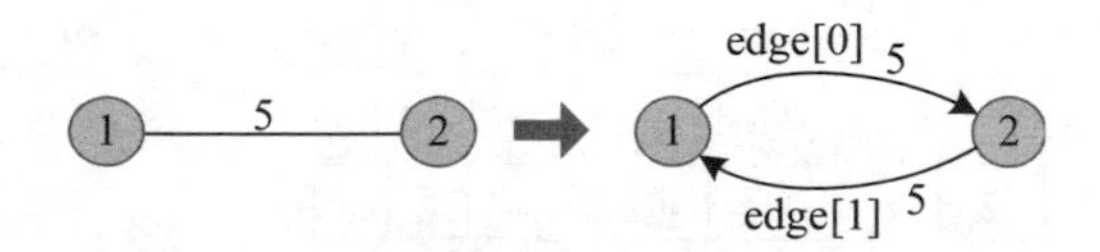

（3）鏈式前向星具有邊集陣列和鄰接表的功能，屬於靜態鏈結串列，不需要頻繁地創建節點，應用起來十分靈活。

訓練 1　最大的節點

題目描述（P3916）：指定有 N 個節點、M 條邊的有方向圖，對每個節點 v 都求 $A(v)$，表示從節點 v 出發，能到達的編號最大的節點。

輸入：第 1 行包含兩個整數 N、M（$1 \le N,M \le 10^5$）。接下來的 M 行，每行都包含兩個整數 U_i、V_i，表示邊 (U_i,V_i)。節點的編號為 1 ～ N。

輸出：N 個整數 A(1),A(2),⋯,A(N)。

輸入範例	輸出範例
4 3 1 2 2 4 4 3	4 4 3 4

題解：本題求從節點 v 出發能遍歷到的最大節點，可以採用以下兩種想法。

- 從節點 v 出發，深度優先遍歷所有的節點，求最大值。
- 也可以換種想法，建立原圖的反向圖，從最大節點 u 出發，對凡是能遍歷到的節點 v，v 能到達的編號最大的節點就是 u。如下圖所示，在反向圖中，節點 4 能遍歷到的節點是 4、1、2，這 3 個節點能到達的最大編號節點都是 4；節點 3 能遍歷到的節點是 3、4，但是節點 4 已經有解，無須求解，因此節點 3 能到達的最大節點是 3。

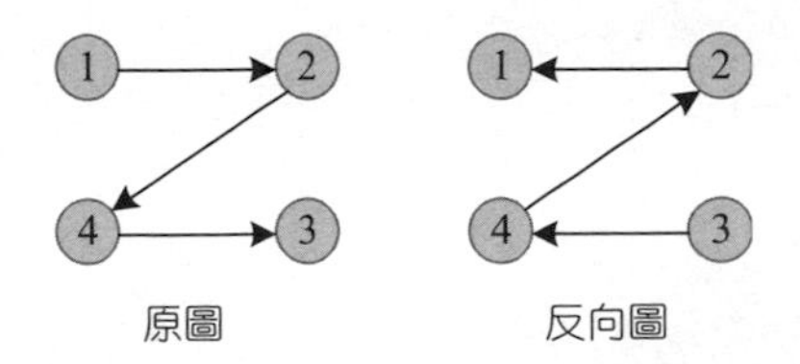

1．演算法設計

（1）儲存圖的反向圖。

（2）在反向圖上進行倒序深度遍歷。

2．演算法實現

```
struct Edge{
    int to,next;
}e[maxn];

void add(int u,int v){// 增加一條邊 u-v
    e[cnt].to=v;
    e[cnt].next=head[u];
    head[u]=cnt++;
}
```

```
void dfs(int u,int v){
    if(maxx[v]) //對已經有值的不再遍歷
        return;
    maxx[v]=u;
    for(int i=head[v];~i;i=e[i].next){
        int v1=e[i].to;
        dfs(u,v1);
    }
}

int main(){
    cin>>n>>m;
    memset(head,-1,sizeof(head));
    memset(maxx,0,sizeof(maxx));
    for(int i=1;i<=m;i++){
        cin>>x>>y;
        add(y,x);//增加反向邊
    }
    for(int i=n;i;i--)//倒序深度遍歷
        dfs(i,i);
    for(int i=1;i<=n;i++){
        if(i!=1)
            cout<<" ";
        cout<<maxx[i];
    }
    return 0;
}
```

∴ 訓練 2　有方向圖 D 和 E

題目描述（UVA11175）：有方向圖 D 有 n 個節點和 m 條邊，可以透過以下方式製作 D 的 Lying 圖 E。E 將有 m 個節點，每個都用於表示 D 的每條邊。舉例來說，如果 D 具有邊 (u,v)，則 E 將具有節點 uv。現在，當 D 具有邊 (u,v) 和 (v,w) 時，E 將具有從節點 uv 到節點 vw 的邊。在 E 中沒有其他邊。指定一個圖 E，確定 E 是否可能是某個有方向圖 D 的 Lying 圖。注意，在 D 中允許有重複的邊和自環。

輸入：第 1 行包含測試使用案例數 N（N<220）。在每個測試使用案例的前兩行都包含 m（$0 \le m \le 300$）和 k，表示圖 E 中的節點數和邊數。下面的 k 行，每行都包含兩個節點 x 和 y，表示在 E 中從 x 到 y 有一條邊。節點編號為 0～m–1。

輸出：對每個測試使用案例，都輸出一行 Case #t:，其中 t 表示測試使用案例編號，然後是 Yes 或 No，用於判斷 E 是否是一個有方向圖 D 的 Lying 圖。

輸入範例	輸出範例
4	Case #1: Yes
2	Case #2: Yes
1	Case #3: No
0 1	Case #4: Yes
5	
0	
4	
3	
0 1	
2 1	
2 3	
3	
9	
0 1	
0 2	
1 2	
1 0	
2 0	
2 1	
0 0	
1 1	
2 2	

題解：本題實際上就是把 D 中的邊縮成點，D 中的一條邊對應 E 中的節點，如果在 D 中存在邊 $i(u,v)$ 和 $j(v,w)$，則 E 將具有從節點 i 到節點 j 的邊。

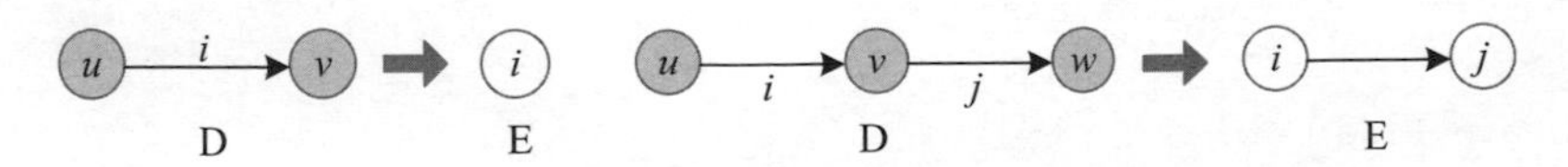

如果在 D 中邊 i 和邊 j 有公共端點，則 i 連接的邊，j 一定也連接，不存在 i 連接的邊但是 j 沒連接的情況。那麼在 E 中，節點 i 和節點 j 有公共鄰接點，則 i 鄰接的節點，j 一定也鄰接。如下圖所示，在 D 中，邊 i 和邊 j 有公共端點 c，i 連接邊 k_1、k_2，j 則一定也連接邊 k_1、k_2；在對應的 E 中，節點 i 和節點 j 有公共鄰接點 k_1，i 有鄰接點 k_2，j 則一定也有鄰接點 k_2。

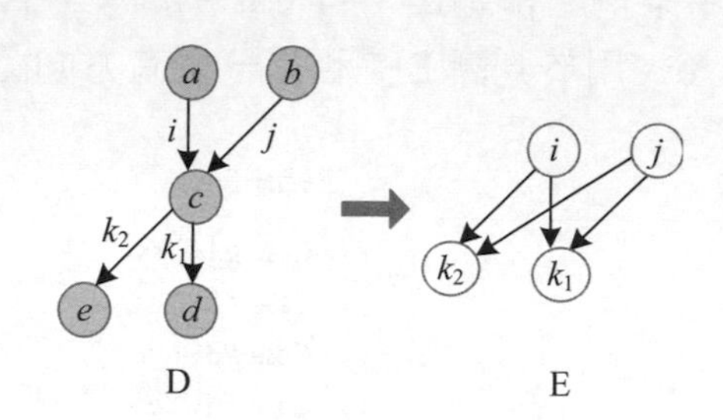

1．演算法設計

（1）用鄰接矩陣儲存 E。

（2）判斷在 E 中是否存在節點 i 和節點 j 有公共鄰接點但是對 i 鄰接的節點而 j 不鄰接的情況。

2．演算法實現

```
#define REP(i,b,e) for(int i=(b);i<(e);i++)
bool solve(){
    REP(i,0,n)
        REP(j,0,n){
            bool flag1=false,flag2=false;
            REP(k,0,n){
                if(g[i][k]&&g[j][k])// 節點 i 和 j 有公共鄰接點 k
                    flag1=true;
                if(g[i][k]^g[j][k]) // 節點 i 與 k 鄰接，節點 j 與 k 鄰接，兩者只有
一個是真的
                    flag2=true;
            }
            if(flag1&&flag2)
                return false;
        }
    return true;
}
```

∴ 訓練 3　乳牛排序

題目描述（POJ3275）：約翰想按照乳牛的產乳能力給它們排序。已知有 N（$1 \le N \le 1000$）頭乳牛，而且知道這些乳牛的 M（$1 \le M \le 10000$）種關係，將每種關係都表示為 "X Y"，表示乳牛 X 的產乳能力大於乳牛 Y。約翰想知道自己至少還要調查多少對關係才能完成整個排序。

輸入：第 1 行包含兩個整數 N 和 M。第 2…M+1 行，每行都包含兩個整數 X 和 Y。X 和 Y 都在 1 ～ N 範圍內，表示乳牛 X 的排名高於乳牛 Y。

輸出：單行輸出至少還要調查多少種關係才能完成整個排序。

輸入範例	輸出範例
5 5 2 1 1 5 2 3 1 4 3 4	3

提示：在輸入範例中，cow2>cow1>cow5，cow2>cow3>cow4，所以 cow2 的排名最高。不過，約翰需要知道排名大於 cow1 及 cow3 的排名第二的牛，還需要透過一個問題來確定 cow4 和 cow5 的順序。之後，他需要知道如果 cow1 大於 cow3，那麼 cow5 是否大於 cow3。他必須問三個問題才能確定排名："cow1>cow3 ？ cow4>cow5 ？ ""cow5>cow3 ？ "。

題解：

（1）根據輸入範例，創建一個有方向圖。

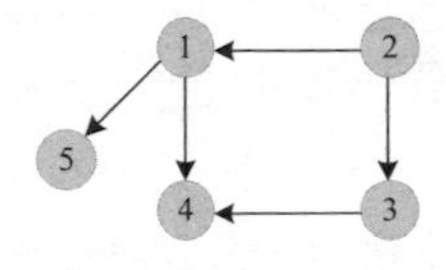

（2）根據傳遞性，得到的已知關係有 7 種，分別是：1>4、1>5、2>1、2>3、2>4、2>5、3>4。

（3）對於有 n 個節點的圖，兩兩之間的關係一共有 $n(n-1)/2$ 種，5 個節點共有 5×4/2=10 種關係，還需要知道 10-7=3 種關係即可。

如何得到已知關係呢？可以利用 bitset 位元運算，將每個節點都用一個 bitset 來表示。

```
bitset<maxn>p[maxn]; //maxn 表示位數，p[ ] 表示二進位數字組
```

初始化時，$p[i][i]=1$，即 $p[i]$ 的第 i 位為 1（從右側數第 0 位、1 位、2 位）。

輸入 1-5，令 $p[1][5]=1$，則 $p[1]$=…….100010。

輸入 1-4，令 $p[1][4]=1$，則 $p[1]$=…….110010。

輸入 2-1，令 $p[2][1]=1$，則 $p[2]$=…….000110。

輸入 2-3，令 $p[2][3]=1$，則 $p[2]$=…….001110。

輸入 3-4，令 $p[3][4]=1$，則 $p[3]$=…….011000。

判斷每個陣列的每一位，程式如下。

```
if(p[i][k])
    p[i]|=p[k];// 逐位元或運算
```

舉例來說，$p[2][1]=1$，則 $p[2]=p[2]|p[1]$= 001110 | 110010=111110。如果 2 和 1 有關係，而 1 和 4、5 有關係，則透過或運算，可以得出 2 和 4、5 也有關係。

透過此方法，可以找到每個點和其他點的關係。用 ans 累計每個陣列元素 1 的個數，因為初始化時自己到自己為 1，所以 ans 多算了 n 種關係，已知關係數應為 ans$-n$，用 $n(n-1)/2$ 減去已知關係數即可。

```
for(int i=1;i<=n;i++)
   ans+=p[i].count();// 每個陣列中元素 1 的個數
cout<<n*(n-1)/2-ans+n<<endl;
```

6.2 圖的遍歷

與樹的遍歷類似，圖的遍歷指從圖的某一節點出發，按照某種搜尋方式對圖中的所有節點都僅存取一次。圖的遍歷可以解決很多搜尋問題，實際應用非常廣泛。圖的遍歷根據搜尋方式的不同，分為廣度優先遍歷和深度優先遍歷。

📖 6.2.1 廣度優先遍歷

廣度優先搜尋（Breadth First Search，BFS）又被稱為寬度優先搜尋，是最常見的圖搜尋方法之一。廣度優先搜尋指從某個節點（原點）出發，一次性存取所有未被存取的鄰接點，再依次從這些已存取過的鄰接點出發，一層一層地存取。如下圖所示，廣度優先遍歷是按照廣度優先搜尋的方式對圖進行遍歷的。

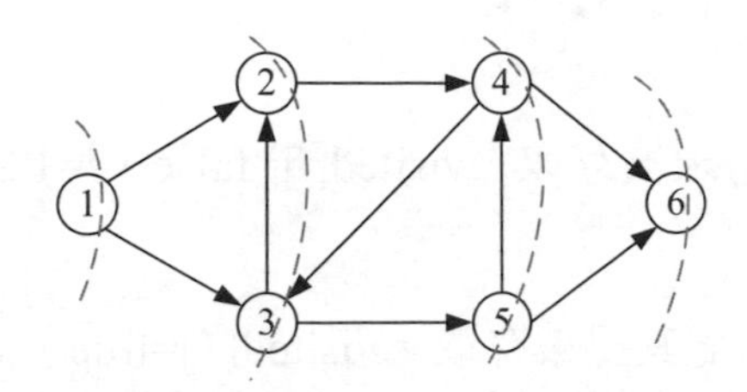

假設原點為 1，從 1 出發存取 1 的鄰接點 2、3，從 2 出發存取 4，從 3 出發存取 5，從 4 出發存取 6，存取完畢。存取路徑如下圖所示。

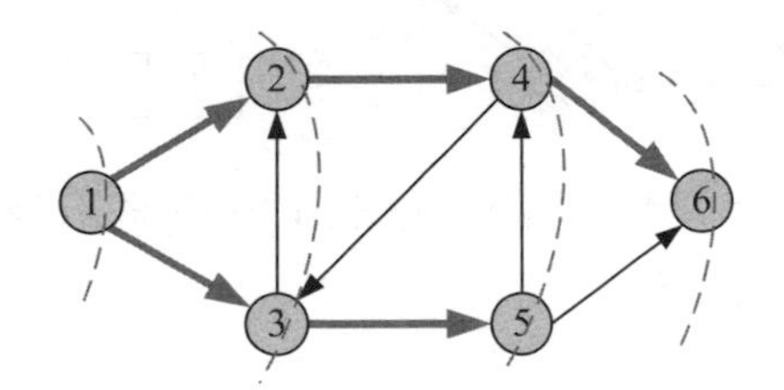

廣度優先遍歷的秘笈：先被存取的節點，其鄰接點先被存取。

根據廣度優先遍歷的秘笈，先來先服務，這可以借助於佇列實現。因為對每個節點只存取一次，所以可以設定一個輔助陣列 visited[*i*]=false，表示第 *i* 個節點未被存取；visited[*i*]=true，表示第 *i* 個節點已被存取。

1．演算法步驟

（1）初始化所有節點均未被存取，並初始化一個空佇列。

（2）從圖中的某個節點 *v* 出發，存取 *v* 並標記其已被存取，將 *v* 加入佇列。

（3）如果佇列不可為空，則繼續執行，否則演算法結束。

（4）將佇列首元素 *v* 移出佇列，依次存取 *v* 的所有未被存取的鄰接點，標記已被存取並加入佇列。轉向步驟 3。

2 · 完美圖解

舉例來說，一個有方向圖如下圖所示，其廣度優先遍歷的過程如下所述。

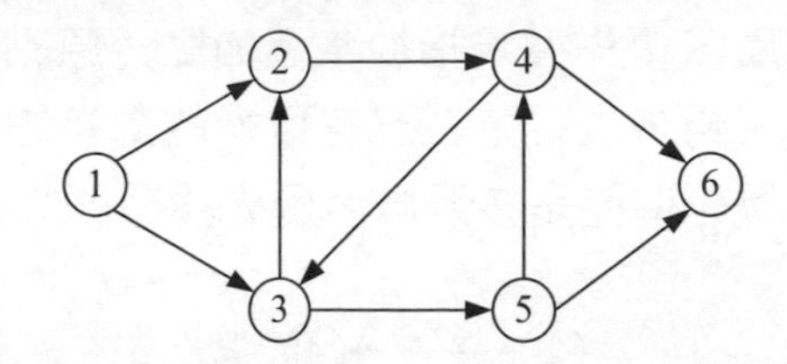

（1）初始化所有節點均未被存取，visited[i]=false，i=1,2,⋯,6。並初始化一個空佇列 Q。

（2）從節點 1 出發，標記其已被存取，visited[1]=true，將節點 1 加入佇列。

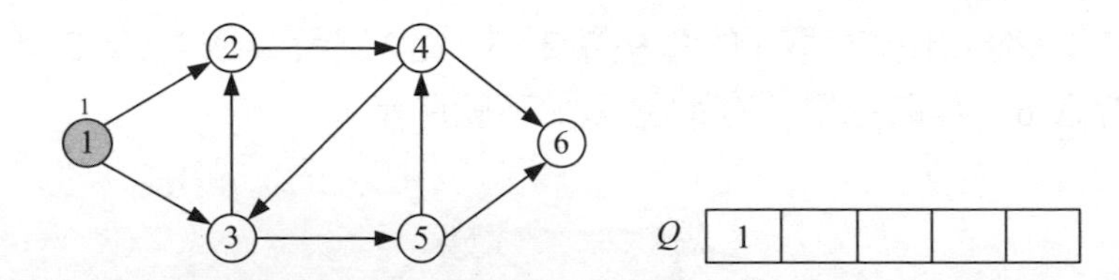

（3）將佇列首元素 1 移出佇列，依次存取 1 的所有未被存取的鄰接點 2、3，標記其已被存取並將其加入佇列。

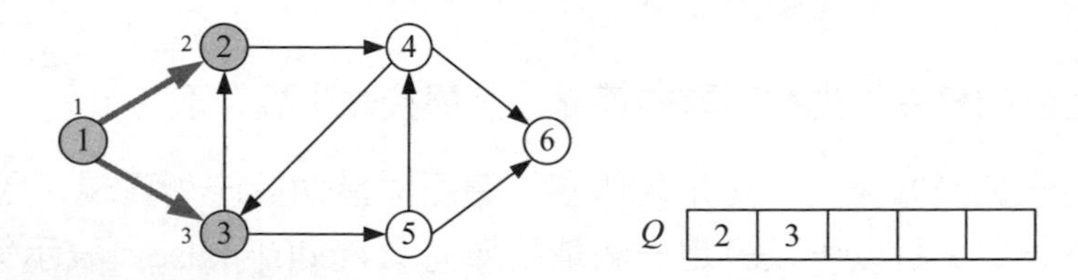

（4）將佇列首元素 2 移出佇列，將 2 的未被存取的鄰接點 4 標記為已被存取，並將其加入佇列。

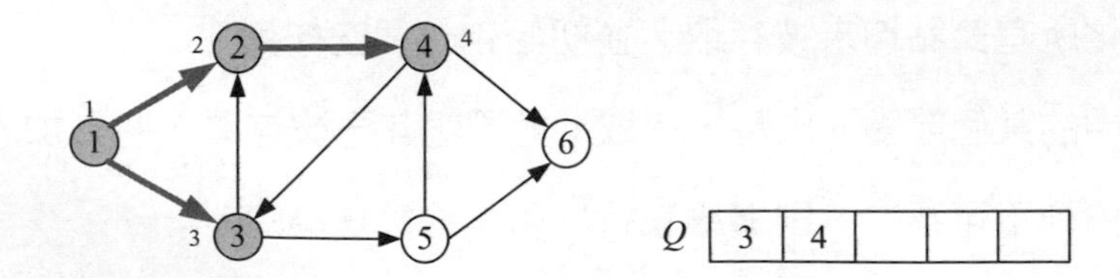

（5）將佇列首元素 3 移出佇列，3 的鄰接點 2 已被存取，將未被存取的鄰接點 5 標記為已被存取，並將其加入佇列。

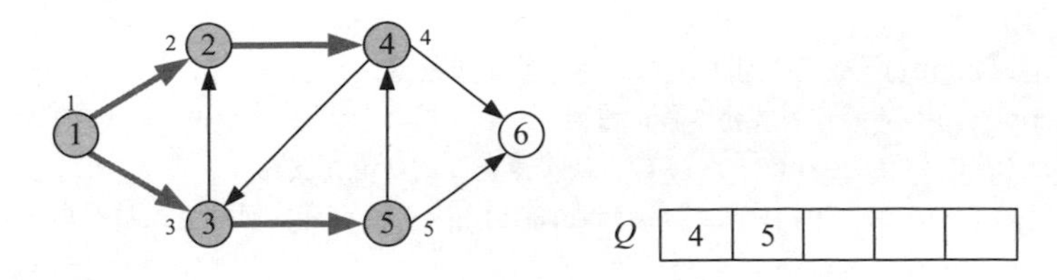

（6）將佇列首元素 4 移出佇列，4 的鄰接點 3 已被存取，將未被存取的鄰接點 6 標記為已被存取，並將其加入佇列。

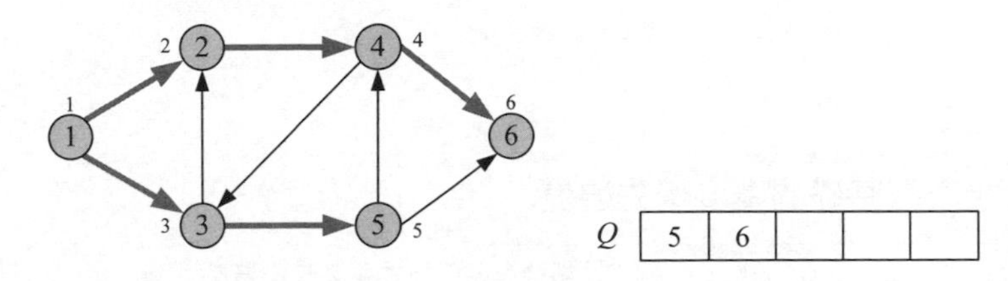

（7）將佇列首元素 5 移出佇列，5 的鄰接點 4、6 均已被存取，沒有未被存取的鄰接點。

（8）將佇列首元素 6 移出佇列，6 沒有鄰接點。

（9）佇列為空，演算法結束。廣度優先遍歷序列為 1 2 3 4 5 6。

廣度優先遍歷經過的節點及邊，被稱為廣度優先生成樹。如果廣度優先遍歷非連通圖，則每一個連通分量都會產生一棵廣度優先生成樹。

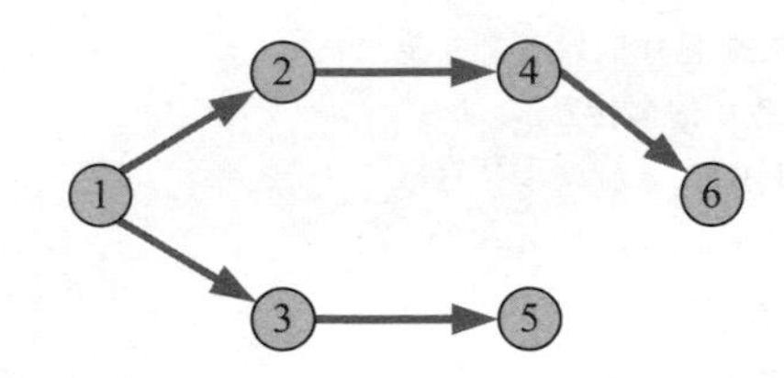

3．演算法實現

（1）以鄰接矩陣為基礎的廣度優先遍歷。

```
void BFS_AM(AMGraph G,int v){// 以鄰接矩陣為基礎的廣度優先遍歷
    int u,w;
    queue<int>Q; // 創建一個普通佇列（先進先出），裡面存放 int 類型
    cout<<G.Vex[v]<<"\t";
    visited[v]=true;
    Q.push(v); // 將原點 v 加入佇列
```

```
    while(!Q.empty()) {// 如果佇列不空
        u=Q.front();// 則取出佇列首元素並設定值給 u
        Q.pop(); // 將佇列首元素移出佇列
        for(w=0;w<G.vexnum;w++){// 依次檢查 u 的所有鄰接點
            if(G.Edge[u][w]&&!visited[w]) {//u、w 鄰接而且 w 未被存取
                cout<<G.Vex[w]<<"\t";
                visited[w]=true;
                Q.push(w);
            }
        }
    }
}
```

（2）以鄰接表為基礎的廣度優先遍歷。

```
void BFS_AL(ALGraph G,int v) {// 以鄰接表為基礎的廣度優先遍歷
    int u,w;
    AdjNode *p;
    queue<int>Q; // 創建一個普通佇列（先進先出），裡面存放 int 類型
    cout<<G.Vex[v].data<<"\t";
    visited[v]=true;
    Q.push(v); // 將原點 v 加入佇列
    while(!Q.empty()) {// 如果佇列不空
        u=Q.front();// 則並取出佇列首元素設定值給 u
        Q.pop(); // 將佇列首元素移出佇列
        p=G.Vex[u].first;
        while(p){/ / 依次檢查 u 的所有鄰接點
            w=p->v;//w 為 u 的鄰接點
            if(!visited[w]) {//w 未被存取
                cout<<G.Vex[w].data<<"\t";
                visited[w]=true;
                Q.push(w);
            }
            p=p->next;
        }
    }
}
```

（3）以非連通圖為基礎的廣度優先遍歷。

```
void BFS_AL(ALGraph G) {// 非連通圖的廣度優先遍歷
    for(int i=0;i<G.vexnum;i++)// 對非連通圖需要查漏點，檢查未被存取的節點
```

```
        if(!visited[i])//i 未被存取，以 i 為起點再次廣度優先遍歷
                BFS_AL(G,i);// 以鄰接表為基礎，也可以替換為以鄰接矩陣為基礎 BFS_AM(G,i)
}
```

4．演算法分析

廣度優先遍歷的過程實質上是對每個節點都搜尋其鄰接點的過程，圖的儲存方式不同，其演算法複雜度也不同。

（1）以鄰接矩陣為基礎的廣度優先遍歷演算法。尋找每個節點的鄰接點需要 $O(n)$ 時間，共 n 個節點，整體時間複雜度為 $O(n^2)$。這裡使用了一個輔助佇列，每個節點只加入佇列一次，空間複雜度為 $O(n)$。

（2）以鄰接表為基礎的廣度優先遍歷演算法。尋找節點 v_i 的鄰接點需要 $O(d(v_i))$ 時間，$d(v_i)$ 為 v_i 的外分支度，對有方向圖而言，所有節點的外分支度之和等於邊數 e；對無向圖而言，所有節點的度之和等於 $2e$，因此尋找鄰接點的時間複雜度為 $O(e)$，加上初始化時間 $O(n)$，整體時間複雜度為 $O(n+e)$。這裡使用了一個輔助佇列，每個節點只加入佇列一次，空間複雜度為 $O(n)$。

6.2.2 深度優先遍歷

深度優先搜尋（Depth First Search，DFS）是最常見的圖搜尋方法之一。深度優先搜尋沿著一條路徑一直搜尋下去，在無法搜尋時，回復到剛剛存取過的節點。深度優先遍歷是按照深度優先搜尋的方式對圖進行遍歷的。

深度優先遍歷的秘笈：後被存取的節點，其鄰接點先被存取。

根據深度優先遍歷的秘笈，後來者先服務，這可以借助於堆疊實現。遞迴本身就是使用堆疊實現的，因此使用遞迴的方法更方便。

1．演算法步驟

（1）初始化圖中的所有節點均未被存取。

（2）從圖中的某個節點 v 出發，存取 v 並標記其已被存取。

（3）依次檢查 v 的所有鄰接點 w，如果 w 未被存取，則從 w 出發進行深度優先遍歷（遞迴呼叫，重複步驟 2 ～ 3）。

2．完美圖解

舉例來說，一個無向圖如下圖所示，其深度優先遍歷的過程如下所述。

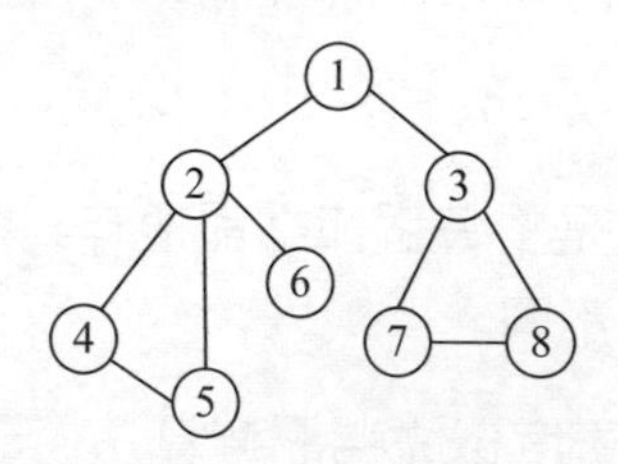

（1）初始化所有節點均未被存取，visited[i]=false，i=1,2,⋯,8。

（2）從節點 1 出發，標記其已被存取，visited[1]=true。

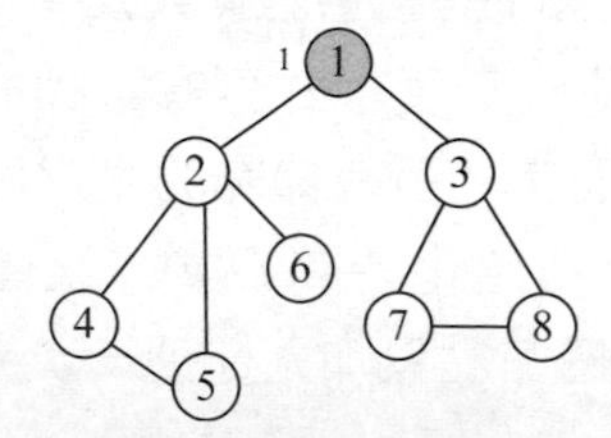

（3）從節點 1 出發存取鄰接點 2，然後從節點 2 出發存取節點 4，從節點 4 出發存取節點 5，從節點 5 出發存取未被存取的鄰接點。

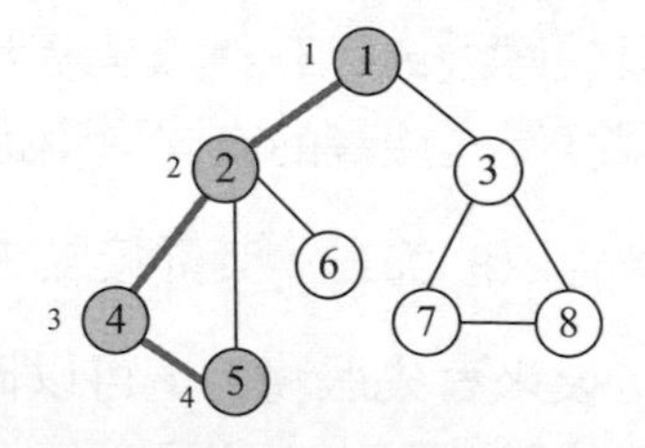

（4）回復到剛剛存取過的節點 4，節點 4 也沒有未被存取的鄰接點，回復到最近存取過的節點 2，從節點 2 出發存取下一個未被存取的鄰接點 6。

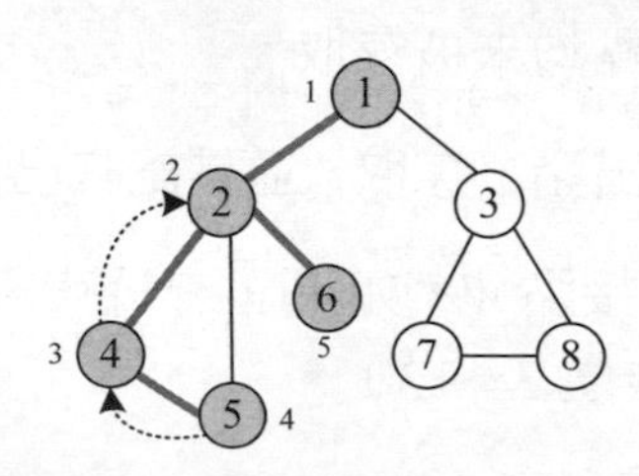

（5）從節點 6 出發存取未被存取的鄰接點，回復到剛剛存取過的節點 2，節點 2 沒有未被存取的鄰接點，回復到最近存取過的節點 1。

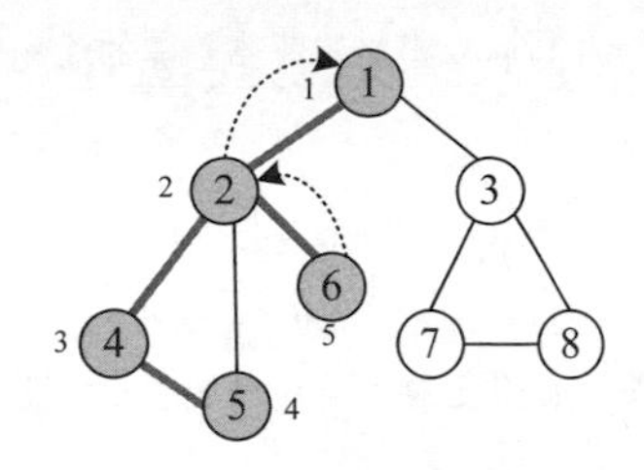

（6）從節點 1 出發存取下一個未被存取的鄰接點 3，從節點 3 出發存取節點 7，從節點 7 出發存取節點 8，從節點 8 出發存取未被存取的鄰接點。

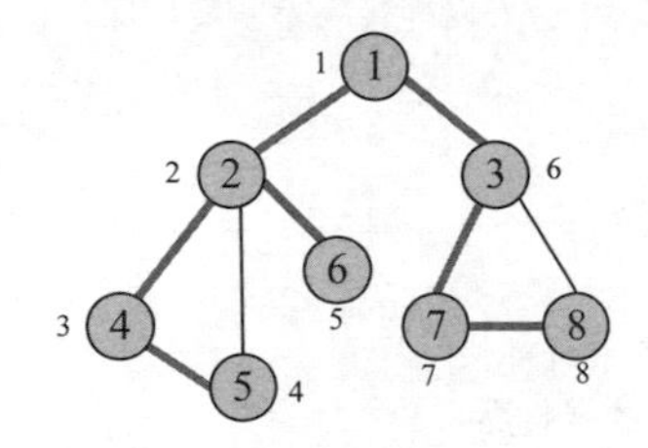

（7）回復到剛剛存取過的節點 7，節點 7 也沒有未被存取的鄰接點，回復到最近存取過的節點 3，節點 3 也沒有未被存取的鄰接點，回復到最近存取過的節點 1，節點 1 也沒有未被存取的鄰接點，遍歷結束。存取路徑如下圖所示。

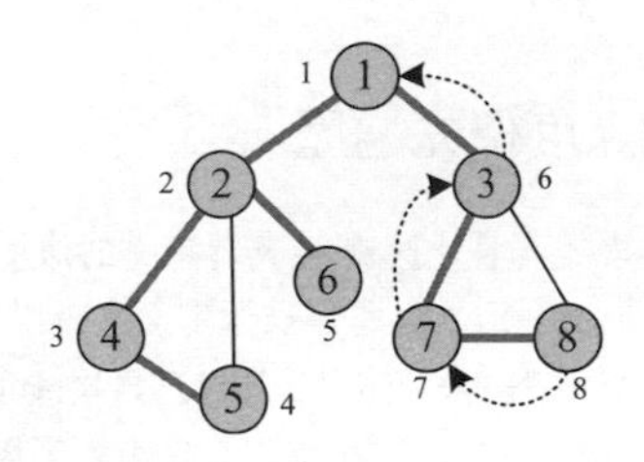

深度優先遍歷序列為 1 2 4 5 6 3 7 8。

深度優先遍歷經過的節點及邊被稱為深度優先生成樹，如下圖所示。如果深度優先遍歷非連通圖，則每一個連通分量都會產生一棵深度優先生成樹。

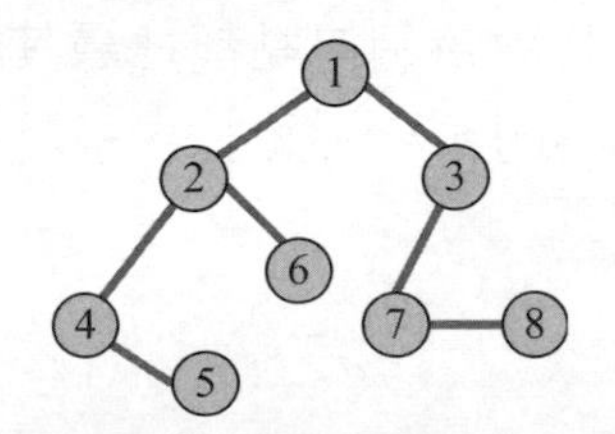

3．演算法實現

（1）以鄰接矩陣為基礎的深度優先遍歷。

```
void DFS_AM(AMGraph G,int v){// 以鄰接矩陣為基礎的深度優先遍歷
    cout<<G.Vex[v]<<"\t";
    visited[v]=true;
    for(int w=0;w<G.vexnum;w++)// 依次檢查 v 的所有鄰接點
        if(G.Edge[v][w]&&!visited[w])//v、w 鄰接而且 w 未被存取
            DFS_AM(G,w);// 從 w 節點出發，遞迴深度優先遍歷
}
```

（2）以鄰接表為基礎的深度優先遍歷。

```
void DFS_AL(ALGraph G,int v){// 以鄰接表為基礎的深度優先遍歷
    AdjNode *p;
    cout<<G.Vex[v].data<<"\t";
    visited[v]=true;
    p=G.Vex[v].first;
    while(p){// 依次檢查 v 的所有鄰接點
        int w=p->v;//w 為 v 的鄰接點
        if(!visited[w])//w 未被存取
          DFS_AL(G,w);// 從 w 出發，遞迴深度優先遍歷
        p=p->next;
    }
}
```

（3）以非連通圖為基礎的深度優先遍歷。

```
void DFS_AL(ALGraph G){// 非連通圖，以鄰接表為基礎的深度優先遍歷
    for(int i=0;i<G.vexnum;i++)// 對非連通圖需要查漏點，檢查未被存取的節點
        if(!visited[i])//i 未被存取，以 i 為起點再次廣度優先遍歷
                DFS_AL(G,i); // 以鄰接表為基礎，也可以替換為以鄰接矩陣為基礎 DFS_
AM(G,i)
}
```

4．演算法分析

深度優先遍歷的過程實質上是對每個節點都搜尋其鄰接點的過程，圖的儲存方式不同，其演算法複雜度也不同。

（1）以鄰接矩陣為基礎的深度優先遍歷演算法。尋找每個節點的鄰接點需要 $O(n)$ 時間，共 n 個節點，整體時間複雜度為 $O(n^2)$。這裡使用了一個遞迴工作堆疊，空間複雜度為 $O(n)$。

（2）以鄰接表為基礎的深度優先遍歷演算法。尋找節點 v_i 的鄰接點需要 $O(d(v_i))$ 時間，$d(v_i)$ 為 v_i 的外分支度，對有方向圖而言，所有節點的外分支度之和等於邊數 e；對無向圖而言，所有節點的度之和等於 $2e$，因此尋找鄰接點的時間複雜度為 $O(e)$，加上初始化時間 $O(n)$，整體時間複雜度為 $O(n+e)$。這裡使用了一個遞迴工作堆疊，空間複雜度為 $O(n)$。

需要注意的是，一個圖的鄰接矩陣是唯一的，因此以鄰接矩陣為基礎的廣度優先順序遍歷或深度優先遍歷的序列也是唯一的，而圖的鄰接表不是唯一的，邊的輸入順序不同，正序或反向建表都會影響鄰接表中的鄰接點順序，因此以鄰接表為基礎的廣度優先遍歷或深度優先遍歷的序列不是唯一的。

訓練 1　油田

題目描述（UVA572）：某石油勘探公司正在按計劃勘探地下油田資源，在一片長方形地域中工作。他們首先將該地域劃分為許多小正方形區域，然後使用探測裝置分別探測在每一小正方形區域內是否有油。含有油的區域被稱為油田。如果兩個油田相鄰（在水平、垂直或對角線相鄰），則它們是相同油藏的一部分。油藏可能非常大並可能包含許多油田（油田的個數不超過 100）。你的工作是確定在這個長方形地域中包含多少不同的油藏。

輸入：輸入檔案包含一個或多個長方形地域。每個地域的第 1 行都有兩個正整數 m 和 n（$1 \leq m, n \leq 100$），表示地域的行數和列數。如果 $m=0$，則表示輸入結束；否則此後有 m 行，每行都有 n 個字元。每個字元都對應一個正方形區域，字元 * 表示沒有油，字元 @ 表示有油。

輸出：對於每個長方形地域，都單行輸出油藏的個數。

輸入範例	輸出範例
1 1 * 3 5 *@*@* **@** *@*@* 1 8 @@****@* 5 5 ****@ *@@*@ *@**@ @@@*@ @@**@ 0 0	0 1 2 2

題解：對這樣的油田進行遍歷，從每個 "@" 格子出發，尋找它周圍所有的 "@" 格子，同時將這些格子標記一個連通分量號，最後輸出連通分量數。使用圖的深度優先搜尋即可。

舉例來說，輸入範例 4，其油藏的個數就是連通分量的個數，如下圖所示。

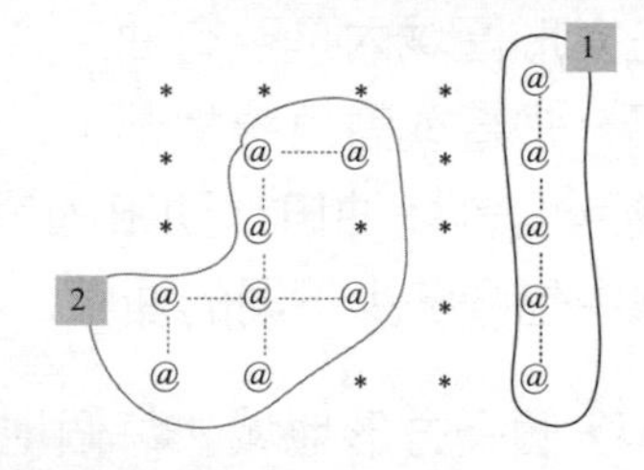

根據題意，水平、垂直或對角線都認為是相鄰，因此搜尋時，可以從 8 個方向進行深度優先搜尋，如下圖所示，如何控制 8 個方向呢？

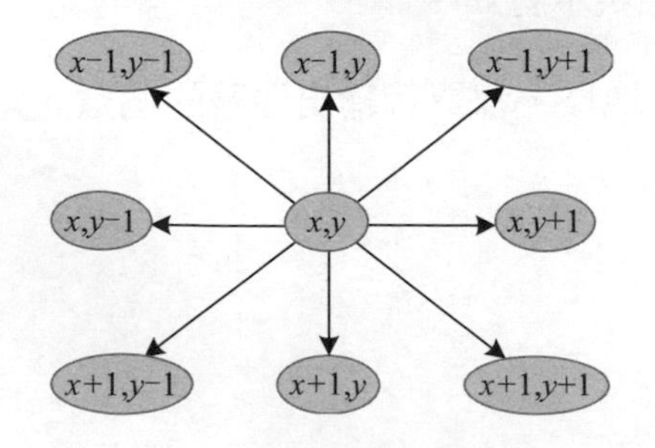

```
for(int dx=-1;dx<=1;dx++)//x 的增量
for(int dy=-1;dy<=1;dy++)//y 的增量
if(dx!=0||dy!=0)
dfs(x+dx,y+dy,id);// 從 8 個方向深度優先搜尋
```

1．演算法設計

（1）對字元矩陣中的每個位置都進行判斷，如果未標記連通分量號且為 '@'，則從該位置出發進行深度優先搜尋。

（2）搜尋時需要判斷是否出界，是否已有連通分量號或不是 '@'；否則將該位置標記連通分量號為 id，從該位置出發，沿 8 個方向繼續進行深度優先搜尋。

2．演算法實現

```
#define REP(i,b,e) for(int i=(b);i<=(e);i++)
const int maxn=100+5;
string str[maxn];// 儲存字元矩陣
int m,n,setid[maxn][maxn];// 行列，連通分量號

void dfs(int x,int y,int id){// 行列和連通分量號
    if(x<0||x>=m||y<0||y>=n) return ;// 出界
    if(setid[x][y]>0||str[x][y]!='@') return ;// 已有連通分量號或不是 '@'
    setid[x][y]=id;
    REP(dx,-1,1)
        REP(dy,-1,1)
            if(dx!=0||dy!=0)
                dfs(x+dx,y+dy,id);// 沿 8 個方向進行深度優先搜尋
}

int main(){
     while((cin>>m>>n)&&m&&n){
         REP(i,0,m-1)
             cin>>str[i];
         memset(setid,0,sizeof(setid));
         int cnt=0;
         REP(i,0,m-1)
             REP(j,0,n-1)
                 if(setid[i][j]==0&&str[i][j]=='@')
                     dfs(i,j,++cnt);
         cout<<cnt<<endl;
```

```
    }
    return 0;
}
```

特別注意：因為有可能包含多個連通分支，因此需要從每個未標記的 '@' 進行深度優先搜尋。

訓練 2　理想路徑

題目描述（UVA1599）：指定一個有 n 個節點、m 條邊的無向圖，每條邊都塗有 1 種顏色。求節點 1 到 n 的一條路徑，使得經過的邊數最少，在此前提下，經過邊的顏色序列最小。可能有自環與重邊。輸入保證至少存在一條連接節點 1 和 n 的路徑。

輸入：輸入共 m+1 行。第 1 行包含兩個整數：n 和 m。之後的 m 行，每行都包含 3 個整數 a_i、b_i、c_i，表示在 a_i、b_i 之間有一條顏色為 c_i 的路徑。

輸出：輸出共兩行，第 1 行包含正整數 k，表示節點 1 到 n 至少需要經過 k 條邊。第 2 行包含 k 個由空格隔開的正整數，表示節點 1 到 n 依次經過的邊的顏色。

輸入範例	輸出範例
4 6 1 2 1 1 3 2 3 4 3 2 3 1 2 4 4 3 1 1	2 1 3

輸出範例解釋：節點 1 到 4 至少經過兩條邊：$1 \to 3$，顏色為 1（最後輸入的那條）；$3 \to 4$，顏色為 3。資料範圍：$2 \le n \le 10^5$，$1 \le m \le 10^5$，$1 \le c_i \le 10^9$，對於任意 $i \in [1,m]$，都有 $1 \le a_i, b_i \le n$。對於兩個長度為 k 的序列 a 和 b，若存在 $i \in [1,k]$ 使 $a_i < b_i$，且對於任意 $j \in [1,i)$ 都有 $a_j = b_j$，則 $a < b$。

題解：本題求解節點 1 到 n 的最短距離，在此前提下，色號序列最小。可以先求解最短距離，然後檢查色號。因為在從節點 1 出發的多筆邊中，並不知道哪條邊是最短路徑上的邊，所以無法確定最小色號。

1．演算法設計

（1）從節點 n 反向廣度優先遍歷標高，節點 1 的高度正好為從節點 1 到 n 的最短距離。

（2）從節點 1 正向廣度優先遍歷，沿著高度減 1 的方向遍歷，找色號小的點，如果多個點的色號都最小，則檢查下一個色號哪個最小，直到節點 n 結束。

2．完美圖解

輸入範例的求解過程如下。

（1）根據輸入範例創建圖，然後節點 n 反向廣度優先遍歷標高，節點 1 的高度為 2，即節點 1 到 n 的最短距離為 2，輸出 2。

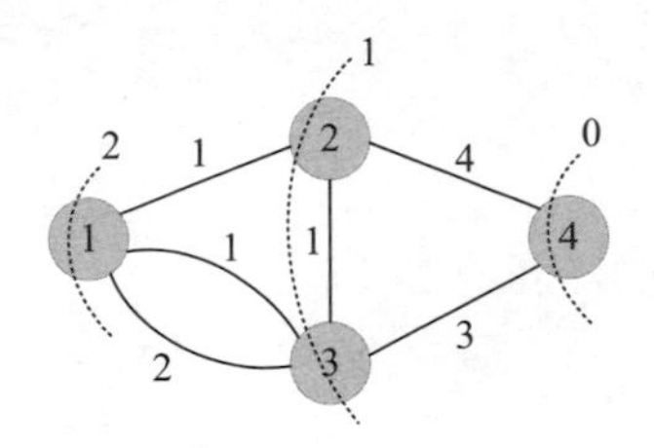

（2）從節點 1 正向廣度優先遍歷，沿著高度減 1 的方向遍歷，找邊著色號小的鄰接點，節點 1 到 2 的色號為 1，節點 1 到 3 的色號也為 1，節點 1 到 3 的另一條道路色號為 2，最小色號為 1，輸出 1。目前無法確定選擇哪條邊，因此將都有可能走的兩個鄰接點 2 和 3 加入佇列並暫存。

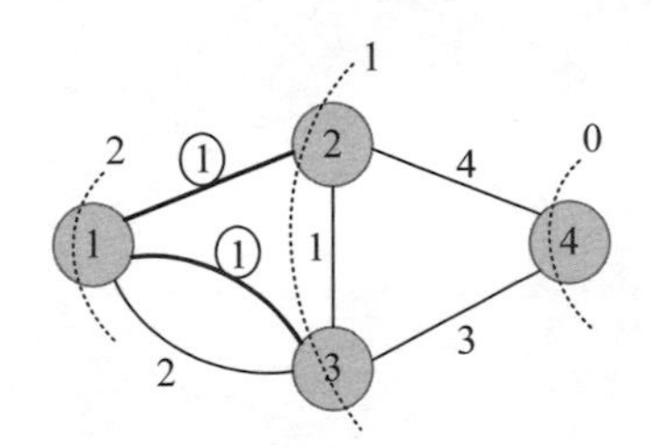

（3）從節點 2 和 3 出發，沿著高度減 1 的方向遍歷，找邊著色號小的鄰接點，節點 2 到 4 的色號為 4，節點 3 到 4 的色號為 3，最小色號為 3，輸出 3。

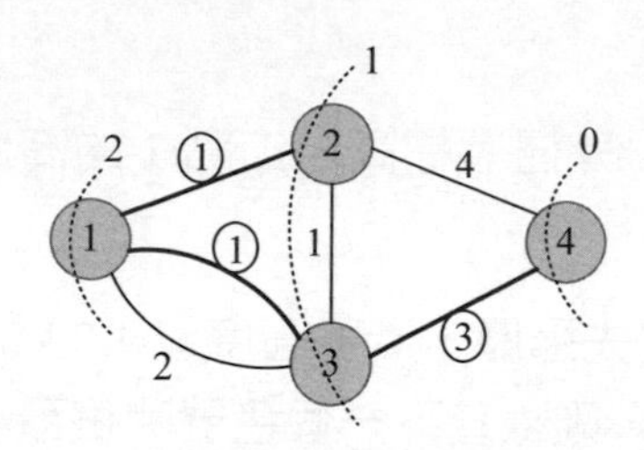

3．演算法實現

（1）逆向求最短距離。

```
void bfs1(){//逆向標高求最短距離
    int u,v;
    memset(vis,false,sizeof(vis));
    dis[n]=0;
    q1.push(n);
    vis[n]=true;
    while(!q1.empty()){
        u=q1.front();
        q1.pop();
        vis[u]=true;
        for(int i=head[u];i;i=e[i].next){
            v=e[i].to;
            if(vis[v])
                continue;
            dis[v]=dis[u]+1;
            q1.push(v);
            vis[v]=true;
        }
    }
}
```

（2）正向求最小色號序列。

- 佇列 q1：保存節點號。
- 佇列 q2：保存色號。
- 佇列 q3：保存色號最小的邊關聯的鄰接點號。

舉例來說，如下圖所示，按鄰接表順序遍歷邊時，節點 1 到 2、節點 1 到 3 的邊色號均最小（色號為 3），那麼佇列 q3 暫存 2、3 兩個節點，後來發現有比它們更小的色號（色號為 2），將 q3 立即清空，保存節點 5。

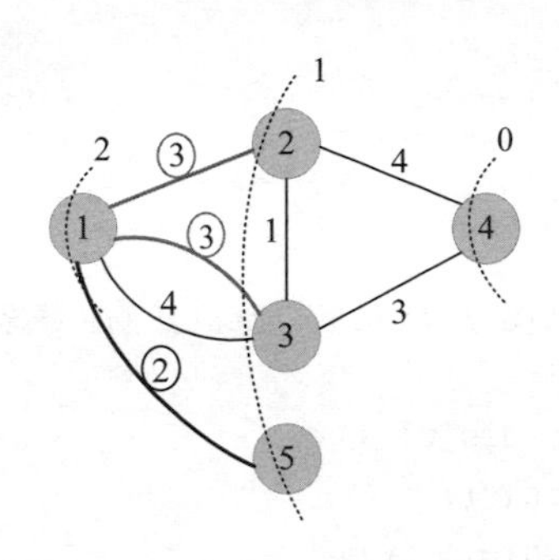


```
void bfs2(){
    int u,v,minc,c;
    bool first=true;
    memset(vis,false,sizeof(vis));
    vis[1]=true;
    for(int i=head[1];i;i=e[i].next)// 節點 1 的所有鄰接點
        if(dis[e[i].to]==dis[1]-1) {// 高度減 1 的鄰接點
            q1.push(e[i].to);
            q2.push(e[i].c);
        }
    while(!q1.empty()){
        minc=inf;
        while(!q1.empty()){
            v=q1.front();
            q1.pop();
            c=q2.front();
            q2.pop();
            if(c<minc){
                while(!q3.empty())// 發現更小的佇列並清空
                    q3.pop();
                minc=c;
            }
            if(c==minc)
                q3.push(v);
        }
        if(first)
            first=false;
```

```
        else
            cout<<" ";
        cout<<minc;
        while(!q3.empty()){// 所有為最小色號的節點
            u=q3.front();
            q3.pop();
            if(vis[u])
                continue;
            vis[u]=true;
            for(int i=head[u];i;i=e[i].next) {// 擴充每一個節點
                v=e[i].to;
                if(dis[v]==dis[u]-1){
                    q1.push(v);
                    q2.push(e[i].c);
                }
            }
        }
    }
}
```

特別注意的是，正向求解時：①沿著高度減 1 的方向擴充；②從色號最小的邊關聯的節點繼續擴充；③一旦發現有更小的色號，則佇列 q3 立即清空，保存目前色號最小的邊關聯的節點。

訓練 3　騎士的旅程

題目描述（POJ2488）：騎士決定環游世界，其移動方式如下圖所示。騎士的世界是他生活的棋盤，棋盤面積比普通的 8×8 棋盤小，但它仍然是長方形的。你能幫助這個騎士做出旅行計畫嗎？找到一條道路。騎士每次都進入一個方格，可以在棋盤的任意方格上開始和結束。

輸入：輸入的第 1 行包含一個正整數 T，表示測試使用案例的數量。每個測試使用案例的第 1 行都包含兩個正整數 m 和 n（$1 \le m \times n \le 26$），表示 $m \times n$ 的棋盤，對行用數字識別碼（1 ～ m），對列用大寫字母標識（A ～ Z）。

輸出：每個測試使用案例的輸出都以一個包含 "Scenario #i：" 的行開頭，其中 i 是從 1 開始的測試使用案例編號。然後單行輸出按字母排序排列的第 1 條路徑，該路徑存取棋盤的所有方塊。應透過連接存取方塊的名稱輸出路徑，每個方塊的名稱都由一個大寫字母後跟一個數字組成。 如果不存在這樣的路徑，則應該在一行上輸出 "impossible"。在測試使用案例之間有一個空行。

輸入範例	輸出範例
3 1 1 2 3 4 3	Scenario #1: A1 Scenario #2: impossible Scenario #3: A1B3C1A2B4C2A3B1C3A4B2C4

題解：騎士移動的 8 個位置，其偏移量如下圖所示。如果騎士的目前位置為 (x, y)，則移動時將目前位置的座標加上偏移量即可，例如騎士從目前位置移動到右上角的位置 $(x-2, y+1)$。

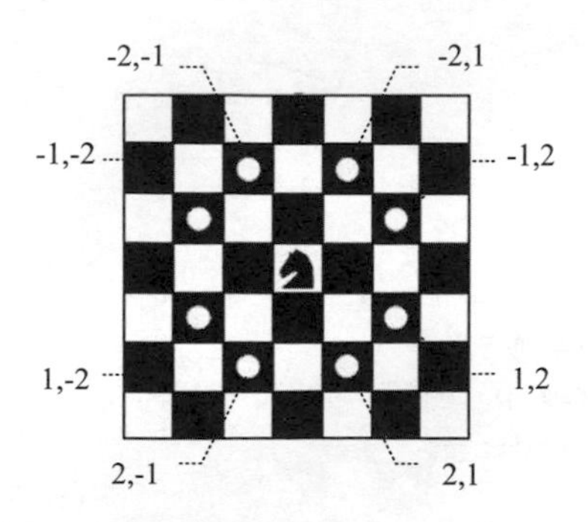

可以定義方向陣列：int dir[8][2]={–2,–1,–2,1,–1,–2,–1,2,1,–2,1,2,2,–1,2,1}。

1．演算法設計

棋盤是 m 行、n 列的，對行用數字識別碼，對列用大寫字母標識，但輸出時先輸出大寫字母，然後輸出數字。因此寫程式時，可以把棋盤翻轉一下，將其看作 n 行、m 列的，這樣就可以先行後列地進行輸出了。

（1）從 (1,1) 開始，沿 8 個方向進行深度優先搜尋，判斷是否可行，如果可行，則記錄搜尋步數，從目前節點出發繼續進行深度優先搜尋。

（2）當步數達到 $n \times m$ 時，說明找到一條路徑，輸出該路徑。

2．演算法實現

```
int dfs(int x,int y,int step){
    if(step==n*m)
        return flag=1;
    for(int i=0;i<8;i++){
        int x2=x+dir[i][0];
        int y2=y+dir[i][1];
        if(x2>=1&&x2<=n&&y2>=1&&y2<=m&&!map[x2][y2]&&!flag){
            map[x2][y2]=1;
            path[step][0]=x2;
            path[step][1]=y2;
            dfs(x2,y2,step+1);
            map[x2][y2]=0;
        }
    }
    return flag;
}
```

輸出路徑：

```
        path[0][0]=1;
        path[0][1]=1;
        map[1][1]=1;
        if(dfs(1,1,1)){
            for(int i=0;i<m*n;i++)
                cout<<char(path[i][0]+'A'-1)<<path[i][1];
            cout<<endl<<endl;
        }
        else
            cout<<"impossible"<<endl<<endl;
```

∵ 訓練 4　抓住那頭牛

題目描述（POJ3278）：約翰希望立即抓住逃亡的牛。目前約翰在節點 N，牛在節點 K（$0 \leq N, K \leq 100000$）時，他們在同一條線上。約翰有兩種交通方式：步行和乘車。如果牛不知道有人在追趕自己，原地不動，那麼約翰需要多長時間才能抓住牛？

- 步行：約翰可以在一分鐘內從任意節點 X 移動到節點 $X-1$ 或 $X+1$。
- 乘車：約翰可以在一分鐘內從任意節點 X 移動到節點 $2\times X$。

輸入：兩個整數 N 和 K。

輸出：單行輸出約翰抓住牛所需的最短時間（以分鐘為單位）。

輸入範例	輸出範例
5 17	4

提示：在輸入範例中抓住牛的最快方法是沿著路徑 5-10-9-18-17 前進，需要 4 分鐘。

題解：可以採用深度優先搜尋和廣度優先搜尋兩種方法解決。

1．演算法設計

1）深度優先搜尋方法

根據輸入範例，約翰在 5 的位置，牛在 17 的位置。約翰可以先乘車到 10，步行退回到 9，然後乘車到 18，步行退回到 17，抓到牛，一共 4 步。

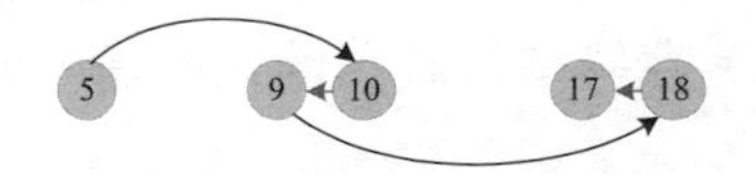

假設約翰和牛的位置分別為 n 和 k，則求解步驟如下。

（1）如果 n=0，則先走 1 步到 1，n=1，否則無法乘車，因為 0 的兩倍還是 0。

（2）進行深度優先搜尋，dfs(t) 表示求解約翰從初始位置 n 到達位置 t 的最小步數。

- 如果 $t \le n$，因為不可以向後乘車，只能一步一步地後退，則需要 $n-t$ 步。
- 如果 t 為偶數，則比較從 $t/2$ 向前乘車到 t、從 n 一步一步向前走到 t，採用哪種方案使得步數最少，取最小值。第 1 種方案的步數為從初始位置到達 $t/2$ 的步數 dfs($t/2$) 加上 1 次乘車所需步數，第 2 種方案的步數為 t-n。
- 如果 t 為奇數，則比較從 t-1 向前 1 步到 t（步數為 dfs(t-1)+1）、從 t+1 向後 1 步到 t（步數為 dfs(t+1)+1），採用哪種方案使得步數最少，取最小值。

```
int dfs(int t){
    if(t<=n)
        return n-t;
    if(t%2==1)
        return min(dfs(t+1)+1,dfs(t-1)+1);
    else
        return min(dfs(t/2)+1,t-n);
}
```

2）廣度優先搜尋演算法

（1）如果 $k \le n$，因為不可以向後乘車，只能一步一步地後退，則需要 $n-k$ 步，否則執行步驟 2。

（2）從目前節點出發進行廣度優先搜尋，每個節點都可以擴充 3 個位置，判斷該位置是否為牛的位置，如果是，則傳回走過的步數；不然判斷位置是否有效（未超界且未存取），如果是，則將步數加 1，並將位置加入佇列。

（3）如果佇列不空，則一直進行廣度優先搜尋，直到找到牛的位置。

2．完美圖解

從約翰的位置 5 出發進行廣度優先搜尋，節點 5 先擴充 3 個位置，然後節點 6、4、10 擴充，如下圖所示。繼續進行廣度優先搜尋，直到找到牛的位置，傳回走過的距離。

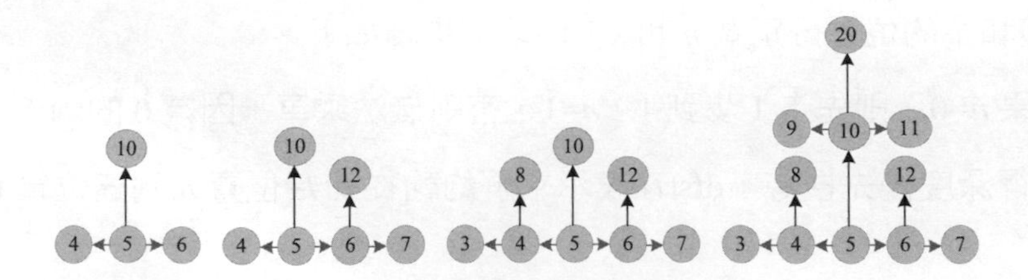

從以上擴充可以看出，有很多無效搜尋，效率比採用深度優先搜尋要低。因為在一條直線上，所以採用深度優先搜尋效果更好；如果在二維地圖上，則採用廣度優先搜尋效果更好。

3．演算法實現

```
void solve(){
    queue<int> q;
    vis[n]=1;
    d[n]=0;
    q.push(n);
    while(!q.empty()){
        int u=q.front();
        q.pop();
        if(u==k){
            cout<<d[k]<<endl;
            return;
        }
        int x;
        x=u+1;
        if(x>=0&&x<=100000&&!vis[x]){
            d[x]=d[u]+1;
            vis[x]=1;
            q.push(x);
        }
        x=u-1;
        if(x>=0&&x<=100000&&!vis[x]){
            d[x]=d[u]+1;
            vis[x]=1;
            q.push(x);
        }
        x=u*2;
        if(x>=0&&x<=100000&&!vis[x]){
            d[x]=d[u]+1;
            vis[x]=1;
            q.push(x);
        }
    }
}
```

6.3 圖的連通性

📖 6.3.1 連通性的相關知識

1．無向圖的連通分量

在無向圖中，如果從節點 v_i 到節點 v_j 有路徑，則稱節點 v_i 和節點 v_j 是連通的。如果圖中任意兩個節點都是連通的，則稱圖 G 為連通圖。如下圖所示就是一個連通圖。

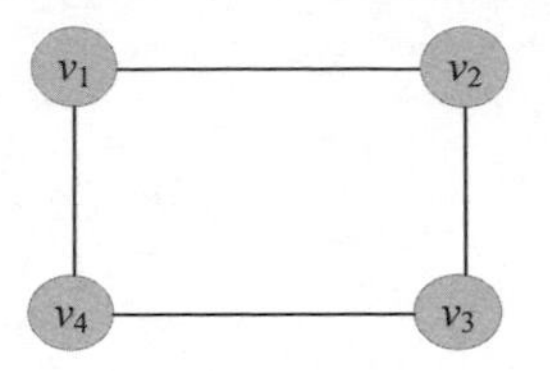

無向圖 G 的極大連通子圖被稱為圖 G 的連通分量。極大連通子圖是圖 G 連通子圖，如果再在其中加入一個節點，則該子圖不連通。連通圖的連通分量就是它本身；非連通圖則有兩個以上的連通分量。

例如在下圖中有 3 個連通分量。

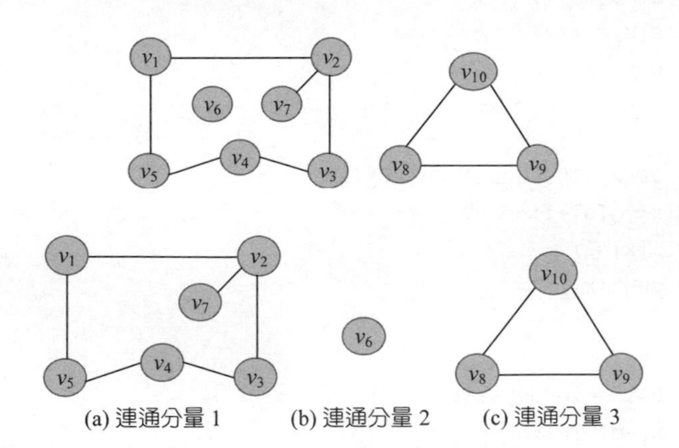

(a) 連通分量 1　(b) 連通分量 2　(c) 連通分量 3

2．有方向圖的強連通分量

在有方向圖中，如果圖中的任意兩個節點從 v_i 到 v_j 都有路徑，且從 v_j 到 v_i 也有路徑，則稱圖 G 為強連通圖。

有方向圖 G 的極大強連通子圖被稱為圖 G 的強連通分量。極大強連通子圖是

圖 G 的強連通子圖，如果再在其中加入一個節點，則該子圖不再是強連通的。

例如在下圖中，(a) 是強連通圖，(b) 不是強連通圖，(c) 是 (b) 的強連通分量。

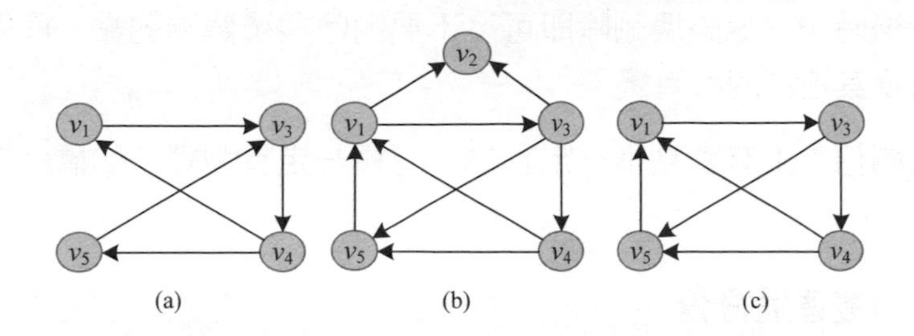

(a) (b) (c)

3．無向圖的橋與割點

在生活中，橋是連接河兩岸的交通要道，橋斷了，則河兩岸不再連通。在圖論中，橋有同樣的含義，如下圖所示，去掉邊 5-8 後，圖分裂成兩個互不連通的子圖，邊 5-8 為圖 G 的橋。同樣，邊 5-7 也為圖 G 的橋。

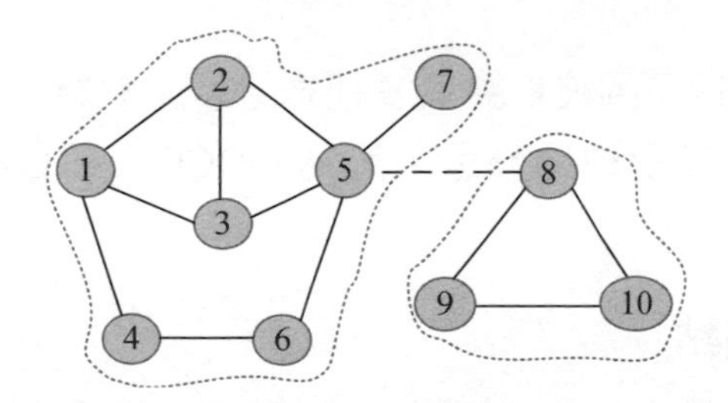

如果在去掉無向連通圖 G 中的一條邊 e 後，圖 G 分裂為兩個不相連的子圖，那麼 e 為圖 G 的橋或割邊。

在日常網路中有很多路由器使網路連通，有的路由器壞掉也無傷大雅，網路仍然連通，但若非常關鍵節點的路由器壞了，則網路將不再連通。如下圖所示，如果節點 5 的路由器壞了，圖 G 將不再連通，會分裂成 3 個不相連的子圖，則節點 5 為圖 G 的割點。

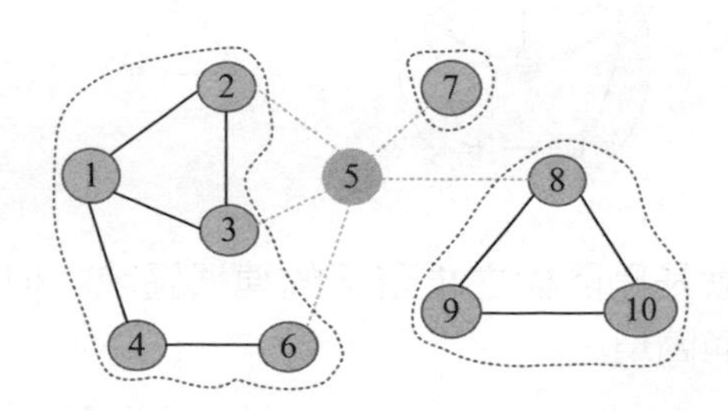

如果在去掉無向連通圖 G 中的點 v 及與 v 連結的所有邊後，圖 G 分裂為兩個或兩個以上不相連的子圖，那麼 v 為圖 G 的割點。

注意：刪除邊時，只把該邊刪除即可，不要刪除與邊關聯的點；而刪除點時，要刪除該點及其連結的所有邊。

割點與橋的關係：①有割點不一定有橋，有橋一定有割點；②橋一定是割點依附的邊。

4．無向圖的雙連通分量

如果在無向圖中不存在橋，則稱它為邊雙連通圖。在邊雙連通圖中，在任意兩個點之間都存在兩條及以上路徑，且路徑上的邊互不重複。

如果在無向圖中不存在割點，則稱它為點雙連通圖。在點雙連通圖中，如果節點數大於 2，則在任意兩個點間都存在兩條或以上路徑，且路徑上的點互不重複。

無向圖的極大邊雙連通子圖被稱為邊雙連通分量，記為 e-DCC。無向圖的極大點雙連通子圖被稱為點雙連通分量，記為 v-DCC。二者被統稱為雙連通分量 DCC。

5．雙連通分量的縮點

把每一個邊雙連通分量 e-DCC 都看作一個點，把橋看作連接兩個縮點的無向邊，可得到一棵樹，這種方法被稱為 e-DCC 縮點。

舉例來說，在下圖中有兩個橋：5-7 和 5-8，將每個橋的邊都保留，將橋兩端的邊雙連通分量縮為一個點，生成一棵樹。

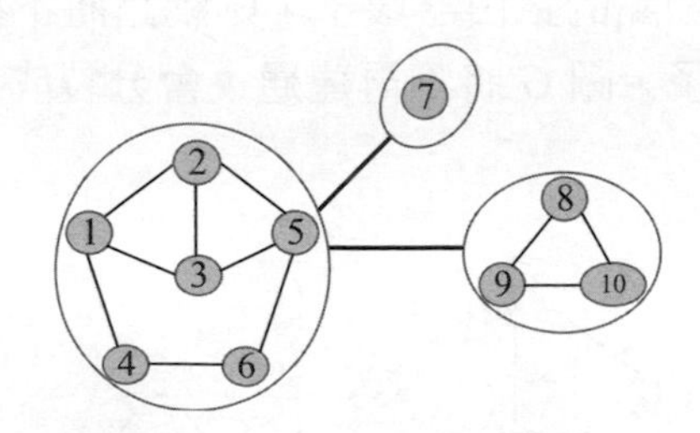

注意：邊雙連通分量就是刪除橋之後留下的連通區塊，但點雙連通分量並不是刪除割點後留下的連通區塊。

在圖 *G* 中有兩個割點（5 和 8）及 4 個點雙連通分量，如下圖所示。

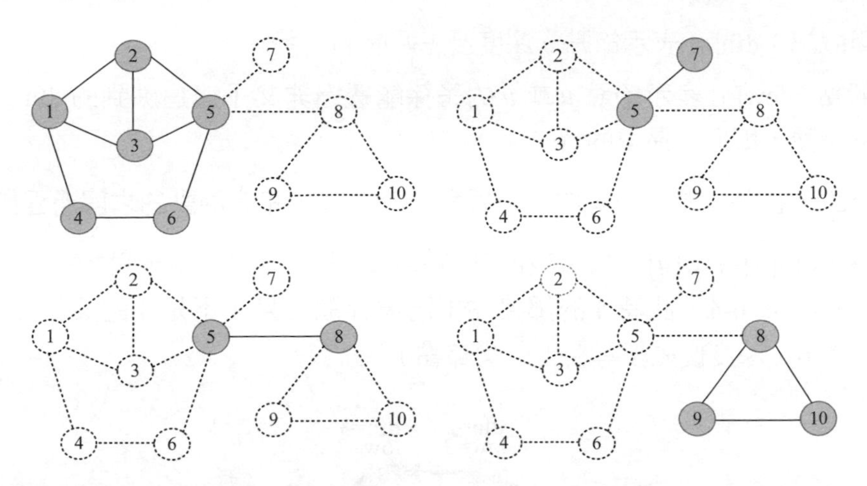

把每一個點雙連通分量 *v*-DCC 都看作一個點，把割點看作一個點，每個割點都向包含它的 *v*-DCC 連接一條邊，得到一棵樹，這種方法被稱為 *v*-DCC 縮點。

舉例來說，在圖 *G* 中有兩個割點 5、8，前 3 個點雙連通分量都包含 5，因此從 5 向它們引一條邊，後兩個點雙連通分量都包含 8，因此從 8 向它們引一條邊，如下圖所示。

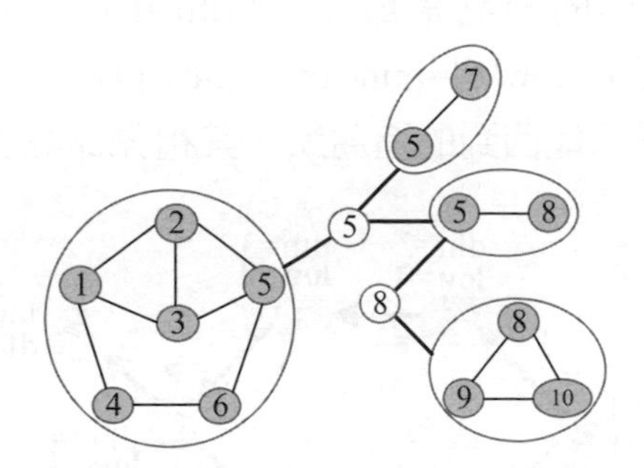

🕮 6.3.2 Tarjan 演算法

Robert Tarjan 以在資料結構和圖論上的創新工作而聞名，他的一些著名演算法包括 Tarjan 最近公共祖先節點離線演算法、Tarjan 強連通分量演算法及 Link-Cut-Trees 演算法等。其中，Hopcroft-Tarjan 平面嵌入演算法是第 1 個線性時間平面演算法。Robert Tarjan 也開創了重要的資料結構，例如斐波納契堆和 Splay 樹，另一項重大貢獻是分析了並查集。

在介紹演算法之前，首先引入時間戳記和追溯點的概念。

- 時間戳記：dfn[u] 表示節點 u 深度優先遍歷的序號。
- 追溯點：low[u] 表示節點 u 或 u 的子孫能透過非父子邊追溯到的 dfn 最小的節點序號，即回到最早的過去。

舉例來說，在深度優先搜尋中，每個點的時間戳記和追溯點的求解過程如下。

初始時，dfn[u]=low[u]，如果該節點的鄰接點未被存取，則一直進行深度優先遍歷，1-2-3-5-6-4，此時 4 的鄰接點 1 已被存取，且 1 不是 4 的父節點，4 的父節點是 6（深度優先搜尋樹上的父節點）。

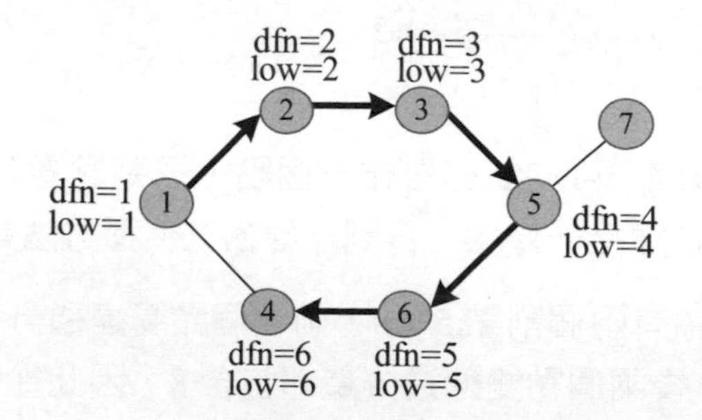

那麼節點 4 能回到最早的節點是節點 1（dfn=1），因此 low[4]=min(low[4], dfn[1])=1。返回時，更新 low[6]=min(low[6],low[4])=1。更新路徑上所有祖先節點的 low 值，因為子孫能回到的追溯點，其祖先節點也能回到。

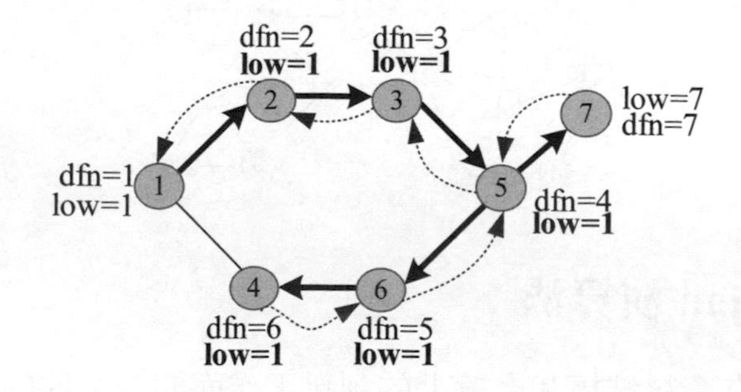

1．無向圖的橋

橋判定法則：無向邊 x-y 是橋，當且僅當在搜尋樹上存在 x 的子節點 y 時，滿足 low[y]>dfn[x]。

也就是說，若子節點的 low 值比自己的 dfn 值大，則從該節點到這個子節點的邊為橋。在下圖中，邊為 5-7，5 的子節點為 7，滿足 low[7]>dfn[5]，因此邊 5-7 為橋。

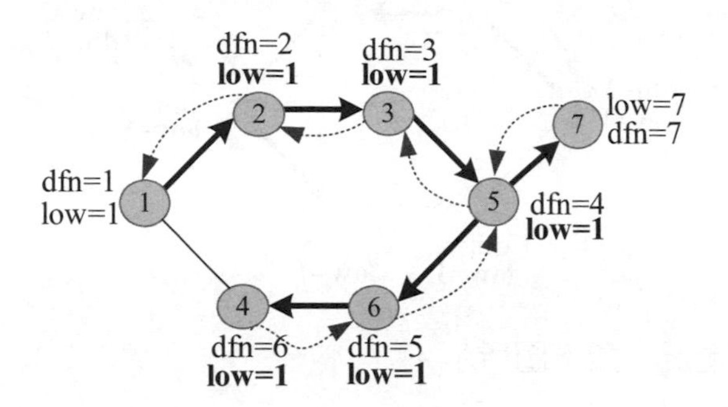

演算法程式：

```
void tarjan(int u,int fa){
    dfn[u]=low[u]=++num;
    for(int i=head[u];i;i=e[i].next){
        int v=e[i].to;
        if(v==fa)
            continue;
        if(!dfn[v]){
            tarjan(v,u);
            low[u]=min(low[u],low[v]);
            if(low[v]>dfn[u])
                cout<<u<<"—"<<v<<" 是橋 "<<endl;
        }
        else
            low[u]=min(low[u],dfn[v]);
    }
}
```

2．無向圖的割點

割點判定法則：若 x 不是根節點，則 x 是割點，當且僅當在搜尋樹上存在 x 的子節點 y，滿足 low[y] ≥ dfn[x]；若 x 是根節點，則 x 是割點，當且僅當在搜尋樹上至少存在兩個子節點，滿足該條件。

也就是說，如果不是根，且子節點的 low 值大於或等於自己的 dfn 值，則該節點就是割點；如果是根，則至少需要兩個子節點滿足條件。在下圖中，5 的子節點是 7，滿足 low[7]>dfn[5]，因此 5 是割點。

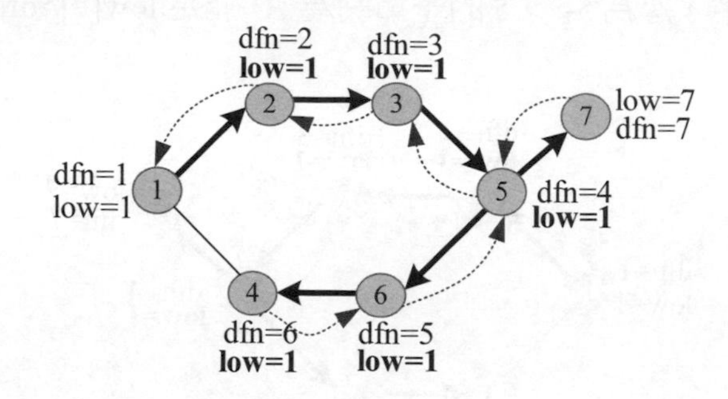

有幾種割點判定情況，如下圖所示。

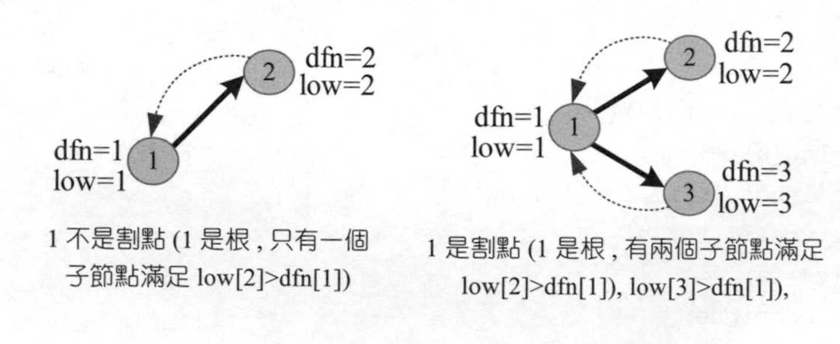

1 不是割點 (1 是根，只有一個子節點滿足 low[2]>dfn[1])

1 是割點 (1 是根，有兩個子節點滿足 low[2]>dfn[1]), low[3]>dfn[1]),

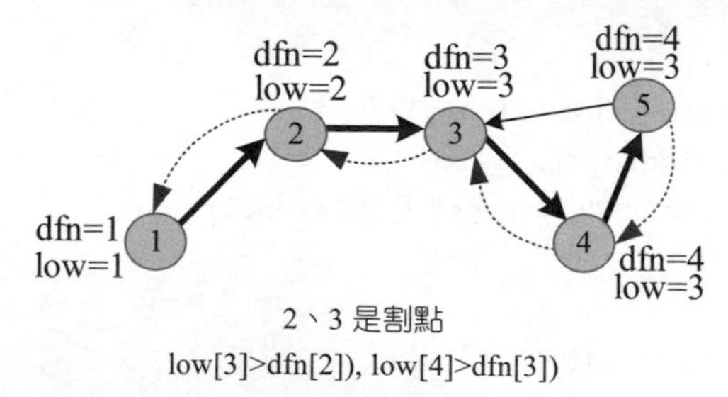

2、3 是割點

low[3]>dfn[2]), low[4]>dfn[3])

演算法程式：

```
void tarjan(int u,int fa){// 求割點
    dfn[u]=low[u]=++num;
    int count=0;
    for(int i=head[u];i;i=e[i].next){
        int v=e[i].to;
        if(v==fa)
            continue;
        if(!dfn[v]){
            tarjan(v,u);
```

```
                low[u]=min(low[u],low[v]);
                if(low[v]>=dfn[u]){
                    count++;
                    if(u!=root||count>1)
                        cout<<u<<" 是割點 "<<endl;
                }
            }
            else
                low[u]=min(low[u],dfn[v]);
        }
}
```

3．有方向圖的強連通分量

演算法步驟：

（1）深度優先遍歷節點，在第 1 次存取節點 x 時，將 x 存入堆疊，且 dfn[x]=low[x]=++num。

（2）遍歷 x 的所有鄰接點 y。

- 若 y 沒被存取，則遞迴存取 y，返回時更新 low[x]=min(low[x],low[y])。
- 若 y 已被存取且在堆疊中，則令 low[x]=min(low[x],dfn[y])。

（3）在 x 回溯之前，如果判斷 low[x]=dfn[x]，則從堆疊中不斷彈出節點，直到 x 移出堆疊時停止。彈出的節點就是一個連通分量。

舉例來說，求解有方向圖的強連通分量，過程如下。

（1）從節點 1 出發進行深度優先搜尋，dfn[1]=low[1]=1，1 存入堆疊；dfn[2]=low[2]=2，2 存入堆疊；此時無路可走，回溯。因為 dfn[2]=low[2]，所以 2 移出堆疊，得到強連通分量 2。

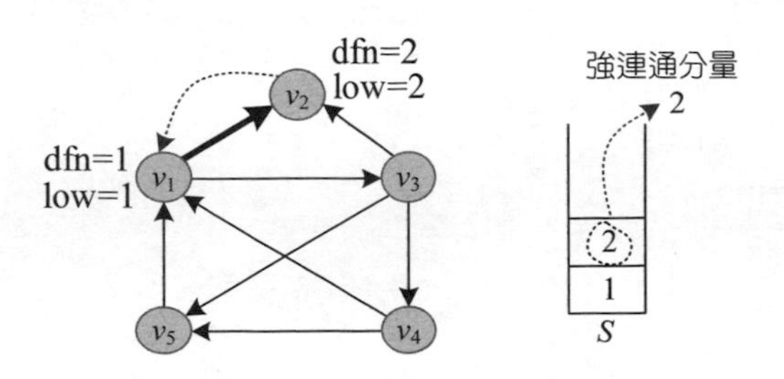

（2）回溯到 1 後，繼續存取節點 1 的下一個鄰接點 3。接著存取 3-4-5，5 的鄰接點 1 的 dfn 已經有解，且 1 在堆疊中，更新 low[5]=min(low[5],dfn[1])=1。回溯時更新 low[4]=min(low[4],low [5])=1，low[3]=min(low[3],low[4])=1，low[1]=min(low[1],low[3])=1。節點 1 的所有鄰接點都已存取完畢，因為 dfn[1]=low[1]，所以開始移出堆疊，直到遇到 1，得到強連通分量 5 4 3 1。

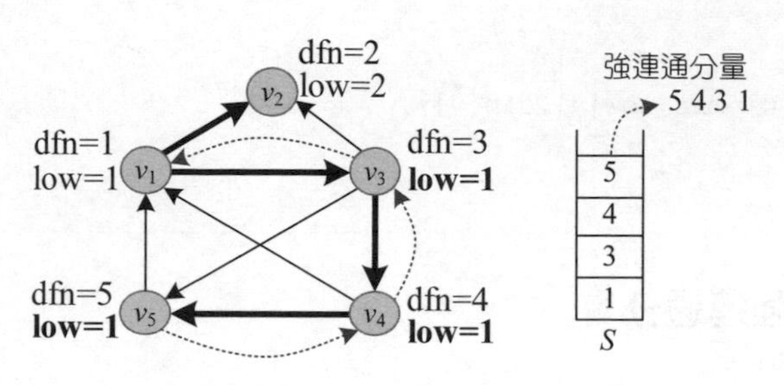


```
void tarjan(int u){// 求強連通分量
    low[u]=dfn[u]=++num;
    ins[u]=true;
    s.push(u);
    for(int i=head[u];i;i=e[i].next){
        int v=e[i].to;
        if(!dfn[v]){
            tarjan(v);
            low[u]=min(low[u],low[v]);
        }
        else if(ins[v])
            low[u]=min(low[u],dfn[v]);
    }
    if(low[u]==dfn[u]){
        int v;
        cout<<"強連通分量：";
        do{
            v=s.top();
            s.pop();
            cout<<v<<" ";
            ins[v]=false;
        }while(v!=u);
        cout<<endl;
    }
}
```

∴ 訓練 1　電話網絡

題目描述（POJ1144）：電話公司正在建立一個新的電話網絡，每個地方都有一個電話交換機（編號為 1 ～ N）。線路是雙向的，並且總是將兩個地方連接在一起，在每個地方，線路都終止於電話交換機。從每個地方都可以透過線路到達其他地方，但不需要直接連接，可以進行多次交換。有時在某個地方發生故障，會導致交換機無法運行。在這種情況下，除了無法到達失敗的地方，還可能導致其他地方無法相互連接。這個地方（發生故障的地方）是非常重要的。請寫程式來尋找所有關鍵位置的數量。

輸入：輸入包含多個測試使用案例。每個測試使用案例都描述一個網路。每個測試使用案例的第 1 行都是 N（N<100）。接下來最多 N 行中的每一行都包含一個地點的編號，後面是該地方可以直達的地點的編號。每個測試使用案例都以一筆僅包含 0 的行結束。N=0 時輸入結束，不處理。

輸出：對每個測試使用案例，都單行輸出關鍵位置的數量。

輸入範例	輸出範例
5 5 1 2 3 4 0 6 2 1 3 5 4 6 2 0 0	1 2

題解：

- 輸入範例 1，建構的圖如下圖所示。在該圖中有 1 個關鍵點 5。

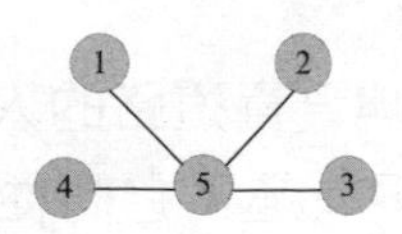

- 輸入範例 2，建構的圖如下圖所示。在該圖中有兩個關鍵點，分別是 2 和 5。

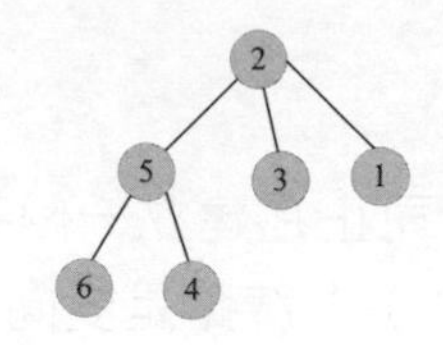

本題比較簡單，就是求割點數，利用 Tarjan 演算法求解即可。

演算法程式：

```
void tarjan(int u,int root){// 求割點
    dfn[u]=low[u]=++num;
    int flag=0;
    for(int i=head[u];i;i=e[i].next){
        int v=e[i].to;
        if(!dfn[v]){
            tarjan(v,u);
            low[u]=min(low[u],low[v]);
            if(low[v]>=dfn[u]){
                flag++;
                if(u!=root||flag>1)//u 不是根或 u 是根但至少有兩個子節點滿足條件
                    cut[u]=true;
            }
        }
        else
            low[u]=min(low[u],dfn[v]);
    }
}

for(int i=1;i<=n;i++)// 統計割點的數量
    if(cut[i])
        ans++;
```

訓練 2　道路建設

題目描述（POJ3352）：熱帶島嶼負責道路的人們想修理和升級島上各個旅遊景點之間的道路。道路本身也很有趣，它們從不在交換路口匯合，而是透過橋樑和隧道相互交換或相互透過。透過這種方式，每條道路都在兩個特定的旅遊景點之間運行，這樣遊客就不會迷失。不幸的是，當建築公司在特定道路上

工作時，該道路在任何一個方向都無法使用。如果在兩個旅遊景點之間無法同行，則即使建築公司在任何特定時間只在一條道路上工作，也可能出現問題。

道路部門已經決定在景點之間建造新的道路，以便在最終設定中，如果任何一條道路正在建設，則仍然可以使用剩餘的道路在任意兩個旅遊景點之間旅行。我們的任務是找到所需的最少數量的新道路。

輸入：輸入的第 1 行將包括正整數 n（$3 \le n \le 1000$）和 r（$2 \le r \le 1000$），其中 n 是旅遊景點的數量，r 是道路的數量。旅遊景點的編號為 1 ～ n。以下 r 行中的每一行都將由兩個整數 v 和 w 組成，表示在 v 和 w 的景點之間存在道路。請注意，道路是雙向的，在任何兩個旅遊景點之間最多有一條道路。此外，在目前的設定中，可以在任意兩個旅遊景點之間旅行。

輸出：單行輸出需要增加的最少道路數量。

輸入範例	輸出範例
10 12 1 2 1 3 1 4 2 5 2 6 5 6 3 7 3 8 7 8 4 9 4 10 9 10 3 3 1 2 2 3 1 3	2 0

題解：輸入範例 2，建構的圖如下圖所示。不需要增加新的道路，就可以保證在一條道路維修時，可以透過其他道路到達任何一個景點。因此至少需要增加 0 條邊。

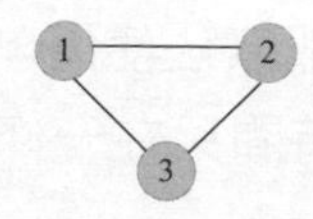

如何求解至少增加多少條邊呢？

（1）如果在無向圖中不存在橋，則稱它為邊雙連通圖。如果節點在一個邊雙連通分量中，則不需要增加邊。因此需要求解邊雙連通分量。在邊雙連通分量之間需要增加邊。輸入範例 1，其邊雙連通分量如下圖所示。

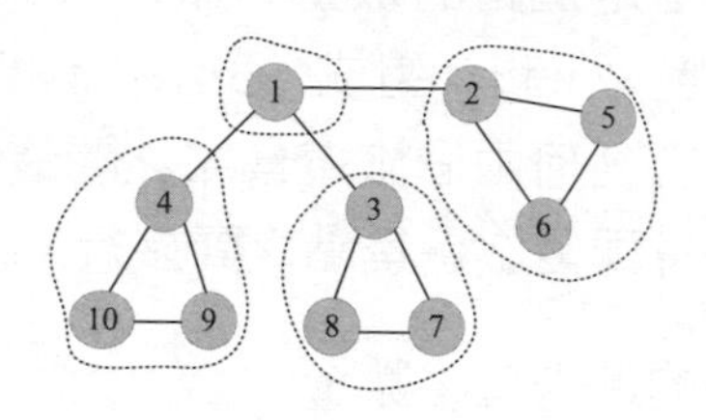

（2）將每個連通分量都縮成一個點，如下圖所示。

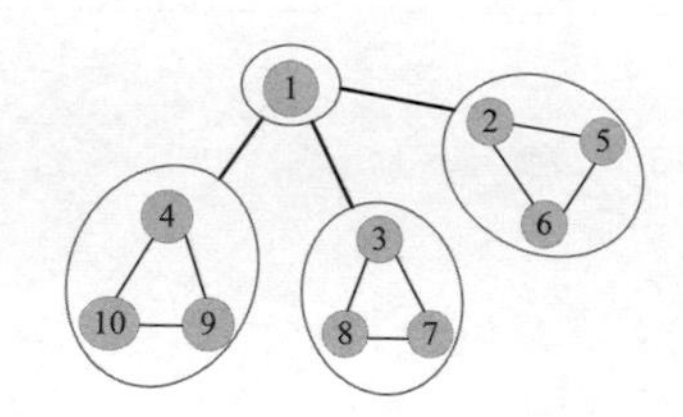

（3）求解需要增加的新路數量。如果度為 1 的節點數為 k，則至少增加 $(k+1)/2$ 條邊。舉例來説，對 3 個度為 1 的節點至少需要加兩條邊，對 4 個度為 1 的節點至少需要加兩條邊。

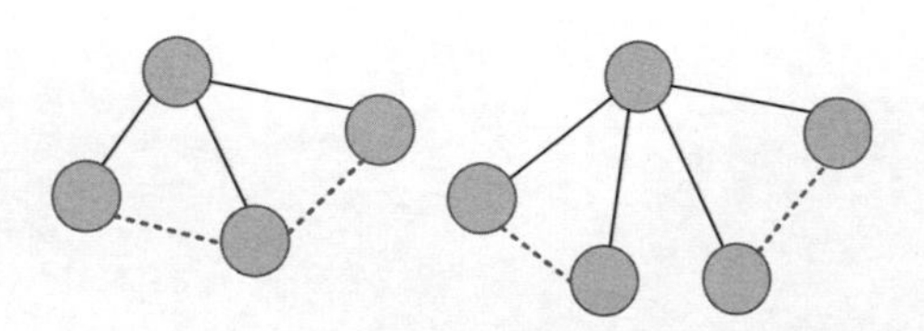

- 為什麼要統計葉子（度為 1 的節點）呢？連通分量縮點後得到一個棵樹，在樹中任意兩個點間增加一條邊都會產生一個迴路。在兩個葉子之間增加一條邊，則葉子和一些分支節點一起組成一個迴路。而在分支節點之間增加一條邊，產生的迴路不會包含葉子。因此透過連接葉子可以增加最少的邊，使每個節點都在迴路中。

- 為什麼增加的邊數為 $(k+1)/2$？實際上，如果度為 1 的點數為偶數 k，那麼直接兩兩增加一條邊即可，即 $k/2$；如果為奇數，則在 $k-1$ 點兩兩增加一條邊，在最後一個點再增加一條邊，即 $(k-1)/2+1=(k+1)/2$。k 為偶數時，$k/2=(k+1)/2$，因此統一為 $(k+1)/2$。

1．演算法設計

（1）先運行 Tarjan 演算法，求解邊雙連通分量。

（2）縮點。檢查每個節點 u 的每個鄰接點 v，若 low[u]!=low[v]，則將這個連通分量點 low[u] 的度加 1，degree[low[u]]++，同一個連通分量中的節點 low[] 相同。

（3）統計度為 1 的點的個數為 leaf，增加的最少邊數為 (leaf+1)/2。

2．演算法實現

```
void tarjan(int u,int fa){
    dfn[u]=low[u]=++num;
    for(int i=head[u];i;i=e[i].next){
        int v=e[i].to;
        if(v==fa)
            continue;
        if(!dfn[v]){
            tarjan(v,u);
            low[u]=min(low[u],low[v]);
        }
        else
            low[u]=min(low[u],dfn[v]);
    }
}
//縮點並統計葉子數，輸出答案
for(int u=1;u<=n;u++)
    for(int i=head[u];i;i=e[i].next){
        int v=e[i].to;
        if(low[u]!=low[v])
            degree[low[u]]++;
    }
int leaf=0;
for(int i=1;i<=n;i++)//統計葉子數
    if(degree[i]==1)
```

```
    leaf++;
cout<<(leaf+1)/2<<endl;
```

訓練 3　圖的底部

題目描述（POJ2553）：對於有方向圖 G 中任意一個節點 v，如果節點 v 可到達節點 w，那麼節點 w 都可到達節點 v，那麼節點 v 是一個 sink 節點。圖 G 的底部是由圖 G 中所有的 sink 節點組成的，請按順序輸出圖 G 底部的所有 sink 節點，如果沒有 sink 節點，則輸出一個空行。

輸入：輸入包含幾個測試使用案例，每個測試使用案例都對應一個有方向圖 G。每個測試使用案例都以整數 v（$1 \le v \le 5000$）開始，表示圖 G 的節點數，節點編號為 1 ～ v。接下來是非負整數 e，然後是 e 對節點編號 $v1,w1,\cdots,v_e,w_e$，其中 (v_i,w_i) 表示一條邊。在最後一個測試使用案例後跟著一個 0。

輸出：單行輸出圖底部的所有 sink 節點。如果沒有，則輸出一個空行。

輸入範例	輸出範例
3 3 1 3 2 3 3 1 2 1 1 2 0	1 3 2

題解：輸入範例 1，建構的圖如下圖所示。圖中的 sink 節點為 1 和 3。

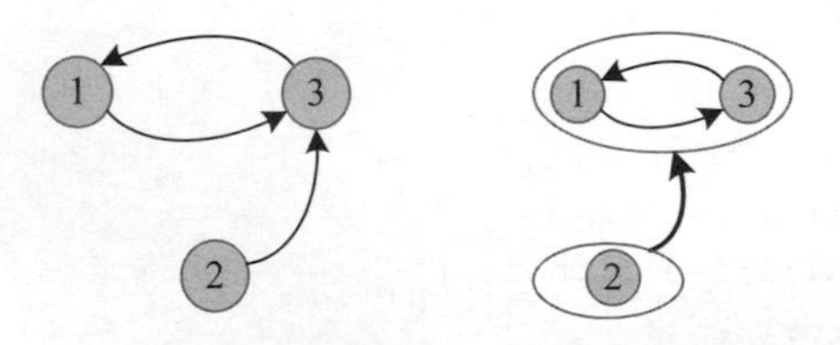

求解強連通分量，並對強連通分量縮點，計算縮點的外分支度，外分支度為 0 的強連通分量中的所有節點均為 sink 節點。

1．演算法設計

（1）先採用 Tarjan 演算法求解有方向圖的強連通分量，標記強連通分量號。

（2）檢查每個節點 u 的每個鄰接點 v，若強連通分量不同，則將 u 的連通分量號的外分支度加 1。

（3）檢查每個節點 u，若其連通分量號的外分支度為 0，則輸出該節點。

2．演算法實現

```
void tarjan(int u){// 求強連通分量
    low[u]=dfn[u]=++num;
    ins[u]=true;
    s.push(u);
    for(int i=head[u];i;i=e[i].next){
        int v=e[i].to;
        if(!dfn[v]){
            tarjan(v);
            low[u]=min(low[u],low[v]);
        }
        else if(ins[v])
            low[u]=min(low[u],dfn[v]);
    }
    if(low[u]==dfn[u]){
        int v;
        do{
            v=s.top();
            s.pop();
            belong[v]=id;
            ins[v]=false;
        }while(v!=u);
        id++;
    }
}
// 執行 Tarjan 演算法，縮點並統計外分支度，輸出外分支度為 0 的節點
for(int i=1;i<=n;i++)
    if(!dfn[i])
        tarjan(i);
for(int u=1;u<=n;u++)
    for(int i=head[u];i;i=e[i].next){
        int v=e[i].to;
        if(belong[u]!=belong[v])
            out[belong[u]]++;
    }
int flag=1;
```

```
for(int i=1;i<=n;i++)
    if(!out[belong[i]]){
        if(flag)// 在第 1 個數前不加空格
            flag=0;
        else
            cout<<" ";
        cout<<i;
    }
```

訓練 4　校園網路

題目描述（POJ1236）：許多學校連接到電腦網路，這些學校之間已達成協議：每所學校都有一份學校名單，其中包括分發軟體的學校（接收學校）。注意，即使學校 B 出現在學校 A 的分發列表中，學校 A 也不一定出現在學校 B 的列表中。編寫程式，計算必須收到新軟體備份的最少學校數量，以便軟體根據協定到達網路中的所有學校（子任務 1）。作為進一步的任務，希過將新軟體的備份發送到任意學校，使該軟體覆蓋網路中的所有學校。為了實現這一目標，可能必須透過新成員擴充接收者列表。請計算必須進行的最小數量的擴充，以便發送新軟體到任意學校，它將到達所有其他學校（子任務 2）。一個擴充表示將一個新成員引入一所學校的接收者名單。

輸入：第 1 行包含 1 個整數 N，表示網路中的學校數（$2 \le N \le 100$）。學校由前 N 個正整數標識。接下來的 N 行，每一行都描述了接收者列表，第 i+1 行包含學校 i 的接收者的識別符號。每個列表都以 0 結尾。空列表在行中僅包含 0。

輸出：輸出包括兩行。第 1 行應包含子任務 1 的解，第 2 行應包含子任務 2 的解。

輸入範例	輸出範例
5 2 4 3 0 4 5 0 0 0 1 0	1 2

題解：求解過程如下。

（1）求解子任務 1：至少發送給多少個學校，才能讓軟體到達所有學校呢？實際上，求強連通分量並縮點後，每個內分支度為 0 的強連通分量都必須收到一個新軟體備份。輸入範例 1，建構的圖如下圖所示，其中包含 3 個強連通分量，縮點後內分支度為 0 的強連通分量有 1 個，至少發送給 1 個學校即可，即 1、2、5 中的任意一個學校。

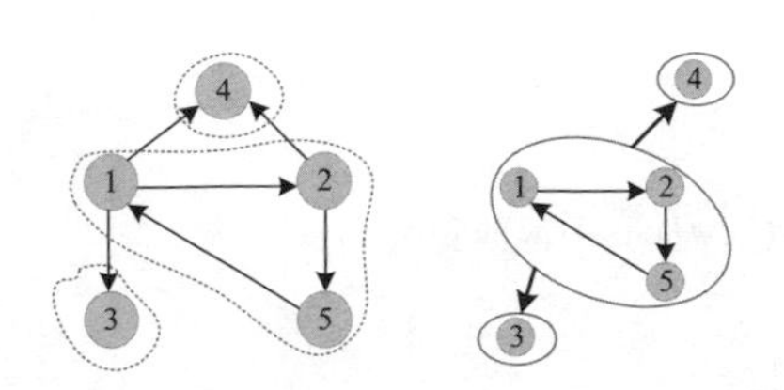

（2）求解子任務 2：至少增加多少個接收關係，才能實現發送替任意一個學校，所有學校都能收到？也就是說，每個強連通分量都必須既有內分支度，又有外分支度。對內分支度為 0 的強連通分量，至少增加一個內分支度；對外分支度為 0 的強連通分量，至少增加一個外分支度。增加的邊數為 $\max(p,q)$，如下圖所示。

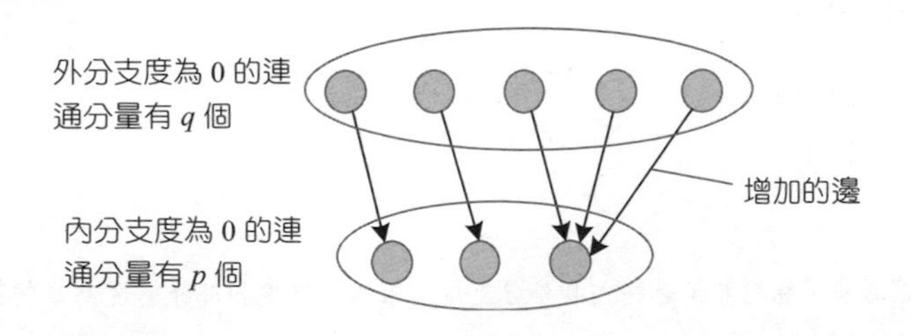

特殊情況：若只有一個強連通分量，則至少分發替 1 個學校，需要增加的邊數為 0。

1．演算法設計

（1）採用 Tarjan 演算法求解強連通分量，標記連通分量號。

（2）檢查每個節點 u 的每個鄰接點 v，若連通分量號不同，則 u 連通分量號外分支度加 1，v 連通分量號內分支度加 1。

（3）統計內分支度為 0 的連通分量數 p 及外分支度為 0 的連通分量數 q，求 $\max(p,q)$。

2．演算法實現

```
void tarjan(int u) {// 求解有方向圖的強連通分量
    low[u]=dfn[u]=++num;
    vis[u]=true;
    s.push(u);
    for(int i=head[u];i;i=e[i].next){
        int v=e[i].to;
        if(!dfn[v]){
            tarjan(v);
            low[u]=min(low[u],low[v]);
        }
        else if(vis[v])
            low[u]=min(low[u],dfn[v]);
    }
    if(low[u]==dfn[u]){
        int v;
        id++;
        do{
            v=s.top();
            s.pop();
            belong[v]=id;
            vis[v]=false;
        }while(v!=u);
    }
}
// 執行 Tarjan 演算法，縮點並統計輸入和外分支度，求內分支度和外分支度為 0 的節點數
for(int i=1;i<=n;i++)
    if(!dfn[i])
        tarjan(i);
for(int u=1;u<=n;u++)
    for(int i=head[u];i;i=e[i].next){
        int v=e[i].to;
        if(belong[u]!=belong[v]){
            in[belong[v]]++;
            out[belong[u]]++;
        }
    }
if(id==1){// 特殊情況判斷
    cout<<1<<endl;
    cout<<0<<endl;
    return 0;
```

```
}
int ans1=0,ans2=0;
for(int i=1;i<=id;i++){
    if(!in[i])
        ans1++;
    if(!out[i])
        ans2++;
}
cout<<ans1<<endl;
cout<<max(ans1,ans2)<<endl;
```

07

圖的應用

7.1 最短路徑

在現實生活中，很多問題都可以轉化為圖來解決。舉例來說，計算地圖中兩地之間的最短路徑、網路最小成本佈線，以及工程進度控制，等等。本節介紹圖的一些經典應用，包括最短路徑、最小生成樹、拓撲排序和關鍵路徑。

📖 7.1.1 Dijkstra 演算法

指定有向帶權圖 $G=(V, E)$，其中每條邊的權值都是非負實數。此外，指定 V 中的節點，稱之為原點。求解從原點到其他各個節點的最短路徑長度，路徑長度指路上各邊權之和。

如何求原點到其他各個節點的最短路徑長度呢？

荷蘭電腦科學家迪科斯徹提出了著名的單來源最短路徑求解演算法——Dijkstra 演算法。Dijkstra 演算法是解決單來源最短路徑問題的貪婪演算法，它先求出長度最短的一條路徑，再參照該最短路徑求出長度次短的一條路徑，直到求出從原點到其他各個節點的最短路徑。

Dijkstra 演算法的基本思想：假設原點 u，節點集合 V 被劃分為兩部分：集合 S 和集合 $V-S$。初始時，在集合 S 中僅包含原點 u，S 中的節點到原點的最短路徑已經確定。集合 $V-S$ 所包含的節點到原點的最短路徑的長度待定，稱從原點出發只經過集合 S 中的節點到達集合 $V-S$ 中的節點的路徑為特殊路徑，並用陣列 dist[] 記錄目前每個節點所對應的最短特殊路徑長度。

Dijkstra 演算法採用的貪婪策略是選擇特殊路徑長度最短的路徑，將其連接的集合 $V\text{–}S$ 中的節點加入集合 S 中，同時更新陣列 dist[]。一旦集合 S 包含所有節點，dist[] 就是從原點到所有其他節點的最短路徑長度。

1．演算法步驟

（1）資料結構。設定地圖的鄰接矩陣為 G.Edge[][]，即如果從原點 u 到節點 i 有邊，就令 G.Edge[u][i] 等於 <u,i> 的權值，否則 G.Edge[u][i]= ∞（無限大）；採用一維陣列 dist[i] 記錄從原點到節點 i 的最短路徑長度；採用一維陣列 p[i] 記錄最短路徑上節點 i 的前驅。

（2）初始化。令集合 S={u}，對於集合 $V\text{–}S$ 中的所有節點 i，都初始化 dist[i]=G.Edge[u][i]，如果從原點 u 到節點 i 有邊相連，則初始化 p[i]=u，否則 p[i]= –1。

（3）找最小。在集合 $V\text{–}S$ 中尋找 dist[] 最小的節點 t，即 dist[t]=min（dist[j] | j 屬於集合 $V\text{–}S$），則節點 t 就是集合 $V\text{–}S$ 中距離原點 u 最近的節點。

（4）加入集合 S 中。將節點 t 加入集合 S 中，同時更新集合 $V\text{–}S$。

（5）判結束。如果集合 $V\text{–}S$ 為空，則演算法結束，否則轉向步驟 6。

（6）借東風。在步驟 3 中已經找到了從原點到節點 t 的最短路徑，那麼對集合 $V\text{–}S$ 中節點 t 的所有鄰接點 j，都可以借助 t 走捷徑。如果 dist[j]>dist[t]+G.Edge[t][j]，則 dist[j]=dist[t]+G.Edge[t][j]，記錄節點 j 的前驅為 t，有 p[j]=t，轉向步驟 3。

由此，可求得從原點 u 到圖 G 的其餘各個節點的最短路徑及長度，也可透過陣列 p[] 逆向找到最短路徑上的節點。

2．完美圖解

有一個景點地圖，如下圖所示，假設從節點 1 出發，求到其他各個節點的最短路徑。

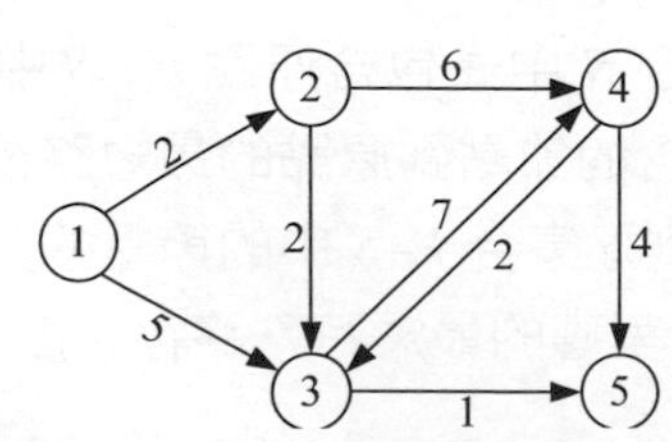

（1）資料結構。設定地圖的帶權鄰接矩陣為 G.Edge[][]，即如果從節點 i 到節點 j 有邊，則 G.Edge[i][j] 等於 $<i, j>$ 的權值，否則 G.Edge[i][j]= ∞（無限大），如下圖所示。

$$\begin{bmatrix} \infty & 2 & 5 & \infty & \infty \\ \infty & \infty & 2 & 6 & \infty \\ \infty & \infty & \infty & 7 & 1 \\ \infty & \infty & 2 & \infty & 4 \\ \infty & \infty & \infty & \infty & \infty \end{bmatrix}$$

（2）初始化。令集合 S={1}，集合 $V–S$={2,3,4,5}，對於集合 $V–S$ 中的所有節點 x，都初始化最短距離陣列 dist[i]=G.Edge[1][i]，dist[u]=0。如果從原點 1 到節點 i 有邊相連，則初始化前驅陣列 p[i]=1，否則 p[i]= –1，如下圖所示。

	1	2	3	4	5
dist[]	0	2	5	∞	∞

	1	2	3	4	5
p[]	-1	1	1	-1	-1

（3）找最小。在集合 $V–S$={2,3,4,5} 中尋找 dist[] 最小的節點 t，找到的最小值為 2，對應的節點 t=2，如下圖所示。

	1	2	3	4	5
dist[]	0	2	5	∞	∞

（4）加入集合 S 中。將節點 2 加入集合 S={1,2} 中，同時更新集合 $V–S$={3,4,5}，如下圖所示。

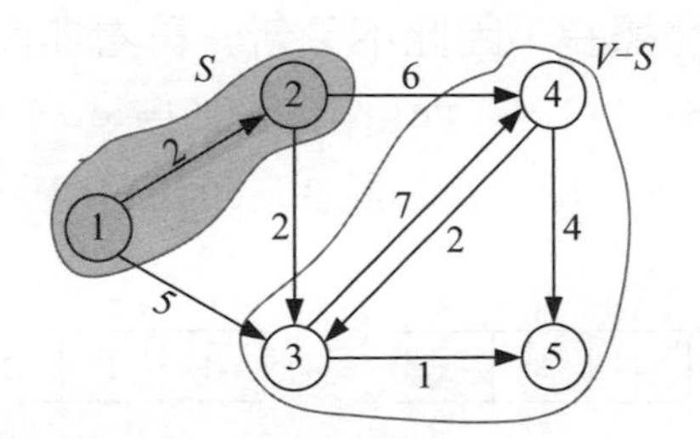

（5）借東風。剛剛找到了從原點到節點 t=2 的最短路徑，那麼對集合 $V–S$ 中節點 t 的所有鄰接點 j，都可以借助節點 t 走捷徑。節點 2 的鄰接點是節點 3 和節點 4。先看節點 3 能否借助節點 2 走捷徑：dist[2]+G.Edge[2][3]=2+2=4，而目前 dist[3]=5>4，因此可以走捷徑，即 2-3，更新 dist[3]=4，記錄節點 3 的前驅為節點 2，即 $p[3]=2$。再看節點 4 能否借助節點 2 走捷徑：如果 dist[2]+G.Edge[2][4]=2+6=8，而目前 dist[4]= ∞ >8，因此可以走捷徑，即 2-4，更新 dist[4]=8，記錄節點 4 的前驅為節點 2，即 $p[4]= 2$。更新後如下圖所示。

	1	2	3	4	5
dist[]	0	2	4	8	∞

	1	2	3	4	5
p[]	-1	1	2	2	-1

（6）找最小。在集合 $V–S$={3,4,5} 中，尋找 dist[] 最小的節點 t，找到的最小值為 4，對應的節點 t=3。

	1	2	3	4	5
dist[]	0	2	4	8	∞

（7）加入集合 S 中。將節點 3 加入集合 S={1,2,3} 中，同時更新集合 $V–S$={4,5}，如下圖所示。

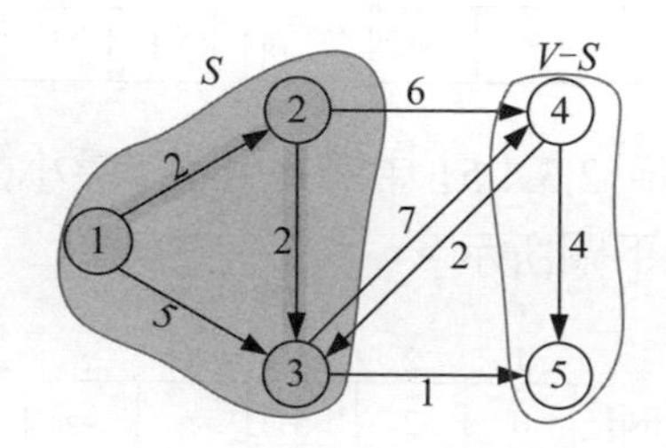

（8）借東風。剛剛找到了從原點到節點 t =3 的最短路徑，那麼對集合 $V–S$ 中節點 t 的所有鄰接點 j，都可以借助 t 走捷徑。節點 3 的鄰接點是節點 4 和節點 5。先看節點 4 能否借助節點 3 走捷徑：dist[3]+G.Edge[3][4]= 4+7=11，而目前 dist[4]=8<11，比目前路徑還長，因此不更新。再看節點 5 能否借助節點 3 走捷徑：dist[3]+G.Edge[3][5]=4+1=5，而目前 dist[5]= ∞ >5，可以走捷徑，即 3-5，更新 dist[5]=5，記錄節點 5 的前驅為節點 3，即 $p[5]=3$。更新後如下圖所示。

	1	2	3	4	5
dist[]	0	2	4	8	5

	1	2	3	4	5
p[]	-1	1	2	2	3

（9）找最小。在集合 $V–S$={4,5} 中，尋找 dist[] 最小的節點 t，找到的最小值為 5，對應的節點 t=5，如下圖所示。

	1	2	3	4	5
dist[]	0	2	4	8	5

（10）加入集合 S 中。將節點 5 加入集合 S={1,2,3,5} 中，同時更新集合 V–S={4}，如下圖所示。

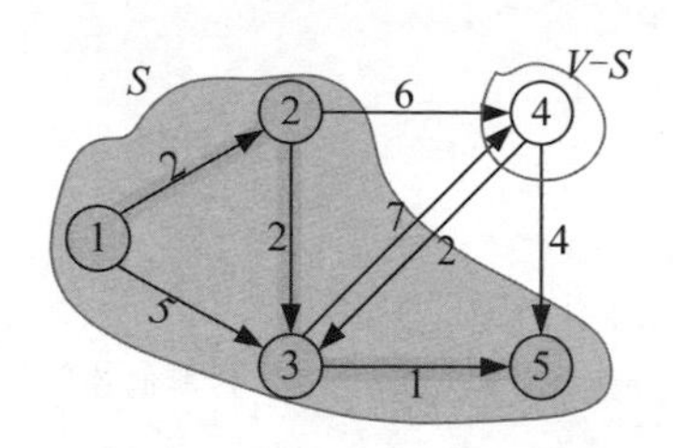

（11）借東風。剛剛找到了從原點到 t=5 的最短路徑，那麼對集合 V–S 中節點 t 的所有鄰接點 j，都可以借助節點 t 走捷徑。節點 5 沒有鄰接點，因此不更新，如下圖所示。

	1	2	3	4	5
dist[]	0	2	4	8	5

	1	2	3	4	5
p[]	-1	1	2	2	3

（12）找最小。在集合 V–S={4} 中尋找 dist[] 最小的節點 t，找到的最小值為 8，對應的節點 t=4，如下圖所示。

	1	2	3	4	5
dist[]	0	2	4	8	5

（13）加入集合 S 中。將節點 4 加入集合 S={1,2,3,5,4} 中，同時更新集合 V–S={}，如下圖所示。

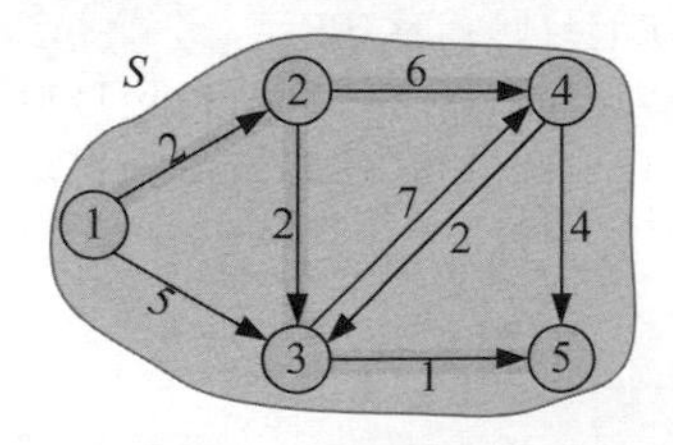

（14）演算法結束。在集合 V–S={ } 為空時演算法停止。

由此，可求得從原點 u 到圖 G 的其餘各個節點的最短路徑及長度，也可透過前驅陣列 p[] 逆向找到最短路徑上的節點，如下圖所示。

	1	2	3	4	5
p[]	-1	1	2	2	3

舉例來說，$p[5]=3$，即節點 5 的前驅是節點 3；$p[3]=2$，即節點 3 的前驅是節點 2；$p[2]=1$，即節點 2 的前驅是節點 1；$p[1]=-1$，節點 1 沒有前驅，那麼從原點 1 到 5 的最短路徑為 1-2-3-5。

3．演算法實現

```
void Dijkstra(AMGraph G,int u){
    for(int i=0;i<G.vexnum;i++){
        dist[i]=G.Edge[u][i]; //初始化原點 u 到其他各個節點的最短路徑長度
        flag[i]=false;
        if(dist[i]==INF)
            p[i]=-1; //節點 i 與原點 u 不相鄰
        else
            p[i]=u; //節點 i 與原點 u 相鄰，設定節點 i 的前驅 p[i]=u
    }
    dist[u]=0;
    flag[u]=true; //初始時，在集合 S 中只有一個元素：原點 u
    for(int i=0;i<G.vexnum; i++){
        int temp=INF,t=u;
        for(int j=0;j<G.vexnum; j++) //在集合 V-S 中尋找距離原點 u 最近的節點 t
            if(!flag[j]&&dist[j]<temp){
                t=j;
                temp=dist[j];
            }
        if(t==u) return ; //找不到 t，跳出迴圈
        flag[t]=true;  //不然將 t 加入集合
        for(int j=0;j<G.vexnum;j++)//更新與 t 相鄰接的節點到原點 u 的距離
            if(!flag[j]&&G.Edge[t][j]<INF)
                if(dist[j]>(dist[t]+G.Edge[t][j])){
                    dist[j]=dist[t]+G.Edge[t][j] ;
                    p[j]=t ;
                }
    }
}
```

想一想：因為我們在程式中使用 $p[]$ 陣列記錄了最短路徑上每一個節點的前驅，因此除了顯示最短距離，還可以顯示最短路徑上的節點，可以增加一段程式逆向找到該最短路徑上的節點序列。

```
void findpath(AMGraph G,VexType u){
    int x;
```

```
    stack<int>S;
    cout<<" 原點為："<<u<<endl;
    for(int i=0;i<G.vexnum;i++){
        x=p[i];
        if(x==-1&&u!=G.Vex[i]){
            cout<<u<<"--"<<G.Vex[i]<<" 無路可達！ "<<endl;
            continue;
        }
        while(x!=-1){
            S.push(x);
            x=p[x];
        }
        cout<<" 從原點到其他各節點的最短路徑為：";
        while(!S.empty()){
            cout<<G.Vex[S.top()]<<"--";
            S.pop();
        }
        cout<<G.Vex[i]<<"     最短距離為："<<dist[i]<<endl;
    }
}
```

4．演算法分析

時間複雜度：在 Dijkstra 演算法描述中共有 4 個 for 敘述，第 1 個 for 敘述的執行次數為 n；在第 2 個 for 敘述裡面巢狀結構了兩個 for 敘述。這兩個 for 敘述在內層對演算法的執行時間貢獻最大，敘述的執行次數為 n^2，演算法的時間複雜度為 $O(n^2)$。

空間複雜度：輔助空間包含陣列 flag[] 及 i、j、t 和 temp 等變數，空間複雜度為 $O(n)$。

5．演算法最佳化

（1）優先佇列最佳化。第 3 個 for 敘述是在集合 V-S 中尋找距離原點 u 最近的節點 t，如果窮舉，則需要 $O(n)$ 時間。如果採用優先佇列，則尋找一個最近節點需要 $O(\log n)$ 時間。時間複雜度為 $O(n\log n)$。

（2）資料結構最佳化。第 4 個 for 敘述是鬆弛操作，採用鄰接矩陣儲存，存取一個節點的所有鄰接點需要執行 n 次，總時間複雜度為 $O(n^2)$。如果採用鄰接表儲存，則存取一個節點的所有鄰接點的執行次數為該節點的外分支度，所有節點的外分支度之和為 m（邊數），總時間複雜度為 $O(m)$。對於稀疏圖，$O(m)$ 要比 $O(n^2)$ 小。

📖 7.1.2 Floyd 演算法

Dijkstra 演算法用於求從原點到其他各個節點的最短路徑。如果求解任意兩個節點之間的最短路徑，則需要以每個節點為原點，重複呼叫 n 次 Dijkstra 演算法。其實完全沒必要這麼麻煩，Floyd 演算法可用於求解任意兩個節點間的最短路徑。Floyd 演算法又被稱為插點法，其演算法核心是在節點 i 與節點 j 之間插入節點 k，看看是否可以縮短節點 i 與節點 j 之間的距離（鬆弛操作）。

1．演算法步驟

（1）資料結構。設定地圖的帶權鄰接矩陣為 G.Edge[][]，即如果從節點 i 到節點 j 有邊，則 G.Edge[i][j]=<i,j> 的權值，否則 G.Edge[i][j]= ∞（無限大）；採用兩個輔助陣列：最短距離陣列 dist[i][j]，記錄從節點 i 到節點 j 的最短路徑長度；前驅陣列 p[i][j]，記錄從節點 i 到節點 j 的最短路徑上節點 j 的前驅。

（2）初始化。初始化 dist[i][j]=G.Edge[i][j]，如果從節點 i 到節點 j 有邊相連，則初始化 p[i][j]=i，否則 p[i][j]=–1。

（3）插點。其實就是在節點 i、j 之間插入節點 k，看是否可以縮短節點 i、j 之間的距離（鬆弛操作）。如果 dist[i][j]>dist[i][k]+dist[k][j]，則 dist[i][j]=dist[i][k]+dist[k][j]，記錄節點 j 的前驅 p[i][j]=p[k][j]。

2．完美圖解

有一個景點地圖，如下圖所示，假設從節點 0 出發，求各個節點之間的最短路徑。

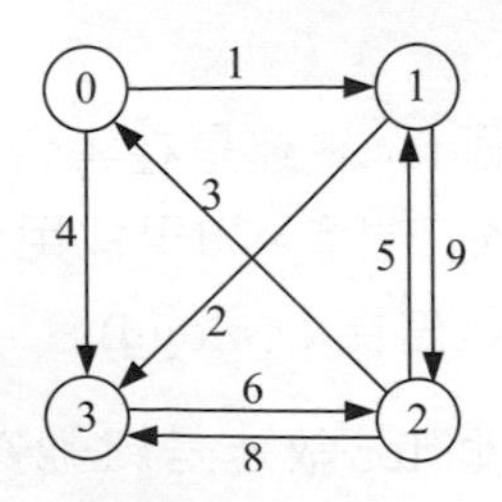

（1）資料結構。地圖採用鄰接矩陣儲存，如果從節點 i 到節點 j 有邊，則 G.Edge[i][j]=<i, j> 的權值；當 i=j 時，G.Edge[i][i]=0, 否則 G.Edge[i][j]= ∞（無限大）。

$$\begin{bmatrix} 0 & 1 & \infty & 4 \\ \infty & 0 & 9 & 2 \\ 3 & 5 & 0 & 8 \\ \infty & \infty & 6 & 0 \end{bmatrix}$$

（2）初始化。初始化最短距離陣列 dist[i][j]=G.Edge[i][j]，如果從節點 i 到節點 j 有邊相連，則初始化前驅陣列 p[i][j]=i，否則 p[i][j]=–1。初始化後的 dist[][] 和 p[][] 如下圖所示。

$$\text{dist}[i][j]=\begin{bmatrix} 0 & 1 & \infty & 4 \\ \infty & 0 & 9 & 2 \\ 3 & 5 & 0 & 8 \\ \infty & \infty & 6 & 0 \end{bmatrix} \quad p[i][j]=\begin{bmatrix} -1 & 0 & -1 & 0 \\ -1 & -1 & 1 & 1 \\ 2 & 2 & -1 & 2 \\ -1 & -1 & 3 & -1 \end{bmatrix}$$

（3）插點（k=0）。其實就是 " 借點、借東風 "，考驗所有節點是否可以借助節點 0 更新最短距離。如果 dist[i][j]>dist[i][0]+dist[0][j]，則 dist[i][j]=dist[i][0]+dist[0][j]，記錄節點 j 的前驅為 p[i][j]= p[0][j]。誰可以借節點 0 呢？看節點 0 的入邊 2-0，也就是說節點 2 可以借節點 0，更新 2 到其他節點的最短距離（在程式中需要窮舉所有節點是否可以借助節點 0）。

- dist[2][1]：dist[2][1]=5>dist[2][0]+dist[0][1]=4，更新 dist[2][1]=4，p[2][1]=0。在節點 2、1 之間插入節點 0。
- dist[2][3]：dist[2][3]=8>dist[2][0]+dist[0][3]=7，更新 dist[2][3]=7，p[2][3]=0。在節點 2、3 之間插入節點 0。

以上兩個最短距離的更新如下圖所示。

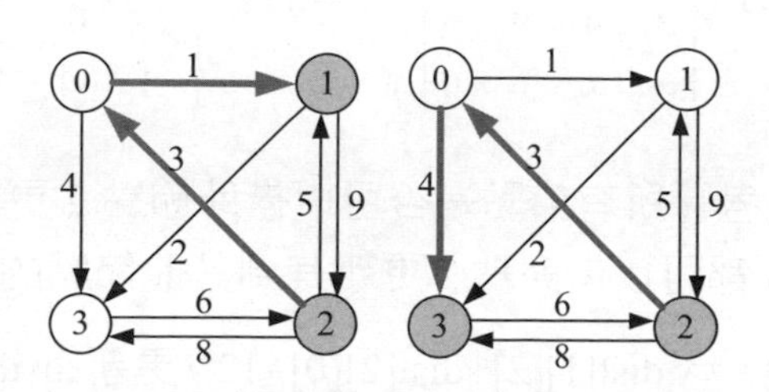

更新後的最短距離陣列和前驅陣列如下圖所示。

$$\text{dist}[i][j]=\begin{bmatrix}0 & 1 & \infty & 4\\ \infty & 0 & 9 & 2\\ 3 & 4 & 0 & 7\\ \infty & \infty & 6 & 0\end{bmatrix}\quad p[i][j]=\begin{bmatrix}-1 & 0 & -1 & 0\\ -1 & -1 & 1 & 1\\ 2 & 0 & -1 & 0\\ -1 & -1 & 3 & -1\end{bmatrix}$$

（4）插點（k=1）。考驗所有節點是否可以借助節點 1 更新最短距離。看節點 1 的入邊，節點 0、2 都可以借助節點 1 更新其到其他節點的最短距離。

- dist[0][2]：dist[0][2]=∞>dist[0][1]+dist[1][2]=10，更新 dist[0][2]=10，p[0][2]=1。在節點 0、2 之間插入節點 1。
- dist[0][3]：dist[0][3]=4>dist[0][1]+dist[1][3]=3，更新 dist[0][3]=3，p[0][3]=1。在節點 0、3 之間插入節點 1。
- dist[2][0]：dist[2][0]=3<dist[2][1]+dist[1][0]=∞，不更新。
- dist[2][3]：dist[2][3]=8>dist[2][1]+dist[1][3]=6，更新 dist[2][3]=6，p[2][3]=1。在節點 2、3 之間插入節點 1。

以上 3 個最短距離的更新如下圖所示。

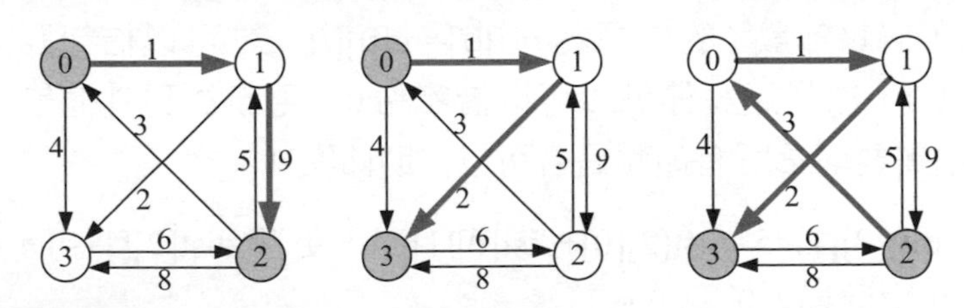

更新後的最短距離陣列和前驅陣列如下圖所示。

$$\text{dist}[i][j]=\begin{bmatrix}0 & 1 & 10 & 3\\ \infty & 0 & 9 & 2\\ 3 & 4 & 0 & 6\\ \infty & \infty & 6 & 0\end{bmatrix}\quad p[i][j]=\begin{bmatrix}-1 & 0 & 1 & 1\\ -1 & -1 & 1 & 1\\ 2 & 0 & -1 & 1\\ -1 & -1 & 3 & -1\end{bmatrix}$$

（5）插點（k=2）。考驗所有節點是否可以借助節點 2 更新最短距離。看節點 2 的入邊，節點 1、3 都可以借節點 2 更新其到其他節點的最短距離。

- dist[1][0]：dist[1][0]=∞>dist[1][2]+dist[2][0]=12，更新 dist[1][0]=12，p[1][0]=2。

在節點 1、0 之間插入節點 2。

- dist[1][3]：dist[1][3]=2<dist[1][2]+dist[2][3]=15，不更新。
- dist[3][0]：dist[3][0]= ∞ >dist[3][2]+dist[2][0]=9，更新 dist[3][0]=9，p[3][0]=2。在節點 3、0 之間插入節點 2。
- dist[3][1]：dist[3][1]= ∞ >dist[3][2]+dist[2][1]=10， 更 新 dist[3][1]=10，p[3][1]=p[2][1]=0。在節點 3、1 之間插入節點 2。

以上 3 個最短距離的更新如下圖所示。

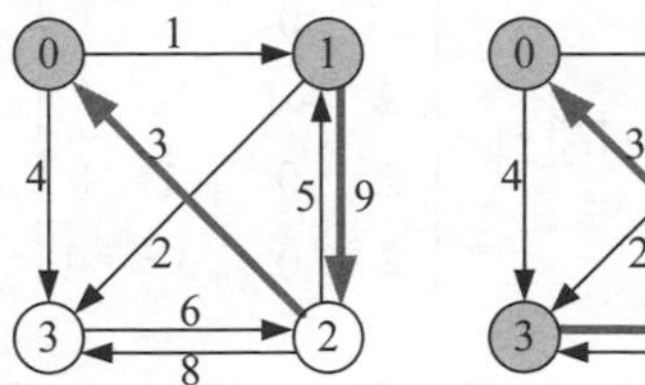

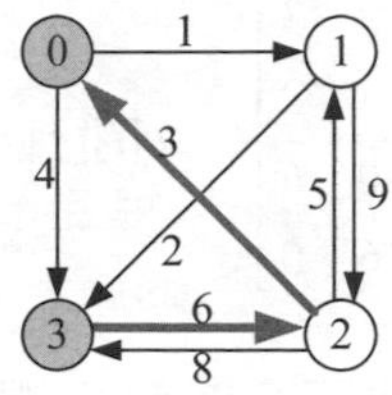

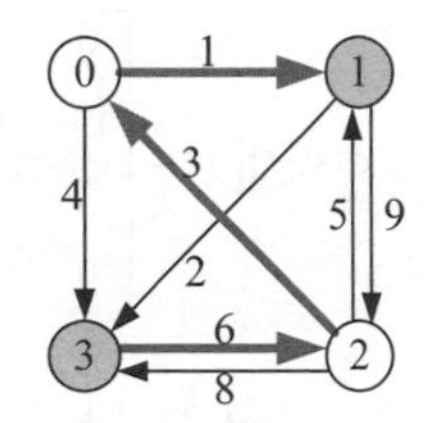

更新後的最短距離陣列和前驅陣列如下圖所示。

$$\text{dist}[i][j]=\begin{bmatrix}0 & 1 & 10 & 3\\ 12 & 0 & 9 & 2\\ 3 & 4 & 0 & 6\\ 9 & 10 & 6 & 0\end{bmatrix}\quad p[i][j]=\begin{bmatrix}-1 & 0 & 1 & 1\\ 2 & -1 & 1 & 1\\ 2 & 0 & -1 & 1\\ 2 & 0 & 3 & -1\end{bmatrix}$$

（6）插點（k=3）。考驗所有節點是否可以借助節點 3 更新最短距離。看節點 3 的入邊，節點 0、1、2 都可以借助節點 3 更新其到其他節點的最短距離。

- dist[0][1]：dist[0][1]=1<dist[0][3]+dist[3][1]=13，不更新。
- dist[0][2]：dist[0][2]=10>dist[0][3]+dist[3][2]=9，更新 dist[0][2]=9，p[0][2]=3。在節點 0、2 之間插入節點 3 點。
- dist[1][0]：dist[1][0]=12>dist[1][3]+dist[3][0]=11，更新 dist[1][0]=11，p[1][0]=p[3][0]= 2。在節點 1、0 之間插入節點 3。
- dist[1][2]：dist[1][2]=9>dist[1][3]+dist[3][2]=8，則更新 dist[1][2]=8，p[1][2]=3。在節點 1、2 之間插入節點 3。
- dist[2][0]：dist[2][0]=3<dist[2][3]+dist[3][0]=15，不更新。
- dist[2][1]：dist[2][1]=4<dist[2][3]+dist[3][1]=16，不更新。

以上 3 個最短距離的更新如下圖所示。

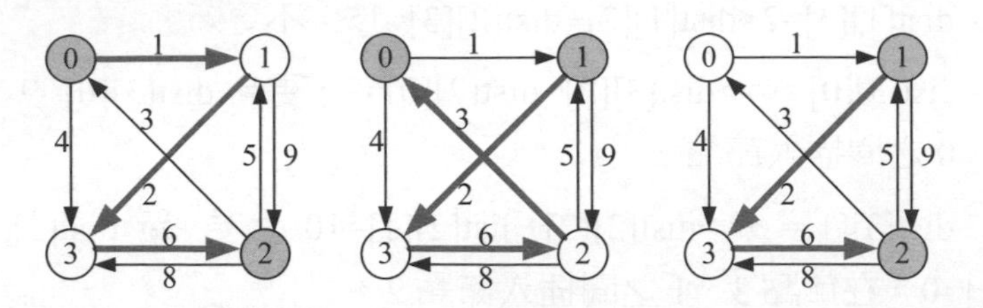

更新後的最短距離陣列和前驅陣列如下圖所示。

$$\text{dist}[i][j]=\begin{bmatrix}0 & 1 & 9 & 3\\ 11 & 0 & 8 & 2\\ 3 & 4 & 0 & 6\\ 9 & 10 & 6 & 0\end{bmatrix}\quad p[i][j]=\begin{bmatrix}-1 & 0 & 3 & 1\\ 2 & -1 & 3 & 1\\ 2 & 0 & -1 & 1\\ 2 & 0 & 3 & -1\end{bmatrix}$$

（7）插點結束。dist[][] 陣列包含了各節點之間的最短距離，如果想找從節點 i 到節點 j 的最短路徑，則可以根據前驅陣列 p[][] 找到。舉例來說，求從節點 1 到節點 2 的最短路徑，首先讀取 $p[1][2]=3$，説明節點 2 的前驅為節點 3，繼續向前找，讀取 $p[1][3]=1$，説明節點 3 的前驅為節點 1，得到從節點 1 到節點 2 的最短路徑為 1-3-2。求從節點 1 到節點 0 的最短路徑，首先讀取 $p[1][0]=2$，説明節點 0 的前驅為節點 2，繼續向前找，讀取 $p[1][2]=3$，説明節點 2 的前驅為節點 3，繼續向前找，讀取 $p[1][3]=1$，得到從節點 1 到節點 0 的最短路徑為 1-3-2-0。

3．演算法實現

```
void Floyd(AMGraph G){// 用 Floyd 演算法求有向網 G 中各對節點 i 和 j 之間的最短路徑
    int i,j,k;
    for(i=0;i<G.vexnum;i++)// 各對節點之間的初始距離及已知路徑
      for(j=0;j<G.vexnum;j++){
          dist[i][j]=G.Edge[i][j];
          if(dist[i][j]<INF && i!=j)
              p[i][j]=i;        // 如果在節點 i 和節點 j 之間有弧，則將節點 j 的前驅置為 i
          else p[i][j]=-1;   // 如果在節點 i 和節點 j 之間無弧，則將節點 j 的前驅置為 -1
      }
    for(k=0;k<G.vexnum; k++)
        for(i=0;i<G.vexnum; i++)
```

```
            for(j=0;j<G.vexnum; j++)
                if(dist[i][k]+dist[k][j]<dist[i][j]) {// 從節點 i 經節點 k 到
節點 j 的一條路徑更短
                    dist[i][j]=dist[i][k]+dist[k][j]; // 更新 dist[i][j]
                    p[i][j]=p[k][j];   // 更改 j 的前驅為 k
                }
}
```

4．演算法分析

時間複雜度：三層 for 迴圈，時間複雜度為 $O(n^3)$。

空間複雜度：採用最短距離陣列 dist[][] 和前驅陣列 p[][]，空間複雜度為 $O(n^2)$。

儘管 Floyd 演算法的時間複雜度為 $O(n^3)$，但其程式簡單，對中等輸入規模來說，仍然相當有效。如果用 Dijkstra 演算法求解各個節點之間的最短路徑，則需要以每個節點為原點都呼叫一次，共呼叫 n 次，其整體時間複雜度也為 $O(n^3)$。特別注意的是，Dijkstra 演算法無法處理帶有負權邊的圖。如果有負權邊，則可以採用 Bellman-Ford 演算法或 SPFA 演算法。

🕮 7.1.3 Bellman-Ford 演算法

如果遇到負權邊，則在沒有負環（迴路的權值之和為負）存在時，可以採用 Bellman-Ford 演算法求解最短路徑。Bellman-Ford 演算法用於求解單來源最短路徑問題，由理查·貝爾曼和萊斯特·福特提出。該演算法的優點是邊的權值可以為負數、實現簡單，缺點是時間複雜度過高。但是，對該演算法可以進行許多種最佳化，以提高效率。

Bellman-Ford 演算法與 Dijkstra 演算法類似，都以鬆弛操作為基礎。Dijkstra 演算法以貪婪法選取未被處理的具有最小權值的節點，然後對其出邊進行鬆弛操作；而 Bellman-Ford 演算法對所有邊都進行鬆弛操作，共 $n-1$ 次。因為負環可以無限制地減少最短路徑長度，所以如果發現第 n 次操作仍可鬆弛，則一定存在負環。Bellman-Ford 演算法的最長執行時間為 $O(nm)$，其中 n 和 m 分別是節點數和邊數。

1．演算法步驟

（1）資料結構。因為需要利用邊進行鬆弛，因此採用邊集陣列儲存。每條邊都有三個域：兩個端點 a、b 和邊權 w。

（2）鬆弛操作。對所有的邊 $j(a,b,w)$，如果 $dis[e[j].b]>dis[e[j].a]+e[j].w$，則鬆弛，令 $dis[e[j].b]=dis[e[j].a]+e[j].w$。其中，$dis[v]$ 表示從原點到節點 v 的最短路徑長度。

（3）重複鬆弛操作 $n-1$ 次。

（4）負環判定（簡稱"判負環"）。再執行一次鬆弛操作，如果仍然可以鬆弛，則說明有負環。

2．演算法實現

```
bool bellman_ford(int u){// 求從原點 u 到其他節點的最短路徑長度，並判斷是否有負環
    memset(dis,0x3f,sizeof(dis));
    dis[u]=0;
    for(int i=1;i<n;i++){// 執行 n-1 次
        bool flag=0;
        for(int j=0;j<m;j++)// 邊數 m 或 cnt
            if(dis[e[j].b]>dis[e[j].a]+e[j].w){
                dis[e[j].b]=dis[e[j].a]+e[j].w;
                flag=true;
            }
        if(!flag)
            return false;
    }
    for(int j=0;j<m;j++)// 再執行 1 次，還能鬆弛，說明有環
        if(dis[e[j].b]>dis[e[j].a]+e[j].w)
            return true;
    return false;
}
```

3．演算法最佳化

（1）提前退出迴圈。在實際操作中，Bellman-Ford 演算法經常會在未達到 $n-1$ 次時就求解完畢，可以在迴圈中設定判定，在某次迴圈不再進行鬆弛時，直接退出迴圈。透過上段程式中的 if(!flag) 就可以提前退出迴圈。

（2）佇列最佳化。鬆弛操作必定只會發生在最短路徑鬆弛過的前驅節點上，用一個佇列記錄鬆弛過的節點，可以避免容錯計算。這就是佇列最佳化的 Bellman-Ford 演算法，又被稱為 SPFA 演算法。

📖 7.1.4 SPFA 演算法

SPFA（Shortest Path Faster Algorithm）演算法是 Bellman-Ford 演算法的佇列最佳化演算法，通常用於求解含負權邊的單來源最短路徑，以及判負環。在最壞情況下，SPFA 演算法的時間複雜度和 Bellman-Ford 演算法相同，為 $O(nm)$；但在稀疏圖上運行效率較高，為 $O(km)$，其中 k 是一個較小的常數。

1．演算法步驟

（1）創建一個佇列，首先原點 u 加入佇列，標記 u 在佇列中，u 的加入佇列次數加 1。

（2）鬆弛操作。取出佇列首節點 x，標記 x 不在佇列中。掃描 x 的所有出邊 $i(x,v,w)$，如果 $\text{dis}[v]>\text{dis}[x]+e[i].w$，則鬆弛，令 $\text{dis}[v]=\text{dis}[x]+e[i].w$。如果節點 v 不在佇列中，判斷 v 的加入佇列次數加 1 後大於或等於 n，則說明有負環，退出；否則 v 加入佇列，標記 v 在佇列中。

（3）重複鬆弛操作，直到佇列為空。

2．演算法實現

```
bool spfa(int u){
    queue<int>q;
    memset(vis,0,sizeof(vis));        //標記是否在佇列中
    memset(sum,0,sizeof(sum));        //統計加入佇列的次數
    memset(dis,0x3f,sizeof(dis));
    vis[u]=1;
    dis[u]=0;
    sum[u]++;
    q.push(u);
    while(!q.empty()){
        int x=q.front();
        q.pop();
        vis[x]=0;
        for(int i=head[x];~i;i=e[i].next){//鏈式前向星儲存圖
```

```
            int v=e[i].to;
            if(dis[v]>dis[x]+e[i].w){
                dis[v]=dis[x]+e[i].w;
                if(!vis[v]){
                    if(++sum[v]>=n)
                        return true;
                    vis[v]=1;
                    q.push(v);
                }
            }
        }
    }
    return false;
}
```

3．演算法最佳化

SPFA 演算法有兩個最佳化策略：SLF 和 LLL。

（1）SLF（Small Label First）策略：如果待加入佇列的節點是 j，佇列首元素為節點 i，若 dis[j]<dis[i]，則將 j 插入佇列首，否則插入佇列尾。

（2）LLL（Large Label Last）策略：設佇列首元素為節點 i，佇列中所有 dis[] 的平均值為 x，若 dis[i]>x，則將節點 i 插入佇列尾，尋找下一元素，直到找到某一節點 i 滿足 dis[i]$\leq x$，將節點 i 移出佇列，進行鬆弛操作。

SLF 和 LLL 在隨機數據上表現優秀，但是在正權圖上的最壞情況為 $O(nm)$，在負權圖上的最壞情況為達到指數級複雜度。

如果在圖中沒有負權邊，則可以採用優先佇列最佳化 SPFA，每次都取出目前 dis[] 最小的節點擴充，節點第 1 次被從優先佇列中取出時，就獲得了該節點的最短路徑。這與優先佇列最佳化的 Dijkstra 演算法類似，時間複雜度均為 $O(m\log n)$。

訓練 1　重型運輸

題目描述（POJ1797）：Hugo 需要將巨型起重機從工廠運輸到他的客戶所在的地方，經過的所有街道都必須能承受起重機的重量。他已經有了所有街道及其承重的城市規劃。不幸的是，他不知道如何找到街道的最大承重能力，以將起重機可以有多重告訴他的客戶。

街道（具有重量限制）之間的交換點編號為 1 ～ n。找到從 1 號（Hugo 的地方）到 n 號（客戶的地方）可以運輸的最大重量。假設至少有一條路徑，所有街道都是雙向的。

輸入：第 1 行包含測試使用案例數量。每個測試使用案例的第 1 行都包含 n（$1 \le n \le 1000$）和 m，分別表示街道交叉口的數量和街道的數量。以下 m 行，每行都包含 3 個整數（正數且不大於 10^6），分別表示街道的開始、結束和承重。在每對交換點之間最多有一條街道。

輸出：對每個測試使用案例，輸出都以包含 "Scenario #*i*:" 的行開頭，其中 i 是從 1 開始的測試使用案例編號。然後單行輸出可以運輸給客戶的最大承重。在測試使用案例之間有一個空行。

輸入範例	輸出範例
1	Scenario #1:
3 3	4
1 2 3	
1 3 4	
2 3 5	

題解：本題要求找到一條通路，是最小邊權最大的通路，該通路的最小邊權即最大承重。如下圖所示，從節點 1 到節點 6 有 3 條通路，其中 1-2-4-6 的最小邊權為 3；1-3-4-6 的最小邊權為 4；1-3-5-6 的最小邊權為 2；最小邊權最大的通路為 1-3-4-6，該通路的最大承重為 4，超過 4 則無法承受。

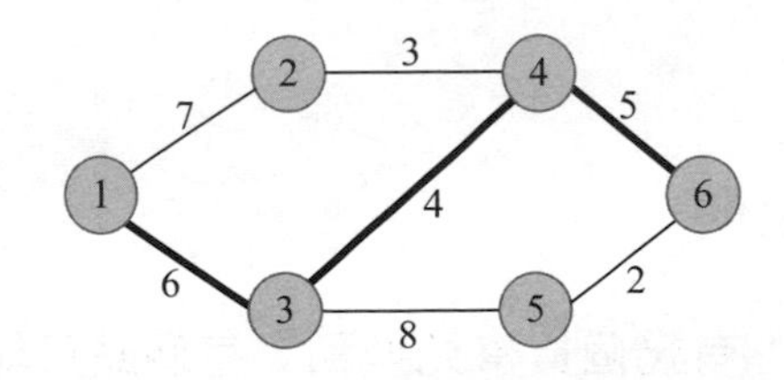

1．演算法設計

（1）將所有街道都採用鏈式前向星儲存，每個街道都是雙向的。

（2）將 Dijkstra 演算法的更新條件變形一下，改為最小值最大的更新。

```
if(dis[v]<min(dis[x],e[i].w))// 求最小值最大的路徑
    dis[v]=min(dis[x],e[i].w);
```

2．演算法實現

```
int dis[maxn];//dis[v] 表示從原點出發到目前節點 v 所有路徑上最小邊權的最大值
void solve(int u){//Dijkstra 演算法的變形，求最小值最大的路徑
    priority_queue<pair<int,int> >q;
    memset(vis,0,sizeof(vis));
    memset(dis,0,sizeof(dis));
    dis[u]=inf;
    q.push(make_pair(dis[u],u));// 最大值優先
    while(!q.empty()){
        int x=q.top().second;
        q.pop();
        if(vis[x])
            continue;
        vis[x]=1;
        if(vis[n])
            return;
        for(int i=head[x];~i;i=e[i].next){
            int v=e[i].to;
            if(vis[v])
                continue;
            if(dis[v]<min(dis[x],e[i].w)){// 求最小值最大的路徑
                dis[v]=min(dis[x],e[i].w);
                q.push(make_pair(dis[v],v));
            }
        }
    }
}
```

∴ 訓練 2　貨幣兌換

題目描述（**POJ1860**）：有幾個貨幣兌換點，每個點只能兌換兩種特定貨幣。可以有幾個專門針對同一種貨幣的兌換點。每個兌換點都有自己的匯率，貨幣 A 到貨幣 B 的匯率是 1A 兌換 B 的數量。此外，每個交換點都有一些傭金，即必須為交換操作支付的金額。傭金始終以來源貨幣收取。

舉例來說，如果想在兌換點用 100 美金兌換俄羅斯盧布，而匯率為 29.75，傭金為 0.39，則將獲得 (100 –0.39)×29.75=2963.3975RUR。

可以處理 N 種不同的貨幣。貨幣編號為 1 ～ N。對每個交換點都用 6 個數字來描述：整數 A 和 B（交換的貨幣類型），以及 R_{AB}、C_{AB}、R_{BA} 和 C_{BA}（分別表示交換 A 到 B 和 B 到 A 時的匯率和傭金）。

尼克有一些貨幣 S，並想知道他是否能在一些交易所操作之後增加他的資本。當然，他最終想要換回貨幣 S。在操作時所有金額都必須是非負數。

輸入：輸入的第 1 行包含 4 個數字：N 表示貨幣類型的數量，M 表示交換點的數量，S 表示尼克擁有的貨幣類型，V 表示他擁有的貨幣數量。以下 M 行，每行都包含 6 個數字，表示對應交換點的描述。數字由一個或多個空格分隔。$1 \le S \le N \le 100$，$1 \le M \le 100$，V 是實數，$0 \le V \le 10^3$。 匯率和傭金在小數點後至多有兩位，10^{-2} ≤匯率≤ 10^2，0 ≤傭金≤ 10^2。

輸出：如果尼克可以增加他的財富，則輸出 "YES"，在其他情況下輸出 "NO"。

輸入範例	輸出範例
3 2 1 20.0 1 2 1.00 1.00 1.00 1.00 2 3 1.10 1.00 1.10 1.00	YES

題解：本題從目前貨幣出發，走一個迴路，賺到一些錢。因為走過的邊是雙向的，因此能走過去就一定能夠走回來。只需判斷在圖中是否有正環，即使這個正環不包含 S 也沒關係，走一次正環就會多賺一些錢。

輸入範例 1，如下圖所示，包含一個正環 2-3-2，每走一次就賺一些錢。

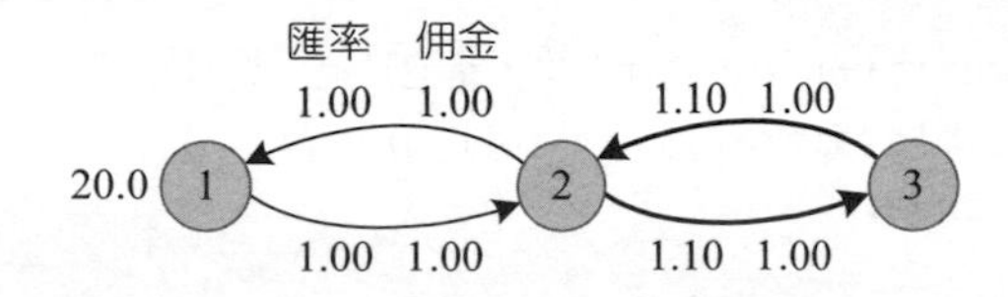

計算過程如下。

- 1-2：(20–1.00)×1.00=19.00。

- 2-3、3-2：(19–1.00)×1.10=19.80、(19.8–1.00)×1.10=20.68。
- 2-3、3-2：(20.68–1.00)×1.10=21.648、(21.648–1.00)×1.10=22.7128。
- 2-1：(22.7128–1.00)×1.00=21.7128。

1．演算法設計

（1）Bellman-Ford 演算法，判斷正環。用邊鬆弛 n–1 次後，再執行一次，如果還可以鬆弛，則說明有環（是正環還是負環，主要取決於鬆弛條件）。注意：對雙向邊，邊數是 2m 或使用邊數計數器 cnt。

```
if(dis[e[j].b]<(dis[e[j].a]-e[j].c)*e[j].r)//鬆弛，a、b 為邊的節點，r、c 為匯率和傭金
dis[e[j].b]=(dis[e[j].a]-e[j].c)*e[j].r;
```

（2）SPFA 演算法，判斷正環。鬆弛時，若對一個節點存取 n 次，則存在環。

（3）DFS 深度優先搜尋，判斷正環。若在鬆弛時存取到已遍歷的節點，則存在環。

2．演算法實現

```
bool bellman_ford(){//判正環
    memset(dis,0,sizeof(dis));
    dis[s]=v;
    for(int i=1;i<n;i++){//執行 n-1 次
        bool flag=0;
        for(int j=0;j<cnt;j++)//注意：邊數是 2m 或 cnt
            if(dis[e[j].b]<(dis[e[j].a]-e[j].c)*e[j].r){
                dis[e[j].b]=(dis[e[j].a]-e[j].c)*e[j].r;
                flag=true;
            }
        if(!flag)
            return false;
    }
    for(int j=0;j<cnt;j++)//再執行 1 次，還能鬆弛，說明有環
        if(dis[e[j].b]<(dis[e[j].a]-e[j].c)*e[j].r)
            return true;
    return false;
}
```

訓練 3　蟲洞

題目描述（POJ3259）：在探索許多農場時，約翰發現了一些令人驚奇的蟲洞。蟲洞是非常奇特的，因為它是一條單向路徑，可以將人穿越到蟲洞之前的某個時間！約翰想從某個地點開始，穿過一些路徑和蟲洞，並在他出發前的一段時間返回起點，也許他將能夠見到自己。

輸入：第 1 行是單一整數 F（$1 \le F \le 5$），表示農場的數量。每個農場的第 1 行有 3 個整數 N、M、W，表示編號為 1 ～ N 的 N（$1 \le N \le 500$）塊田、M（$1 \le M \le 2500$）條路徑和 W（$1 \le W \le 200$）個蟲洞。第 2 ～ M+1 行，每行都包含 3 個數字 S、E、T，表示穿過 S 與 E 之間的路徑（雙向）需要 T 秒。兩塊田都可能有多個路徑。第 M+2 ～ M+W+1 行，每行都包含 3 個數字 S、E、T，表示對從 S 到 E 的單向路徑，旅行者將穿越 T 秒。沒有路徑需要超過 10000 秒的旅行時間，沒有蟲洞可以穿越超過 10000 秒。

輸出：對於每個農場，如果約翰可以達到目標，則輸出 "YES"，否則輸出 "NO"。

輸入範例	輸出範例
2 3 3 1 1 2 2 1 3 4 2 3 1 3 1 3 3 2 1 1 2 3 2 3 4 3 1 8	NO YES

提示：對於農場 1，約翰無法及時返回；對於農場 2，約翰可以在 1 → 2 → 3 → 1 的週期內及時返回，在他離開前 1 秒返回他的起始位置。他可以從週期內的任何地方開始實現這一目標。

題解：根據輸入範例 1，如下圖所示，約翰無法在他出發之前的時間返回。

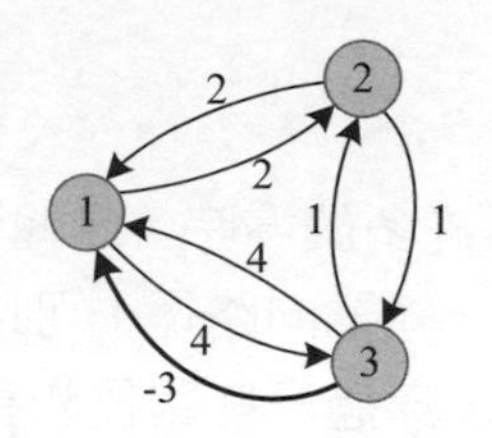

根據輸入範例 2，如下圖所示。約翰可以在 1 → 2 → 3 → 1 的週期內及時返回，在他離開前 1 秒返回他的起始位置。他可以從週期內的任何地方開始實現這一目標。因為存在一個負環（邊權之和為負）1 → 2 → 3 → 1，邊權之和為 –1。

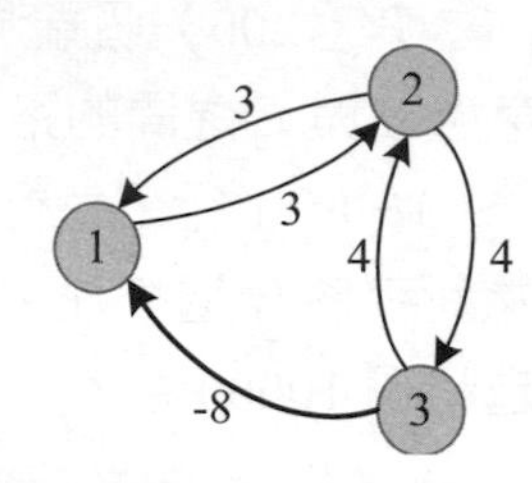

1．演算法設計

本題其實就是判斷是否有負環，使用 SPFA 判斷負環即可。

注意：普通道路是雙向的，蟲洞是單向的，而且時間為負值。

2．演算法實現

```
bool spfa(int u){
    queue<int>q;
    memset(vis,0,sizeof(vis));
    memset(sum,0,sizeof(sum));
    vis[u]=1;
    dis[u]=0;
    sum[u]++;
    q.push(u);
    while(!q.empty()){
        int x=q.front();
        q.pop();
        vis[x]=0;
        for(int i=head[x];~i;i=e[i].next){
            if(dis[e[i].to]>dis[x]+e[i].c){
```

```
                dis[e[i].to]=dis[x]+e[i].c;
                if(!vis[e[i].to]){
                    if(++sum[e[i].to]>=n)
                        return false;
                    vis[e[i].to]=1;
                    q.push(e[i].to);
                }
            }
        }
    }
    return true;
}

bool solve(){
    memset(dis,0x3f,sizeof(dis));
    for(int i=1;i<=n;i++)
        if(dis[i]==inf)//如果已經到達該點，沒找到負環，則不需要再從該點找
            if(!spfa(i))
                return 1;
    return 0;
}
```

∴ 訓練 4　最短路徑

題目描述（POJ3268）：母牛從 N 個農場中的任一個去參加盛大的母牛聚會，聚會地點在 X 號農場。共有 M 條單行道分別連接兩個農場，且透過路 i 需要花 T_i 時間。每頭母牛都必須參加宴會，並且在宴會結束時回到自己的領地，但是每頭母牛都會選擇時間最少的方案。來時的路和去時的路可能不一樣，因為路是單向的。求所有的母牛中參加聚會來回的最長時間。

輸入：第 1 行包含 3 個整數 N、M 和 X。在第 2 ～ M+1 行中，第 i+1 描述道路 i，有 3 個整數：A_i、B_i 和 T_i，表示從 A_i 號農場到 B_i 號農場需要 T_i 時間。其中，$1 \leq N \leq 1000$，$1 \leq X \leq N$，$1 \leq M \leq 100000$，$1 \leq T_i \leq 100$。

輸出：單行輸出母牛必須花費的時間最大值。

輸入範例	輸出範例
4 8 2 1 2 4 1 3 2 1 4 7 2 1 1 2 3 5 3 1 2 3 4 4 4 2 3	10

提示：母牛從 4 號農場進入聚會地點（2 號農場），再透過 1 號農場和 3 號農場返回，共計 10 個時間。

題解：根據輸入範例，有 4 個農場、8 條路，聚會地點在 2 號農場。母牛從 4 號農場出發，走一個迴路 4-2-1-3-4，共計 10 個時間，該時間是所有母牛中來回時間最長的，如下圖所示。

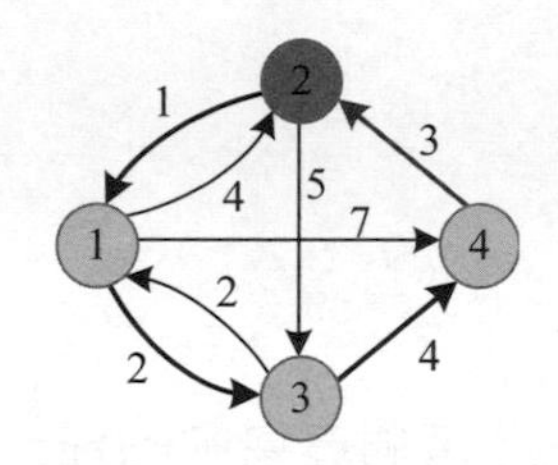

1．演算法設計

因為母牛來回走的都是最短路徑，所以先求每個節點從出發到聚會地點來回的最短路徑之和，然後求最大值即可。

（1）從 i 號農場到聚會地點 X，相當於在反向圖中從 X 到 i。

（2）從聚會地點 X 返回到 i 號農場，相當於在正向圖中從 X 到 i。

（3）創建正向圖和反向圖，都把 X 作為原點，分別呼叫 SPFA 演算法求正向圖、反向圖中原點到其他各個點的最短時間 dis[i] 和 rdis[i]，求最大和值。

2．演算法實現

因為正向圖、反向圖均要呼叫 SPFA 演算法，因此將圖的儲存結構 e[]、head[]

及最短距離 dis[] 作為參數，呼叫時傳參即可。

```
void spfa(node *e,int *head,int u,int *dis){
    queue<int>q;
    memset(vis,0,sizeof(vis));
    memset(dis,0x3f,maxn*sizeof(int));// 陣列作參數，不能用 sizeof(dis) 測量
    vis[u]=1;
    dis[u]=0;
    q.push(u);
    while(!q.empty()){
        int x=q.front();
        q.pop();
        vis[x]=0;
        for(int i=head[x];~i;i=e[i].next){
            if(dis[e[i].to]>dis[x]+e[i].w){
                dis[e[i].to]=dis[x]+e[i].w;
                if(!vis[e[i].to]){
                    vis[e[i].to]=1;
                    q.push(e[i].to);
                }
            }
        }
    }
}
```

7.2 最小生成樹

校園網是為學校師生提供資源分享、資訊交流和協作工作的電腦網路。如果一所學校包括多個專業學科及部門，則也可以形成多個區域網路，並透過有線或無線方式連接起來。原來的網路系統只侷限於以學院、圖書館為單位的區域網，不能完成集中管理及對各種資源的共用，個別院校還遠離大學本部，這些情況都嚴重阻礙了該校的網路化處理程序。現在需要設計網路電纜佈線，將各個單位連通起來，如何設計才能使佈線費用最少呢？

可以用無向連通圖 $G=(V,E)$ 表示通訊網路，V 表示節點集，E 表示邊集。把各個單位都抽象為圖中的節點，把單位之間的通訊網路抽象為節點與節點之間的邊，邊的權值表示佈線費用。如果兩個節點沒有連線，則代表在這兩個單位之間不能佈線，費用為無限大，如下圖所示。

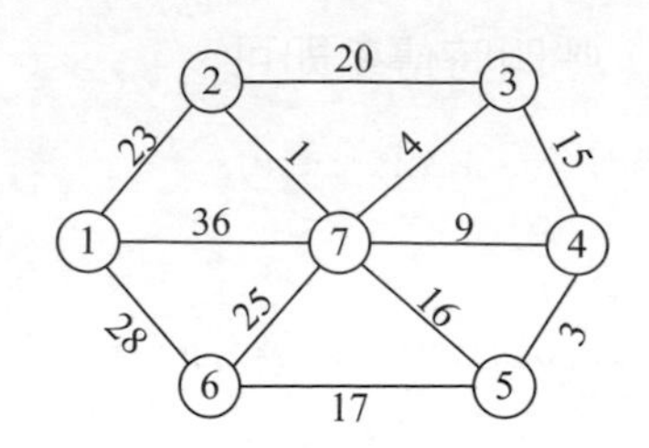

那麼如何設計網路電纜佈線，將各個單位連通起來，使佈線費用最少呢？對於有 n 個節點的連通圖，只需 $n-1$ 條邊就可以使這個圖連通，在 $n-1$ 條邊中要想保證圖連通，就必須不包含迴路，所以只需找出 $n-1$ 條權值最小且無迴路的邊即可。需要說明以下幾個概念。

- 子圖：從原圖中選中一些由節點和邊組成的圖，稱之為原圖的子圖。
- 生成子圖：選中一些由邊和所有節點組成的圖，稱之為原圖的生成子圖。
- 生成樹：如果生成的子圖恰好是一棵樹，則稱之為生成樹。
- 最小生成樹：權值之和最小的生成樹，稱之為最小生成樹。

本題求解最小生成樹。求解演算法有兩種：Prim 演算法和 Kruskal 演算法。

7.2.1 Prim 演算法

找出 $n-1$ 條權值最小的邊很容易，那麼怎麼保證無迴路呢？如果在一個圖中透過深度搜尋或廣度搜尋判斷有沒有迴路，則工作繁重。有一種很好的辦法——集合避圈法。在生成樹的過程中，我們把已經在生成樹中的節點看作一個集合，把剩下的節點看作另一個集合，從連接兩個集合的邊中選擇一條權值最小的邊即可。

首先任選一個節點，例如節點 1，把它放在集合 U 中，$U=\{1\}$，那麼剩下的節點即 $V-U=\{2,3,4,5,6,7\}$，集合 V 是圖的所有節點集合，如下圖所示。

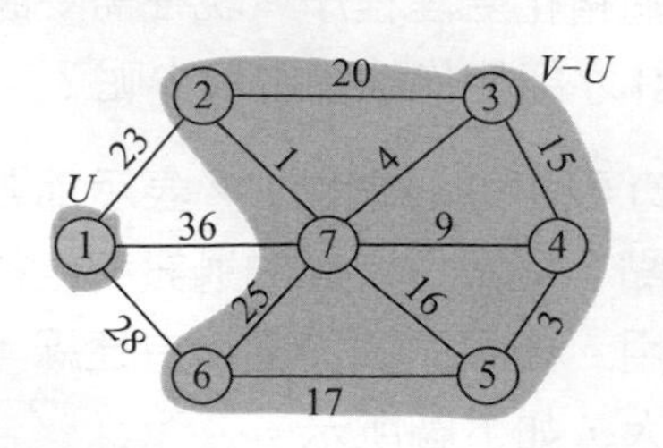

現在只需看看在連接兩個集合（*U* 和 *V–U*）的邊中，哪一條邊的權值最小，把權值最小的邊關聯的節點加入集合 *U* 中。從上圖可以看出，在連接兩個集合的 3 條邊中，1-2 的邊的權值最小，選中它，把節點 2 加入集合 *U* 中，*U*={1,2}，*V–U*={3,4,5,6,7}，如下圖所示。

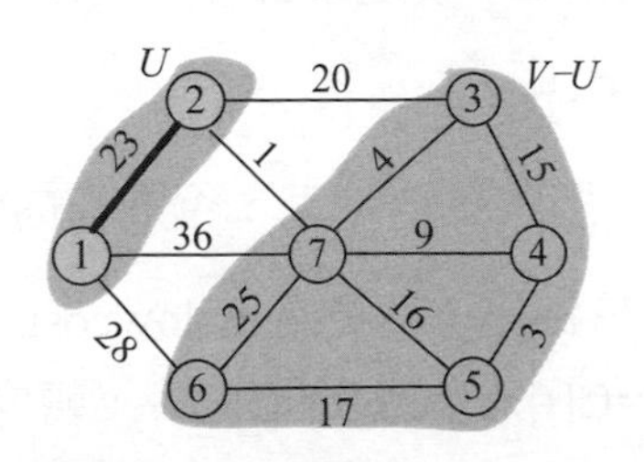

再從連接兩個集合（*U* 和 *V–U*）的邊中選擇一條權值最小的邊。從上圖可以看出，在連接兩個集合的 4 條邊中，節點 2 到節點 7 的邊的權值最小，選中這條邊，把節點 7 加入集合 *U*={1,2,7} 中，*V–U*={3,4,5,6}。

如此下去，直到 *U*=*V* 結束，選中的邊和所有的節點組成的圖就是最小生成樹。這就是 Prim 演算法，1957 年由 Robert C.Prim 發現。那麼如何用演算法來實現呢？

直觀地看圖，很容易找出集合 *U* 到集合 *V–U* 的邊中哪條邊的權值是最小的，但是在程式中如果窮舉這些邊，再找最小值，則時間複雜度太高，該怎麼辦呢？可以透過設定兩個陣列巧妙地解決這個問題，closest[*j*] 表示集合 *V–U* 中的節點 *j* 到集合 *U* 中的最鄰近點，lowcost[*j*] 表示集合 *V–U* 中的節點 *j* 到集合 *U* 中的最鄰近點的邊值，即邊 (*j*,closest[*j*]) 的權值。

例如在上圖中，節點 7 到集合 *U* 中的最鄰近點是 2，closest[7]=2。節點 7 到最鄰近點 2 的邊值為 1，即邊 (2,7) 的權值，記為 lowcost[7]=1，如下圖所示。

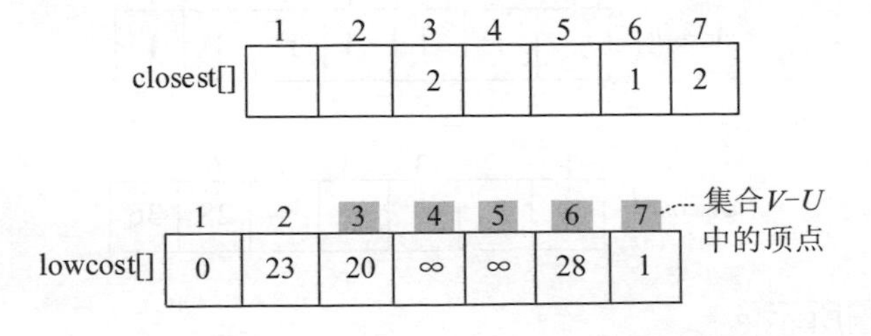

所以只需在集合 *V–U* 中找到 lowcost[] 值最小的節點即可。

1．演算法步驟

（1）初始化。令集合 $U=\{u_0\}$，$u_0 \in V$，並初始化陣列 closest[]、lowcost[] 和 s[]。

（2）在集合 $V-U$ 中找 lowcost 值最小的節點 t，即 lowcost[t]=min{lowcost[j]|$j \in V-U$}，滿足該公式的節點 t 就是集合 $V-U$ 中連接集合 U 的最鄰近點。

（3）將節點 t 加入集合 U 中。

（4）如果集合 $V-U$ 為空，則演算法結束，否則轉向步驟 5。

（5）對集合 $V-U$ 中的所有節點 j 都更新其 lowcost[] 和 closest[]。更新 if(C[t][j]<lowcost [j]){ lowcost[j]=C[t] [j]; closest[j]=t;}，轉向步驟 2。

按照上述步驟，最終可以得到一棵權值之和最小的生成樹。

2．完美圖解

圖 G（$G=(V, E)$）是一個無向連通帶權圖，如下圖所示。

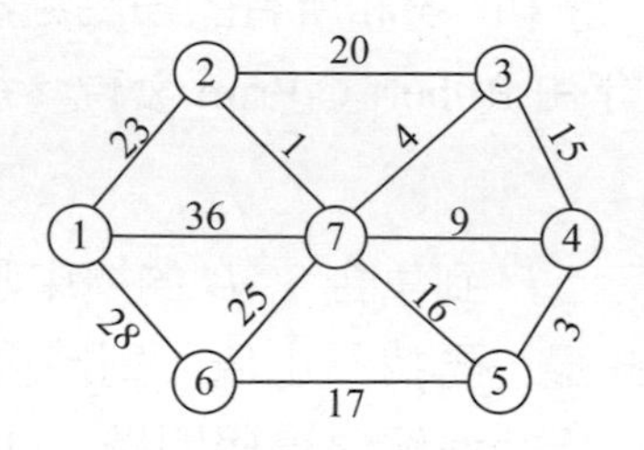

（1）初始化。假設 $u0=1$，令集合 $U=\{1\}$，集合 $V-U=\{2,3,4,5,6,7\}$，TE={}，s[1]=true，初始化陣列 closest[]：除了節點 1，其餘節點均為 1，表示集合 $V-U$ 中的節點到集合 U 的最鄰近點均為 1。lowcost[]：節點 1 到集合 $V-U$ 中節點的邊值。closest[] 和 lowcost[] 如下圖所示。

	1	2	3	4	5	6	7
closest[]		1	1	1	1	1	1

	1	2	3	4	5	6	7
lowcost[]	0	23	∞	∞	∞	28	36

初始化後如下圖所示。

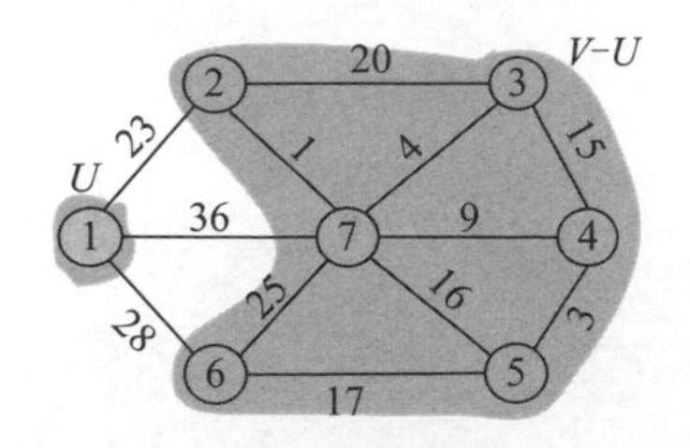

（2）找 lowcost 最小的節點。在集合 $V-U=\{2,3,4,5,6,7\}$ 中，依照貪婪策略尋找集合 $V-U$ 中 lowcost 最小的節點 t。找到的最小值為 23，對應的節點 $t=2$，如下圖所示。

	1	2	3	4	5	6	7
lowcost[]		23	∞	∞	∞	28	36

選中的邊和節點如下圖所示。

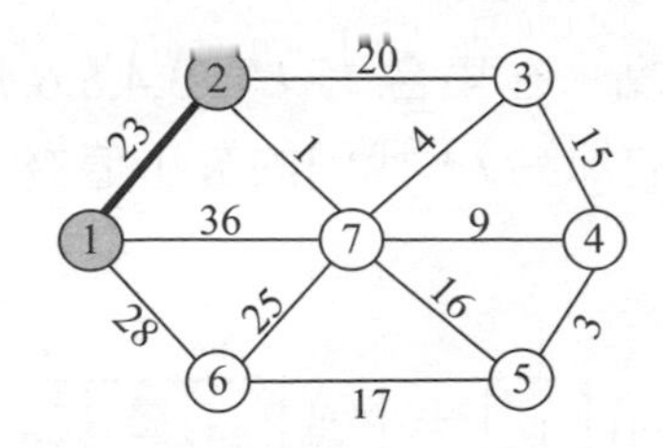

（3）加入集合 U 中。將節點 t 加入集合 U 中，$U=\{1,2\}$，同時更新 $V-U=\{3,4,5,6,7\}$。

（4）更新。對 t 在集合 $V-U$ 中的每一個鄰接點 j，都可以借助 t 更新。節點 2 的鄰接點是節點 3 和節點 7：

- C[2][3]=20<lowcost[3]= ∞，更新最鄰近距離 lowcost[3]=20，最鄰近點 closest[3]=2；
- C[2][7]=1<lowcost[7]=36，更新最鄰近距離 lowcost[7]=1，最鄰近點 closest[7]=2。

更新後的 closest[] 和 lowcost[] 陣列如下圖所示。

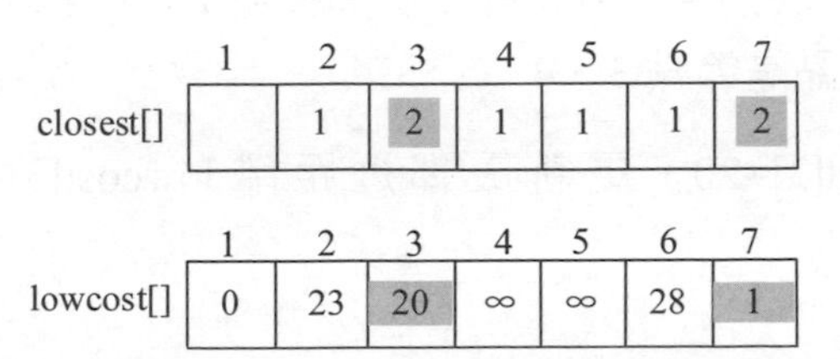

	1	2	3	4	5	6	7
closest[]		1	2	1	1	1	2

	1	2	3	4	5	6	7
lowcost[]	0	23	20	∞	∞	28	1

更新後的集合如下圖所示。

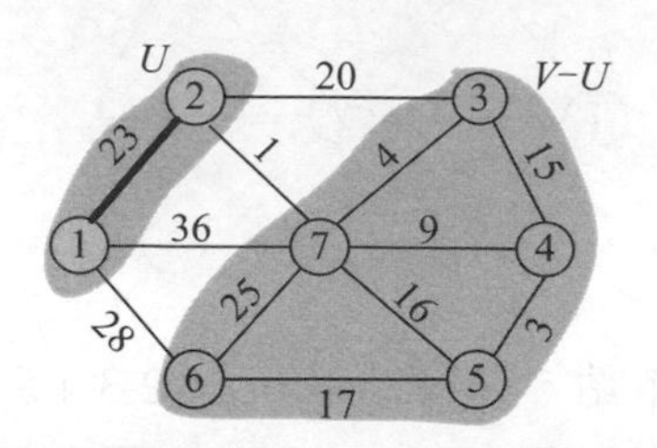

closest[*j*] 和 lowcost[*j*] 分別表示集合 *V–U* 中節點 *j* 到集合 *U* 的最鄰近節點和最鄰近距離。節點 3 到集合 *U* 的最鄰近點為 2，最鄰近距離為 20；節點 4、5 到集合 *U* 的最鄰近點仍為初始化狀態 1，最鄰近距離為∞；節點 6 到集合 *U* 的最鄰近點為 1，最鄰近距離為 28；節點 7 到集合 *U* 的最鄰近點為 2，最鄰近距離為 1。

（5）找 lowcost 最小的節點。在集合 *V–U*={3,4,5,6,7} 中，依照貪婪策略尋找集合 *V–U* 中 lowcost 最小的節點 *t*，找到的最小值為 1，對應的節點 *t*=7，如下圖所示。

	1	2	3	4	5	6	7
lowcost[]	0	23	20	∞	∞	28	1

選中的邊和節點如下圖所示。

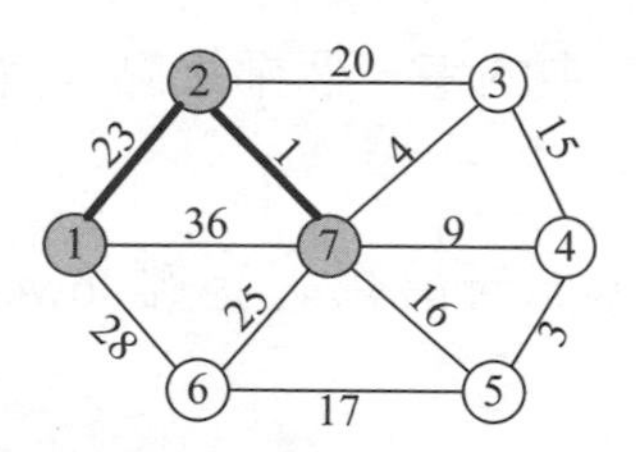

（6）加入集合 *U* 中。將節點 *t* 加入集合 *U* 中，*U*={1,2,7}，同時更新 *V–U*={3,4,5,6}。

（7）更新。對 *t* 在集合 *V–U* 中的每一個鄰接點 *j*，都可以借 *t* 更新。節點 7 在集合 *V–U* 中的鄰接點是節點 3、4、5、6：

- C[7][3]=4<lowcost[3]=20，更新最鄰近距離 lowcost[3]=4，最鄰近點 closest[3]=7；

- C[7][4]=9<lowcost[4]=∞，更新最鄰近距離 lowcost[4]=9，最鄰近點 closest[4]=7；
- C[7][5]=16<lowcost[5]=∞，更新最鄰近距離 lowcost[5]=16，最鄰近點 closest[5]=7；
- C[7][6]=25<lowcost[6]=28，更新最鄰近距離 lowcost[6]=25，最鄰近點 closest[6]=7。

更新後的 closest[] 和 lowcost[] 陣列如下圖所示。

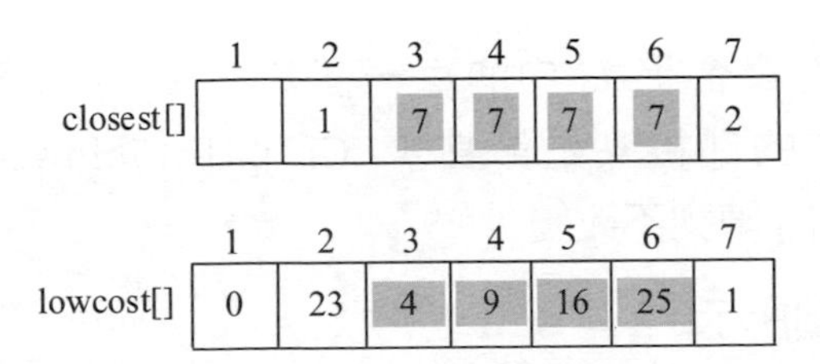

	1	2	3	4	5	6	7
closest[]		1	7	7	7	7	2

	1	2	3	4	5	6	7
lowcost[]	0	23	4	9	16	25	1

更新後的集合如下圖所示。

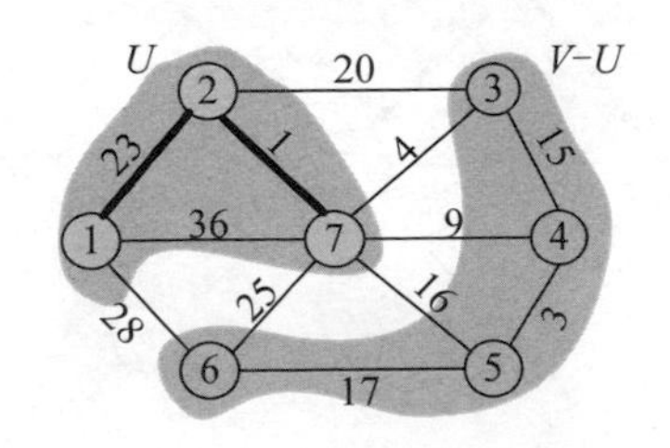

節點 3 到集合 U 的最鄰近點為 7，最鄰近距離為 4；節點 4 到集合 U 的最鄰近點為 7，最鄰近距離為 9；節點 5 到集合 U 的最鄰近點為 7，最鄰近距離為 16；節點 6 到集合 U 的最鄰近點為 7，最鄰近距離為 25。

（8）找 lowcost 最小的節點。在集合 $V-U$={3,4,5,6} 中，依照貪婪策略尋找集合 $V-U$ 中 lowcost 最小的節點 t，找到的最小值為 4，對應的節點 t=3，如下圖所示。

	1	2	3	4	5	6	7
lowcost[]	0	23	4	9	16	25	1

選中的邊和節點如下圖所示。

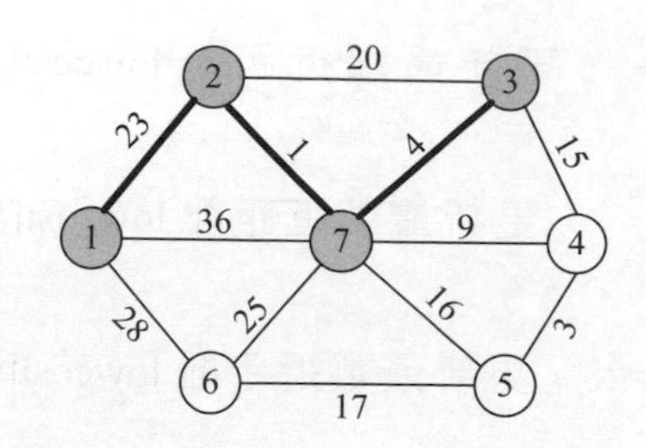

（9）加入集合 U 中。將節點 t 加入集合 U 中，$U=\{1,2,3,7\}$，同時更新 $V-U=\{4,5,6\}$。

（10）更新。對 t 在集合 $V-U$ 中的每一個鄰接點 j，都可以借助 t 更新。節點 3 在集合 $V-U$ 中的鄰接點是節點 4：C[3][4]=15>lowcost[4]=9，不更新；closest[j] 和 lowcost[j] 陣列不改變。

更新後的集合如下圖所示。

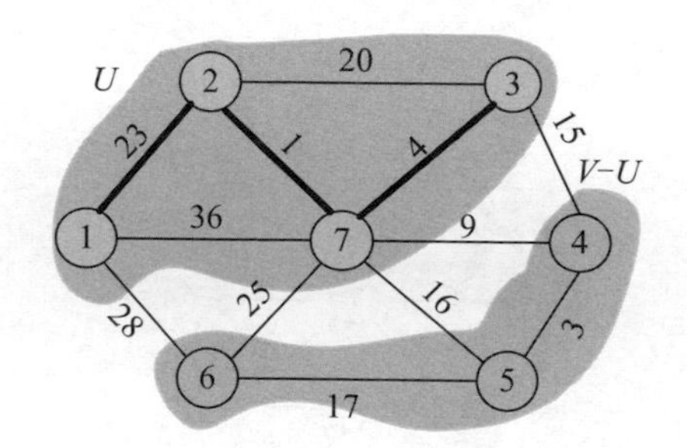

節點 4 到集合 U 的最鄰近點為 7，最鄰近距離為 9；節點 5 到集合 U 的最鄰近點為 7，最鄰近距離為 16；節點 6 到集合 U 的最鄰近點為 7，最鄰近距離為 25。

（11）找 lowcost 最小的節點。在集合 $V-U=\{4,5,6\}$ 中，依照貪婪策略尋找集合 $V-U$ 中 lowcost 最小的節點 t，找到的最小值為 9，對應的節點 t=4，如下圖所示。

	1	2	3	4	5	6	7
lowcost[]	0	23	4	9	16	25	1

選中的邊和節點如下圖所示。

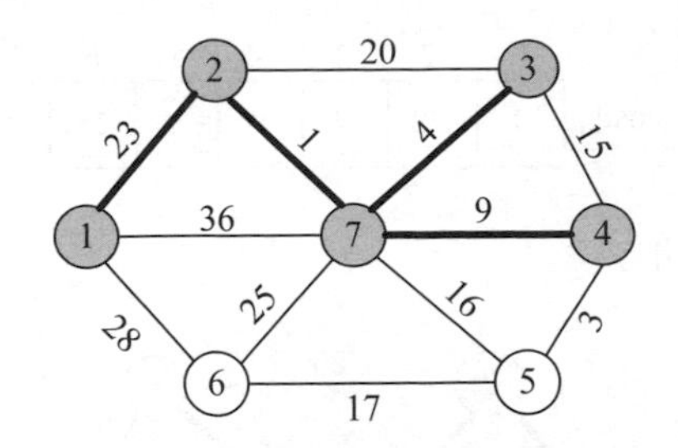

（12）加入集合 *U* 中。將節點 *t* 加入集合 *U* 中，*U* ={1,2,3,4,7}，同時更新 *V*–*U*={5,6}。

（13）更新。對 *t* 在集合 *V*–*U* 中的每一個鄰接點 *j*，都可以借助 *t* 更新。節點 4 在集合 *V*–*U* 中的鄰接點是節點 5：C[4][5]=3<lowcost[5]=16，更新最鄰近距離 lowcost[5]=3，最鄰近點 closest[5]=4；更新後的 closest[] 和 lowcost[] 陣列如下圖所示。

1	2	3	4	5	6	7
	1	7	7	4	7	2

1	2	3	4	5	6	7
0	23	4	9	3	25	1

更新後的集合如下圖所示。

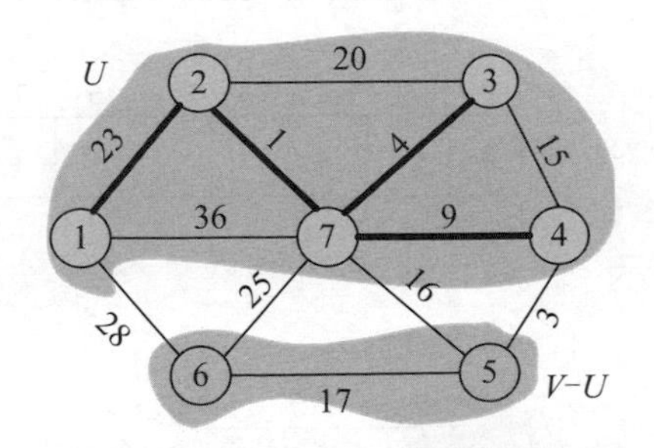

節點 5 到集合 *U* 的最鄰近點為 4，最鄰近距離為 3；節點 6 到集合 *U* 的最鄰近點為 7，最鄰近距離為 25。

（14）找最小。在集合 *V*–*U*={5,6} 中，依照貪婪策略尋找集合 *V*–*U* 中 lowcost 最小的節點 *t*，找到的最小值為 3，對應的節點 *t*=5，如下圖所示。

	1	2	3	4	5	6	7
lowcost[]	0	23	4	9	3	25	1

選中的邊和節點如下圖所示。

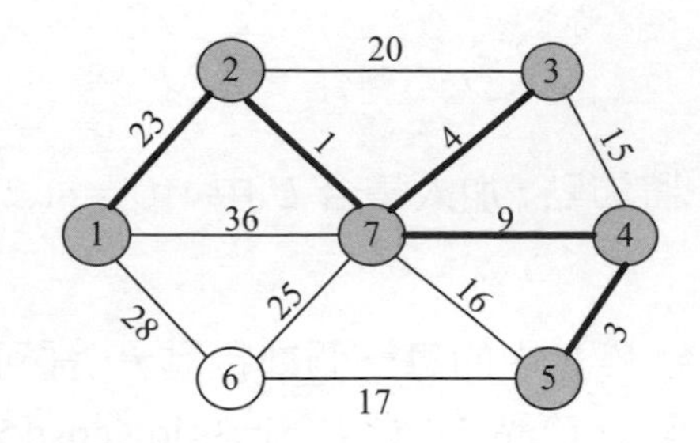

（15）加入集合 *U* 中。將節點 *t* 加入集合 *U* 中，*U*={1,2,3,4,5,7}，同時更新 *V*–*U*={6}。

（16）更新。對節點 *t* 在集合 *V*–*U* 中的每一個鄰接點 *j*，都可以借助 *t* 更新。節點 5 在集合 *V*–*U* 中的鄰接點是節點 6：C[5][6]=17<lowcost[6]=25，更新最鄰近距離 lowcost[6]=17，最鄰近點 closest[6]=5；更新後的 closest[] 和 lowcost[] 陣列如下圖所示。

	1	2	3	4	5	6	7
closest[]		1	7	7	4	5	2

	1	2	3	4	5	6	7
lowcost[]	0	23	4	9	3	17	1

更新後的集合如下圖所示。

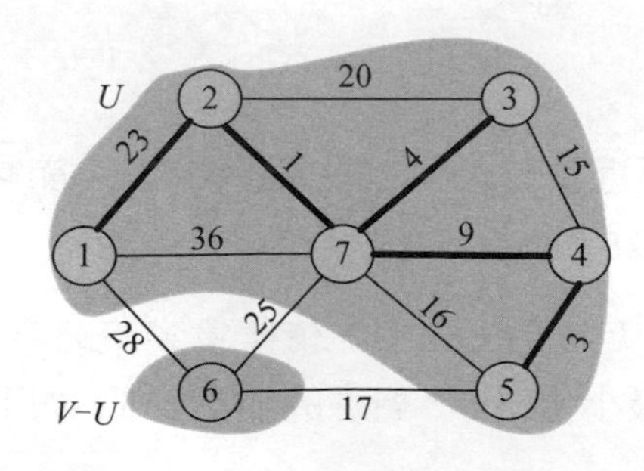

節點 6 到集合 U 的最鄰近點為 5，最鄰近距離為 17。

（17）找 lowcost 最小的節點。在集合 $V–U$={6} 中，依照貪婪策略尋找集合 $V–U$ 中 lowcost 最小的節點 t，找到的最小值為 17，對應的節點 t=6。

	1	2	3	4	5	6	7
lowcost[]	0	23	4	9	3	17	1

選中的邊和節點如下圖所示。

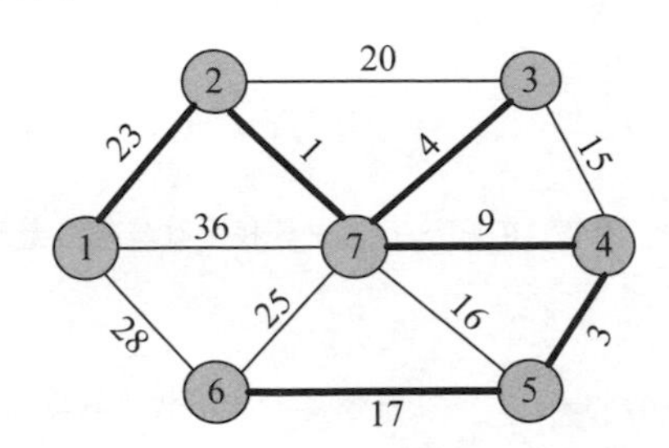

（18）加入集合 U 中。將節點 t 加入集合 U 中，U ={1,2,3,4,5,6,7}，同時更新 $V–U$={}。

（19）更新。對 t 在集合 $V–U$ 中的每一個鄰接點 j，都可以借 t 更新。節點 6 在集合 $V–U$ 中無鄰接點，因為 $V–U$={}。更新後的 closest[] 和 lowcost[] 陣列如下圖所示。

	1	2	3	4	5	6	7
closest[]		1	7	7	4	5	2

	1	2	3	4	5	6	7
lowcost[]	0	23	4	9	3	17	1

（20）得到的最小生成樹如下圖所示。最小生成樹的權值之和為 57，即把 lowcost[] 陣列中的值加起來。

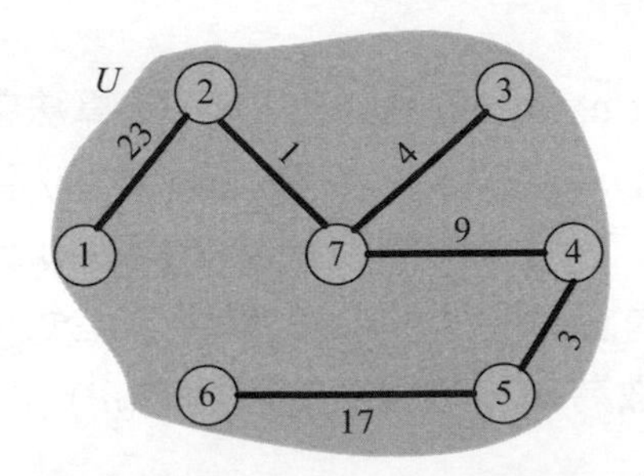

3．演算法實現

```
void Prim(int n){
    s[1]=true; //初始時，在集合U中只有一個元素，即節點1
    for(int i=1;i<=n;i++){// 初始化
        if(i!=1){
            lowcost[i]=c[1][i];
            closest[i]=1;
            s[i]=false;
        }
        else
            lowcost[i]=0;
    }
    for(int i=1;i<n;i++){ // 在集合V-U中尋找距離集合U最近的節點t
        int temp=INF;
        int t=1;
        for(int j=1;j<=n;j++){// 在集合V-U中尋找距離集合U最近的節點t
            if((!s[j])&&(lowcost[j]<temp)){
                t=j;
                temp=lowcost[j];
            }
        }
        if(t==1)
            break;// 找不到t，跳出迴圈
        s[t]=true;// 不然將t加入集合U中
        for(int j=1;j<=n;j++){ // 更新lowcost和closest
            if((!s[j])&&(c[t][j]<lowcost[j])){
                lowcost[j]=c[t][j];
                closest[j]=t;
            }
        }
    }
}
```

4．演算法分析

時間複雜度：在 Prim(int n, int u0, int c[N][N]) 演算法中，共有 4 個 for 敘述，① for 敘述的執行次數為 n；②在 for 敘述裡面巢狀結構了兩個 for 敘述③、④，它們的執行次數均為 n，對演算法的執行時間貢獻最大，當外層迴圈標誌為 1 時，③、④ for 敘述在內層迴圈的控制下均執行 n 次，外層迴圈②從 1 ～ n，因此，該敘述的執行次數為 n^2，時間複雜度為 $O(n^2)$。

空間複雜度：演算法所需要的輔助空間包含 lowcost[]、closest[] 和 $s[]$，空間複雜度為 $O(n)$。

📖 7.2.2 Kruskal 演算法

構造最小生成樹還有一種演算法，即 Kruskal 演算法：設圖 G（$G=(V,E)$）是無向連通帶權圖，$V=\{1,2,\cdots,n\}$；設最小生成樹 $T=(V,TE)$，該樹的初始狀態為只有 n 個節點而無邊的非連通圖 $T=(V,\{\})$，Kruskal 演算法將這 n 個節點看成 n 個孤立的連通分支。它首先將所有的邊都按權值從小到大排序，然後只要在 T 中選的邊數不到 $n-1$，就做這樣的貪婪選擇：在邊集 E 中選取權值最小的邊 (i,j)，如果將邊 (i,j) 加入集合 TE 中不產生迴路（圈），則將邊 (i,j) 加入邊集 TE 中，即用邊 (i,j) 將這兩個連通分支合併連接成一個連通分支；否則繼續選擇下一條最短邊。把邊 (i,j) 從集合 E 中刪去，繼續上面的貪婪選擇，直到 T 中的所有節點都在同一個連通分支上為止。此時，選取的 $n-1$ 條邊恰好組成圖 G 的一棵最小生成樹 T。

那麼，怎樣判斷加入某條邊後圖 T 會不會出現迴路呢？該演算法對於手工計算十分方便，因為肉眼可以很容易看出挑選哪些邊能夠避免迴路（避圈法），但電腦程式需要一種機制進行判斷。Kruskal 演算法用了一種非常聰明的方法，就是運用集合避圈：如果所選擇加入的邊的起點和終點都在 T 的集合中，就可以斷定會形成迴路（圈）。這其實就是前面提到的 " 避圈法 "：邊的兩個節點不能屬於同一個集合。

1．演算法步驟

（1）初始化。將所有邊都按權值從小到大排序，將每個節點的集合號都初始化為自身編號。

（2）按排序後的順序選擇權值最小的邊 (u,v)。

（3）如果節點 u 和 v 屬於兩個不同的連通分支，則將邊 (u,v) 加入邊集 TE 中，並將兩個連通分支合併。

（4）如果選取的邊數小於 $n-1$，則轉向步驟 2，否則演算法結束。

2．完美圖解

設圖 G（$G=(V, E)$）是無向連通帶權圖，如下圖所示。

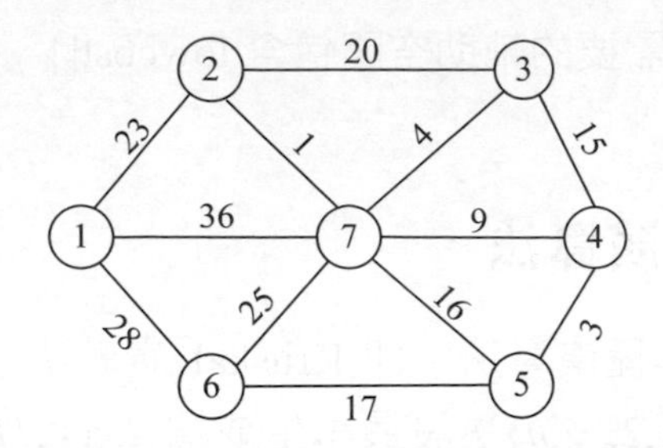

（1）初始化。將所有邊都按權值從小到大排序，如下圖所示。將每個節點都初始化為一個孤立的分支，即一個節點對應一個集合，集合號為該節點的序號，如下圖所示。

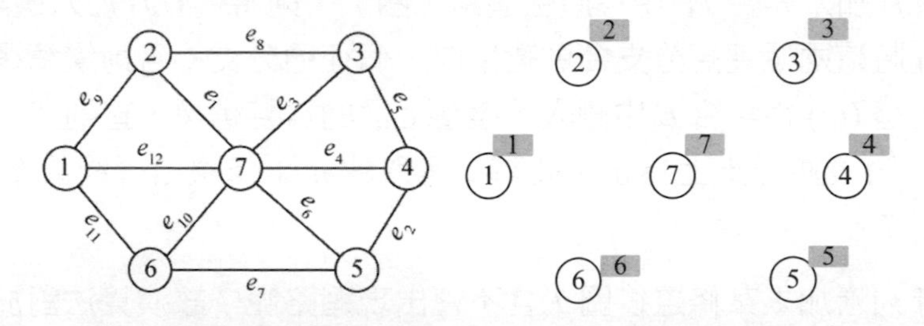

（2）找最小。在 E 中尋找權值最小的邊 $e1(2,7)$，邊值為 1。

（3）合併。節點 2 和節點 7 的集合號不同，即屬於兩個不同的連通分支，將邊 (2,7) 加入邊集 TE 中，執行合併操作，將兩個連通分支的所有節點都合併為一個集合；假設把小的集合號設定值給大的集合號，以下均做如此處理，那麼將節點 7 的集合號也改為 2，如下圖所示。

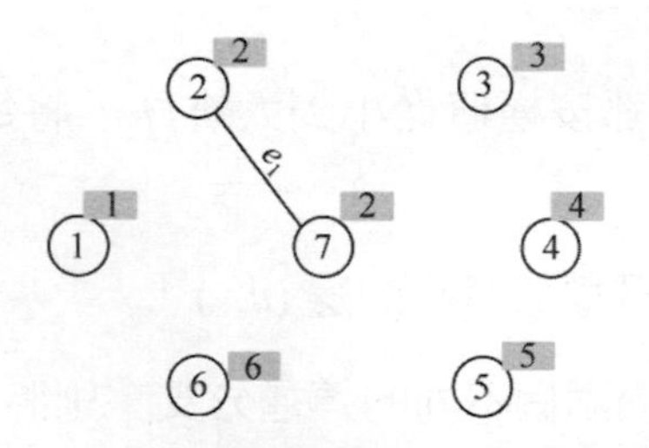

（4）找最小。在 E 中尋找權值最小的邊 $e_2(4,5)$，邊值為 3。

（5）合併。節點 4 和節點 5 的集合號不同，即屬於兩個不同的連通分支，將邊 (4,5) 加入邊集 TE 中，執行合併操作，將兩個連通分支的所有節點都合併為一個集合，將節點 5 的集合號也改為 4，如下圖所示。

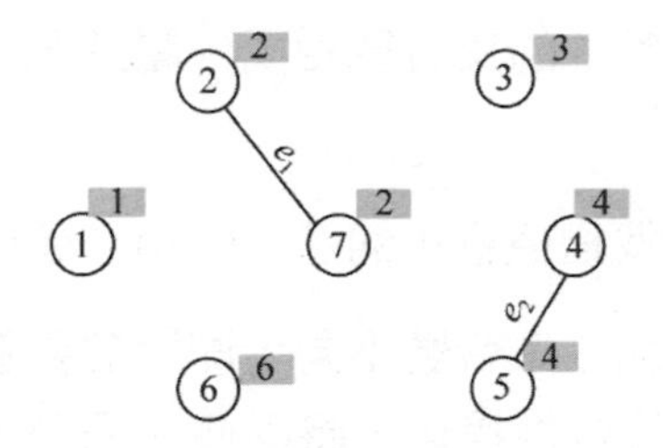

（6）找最小。在 E 中尋找權值最小的邊 $e_3(3,7)$，邊值為 4。

（7）合併。節點 3 和節點 7 的集合號不同，即屬於兩個不同的連通分支，將邊 (3,7) 加入邊集 TE 中，執行合併操作，將兩個連通分支的所有節點都合併為一個集合，將節點 3 的集合號也改為 2，如下圖所示。

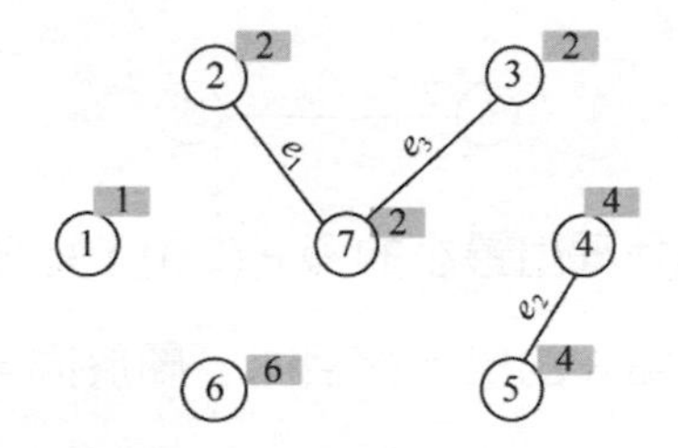

（8）找最小。在 E 中尋找權值最小的邊 $e_4(4,7)$，邊值為 9。

（9）合併。節點 4 和節點 7 的集合號不同，即屬於兩個不同的連通分支，將邊 (4,7) 加入邊集 TE 中，執行合併操作，將兩個連通分支的所有節點都合併為一個集合，將節點 4、5 的集合號都改為 2，如下圖所示。

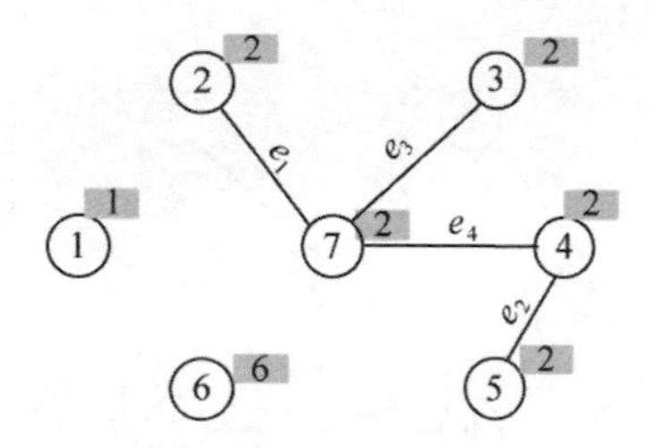

（10）找最小。在 E 中尋找權值最小的邊 $e_5(3,4)$，邊值為 15。

（11）合併。節點 3 和節點 4 的集合號相同，屬於同一連通分支，不能選擇，否則會形成迴路。

（12）找最小。在 E 中尋找權值最小的邊 $e_6(5,7)$，邊值為 16。

（13）合併。節點 5 和節點 7 的集合號相同，屬於同一連通分支，不能選擇，否則會形成迴路。

（14）找最小。在 E 中尋找權值最小的邊 $e_7(5,6)$，邊值為 17。

（15）合併。節點 5 和節點 6 集合號不同，即屬於兩個不同的連通分支，將邊 (5,6) 加入邊集 TE 中，執行合併操作，將兩個連通分支的所有節點都合併為一個集合，將節點 6 的集合號改為 2，如下圖所示。

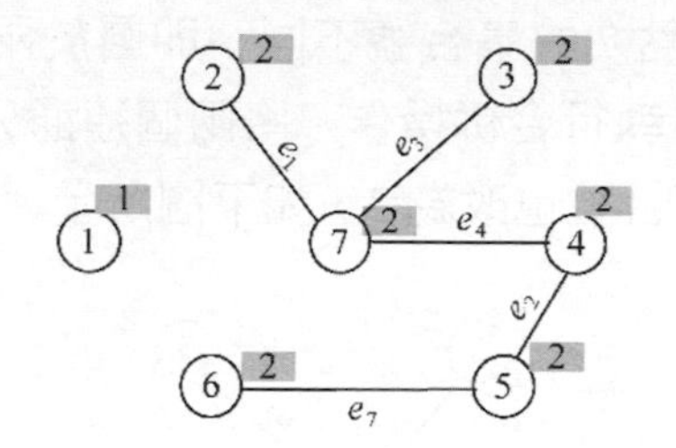

（16）找最小。在 E 中尋找權值最小的邊 $e_8(2,3)$，邊值為 20。

（17）合併。節點 2 和節點 3 的集合號相同，屬於同一連通分支，不能選擇，否則會形成迴路。

（18）找最小。在 E 中尋找權值最小的邊 $e_9(1,2)$，邊值為 23。

（19）合併。節點 1 和節點 2 的集合號不同，即屬於兩個不同的連通分支，將邊 (1,2) 加入邊集 TE 中，執行合併操作，將兩個連通分支的所有節點都合併為一個集合，將節點 2、3、4、5、6、7 的集合號都改為 1，如下圖所示。

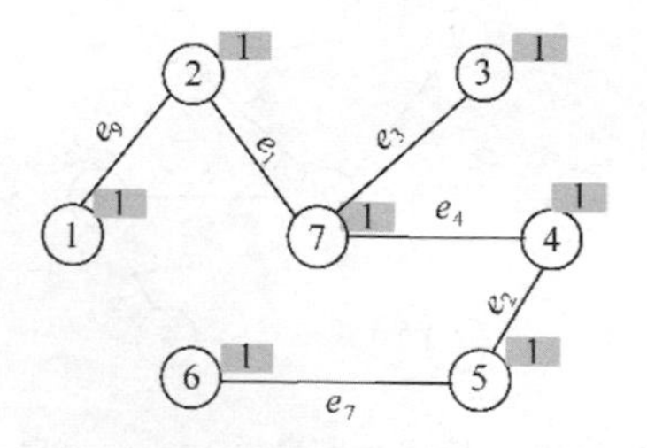

（20）選中的各邊和所有的節點就是最小生成樹，各邊權值之和就是最小生成樹的代價。

3．演算法程式

```
struct Edge{// 邊集陣列
```

```
    int u,v,w;
}e[N*N];

bool cmp(Edge x, Edge y) {// 排序優先順序，邊權從小到大
    return x.w<y.w;
}

void Init(int n){// 初始化集合號為自身
    for(int i=1;i<=n;i++)
        fa[i]=i;
}

int Merge(int a,int b){// 合併
    int p=fa[a];
    int q=fa[b];
    if(p==q) return 0;
    for(int i=1;i<=n;i++){// 檢查所有節點，把集合號是 q 的都改為 p
        if(fa[i]==q)
            fa[i]=p;// 將 a 的集合號設定值給 b
    }
    return 1;
}

int Kruskal(int n){// 求最小生成樹
    int ans=0;
    sort(e,e+m,cmp);
    for(int i=0;i<m;i++)
        if(Merge(e[i].u,e[i].v)){
            ans+=e[i].w;
            n--;
            if(n==1)// 共執行 n-1 次合併，在 n=1 時演算法結束
                return ans;
        }
    return 0;
}
```

4．演算法分析

時間複雜度：在該演算法中需要對邊進行排序，若使用快速排序，則演算法的時間複雜度為 $O(m\log m)$。而合併集合需要 $n-1$ 次合併，每次合併的時間複雜度都為 $O(n)$，合併集合的時間複雜度為 $O(n^2)$。整體時間複雜度為 $O(m\log m)$。

如果使用並查集最佳化合併操作，則每次合併的時間複雜度都為 $O(\log n)$。

```
int Find(int x){// 找祖宗
    if(x!=fa[x])
        fa[x]=Find(fa[x]);
    return fa[x];
}

bool Merge(int a,int b){
    int p=Find(a);
    int q=Find(b);
    if(p==q) return 0;
    fa[q]=p;
    return 1;
}
```

空間複雜度：輔助空間包括一些變數和集合號陣列 fa[]，空間複雜度為 $O(n)$。

訓練 1　叢林之路

題目描述（POJ1251）：叢林道路網路的維護費用太高，理事會必須選擇停止維護一些道路。如下圖所示，在下面的地圖中，村莊被標記為 A ～ I。左邊的地圖顯示了現在所有道路及每月的維護費用，每月可以用最少的費用維護一些道路，保證所有村莊都是連通的。右邊的地圖顯示了最便宜的道路維護方案，每月的維護總費用為 216 元。

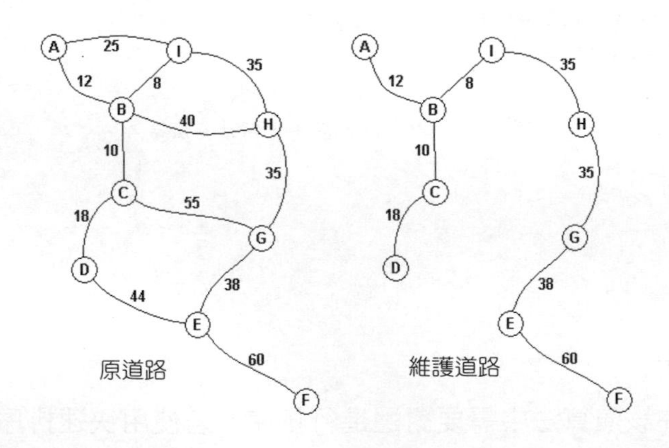

輸入：輸入由 1 ～ 100 個資料集組成，最後一行只包含 0。每個資料集的第 1 行都為數字 n（$1<n<27$），表示村莊的數量，對村莊使用字母表的前 n 個大寫字母標記。每個資料集都有 $n-1$ 行描述，這些行的村莊標籤按字母順序排序。最後一個村莊沒有道路。村莊的每條道路都以村莊標籤開頭，後面跟著一個從這個村莊到後面村莊的道路數 k。如果 $k>0$，則該行後面包含 k 條道路的資料。每條道路的資料都是道路另一端的村莊標籤，後面是道路的每月維護成本。維護費用是小於 100 的正整數，道路數量不會超過 75 條，每個村莊通往其他村莊的道路都不超過 15 條。

輸出：對於每個資料集，都單行輸出每月維護連接所有村莊的道路的最低費用。

輸入範例	輸出範例
9	216
A 2 B 12 I 25	30
B 3 C 10 H 40 I 8	
C 2 D 18 G 55	
D 1 E 44	
E 2 F 60 G 38	
F 0	
G 1 H 35	
H 1 I 35	
3	
A 2 B 10 C 40	
B 1 C 20	
0	

題解：這是非常簡單的最小生成樹問題，只需計算最小生成樹的和值即可。使用 Prim 或 Kruskal 演算法均可求解。

注意：在資料的輸入格式方面，A 2 B 12 I 25 表示 A 連結兩條邊，包括 A-B 的邊（邊權為 12）及 A-I 的邊（邊權為 25）。

演算法程式：

```
int prim(int s){
    for(int i=0;i<n;i++)
        dis[i]=m[s][i];
    memset(vis,false,sizeof(vis));
```

```
    vis[s]=1;
    int sum=0;
    int t;
    for(int i=1;i<n;i++){
        int min=0x3f3f3f3f;
        for(int j=0;j<n;j++){// 找最小
            if(!vis[j]&&dis[j]<min){
                min=dis[j];
                t=j;
            }
        }
        sum+=min;
        vis[t]=1;
        for(int j=0;j<n;j++){// 更新
            if(!vis[j]&&dis[j]>m[t][j])
                dis[j]=m[t][j];
        }
    }
    return sum;
}
```

訓練 2　聯網

題目描述（POJ1287）：已知該區域中的一組點，以及兩點之間每條路線所需的電纜長度。請注意，在兩個指定點之間可能存在許多路線。假設指定的可能路線（直接或間接）連接該區域中的每兩個點，請設計網路，使每兩個點之間都存在連接（直接或間接），並且使用的電纜總長度最小。

輸入：輸入由多個資料集組成，每個資料集都描述一個網路。資料集的第 1 行包含兩個整數：第 1 個整數表示點數 P（$P \leq 50$），節點標誌為 1 ～ P；第 2 個整數表示點之間的路線數 R。以下 R 行為點之間的路線，每條路線都包括 3 個整數：前兩個整數為點標誌，第 3 個整數為路線長度 L（$L \leq 100$）。資料集之間以空行分隔，輸入僅有一個數字 P（P=0）的資料集，表示輸入結束。

輸出：對於每個資料集，都單行輸出所設計網路的電纜的最小總長度。

輸入範例	輸出範例
1 0	0
	17
2 3	16
1 2 37	26
2 1 17	
1 2 68	
3 7	
1 2 19	
2 3 11	
3 1 7	
1 3 5	
2 3 89	
3 1 91	
1 2 32	
5 7	
1 2 5	
2 3 7	
2 4 8	
4 5 11	
3 5 10	
1 5 6	
4 2 12	
0	

題解：本題是簡單的最小生成樹問題，可以採用 Prim 或 Kruskal 演算法求解。在此使用並查集最佳化的 Kruskal 演算法。

1．演算法設計

（1）初始化。將所有邊都按權值從小到大排序，將每個節點的集合號都初始化為自身編號。

（2）按排序後的順序選擇權值最小的邊 (u,v)。

（3）如果節點 u 和 v 屬於兩個不同的連通分支，則採用並查集對兩個連通分支進行合併，累加邊 (v,v) 的權值。

（4）如果選取的邊數小於 $n-1$，則轉向步驟 2；否則演算法結束，傳回和值。

2．演算法實現

```
int find(int x){// 採用並查集找祖宗
    return fa[x]==x?x:fa[x]=find(fa[x]);
}

bool merge(int a,int b){// 集合合併
    int x=find(a);
    int y=find(b);
    if(x==y) return 0;
    fa[y]=x;
    return 1;
}

int kruskal(){
    int sum=0;
    sort(edge,edge+m,cmp);
    for(int i=0;i<m;i++){
        if(merge(edge[i].u,edge[i].v)){
            sum+=edge[i].cost;
            if(--n==1)
                return sum;
        }
    }
    return 0;
}
```

訓練 3　太空站

題目描述（POJ2031）：太空站由許多單元組成，所有單元都是球形的。在該站成功進入其軌道後不久，每個單元都固定在其預定的位置。兩個單元可能彼此接觸，甚至重疊。在極端情況下，一個單元可能完全包圍另一個單元。所有單元都必須連接，因為機組成員應該能夠從任何單元走到任何其他單元。如果存在下面三種情況，則可以從單元 A 走到另一個單元 B：

（1）A 和 B 相互接觸或重疊；

（2）A 和 B 透過 " 走廊 " 連接；

（3）有一個單元 C，從 A 到 C，且從 B 到 C 是可能的（傳遞）。

需要設計一種設定，看看用走廊連接哪些單元可以使整個太空站連通。建造走廊的成本與其長度成正比。因此，應該選擇走廊總長度最短的計畫。

輸入： 輸入由多個資料集組成。每個資料集的第 1 行都包含一個整數 n（$0<n\leq 100$），表示單元的數量。以下 n 行是對單元的描述，其中每一行都包含 4 個值，表示球體的中心座標 x、y 和 z，以及球體的半徑 r，每個值都為小數（小數點後 3 位）。x、y、z 和 r 均為正數且小於 100.0。輸入的結尾由包含 0 的行表示。

輸出： 對於每個資料集，都單行輸出建造走廊的最短總長度（小數點後 3 位）。

注意： 如果不需要建造走廊，則走廊的最短總長度為 0.000。

輸入範例	輸出範例
3 10.000 10.000 50.000 10.000 40.000 10.000 50.000 10.000 40.000 40.000 50.000 10.000 2 30.000 30.000 30.000 20.000 40.000 40.000 40.000 20.000 5 5.729 15.143 3.996 25.837 6.013 14.372 4.818 10.671 80.115 63.292 84.477 15.120 64.095 80.924 70.029 14.881 39.472 85.116 71.369 5.553 0	20.000 0.000 73.834

題解： 本題屬於最小生成樹問題，可以採用 Prim 或 Kruskal 演算法求解。

1．演算法設計

（1）計算任意兩個單元之間的距離，如果兩個單元有接觸或重疊，則距離為 0.000。

（2）採用 Prim 演算法求解最小生成樹。

（3）輸出最小生成樹的權值之和。

2．演算法實現

```
struct cell{
    double x,y,z,r;// 球形單元的圓心、半徑
}c[maxn];

double clu(cell c1,cell c2){// 計算兩個球形單元的距離
    double x=(c1.x-c2.x)*(c1.x-c2.x);
    double y=(c1.y-c2.y)*(c1.y-c2.y);
    double z=(c1.z-c2.z)*(c1.z-c2.z);
    double d=sqrt(x+y+z);
    if(d-c1.r-c2.r<=0)
        return 0.000;
    else
        return d-c1.r-c2.r;
}

double prim(int s){// 傳回值為 double 類型
    for(int i=0;i<n;i++)
        low[i]=m[s][i];
    memset(vis,false,sizeof(vis));
    vis[s]=1;
    double sum=0.000;
    int t;
    for(int i=1;i<n;i++){// 執行 n-1 次
        double min=inf;
        for(int j=0;j<n;j++){// 找最小
            if(!vis[j]&&low[j]<min){
                min=low[j];
                t=j;
            }
        }
        sum+=min;
        vis[t]=1;
        for(int j=0;j<n;j++){// 更新
            if(!vis[j]&&low[j]>m[t][j])
                low[j]=m[t][j];
        }
    }
    return sum;
}
```

訓練 4　道路建設

題目描述（**POJ2421**）：有 N 個村莊，編號為 1 ～ N，需要建造一些道路，使每兩個村莊之間都可以相互連接。兩個村莊 A 和 B 是相連的，當且僅當 A 和 B 之間有一條道路，或存在一個村莊 C，A 和 C 相連且 C 和 B 相連。已知一些村莊之間已經有一些道路，你的工作是修建一些道路，使所有村莊都連通起來，所有道路的長度之和最小。

輸入：第 1 行是整數 N（$3 \leq N \leq 100$），表示村莊的數量；然後是 N 行，其中第 i 行包含 N 個整數，第 j 個整數表示村莊 i 和村莊 j 之間的距離（距離為 [1,1000] 內的整數）；接著是整數 Q（$0 \leq Q \leq N \times (N+1)/2$），表示已建成道路的數量；最後是 Q 行，每行都包含兩個整數 a 和 b（$1 \leq a < b \leq N$），表示村莊 a 和村莊 b 之間的道路已經建成。

輸出：單行輸出需要建構的所有道路的最小長度。

輸入範例	輸出範例
3 0 990 692 990 0 179 692 179 0 1 1 2	179

題解：本題屬於最小生成樹問題，不同的是本題有一些道路已經建成，將這些道路的邊權設定為 0，然後採用 Prim 或 Kruskal 演算法求解最小生成樹即可。

演算法程式：

```
int prim(int s){
    memset(vis,false,sizeof(vis));
    memset(low,0,sizeof(low));
    for(int i=1;i<=n;i++)
        low[i]=m[s][i];
    vis[s]=1;
    int sum=0;
    int t;
```

```
    for(int i=1;i<n;i++){// 執行 n-1 次
        int min=inf;
        for(int j=1;j<=n;j++){// 找最小
            if(!vis[j]&&low[j]<min){
                min=low[j];
                t=j;
            }
        }
        sum+=min;
        vis[t]=1;
        for(int j=1;j<=n;j++){// 更新
            if(!vis[j]&&low[j]>m[t][j])
                low[j]=m[t][j];
        }
    }
    return sum;
}

int main(){
    int q,a,b;
    while(cin>>n){
        for(int i=1;i<=n;i++)
            for(int j=1;j<=n;j++)
                cin>>m[i][j];
        cin>>q;
        while(q--){
            cin>>a>>b;
            m[a][b]=m[b][a]=0;
        }
        cout<<prim(1)<<endl;
    }
    return 0;
}
```

7.3 拓撲排序

📖 原理　拓撲排序

一個無環的有方向圖被稱為有向無環圖（Directed Acycline Graph，DAG）。

有向無環圖是描述一個工程、計畫、生產、系統等流程的有效工具。一個大工程可分為許多子工程（活動），活動之間通常有一定的約束，例如先做什麼活動，在什麼活動完成後才可以開始下一個活動。

用節點表示活動，用弧表示活動之間的優先關係的有方向圖，被稱為 AOV 網（Activity On Vertex Network）。

在 AOV 網中，若從節點 *i* 到節點 *j* 存在一條有向路徑，則稱節點 *i* 是節點 *j* 的前驅，或稱節點 *j* 是節點 *i* 的後繼。若 <*i,j*> 是圖中的弧，則稱節點 *i* 是節點 *j* 的直接前驅，節點 *j* 是節點 *i* 的直接後繼。

AOV 網中的弧表示了活動之間存在的限制關係。舉例來說，電腦專業的學生必須完成一系列規定的基礎課和專業課才能畢業。學生按照怎樣的順序來學習這些課程呢？這個問題可以被看成一個大的工程，其活動就是學習每一門課程。課程的名稱與對應編號如下表所示。

课程编号	课程名称	先修课程
C_0	程序设计基础	无
C_1	数据结构	C_0，C_2
C_2	离散数学	C_0
C_3	高级程序设计	C_0，C_5
C_4	数值分析	C_2，C_3，C_5
C_5	高等数学	无

如果用節點表示課程，用弧表示先修關係，若課程 *i* 是課程 *j* 的先修課程，則用弧 <*i,j*> 表示，課程之間的關係如下圖所示。

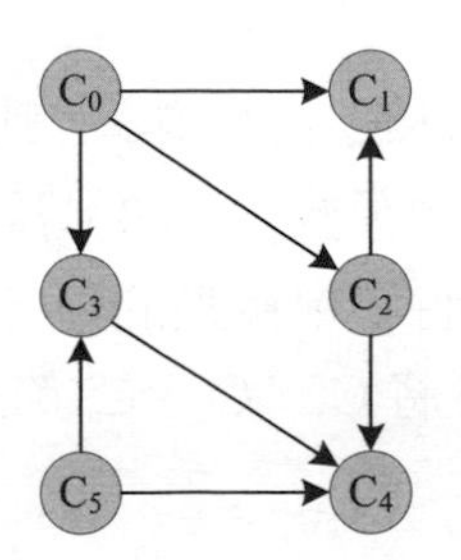

在 AOV 網中是不允許有環的，否則會出現自己是自己的前驅的情況，陷入無窮迴圈。怎麼判斷在 AOV 網中是否有環呢？一種檢測的辦法是對有方向圖中的節點進行拓撲排序。如果 AOV 網中的所有節點都在拓撲序列中，則在 AOV 網中必定無環。

拓撲排序指將 AOV 網中的節點排成一個線性序列，該序列必須滿足：若從節點 i 到節點 j 有一條路徑，則在該序列中節點 i 一定在節點 j 之前。

拓撲排序的基本思想：①選擇一個無前驅的節點並輸出；②從圖中刪除該節點和該節點的所有發出邊；③重複步驟 1、2，直到不存在無前驅的節點；④如果輸出的節點數少於 AOV 網中的節點數，則說明網中有環，否則輸出的序列即拓撲序列。

拓撲排序並不是唯一的，例如在上圖中，節點 C_0 和 C_5 都無前驅，先輸出哪一個都可以，如果先輸出 C_0，則刪除 C_0 及 C_0 的所有發出邊。此時 C_2 和 C_5 都無前驅，如果輸出 C_5，則刪除 C_5 及 C_5 的所有發出邊。此時 C_2 和 C_3 都無前驅，如果輸出 C_3，則刪除 C_3 及 C_3 的所有發出邊。此時 C_2 無前驅，如果輸出 C_2，則刪除 C_2 及 C_2 的所有發出邊。此時 C_1 和 C_4 都無前驅，將其輸出並刪除即可。

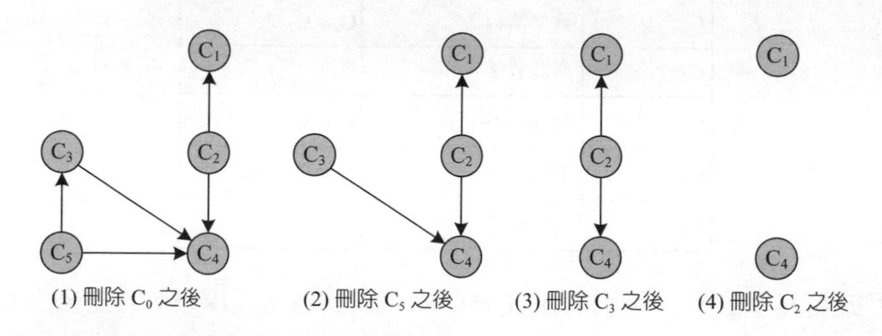

(1) 刪除 C_0 之後　(2) 刪除 C_5 之後　(3) 刪除 C_3 之後　(4) 刪除 C_2 之後

拓撲序列為 C_0、C_5、C_3、C_2、C_1、C_4。

在上述描述過程中有刪除節點和邊的操作，實際上，沒必要真的刪除節點和邊。可以將沒有前驅的節點（內分支度為 0）暫存到堆疊中，輸出時移出堆疊即表示刪除。進行邊的刪除時將其鄰接點的內分支度減 1 即可。例如在下圖中刪除 C_0 的所有發出邊，相當於將 C_3、C_2、C_1 節點的內分支度減 1。

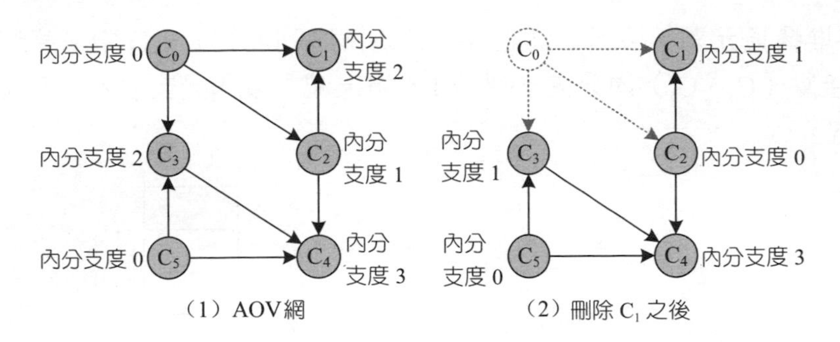

（1）AOV網　　（2）刪除 C_1 之後

1．演算法步驟

（1）求各節點的內分支度，將其存入陣列 indegree[] 中，並將內分支度為 0 的節點存入堆疊 *S*。

（2）如果堆疊不空，則重複執行以下操作：①將堆疊頂元素 *i* 移出堆疊並保存到拓撲序列陣列 topo[] 中；②將節點 *i* 的所有鄰接點內分支度都減 1，如果減 1 後內分支度為 0，則立即存入堆疊 *S*。

（3）如果輸出的節點數少於 AOV 網中的節點數，則說明網中有環，否則輸出拓撲序列。

2．完美圖解

舉例來說，一個 AOV 網如下圖所示，其拓撲排序的過程如下。

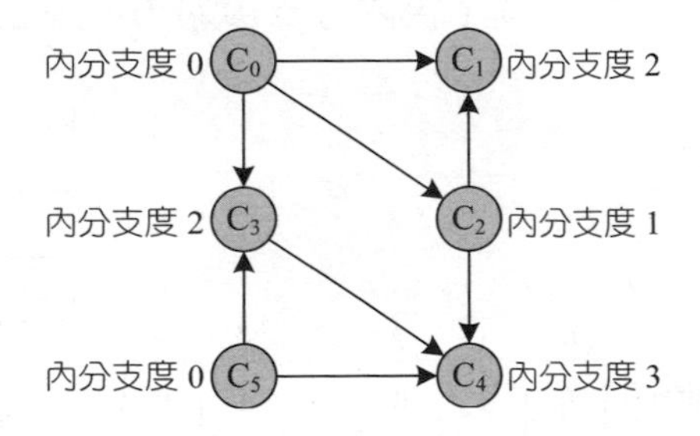

（1）輸入邊時累加節點的內分支度並保存到陣列 indegree[] 中，將內分支度為 0 的節點存入堆疊 *S*。

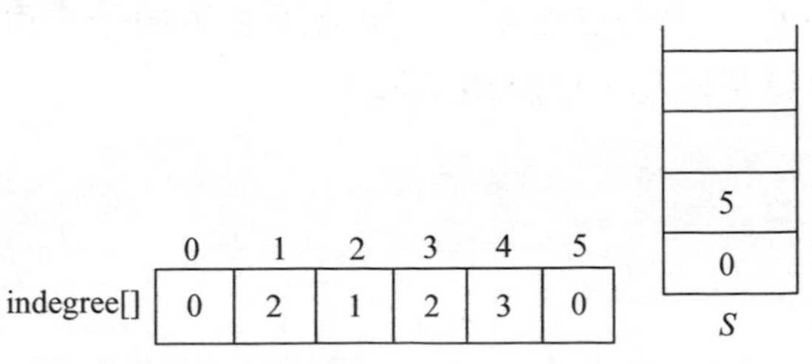

（2）將堆疊頂元素 5 移出堆疊並保存到拓撲序列陣列 topo[] 中。將節點 5 的所有鄰接點（C_3、C_4）內分支度都減 1，如果減 1 後內分支度為 0，則立即存入堆疊 S。

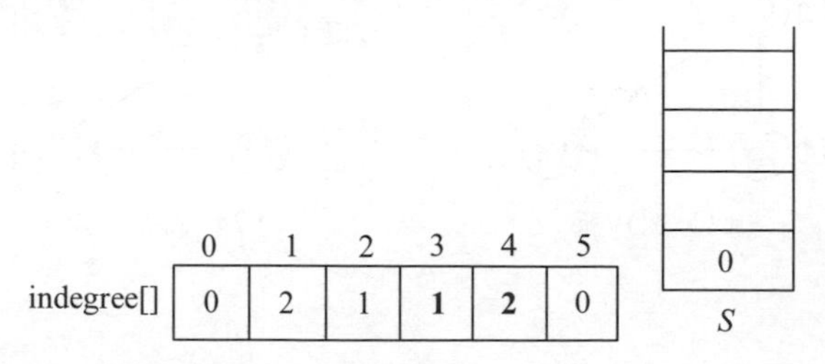

（3）將堆疊頂元素 0 移出堆疊並保存到拓撲序列陣列 topo[] 中。將節點 0 的所有鄰接點（C_1、C_2、C_3）內分支度都減 1，如果減 1 後內分支度為 0，則立即存入堆疊 S。

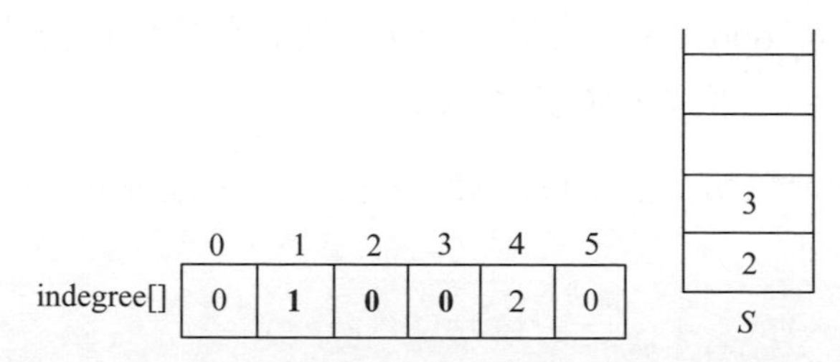

（4）將堆疊頂元素 3 移出堆疊並保存到拓撲序列陣列 topo[] 中。將節點 3 的鄰接點 C_4 內分支度減 1，如果減 1 後內分支度為 0，則立即存入堆疊 S。

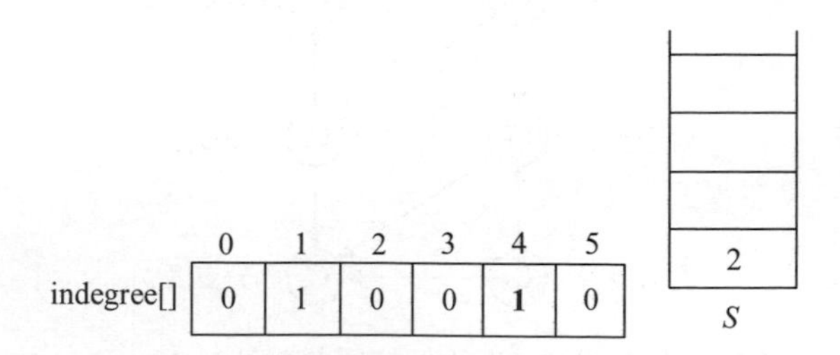

（5）將堆疊頂元素 2 移出堆疊並保存到拓撲序列陣列 topo[] 中。將節點 2 的所有鄰接點（C_1、C_4）內分支度減 1，如果減 1 後內分支度為 0，則立即存入堆疊 S。節點 1 沒有鄰接點，什麼也不做。

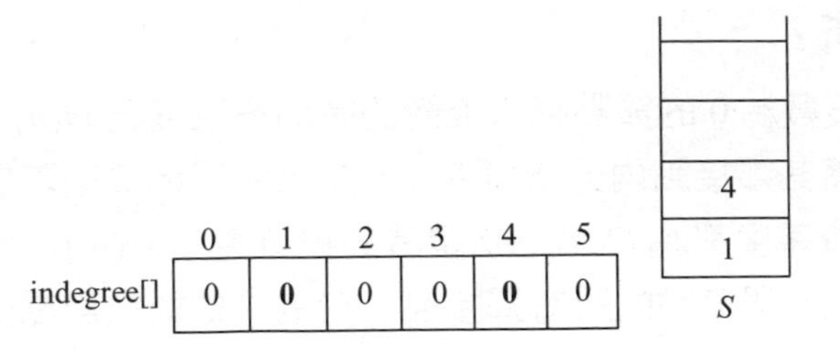

（6）將堆疊頂元素 4 移出堆疊並保存到拓撲序列陣列 topo[] 中。節點 4 沒有鄰接點。

（7）將堆疊頂元素 1 移出堆疊並保存到拓撲序列陣列 topo[] 中。節點 1 沒有鄰接點。

（8）堆疊空，演算法停止。輸出拓撲排序序列。

	0	1	2	3	4	5
topo[]	5	0	3	2	4	1

3．演算法實現

```
bool TopoSort(){ //拓撲排序
    int cnt=0;
    for(int i=0;i<n;i++)
        if(indegree[i]==0)
            s.push(i);
    while(!s.empty()){
        int u=s.top();
        s.pop();
        topo[cnt++]=u;
        for(int j=0;j<n;j++)
            if(map[u][j])
                if(--indegree[j]==0)
                    s.push(j);
    }
    if(cnt<n) return 0;
    return 1;
}
```

4．演算法分析

時間複雜度：度數為 0 的節點存入堆疊的時間複雜度為 $O(n)$，在每個節點移出堆疊後都需要將其鄰接點內分支度減 1，如果使用鄰接矩陣儲存，則每次存取鄰接點的時間複雜度都為 $O(n)$，整體時間複雜度為 $O(n^2)$。採用鄰接表或鏈式前向星儲存存取一個節點的所有鄰接點，存取次數為該節點的度，整體時間複雜度為 $O(e)$。

空間複雜度：輔助空間包括內分支度陣列 indegree[]、拓撲序列陣列 topo[]、堆疊 S，演算法的空間複雜度是 $O(n)$。

訓練 1　家族樹

題目描述（POJ2367）：火星人的血緣關係制度令人困惑。在火星行星理事會中，令人困惑的家譜系統導致了一些尷尬：為了在所有討論中不冒犯任何人，老火星人先發言，而非年輕人或最年輕的無子女人員。但是，維護這個命令不是一項微不足道的任務，火星人並不總是知道其父母和祖父母是誰，如果一個孫子先發言而非其年輕的曾祖父先發言，則會出現錯誤。編寫程式，保證理事會的每個成員都早於其每個後代發言。

輸入：第 1 行包含整數 N（$1 \le N \le 100$），表示火星行星理事會的成員數。成員編號為 1～N。接下來的 N 行，第 i 行包含第 i 個成員的子節點名單。子節點的名單可能是空的，名單以 0 結尾。

輸出：單行輸出一系列發言者的編號，用空格分隔。如果有幾個序列滿足條件，則輸出任意一個，至少存在一個這樣的序列。

輸入範例	輸出範例
5 0 4 5 1 0 1 0 5 3 0 3 0	2 4 5 3 1

題解：根據輸入範例，建構的圖形結構如下圖所示，其拓撲序列為 2 4 5 3 1。本題屬於簡單的拓撲排序問題，輸出拓撲序列即可。

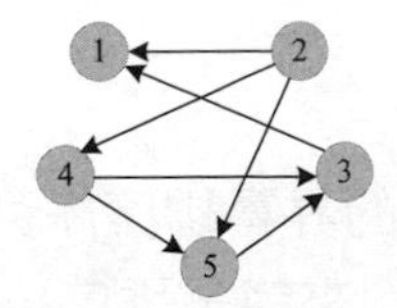

演算法程式：

```
void TopoSort(){ //拓撲排序
    int cnt=0;
    for(int i=1;i<=n;i++)
        if(indegree[i]==0)
            s.push(i);
    while(!s.empty()){
        int u=s.top();
        s.pop();
        topo[++cnt]=u;
        for(int j=1;j<=n;j++)
            if(map[u][j])
                if(--indegree[j]==0)
                    s.push(j);
    }
}
int main(){
    cin>>n;
    memset(map,0,sizeof(map));
    memset(indegree,0,sizeof(indegree));
    for(int i=1;i<=n;i++){
        int v;
        while(cin>>v&&v){
            map[i][v]=1;
            indegree[v]++;
        }
    }
    TopoSort();
    for(int i=1;i<n;i++)
        cout<<topo[i]<<" ";
    cout<<topo[n]<<endl;
    return 0;
}
```

訓練 2　全排序

題目描述（POJ1094）：不同值的昇冪排序序列是使用某種形式的小於運算子從小到大排序的元素序列。舉例來說，排序後的序列 ABCD 表示 A<B、B<C 和 C<D。指定一組 A<B 形式的關係，要求確定是否指定已排序的訂單。

輸入：輸入包含多個測試使用案例。每個測試使用案例的第 1 行都包含兩個正整數 n（$2 \le n \le 26$）和 m。n 表示要排序的物件數量，排序的物件是大寫字母的前 n 個字元。m 表示將列出的 A<B 形式的關係的數量。接下來的 m 行，每行都包含一種由 3 個字元組成的關係：第 1 個大寫字母、字元 "<" 和第 2 個大寫字母。$n=m=0$ 的值表示輸入結束。

輸出：對於每個問題實例，其輸出都由一行組成，該行應該是以下三種之一。

- 在 x 種關係之後確定的排序順序：$yyy\cdots y$。
- 無法確定排序順序。
- 在 x 種關係後發現不一致。

其中，x 是在確定排序序列或找到不一致時處理的關係數，以先到者為準，$yyy\cdots y$ 是已排序的昇冪序列。

輸入範例

```
4 6
A<B
A<C
B<C
C<D
B<D
A<B
3 2
A<B
B<A
26 1
A<Z
00
```

輸出範例

```
Sorted sequence determined after 4 relations: ABCD.
Inconsistency found after 2 relations.
Sorted sequence cannot be determined.
```

題解：在本題中，一邊進行輸入，一邊進行判斷，分為有序、無序（不一致）、無法確定三種情況，可以利用拓撲排序進行判斷。

1．演算法設計

（1）如果內分支度為 0 的節點個數為 0，則說明有環；如果拓撲序列節點數小於 n，則也說明有環。此情況即無序。

（2）如果內分支度為 0 的節點個數大於 1，則無法確定，因為拓撲序列不唯一。

（3）否則是拓撲有序的，輸出拓撲序列。

特別注意：①得到判斷結果後不能 break，需要繼續輸入，否則下一個測試使用案例會讀取本次輸入的剩餘資料；②在資料登錄完畢後才能判斷是不是無法確定。

2．演算法實現

```
int TopoSort(int n){ // 拓撲排序
    flag=1;
    for(int i=1;i<=n;i++)
        temp[i]=indegree[i];// 一邊進行輸入，一邊進行拓撲排序，所有內分支度陣列都不能
改變
    int m=0,cnt=0;
    for(int i=1;i<=n;i++)// 尋找內分支度為 0 的節點個數，若大於 1，則無法確定是否為拓撲
排序序列
        if(temp[i]==0){
            s.push(i);
            cnt++;
        }
    if(cnt==0) return 0; // 有環
    if(cnt>1) flag=-1; // 不確定
    while(!s.empty()){
        cnt=0;
        int i=s.top();
        s.pop();
        topo[m++]=i;
        for(int j=1;j<=n;j++)
            if(map[i][j]){
                temp[j]--;
                if(!temp[j]){
                    s.push(j);
                    cnt++;
                }
            }
```

```
        if(cnt>1) flag=-1;// 不確定
    }
    if(m<n)// 有環
        return 0;
    return flag;
}

int main(){
    int m,n;
    bool sign;// 在 sign=1 時，已得出結果
    string str;
    while(cin>>n>>m){
        if(m==0&&n==0) break;
        memset(map,0,sizeof(map));
        memset(indegree,0,sizeof(indegree));
        sign=0;
        for(int i=1;i<=m;i++){
            cin>>str;
            if(sign) continue; // 一旦得出結果，則對後續的輸入不做處理
            int x=str[0]-'A'+1;
            int y=str[2]-'A'+1;
            map[x][y]=1;
            indegree[y]++;
            int s=TopoSort(n);
            if(s==0){ // 有環
                printf("Inconsistency found after %d relations.\n",i);
                sign=1;
            }else if(s==1){ // 有序
                printf("Sorted sequence determined after %d relations: ",i);
                for(int j=0;j<n;j++)
                    cout<<char(topo[j]+'A'-1);
                printf(".\n");
                sign=1;
            }
        }
        if(!sign) // 不確定
            printf("Sorted sequence cannot be determined.\n");
    }
    return 0;
}
```

訓練 3　標籤球

題目描述（POJ3687）：有 N 個不同重量的球，重量為 1 ～ N 個單位。對球從 1 到 N 進行標記，使得：①沒有兩個球具有相同的標籤；②標籤滿足幾個約束，例如 " 標籤為 a 的球比標籤為 b 的球輕 "。

輸入：第 1 行包含測試使用案例的數量。每個測試使用案例的第 1 行都包含兩個整數 N（$1 \le N \le 200$）和 M（$0 \le M \le 40000$），分別表示球的數量和約束的數量。後面的 M 行，每行都包含兩個整數 a 和 b，表示標籤為 a 的球比標籤為 b 的球輕（$1 \le a,b \le N$）。在每個測試使用案例前都有一個空行。

輸出：對於每個測試使用案例，都單行輸出標籤 1 ～ N 的球的重量。如果存在多種解決方案，則輸出標籤為 1 的球的最小重量，然後輸出標籤為 2 的球的最小重量，依此類推……如果不存在解，則輸出 –1。

輸入範例	輸出範例
5 4 0 4 1 1 1 4 2 1 2 2 1 4 1 2 1 4 1 3 2	1 2 3 4 –1 –1 2 1 3 4 1 3 2 4

題解：本題不是輸出小球的標籤，而是按標籤輸出小球的重量，而且標籤小的球的重量盡可能小。舉例來說，輸入以下資料，建構的圖形結構如下圖所示。

```
5 4 //節點數、邊數
5 1 //標籤為5的球比標籤為1的球輕
4 2
```

```
1 3
2 3
```

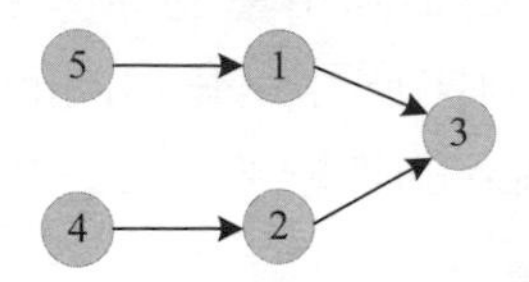

分析：根據重量關係，節點 3 是最重的，因此令重量 weight[3]=5；節點 1 和節點 2 比節點 3 輕，因為每個球的重量都不同，按照標籤小的球重量小的原則，先給標籤大的球分配重量，先處理節點 2，因此 weight[2]=4；節點 4 比節點 2 輕，weight[4]=3；節點 1 比節點 3 輕，weight[1]=2；節點 5 比節點 1 輕，weight[5]=1。按照標籤 1 ～ 5 輸出其重量：24 53 1。

舉例來說，輸入以下資料，建構的圖形結構如下圖所示。

```
10 5 // 節點數、邊數
4 1  // 標籤為 4 的球比標籤為 1 的球輕
8 1
7 8
4 1
2 8
```

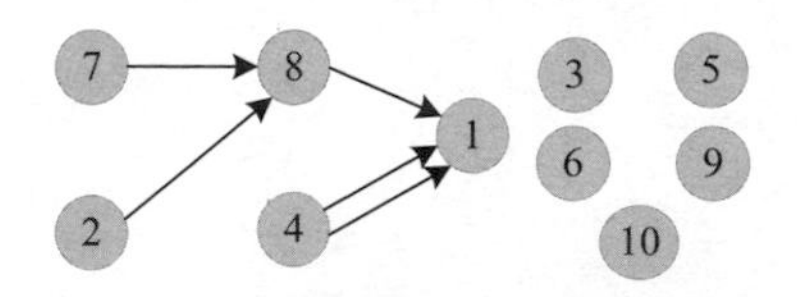

分析：按照標籤小的球重量小的原則，先給標籤大的球分配重量：weight[10]=10；weight[9]=9；weight[6]=8；weight[5]=7；weight[3]=6；weight[1]=5。節點 8 和節點 4 比節點 1 輕，按照標籤小的球重量小的原則，先給標籤大的球分配重量，先處理節點 8，因此 weight[8]=4；節點 7 和節點 2 比節點 8 輕，先處理節點 7，weight[7]=3；現在只剩下節點 4 和節點 2，weight[4]=2；weight[2]=1。按照標籤 1 ～ 10 輸出其重量：51 62 78 34 910。

注意：本題有重複邊，需要去重，否則會有環，最後輸出 –1。

1．演算法設計

可以採用下面兩種方法解決。

（1）建立正向圖。$i=n...1$，$j=n...1$，檢查第 1 個外分支度為 0 的點 t，分配重量 $w[t]=i$，將弧尾節點的外分支度減 1，繼續下一個迴圈。若沒有外分支度為 0 的節點，則說明有環，退出。

（2）建立原圖的逆向圖。$i=n...1$，$j=n...1$，檢查第 1 個內分支度為 0 的節點 t，分配重量 $w[t]=i$，將其鄰接點的內分支度減 1，繼續下一個迴圈。若沒有內分支度為 0 的節點，則說明有環，退出。

2．演算法實現

```
void TopoSort(){ //拓撲排序（逆向圖）
    flag=0;
    for(int i=n;i>0;i--){
        int t=-1;
        for(int j=n;j>0;j--)
            if(!in[j]){
                t=j;
                break;
            }
        if(t==-1){//有環
            flag=1;
            return;
        }
        in[t]=-1;
        w[t]=i;
        for(int j=1;j<=n;j++)
            if(map[t][j])
                in[j]--;
    }
}

int main(){
    cin>>T;
    while(T--){
        memset(map,0,sizeof(map));
        memset(in,0,sizeof(in));
        cin>>n>>m;
```

```
        for(int i=1;i<=m;i++){
            cin>>u>>v;
            if(!map[v][u]){// 建立逆向圖，檢查重複的邊
                map[v][u]=1;
                in[u]++;
            }
        }
        TopoSort();
        if(flag){
            cout<<-1<<endl;
            continue;
        }
        for(int i=1;i<n;i++)
            cout<<w[i]<<" ";
        cout<<w[n]<<endl;
    }
    return 0;
}
```

訓練 4　秩序

題目描述（POJ1270）：指定 $x<y$ 形式的變數約束清單，編寫程式，輸出與約束一致的變數的所有順序。舉例來說，指定約束 $x<y$ 和 $x<z$，變數 x、y 和 z 的兩個排序與這些約束一致：xyz 和 xzy。

輸入：輸入由一系列約束規範組成。每個約束規範都由兩行組成：一行為變數清單，後面一行為約束列表。約束由一對變數列出，其中 x y 表示 $x<y$。 所有變數都是單一小寫字母。在約束規範中至少有兩個且不超過 20 個變數，至少有一個且不超過 50 個約束，至少有一個且不超過 300 個與約束規範中的限制條件一致的順序。

輸出：對每個約束規範，都以字母排序單行輸出與約束一致的所有排序。不同約束規範的輸出以空行分隔。

輸入範例	輸出範例
a b f g	abfg
a b b f	abgf
v w x y z	agbf
v y x v z v w v	gabf
	wxzvy
	wzxvy
	xwzvy
	xzwvy
	zwxvy
	zxwvy

題解：根據輸入範例 1，建構的圖形結構如下圖所示。

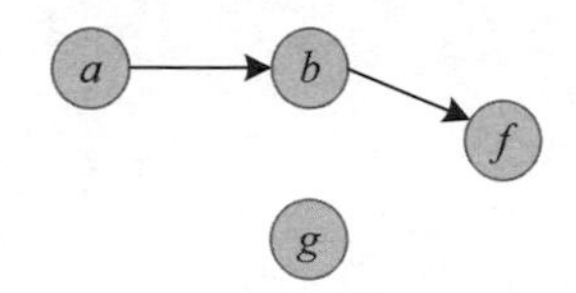

本題需要按照字典序輸出所有拓撲序列，因此使用回溯法搜尋所有拓撲序列。注意，到達葉子時輸出，回溯時需要還原現場。

1．演算法設計

（1）將變數清單的字元轉為數字並統計出現次數，累計變數清單的長度。

（2）將每對約束都轉為數字，用鄰接矩陣儲存並統計內分支度。

（3）以回溯法求解所有拓撲序列並輸出。

3．演算法實現

```
void dfs(int t){ //以回溯法求解所有拓撲序列
    if(t>=len){// 到達葉子節點，輸出一個拓撲序列
        for(int i=0;i<len;i++)
            cout<<char(ans[i]+'a');// 轉為字元
        cout<<endl;
    }
    for(int i=0;i<26;i++){
        if(!in[i]&&s[i]){//i 的內分支度為 0 且該字元在變數清單中
            s[i]--;
            for(int j=0;j<26;j++)// 將 i 的所有鄰接點 j 的內分支度都減 1
```

```
                if(map[i][j])
                    in[j]--;
            ans[t]=i;// 記錄拓撲序列的第 t 個字元為 i
            dfs(t+1);// 深度優先搜尋 t+1 個字元
            for(int j=0;j<26;j++)// 回溯時還原現場，將 i 的所有鄰接點 j 的內分支度都加 1
                if(map[i][j])
                    in[j]++;
            s[i]++;// 恢復該字元在變數清單中
        }
    }
}

int main(){
    while(getline(cin,str)){ // 讀取變數清單
        memset(map,0,sizeof(map));
        memset(in,0,sizeof(in));
        memset(s,0,sizeof(s));
        len=str.length();
        int i,j=0;
        for(i=0;i<len;i++){
            if(str[i]!=' '){
                s[str[i]-'a']++;// 轉為數字統計
                j++;
            }
        }
        len=j;// 變數清單的長度
        getline(cin,ord);// 讀取約束列表
        num=ord.length();
        for(i=0;i<num;i+=2){// 有空格，一次讀取兩個字元
            int u=ord[i]-'a';
            i+=2;
            int v=ord[i]-'a';
            map[u][v]=1;// 以鄰接矩陣儲存
            in[v]++;// 內分支度加 1
        }
        dfs(0);// 深度優先搜尋（回溯法）
        cout<<endl;
    }
    return 0;
}
```

7.4 關鍵路徑

📖 原理　關鍵路徑

AOV 網可以反映活動之間的先後限制關係，但在實際工程中，有時活動不僅有先後順序，還有持續時間，必須經過多長時間該活動才可以完成。這時需要另外一種網路——AOE 網（Activity On Edge），即以邊表示活動的網。AOE 網是一個帶權的有向無環圖，節點表示事件，弧表示活動，弧上的權值表示活動持續的時間。

舉例來說，有一個包含 6 個事件、8 個活動的工程，如下圖所示。V_0、V_5 分別代表工程的開始（原點）和結束（匯點），在活動 a_0、a_2 結束後，事件 V_1 才可以開始，在 V_1 結束後，活動 a_3、a_4 才可以開始。

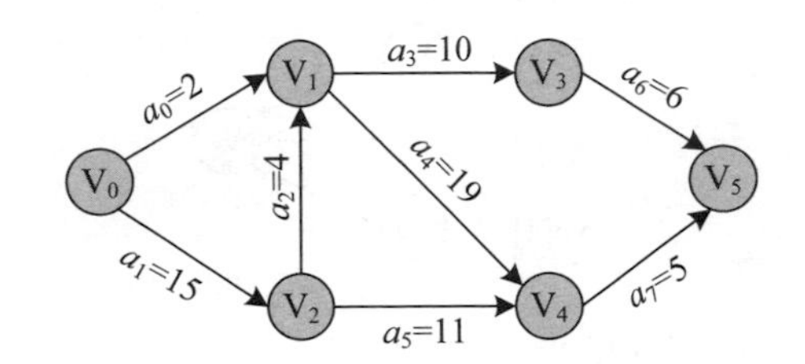

在實際工程應用中通常需要解決兩個問題：①估算完成整個工程至少需要多少時間；②判斷哪些活動是關鍵活動，即如果該活動被擔誤，則會影響整個工程進度。

在 AOE 網中，從原點到匯點的帶權路徑長度最大的路徑為關鍵路徑。關鍵路徑上的活動為關鍵活動。

確定關鍵路徑時首先要清楚 4 個問題：事件的最早發生時間、最遲發生時間，以及活動的最早發生時間、最遲發生時間。

1）事件 V_i 的最早發生時間 ve[i]

事件 V_i 的最早發生時間是從原點到 V_i 的最大路徑長度。很多人不瞭解，為什麼最早發生時間是最大路徑長度？舉例說明，小明媽媽一邊炒菜，一邊熬粥，炒菜需要 20 分鐘，熬粥需要 30 分鐘，最早什麼時間開飯？肯定是最大時間。

因為進入事件 V_i 的所有入邊活動都已完成，V_i 才可以開始，因此可以根據事件的拓撲順序從原點向匯點遞推，求解事件的最早發生時間。初始化原點的最早發生時間為 0，即 ve[0]=0。以 V_i 的最早發生時間檢查入邊，取弧尾 ve+ 入邊權值的最大值，$ve[i]=\max\{ve[k]+w_{ki}\}$，$<V_k,V_i>\in T$。$T$ 為以 V_i 為弧頭的弧集合，即 V_i 的入邊集合，如下圖所示。

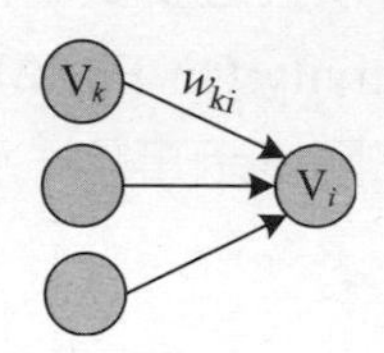

舉例來說，一個 AOE 網如下圖所示。已經求出 V_1、V_2、V_4 三個節點的 ve 值，求 V_5 的 ve 值。檢查 V_5 的入邊，ve[5]=max{ve[1]+5,ve[2]+3,ve[4]+1}=9。

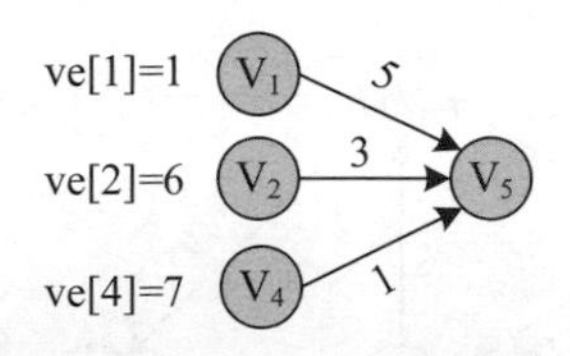

2）事件 V_i 的最遲發生時間 vl[i]

事件 V_i 的最遲發生時間不能影響其所有後繼的最遲發生時間。V_i 的最遲發生時間不能大於其後繼 V_k 的最遲發生時間減去活動 $<V_i,V_k>$ 的持續時間。因此可以根據事件的逆拓撲順序從匯點向原點遞推，求解事件的最遲發生事件。

初始化匯點的最遲發生時間為匯點的最早發生時間，即 $vl[n-1]=ve[n-1]$。以 V_i 的最遲發生時間檢查出邊，取弧頭 vl– 出邊權值的最小值，$ve[i]=\min\{vl[k]-wki\}$，$<V_k,V_i>\in T$。T 為以 V_i 為弧尾的弧集合，即 V_i 的出邊集合。

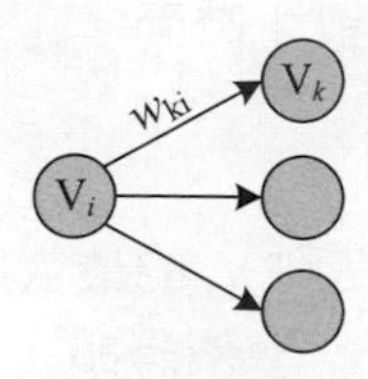

舉例來說，一個 AOE 網如下圖所示。已經求出 V_5、V_6 兩個節點的 vl 值，求 V_3 的 vl 值。檢查 V_3 的出邊，vl[3]=min{vl[5]-7,vl[6]–10}=6。

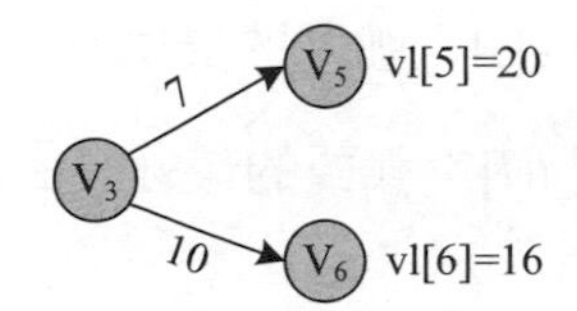

3）活動 $a_i=<V_j,V_k>$ 的最早發生時間 $e[i]$

只要事件 V_j 發生了，活動 a_i 就可以開始，因此活動 a_i 的最早發生時間等於事件 V_j 的最早發生時間。即 a_i 的最早發生時間為其弧尾的最早發生時間，$e[i]$=ve[j]。

弧尾
V_j —a_i→ V_k

舉例來說，一個 AOE 網如下圖所示。已經求出 V_3 節點的 ve 值，求 a_4 的 e 值。a_4 的 e 值等於弧尾 V_3 的 ve 值，$e[4]$=ve[3]=3。

弧尾
ve[3]=3 V_3 —a_4=7→ V_5

4）活動 $a_i=<V_j,V_k>$ 的最遲發生時間 $l[i]$

活動 a_i 的最遲發生時間不能耽誤事件 V_k 的最遲發生時間，因此活動 a_i 的最遲發生時間等於事件 V_k 的最遲發生時間減去活動 a_i 的持續時間 $w$jk。即活動 a_i 的最遲發生時間等於弧頭的最遲發生時間減去邊值，$l[i]$=vl[k]–$w$jk。

弧頭
V_j —a_i→ V_k

舉例來說，一個 AOE 網如下圖所示。已經求出 V_5 節點的 vl 值，求 a_4 的 l 值。a_4 的 l 值 = 弧頭 V_5 的 vl 值 – 邊值，$l[4]$= vl[5]-7=20-7=13。

弧頭
V_3 —a_4=7→ V_5 vl[5]=20

1．求解秘笈

（1）事件 V_i 的最早發生時間 ve[i]：檢查入邊，弧尾 ve+ 入邊權值的最大值。

（2）事件 V_i 的最遲發生時間 vl[i]：檢查出邊，弧頭 vl– 出邊權值的最小值。

（3）活動 a_i 的最早發生時間 $e[i]$：弧尾的最早發生時間。

（4）活動 a_i 的最遲發生時間 $l[i]$：弧頭的最遲發生時間減去邊值。

2．完美圖解

舉例來說，一個 AOE 網如下圖所示，求其關鍵路徑。

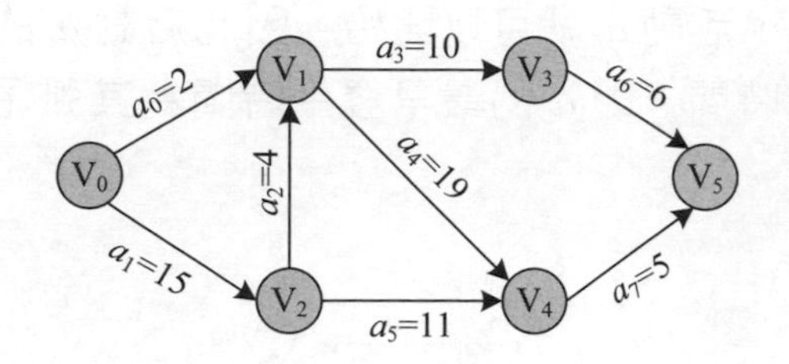

（1）求拓撲排序序列，將其保存在 topo[] 陣列中。

	0	1	2	3	4	5
topo[]	0	2	1	3	4	5

（2）按照拓撲排序序列（0,2,1,3,4,5），從前向後求解每個節點的最早發生時間 ve[]。檢查節點的入邊，即求弧尾 ve+ 入邊權值的最大值。

- ve[0]=0。
- ve[2]=ve[0]+15=15。

V_1 有兩個入邊，弧尾 ve+ 入邊權值，取最大值。

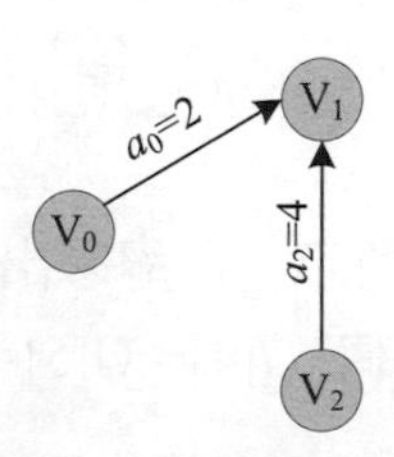

- ve[1]=max{ve[2]+4,ve[0]+2}=19。
- ve[3]=ve[1]+10=29。

V_4 有兩個入邊，弧尾 ve+ 入邊權值，取最大值。

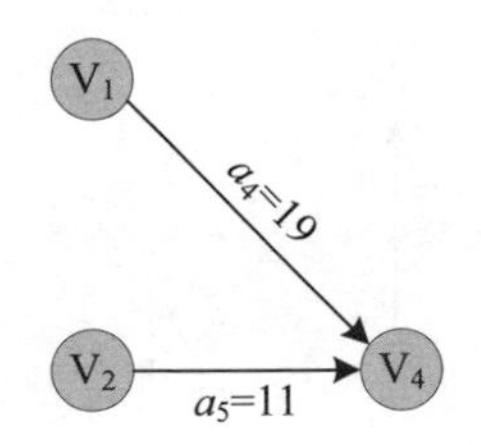

ve[4]=max{ve[2]+11,ve[1]+19}=38。

V_5 有兩個入邊，弧尾 ve+ 入邊權值，取最大值。

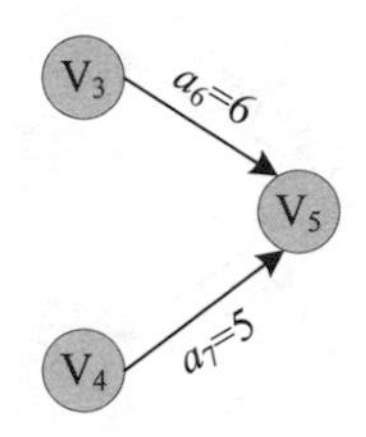

ve[5]=max{ve[4]+5,ve[3]+6}=43。

（3）按照逆拓撲順序 (5,4,3,1,2,0)，從後向前求解每個節點的最遲發生時間 vl[]。初始化匯點的最遲發生時間為匯點的最早發生時間，即 vl[n–1]=ve[n–1]。對其他節點檢查出邊，弧頭 vl– 出邊權值的最小值。

- vl[5]=ve[5]=43。
- vl[4]=vl[5]-5=38。
- vl[3]=vl[5]-6=37。

V_1 有兩個出邊，弧頭 vl– 出邊權值，取最小值。

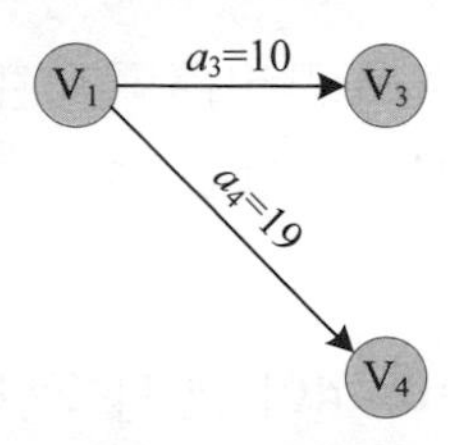

vl[1]=min{vl[4]–19,vl[3]–10}=19。

V_2 有兩個出邊，弧頭 vl– 出邊權值，取最小值。

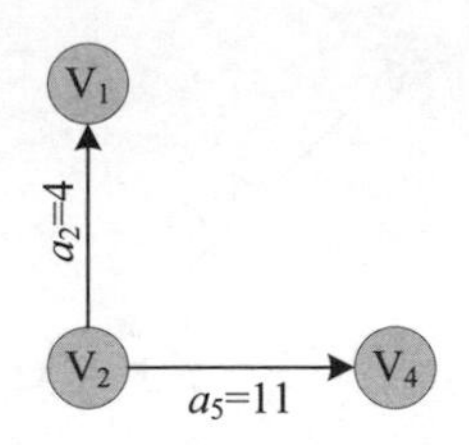

vl[2]= min{vl[4]−11,vl[1]-4}=15。

V_0 有兩個出邊，弧頭 vl− 出邊權值，取最小值。

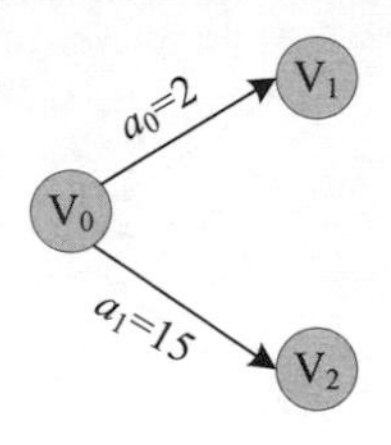

vl[0]=min{vl[2]−15,vl[1]−2}=0。

求解完畢後，事件的最早發生時間和最遲發生時間如下表所示。

事件	ve[*i*]	vl[*i*]
0	0	0
1	19	19
2	15	15
3	29	37
4	38	38
5	43	43

（4）計算每個活動的最早發生時間和最遲發生時間。活動 a_i 的最早發生時間 *e*[*i*] 等於弧尾的最早發生時間。活動 a_i 的最遲發生時間 *l*[*i*] 等於弧頭的最遲發生時間減去邊值。

- 活動 a_0=<V_0,V_1>：*e*[0]=ve[0]=0；*l*[0]=vl[1]−2=17。
- 活動 a_1=<V_0,V_2>：*e*[1]=ve[0]=0；*l*[1]=vl[2]−15=0。
- 活動 a_2=<V_2,V_1>：*e*[2]=ve[2]=15；*l*[2]=vl[1]-4=15。
- 活動 a_3=<V_1,V_3>：*e*[3]=ve[1]=19；*l*[3]=vl[3]−10=27。

- 活動 a_4=<V_1,V_4>：e[4]=ve[1]=19；l[4]=vl[4]–19=19。
- 活動 a_5=<V_2,V_4>：e[5]=ve[2]=15；l[5]=vl[4]–11=27。
- 活動 a_6=<V_3,V_5>：e[6]=ve[3]=29；l[6]=vl[5]-6=37。
- 活動 a_7=<V_4,V_5>：e[7]=ve[4]=38；l[7]=vl[5]-5=38。

如果活動的最早發生時間等於最遲發生時間，則該活動為關鍵活動，如下表所示。

活动	$e[i]$	$l[i]$	关键活动
a_0	0	17	
$\boldsymbol{a_1}$	0	0	√
$\boldsymbol{a_2}$	15	15	√
a_3	19	27	
$\boldsymbol{a_4}$	19	19	√
a_5	15	27	
a_6	28	37	
$\boldsymbol{a_7}$	38	38	√

（5）由關鍵活動組成的從原點到匯點的路徑為關鍵路徑 V_0-V_2-V_1-V_4-V_5，如下圖所示。

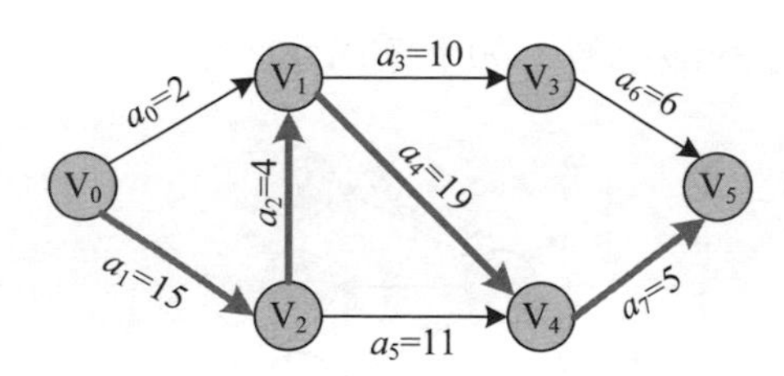

3．演算法步驟

（1）利用拓撲排序演算法，將拓撲排序結果保存在 topo[] 陣列中。

（2）將每個事件的最早發生時間都初始化為 0，即 $v[i]=0$，$i=0,1,\cdots,n-1$。

（3）根據拓撲順序從前向後依次求每個事件的最早發生時間，循環執行這些操作：①取出拓撲序列中的節點 k，k=topo[i]，$i=0,1,\cdots,n-1$；②用指標 p 依次指向 k 的每個鄰接點，取得鄰接點的序號 j=p->v，更新節點 j 的最早發生時間

ve[*j*]，即

```
if(ve[j]<ve[k]+p->weight)  ve[j]=ve[k]+p->weight
```

相當於求弧尾 ve+ 入邊的最大值，如下圖所示。

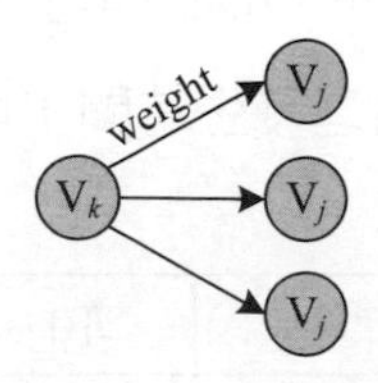

這裡的程式處理並不是一下子檢查所有入邊，但效果是一樣的，想一想為什麼？

（4）將每個事件的最遲發生時間 vl[*i*] 都初始化為匯點的最早發生時間，即 vl[*i*]=ve[*n*–1]。

（5）按照逆拓撲順序從後向前求解每個事件的最遲發生時間，循環執行這些操作：①取出逆拓撲序列中的序號 *k*，*k*=topo[*i*]，*i*=*n*–1,⋯,1,0；②用指標 *p* 依次指向 *k* 的每個鄰接點，取得鄰接點的序號 *j*=*p*->*v*，更新節點 *k* 的最遲發生時間 vl[*k*]，即

```
if(vl[k]>vl[j]-p->weight)  vl[k]=vl[j]-p->weight
```

相當於求弧頭 *vl*– 出邊的最小值，如下圖所示。

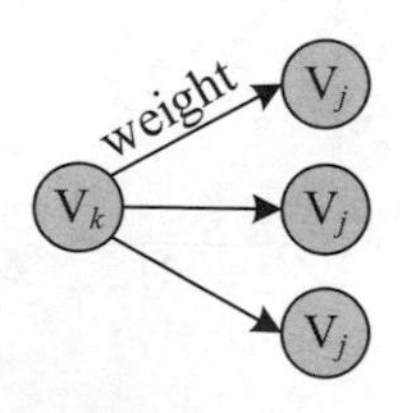

（6）判斷活動是否為關鍵活動。對每個節點 *i*，都用指標 *p* 依次指向 *i* 的每個鄰接點，取得鄰接點的序號 *j*=*p*->*v*，計算活動 <V_i,V_j> 的最早發生時間和最遲發生時間，如下圖所示，如果 *e* 和 *l* 相等，則活動 <V_i,V_j> 為關鍵活動，即

```
e=ve[i];  l=vl[j]-p->weight
```

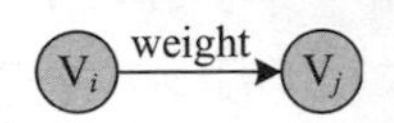

4．演算法實現

```
bool CriticalPath(){// 關鍵路徑
    if(TopoSort()){
        cout<<" 拓撲序列為："<<endl;
        for(int i=0;i<n;i++)// 輸出拓撲序列
            cout<<topo[i]<<"\t";
        cout<<endl;
    }
    else{
        cout<<" 該圖有環，無拓撲序列！ "<<endl;
        return 0;
    }
    for(int i=0;i<n;i++)// 初始化最早發生時間為 0
        ve[i]=0;
    // 按拓撲次序求每個事件的最早發生時間
    for(int j=0;j<n;j++){
        int u=topo[j];  // 取得拓撲序列中的節點
        for(int i=head[u];~i;i=e[i].next){
            int v=e[i].to,w=e[i].w;
            if(ve[v]<ve[u]+w)
                ve[v]=ve[u]+w;
        }
    }
    for(int i=0;i<n;i++) // 初始化每個事件的最遲發生時間為 ve[n]
        vl[i]=ve[n-1];
    for(int j=n-1;j>=0;j--){// 按逆拓撲序求每個事件的最遲發生時間
        int u=topo[j];  // 取得拓撲序列中的節點
        for(int i=head[u];~i;i=e[i].next){
            int v=e[i].to,w=e[i].w;
            if(vl[u]>vl[v]-w)
                vl[u]=vl[v]-w;
        }
    }
    cout<<" 事件的最早發生時間和最遲發生時間："<<endl;
    for(int i=0;i<n;i++)
       cout<<ve[i]<<"\t"<<vl[i]<<endl;
    cout<<" 關鍵活動路徑為 :"<<endl;
    for(int u=0;u<n;u++){ // 每次迴圈都針對以 vi 為弧尾的所有活動
        for(int i=head[u];~i;i=e[i].next){
            int v=e[i].to,w=e[i].w;
            int e=ve[u];     // 計算活動 <vi,vj> 的最早開始時間 e
```

```
            int l=vl[v]-w; //計算活動<vi,vj>的最遲開始時間l
            if(e==l)    //若為關鍵活動，則輸出<vi,vj>
                cout<<"<"<<u<<","<<v<<">"<<endl;
        }
    }
    return 1;
}
```

5．演算法分析

時間複雜度：求事件的最早發生時間和最遲發生時間及活動的最早發生時間和最遲發生時間時，要對所有節點及鄰接表進行檢查，因此求關鍵路徑演算法的時間複雜度為 $O(n+e)$。

空間複雜度：演算法所需的輔助空間包含拓撲排序演算法中的內分支度陣列 indegree[]、拓撲序列陣列 topo[]、堆疊 *S* 及關鍵路徑演算法中的 ve[]、vl[]、*e*[]、*l*[]，演算法的空間複雜度是 $O(n+e)$。

訓練 1　關鍵路徑

題目描述（SDUTOJ2498）：一個無環的有方向圖被稱為有向無環圖（Directed Acyclic Graph，之後簡稱 DAG）。AOE（Activity On Edge）網是指以邊表示活動的網，如下圖所示。

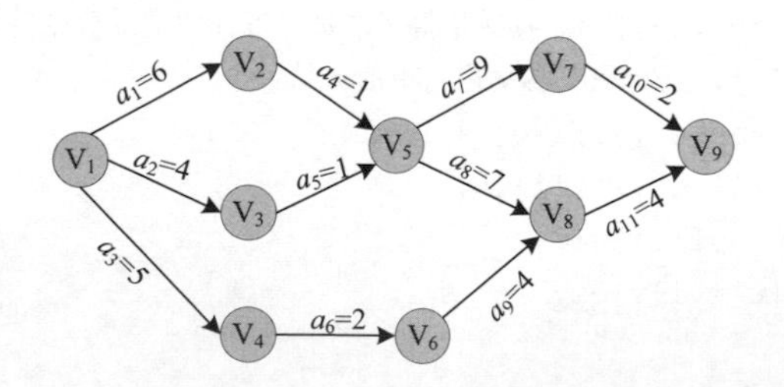

在上圖中共有 11 個活動、9 個事件。整個工程只有一個開始點和一個完成點，即只有一個內分支度為零的點（原點）和一個外分支度為零的點（匯點）。關鍵路徑指從開始點到完成點的最長路徑。路徑的長度是邊上活動耗費的時間。如上圖所示，1-2-5-7-9 是關鍵路徑（關鍵路徑不止一條，輸出字典序最小的），權值之和為 18。

輸入：輸入包含多組資料，不超過 10 組。第 1 行包含節點數 n（$2 \le n \le 10000$）和邊數 m（$1 \le m \le 50000$），接下來的 m 行，包含每條邊的起點 s 和終點 e，權值 w（$1 \le s,e \le n$，$s!=e$，$1 \le w \le 20$）。資料保證圖連通，且只有一個原點和匯點。

輸出：單行輸出關鍵路徑的權值和，並且從原點輸出關鍵路徑上的路徑（如果有多筆，則輸出字典序最小的）。

輸入範例	輸出範例
9 11	18
1 2 6	1 2
1 3 4	2 5
1 4 5	5 7
2 5 1	7 9
3 5 1	
4 6 2	
5 7 9	
5 8 7	
6 8 4	
8 9 4	
7 9 2	

題解：本題求解關鍵路徑實際上就是求解最長路徑。求解最長路徑時可以將權值加負號求解最短路徑，也可以改變鬆弛條件，若距離較大則更新。

- 對有向無環圖，可以按拓撲序列鬆弛求解最長路徑，也可以用 Bellman 或 SPFA 演算法權值加負號求解最短路徑，或改變鬆弛條件求解最長路徑。
- 對有向有環圖，可以用 Bellman 或 SPFA 演算法判斷環，若有正環，則不存在最長路徑。

需要注意的是，Dijkstra 演算法不可以用於處理負權邊，也無法透過改變鬆弛條件得到最長路徑。Bellman 演算法的時間複雜度為 $O(n \times m)$，可能會逾時，所以可以採用 SPFA 演算法，該演算法的時間複雜度為 $O(k \times m)$，k 是一個較小的常數，最多為 $O(n \times m)$。其次，該題需要輸出路徑，而且該路徑需要按字典序選取，所以反向建圖會更便於記錄路徑。

路徑的字典序最小就是走到一個點，繼續向下一步走時，選擇編號最小的，這就是字典序，但是在最短路徑的更新過程中，如果 dis[y]==dis[x]+w&&x

<pre[y]，路徑長度相等但是 x 比 y 的前驅節點編號更小，則更新 y 的前驅節點為 x，即 pre[y]=x。

在本題的 AOE 網中，V_5-V_7-V_9 和 V_5-V_8-V_9 的路徑長度是一樣的，按字典序應該走前者。如果逆向走，從 V_9 到 V_7，則 dis[7]=2；從 V_9 到 V_8，則 dis[8]=4；從 V_8 到 V_5，則 dis[5]=11，pre[5]=8；從 V_7 到 V_5，則 dis[7]+9=11=dis[5]，但是 7 比 8 的字典序小，更新 5 的前驅為 7，pre[5]=7。

在原圖的逆向圖上，從後向前走一條最長路徑，然後根據前驅陣列，1 的前驅為 2，輸出 1 2；2 的前驅為 5，輸出 2 5；5 的前驅為 7，輸出 5 7；7 的前驅為 9，輸出 7 9。

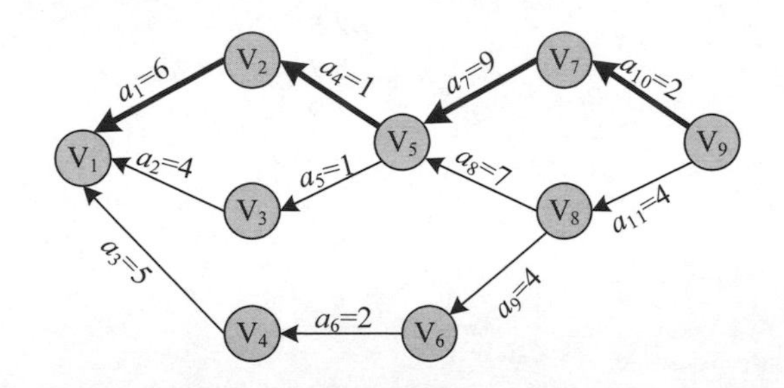

1．演算法設計

（1）建立原圖的逆向圖。檢查內分支度為 0 的節點 s 和外分支度為 0 的節點 t。

（2）使用 SPFA 演算法求最長路徑。如果 dis[y]<dis[x]+e[i].w||(dis[y]==dis[x]+e[i].w&&x<pre[y]))，則更新 dis[y]=dis[x]+e[i].w; pre[y]=x。

2．演算法實現

```
void spfa(int u){
    queue<int>q;
    q.push(u);
    inq[u]=1;
    while(!q.empty()){
        int x=q.front();
        q.pop();
        inq[x]=0;
        for(int i=head[x];i;i=e[i].next){
            int y=e[i].to;
            if(dis[y]<dis[x]+e[i].w||(dis[y]==dis[x]+e[i].w&&x<pre[y])){
```

```
                dis[y]=dis[x]+e[i].w;
                pre[y]=x;
                if(!inq[y]){
                   q.push(y);
                   inq[y]=1;
                }
            }
        }
    }
}
```

訓練 2　指令安排

題目描述（HDU4109）：阿里本學期開設了計算機組成原理課程。他了解到指令之間可能存在依賴關係，例如 WAR（寫入後讀取）、WAW、RAW。

如果兩個指令之間的距離小於安全距離，則會導致危險，這可能導致錯誤的結果。所以需要設計特殊的電路以消除危險。然而，解決此問題的最簡單方法是增加氣泡（無用操作），這表示浪費時間以確保兩行指令之間的距離不小於安全距離。對兩行指令之間距離的定義是它們的開始時間之間的差。

現在有很多指令，已知指令之間的依賴關係和安全距離，可以根據需要同時運行多個指令，並且 CPU 速度非常快，只需花費 1ns 即可完成任何指令。你的工作是重新排列指令，以便 CPU 用最短的時間完成所有指令。

輸入：輸入包含幾個測試使用案例。每個測試使用案例的第 1 行都包含兩個整數 N 和 M（$N \leq 1000, M \leq 10000$），表示 N 個指令和 M 個依賴關係。以下 M 行，每行都包含 3 個整數 X、Y、Z，表示 X 和 Y 之間的安全距離為 Z，Y 在 X 之後運行。指令編號為 0 ～ $N-1$。

輸出：單行輸出一個整數，即 CPU 運行所需的最短時間。

輸入範例	輸出範例
5 2 1 2 1 3 4 1	2

題解：根據測試使用案例，建構的圖形結構如下圖所示。在第 1ns 中，執行指令 0、1 和 3；在第 2ns 中，執行指令 2 和 4。答案是 2。

按照拓撲排序求每個節點的最長距離，然後求各個節點最長距離的最大值。

演算法程式：

```
void TopoSort(){// 按拓撲排序求最長距離
    int cnt=0;
    for(int i=0;i<n;i++)
        if(in[i]==0){
            s.push(i);
            d[i]=1;
        }
    while(!s.empty()){
        int u=s.top();
        s.pop();
        topo[cnt++]=u;
        for(int v=0;v<n;v++){
             if(map[u][v]){
                d[v]=max(d[v],d[u]+map[u][v]);
                if(--in[v]==0)
                    s.push(v);
            }
        }
    }
}

int main(){
    int u,v,w;
    while(cin>>n>>m){
        memset(map,0,sizeof(map));
        memset(in,0,sizeof(in));
        memset(d,0,sizeof(d));
        for(int i=1;i<=m;i++){
            cin>>u>>v>>w;
            map[u][v]=w;
            in[v]++;
        }
```

```
        TopoSort();
        int ans=0;
        for(int i=0;i<n;i++)
            ans=max(ans,d[i]);
        cout<<ans<<endl;
    }
    return 0;
}
```

訓練 3　家務瑣事

題目描述（POJ1949）：約翰有一份必須完成的 N（$3 \le N \le 10000$）個家務的清單。每個家務都需要一個整數時間 T（$1 \le T \le 100$）才能完成，並且可能還有其他家務必須在這個家務開始之前完成。至少有一個家務沒有先決條件：第 1 號。家務 K（$K>1$）只能以家務 1 ～ K–1 作為先決條件。計算完成所有 N 個家務所需的最少時間。當然，可以同時進行彼此不依賴的家務。

輸入：第 1 行包含一個整數 N。第 2 ～ N+1 行描述每個家務，第 2 行包含家務 1；第 3 行包含家務 2，依此類推。每行都包含完成家務的時間、先決條件的數量 P_i（$0 \le P_i \le 100$）和 P_i 個先決條件。

輸出：單行輸出完成所有家務所需的最少時間。

輸入範例	輸出範例
7 5 0 1 1 1 3 1 2 6 1 1 1 2 2 4 8 2 2 4 4 3 3 5 6	23

題解：根據輸入範例 1，建構的圖形結構如下圖所示。

```
7         // 家務數
50        // 第 1 個家務，時間是 5，沒有先決條件
11 1      // 第 2 個家務，時間是 1，有 1 個先決條件為 1
31 2
```

```
61 1
12 24    // 第 5 個家務，時間是 1，有兩個先決條件為 2、4
82 24
43 35 6
```

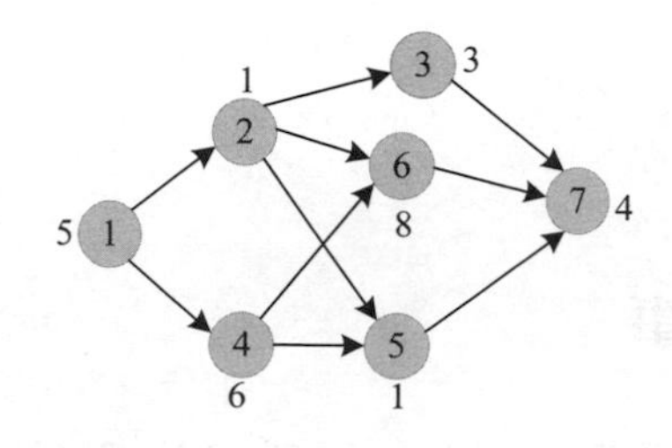

分析：

- 家務 1 在時間 0 開始，在時間 5 結束；
- 家務 2 在時間 5 開始，在時間 6 結束；
- 家務 3 在時間 6 開始，在時間 9 結束；
- 家務 4 在時間 5 開始，在時間 11 結束；
- 家務 5 在時間 11 開始，在時間 12 結束；
- 家務 6 在時間 11 開始，在時間 19 結束；
- 家務 7 在時間 19 開始，在時間 23 結束。

本題的關鍵在於，家務 K（$K>1$）只能以家務 1～$K-1$ 作為先決條件。也就是說，輸入第 K 個家務時，它的先決條件均已確定什麼時間結束。因此在輸入過程中直接求最長距離即可。如果沒有先決條件限制，則不可以這樣計算。

演算法程式：

```
int main(){
    int ans=0,w,num,y;
    scanf("%d",&n);
    for(int i=1;i<=n;i++){
        scanf("%d%d",&w,&num);// 本題資料量大，使用 cin 易逾時
        d[i]=w;
        for(int j=1;j<=num;j++){
            scanf("%d",&y);
            d[i]=max(d[i],d[y]+w);
        }
```

```
        ans=max(ans,d[i]);
    }
    printf("%d\n",ans);
    return 0;
}
```

訓練 4　免費 DIY 之旅

題目描述（HDU1224）：旅遊公司展示了一種新型 DIY 線路。各線路都包含一些可由遊客自己選擇的城市。根據該公司的統計資料，每個城市都有自己的評分，評分越高越有趣。舉例來說，巴黎的評分是 90，紐約的評分是 70，等等。世界上不是任何兩個城市之間都可以直飛的，因此旅遊公司提供了一張地圖，告訴遊客是否可以在地圖上任意兩個城市之間直飛。在地圖上用一個數字標記每個城市，一個數字較大的城市不能直接飛往數字較小的城市。薇薇從杭州出發（杭州是第 1 個城市，也是最後 1 個城市，所以杭州被標記為 1 和 N+1），它的評分為 0。薇薇希望盡可能地讓遊覽變得有趣。

輸入：第 1 行是整數 T，表示測試使用案例數。每個測試使用案例的第 1 行都是一個整數 N（$2 \le N \le 100$），表示城市數。然後是 N 個整數，表示城市的評分。接著是整數 M，後跟 M 對整數 A_i、B_i（$1 \le i \le M$），表示從城市 A_i 可以直飛到城市 B_i。

輸出：對於每個測試使用案例，都單行輸出評分之和的最大值和最佳 DIY 線路。在測試使用案例之間都輸出一個空行。

輸入範例	輸出範例
2 3 0 70 90 4 1 2 1 3 2 4 3 4 3 0 90 70	CASE 1# points : 90 circuit : 1->3->1 CASE 2# points : 90 circuit : 1->2->1

```
4
1 2
1 3
2 4
3 4
```

題解：本題其實是求解 1 ～ N+1 的最長路徑。根據輸入範例 1，建構的圖如下圖所示。

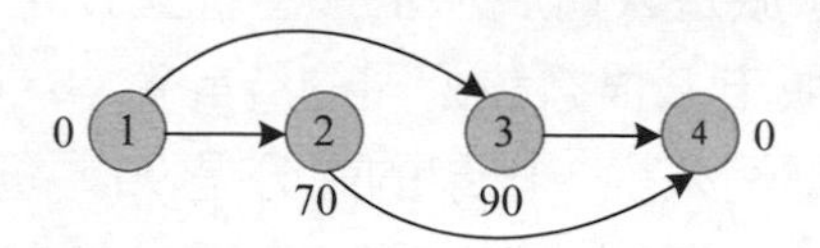

起點和終點的評分為 0，終點 4 實際上也是起點 1，因為起點編號為 1 和 N+1。1 → 3 → 1 這條路徑的評分之和最大，因此答案為 90。

1．演算法設計

可以使用鄰接矩陣儲存，使用兩個 for 敘述更新。也可以使用 SPFA 演算法求最長路徑。

（1）讀取每個節點的評分，將第 N+1 個節點的評分設定為 0。

（2）讀取可以直飛的城市編號，採用鄰接矩陣儲存。

（3）列舉 j=1...n+1，i=1...j–1，如果 map[i][j]&&dis[j]<dis[i]+qd[j]，則

```
dis[j]=dis[i]+qd[j]; pre[j]=i
```

（4）遞迴輸出最長的迴路。

2．演算法實現

```
void printpath(int i){// 輸出最長的迴路
    if(i==-1)
        return;
    printpath(pre[i]);
    cout<<i<<"->";
}

int main(){
```

```
    int T,u,v,cas=0;
    cin>>T;
    while(T--){
        memset(pre,-1,sizeof(pre));
        memset(dis,0,sizeof(dis));
        memset(map,0,sizeof(map));
        cin>>n;
        for(int i=1;i<=n;i++)
            cin>>qd[i];
        qd[n+1]=0;
        cin>>m;
        for(int i=1;i<=m;i++){
            cin>>u>>v;
            map[u][v]=1;
        }
        for(int j=1;j<=n+1;j++)
            for(int i=1;i<j;i++)
                if(map[i][j]&&dis[j]<dis[i]+qd[j]){
                    dis[j]=dis[i]+qd[j];
                    pre[j]=i;
                }
        if(cas)
            cout<<endl;
        cout<<"CASE "<<++cas<<"#"<<endl;
        cout<<"points : "<<dis[n+1]<<endl;
        cout<<"circuit : ";
        printpath(pre[n+1]);// 最後一個節點，手工輸出 1，所以從 pre[n+1] 開始
        cout<<"1"<<endl;
    }
    return 0;
}
```

訓練 5　遊戲玩家

題目描述（HDU1317）：有 n（$n \le 100$）個房間，每個房間都有一個能量值（範圍是 -100 ～ $+100$）。以單向門連接兩個房間，可以透過任何連接所在房間的門到達另一個房間，從而進入另一個房間，到達該房間時會自動獲得該房間的能量。可以多次進入同一個房間，每次都能獲得能量。初始能量值為 100，初始位置是 1 號房間，要走到 n 號房間。1 號房間和 n 號房間的能量值均為 0。

到達 n 號房間可獲勝，如果中途能量值小於或等於 0，則會因能量耗盡而死亡。

輸入：輸入包含幾個測試使用案例。每個測試使用案例的第 1 行都為 n，表示房間數。接下來是 n 個房間的資訊。每個房間的資訊都包括：房間 i 的能量值、離開房間 i 的門數量、房間 i 可以透過門到達的房間列表。在最後一個測試使用案例之後是包含 –1 的行。

輸出：如果玩家有可能獲勝，則輸出 winnable，否則輸出 hopeless。

輸入範例	輸出範例
5 0 1 2 -60 1 3 -60 1 4 20 1 5 0 0 5 0 1 2 20 1 3 -60 1 4 -60 1 5 0 0 5 0 1 2 21 1 3 -60 1 4 -60 1 5 0 0 5 0 1 2 20 2 1 3 -60 1 4 -60 1 5 0 0 -1	hopeless hopeless winnable winnable

題解：根據輸入範例 1，建構的圖如下圖所示，到不了 5 號房間能量就耗盡了，輸出 "hopeless"。

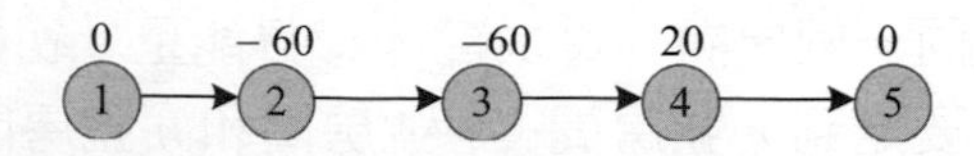

根據輸入範例 4，建構的圖如下圖所示，有正環且可到達終點，輸出 "winnable"。

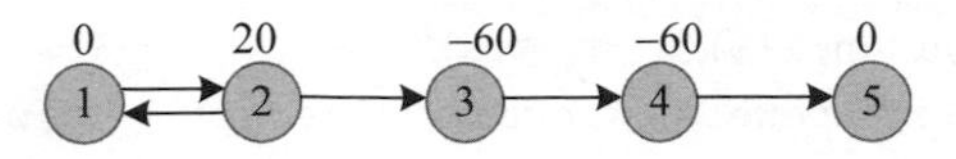

如果從 1 號房間到 n 號房間不連通，則必然不能獲勝。如果有正環，則環上的點到 n 號房間連通即可獲勝。如果沒有環，則到達終點的最長路徑的能量值大於 0 即可獲勝。

1．演算法設計

（1）用 Floyd 演算法判斷連通性，判斷能否從 1 號房間走到 n 號房間，如果不連通則結束。

（2）用 SPFA 演算法判斷有沒有正環，在 $\text{cnt}[v] \geq n$ 時有正環，判斷環上一點到終點是否連通。如果沒有正環，則判斷到達終點的最長路徑的能量值是否大於 0 即可。

注意：由於該題列出的資料是每個節點的能量值，而非邊的能量值，需要用 Floyd 演算法判斷連通性，因此用鄰接矩陣來儲存圖。

2．演算法實現

```
void floyd(){// 判斷連通性
    for(int k=1;k<=n;k++)
        for(int i=1; i<=n;i++)
            for(int j=1;j<=n;j++)
                if(reach[i][j]||(reach[i][k]&&reach[k][j]))
                    reach[i][j]=true;
}

bool spfa(int s){// 判斷有沒有正環，並求最大能量值
    queue<int> q;
    memset(power,0,sizeof(power));
    memset(vis,0,sizeof(vis));
    memset(cnt,0,sizeof(cnt));
    power[s]=100;
    q.push(s);
    vis[s]=1;
    cnt[s]++;
    while(!q.empty()){
```

```
        int v=q.front();
        q.pop();
        vis[v]=0;
        for(int i=1;i<=n;i++){
            if(g[v][i]&&power[i]<power[v]+energy[i]&&power[v]+energy[i]>0){
                power[i]=power[v]+energy[i];
                if(!vis[i]){
                    if(++cnt[i]>=n) //有正環
                        return reach[v][n]; //傳回v到n是否連通
                    vis[i]=1;
                    q.push(i);
                }
            }
        }
    }
    return power[n]>0;
}

void solve(){
    int k,door;
    while(cin>>n&&n!=-1){
        memset(g,false,sizeof(g));
        memset(reach,false,sizeof(reach));
        for(int i=1;i<=n;i++){
            cin>>energy[i]>>k;
            for(int j=1;j<=k;j++){
                cin>>door;
                g[i][door]=true;
                reach[i][door]=true;
            }
        }
        floyd();
        if(!reach[1][n]){
            cout<<"hopeless"<<endl;
            continue;
        }
        if(spfa(1))
            cout<<"winnable"<<endl;
        else
            cout<<"hopeless"<<endl;
    }
}
```

08

尋找演算法

8.1 雜湊表

線性串列和樹表中的尋找都是透過比較關鍵字的方法進行的，尋找效率取決於關鍵字的比較次數。有沒有一種尋找方法，不進行關鍵字比較，就可以直接找到目標？

雜湊表是根據關鍵字直接進行存取的資料結構，透過雜湊函數將關鍵字映射到儲存位址，建立關鍵字和儲存位址之間的直接映射關係。這裡的儲存位址可以是陣列索引、索引、記憶體位址等。

舉例來說，關鍵字 key=(17,24,48,25)，雜湊函數 H(key)=key%5，雜湊函數將關鍵字映射到儲存位址索引，將關鍵字儲存到雜湊表的對應位置，如下圖所示。

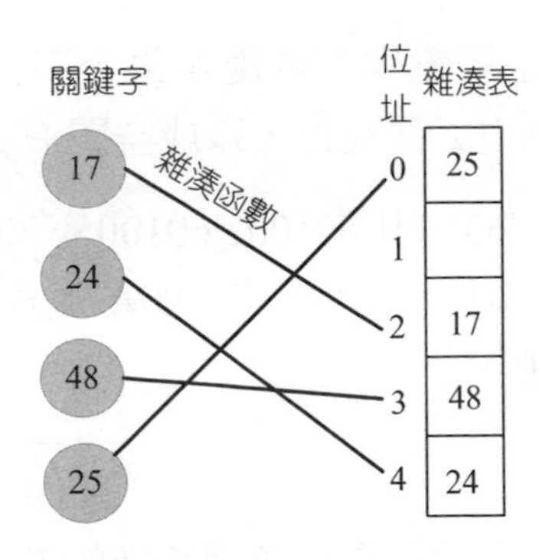

在上圖中，如果要尋找 48，就可以透過雜湊函數得到其儲存位址，直接找到該關鍵字。在雜湊表中進行尋找的時間複雜度與表中的元素個數無關。在理想情況下，在雜湊表中進行尋找的時間複雜度為 $O(1)$。但是，雜湊函數可能會把兩個或兩個以上的關鍵字映射到同一位址，發生衝突，這種發生衝突的不同關鍵

字叫作 " 同義字 "。舉例來説，13 透過雜湊函數計算的映射位址也是 3，與 48 的映射位址相同，則 13 和 48 為同義字。因此，在設計雜湊函數時應儘量減少衝突，如果衝突無法避免，則需要設計處理衝突的方法。

下面從雜湊函數、處理衝突的方法和尋找性能 3 個方面進行講解。

📖 8.1.1 雜湊函數

雜湊函數（Hash Function），又被稱為雜湊函數，是將關鍵字映射到儲存位址的函數，被記為 hash(key)=Addr。設計雜湊函數時需要遵循兩個原則：①雜湊函數盡可能簡單，能夠快速計算出任一關鍵字的雜湊位址；②雜湊函數映射的位址應均勻分佈在整個位址空間，避免聚集，以減少衝突。

雜湊函數的設計原則可簡化為四字箴言：簡單、均勻。常見的雜湊函數包括直接定址法、除留餘數法、隨機數法、數字分析法、平方取中法、折疊法、基數轉換法和全域雜湊法。

1．直接定址法

直接定址法指直接取關鍵字的某個線性函數作為雜湊函數，其形式如下：

$$\text{hash}(\text{key})=a\times\text{key}+b$$

其中，a、b 為常數。

直接定址法適用於事先知道關鍵字而關鍵字集合不是很大且連續性較好的情況。如果關鍵字不連續，則有大量空位，造成空間浪費。

舉例來説，學生的學號為 {601001,601002,601005,…,601045}，可以設計雜湊函數為 H(key)=key-601000，這樣可以將學生的學號直接映射到儲存位址索引，符合簡單、均勻的設計原則。

2．除留餘數法

除留餘數法是一種最簡單、常用的構造雜湊函數的方法，並且不需要事先知道關鍵字的分佈情況。假設雜湊表的表長為 m，取一個不大於表長的最大質數 p，設計雜湊函數為 hash(key)= key%p，選擇 p 為質數是為了避免發生衝突。在實際應用中，存取往往具有某種週期性，若週期與 p 有公共的素因數，則發生衝突的機率將急劇上升。舉例來說，手錶中的齒輪，兩個交合齒輪的齒數最好是互質的，否則出現齒輪磨損絞斷的機率很大。因此，發生衝突的機率隨著 p 所含素因數的增多而迅速增加，素因數越多，衝突越多。

3．隨機數法

隨機數法指將關鍵字隨機化，然後使用除留餘數法得到儲存位址。雜湊函數為 hash(key)= rand(key)%p，其中，rand() 為 C、C++ 中的隨機函數，rand(n) 表示求 0 ～ n–1 的隨機數。p 的設定值和除留餘數法相同。

4．數字分析法

數字分析法指根據每個數字在各個位上的出現頻率，選擇均勻分佈的許多位作為雜湊位址，適用於已知的關鍵字集合，可以透過觀察和分析關鍵字集合得到雜湊函數。

舉例來說，一個關鍵字集合如下圖所示，第 1、2 位的數字完全相同，不需要考慮，第 4、7、8 位的數字只有個別不同，而第 3、5、6 位的數字均勻分佈，可以將第 3、5、6 位的數字作為雜湊位址，或將第 3、5、6 位的數字求和後作為雜湊位址。

6	0	2	5	3	6	1	9
6	0	3	5	2	4	3	0
6	0	9	1	5	5	1	9
6	0	4	5	4	2	2	9
6	0	7	5	0	0	1	9
6	0	2	5	8	1	1	9

5．平方取中法

首先求關鍵字求的平方，然後按雜湊表的大小，取中間的許多位作為雜湊位址（求平方後截取），適用於事先不知道關鍵字的分佈且關鍵字的位數不是很大的情況。

舉例來說，雜湊位址為 3 位，計算關鍵字 10123 的雜湊位址，取 10123^2 的中間 3 位數，即 475：10123^2=102475129。

6．折疊法

折疊法指將關鍵字從左到右分割成位數相等的幾部分，將這幾部分疊加求和，取後幾位作為雜湊位址，適用於關鍵字位數很多且事先不知道關鍵字分佈的情況。折疊法分為移位折疊和邊界折疊兩種。移位折疊指將分割後的每一個部分的最低位對齊，然後相加求和；邊界折疊如同折紙，將相鄰部分沿邊界來回折疊，然後對齊相加。

舉例來說，設關鍵字為 4 5 2 0 7 3 7 9 6 0 3，雜湊位址為 3 位。因為雜湊位址為 3 位，因此將關鍵字每 3 位劃分一塊，疊加後將進位捨去，移位疊加得到的雜湊位址為 324，邊界疊加得到的雜湊位址為 648，如下圖所示。

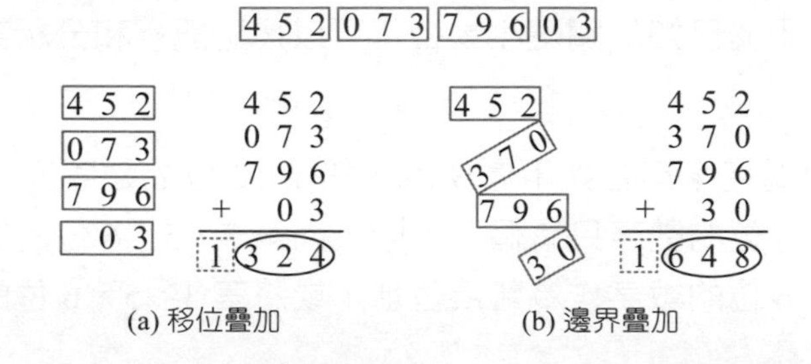

(a) 移位疊加　　(b) 邊界疊加

7．基數轉換法

舉例來說，將十進位數字轉為其他進位表示，例如 345 的九進位表示為 423。另外，雜湊函數大多數是以整數為基礎的，如果關鍵字是浮點數，則可以將關鍵字乘以 M 並四捨五入得到整數，再使用雜湊函數；或將關鍵字表示為二進位數字然後使用雜湊函數。如果關鍵字是字元，則可以將字元轉為 R 進位的整數，然後使用雜湊函數。

舉例來說，在字串 str="asabasarcsar…" 中有 5 種字元，字串的長度不超過 10^6，求在這個字串中有多少個長度為 3 的不同子字串。

（1）按字串順序統計出 5 種字元（不需要遍歷整個串，得到 5 種字元即可），將其與數字對應：a-0；s-1；b-2；r-3；c-4。

（2）將所有長度為 3 的子字串取出來，根據字元與數字的對應關係，將其轉為五進位數並放入 hash[] 陣列中，hash[] 陣列為布林陣列，將其初始化為 0，表示未統計該子字串。

- "asa"：$0\times5^2+1\times5^1+0\times5^0=5$，hash[5]=1，計數 count=1。
- "sab"：$1\times5^2+0\times5^1+2\times5^0=27$，hash[27]=1，計數 count=2。
- "aba"：$0\times5^2+2\times5^1+0\times5^0=10$，hash[10]=1，計數 count=3。
- "bas"：$2\times5^2+0\times5^1+1\times5^0=51$，hash[51]=1，計數 count=4。
- "asa"：$0\times5^2+1\times5^1+0\times5^0=5$，hash[5] 已為 1，表示已統計過該子字串，不計數。
- ……

8．全域雜湊法

如果對關鍵字了解不多，則可以使用全域雜湊法，即將多種備選的雜湊函數放在一個集合 H 中，在實際應用中隨機選擇其中的作為雜湊函數。如果任意兩個不同的關鍵字 key1 ≠ key2、hash(key1)=hash(key2) 的雜湊函數個數最多為 $|H|/m$，$|H|$ 為集合中雜湊函數的個數，m 為表長，則稱 H 是全域的。

🕮 8.1.2 處理衝突的方法

無論如何設計雜湊函數，都無法避免發生衝突。如果發生衝突，就需要處理衝突。處理衝突的方法分為 3 種：開放位址法、鏈位址法、建立公共溢位區域。

1．開放位址法

開放位址法是線性儲存空間上的解決方案，也被稱為閉雜湊。當發生衝突時，採用衝突處理方法在線性儲存空間上探測其他位置。hash'(key)=(hash(key)+d_i)%m，其中，hash(key) 為原雜湊函數，hash'(key) 為探測函數，d_i 為增量序列，m 為表長。

根據增量序列的不同，開放位址法又分為線性探測法、二次探測法、隨機探測法、再雜湊法。

1）線性探測法

線性探測法是最簡單的開放位址法，線性探測的增量序列為 $d_i=1,\cdots,m-1$。

舉例來說，有一組關鍵字 (14,36,42,38,40,15,19,12,51,65,34,25)，若表長為 15，雜湊函數為 hash(key)=key%13，則可採用線性探測法處理衝突，構造該雜湊表。

完美圖解：按照關鍵字順序，根據雜湊函數計算雜湊位址，如果該位址空間為空，則直接放入；如果該位址空間已儲存資料，則採用線性探測法處理衝突。

（1）hash(14)=14%13=1，將 14 放入 1 號空間（索引為 1）；hash(36)=36%13=10，將 36 放入 10 號空間；hash(42)=42%13=3，將 42 放入 3 號空間；hash(38)=38%13=12，將 38 放入 12 號空間。

雜湊位址	0	1	2	3	4	5	6	7	8	9	10	11	12	13	14
關鍵字		14		42							36		38		
比較次數		1		1							1		1		

（2）hash(40)=40%13=1，1 號空間已儲存資料，採用線性探測法處理衝突。

$$hash'(40)=(hash(40)+d_i)\%m，d_i=1,\cdots,m-1$$

$d_1=1$：hash'(40)=(1+1)%15=2，2 號空間為空，將 40 放入 2 號空間，即 hash(40)=40%13=1 → 2。

雜湊位址	0	1	2	3	4	5	6	7	8	9	10	11	12	13	14
關鍵字		14	40	42							36		38		
比較次數		1	2	1							1		1		

（3）hash(15)=15%13=2，2 號空間已儲存資料，發生衝突，採用線性探測法處理衝突。

$$hash'(15)=(hash(15)+d_i)\%m，d_i=1,\cdots,m-1$$

- $d_1=1$：hash'(15)=(2+1)%15=3，3 號空間已儲存資料，繼續進行線性探測。
- $d_2=2$：hash'(15)=(2+2)%15=4，4 號空間為空，將 15 放入 4 號空間。

即 hash(15)=15%13=2 → 3 → 4。

雜湊位址	0	1	2	3	4	5	6	7	8	9	10	11	12	13	14
關鍵字		14	40	42	15						36		38		
比較次數		1	2	1	3						1		1		

（4）hash(19)=19%13=6，將 19 放入 6 號空間；hash(12)=12%13=12，12 號空間已儲存資料，採用線性探測法處理衝突。

$$hash'(12)=(hash(12)+d_i)\%m，d_i=1,\cdots,m-1$$

d_1=1：hash'(12)=(12+1)%15=13，12 號空間為空，將 12 放入 13 號空間，即 hash(12)=12%13=12 → 13。

雜湊位址	0	1	2	3	4	5	6	7	8	9	10	11	12	13	14
關 鍵 字		14	40	42	15		19				36		38	12	
比較次數		1	2	1	3		1				1		1	2	

（5）hash(51)=51%13=12，12 號空間已儲存資料，採用線性探測法處理衝突。

$$hash'(51)=(hash(51)+d_i)\%m，d_i=1,\cdots,m-1$$

- $d1$=1：hash'(51)=(12+1)%15=13，13 號空間已儲存資料，繼續進行線性探測。
- $d2$=2：hash'(51)=(12+2)%15=14，14 號空間為空，將 51 放入 14 號空間。

即 hash(51)=51%13=12 → 13 → 14。

雜湊位址	0	1	2	3	4	5	6	7	8	9	10	11	12	13	14
關 鍵 字		14	40	42	15		19				36		38	12	51
比較次數		1	2	1	3		1				1		1	2	3

（6）hash(65)=65%13=0，將 65 放入 0 號空間；hash(34)=34%13=8，將 34 放入 8 號空間；

hash(25)=12%13=12，12 號空間已儲存資料，採用線性探測法處理衝突。

$hash'(25)=(hash(25)+d_i)\%m，d_i=1,\cdots,m-1$

- d_1=1：hash'(25)=(12+1)%15=13，13 號空間已儲存資料，繼續進行線性探測。
- d_2=2：hash'(25)=(12+2)%15=14，14 號空間已儲存資料，繼續進行線性探測。
- d_3=3：hash'(25)=(12+3)%15=0，0 號空間已儲存資料，繼續進行線性探測。
- d_4=4：hash'(25)=(12+4)%15=1，1 號空間已儲存資料，繼續進行線性探測。
- d_5=5：hash'(25)=(12+5)%15=2，2 號空間已儲存資料，繼續進行線性探測。
- d_6=6：hash'(25)=(12+6)%15=3，3 號空間已儲存資料，繼續進行線性探測。
- d_7=7：hash'(25)=(12+7)%15=4，4 號空間已儲存資料，繼續進行線性探測。

- d_8=8：hash'(25)=(12+8)%15=5，5 號空間為空，將 25 放入 5 號空間。

即 hash(25)=25%13=12 → 13 → 14 → 0 → 1 → 2 → 3 → 4 → 5。

雜湊位址	0	1	2	3	4	5	6	7	8	9	10	11	12	13	14
關 鍵 字	65	14	40	42	15	25	19		34		36		38	12	51
比較次數	1	1	2	1	3	9	1		1		1		1	2	3

注意：線性探測法很簡單，只要有空間，就一定能夠探測到位置。但是，在處理衝突的過程中，會出現非同義字之間對同一個雜湊位址發生爭奪的現象，稱之為 " 堆積 "。舉例來說，上圖中 25 和 38 是同義字，25 和 12、51、65、14、40、42、15 均非同義字，卻探測了 9 次才找到合適的位置，大大降低了尋找效率。

性能分析：

（1）尋找成功的平均尋找長度。假設尋找的機率均等（12 個關鍵字，每個關鍵字尋找的機率均為 1/12），尋找成功的平均尋找長度等於所有關鍵字尋找成功的比較次數 c_i 乘以尋找機率 p_i 之和，即 $\mathrm{ASL}_{\mathrm{succ}}=\sum_{i=1}^{n} p_i c_i$ 。可以看出，1 次比較成功的有 7 個，2 次比較成功的有 2 個，3 次比較成功的有 2 個，9 次比較成功的有 1 個，乘以尋找機率求和，因為尋找機率均為 1/12，也可以視為比較次數求和後除以關鍵字個數 12。其尋找成功的平均尋找長度為 $\mathrm{ASL}_{\mathrm{succ}}=(1\times7+2\times2+3\times2+9)/12=4/3$。

（2）尋找失敗的平均尋找長度。本題中的雜湊函數為 hash(key)=key%13，計算得到的雜湊位址為 0,1,⋯,12，一共有 13 種情況，那麼有 13 種尋找失敗的情況，尋找失敗的平均尋找長度等於所有關鍵字尋找失敗的比較次數 c_i 乘以尋找機率 p_i 之和，即 $\mathrm{ASL}_{\mathrm{unsucc}}=\sum_{i=1}^{r} p_i c_i$ 。當 hash(key)=0 時，如果該空間為空，則比較 1 次即可確定尋找失敗；如果該空間不可為空，關鍵字又不相等，則繼續採用線性探測法向後尋找，直到遇到空，才確定尋找失敗，計算比較次數。同理，在 hash(key)= 1,⋯,12 時也如此計算。

本題的雜湊表如下表所示。

雜湊位址	0	1	2	3	4	5	6	7	8	9	10	11	12	13	14
關 鍵 字	65	14	40	42	15	25	19		34		36		38	12	51
比較次數	1	1	2	1	3	9	1		1		1		1	2	3

- hash(key)=0：從該位置向後一直比較到 7 時為空，尋找失敗，比較 8 次。
- hash(key)=1：從該位置向後一直比較到 7 時為空，尋找失敗，比較 7 次。
- hash(key)=2：從該位置向後一直比較到 7 時為空，尋找失敗，比較 6 次。
- hash(key)=3：從該位置向後一直比較到 7 時為空，尋找失敗，比較 5 次。
- hash(key)=4：從該位置向後一直比較到 7 時為空，尋找失敗，比較 4 次。
- hash(key)=5：從該位置向後一直比較到 7 時為空，尋找失敗，比較 3 次。
- hash(key)=6：從該位置向後一直比較到 7 時為空，尋找失敗，比較 2 次。
- hash(key)=7：該位置為空，尋找失敗，比較 1 次。
- hash(key)=8：從該位置向後一直比較到 9 時為空，尋找失敗，比較 2 次。
- hash(key)=9：該位置為空，尋找失敗，比較 1 次。
- hash(key)=10：從該位置向後一直比較到 11 時為空，尋找失敗，比較 2 次。
- hash(key)=11：該位置為空，尋找失敗，比較 1 次。
- hash(key)=12：從該位置向後比較到表尾，再從標頭開始向後比較（像循環佇列一樣），一直比較到 7 時為空，尋找失敗，比較 11 次。

假設尋找失敗的機率均等（13 種失敗情況，每種情況發生的機率都為 1/13），尋找失敗的平均尋找長度等於所有關鍵字尋找失敗的比較次數乘以機率之和。尋找失敗的平均尋找長度為 $ASL_{unsucc}=(1\times3+2\times3+3+4+5+6+7+8+11)/13=53/13$。

演算法實現：

```
int H(int key){// 雜湊函數
    return key%13;
}

int Linedetect(int HT[],int H0,int key,int &cnt){
    int Hi;
    for(int i=1;i<m;++i){
        cnt++;
        Hi=(H0+i)%m; // 按照線性探測法計算下一個雜湊位址 Hi
```

```
        if(HT[Hi]==NULLKEY)
            return Hi;        //若單元 Hi 為空，則所查元素不存在
        else if(HT[Hi]==key)
            return Hi; //若單元 Hi 中元素的關鍵字為 key
    }
    return -1;
}

int SearchHash(int HT[],int key){
    //在雜湊表 HT 中尋找 key，若尋找成功，則傳回索引，否則傳回 -1
    int H0=H(key); //根據雜湊函數計算雜湊位址
    int Hi,cnt=1;
    if(HT[H0]==NULLKEY)//若單元 H0 為空，則所查元素不存在
        return -1;
    else if(HT[H0]==key){//若單元 H0 中元素的關鍵字為 key，則尋找成功
            cout<<"尋找成功，比較次數："<<cnt<<endl;
            return H0;
        }
        else{
            Hi=Linedetect(HT,H0,key,cnt);
            if(HT[Hi]==key){//若單元 Hi 中元素的關鍵字為 key，則尋找成功
                cout<<"尋找成功，比較次數："<<cnt<<endl;
                return Hi;
            }
            else
                return -1;   //若單元 Hi 為空，則所查元素不存在
        }
}

bool InsertHash(int HT[],int key){
    int H0=H(key); //根據雜湊函數 H(key) 計算雜湊位址
    int Hi=-1,cnt=1;
    if(HT[H0]==NULLKEY){
        HC[H0]=1;//統計比較次數
        HT[H0]=key;  //若單元 H0 為空，則放入
        return 1;
    }
    else{
        Hi=Linedetect(HT,H0,key,cnt);//線性探測
        if((Hi!=-1)&&(HT[Hi]==NULLKEY)){
```

```
            HC[Hi]=cnt;
            HT[Hi]=key;// 若單元 Hi 為空，則放入
            return 1;
        }
    }
    return 0;
}
```

2）二次探測法

二次探測法指採用前後跳躍式探測的方法，發生衝突時，向後 1 位探測，向前 1 位探測，向後 2^2 位元探測，向前 2^2 位元探測……以跳躍式探測，避免堆積。

二次探測的增量序列為 $d_i=1^2, -1^2, 2^2, -2^2, \cdots, k^2, -k^2$（$k \leq m/2$）。

舉例來說，有一組關鍵字（14,36,42,38,40,15,19,12,51,65,34,25），若表長為 15，雜湊函數為 hash(key)=key%13，則可採用二次探測法處理衝突，構造該雜湊表。

完美圖解：按照關鍵字的順序，根據雜湊函數計算雜湊位址，如果該位址空間為空，則直接放入；如果該位址空間已儲存資料，則採用線性探測法處理衝突。

（1）hash(14)=14%13=1，將 14 放入 1 號空間（索引為 1）；hash(36)=36%13=10，將 36 放入 10 號空間；hash(42)=42%13=3，將 42 放入 3 號空間；hash(38)=38%13=12，將 38 放入 12 號空間。

雜湊位址	0	1	2	3	4	5	6	7	8	9	10	11	12	13	14
關 鍵 字		14		42							36		38		
比較次數		1		1							1		1		

（2）hash(40)=40%13=1，1 號空間已儲存資料，採用二次探測法處理衝突。

$$hash'(40)=(hash(40)+d_i)\%m，d_i=1^2, -1^2, 2^2, -2^2, \cdots, k^2, -k^2（k \leq m/2）$$

$d1=1^2$：hash'(40)=(1+1^2)%15=2，2 號空間為空，將 40 放入 2 號空間。

即 hash(40)=40%13=1 → 2。

雜湊位址	0	1	2	3	4	5	6	7	8	9	10	11	12	13	14
關 鍵 字		14	40	42							36		38		
比較次數		1	2	1							1		1		

（3）hash(15)=15%13=2，2 號空間已儲存資料，發生衝突，採用二次探測法處理衝突。

$$hash'(15)=(hash(15)+d_i)\%m，d_i=1^2, -1^2, 2^2, -2^2, \cdots, k^2, -k^2（k\leq m/2）$$

- $d1=1^2$：hash'(15)=(2+1^2)%15=3，3 號空間已儲存資料，繼續進行二次探測。
- $d2=-1^2$：hash'(15)=(2−1^2)%15=1，1 號空間已儲存資料，繼續進行二次探測。
- $d3=2^2$：hash'(15)=(2+2^2)%15=6，6 號空間為空，將 15 放入 6 號空間。

即 hash(15)=15%13=2 → 3 → 1 → 6。

雜湊位址	0	1	2	3	4	5	6	7	8	9	10	11	12	13	14
關 鍵 字		14	40	42			15				36		38		
比較次數		1	2	1			4				1		1		

（4）hash(19)=19%13=6，6 號空間已儲存資料，採用二次探測法處理衝突。

$d1=1^2$：hash'(19)=(6+1^2)%15=7，7 號空間為空，將 19 放入 7 號空間。

即 hash(19)=19%13=6 → 7。

hash(12)=12%13=12，12 號空間已儲存資料，採用二次探測處理衝突。

$d1=1^2$：hash'(12)=(12+1^2)%15=13，13 號空間為空，將 12 放入 13 號空間。

即 hash(12)=12%13=12 → 13。

雜湊位址	0	1	2	3	4	5	6	7	8	9	10	11	12	13	14
關 鍵 字		14	40	42			15	19			36		38	12	
比較次數		1	2	1			4	2			1		1	2	

（5）hash(51)=51%13=12，12 號空間已儲存資料，採用二次探測處理衝突。

- $d_1=1^2$：hash'(51)=(12+1^2)%15=13，13 號空間已儲存資料，繼續進行二次探測。

- $d_2=-1^2$：hash'(51)=(12−1²)%15=11，11 號空間為空，將 51 放入 11 號空間。

即 hash(51)=51%13=12 → 13 → 11。

雜湊位址	0	1	2	3	4	5	6	7	8	9	10	11	12	13	14
關 鍵 字		14	40	42			15	19			36	51	38	12	
比較次數		1	2	1			4	2			1	3	1	2	

（6）hash(65)=65%13=0，將 65 放入 0 號空間；hash(34)=34%13=8，將 34 放入 8 號空間。

雜湊位址	0	1	2	3	4	5	6	7	8	9	10	11	12	13	14
關 鍵 字	65	14	40	42			15	19	34		36	51	38	12	
比較次數	1	1	2	1			4	2	1		1	3	1	2	

（7）hash(25)=25%13=12，12 號空間已儲存資料，採用二次探測法處理衝突。

注意：在二次探測過程中如果二次探測位址為負值，則加上表長即可。

- $d_1=1^2$：hash'(25)=(12+1²)%15=13，已儲存資料，繼續進行二次探測。
- $d_2=-1^2$：hash'(25)=(12−1²)%15=11，已儲存資料，繼續進行二次探測。
- $d_3=2^2$：hash'(25)=(12+2²)%15=1，已儲存資料，繼續進行二次探測。
- $d_4=-2^2$：hash'(25)=(12−2²)%15=8，已儲存資料，繼續進行二次探測。
- $d_5=3^2$：hash'(25)=(12+3²)%15=6，已儲存資料，繼續進行二次探測。
- $d_6=-4^2$：hash'(25)=(12−3²)%15=3，已儲存資料，繼續進行二次探測。
- $d_7=4^2$：hash'(25)=(12+4²)%15=13，已儲存資料，繼續進行二次探測。
- $d_8=-4^2$：hash'(25)=(12-4²)%15=−4，−4+15=11，已儲存資料，繼續進行二次探測。
- $d_9=5^2$：hash'(25)=(12+5²)%15=7，已儲存資料，繼續進行二次探測。
- $d_{10}=-5^2$：hash'(25)=(12-5²)%15=−13，−13+15=2，已儲存資料，繼續進行二次探測。
- $d_{11}=6^2$：hash'(25)=(12+6²)%15=3，已儲存資料，繼續進行二次探測。
- $d_{12}=-6^2$：hash'(25)=(12-6²)%15=−9，−9+15=6，已儲存資料，繼續進行二次探測。

- $d_{13}=7^2$：hash'(25)=(12+7^2)%15=1，已儲存資料，繼續進行二次探測。
- $d_{14}=-7^2$：hash'(25)=(12-7^2)%15=–7，–7+15=8，已儲存資料，繼續進行二次探測。

即 12 → 13 → 11 → 1 → 8 → 6 → 3 → 13 → 11 → 7 → 2 → 3 → 6 → 1 → 8。

已探測到 $(m/2)^2$，還沒找到位置，探測結束，儲存失敗，此時仍有 4 個空間，卻探測失敗。

注意：二次探測法是跳躍式探測方法，效率較高，但是會出現有空間卻探測不到的情況，因而儲存失敗。而線性探測法只要有空間就一定能夠探測成功。

演算法實現：

```
int Seconddetect(int HT[],int H0,int key,int &cnt){
    int Hi;
    for(int i=1;i<=m/2;++i){
        int i1=i*i;
        int i2=-i1;
        cnt++;
        Hi=(H0+i1)%m; //採用線性探測法計算下一個雜湊位址 Hi
        if(HT[Hi]==NULLKEY)//若單元 Hi 為空，則所查元素不存在
            return Hi;
        else if(HT[Hi]==key)//若單元 Hi 中元素的關鍵字為 key
            return Hi;
        cnt++;
        Hi=(H0+i2)%m; //採用線性探測法計算下一個雜湊位址 Hi
        if(Hi<0)
            Hi+=m;
        if(HT[Hi]==NULLKEY)//若單元 Hi 為空，則所查元素不存在
            return Hi;
        else if(HT[Hi]==key)//若單元 Hi 中元素的關鍵字為 key
            return Hi;
    }
    return -1;
}
```

3）隨機探測法

隨機探測法採用虛擬亂數進行探測，利用隨機化避免堆積。隨機探測的增量序列為 d_i= 偽隨機序列。

4）再雜湊法

再雜湊法指在透過雜湊函數得到的位址發生衝突時，再利用第 2 個雜湊函數處理，稱之為雙雜湊法。再雜湊法的增量序列為 d_i=hash$_2$(key)。

注意：採用開放位址法處理衝突時，不能隨便刪除表中的元素，若刪除元素，則會截斷其他後續元素的探測，若要刪除一個元素，則可以做一個刪除標記，標記其已被刪除。

2．鏈位址法

鏈位址法又被稱為拉鍊法，指如果不同的關鍵字透過雜湊函數映射到同一位址，而這些關鍵字為同義字，則將所有同義字都儲存在一個線性鏈結串列中，尋找、插入、刪除操作主要在這個鏈結串列中進行。鏈位址法適用於經常進行插入、刪除的情況。

舉例來說，有一組關鍵字 (14,36,42,38,40,15,19,12,51,65,34,25)，若表長為 15，雜湊函數為 hash(key) =key%13，則可採用鏈位址法處理衝突，構造該雜湊表。

完美圖解：按照關鍵字順序，根據雜湊函數計算雜湊位址，如果該位址空間為空，則直接放入；如果該位址空間已儲存資料，則採用鏈位址法處理衝突。

- hash(14)=14%13=1，放入 1 號空間後面的單鏈結串列中。
- hash(36)=36%13=10，放入 10 號空間後面的單鏈結串列中。
- hash(42)=42%13=3，放入 3 號空間後面的單鏈結串列中。
- hash(38)=38%13=12，放入 12 號空間後面的單鏈結串列中。
- hash(40)=40%13=1，放入 1 號空間後面的單鏈結串列中。
- hash(15)=15%13=2，放入 2 號空間後面的單鏈結串列中。
- hash(19)=19%13=6，放入 6 號空間後面的單鏈結串列中。
- hash(12)=12%13=12，放入 12 號空間後面的單鏈結串列中。
- hash(51)=51%13=12，放入 12 號空間後面的單鏈結串列中。
- hash(65)=65%13=0，放入 0 號空間後面的單鏈結串列中。
- hash(34)=34%13=8，放入 8 號空間後面的單鏈結串列中。
- hash(25)=25%13=12，放入 12 號空間後面的單鏈結串列中。

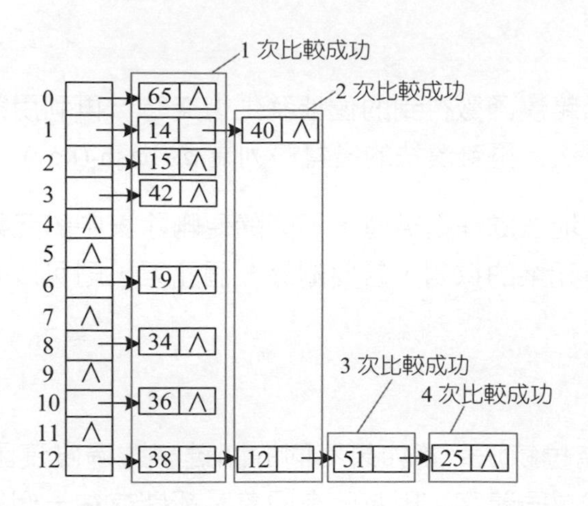

性能分析：

（1）尋找成功的平均尋找長度。假設尋找的機率均等（12 個關鍵字，每個關鍵字尋找的機率均為 1/12），尋找成功的平均尋找長度等於所有關鍵字的比較次數乘以尋找機率之和。從上圖可以看出，1 次比較成功的有 8 個，2 次比較成功的有 2 個，3 次比較成功的有 1 個，4 次比較成功的有 1 個，其尋找成功的平均尋找長度為 $ASL_{succ}=(1\times8+2\times2+3+4)/12=19/12$。

（2）尋找失敗的平均尋找長度。本題中的雜湊函數為 hash(key)=key%13，計算得到的雜湊位址為 0,1,···,12，共有 13 種情況。假設尋找失敗的機率均等（13 種失敗情況，每種情況發生的機率均為 1/13），則尋找失敗的平均尋找長度等於所有關鍵字尋找失敗的比較次數乘以機率之和。當 hash(key)=0 時，如果該空間為空，則比較 1 次即可確定尋找失敗；如果該空間不可為空，則在其後面的單鏈結串列中尋找，遇到空時，尋找失敗。如果在單鏈結串列中有兩個節點，則需要比較 3 次才能確定尋找失敗。同理，在 hash(key)= 1,···,12 時也如此計算，如下圖所示。

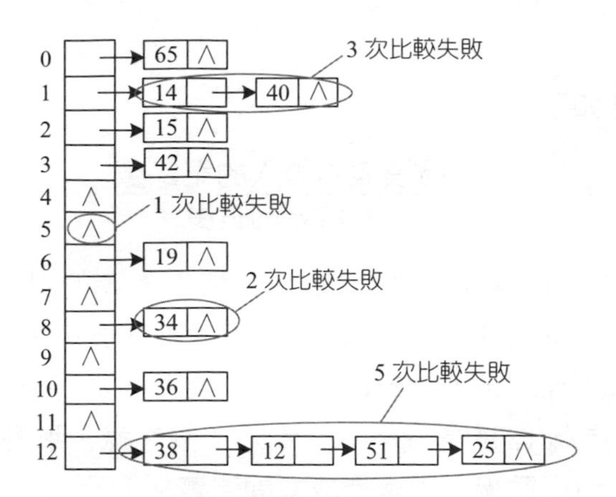

在上圖中有 5 個空，比較 1 次失敗；有 6 個含有 1 個節點，比較 2 次失敗；有 1 個含有 2 個節點，比較 3 次失敗；有 1 個含有 4 個節點，比較 5 次失敗。其尋找失敗的平均尋找長度為 ASLunsucc=(1×5+2×6+3+5)/13=25/13。

3．建立公共溢位區域

除了以上處理衝突的方法，也可以建立一個公共溢位區域，當發生衝突時，將關鍵字放入公共溢位區域。尋找時，先根據待查找關鍵字的雜湊位址在雜湊表中尋找，如果為空，則尋找失敗；如果不可為空且關鍵字不相等，則到公共溢位區域中尋找，如果仍未找到，則尋找失敗。

8.1.3 雜湊尋找及性能分析

雜湊表雖然建立了關鍵字和儲存位置之間的直接映射，但衝突不可避免，在雜湊表的尋找過程中，有的關鍵字可以透過直接定址 1 次比較找到，有的關鍵字可能仍然需要和許多關鍵字比較，尋找不同關鍵字的比較次數不同，因此雜湊表的尋找效率透過平均尋找長度衡量。其尋找效率取決於 3 個因素：雜湊函數、裝填因數、處理衝突的方法。

1．雜湊函數

衡量雜湊函數好壞的標準是：簡單、均勻。即雜湊函數計算簡單，可以將關鍵字均勻地映射到雜湊表中，避免大量關鍵字聚集在一個地方，發生衝突的可能性就小。

2．裝填因數

雜湊表的裝填因數如下：

$$\alpha=\frac{\text{雜湊表中填入的記錄數}}{\text{雜湊表的長度}}$$

裝填因數反映雜湊表的裝滿程度，α 越小，發生衝突的可能性越小；反之，α 越大，發生衝突的可能性越大。舉例來說，在雜湊表中填入的記錄數為 12，表長為 15，則裝填因數 α=12/15=0.8；如果載入的記錄數為 3，則裝填因數 α=3/15=0.2。在表長為 15 的情況下，只載入 3 個記錄，那麼發生衝突的可能性大大降低。但是裝填因數過小也會造成空間浪費。

3．處理衝突的方法

採用雜湊表處理衝突的方法不同，其平均尋找長度的數學期望也不同，如下表所示。

平均尋找長度 / 處理衝突的方法	尋找成功	尋找失敗
線性探測法	$\frac{1}{2}(1+\frac{1}{1-\alpha})$	$\frac{1}{2}(1+\frac{1}{(1-\alpha)^2})$
二次探測法	$-\frac{1}{\alpha}\ln(1+\alpha)$	$\frac{1}{1-\alpha}$
鏈位址法	$1+\frac{\alpha}{2}$	$\alpha+e^{-\alpha}$

上表中尋找成功和尋找失敗的平均尋找長度是數學期望下的值，從數學期望結果可以看出，雜湊表的平均尋找長度與裝填因數有關，與關鍵字個數無關。不管關鍵字個數 n 有多大，都可以選擇一個合適的裝填因數，將平均尋找長度限定在一個可接受的範圍內。

注意：針對具體的關鍵字序列，對其尋找成功和尋找失敗的平均尋找長度都不可以採用此數學期望公式計算。

在尋找機率均等的前提下，透過以下公式計算尋找成功和尋找失敗的平均尋找長度。

尋找成功的平均尋找長度如下：

$$\mathrm{ASL_{succ}} = \frac{1}{n}\sum_{i=1}^{n} c_i$$

其中，n 為關鍵字個數，c_i 為第 i 個關鍵字尋找成功時所需的比較次數。

尋找失敗的平均尋找長度如下：

$$\mathrm{ASL_{unsucc}} = \frac{1}{r}\sum_{i=1}^{r} c_i$$

其中，r 為雜湊函數映射位址的個數，c_i 為映射位址為 i 時尋找失敗的比較次數。

舉例來說，hash(key)=key mod 13，那麼雜湊函數的映射位址為 0 ～ 12，共有 13 個，r=13。計算尋找失敗的比較次數時，不管是採用線性探測法、二次探測法，還是採用鏈位址法，遇到空才會停止，空也算作一次比較。

訓練 1　雪花

題目描述（POJ3349）：你可能聽說過沒有兩片雪花是一樣的，請編寫一個程式來確定這是否是真的。已知每片雪花 6 個花瓣的長度，任何一對具有相同順序和花瓣長度的雪花都是相同的。

輸入：輸入的第 1 行包含一個整數 n（$0<n \leq 10^5$），表示雪花的數量。接下來的 n 行，每行都描述一片雪花。每片雪花都將包含 6 個整數（每個整數都至少為 0 且小於 10^7），表示雪花的花瓣長度。花瓣長度將圍繞雪花的順序列出（順時鐘或逆時鐘），但它們可以從 6 個花瓣中的任何一個開始。舉例來說，相同的雪花可以被描述為 1 2 3 4 5 6 或 4 3 2 1 6 5。

輸出：如果所有的雪花都是不同的，則輸出 "No two snowflakes are alike."，否則輸出 "Twin snowflakes found."。

輸入範例	輸出範例
2 1 2 3 4 5 6 4 3 2 1 6 5	Twin snowflakes found.

題解：本題可以採用雜湊表和 vector 解決，也可以採用雜湊表和鏈式前向星解決。

1．演算法設計

（1）將雪花的六個花瓣長度求和，然後 mod 一個較大的質數 P，例如 100003、100007。

（2）在雜湊表 key 相同的鏈中查詢是否有相同的，如果有則傳回 1，否則將該關鍵字增加到雜湊表中。

（3）比較相同時，從順時鐘和逆時鐘兩個方向判斷。

（4）以雜湊表處理衝突時採用鏈位址法。採用 vector 或鏈式前向星均可，但 vector 速度較慢。

2．演算法實現

```
int cmp(int a,int b){
    int i,j;
    for(i=0;i<6;i++){
        if(snow[a][0]==snow[b][i]){
            for(j=1;j<6;j++)//順時鐘
                if(snow[a][j]!=snow[b][(j+i)%6])
                    break;
            if(j==6) return 1;
            for(j=1;j<6;j++)//逆時鐘
                if(snow[a][6-j]!=snow[b][(j+i)%6])
                    break;
            if(j==6) return 1;
        }
    }
    return 0;
}

bool find(int i){//以鏈位址法處理衝突，以vector實現
    int key,sum=0;
    for(int j=0;j<6;j++)
        sum+=snow[i][j];
    key=sum%P;
    for(int j=0;j<hash[key].size();j++){
        if(cmp(i,hash[key][j]))
```

```
        return 1;
    }
    hash[key].push_back(i); // 將索引 i 增加到值為 key 的 vector 中
    return 0;
}

bool find(int i){ // 以鏈位址法處理衝突，以鏈式前向星實現
    int key,sum=0;
    for(int j=0;j<6;j++)
        sum+=snow[i][j];
    key=sum%P;
    for(int j=head[key];j;j=e[j].next){
        if(cmp(i,e[j].to))
         return 1;
    }
    addhash(key,i); // 將索引 i 增加到值為 key 的鏈結串列中
    return 0;
}
```

訓練 2　公式

題目描述（POJ1840）：考慮方程式 $a1x1^3+a2x2^3+a3x3^3+a4x4^3+a5x5^3=0$，係數是在 [-50,50] 區間的整數，$x_i \in [-50,50]$，$x_i!=0$，$i \in \{1,2,3,4,5\}$，求滿足方程式的解的數量。

輸入：唯一的輸入行包含 5 個係數 $a1$、$a2$、$a3$、$a4$、$a5$，以空格分隔。

輸出：單行輸出滿足方程式的解的數量。

輸入範例	輸出範例
37 29 41 43 47	654

題解：直接暴力列舉肯定是逾時的。可以將方程式變換一下：將 $a_1x_1^3+a_2x_2^3+a_3x_3^3+a_4x_4^3+a_5x_5^3=0$ 變為 $a_3x_3^3+a_4x_4^3+a_5x_5^3=-(a_1x_1^3+a_2x_2^3)$，這樣就可以從 5 層 for 迴圈（時間複雜度 100^5）變為 3 層 for 迴圈和 2 層 for 迴圈（時間複雜度為 100^3+100^2）。將等式左或右的值暴力列舉並存入雜湊表，由於可能存在負值，所以令負值 +25000000 轉化為正數，並且保證數值的唯一性。再暴力列舉等式的另一邊，將雜湊表對應的值直接存入 ans 累加器中，最後輸出 ans。

注意：25000000 的陣列很大，如果用 int 會爆記憶體，則用 short 定義陣列。

1．演算法設計

（1）定義一個雜湊陣列 hash[]，將其初始化為 0。hash[*i*] 表示雜湊值為 *i* 的數量。

（2）列舉 $x_1, x_2 \in [-50,50]$，x_1, $x2 \neq 0$，計算 $-(a_1x_1^3+a_2x_2^3)$ 的值 temp，如果 temp<0, 則 temp= temp+maxn，累加計數 hash[temp]++。

（3）列舉 $x_3,x_4,x_5 \in [-50,50]$，$x_3,x_4,x_5 \neq 0$，計算 $a_3x_3^3+a_4x_4^3+a_5x_5^3$ 的值 temp，如果 temp<0, 則 temp=temp+maxn。如果 hash[temp] 為真，則說明 $-(a_1x_1^3+a_2x_2^3)$ 已經獲得了 temp，累加答案數 ans= ans+hash[temp]。

（4）輸出滿足方程式的解的數量 ans。

2．演算法實現

```
int main(){
    int ans,temp;
    while(cin>>a1>>a2>>a3>>a4>>a5){
        ans=0;
        memset(hash,0,sizeof(hash));
        for(int i=-50;i<=50;i++)
            for(int j=-50;j<=50;j++){
                if(i==0||j==0)  continue;
                temp=(a1*i*i*i+a2*j*j*j)*(-1);
                if(temp<0)
                    temp=temp+maxn;
                hash[temp]++;
            }
        for(int i=-50;i<=50;i++)
            for(int j=-50;j<=50;j++)
                for(int k=-50;k<=50;k++){
                   if(i==0||j==0||k==0)   continue;
                   temp=a3*i*i*i+a4*j*j*j+a5*k*k*k;
                   if(temp<0)
                            temp=temp+maxn;
                   if(hash[temp])
                     ans=ans+hash[temp];
                }
        cout<<ans<<endl;
```

```
    }
    return 0;
}
```

∴ 訓練 3　正方形

題目描述（POJ2002）：正方形是四邊形，其邊長相等，相鄰邊形成 90º 角。它也是一個多邊形，使其圍繞其中心旋轉 90°列出相同的多邊形。假設夜空是一個二維平面，每顆星星都由其 x 和 y 座標指定，找到所有可能由夜空中的一組恒星形成的正方形。

輸入：輸入包含多個測試使用案例。每個測試使用案例都以整數 n（$1 \leq n \leq 1000$）開始，表示恒星的數量。接下來的 n 行，每行都包含一顆恒星的 x 和 y 座標（兩個整數）。假設這些恒星的位置是不同的，並且座標值小於 20000。當 n=0 時，輸入終止。

輸出：對於每個測試使用案例，都單行輸出恒星形成的正方形數。

輸入範例	輸出範例
4 1 0 0 1 1 1 0 0 9 0 0 1 0 2 0 0 2 1 2 2 2 0 1 1 1 2 1 4 -2 5 3 7 0 0 5 2 0	1 6 1

題解：如果列舉 4 個節點會逾時，那麼任意列舉兩個點，然後將另兩個點算出來，判斷是否在已創建的 hash 表裡即可。首先列舉 (x_1,y_1)、(x_2,y_2) 兩個點，然後以這兩個點為邊，將所有的左側和右側兩個點都列舉一次。有以下兩種情況，如下圖所示。因為正方形內部的幾個三角形是相等的，所以可以推導出正方形的另外兩個節點 (x_3, y_3)、(x_4, y_4)。

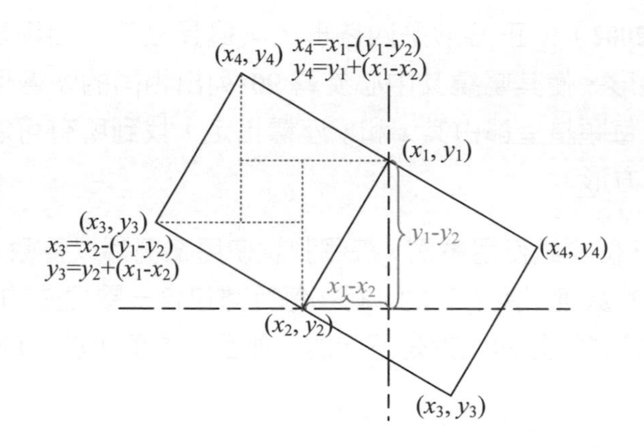

- 左側兩點：$x_3=x_2-(y1-y_2)$，$y_3=y_2+(x_1-x_2)$；$x4=x1-(y_1-y_2)$，$y4=y_1+(x_1-x_2)$
- 右側兩點：$x_3=x_2+(y1-y_2)$，$y_3=y_2-(x_1-x_2)$；$x4=x1+(y_1-y_2)$，$y4=y_1-(x_1-x_2)$。

1．演算法設計

（1）把輸入資料放入雜湊表中。

（2）根據兩個點 (x_1, y_1)、(x_2, y_2)，得到左側的兩個點 (x_3, y_3)、(x_4, y_4)，在雜湊表中尋找這兩個點是否存在，如果存在，則 ans++。

（3）根據兩個點 (x_1, y_1)、(x_2, y_2)，得到右側的兩個點 (x_3, y_3)、(x_4, y_4)，在雜湊表中尋找這兩個點是否存在，如果存在，則 ans++。

（4）計數時對每個正方形都計數了兩次，所以將答案除以 2。因為根據兩個點 (x_3, y_3)、(x_4, y_4) 也可以得到另外兩個點 (x_1, y_1)、(x_2, y_2)。

注意：採用線性探測法處理衝突會逾時，因此這裡採用鏈位址法處理衝突。

2．演算法實現

```
void insertHash(int x,int y){// 插入雜湊表，採用鏈式前向星儲存
    int h=(x*x+y*y)%H;
    node[cur].x=x;
```

```
    node[cur].y=y;
    node[cur].next=hashTable[h];
    hashTable[h]=cur++;
}

bool searchHash(int x,int y){// 在雜湊表中搜尋有沒有點 (x,y)
    int h=(x*x+y*y)%H;
    int next=hashTable[h];
    while(next!=-1){
        if(x==node[next].x&&y==node[next].y)
            return true;
        next=node[next].next;
    }
    return false;
}

int main(){
    int xx,yy,x1,y1,x2,y2;
    while(~scanf("%d",&n)&&n){
        initHash();
        for(int i=0;i<n;i++){
            scanf("%d%d",&sx[i],&sy[i]);
            insertHash(sx[i],sy[i]);
        }
        for(int i=0;i<n;i++){
            for(int j=i+1;j<n;j++){
                xx=sx[i]-sx[j],yy=sy[i]-sy[j];
                x1=sx[i]-yy,y1=sy[i]+xx;
                x2=sx[j]-yy,y2=sy[j]+xx;
                if(searchHash(x1,y1)&&searchHash(x2,y2))// 尋找是否同時存在兩點
                   ans++;
                x1=sx[i]+yy,y1=sy[i]-xx;
                x2=sx[j]+yy,y2=sy[j]-xx;
                if(searchHash(x1,y1)&&searchHash(x2,y2))
                   ans++;
            }
        }
        printf("%ld\n", ans>>=2);
    }
    return 0;
}
```

8.2 字串模式比對

串：又叫作字串，是由零個或多個字元組成的有限序列。對字串通常用雙引號括起來，例如 *S*="abcdef"，*S* 為字串的名稱，雙引號裡面的內容為字串的值。

- 串長：串中字元的個數，例如 *S* 的串長為 7。
- 空字串：零個字元的串，串長為 0。
- 子字串：串中任意連續的字元組成的子序列，被稱為該串的子字串，原串被稱為子字串的主動串行。例如 *T*="cde"，*T* 是 *S* 的子字串。子字串在主動串行中的位置，用子字串的第 1 個字元在主動串行中出現的位置表示。*T* 在 *S* 中的位置為 3，如下圖所示。

```
              ↓
         1 2 3 4 5 6
主串 S   a b c d e f
子串 T       c d e
```

注意：空格也算一個字元，例如 *S*="abc fg"，*S* 的串長為 6。

空格串：全部由空格組成的串為空格串，空格串不是空字串。

8.2.1 BF 演算法

模式比對：子字串的定位運算被稱為字串的模式比對或字串比對。

假設有兩個串 *S*、*T*，設 *S* 為主動串行，也稱之為正文串；*T* 為子字串，也稱之為模式。在主動串行 *S* 中尋找與模式 *T* 相符合的子字串，如果尋找成功，則返回符合的子字串的第 1 個字元在主動串行中的位置。

最 " 笨 " 的演算法就是窮舉所有 *S* 的所有子字串，判斷其是否與 *T* 符合，該演算法被稱為 BF（Brute Force，暴力窮舉）演算法。

1 · 演算法步驟

（1）i=0，j=0，如果 $S[i]=T[j]$，則 i++，j++，繼續比較，否則轉向下一步。

（2）i=1，j=0，如果 $S[i]=T[j]$，則 i++，j++，繼續比較，否則轉向下一步。

（3）i=2，j=0，如果 $S[i]=T[j]$，則 i++，j++，繼續比較，否則轉向下一步。

……

（4）如果 T 比較完畢，則傳回 T 在 S 中第 1 個字元出現的位置。

（5）如果 S 比較完畢，則傳回 0，説明 T 在 S 中未出現。

2．完美圖解

舉例來説，S="abaabaabeca"，T="abaabe"，求子字串 T 在主動串行 S 中的位置。

（1）i=0，j=0，如果 $S[i]=T[j]$，則 i++，j++，繼續比較，否則轉向下一步。

```
  i                          i
  ↓                          ↓
S a b a a b a a b e c a    S a b a a b a a b e c a
T a b a a b e              T a b a a b e
  ↑                                    ↑
  j                                    j
```

（2）i 回復到 $i–j$+1 的位置，j 回復到 0 的位置，即 $i–j$+1=6-6+1=1。如果 $S[i]=T[j]$，則 i++，j++，繼續比較，否則轉向下一步。

```
    i
    ↓
S a b a a b a a b e c a
T   a b a a b e
    ↑
    j
```

解釋：為什麼 i 要回復到 $i–j$+1 的位置呢？如果本趟開始位置的字元是 a，那麼下一趟開始位置的字元就是 a 的下一個字元 b，這個位置的索引正好是 $i–j$+1。

```
本趟開始位置 i-j+1    i
                      ↓
S a b a a b a a b e c a
T a b a a b e
                      ↑
                      j
```

（3）i 回復到 $i–j$+1 的位置，i=2–1+1=2，j 回復到 0 的位置。如果 $S[i]=T[j]$，則 i++，j++，繼續比較，否則轉向下一步。

```
      i                          i
      ↓                          ↓
S a b a a b a a b e c a    S a b a a b a a b e c a
T     a b a a b e          T     a b a a b e
      ↑                            ↑
      j                            j
```

（4）i 回復到 $i-j+1$ 的位置，$i=4-2+1=3$，j 回復到 0 的位置。如果 $S[i]=T[j]$，則 i++，j++，繼續比較，此時 T 串比較完畢。

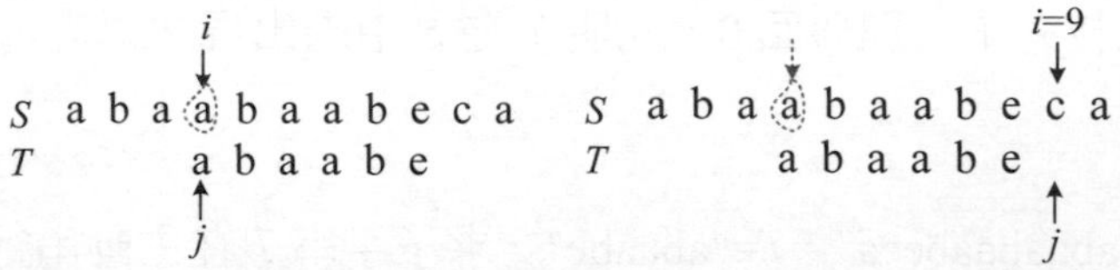

```
      i                                      i=9
      ↓                                       ↓
S a b a(a)b a a b e c a      S a b a(a)b a a b e c a
T       a b a a b e          T       a b a a b e
      ↑                                       ↑
      j                                       j
```

（5）T 比較完畢，則傳回子字串 T 在主動串行 S 中第 1 個字元出現的位置，即 $i-m+1=9-6+1=4$，m 為 T 串的長度。注意：位序是從 1 開始的。

3．演算法實現

```
int BF(string s,string t,int pos){// 從 S 的 pos 索引開始，尋找 T 的第 1 個字元出現的位置
    int i=pos,j=0;
    int slen=s.length();
    int tlen=t.length();
    while(i<slen&&j<tlen){
        if(s[i]==t[j]) // 如果相等，則繼續比較後面的字元
            i++,j++;
        else{
            i=i-j+1; //i 回復到上一輪開始比較的下一個字元位置
            j=0;  //j 回復到第 1 個字元位置
        }
    }
    if(j>=tlen) // 比對成功
        return i-tlen+1;
    else
        return 0;
}
```

4．演算法分析

設 S、T 串的長度分別為 n、m，則 BF 演算法的時間複雜度分析如下。

1）最好情況

在最好情況下，每一次比對都在第一次比較時發現不等，如下圖所示。

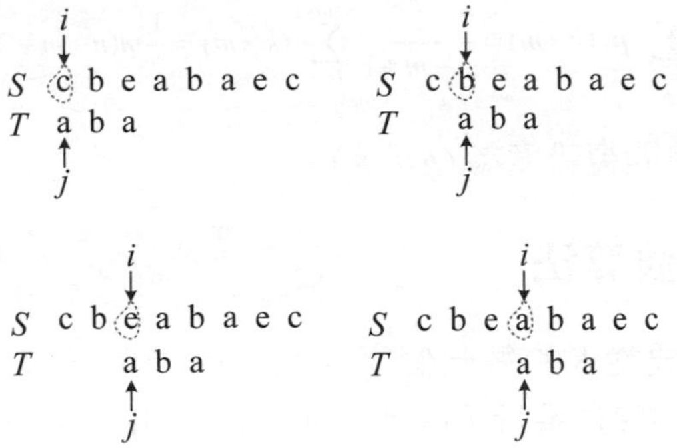

```
  i                        i
  ↓                        ↓
S c b e a b a e c      S c b e a b a e c
T a b a                T   a b a
  ↑                        ↑
  j                        j

      i                        i
      ↓                        ↓
S c b e a b a e c      S c b e a b a e c
T     a b a            T       a b a
      ↑                        ↑
      j                        j
```

假設第 k 次比對成功，則前 $k–1$ 次比對都進行了 1 次比較，共 $k–1$ 次，在第 k 次比對成功時進行了 m 次比較，則整體比較次數為 $k–1+m$。在比對成功的情況下，最多需要 $n–m+1$ 次比對，即模式串正好在主動串行的最後端。假設每一次比對成功的機率均等，機率為 $p_k=1/(n–m+1)$，則在最好情況下，比對成功的平均比較次數如下：

$$\sum_{k=1}^{n-m+1} p_k(k-1+m) = \frac{1}{n-m+1}\sum_{k=1}^{n-m+1}(k-1+m) = \frac{1}{2}(n+m)$$

最好情況下的平均時間複雜度為 $O(n+m)$。

2）最壞情況

在最壞情況下，每一次比對都比較到 T 的最後一個字元時發現不等，回復並重新開始，這樣每次比對都需要比較 m 次，如下圖所示。

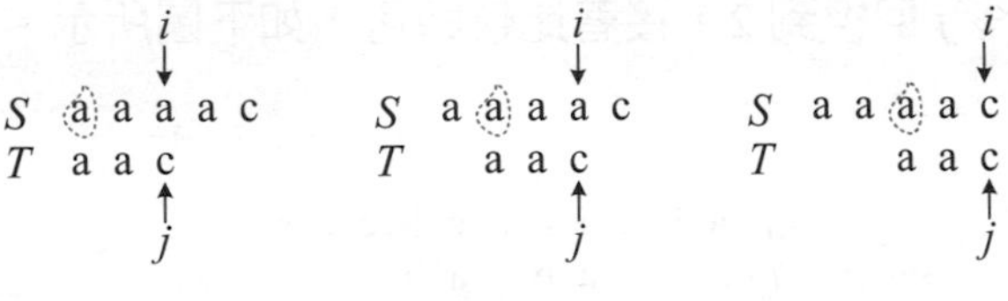

```
      i                  i                  i
      ↓                  ↓                  ↓
S a a a a c        S a a a a c        S a a a a c
T a a c            T   a a c          T     a a c
      ↑                  ↑                  ↑
      j                  j                  j
```

假設第 k 次比對成功，則前 $k–1$ 次比對都進行了 m 次比較，在第 k 次比對成功時也進行了 m 次比較，整體比較次數為 $k\times m$。在比對成功的情況下，最多需要 $n–m+1$ 次比對，即模式串正好在主動串行的最後端。假設每一次比對成功的機率均等，機率為 $p_k=1/(n–m+1)$，則在最壞情況下，比對成功的平均比較次數如下：

$$\sum_{k=1}^{n-m+1} p_k(k\times m)=\frac{1}{n-m+1}\sum_{k=1}^{n-m+1}(k\times m)=\frac{1}{2}m(n-m+2)$$

最壞情況下的平均時間複雜度為 $O(n\times m)$。

8.2.2 KMP 演算法

實際上，完全沒必要從 S 的每一個字元開始暴力窮舉每一種情況，Knuth、Morris 和 Pratt 對該演算法進行了改進，稱之為 KMP 演算法。

再回頭看 8.2.1 節中的例子：i=0，j=0，如果 $S[i]$=$T[j]$，則 i++，j++，繼續比較，否則轉向下一步，如下圖所示。

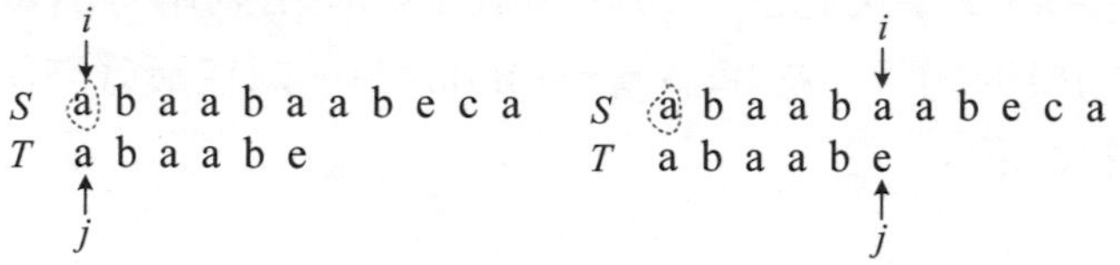

```
  i                               i
  ↓                               ↓
S a b a a b a a b e c a    S a b a a b a a b e c a
T a b a a b e              T a b a a b e
  ↑                               ↑
  j                               j
```

按照 BF 演算法，如果不等，則 i 回復到 i–j+1，j 回復到 0，即 i=1，j=0，如下圖所示。

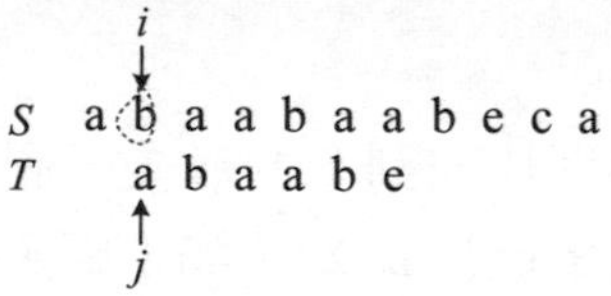

```
    i
    ↓
S a b a a b a a b e c a
T   a b a a b e
    ↑
    j
```

其實 i 不用回復，令 j 回復到 2，接著比較即可，如下圖所示。

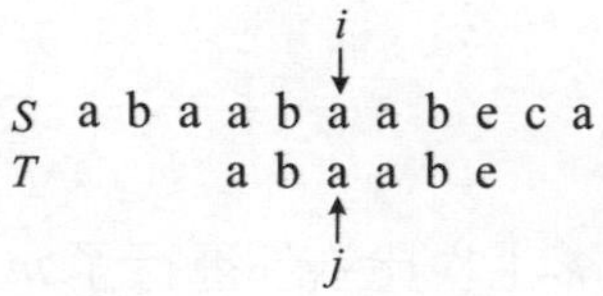

```
            i
            ↓
S a b a a b a a b e c a
T       a b a a b e
            ↑
            j
```

是不是像 T 串向右滑動了一段距離？為什麼令 j 回復到 2 ？而非 1 或 3 ？

因為 T 串中開頭的兩個字元和 i 指向的字元前面的兩個字元一模一樣，如下圖所示。那麼 j 就可以回復到 2 繼續比較了，因為前面兩個字元已經相等了，如下圖所示。

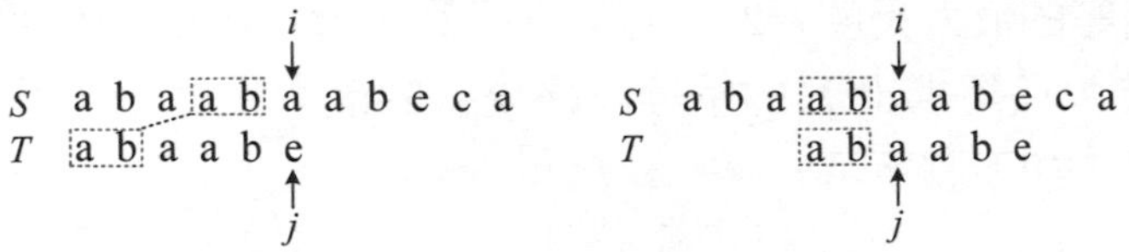

```
                    i                                   i
                    ↓                                   ↓
S  a b a [a b] a a b e c a          S  a b a [a b] a a b e c a
T  [a b] a a b e                    T        [a b] a a b e
                    ↑                                   ↑
                    j                                   j
```

怎麼知道 T 串中開頭的兩個字元和 i 指向的字元前面的兩個字元一模一樣？難道還要比較？觀察發現 i 指向的字元前面的兩個字元和 T 串中 j 指向的字元前面兩個字元一模一樣，因為它們一直相等，才會 i++、j++ 走到目前位置，如下圖所示。

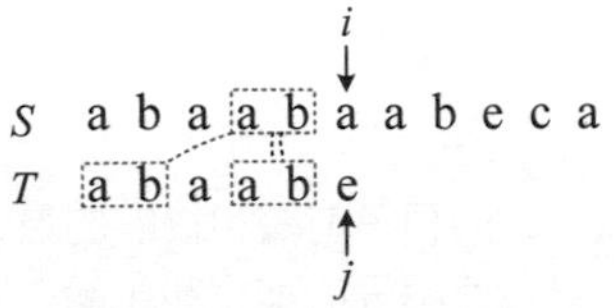

```
                    i
                    ↓
S  a b a [a b] a a b e c a
T  [a b] a [a b] e
                 ↑
                 j
```

也就是說，不必判斷開頭的兩個字母和 i 指向的字元前面的兩個字元是否一樣，只需在 T 串本身比較就可以了。假設 T 串中目前 j 指向的字元前面的所有字元為 T'，則只需比較 T' 的前綴和 T' 的後綴即可，如下圖所示。

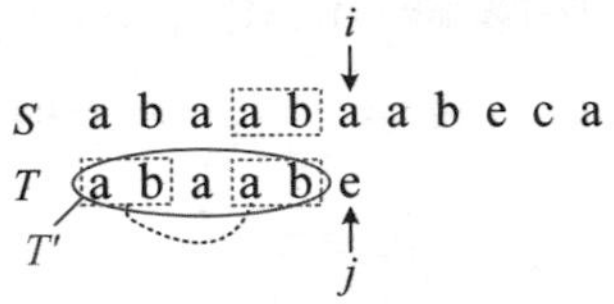

```
                    i
                    ↓
S  a b a [a b] a a b e c a
T  ([a b] a [a b]) e
   T'            ↑
                 j
```

前綴是從前向後取許多字元，後綴是從後向前取許多字元，但是前綴和後綴都不可以取字串本身。字串的長度為 n，前綴和後綴的長度最多達到 n–1，如下圖所示。

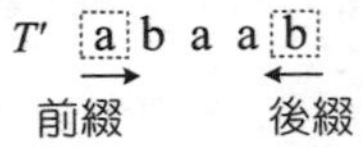

```
T'  [a] b a a [b]
    →          ←
   前綴       後綴
```

判斷 T'="*abaab*" 的前綴和後綴是否相等，找前綴和後綴相等的最大長度。

- 長度為 1：前綴為 "a"，後綴為 "b"，不相等。
- 長度為 2：前綴為 "ab"，後綴為 "ab"，相等。
- 長度為 3：前綴為 "aba"，後綴為 "aab"，不相等。
- 長度為 4：前綴為 "abaa"，後綴為 "baab"，不相等。

前綴和後綴相等的最大長度 l=2，j 可以回復到 2 繼續比較。因此當 i、j 指向的字元不相等時，只需求出 T' 的相等前綴後綴的最大長度 l，i 不變，j 回復到 l 繼續比較即可，如下圖所示。

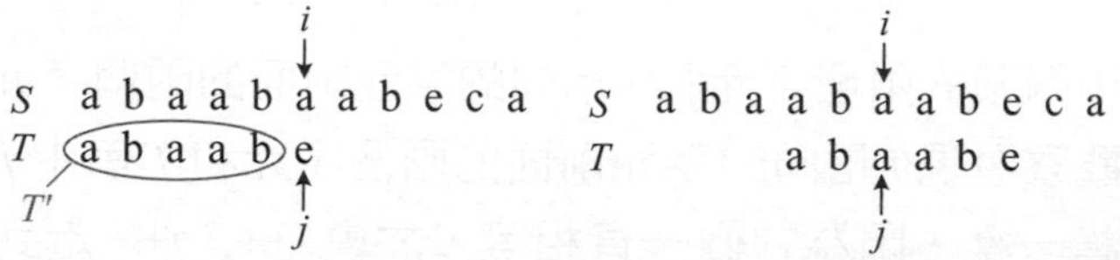

```
           i                                  i
           ↓                                  ↓
S  a b a a b a a b e c a     S  a b a a b a a b e c a
T (a b a a b) e              T        a b a a b e
T'         ↑                              ↑
           j                              j
```

現在可以寫出以下通用公式，其中，next[j] 表示 j 需要回復的位置，T'="$t0t1\cdots t_j-1$"，則：

$$\text{next}[j]=\begin{cases}-1 & j=0\\ l_{\max} & T'\text{的相等前綴和後綴的最大長度為}l_{\max}\\ 0 & \text{沒有相等的前綴和後綴}\end{cases}$$

根據公式很容易求解 T="abaabe" 的 next[] 陣列，過程如下。

（1）j=0：根據公式，next[0]=–1。

（2）j=1：T'="a"，沒有前綴和後綴，next[1]=0。

（3）j=2：T'="ab"，前綴為 "a"，後綴為 "b"，不相等，next[2]=0。

（4）j=3：T'="aba"，前綴為 "a"，後綴為 "a"，相等且 l=1；前綴為 "ab"，後綴為 "ba"，不相等；因此 next[3]=l=1。

（5）j=4：T'="abaa"，前綴為 "a"，後綴為 "a"，相等且 l=1；前綴為 "ab"，後綴為 "aa"，不相等；前綴為 "aba"，後綴為 "baa"，不相等；因此 next[4]=l=1。

（6）j=5：T'="abaab"，前綴為 "a"，後綴為 "b"，不相等；前綴為 "ab"，後綴為 "ab"，相等且 l=2；前綴為 "aba"，後綴為 "aab"，不相等；前綴為 "abaa"，後綴為 "baab"，不相等；取最大長度 2，因此 next[5]=l=2。

（7）j=6：T'="abaabe"，前綴和後綴都不相等，next[6]=0。

字串 T 的 next[] 陣列如下表所示。

j	0	1	2	3	4	5	6
T	a	b	a	a	b	e	
next[j]	-1	0	0	1	1	2	0

這樣找所有的前綴和後綴進行比較的方法，是不是也屬於暴力窮舉？

1．完美圖解

可以用動態規劃遞推。首先假設已經知道了 next[j]=k，T'="$t0t1\cdots t_j-1$"，那麼 T' 的相等前綴後綴的最大長度為 k，如下圖所示。

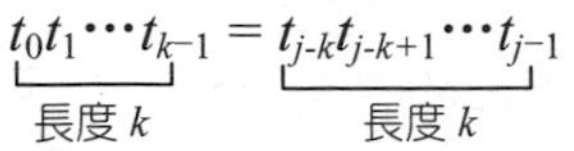

$$\underbrace{t_0t_1\cdots t_{k-1}}_{\text{長度 } k} = \underbrace{t_{j-k}t_{j-k+1}\cdots t_{j-1}}_{\text{長度 } k}$$

那麼 next[j+1] 等於什麼？檢查以下兩種情況。

（1）$t_k=t_j$：next[j+1]=k+1，即相等前綴和後綴的長度比 next[j] 多 1，如下圖所示。

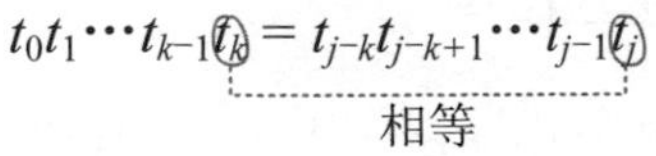

$$t_0t_1\cdots t_{k-1}t_k = t_{j-k}t_{j-k+1}\cdots t_{j-1}t_j$$

相等

（2）$t_k \neq t_j$：當兩者不相等時，我們又開始了這兩個串的模式比對，回復並尋找 next[k]=k' 的位置，比較 $t_{k'}$ 與 t_j 是否相等，如下圖所示。

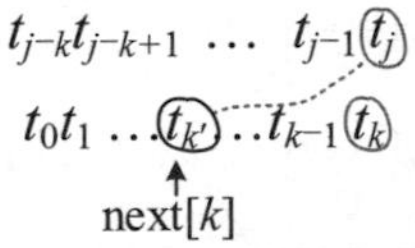

$t_{j-k}t_{j-k+1}$ … $t_{j-1}t_j$

t_0t_1 …$t_{k'}$…$t_{k-1}t_k$

↑

next[k]

如果 $t_{k'}$ 與 t_j 相等，則 next[j+1]=k'+1。如果 $t_{k'}$ 與 t_j 不相等，則繼續回復並尋找 next[k']=k''，比較 $t_{k''}$ 與 t_j 是否相等，如下圖所示。

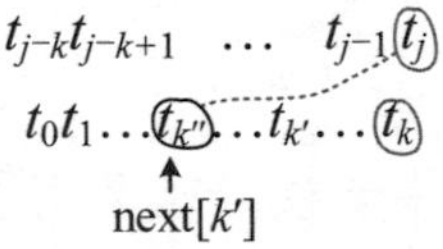

$t_{j-k}t_{j-k+1}$ … $t_{j-1}t_j$

t_0t_1…$t_{k''}$…$t_{k'}$…t_k

↑

next[k']

如果 $t_{k''}$ 與 t_j 相等，則 next[j+1]=k''+1。如果 $t_{k''}$ 與 t_j 不相等，則繼續向前尋找，直到找到 next[0]=–1，停止，此時 next[j+1]=–1+1=0，即從 0 開始比較。

求解 next[] 的程式實現如下。

```
void get_next(string t){// 求模式串 T 的 next[] 函數
    int j=0,k=-1;
    next[0]=-1;
```

```
    while(j<tlen){// 模式串 t 的長度
        if(k==-1||t[j]==t[k])
            next[++j]=++k;
        else
            k=next[k];
    }
}
```

用上述方法再次求解得出 T="abaabe" 的 next[] 陣列，過程如下。

（1）初始化時 next[0]=–1，j=0，k=–1，進入迴圈，判斷 k=–1，執行程式 next[++j]=++k，即 next[1]=0，此時 j=1，k=0。

（2）進入迴圈，判斷是否滿足 $T[j]=T[k]$，$T[1] \neq T[0]$，執行程式 k=next[k]，即 k=next[0]= –1，此時 j=1，k=–1。

（3）k=–1，執行程式 next[++j]=++k，即 next[2]=0，此時 j=2，k=0。

（4）T[2]=T[0]，執行程式 next[++j]=++k，即 next[3]=1，此時 j=3，k=1。

（5）T[3] ≠ T[1]，執行程式 k=next[k]，即 k=next[1]=0，此時 j=3，k=0。

（6）T[3]=T[0]，執行程式 next[++j]=++k，即 next[4]=1，此時 j=4，k=1。

（7）T[4]=T[1]，執行程式 next[++j]=++k，即 next[5]=2，此時 j=5，k=2。

（8）T[5] ≠ T[2]，執行程式 k=next[k]，即 k=next[2]=0，此時 j=5，k=0。

（9）T[5] ≠ T[0]，執行程式 k=next[k]，即 k=next[0]= –1，此時 j=5，k=–1。

（10）k=–1，執行程式 next[++j]=++k，即 next[6]=0，此時 j=6，k=0。

（11）此時 j=tlen，字串處理完畢，演算法結束。

是不是和窮舉前綴和後綴的結果一模一樣？有了 next[] 陣列，就很容易進行模式比對了，當 $S[i] \neq T[j]$ 時，i 不動，j 回復到 next[j] 繼續比較即可。

2．演算法實現

```
int KMP(string s,string t,int pos){
    int i=pos,j=0;
    slen=s.length();
    tlen=t.length();
    get_next(t);
```

```
    while(i<slen&&j<tlen){
        if(j==-1||s[i]==t[j])// 如果相等，則繼續比較後面的字元
            i++, j++;
        else
            j=next[j];//j 回復到 next[j]
    }
    if(j>=tlen) // 比對成功
        return i-tlen+1;
    else
        return -1;
}
```

3．演算法分析

設 S、T 串的長度分別為 n、m。KMP 演算法的特點：i 不回復，當 $S[i] \neq T[j]$ 時，j 回復到 next[j]，重新開始比較。在最壞情況下掃描整個 S 串，其時間複雜度為 $O(n)$。計算 next[] 陣列時需要掃描整個 T 串，其時間複雜度為 $O(m)$，因此整體時間複雜度為 $O(n+m)$。

需要注意的是，儘管 BF 演算法在最壞情況下的時間複雜度為 $O(n \times m)$，KMP 演算法的時間複雜度為 $O(n+m)$，但是在實際運用中，BF 演算法的時間複雜度一般為 $O(n+m)$，因此仍然有很多地方用 BF 演算法進行模式比對。只有在主動串行和子字串有很多部分符合的情況下，KMP 才顯得更優越。

4．改進的 KMP 演算法

在 KMP 演算法中，採用 next[] 求解非常方便、迅速，但是也有一個問題：當 $s_i \neq t_j$ 時，j 回復到 next[j]（k=next[j]），然後將 s_i 與 t_k 進行比較。這樣的確沒錯，但是如果 $t_j=t_k$，這次比較就沒必要了，剛才正是因為 $s_i \neq t_j$ 才回復的，$t_j=t_k$，所以 $s_i \neq t_k$，完全沒必要再比較了。

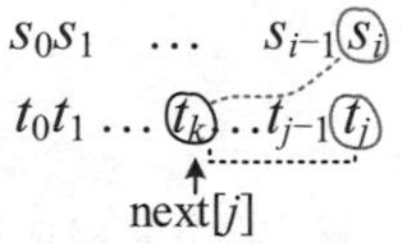

$s_0 s_1 \quad \ldots \quad s_{i-1} s_i$

$t_0 t_1 \ldots t_k \ldots t_{j-1} t_j$

next[j]

再向前回復，找下一個位置 next[k]，繼續比較就可以了。當 $s_i \neq t_j$ 時，本來應該 j 回復到 next[j]（k=next[j]），將 s_i 與 t_k 進行比較。但是如果 $t_k=t_j$，則不需要比較，繼續回復到下一個位置 next[k]，減少了一次無效比較。

$s_0 s_1 \quad \ldots \quad s_{i-1} s_i$

$t_0 t_1 \ldots t_k \ldots t_k \ldots t_{j-1} t_j$

next[k]

字串 T="aaaab" 的 next[] 陣列和改進的 next[] 陣列如下圖所示。

j	0	1	2	3	4	5
T	a	a	a	a	b	
next[j]	-1	0	1	2	3	0

j	0	1	2	3	4	5
T	a	a	a	a	b	
next[j]	-1	-1	-1	-1	3	0

採用 KMP 演算法在字串 S="aabaaabaaaabea" 中尋找 T 串，如果使用 next[] 陣列，則需要比較 19 次才能比對成功，採用改進的 next[] 陣列則比較 14 次即可比對成功。

求解改進的 next[] 的程式實現如下。

```
void get_next2(string t){ //改進的next[]
    int j=0,k=-1;
    next[0]=-1;
    while(j<tlen){//模式串t的長度
        if(k==-1||t[j]==t[k]){
            j++,k++;
            if(t[j]==t[k])
                next[j]=next[k];
            else
                next[j]=k;
        }
        else
            k=next[k];
    }
}
```

5．演算法分析

設 S、T 串的長度分別為 n、m。改進的 KMP 演算法只是在求解 next[] 陣列時從常數上進行改進，並沒有降階，因此其時間複雜度仍為 $O(n+m)$。

∴ 訓練 1　統計單字數

題目描述（P1308）：一般文字編輯器都有尋找單字的功能，可以快速定位特定單字在文章中的位置，有的還能統計特定單字在文章中出現的次數。指定一個單字，請輸出它在指定的文章中出現的次數和第 1 次出現的位置。比對單字時，不區分大小寫，但要求完全符合，即指定的單字必須與文章中的某一獨立的單字在不區分大小寫的情況下完全相同（參見輸入範例 1），如果指定的單字僅是文章中某一單字的一部分，則不算符合（參見輸入範例 2）。

輸入：第 1 行是一個單字字串，只包含字母；第 2 行是一個文章字串，只包含字母和空格。1 ≤單字長度≤ 10，1 ≤文章長度≤ 1000000。

輸出：如果在文章中找到指定的單字，則輸出以空格隔開的兩個整數，分別表示單字在文章中出現的次數和第 1 次出現的位置（即在文章中第 1 次出現時，單字前綴在文章中的位置，位置從 0 開始）；如果單字在文章中沒有出現，則輸出 –1。

輸入範例	輸出範例
To to be or not to be is a question	2 0
to Did the Ottoman Empire lose its power at that time	-1

題解：本題為字串比對問題，需要注意兩個問題：①不區分大小寫；②完全符合。對第①個問題很容易解決，將所有字母都統一轉為小寫或大寫即可。對第②個問題可以採用首尾補空格的辦法解決，例如單字為 "Abc"，文章為 "xYabc aBc"，首先將其全部轉為小寫字母，然後在單字和文章的首尾分別補空格，單字為 "␣abc␣"，文章為 "␣xyabc abc␣"，空格為不可見字元，為了表達清楚，用 "␣" 表示。這樣就可以在文章中尋找單字，保證完全符合。

1．演算法設計

（1）讀取單字和文章，首尾分別補空格。

（2）將單字和文章全部轉為小寫字母。

（3）在文章中查詢單字第一次出現的位置 posfirst，如果查詢失敗，則輸出 –1，演算法結束。

（4）令 t=posfirst+len1–1，出現的次數 cnt=1。如果 t<len2，則從 t 位置開始在文章中尋找單字，如果比對成功，t=BF(word,sentence,t)，則 cnt++，更新 t=t+len1–1，繼續搜尋。

2．演算法實現

```
void tolower(char *a){// 全部大寫轉小寫
    for(int i=0;a[i];i++)
        if(a[i]>='A'&&a[i]<='Z')
            a[i]+=32;
}

int BF(char *w,char *s,int pos){// 模式比對 BF 演算法
    int i=pos;
    int j=0;// 索引從 0 開始
    while(j<len1&&i<len2){
        if(s[i]==w[j]){
            i++;
            j++;
        }
        else{
            i=i-j+1;
            j=0;
        }
    }
    if (j>=len1)// 比對成功
        return i-len1;
    return -1;
}

int main(){
    char word[16],sentence[1000010];
    cin.getline(word+1,16);// 輸入時，0 單元空出來不儲存
    cin.getline(sentence+1,1000005);
    word[0]=' ';// 首尾補空格
    len1=strlen(word);
    word[len1++]=' ';
    word[len1]='\0';
```

```
    sentence[0]=' ';// 首尾補空格
    len2=strlen(sentence);
    sentence[len2++]=' ';
    sentence[len2]='\0';
    tolower(word);
    tolower(sentence);
    int posfirst=BF(word,sentence,0);// 記錄單字第一次出現的位置
    if(posfirst==-1){
        cout<<-1;
        return 0;
    }
    int cnt=1;// 能走到這裡，說明單字已出現一次
    int t=posfirst+len1-1;
    while(t<len2){
        t=BF(word,sentence,t);
        if(t==-1)
            break;
        cnt++;
        t=t+len1-1;
    }
    cout<<cnt<<" "<<posfirst;
    return 0;
}
```

∴ 訓練 2　KMP 字串比對

題目描述（P3375）：指定兩個字串 *s*1 和 *s*2，若 *s*1 的 [*l*,*r*] 區間的子字串與 *s*2 完全相同，則稱 *s*2 在 *s*1 中出現了，其出現位置為 1。請求出 *s*2 在 *s*1 中所有出現的位置。定義一個字串 *s* 的 border 為 *s* 的非 s 本身的子字串 *t*，滿足 *t* 既是 *s* 的前綴，又是 *s* 的後綴。對於 *s*2，還需要求出對於其每個前綴的最長 border 的長度。

輸入：第 1 行為字串 s_1；第 2 行為字串 s_2。$1 \le |s_1|,|s_2| \le 10^6$，字串只含大寫英文字母。

輸出：首先輸出許多行，每行一個整數，按從小到大的順序輸出 s_2 在 s_1 中出現的位置。最後一行輸出 $|s_2|$ 個整數，第 *i* 個整數表示 s_2 的長度為 *i* 的前綴的最長 border 的長度。

輸入範例	輸出範例
ABABABC ABA	1 3 0 0 1

題解：本題實質上是模式比對和求解 KMP 演算法中 next[] 陣列的問題。

1．演算法設計

（1）輸入字串 *s* 和 *t*，採用 KMP 演算法從頭開始尋找 *t* 在 *s* 中出現的位置。

（2）求解字串 *t* 的 next[] 陣列。next[*i*] 表示 *t* 的長度為 *i* 的前綴的最長 border 的長度。

2．演算法實現

```
void get_next(string t){// 求模式串 t 的 next 函數值
    int j=0,k=-1;
    next[0]=-1;
    while(j<tlen){// 模式串 t 的長度
        if(k==-1||t[j]==t[k])
            next[++j]=++k;
        else
            k=next[k];
    }
}

void KMP(string s,string t){
    int i=0,j=0;
    slen=s.length();
    tlen=t.length();
    get_next(t);
    while(i<slen){
          if(j==-1||s[i]==t[j]){// 如果相等，則繼續比較後面的字元
            i++;
            j++;
        }
        else
            j=next[j]; //j 回復到 next[j]
        if(j==tlen){ // 比對成功
            cout<<i-tlen+1<<endl;// 位置從 1 開始
```

```
            j=next[j];
        }
    }
}
```

8.3 二元搜尋樹

在線性串列中進行順序尋找在最壞情況和平均情況下都需要 $O(n)$ 時間，二分尋找需要 $O(\log n)$ 時間，但是二分尋找的前提是線性串列必須是有序的，如果無序，則二分尋找是沒有意義的。順序尋找和二分尋找適合靜態尋找，如果在尋找過程中有插入、刪除等修改操作，則在最壞情況和平均情況下都需要 $O(n)$ 時間。是否存在一種資料結構和演算法，既可以高效率地尋找，又可以高效率地動態修改？將二分尋找策略與二元樹結合起來，實現二元搜尋樹結構，可以達到單次修改和尋找均在 $O(\log n)$ 時間內完成。

📖 原理　二元搜尋樹詳解

二元搜尋樹（Binary Search Tree，BST），又叫二元排序樹，是一種對尋找和排序都有用的特殊二元樹。

二元搜尋樹或是空樹，或是滿足以下性質的二元樹：

（1）若其左子樹不可為空，則左子樹上所有節點的值均小於根節點的值；

（2）若其右子樹不可為空，則右子樹上所有節點的值均大於根節點的值；

（3）其左右子樹本身各是一棵二元搜尋樹。

二元搜尋樹的特性：左子樹 < 根 < 右子樹，即二元搜尋樹的中序遍歷是一個遞增序列。舉例來說，一棵二元搜尋樹，其中序遍歷投影序列如下圖所示。

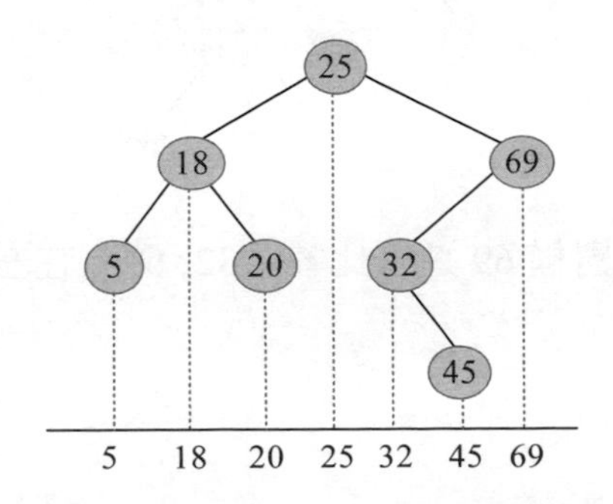

1．二元搜尋樹的尋找

因為二元搜尋樹的中序遍歷有序性，所以尋找與二分尋找類似，每次都縮小尋找範圍，尋找效率較高。

演算法步驟：

（1）若二元搜尋樹為空，尋找失敗，則傳回空指標。

（2）若二元搜尋樹不可為空，則將待查找關鍵字 *x* 與根節點的關鍵字 *T*->data 進行比較。

- 若 *x*==*T*->data，尋找成功，則傳回 *T*。
- 若 *x*<*T*->data，則遞迴尋找左子樹。
- 若 *x*>*T*->data，則遞迴尋找右子樹。

完美圖解：舉例來說，一棵二元搜尋樹如下圖所示，尋找關鍵字 32。

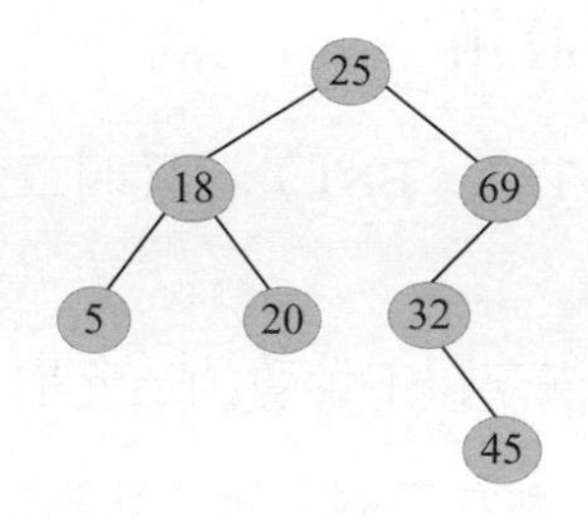

（1）將 32 與二元搜尋樹的樹根 25 進行比較，32>25，在右子樹中尋找，如下圖所示。

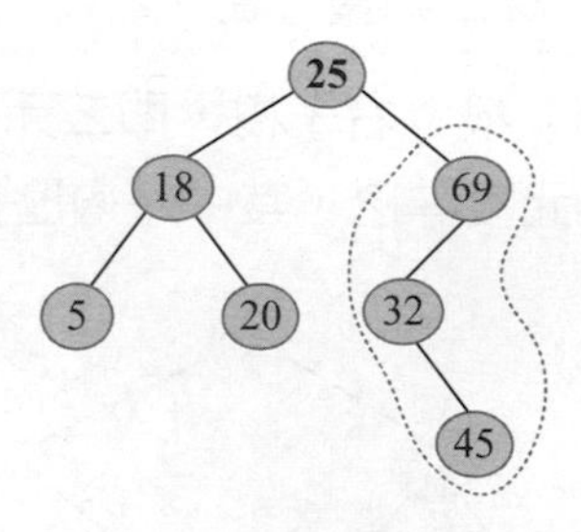

（2）將 32 與右子樹的樹根 69 進行比較，32<69，在左子樹中尋找，如下圖所示。

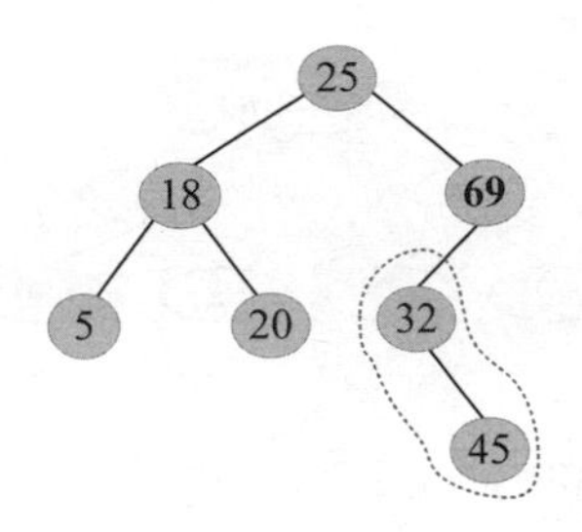

（3）將 32 與左子樹的樹根 32 進行比較，相等，尋找成功，傳回該節點指標，如下圖所示。

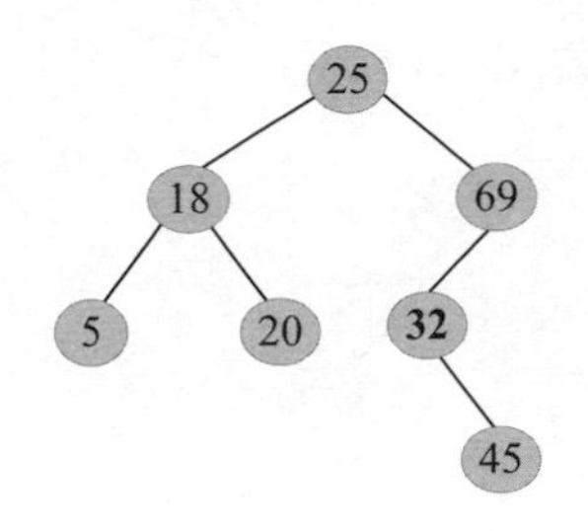

演算法實現：

```
BSTree SearchBST(BSTree T,ElemType key){// 二元搜尋樹的遞迴尋找
    // 若尋找成功，則傳回指向該資料元素節點的指標，否則傳回空指標
    if((!T)||key==T->data)
        return T;
    else if(key<T->data)
            return SearchBST(T->lchild,key);// 在左子樹中尋找
        else
            return SearchBST(T->rchild,key);// 在右子樹中尋找
}
```

演算法分析：

（1）二元搜尋樹的尋找時間複雜度和樹的形態有關，可分為最好情況、最壞情況和平均情況進行分析。

- 在最好情況下，二元搜尋樹的形態和二分尋找的決策樹相似，如下圖所示。每次尋找都可以縮小一半的搜尋範圍，尋找路徑最多從根到葉子，比較次數最多為樹的高度 $\log n$，在最好情況下尋找的時間複雜度為 $O(\log n)$。

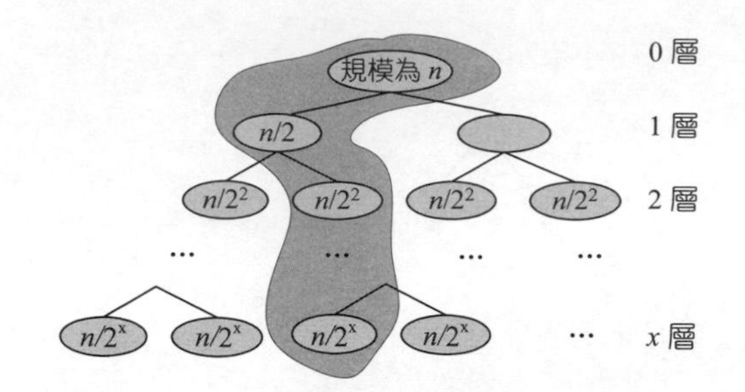

- 在最壞情況下，二元搜尋樹的形態為單支樹，即只有左子樹或只有右子樹，如下圖所示。每次尋找的搜尋範圍都縮小為 $n-1$，退化為順序尋找，在最壞情況下尋找的時間複雜度為 $O(n)$。

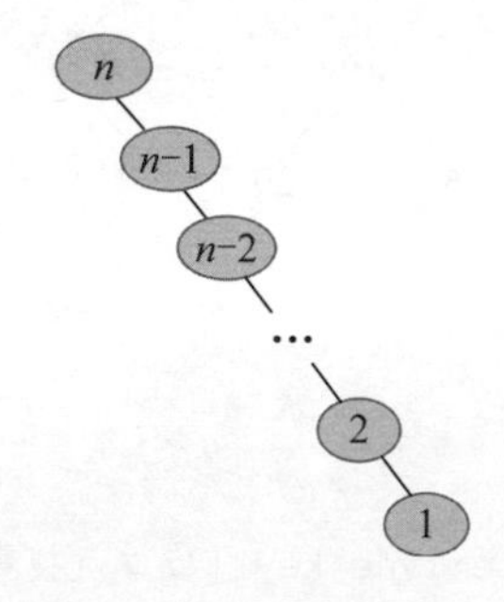

- n 個節點的二元搜尋樹有 $n!$ 棵（有的形態相同），可以證明，二元搜尋樹在平均情況下尋找的時間複雜度也為 $O(\log n)$。

（2）空間複雜度為 $O(1)$。

2．二元搜尋樹的插入

因為二元搜尋樹的中序遍歷存在有序性，所以首先要尋找待插入關鍵字的插入位置，當尋找不成功時，再將待插入關鍵字作為新的葉子節點成為最後一個尋找節點的左子節點或右子節點。

演算法步驟：

（1）若二元搜尋樹為空，則創建一個新的節點 s，將待插入關鍵字放入新節點的資料欄，將 s 節點作為根節點，左右子樹均為空。

（2）若二元搜尋樹不可為空，則將待查找關鍵字 x 與根節點的關鍵字 T->data 進行比較。

- 若 *x*<*T*->data，則將 *x* 插入左子樹中。
- 若 *x*>*T*->data，則將 *x* 插入右子樹中。

完美圖解：一棵二元搜尋樹如下圖所示，在其中插入關鍵字 30。

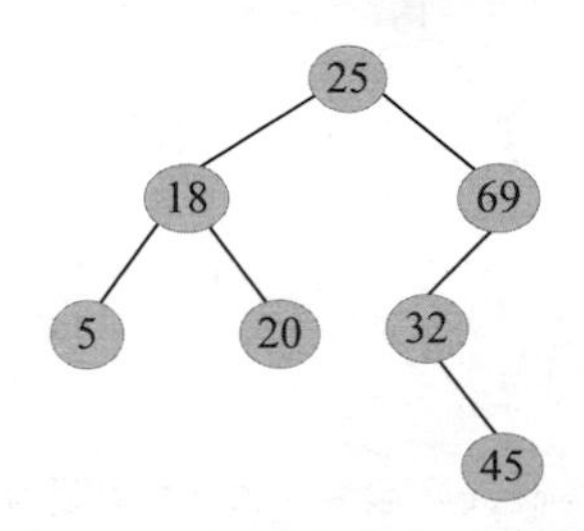

（1）將 30 與樹根 25 進行比較，30>25，在 25 的右子樹中尋找，如下圖所示。

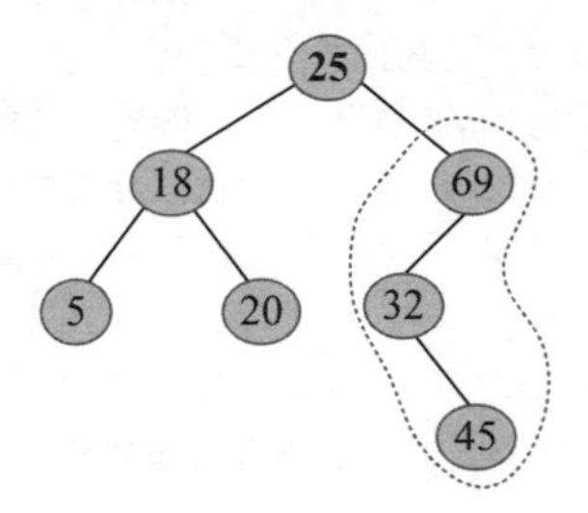

（2）將 30 與右子樹的樹根 69 進行比較，30<69，在 69 的左子樹中尋找，如下圖所示。

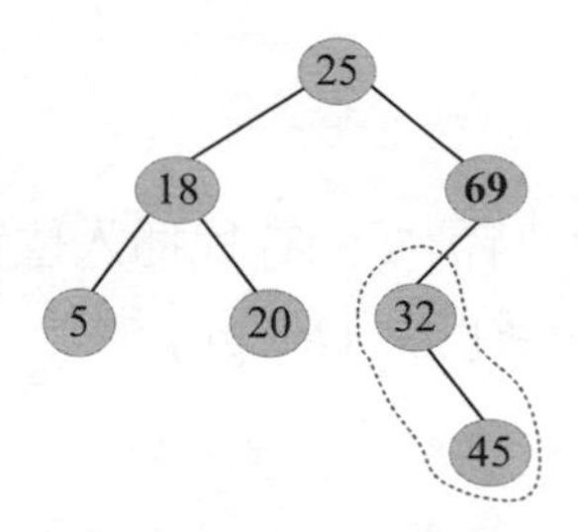

（3）將 30 與左子樹的樹根 32 進行比較，30<32，在 32 的左子樹中尋找，如下圖所示。

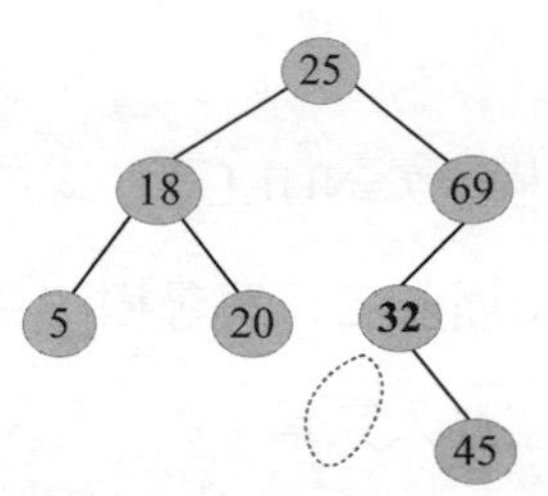

（4）將 32 的左子樹為空，將 30 作為新的葉子節點插入 32 的左子樹中，如下圖所示。

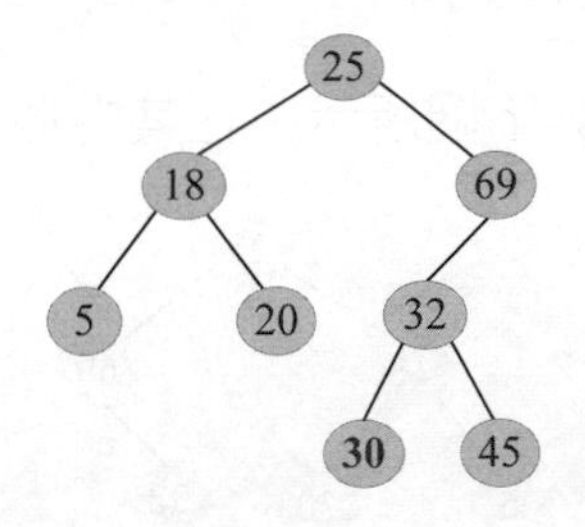

演算法實現：

```
void InsertBST(BSTree &T,ElemType e){// 二元搜尋樹的插入
    // 當二元排序樹 T 中不存在關鍵字等於 e 的資料元素時，插入該元素
    if(!T){
        BSTree S=new BSTNode; // 生成新節點
        S->data=e;              // 將新節點 S 的資料欄置為 e
        S->lchild=S->rchild=NULL;// 將新節點 S 作為葉子節點
        T=S;                   // 將新節點 S 連結到已找到的插入位置
    }
    else if(e<T->data)
            InsertBST(T->lchild,e);// 插入左子樹中
        else if(e>T->data)
            InsertBST(T->rchild,e);// 插入右子樹中
}
```

演算法分析：

在二元搜尋樹中進行插入操作時需要先尋找插入位置，插入本身只需要常數時間，但尋找插入位置的時間複雜度為 $O(\log n)$。

3．二元搜尋樹的創建

二元搜尋樹的創建可以從空樹開始，按照輸入關鍵字的順序依次進行插入操作，最終得到一棵二元搜尋樹。

演算法步驟：

（1）初始化二元搜尋樹為空樹，T=NULL；

（2）輸入一個關鍵字 x，將 x 插入二元搜尋樹 T 中；

（3）重複步驟 2，直到關鍵字輸入完畢。

完美圖解：依次輸入關鍵字 (25,69,18,5,32,45,20)，創建一棵二元搜尋樹。

（1）輸入 25，二元搜尋樹初始化為空，所以將 25 作為樹根，左右子樹為空，如下圖所示。

（2）輸入 69，將其插入二元搜尋樹中。與樹根 25 進行比較，比 25 大，到右子樹中尋找，右子樹為空，將其插入 25 的右子樹中，如下圖所示。

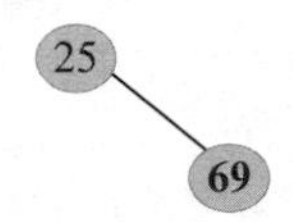

（3）輸入 18，將其插入二元搜尋樹中。與樹根 25 進行比較，比 25 小，到左子樹中尋找，左子樹為空，將其插入 25 的左子樹中，如下圖所示。

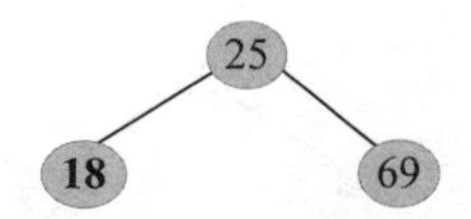

（4）輸入 5，將其插入二元搜尋樹中。與樹根 25 進行比較，比 25 小，到左子樹中尋找，與樹根 18 進行比較，比 18 小，到左子樹中尋找，左子樹為空，將其插入 18 的左子樹中，如下圖所示。

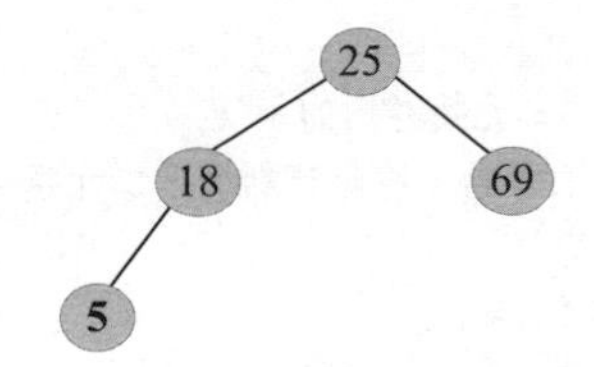

（5）輸入 32，將其插入二元搜尋樹中。與樹根 25 進行比較，比 25 大，到右子樹中尋找，與樹根 69 進行比較，比 69 小，到左子樹中尋找，左子樹為空，將其插入 69 的左子樹中，如下圖所示。

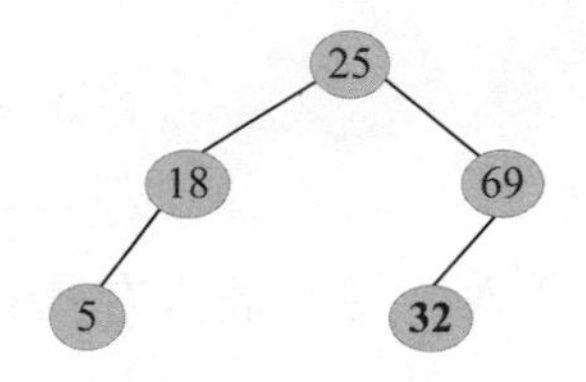

（6）輸入 45，將其插入二元搜尋樹中。與樹根 25 進行比較，比 25 大，到右子樹中尋找，與樹根 69 進行比較，比 69 小，到左子樹中尋找，與樹根 32 進行比較，比 32 大，到右子樹中尋找，右子樹為空，將其插入 32 的右子樹中，如下圖所示。

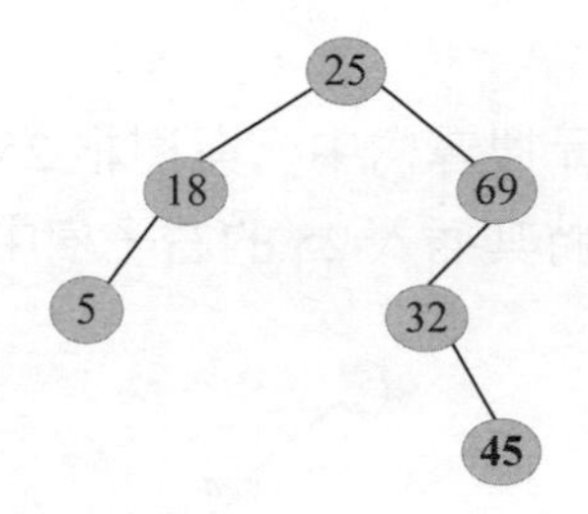

（7）輸入 20，將其插入二元搜尋樹中。與樹根 25 進行比較，比 25 小，到左子樹中尋找，與樹根 18 進行比較，比 18 大，到右子樹中尋找，右子樹為空，將其插入 18 的右子樹中，如下圖所示。

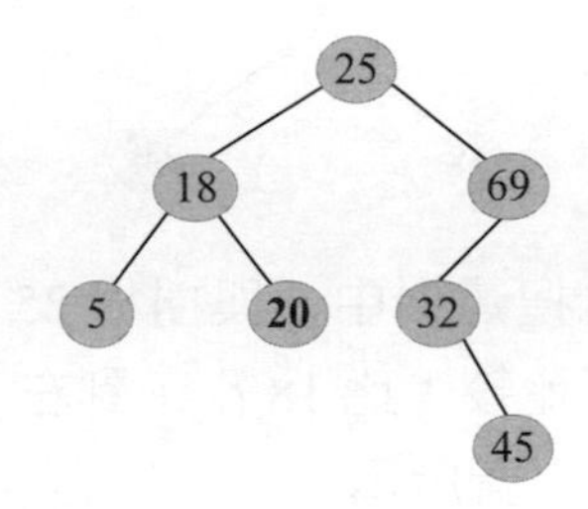

演算法實現：

```
void CreateBST(BSTree &T){// 二元搜尋樹的創建
    // 依次讀取一個關鍵字為 key 的節點，將此節點插入二元搜尋樹 T 中
    T=NULL;
    ElemType e;
    cin>>e;
    while(e!=ENDFLAG){//ENDFLAG 為自訂常數，作為輸入結束標示
        InsertBST(T,e);  // 插入二元搜尋樹 T
        cin>>e;
    }
}
```

演算法分析：

二元搜尋樹的創建需要 n 次插入，每次插入在最好情況和平均情況下都需要

$O(\log n)$ 時間，在最壞情況下需要 $O(n)$ 時間。因此在最好情況和平均情況下的時間複雜度為 $O(n\log n)$，在最壞情況下的時間複雜度為 $O(n^2)$，相當於把一個無序序列轉為一個有序序列的排序過程。實質上，創建二元搜尋樹的過程和快速排序一樣，根節點相當於快速排序中的基準元素，左右兩部分劃分的情況取決於基準元素。創建二元搜尋樹時，輸入序列的次序不同，創建的二元搜尋樹也是不同的。

4．二元搜尋樹的刪除

首先要在二元搜尋樹中找到待刪除節點，然後執行刪除操作。假設指標 p 指向待刪除節點，指標 f 指向 p 的父節點。根據待刪除節點所在位置的不同，刪除操作的處理方法也不同，可分為下面三種情況。

（1）被刪除節點的左子樹為空。如果被刪除節點的左子樹為空，則令其右子樹子承父業代替其位置即可。舉例來說，在二元搜尋樹中刪除 P 節點，如下圖所示。

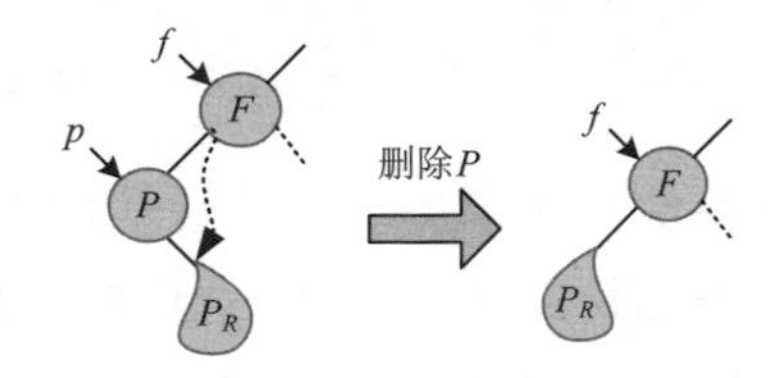

（2）被刪除節點的右子樹為空。如果被刪除節點的右子樹為空，則令其左子樹子承父業代替其位置即可，如下圖所示。

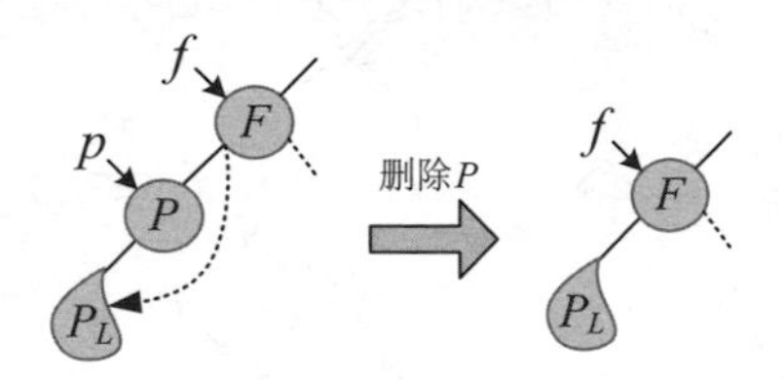

（3）被刪除節點的左右子樹均不為空。如果被刪除節點的左子樹和右子樹均不為空，則無法再使用子承父業的方法了。根據二元搜尋樹的中序有序性，刪除該節點時，可以用其直接前驅（或直接後繼）代替其位置，然後刪除其直接前驅（或直接後繼）即可。那麼在中序遍歷序列中，一個節點的直接前驅（或直接後繼）是哪個節點呢？

直接前驅：在中序遍歷中，節點 P 的直接前驅為其左子樹的最右節點。即沿著 P 的左子樹一直存取其右子樹，直到沒有右子樹，就找到了最右節點，如下圖（a）所示。

直接後繼：在中序遍歷中，節點 P 的直接後繼為其右子樹的最左節點。如圖（b）所示，s 指向 p 的直接後繼，q 指向 s 的父節點。f、p、q、s 為指向節點的指標，也可以代指該節點。

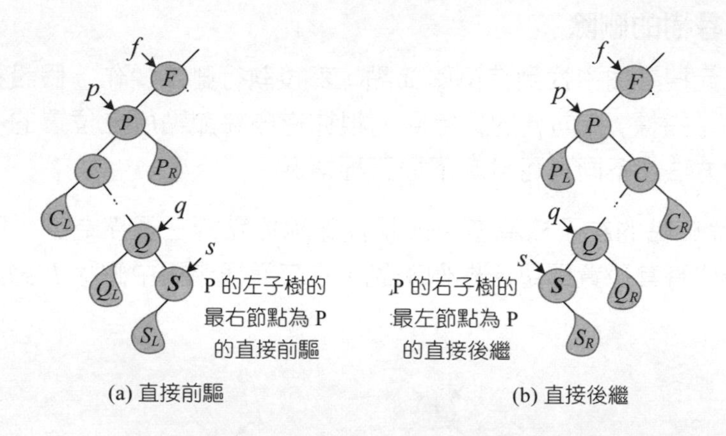

(a) 直接前驅　　(b) 直接後繼

以 p 的直接前驅 s 代替 p 為例，相當於把 s 的資料設定值給 p，即 s 代替 p，然後刪除 s 即可，因為 s 為最右節點，它沒有右子樹，刪除後，左子樹子承父業代替 s，如下圖所示。

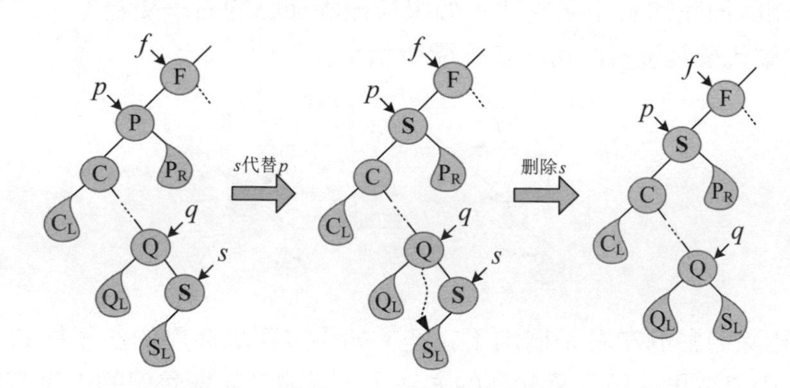

舉例來說，在二元搜尋樹中刪除 24。首先尋找到 24 的位置 p，然後找到 p 的直接前驅 s（22），把 22 設定值給 p 的資料欄，刪除 s，刪除過程如下圖所示。

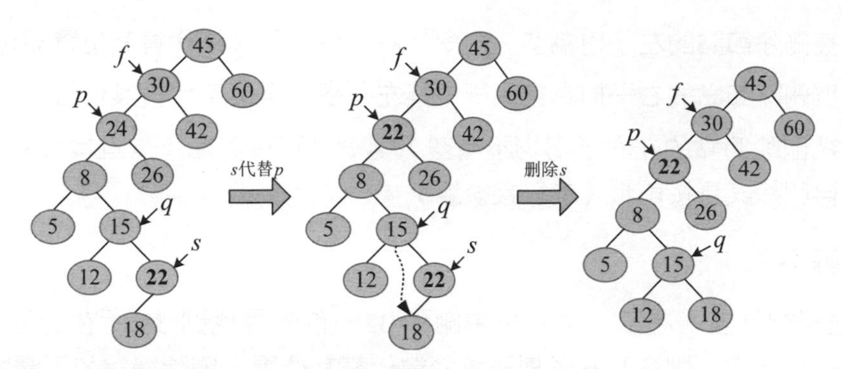

刪除節點之後是不是仍然滿足二元搜尋樹的中序遍歷有序性？

需要注意的是，有一種特殊情況，即 *p* 的左子節點沒有右子樹，*s* 就是其左子樹的最右節點（直接前驅），即 *s* 代替 *p*，然後刪除 *s* 即可，因為 *s* 為最右節點且沒有右子樹，刪除後，左子樹子承父業代替 *s*。如下圖所示。

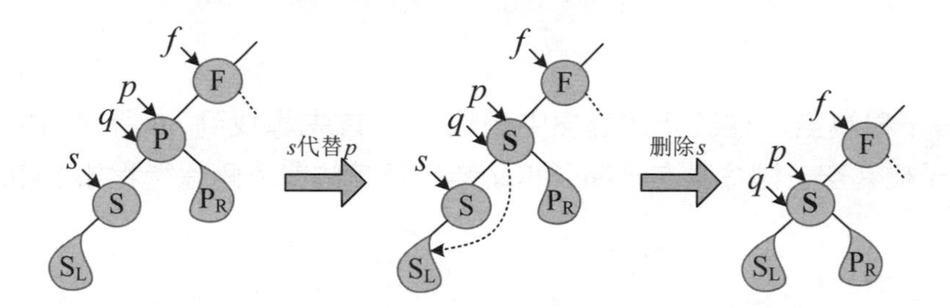

舉例來說，在二元搜尋樹中刪除 20，刪除過程如下圖所示。

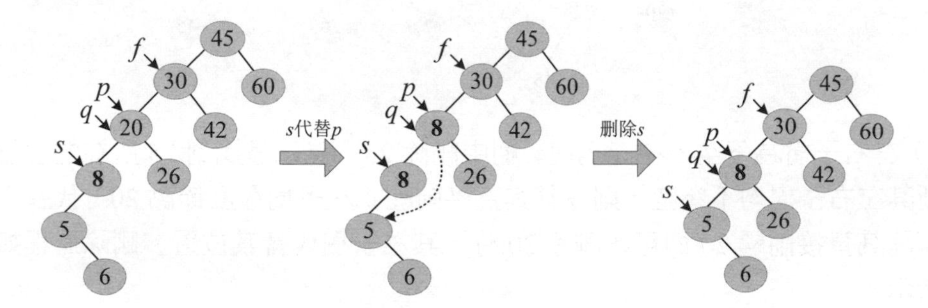

演算法步驟：

（1）在二元搜尋樹中尋找待刪除關鍵字的位置，*p* 指向待刪除節點，*f* 指向 *p* 的父節點，如果尋找失敗，則返回。

（2）如果尋找成功，則分三種情況進行刪除操作。

- 如果被刪除節點的左子樹為空，則令其右子樹子承父業代替其位置即可。
- 如果被刪除節點的右子樹為空，則令其左子樹子承父業代替其位置即可。
- 如果被刪除節點的左右子樹均不為空，則令其直接前驅（或直接後繼）代替它，再刪除其直接前驅（或直接後繼）。

完美圖解：

（1）左子樹為空。在二元搜尋樹中刪除 32，首先尋找到 32 所在的位置，判斷其左子樹為空，則令其右子樹子承父業代替其位置。刪除過程如下圖所示。

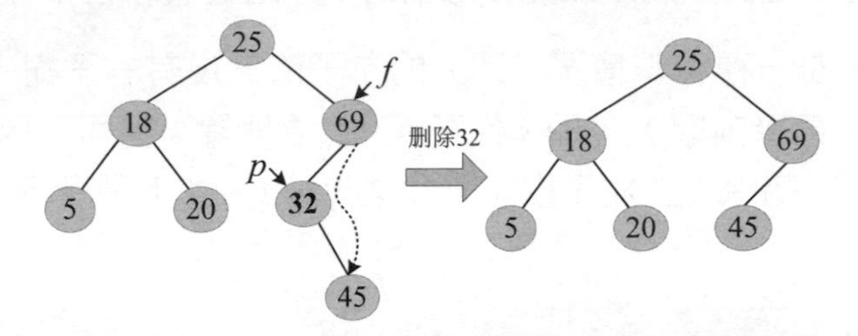

（2）右子樹為空。在二元搜尋樹中刪除 69，首先尋找到 69 所在的位置，判斷其右子樹為空，則令其左子樹子承父業代替其位置。刪除過程如下圖所示。

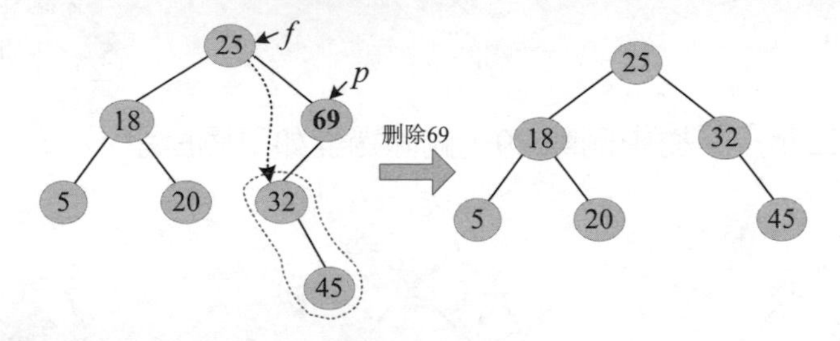

（3）左右子樹為不空。在二元搜尋樹中刪除 25，首先尋找到 25 所在的位置，判斷其左右子樹均不為空，則令其其直接前驅（左子樹最右節點 20）代替它，再刪除其直接前驅 20 即可。刪除 20 時，其左子樹代替其位置。刪除過程如下圖所示。

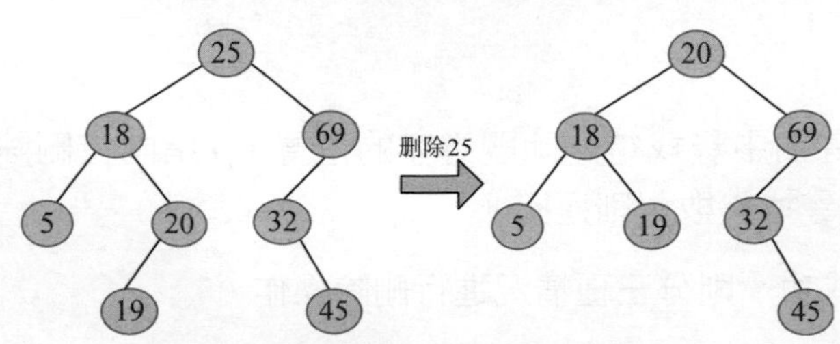

演算法實現：

```
void DeleteBST(BSTree &T,char key){
 //從二元搜尋樹T中刪除關鍵字等於key的節點
   BSTree p=T;
   BSTree f=NULL;
   BSTree q,s;
   if(!T) return; //樹為空則返回
   while(p){//尋找
       if(p->data==key) break;  //找到關鍵字等於key的節點p，結束迴圈
       f=p;                     //f為p的父節點
       if(p->data>key)
           p=p->lchild; //在p的左子樹中繼續尋找
       else
           p=p->rchild; //在p的右子樹中繼續尋找
   }
   if(!p) return; //找不到被刪除節點則返回
   //三種情況：p左右子樹均不為空、無右子樹、無左子樹
   if((p->lchild)&&(p->rchild)){//被刪除節點p的左右子樹均不為空
       q=p;
       s=p->lchild;
       while(s->rchild){//在p的左子樹中尋找p的前驅s，即最右下節點
           q=s;
           s=s->rchild;
       }
       p->data=s->data;  //將s的值指定給被刪除節點p，然後刪除s
       if(q!=p)
           q->rchild=s->lchild; //重接q的右子樹
       else
           q->lchild=s->lchild; //重接q的左子樹
       delete s;
   }
   else{
       if(!p->rchild){//被刪除節點p無右子樹，只需重接其左子樹
           q=p;
           p=p->lchild;
       }
       else if(!p->lchild){//被刪除節點p無左子樹，只需重接其右子樹
           q=p;
           p=p->rchild;
       }
       /*將p所指的子樹掛接到其父節點f對應的位置*/
```

```
        if(!f)
            T=p;  //被刪除節點為根節點
        else if(q==f->lchild)
                f->lchild=p;//掛接到f的左子樹位置
            else
                f->rchild=p;//掛接到f的右子樹位置
        delete q;
    }
}
```

演算法分析：二元搜尋樹的刪除主要是尋找的過程，需要 $O(\log n)$ 時間。在刪除過程中，如果需要尋找被刪除節點的前驅，則也需要 $O(\log n)$ 時間。所以，在二元搜尋樹中進行刪除操作的時間複雜度為 $O(\log n)$。

∴ 訓練 1　落葉

題目描述（POJ1577/UVA1525）：一棵字母二元樹如下圖所示。熟悉二元樹的讀者可以跳過字母二元樹、二元樹樹葉和字母二元搜尋樹的定義，直接看問題描述。

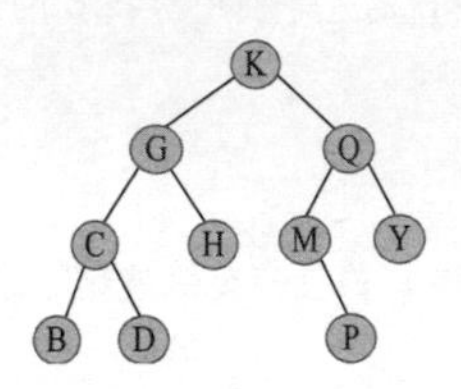

一棵字母二元樹可以是兩者之一：①空樹；②有一個根節點，每個節點都以一個字母作為資料，並且有指向左子樹和右子樹的指標，左右子樹也是字母二元樹。

二元樹的樹葉是一個左右子樹都為空的節點。在上圖的實例中有 5 個樹葉節點，分別為 B、D、H、P 和 Y。

字母二元搜尋樹是每個節點滿足下述條件的字母二元樹：

（1）按字母序，根節點的資料在左子樹的所有節點的資料之後；

（2）根節點的資料在右子樹的所有節點的資料之前。

在一棵字母二元搜尋樹上刪除樹葉，並將被刪除的樹葉列出；重複這一過程，直到樹為空。舉例來說，從左邊的樹開始，產生樹的序列如下圖所示，最後產生空樹。

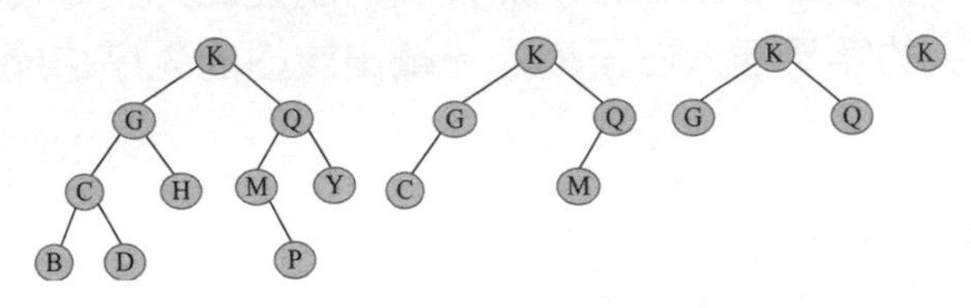

刪除的樹葉序列如下：

```
BDHPY
CM
GQ
K
```

指定一個字母二元搜尋樹的樹葉刪除序列，輸出樹的先序遍歷。

輸入：輸入包含多個測試使用案例。每個測試使用案例都是一行或多行大寫字母序列，每行都列出按上述描述步驟從二元搜尋樹中刪除的樹葉，每行列出的字母都按字母昇冪排列。在測試使用案例之間以一行分隔，該行僅包含一個星號 "*"。在最後一個測試使用案例後列出一行，該行僅列出一個符號 "$"。在輸入中沒有空格或空行。

輸出：對於每個測試使用案例，都有唯一的二元搜尋樹，單行輸出該樹的先序遍歷。

輸入範例	輸出範例
BDHPY CM GQ K * AC B $	KGCBDHQMPY BAC

1．演算法設計

由題目可知，最後一個字母一定為樹根，先輸入的字母在樹的深層，可以反向建樹。讀取字母序列後用字串儲存，然後反向創建二元搜尋樹，將小的字母插入左子樹中，將大的字母插入右子樹中。輸出該樹的先序遍歷序列：根、左子樹、右子樹。

2．演算法實現

```
void insert(int t,char ch){// 在二元搜尋樹中插入字元 ch
    if(!tree[t].c){
        tree[t].c=ch;
        return;
    }
    if(ch<tree[t].c){
        if(!tree[t].l){
            tree[++cnt].c=ch;
            tree[t].l=cnt;
        }
        else
            insert(tree[t].l,ch);
    }
    if(ch>tree[t].c){
        if(!tree[t].r){
            tree[++cnt].c=ch;
            tree[t].r=cnt;
        }
        else
            insert(tree[t].r,ch);
    }
}

void preorder(int t){// 先序遍歷
    if(!tree[t].c)
        return;
    cout<<tree[t].c;
    preorder(tree[t].l);
    preorder(tree[t].r);
}
```

```
int main(){
    string s1,s;
    while(1){
        s="";
        memset(tree,0,sizeof(tree));
        while(cin>>s1&&s1[0]!='*'&&s1[0]!='$')
            s+=s1;
        for(int i=s.length()-1;i>=0;i--)
            insert(1,s[i]);
        preorder(1);
        cout<<endl;
        if(s1[0]=='$')
            break;
    }
}
```

訓練 2　完全二元搜尋樹

題目描述（POJ2309）：有一棵無限的完全二元搜尋樹，節點中的數字是 1,2,3,……如下圖所示。在根節點為 X 的子樹中，可以從左側節點向下，直到最後一級獲得該子樹中的最小數，也可以從右側節點向下找到該子樹中的最大數。求解 X 的子樹中的最小數和最大數是多少。

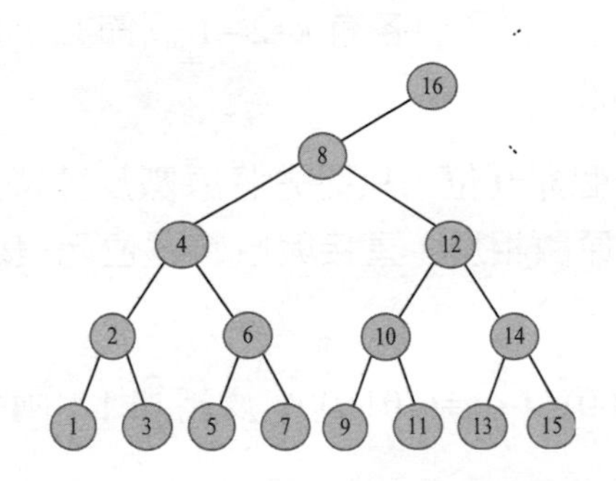

輸入：第 1 行包含一個整數 N，表示查詢的數量。在接下來的 N 行中，每行都包含一個數字，表示根號為 X 的子樹（$1 \le X \le 2^{31}-1$）。

輸出：共 N 行，其中第 i 行包含第 i 個查詢的答案。

輸入範例	輸出範例
2	1 15
8	9 11
10	

題解：本題有規律可循，若 n 是奇數，那麼必然是葉子節點，最大數和最小數都是它自己，否則求 n 所在的層數（倒數的層數，底層為 0 層），它的層數就是 n 的二進位表示中從低位元開始第 1 個 1 所處的位置 i（最後一個非 0 位）。舉例來說，$6=(110)_2$，"110" 從低位開始第 1 個 "1" 的位置為 1，因此 6 在第 1 層；$12=(1100)_2$，"1100" 從低位開始第 1 個 "1" 的位置為 2，因此 12 在第 2 層，如下圖所示。

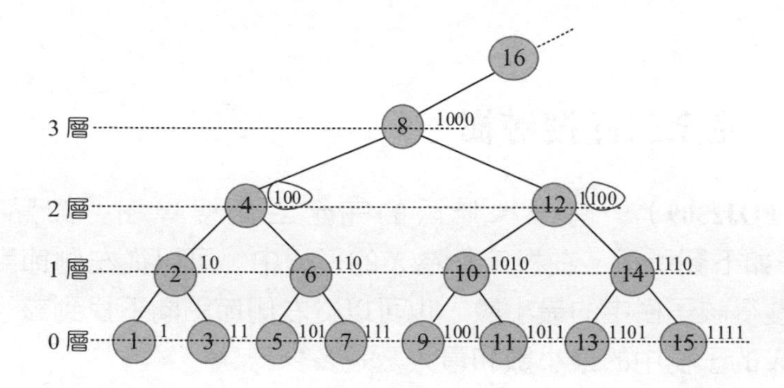

i 的值即層數，可得 n 的左右子樹各有 $k=2^i-1$ 個節點，那麼最小數是 $n-k$，最大數是 $n+k$，怎麼求 2^i 呢？

實際上，想得到最後一個非 0 位，只需先將原數反轉後加 1，此時除了最後一個非 0 位，其他位均與原數相反，直接與原數逐位元與運算即可得到最後一個非 0 位。

舉例來說，$n=44=(101100)_2$，$-n=(101100)_2$ 反轉加 1，兩者進行與運算：

```
  101100    n
  010011    取反
      +1    加1
 --------
  010100    -n
 &101100    &n
 --------
  000100
```

得到 $2^i=n\&(-n)=4$，$i=2$。因此 44 在第 2 層，44 的左右子樹各有 num=$2^i-1=3$ 個節點，那麼最小數是 n–num=41，最大數是 n+num=47。

1．演算法設計

（1）求解 lowbit(n)=n&(–n)。

（2）令 k=lowbit(n)–1，輸出最小數 $n–k$，最大數 $n+k$。

2．演算法實現

```
int lowbit(int n){
    return n&(-n);
}

int main(){
    int T,n,k;
    cin>>T;
    while(T--){
        cin>>n;
        k=lowbit(n)-1;
        cout<<n-k<<" "<<n+k<<endl;
    }
    return 0;
}
```

訓練 3　硬木種類

題目描述（POJ2418）：見 2.4.9 節訓練 1。

1．演算法設計

本題採用兩種方法解決均可。

（1）使用二元搜尋樹，先將每個單字都存入二元樹中，每出現一次，就修改該單字所在節點 cnt++；最後透過中序遍歷輸出結果。

（2）排序後統計，並輸出結果。

2．演算法實現

```
typedef struct node{
```

```
    string word;
    struct node *l,*r;
    int cnt;
}*nodeptr;

void insertBST(nodeptr &root,string s){// 將字串 s 插入二元搜尋樹 root 中
    if(root==NULL){
        nodeptr p=new node;
        p->l=p->r=NULL;
        p->cnt=1;
            p->word=s;
        root=p;
    }
    else if(s==root->word)
                root->cnt++;
        else if(s<root->word)
                insertBST(root->l,s);
            else
                insertBST(root->r,s);
}

void midprint(nodeptr root){// 中序遍歷
    if(root!=NULL){
        midprint(root->l);
        cout<<root->word;
        printf(" %.4lf\n",((double)root->cnt/(double)sum)*100);
        midprint(root->r);
    }
}

int main(){
    rt=NULL;// 一定要初始化
    while(getline(cin,w)){// 輸入完畢後確認，按 Ctrl+Z 鍵，確認
        insertBST(rt,w);
        sum++;
    }
    midprint(rt);
    return 0;
}
```

∵ 訓練 4　二元搜尋樹

題目描述（HDU3791）：判斷兩個序列是否為同一個二元搜尋樹序列。

輸入：第 1 行包含一個數 n（$1 \leq n \leq 20$），表示有 n 個序列需要判斷，在 n=0 時輸入結束。接下來的一行是一個序列，序列長度小於 10，包含 0～9 的數字，沒有重複的數字，根據這個序列可以構造出一棵二元搜尋樹。再接下來的 n 行有 n 個序列，每個序列的格式都跟第 1 個序列一樣，請判斷這兩個序列能否組成同一棵二元搜尋樹。

輸出：如果序列相同，則輸出 "YES"，否則輸出 "NO"。

輸入範例	輸出範例
2 567432 543267 576342 0	YES NO

題解：本題可以透過判斷二元搜尋樹的先序遍歷序列是否相同來輸出結果。因為根據二元搜尋樹的中序有序性，先序遍歷序列相同，中序遍歷序列也一定相同。透過先序遍歷序列和中序遍歷序列可以唯一確定一棵二元樹。

1．演算法設計

（1）使用二元搜尋樹，先將每個數字都存進二元搜尋樹中，得到先序遍歷；

（2）將後面每一行的每個數字都存進二元搜尋樹中，得到先序遍歷，比較其是否相等，如果相等，則輸出 "YES"，否則輸出 "NO"。

2．演算法實現

```
void Insert(nodeptr &t,int x){// 將 x 插入二元搜尋樹 t 中
    nodeptr p;
    if(t==NULL){
        p=new node;
        p->lc=NULL;
        p->rc=NULL;
        p->num=x;
        t=p;
```

```
    }
    else{
        if(x<=t->num)
            Insert(t->lc,x);// 插入左子樹
        else
            Insert(t->rc,x);// 插入右子樹
    }
}

void preorder(nodeptr t,char b[]){// 先序遍歷
    if(t){
        b[cnt++]=t->num+'0';
        preorder(t->lc,b);
        preorder(t->rc,b);
    }
}

int main(){
    int n;
    while(scanf("%d",&n),n){
        cnt=0;
        root=NULL;
        scanf("%s",a);
        for(int i=0;a[i]!='\0';i++)
            Insert(root,a[i]-'0');
        preorder(root,b);
        b[cnt]='\0';
        while(n--){
            cnt=0;
            root=NULL;
            scanf("%s",a);
            for(int i=0;a[i]!='\0';i++)
                Insert(root,a[i]-'0');
            preorder(root,c);
            c[cnt]='\0';
            if(strcmp(b,c)==0)//c++ 字串可以用 == 比較
                printf("YES\n");
             else
                printf("NO\n");
        }
    }
    return 0;
}
```

8.4 平衡二元樹

1・樹高與性能的關係

二元搜尋樹的尋找、插入、刪除的時間複雜度均為 $O(\log n)$，但這是在期望的情況下，在最好情況和最壞情況下差別較大。在最好情況下，二元搜尋樹的形態和二分尋找的決策樹相似，如下圖中的左圖所示。每次尋找都可以縮小一半的搜尋範圍，尋找最多從根到葉子，比較次數為樹的高度 $\log n$。在最壞情況下，二元搜尋樹的形態為單支樹，即只有左子樹或只有右子樹，如下圖中的右圖所示。每次尋找的搜尋範圍都縮小為 $n-1$，退化為順序尋找，尋找最多從根到葉子，比較次數為樹的高度 n。

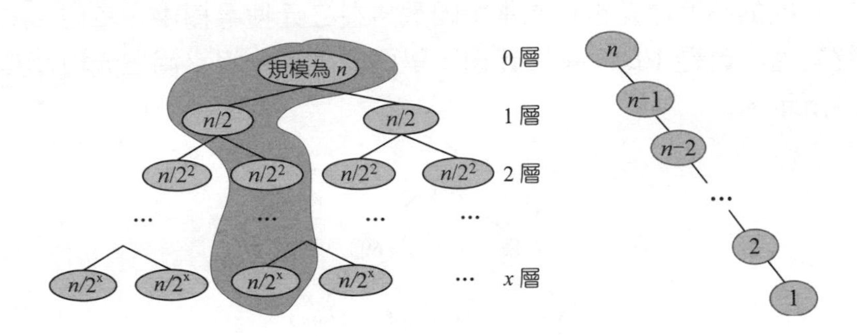

二元搜尋樹的尋找、插入、刪除的時間複雜度均線性正比於二元搜尋樹的高度，高度越小，效率越高。也就是說，二元搜尋樹的性能主要取決於二元搜尋樹的高度。

那麼如何降低樹的高度呢？

2・理想平衡與適度平衡

在最好情況下，每次都一分為二，左右子樹的節點數均為 $n/2$，左右子樹的高度也一樣。也就是說，如果把左右子樹放到天平上，則是平衡的，如下圖所示。

在理想狀態下，樹的高度為 log$n$，左右子樹的高度一樣，稱之為理想平衡。但是理想平衡需要大量時間調整平衡以維護其嚴格的平衡性，可以適度放鬆平衡的標準，調整為大致平衡就可以了，稱之為適度平衡。

📖 原理　AVL 樹詳解

平衡二元搜尋樹，簡稱平衡二元樹，由蘇聯數學家 Adelson-Velskii 和 Landis 提出，所以又被稱為 AVL 樹。

平衡二元樹或為空樹，或為具有以下性質的平衡二元樹：①左右子樹高度差的絕對值不超過 1；②左右子樹也是平衡二元樹。

節點左右子樹的高度之差被稱為平衡因數。在二元搜尋樹中，每個節點的平衡因數的絕對值不超過 1 即平衡二元樹。舉例來說，一棵平衡二元樹及其平衡因數如下圖所示。

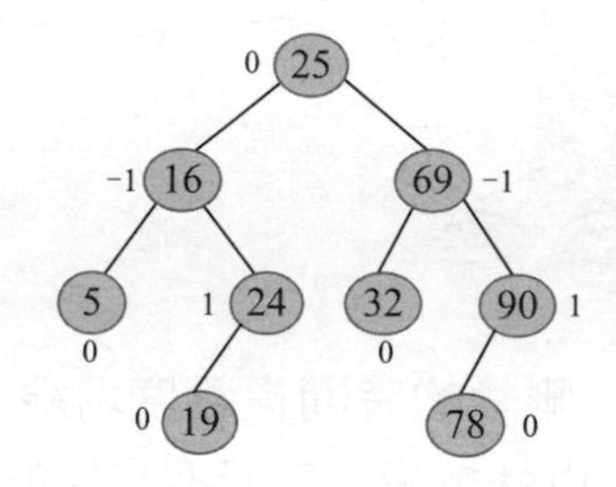

那麼在這棵平衡二元樹中插入 20，結果會怎樣？如下圖所示，插入 20 之後，從該葉子到樹根路徑上的所有節點，平衡因數都有可能改變，出現不平衡，有可能有多個節點的平衡因數的絕對值超過 1。從新插入的節點向上，找離新插入節點最近的不平衡節點，以該節點為根的子樹被稱為最小不平衡子樹。只需將最小不平衡子樹調整為平衡二元樹即可，其他節點不變。

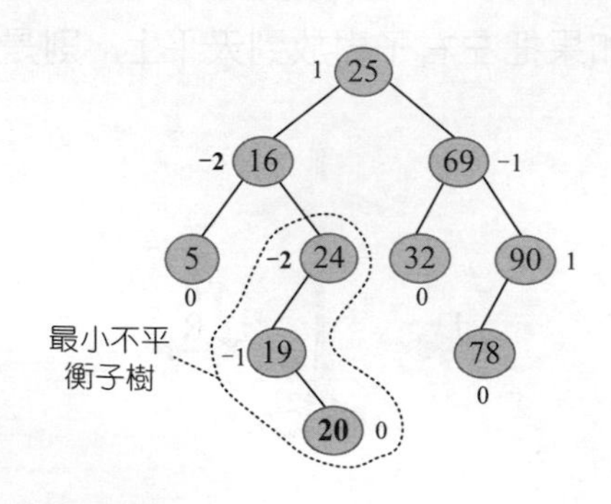

平衡二元樹除了具有適度平衡性，還具有局部性：①在單次插入、刪除後，至多有 $O(1)$ 處出現不平衡；②總可以在 $O(\log n)$ 時間內，使這 $O(1)$ 處不平衡重新調整為平衡。

對平衡二元樹在動態修改後出現的不平衡，只需局部（最小不平衡子樹）調整平衡即可，不需要對整棵樹進行調整。

那麼如何局部調整平衡呢？

1．調整平衡的方法

以插入操作為例，調整平衡可以分為 4 種情況：LL 型、RR 型、LR 型、RL 型。

1）LL 型

插入新節點 x 後，從該節點在上找到最近的不平衡節點 A，如果最近不平衡節點到新節點的路徑前兩個都是左子樹 L，就是 LL 型。也就是說，將節點 x 插入 A 的左子樹的左子樹中，A 的左子樹因插入新節點而高度增加，造成 A 的平衡因數由 1 增加為 2，失去平衡。需要進行 LL 旋轉（順時鐘）調整平衡。

LL 旋轉：A 順時鐘旋轉到 B 的右子樹，B 原來的右子樹 T3 被拋棄，A 旋轉後正好左子樹空閒，將這個被拋棄的子樹 T3 放到 A 的左子樹中即可，如下圖所示。

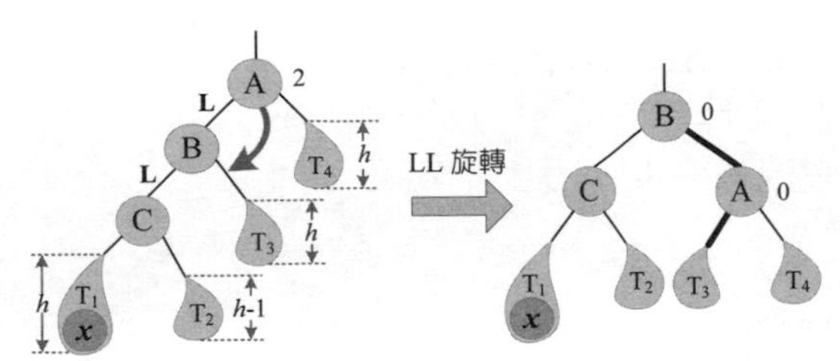

進行每一次旋轉時，總有一個子樹被拋棄，一個指標空閒，它們正好配對。旋轉之後，是否平衡呢？旋轉之後，A、B 兩個節點的左右子樹高度之差均為 0，滿足平衡條件，C 的左右子樹未變，仍然平衡。

```
AVLTree LL_Rotation(AVLTree &T){//LL 旋轉
    AVLTree temp=T->lchild;//T 為指向不平衡節點的指標
    T->lchild=temp->rchild;
    temp->rchild=T;
    updateHeight(T);// 更新高度
```

```
    updateHeight(temp);
    return temp;
}
```

2）RR 型

插入新節點 x 後，從該節點向上找到最近不平衡節點 A，如果最近不平衡節點到新節點的路徑前兩個都是右子樹 R，就是 RR 型。需要進行 RR 旋轉（逆時鐘）調整平衡。

RR 旋轉：A 逆時鐘旋轉到 B 的左子樹，B 原來的左子樹 T2 被拋棄，A 旋轉後正好右子樹空閒，將這個被拋棄的子樹 T2 放到 A 右子樹中即可，如下圖所示。

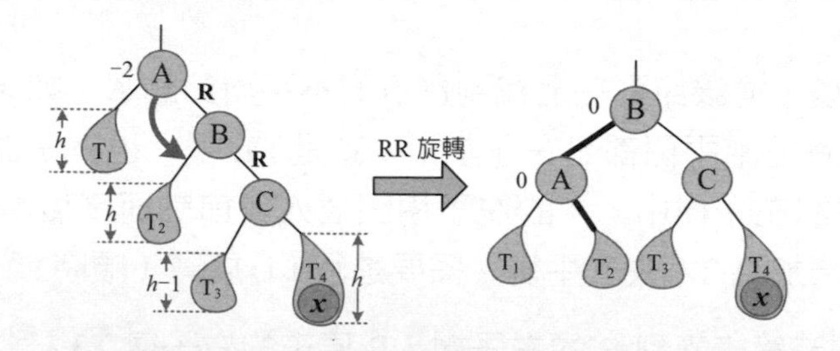

旋轉後，A、B 的左右子樹高度之差均為 0，滿足平衡條件，C 的左右子樹未變，仍然平衡。

```
AVLTree RR_Rotation(AVLTree &T){//RR 旋轉
    AVLTree temp=T->rchild;
    T->rchild=temp->lchild;
    temp->lchild=T;
    updateHeight(T);// 更新高度
    updateHeight(temp);
    return temp;
}
```

3）LR 型

插入新節點 x 後，從該節點向上找到最近不平衡節點 A，如果最近不平衡節點到新節點的路徑前兩個依次是左子樹 L、右子樹 R，就是 LR 型。

LR 旋轉：分兩次旋轉。C 逆時鐘旋轉到 A、B 之間，C 原來的左子樹 T2 被拋棄，B 正好右子樹空閒，將這個被拋棄的子樹 T2 放到 B 右子樹中；這時已經轉變為 LL 型，進行 LL 旋轉即可，如下圖所示。實際上，也可以看作 C 固定不動，B 進行 RR 旋轉，然後進行 LL 旋轉。

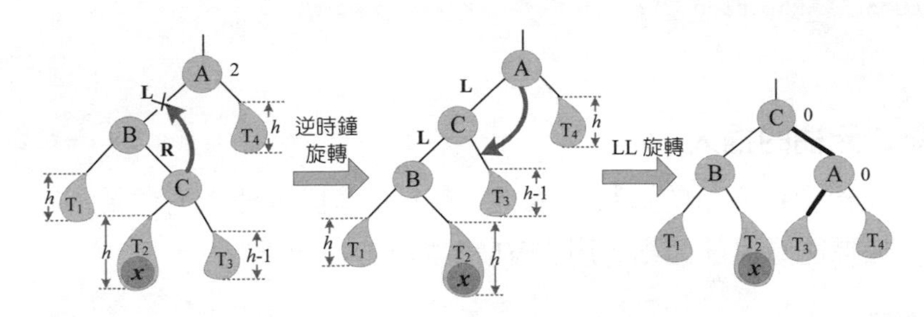

旋轉後，A、C 的左右子樹高度之差均為 0，滿足平衡條件，B 的左右子樹未變，仍然平衡。

```
AVLTree LR_Rotation(AVLTree &T){//LR 旋轉
     T->lchild=RR_Rotation(T->lchild);
     return LL_Rotation(T);
}
```

4）RL 型

插入新節點 *x* 後，從該節點向上找到最近不平衡節點 A，如果最近不平衡節點到新節點的路徑前兩個依次是右子樹 R、左子樹 L，就是 RL 型。

RL 旋轉：分兩次旋轉。C 順時鐘旋轉到 A、B 之間，C 原來的右子樹 T3 被拋棄，B 正好左子樹空閒，這個被拋棄的子樹 T3 放到 B 左子樹；這時已經轉變為 RR 型，做 RR 旋轉即可，如下圖所示。實際上，也可以看作 C 固定不動，B 進行 LL 旋轉，然後進行 RR 旋轉。

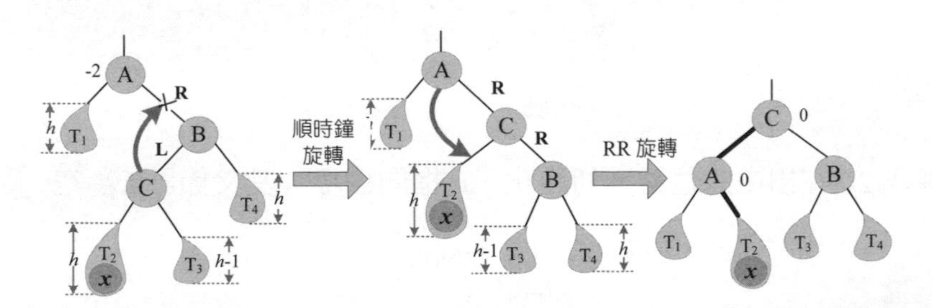

旋轉後，A、C 的左右子樹高度之差均為 0，滿足平衡條件，B 的左右子樹未變，仍然平衡。

```
AVLTree RL_Rotation(AVLTree &T){//RL 旋轉
    T->rchild=LL_Rotation(T->rchild);
    return RR_Rotation(T);
}
```

2．平衡二元樹的插入

在平衡二元樹中插入新的資料元素 x，首先要尋找其插入的位置，在尋找過程中，用 p 指標記錄目前節點，用 f 指標記錄 p 的父節點。

演算法步驟：

（1）在平衡二元樹中尋找 x，如果尋找成功，則什麼也不做，傳回 p；如果尋找失敗，則執行插入操作。

（2）創建一個新節點 p 儲存 x，該節點的父節點為 f，高度為 1。

（3）從新節點之父 f 出發，向上尋找最近的不平衡節點。逐層檢查各代祖先節點，如果平衡，則更新其高度，繼續向上尋找；如果不平衡，則判斷失衡類型（沿著高度大的子樹判斷，剛插入新節點的子樹必然高度大），並做對應的調整，傳回 p。

完美圖解：舉例來說，一棵平衡二元樹如下圖所示，在該樹中插入元素 20（在節點旁標記以該節點為根的子樹的高度）。

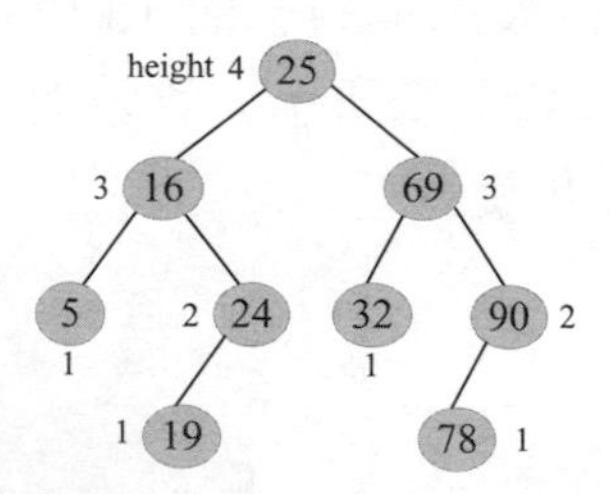

（1）尋找 20 在樹中的位置，初始化，p 指向樹根，其父節點 f 為空。

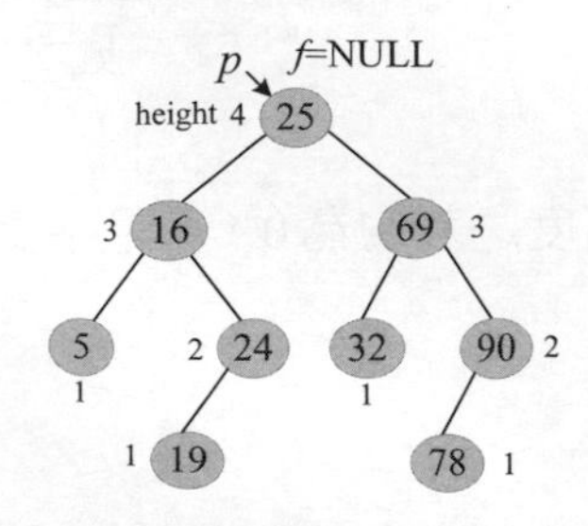

（2）將 20 和 25 做比較，20<25，在左子樹中尋找，*f* 指向 *p*，*p* 指向 *p* 的左子節點。

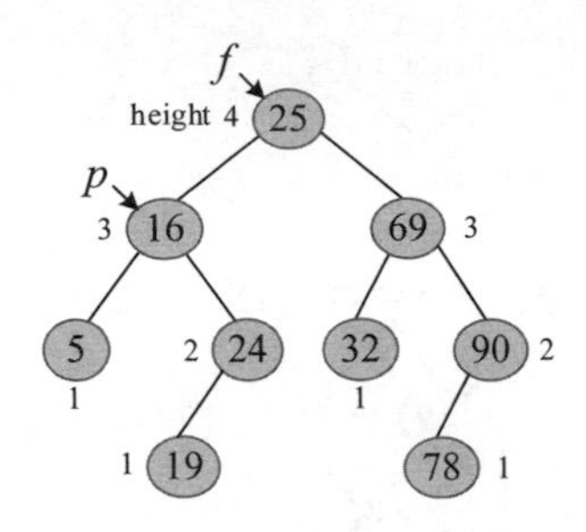

（3）將 20 和 16 做比較，20>16，在右子樹中尋找，*f* 指向 *p*，*p* 指向 *p* 的右子節點。

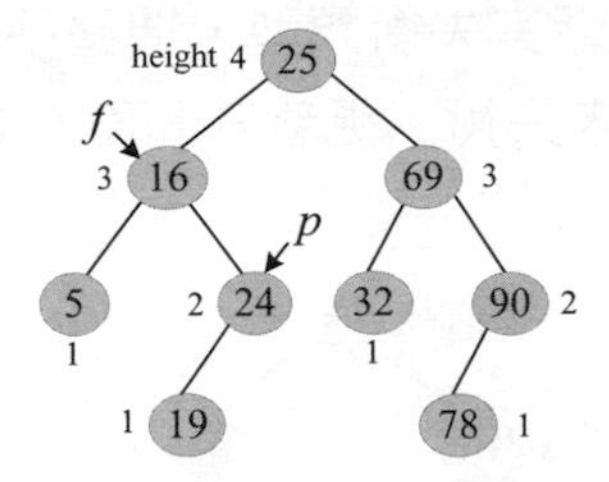

（4）將 20 和 24 做比較，20<24，在左子樹中尋找，*f* 指向 *p*，*p* 指向 *p* 的左子節點。

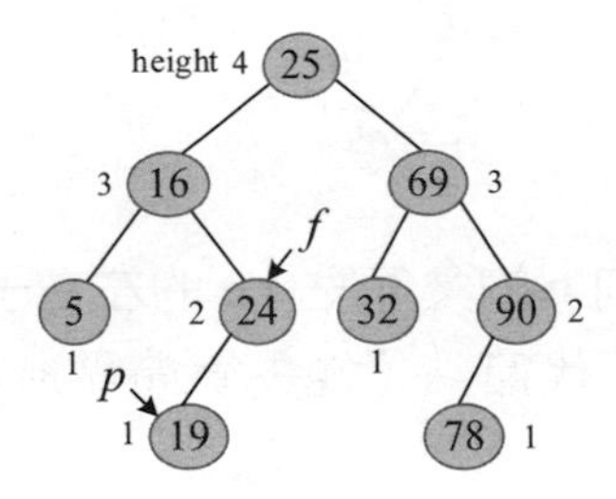

（5）將 20 和 19 做比較，20>19，在右子樹中尋找，*f* 指向 *p*，*p* 指向 *p* 的右子節點。

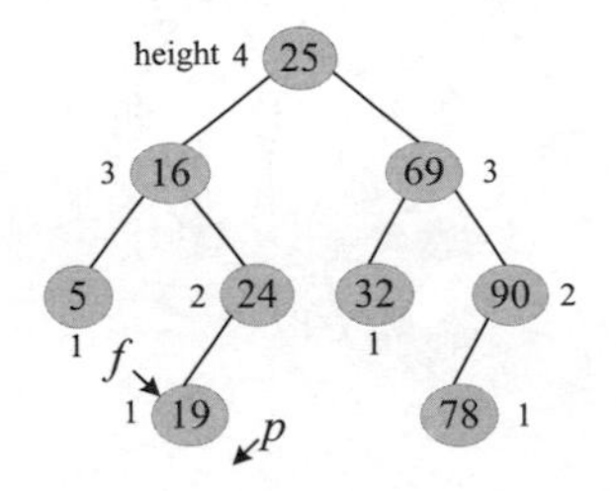

（6）此時 p 為空，尋找失敗，可以將新節點 20 插入此處，新節點的高度為 1，父節點為 f。

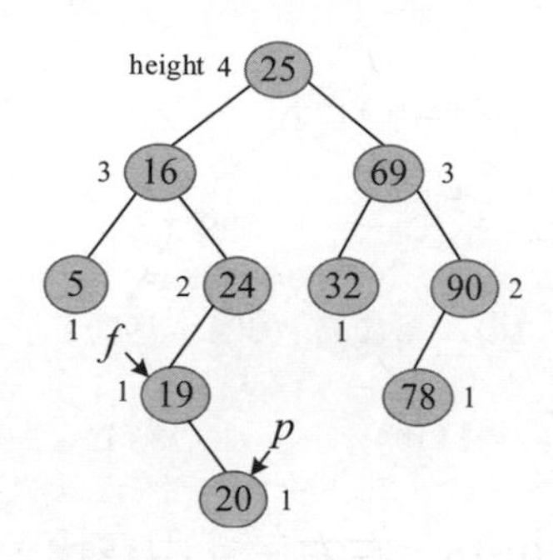

（7）從新節點之父 f 開始，逐層向上檢查祖先節點是否失衡，若未失衡，則更新其高度；若失衡，則判斷其失衡類型，調整平衡。初始化 g 指向 f，檢查 g 的左右子樹之差為 –1，g 未失衡，更新其高度 2（左右子樹的高度最大值加 1）。

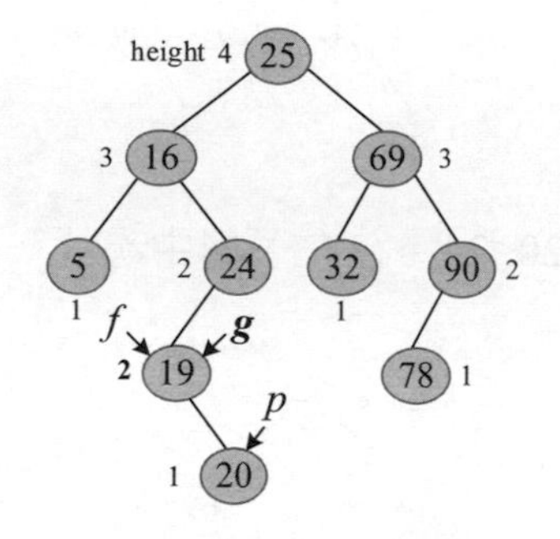

（8）繼續向上檢查，g 指向 g 的父節點，g 的左右子樹高度之差為 2，失衡。用 g、u、v 三個指標記錄三代節點（從失衡節點沿著高度大的方向向下找三代）。

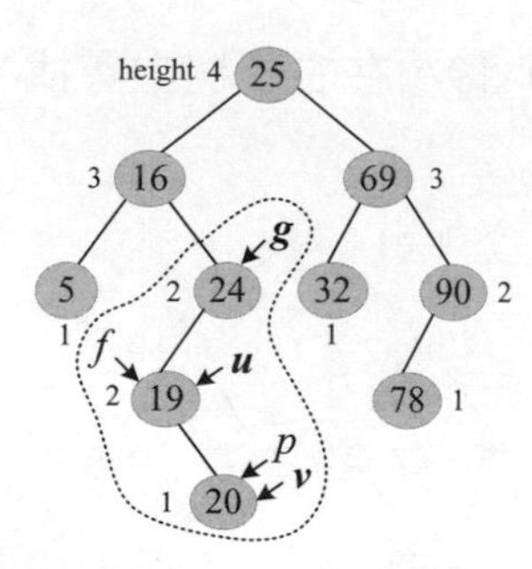

（9）將以 *g* 為根的最小不平衡子樹調整平衡即可。判斷失衡類型為 LR 型，先令 20 順時鐘旋轉到 19、24 之間，然後 24 順時鐘旋轉即可，更新 19、20、24 節點的高度。

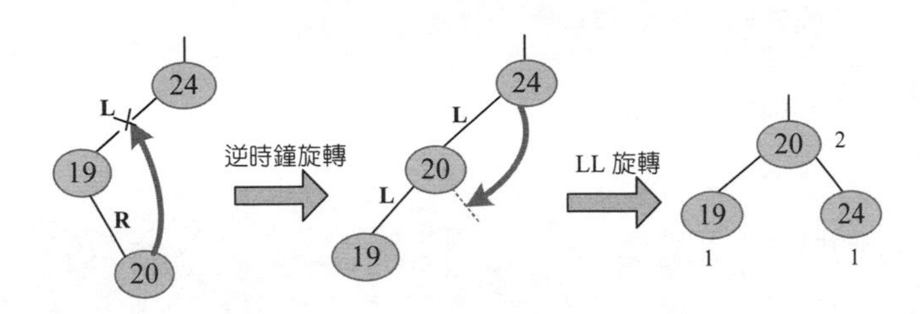

（10）調整平衡後，將該子樹連線 *g* 的父節點，平衡二元樹如下圖所示。

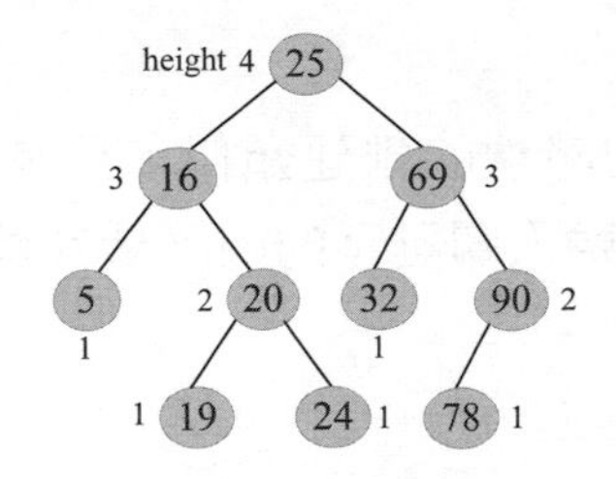

演算法實現：

```
AVLTree Insert(AVLTree &T,int x){
    if(T==NULL){// 如果為空，則創建新節點
        T=new AVLNode;
        T->lchild=T->rchild=NULL;
        T->data=x;
        T->height=1;
        return T;
    }
    if(T->data==x) return T;// 尋找成功，什麼也不做，在尋找失敗時才插入
    if(x<T->data){// 插入左子樹
        T->lchild=Insert(T->lchild,x);// 注意插入後將傳回結果掛接到 T->lchild
        if(Height(T->lchild)-Height(T->rchild)==2){
// 插入後看是否平衡，如果平衡，則沿著高度大的那條路徑判斷
            if(x<T->lchild->data)// 判斷是 LL 還是 LR，即 lchild 的 lchild 或 rchild
                T=LL_Rotation(T);
            else
                T=LR_Rotation(T);
        }
    }
```

```
    else{// 插入右子樹
        T->rchild=Insert(T->rchild,x);
        if(Height(T->rchild)-Height(T->lchild)==2){
            if(x>T->rchild->data)
                T=RR_Rotation(T);
            else
                T=RL_Rotation(T);
        }
    }
    updateHeight(T);
    return T;
}
```

3．平衡二元樹的創建

平衡二元樹的創建和二元搜尋樹的創建類似，只是插入操作多了調整平衡而已。可以從空樹開始，按照輸入關鍵字的順序依次進行插入操作，最終得到一棵平衡二元樹。

演算法步驟：

（1）初始化平衡二元樹為空樹，T=NULL。

（2）輸入一個關鍵字 x，將 x 插入平衡二元樹 T 中。

（3）重複步驟 2，直到關鍵字輸入完畢。

完美圖解：舉例來說，依次輸入關鍵字 (25,18,5,10,15,17)，創建一棵平衡二元樹。

（1）輸入 25，將平衡二元樹初始化為空，所以將 25 作為樹根，左右子樹為空，如下圖所示。

（2）輸入 18，插入平衡二元樹。與樹根 25 做比較，比 25 小，到左子樹中尋找，左子樹為空，插入此位置，檢查祖先節點未發現失衡，如下圖所示。

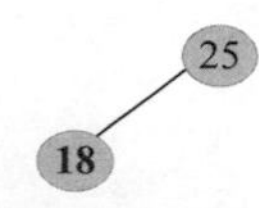

（3）輸入 5，將其插入平衡二元樹中。與樹根 25 做比較，比 25 小，到左子樹中尋找，比 18 小，到左子樹中尋找，左子樹為空，插入此位置。25 節點失衡，從不平衡節點到新節點路徑前兩個是 LL，做 LL 型旋轉調整平衡，如下圖所示。

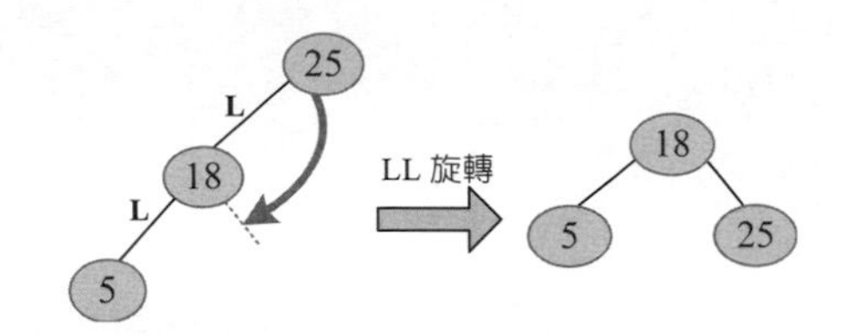

（4）輸入 10，將其插入平衡二元樹中。與樹根 18 做比較，比 18 小，到左子樹中尋找，與樹根 5 做比較，比 5 大，到右子樹中尋找，右子樹為空，插入此位置，檢查祖先節點未發現失衡。如下圖所示。

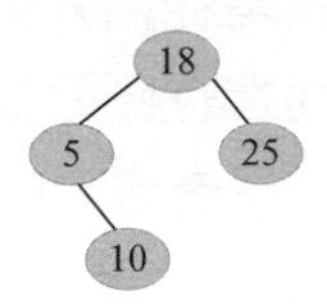

（5）輸入 15，將其插入平衡二元樹中。與樹根 18 做比較，比 18 小，到左子樹中尋找，與樹根 5 做比較，比 5 大，到右子樹中尋找，與樹根 10 做比較，比 10 大，到右子樹中尋找，右子樹為空，插入此位置。5 節點失衡，從不平衡節點到新節點路徑前兩個是 RR，做 RR 型旋轉調整平衡，如下圖所示。

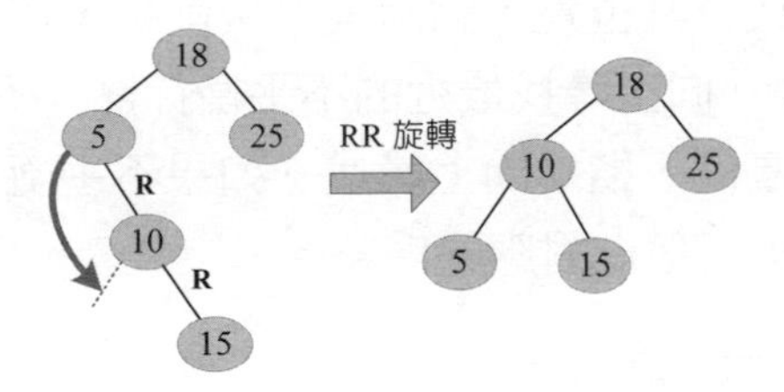

（6）輸入 17，將其插入平衡二元樹中。經尋找之後（過程省略），將其插入 15 的右子樹位置。18 節點失衡，從不平衡節點到新節點路徑前兩個是 LR，做 LR 型旋轉，如下圖所示。

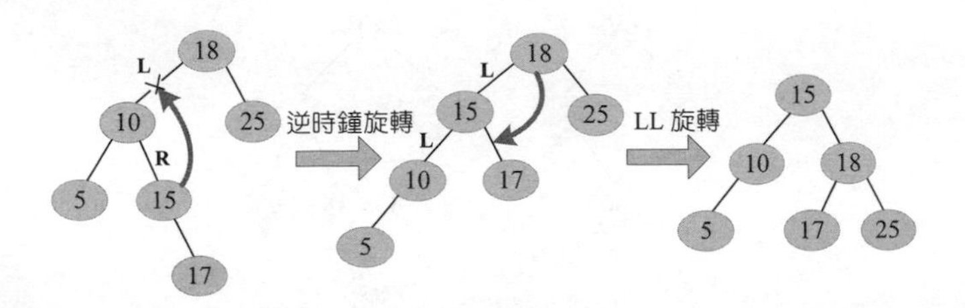

演算法實現：

```
AVLTree CreateAVL(AVLTree &T){
    int n,x;
    cin>>n;
    for(int i=0;i<n;i++){
        cin>>x;
        T=Insert(T,x);
    }
    return T;
}
```

4．平衡二元樹的刪除

在平衡二元樹中進行插入操作時只需從插入節點之父向上檢查，發現不平衡便立即調整，調整一次平衡即可；而進行刪除操作時需要一直從刪除節點之父向上檢查，發現不平衡便立即調整，然後繼續向上檢查，直到樹根。

演算法步驟：

（1）在平衡二元樹中尋找 x，如果尋找失敗，則返回；如果尋找成功，則執行刪除操作（同二元搜尋樹的刪除操作）。

（2）從實際被刪除節點之父 g 出發（當被刪除節點有左右子樹時，令其直接前驅（或直接後繼）代替其位置，刪除其直接前驅，實際被刪除節點為其直接前驅（或直接後繼）），向上尋找最近的不平衡節點。逐層檢查各代祖先節點，如果平衡，則更新其高度，繼續向上尋找；如果不平衡，則判斷失衡類型（沿著高度大的子樹判斷），並做對應的調整。

（3）繼續向上檢查，一直到樹根。

完美圖解：舉例來說，一棵二元平衡樹如下圖所示，刪除 16。

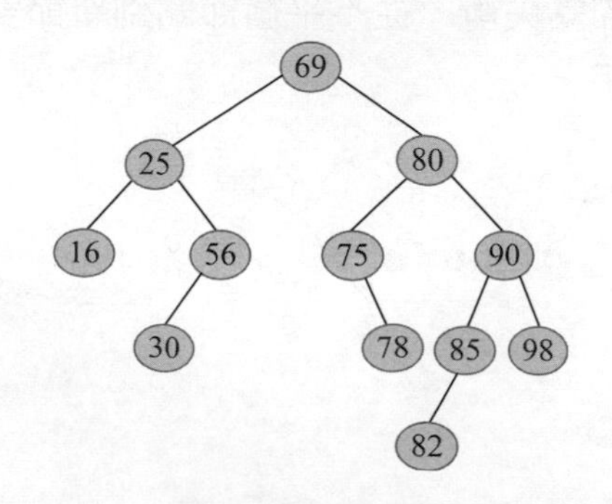

（1）16 為葉子，將其直接刪除即可，如下圖所示。

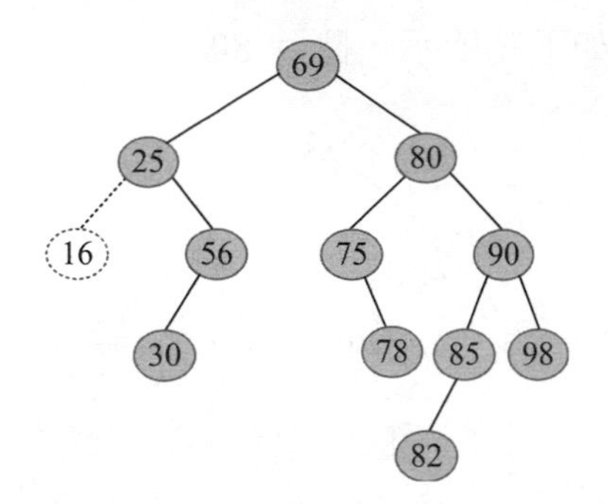

（2）指標 g 指向實際被刪除節點 16 之父 25，檢查是否失衡，25 節點失衡，用 g、u、v 記錄失衡三代節點（從失衡節點沿著高度大的子樹向下找三代），判斷為 RL 型，進行 RL 旋轉調整平衡，如下圖所示。

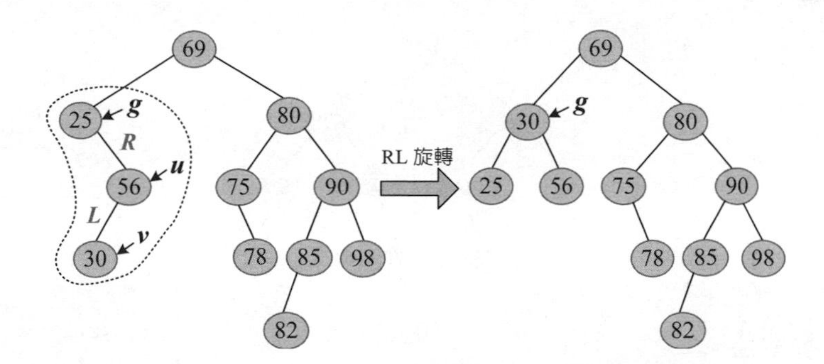

（3）繼續向上檢查，指標 g 指向 g 的父節點 69，檢查是否失衡，69 節點失衡，用 g、u、v 記錄失衡三代節點，判斷為 RR 型，進行 RR 旋轉調整平衡，如下圖所示。

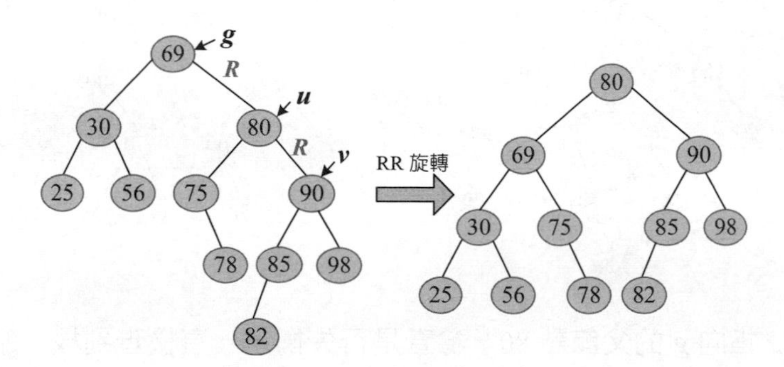

（4）已檢查到根，結束。

又如，一棵平衡二元樹如下圖所示，刪除 80。

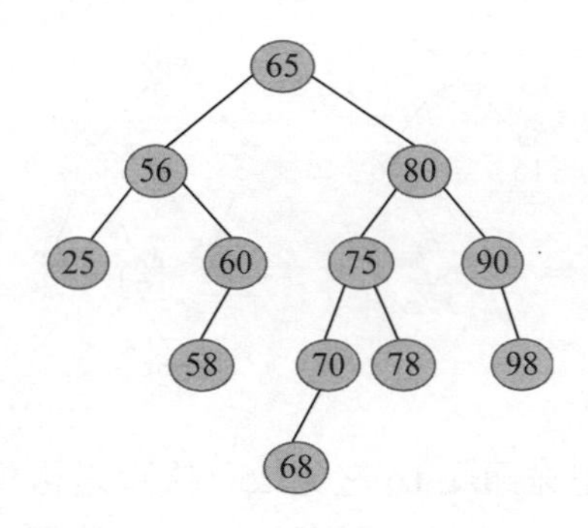

（1）80 的左右子樹均不可為空，令其直接前驅 78 代替它，刪除其直接前驅 78，如下圖所示。

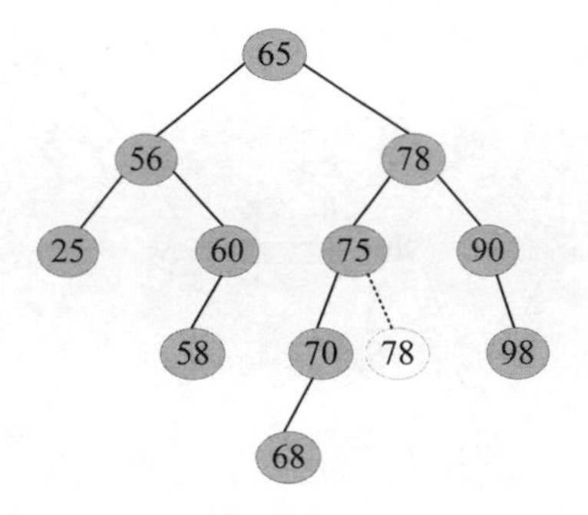

（2）指標 g 指向實際被刪除節點 78 之父 75，檢查是否失衡，75 節點失衡，用 g、u、v 記錄失衡三代節點，判斷為 LL 型，進行 LL 旋轉調整平衡，如下圖所示。

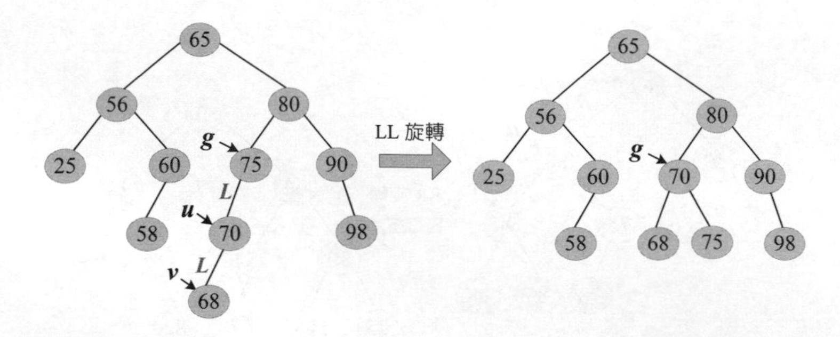

（3）指標 g 指向 g 的父節點 80，檢查是否失衡，一直檢查到根，結束。

注意：從實際被刪除節點之父開始檢查是否失衡，一直檢查到根。

演算法實現：

```
AVLTree adjust(AVLTree &T){// 刪除節點後，需要判斷是否仍平衡，如果不平衡，則需要調整
    if(T==NULL) return NULL;
    if(Height(T->lchild)-Height(T->rchild)==2){// 沿著高度大的那條路徑判斷
        if(Height(T->lchild->lchild)>=Height(T->lchild->rchild))
            T=LL_Rotation(T);
        else
            T=LR_Rotation(T);
    }
    if(Height(T->rchild)-Height(T->lchild)==2){// 沿著高度大的那條路徑判斷
        if(Height(T->rchild->rchild)>=Height(T->rchild->lchild))
            T=RR_Rotation(T);
        else
            T=RL_Rotation(T);
    }
    updateHeight(T);
    return T;
}

AVLTree Delete(AVLTree &T,int x){
    if(T==NULL) return NULL;
    if(T->data==x){// 如果找到待刪除節點
        if(T->rchild==NULL){// 如果該節點的右子節點為NULL，那麼直接將其刪除
            AVLTree temp=T;
            T=T->lchild;
            delete temp;
        }
        else{// 不然將其右子樹的最左子節點作為這個節點，並且遞迴刪除這個節點的值
           AVLTree temp;
           temp=T->rchild;
           while(temp->lchild)
              temp=temp->lchild;
           T->data=temp->data;
           T->rchild=Delete(T->rchild,T->data);
           updateHeight(T);
        }
        return T;
    }
    if(T->data>x)// 調整刪除節點後可能涉及的節點
        T->lchild=Delete(T->lchild,x);
    if(T->data<x)
```

```
        T->rchild=Delete(T->rchild,x);
    updateHeight(T);
    T=adjust(T);
    return T;
}
```

訓練 1　平衡二元樹

題目描述（SDUTOJ3374）：根據指定的序列建立一棵平衡二元樹，求平衡二元樹的樹根。

輸入：輸入包含一組測試資料。資料的第 1 行是一個正整數 n（$n \leq 20$），表示輸入序列的元素個數；第 2 行列出 n 個正整數，按資料登錄順序建立平衡二元樹。

輸出：輸出平衡二元樹的樹根。

輸入範例	輸出範例
5 88 70 61 96 120	70

1．演算法設計

（1）按照資料登錄順序創建平衡二元樹。

（2）輸出平衡二元樹的樹根。

2．演算法實現

```
typedef struct AVLNode{
   int data;
   int height;
   struct AVLNode *lchild;
   struct AVLNode *rchild;
}*AVLTree;

int Height(AVLTree T){// 計算高度
    if(T==NULL) return 0;
    return T->height;
}
```

```
void updateHeight(AVLTree &T){// 更新高度
    T->height=max(Height(T->lchild),Height(T->rchild))+1;
}

AVLTree LL_Rotation(AVLTree &T){//LL 旋轉
    AVLTree temp=T->lchild;
    T->lchild=temp->rchild;
    temp->rchild=T;
    updateHeight(T);// 更新高度
    updateHeight(temp);
    return temp;
}

AVLTree RR_Rotation(AVLTree &T){//RR 旋轉
    AVLTree temp=T->rchild;
    T->rchild=temp->lchild;
    temp->lchild=T;
    updateHeight(T);// 更新高度
    updateHeight(temp);
    return temp;
}

AVLTree LR_Rotation(AVLTree &T){//LR 旋轉
    T->lchild=RR_Rotation(T->lchild);
    return LL_Rotation(T);
}

AVLTree RL_Rotation(AVLTree &T){//RL 旋轉
    T->rchild=LL_Rotation(T->rchild);
    return RR_Rotation(T);
}

AVLTree Insert(AVLTree &T,int x){
    if(T==NULL){ // 如果為空，則創建新節點
        T=new AVLNode;
        T->lchild=T->rchild=NULL;
        T->data=x;
        T->height=1;
        return T;
      }
```

```
    if(T->data==x) return T;//尋找成功，什麼也不做，尋找失敗時才插入
    if(x<T->data){//插入左子樹
        T->lchild=Insert(T->lchild,x);//注意插入後將傳回結果掛接到T->lchild
        if(Height(T->lchild)-Height(T->rchild)==2){//如果不平衡，則插入高度大的一邊
            if(x<T->lchild->data)//判斷是LL還是LR
                T=LL_Rotation(T);
            else
                T=LR_Rotation(T);
        }
    }
    else{//插入右子樹
        T->rchild=Insert(T->rchild,x);
        if(Height(T->rchild)-Height(T->lchild)==2){
            if(x>T->rchild->data)
                T=RR_Rotation(T);
            else
                T=RL_Rotation(T);
        }
    }
    updateHeight(T);
    return T;
}

int main(){
    AVLTree root=NULL;//一定要清空
    int n,val;
    cin>>n;
    for(int i=1;i<=n;i++){
        cin>>val;
        Insert(root,val);
    }
    cout<<root->data<<endl;
    return 0;
}
```

訓練 2　雙重佇列

題目描述（POJ3481）：見 2.4.9 節訓練 2。

題解：可以使用平衡二元樹 AVL 解決。

1．演算法設計

（1）讀取指令 *n*，判斷類型。

（2）如果 *n*=1，則讀取客戶 num 及優先順序 val，將其插入平衡二元樹中。

（3）如果 *n*=2，此時平衡二元樹為空，則輸出 0，否則輸出最大值並刪除。

（4）如果 *n*=3，此時平衡二元樹為空，則輸出 0，否則輸出最小值並刪除。

2．演算法實現

```
AVLTree Insert(AVLTree &T,int num,int x){// 插入 x
    if(T==NULL){ // 如果為空，則創建新節點
        T=new AVLNode;
        T->lchild=T->rchild=NULL;
        T->num=num;
        T->data=x;
        T->height=1;
        return T;
    }
    if(T->data==x) return T;// 尋找成功，什麼也不做，在尋找失敗時才插入
    if(x<T->data){// 插入左子樹
        T->lchild=Insert(T->lchild,num,x);// 注意插入後將傳回結果掛接到 T->lchild
        if(Height(T->lchild)-Height(T->rchild)==2){ // 如果不平衡，則插入高度大的
那一邊
            if(x<T->lchild->data)// 判斷是 LL 還是 LR
                T=LL_Rotation(T);
            else
                T=LR_Rotation(T);
        }
    }
    else{// 插入右子樹
        T->rchild=Insert(T->rchild,num,x);
        if(Height(T->rchild)-Height(T->lchild)==2){
            if(x>T->rchild->data)
                T=RR_Rotation(T);
            else
                T=RL_Rotation(T);
        }
    }
    updateHeight(T);
    return T;
```

```
}

AVLTree adjust(AVLTree &T){// 刪除節點後，判斷平衡，如果不平衡，則調整
    if(T==NULL) return NULL;
    if(Height(T->lchild)-Height(T->rchild)==2){// 沿著高度大的那條路徑判斷
        if(Height(T->lchild->lchild)>=Height(T->lchild->rchild))
            T=LL_Rotation(T);
        else
            T=LR_Rotation(T);
    }
    if(Height(T->rchild)-Height(T->lchild)==2){// 沿著高度大的那條路徑判斷
        if(Height(T->rchild->rchild)>=Height(T->rchild->lchild))
            T=RR_Rotation(T);
        else
            T=RL_Rotation(T);
    }
    updateHeight(T);
    return T;
}

AVLTree Delete(AVLTree &T,int x){// 刪除 x
    if(T==NULL) return NULL;
    if(T->data==x){// 如果找到刪除節點
        if(T->rchild==NULL){// 如果該節點的右子節點為 NULL，那麼直接將其刪除
            AVLTree temp=T;
            T=T->lchild;
            delete temp;
        }
        else{// 否則找直接後繼（右子樹的最左子節點）
            AVLTree temp;
            temp=T->rchild;
            while(temp->lchild)// 找右子樹的最左子節點
                temp=temp->lchild;
            T->num=temp->num;// 替換資料
            T->data=temp->data;// 替換資料
            T->rchild=Delete(T->rchild,T->data);
            updateHeight(T);
        }
        return T;
    }
    if(T->data>x)// 調整刪除節點後可能涉及的節點
```

```
        T->lchild=Delete(T->lchild,x);
    if(T->data<x)
        T->rchild=Delete(T->rchild,x);
    updateHeight(T);
    T=adjust(T);
    return T;
}

void printmax(AVLTree T){// 找優先順序最大的節點編號
    while(T->rchild){
        T=T->rchild;
    }
    cout<<T->num<<endl;
    maxval=T->data;
}

void printmin(AVLTree T){// 找優先順序最低的節點編號
    while(T->lchild){
        T=T->lchild;
    }
    cout<<T->num<<endl;
    minval=T->data;
}

int main(){
    AVLTree root=NULL;// 一定要清空
    int n,num,val;
    while(~scanf("%d",&n),n){// 注意使用 cin 逾時
        switch(n){
            case 1:
                scanf("%d%d",&num,&val);
                Insert(root,num,val);
                break;
            case 2:
                if(!root)
                    cout<<0<<endl;
                else{
                    printmax(root);
                    Delete(root,maxval);
                }
                break;
```

```
            case 3:
                if(!root)
                    cout<<0<<endl;
                else{
                    printmin(root);
                    Delete(root,minval);
                }
                break;
        }
    }
    return 0;
}
```

訓練 3　黑盒子

題目描述（**POJ1442**）：見 2.4.6 節訓練。

題解：可以建立一棵平衡二元樹，尋找第 *k* 小。

演算法實現：

```
int Findkth(AVLTree T,int k){//尋找第k小
    int t;
    if(!T)
        return 0;
    if(T->lchild)
        t=T->lchild->size;
    else
        t=0;
    if(k<t+1)
        return Findkth(T->lchild,k);
    else if(k>t+T->num)
            return Findkth(T->rchild,k-(t+T->num));
        else return T->data;
}

int main(){
    while(~scanf("%d%d",&n,&m)){
        AVLTree root=NULL;//一定要清空
        for(int i=1;i<=n;i++)
            scanf("%d",&num[i]);
```

```
        for(int i=1;i<=m;i++)
            scanf("%d",&num1[i]);
        int t=1;
        int k=1;
        while(t<=m){
            while(k<=num1[t]){
                Insert(root,num[k]);
                k++;
            }
            int ans=Findkth(root,t++);
            printf("%d\n",ans);
        }
    }
    return 0;
}
```

訓練 4　硬木種類

題目描述（POJ2418）：見 2.4.9 節訓練 1。

題解：使用以下三種方法均可。

- 排序後統計，輸出結果。
- 使用二元搜尋樹，先將每個單字都存入二元樹中，每出現一次，則修改該單字所在節點 cnt++；最後透過中序遍歷輸出結果。
- 使用平衡二元搜尋樹，先將每個單字都插入平衡二元樹中，每出現一次，則修改該單字所在節點 cnt++；最後透過中序遍歷輸出結果。效率高於二元搜尋樹。

09 搜尋技術

9.1 二分搜尋

某大型娛樂節目在玩猜數遊戲，主持人在女嘉賓的手心寫一個 10 以內的整數，讓女嘉賓的老公猜數字是多少，而女嘉賓只能提示老公猜的數字是大了還是小了，並且只有 3 次機會。

主持人悄悄地在女嘉賓手心寫了一個 8。

女嘉賓的老公："2。"

女嘉賓：" 小了。"

女嘉賓的老公："3。"

女嘉賓：" 小了。"

女嘉賓的老公："10。"

女嘉賓：" 還是沒猜對。"

那麼，你有沒有辦法以最快的速度猜出來呢？

從問題描述來看，如果有 *n* 個數，那麼在最壞情況下需要猜 *n* 次才能成功，其實完全沒有必要一個一個地猜，因為這些數是有序的，可以使用二分搜尋策略，每次都和中間的元素做比較，如果比中間的元素小，則在前半部分尋找；如果比中間的元素大，則在後半部分尋找。這種方法被稱為二分尋找或折半尋找，也被稱為二分搜尋技術。

📖 原理　二分搜尋技術

舉例來說，指定有 n 個元素的序列，這些元素是有序的（假設為昇冪），從序列中尋找元素 x。

用一維陣列 $S[]$ 儲存該有序序列，設變數 low 和 high 表示尋找範圍的下界和上界，middle 表示尋找範圍的中間位置，x 表示特定的尋找元素。

1．演算法步驟

（1）初始化。令 low=0，即指向有序陣列 $S[]$ 的第 1 個元素；high=n–1，即指向有序陣列 $S[]$ 的最後一個元素。

（2）判定 low ≤ high 是否成立，如果成立，則轉向步驟 3，否則演算法結束。

（3）middle=(low+high)/2，即指向尋找範圍的中間元素。如果數量較大，則為避免 low+high 溢位，可以採用 middle=low+(high–low)/2。

（4）判斷 x 與 S[middle] 的關係。如果 x=S[middle]，則搜尋成功，演算法結束；如果 x>S[middle]，則令 low=middle+1；否則令 high=middle–1，轉向步驟 2。

2．完美圖解

舉例來說，在有序序列（5,8,15,17,25,30,34,39,45,52,60）中尋找元素 17。

（1）資料結構。用一維陣列 $S[]$ 儲存該有序序列，x=17。

	0	1	2	3	4	5	6	7	8	9	10
S[ ]	5	8	15	17	25	30	34	39	45	52	60

（2）初始化。low=0，high=10，計算 middle=(low+high)/2=5。

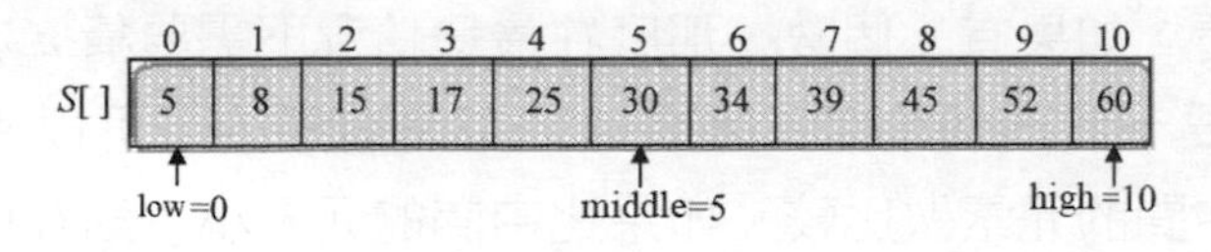

（3）將 x 與 S[middle] 做比較。x=17，S[middle]=30，在序列的前半部分尋找，令 high=middle–1，搜尋的範圍縮小到子問題 S[0⋯middle–1]。

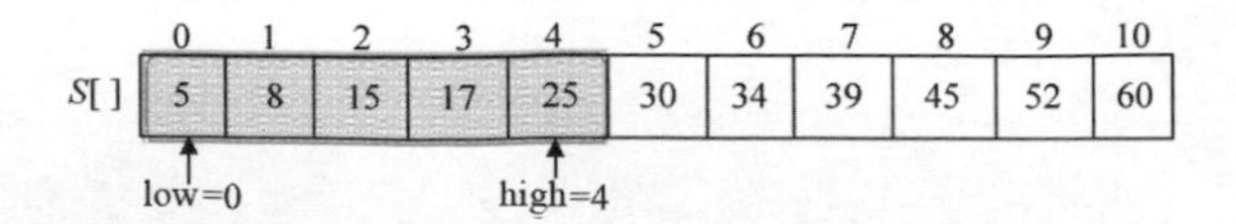

（4）計算 middle=(low+high)/2=2。

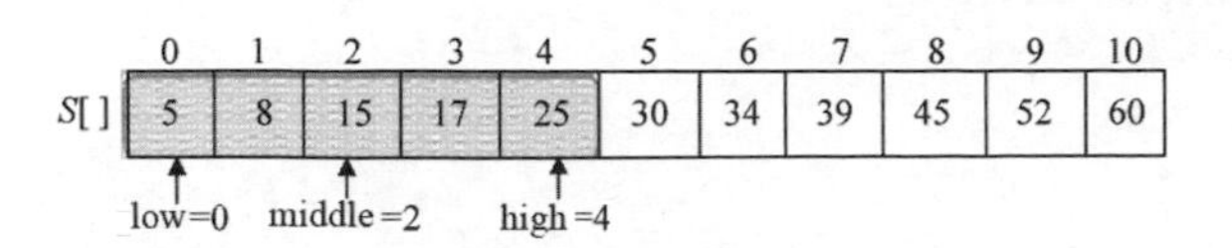

（5）將 x 與 S[middle] 做比較。x=17，S[middle]=15，在序列的後半部分尋找，令 low=middle+1，搜尋的範圍縮小到子問題 S[middle+1…high]。

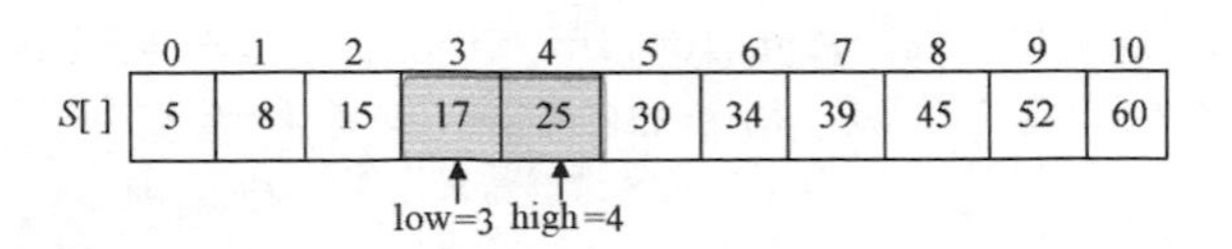

（6）計算 middle=(low+high)/2=3。

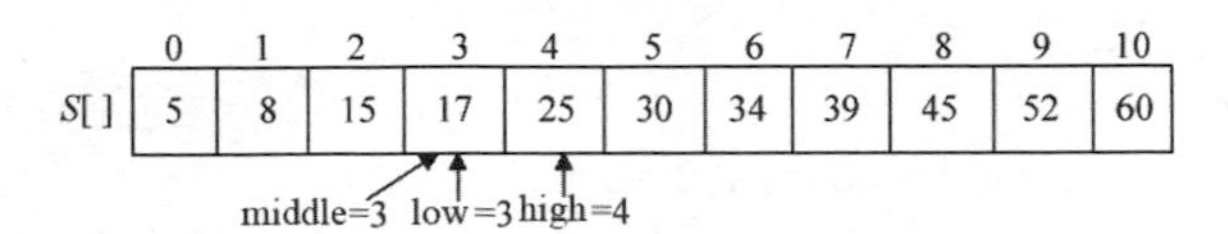

（7）將 x 與 S[middle] 做比較。x=S[middle]=17，尋找成功，演算法結束。

3．演算法實現

用 BinarySearch(int *n*, int *s*[], int *x*) 函數實現二分尋找演算法，其中 *n* 為元素個數，*s*[] 為有序陣列，*x* 為待查找的元素。low 指向陣列的第 1 個元素，high 指向陣列的最後一個元素。如果 low ≤ high，middle=(low+high)/2，即指向尋找範圍的中間元素。如果 x=S[middle]，則搜尋成功，演算法結束；如果 x>S[middle]，則令 low=middle+1，在後半部分搜尋；否則令 high=middle−1，在前半部分搜尋。

（1）非遞迴演算法。

```
int BinarySearch(int s[],int n,int x){// 二分尋找非遞迴演算法
   int low=0,high=n-1;  //low 指向陣列的第 1 個元素，high 指向陣列的最後一個元素
   while(low<=high){
       int middle=(low+high)/2;       //middle 為尋找範圍的中間值
       if(x==s[middle])               //x 等於尋找範圍的中間值，演算法結束
          return middle;
       else if(x>s[middle])           //x 大於尋找範圍的中間元素，在後半部分尋找
             low=middle+1;
```

```
        else                         //x 小於尋找範圍的中間元素，在前半部分尋找
          high=middle-1;
    }
    return -1;
}
```

（2）遞迴演算法。遞迴有自呼叫問題，增加兩個參數 low 和 high 標記搜尋範圍的開始和結束。

```
int recursionBS(int s[],int x,int low,int high){ //二分尋找遞迴演算法
    //low 指向搜尋區間的第 1 個元素，high 指向搜尋區間的最後一個元素
    if(low>high)                     //遞迴結束條件
        return -1;
    int middle=(low+high)/2;         //計算 middle 值（尋找範圍的中間值）
    if(x==s[middle])                 //x 等於 s[middle]，尋找成功，演算法結束
        return middle;
    else if(x<s[middle])             //x 小於 s[middle]，在前半部分尋找
            return recursionBS(s,x,low,middle-1);
        else                         //x 大於 s[middle]，在後半部分尋找
            return recursionBS(s,x,middle+1,high);
}
```

4．演算法分析

1）時間複雜度

怎麼計算二分尋找演算法的時間複雜度呢？如果用 $T(n)$ 來表示 n 個有序元素的二分尋找演算法的時間複雜度，那麼結果如下。

- 當 n=1 時，需要一次做比較，$T(n)=O(1)$。
- 當 n>1 時，將待查找元素和中間位置元素做比較，需要 $O(1)$ 時間，如果比較不成功，那麼需要在前半部分或後半部分搜尋，問題的規模縮小了一半，時間複雜度變為 $T(n/2)$。

$$T(n)=\begin{cases} O(1) & ,\ n=1 \\ T(n/2)+O(1), & n>1 \end{cases}$$

- 當 n>1 時，可以遞推求解如下：

$$\begin{aligned}T(n) &= T(n/2)+O(1)\\ &= T(n/2^2)+2O(1)\\ &= T(n/2^3)+3O(1)\\ &\cdots\\ &= T(n/2^x)+xO(1)\end{aligned}$$

遞推最終的規模為 1，令 $n=2^x$，則 $x=\log n$。

$$\begin{aligned}T(n) &= T(1)+\log nO(1)\\ &= O(1)+\log nO(1)\\ &= O(\log n)\end{aligned}$$

二分尋找的非遞迴演算法和遞迴演算法尋找的方法是一樣的，時間複雜度相同，均為 $O(\log n)$。

2）空間複雜度

在二分尋找的非遞迴演算法中，變數佔用了一些輔助空間，這些輔助空間都是常數階的，因此空間複雜度為 $O(1)$。

二分尋找的遞迴演算法，除了使用一些變數，還需要使用堆疊來實現遞迴呼叫。在遞迴演算法中，每一次遞迴呼叫都需要一個堆疊空間儲存，我們只需看看有多少次呼叫即可。假設原問題的規模為 n，首先第 1 次遞迴就分為兩個規模為 $n/2$ 的子問題，這兩個子問題並不是每個都執行，只會執行其中之一，因為與中間值做比較後，不是在前半部分尋找，就是在後半部分尋找；然後把規模為 $n/2$ 的子問題繼續劃分為兩個規模為 $n/4$ 的子問題，選擇其一；繼續分治下去，在最壞情況會分治到只剩下一個數值，那麼演算法執行的節點數就是從樹根到葉子所經過的節點，每一層執行一個，直到最後一層，如下圖所示。

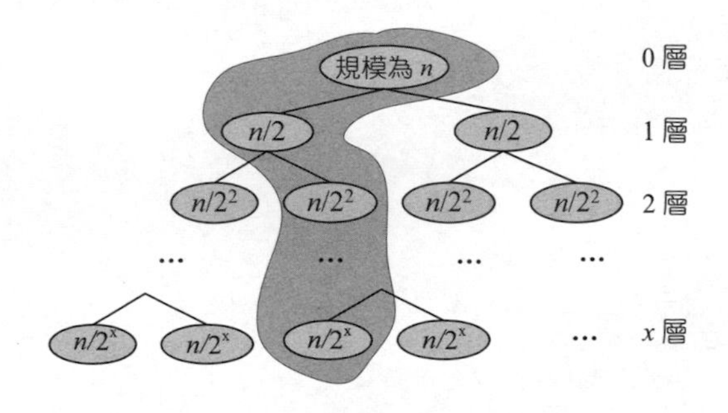

遞迴呼叫最終的規模為 1，即 $n/2^x=1$，則 $x=\log n$。假設陰影部分是搜尋經過的路徑，一共經過了 $\log n$ 個節點，也就是說遞迴呼叫了 $\log n$ 次。遞迴演算法使用的堆疊空間為遞迴樹的深度，因此二分尋找遞迴演算法的空間複雜度為 $O(\log n)$。

在二分搜尋中需要注意以下幾個問題。

（1）必須滿足有序性。

（2）搜尋範圍。初始時，需要指定搜尋範圍，如果不知道具體範圍，則對正數可以採用範圍 [0,inf]，對負數可以採用範圍 [–inf,inf]，inf 為無限大，通常設定為 0x3f3f3f3f。

（3）二分搜尋。在一般情況下，mid=$(l+r)/2$ 或 mid=$(l+r)$>>1。如果 l 和 r 特別大，則為了避免 $l+r$ 溢位，可以採用 mid=$l+(r-l)/2$。對判斷二分搜尋結束的條件，以及判斷 mid 可行時是在前半部分搜尋，還是在後半部分搜尋，需要具體問題具體分析。

（4）答案是什麼。在減少搜尋範圍時，要特別注意是否漏掉了 mid 點上的答案。

二分搜尋分為整數上的二分搜尋和實數上的二分搜尋，大致過程如下。

1．整數上的二分搜尋

整數上的二分搜尋，因為縮小搜尋範圍時，有可能 r=mid–1 或 l=mid+1，因此可以用 ans 記錄可行解。對是否需要減 1 或加 1，要根據具體問題來分析。

```
l=a; r=b; // 初始搜尋範圍
while(l<=r){
int mid=(l+r)/2;
if(judge(mid)){
ans=mid; // 記錄可行解
r=mid-1;
}
else
l=mid+1;
}
return ans;
```

2．實數上的二分搜尋

實數上的二分搜尋不可以直接比較大小，可以將 $r-l$>eps 作為迴圈條件，eps 為一個較小的數，例如 1e–7 等。為避免遺失可能解，縮小範圍時 r=mid 或 l=mid，在迴圈結束時傳回最後一個可行解。

```
l=a; r=b; // 初始搜尋範圍
while(r-l>eps){// 判斷差值
double mid=(l+r)/2;
if(judge(mid))
l=mid;  //l 記錄了可行解，在迴圈結束時傳回答案 l
else
r=mid;
}
return l;
```

還可以運行固定的次數，例如運行 100 次，可達 10^{-30} 精度，在一般情況下都可以解決問題。

```
l=a; r=b;
for(int i=0;i<100;i++){// 運行 100 次
double mid=(l+r)/2;
if(judge(mid))
l=mid;
else
r=mid;
}
return l;
```

∴ 訓練 1　跳房子遊戲

題目描述（POJ3258）：跳房子遊戲指從河中的一塊石頭跳到另一塊石頭，這發生在一條又長又直的河流中，從一塊石頭開始，到另一塊石頭結束。長度為 L（$1 \le L \le 10^9$），從開始到結束之間的石頭數量為 N（$0 \le N \le 50000$），從每塊石頭到開始位置有一個整數距離 d_i（$0<d_i<L$）。

為了玩遊戲，每頭母牛都依次從起始石頭開始，並嘗試到達終點的石頭，只能從石頭跳到石頭。當然，不那麼靈活的母牛永遠不會到達最後的石頭，而是掉進河中。約翰計畫移除幾塊石頭，以增加母牛必須跳到最後的最短距離。不能刪除起點和終點的石頭，但約翰有足夠的資源移除多達 M 區塊石頭（$0 \le M \le N$）。請確定在移除 M 區塊石頭後，母牛必須跳躍的最短距離的最大值。

輸入：第 1 行包含 3 個整數 L、N 和 M。接下來的 N 行，每行都包含一個整數，表示從該石頭到起始石頭的距離。沒有兩塊石頭有相同的位置。

輸出：單行輸出移除 M 區塊石頭後母牛必須跳躍的最短距離的最大值。

輸入範例	輸出範例
25 5 2 2 14 11 21 17	4

題解：根據輸入範例，建構的圖如下圖所示。

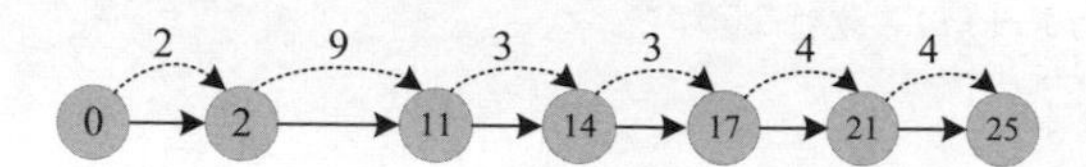

在移除任何石頭之前，跳躍的最短距離都是 2（從 0 到 2）。在移除 2 和 14 石頭後，跳躍的最短距離是 4（從 17 到 21 或從 21 到 25）。

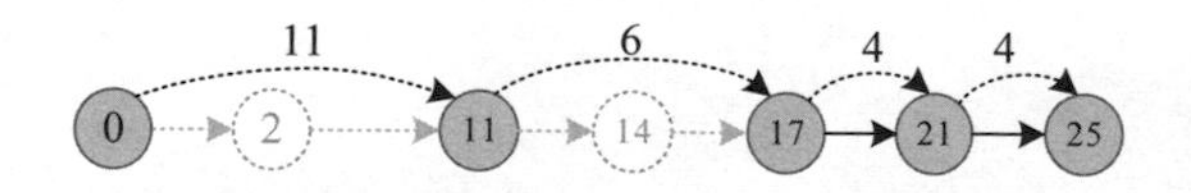

1．演算法設計

（1）如果移除的石頭數等於總石頭數（$M=N$），則直接輸出 L。

（2）增加開始（0）和結束（$N+1$）兩塊石頭，到開始節點的距離分別為 0 和 L。

（3）對所有的石頭都按照到開始節點的距離從小到大排序。

（4）令 left=0，right=L，如果 right−left>1，則 mid=(right+left)/2，判斷是否滿足移除 M 區塊石頭之後，任意間距都不小於 mid。如果滿足，則說明距離還可以更大，令 left=mid；否則令 right=mid，繼續進行二分搜尋。

（5）搜尋結束後，left 就是母牛必須跳躍的最短距離的最大值。

2．完美圖解

（1）根據輸入範例，增加開始和結束兩塊石頭，按照到開始節點的距離從小到大排序。

（2）令 left=0，right=L=25，right−left>1，mid=(right+left)/2=12，判斷是否滿足移除兩塊石頭之後，任意間距都不小於 12。相當於將 3 塊石頭放置在開始位置和結束位置之間，且滿足任意間距都不小於 12。

用 last 記錄前一塊已放置石頭的索引，初始時 last=0，找第 1 個與 last 距離大於或等於 12 的位置，找到 14，放置第 1 塊石頭，更新 last=3。

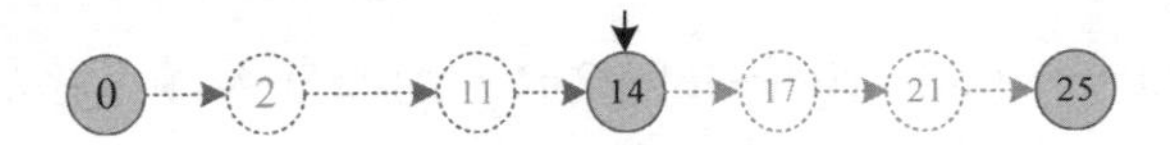

繼續找第 1 個與 last 距離大於或等於 12 的位置，未找到，說明無法滿足條件。縮小距離，令 right=mid=12，繼續搜尋。

（3）left=0，right=12，mid=(right+left)/2=6，判斷是否滿足移除兩塊石頭之後，任意間距都不小於 6。初始時 last=0，找第 1 個與 last 距離大於或等於 6 的位置，找到 11，放置第 1 塊石頭，更新 last=2。

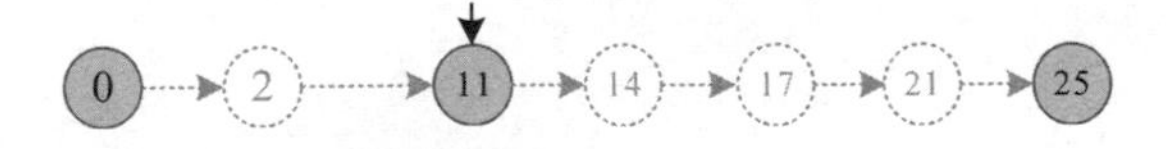

繼續找第 1 個與 last 距離大於或等於 6 的位置，找到 17，放置第 2 塊石頭，更新 last=4。

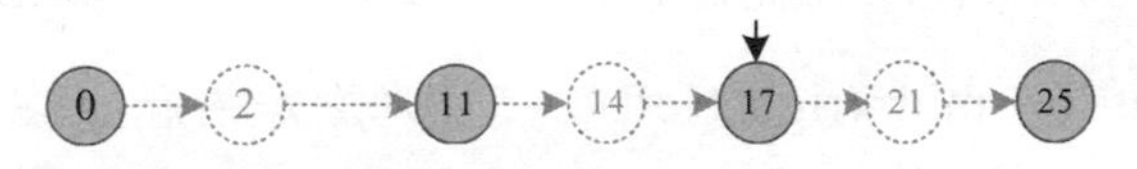

繼續找第 1 個與 last 距離大於或等於 6 的位置，未找到，說明無法滿足條件。縮小距離，令 right=mid=6，繼續搜尋。

（4）left=0，right=6，mid=(right+left)/2=3，判斷是否滿足移除兩塊石頭之後，任意間距都不小於 3。初始時 last=0，找第 1 個與 last 距離大於或等於 3 的位置，找到 11，放置第 1 塊石頭，更新 last=2。

繼續找第 1 個與 last 距離大於或等於 3 的位置，找到 14，放置第 2 塊石頭，更新 last=3。

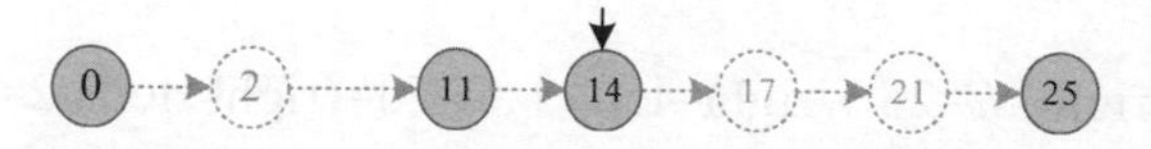

繼續找第 1 個與 last 距離大於或等於 3 的位置，找到 17，放置第 3 塊石頭，可以放置 3 塊石頭，滿足條件。增加距離，令 left=mid=3，繼續搜尋。

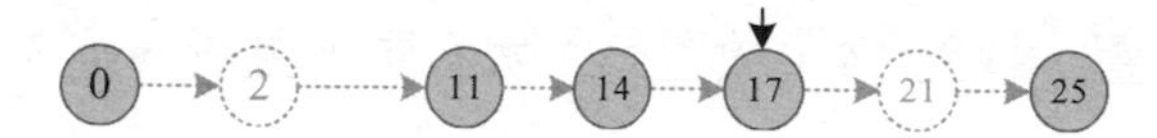

（5）left=3，right=6，mid=(right+left)/2=4，判斷是否滿足移除兩塊石頭之後，任意間距都不小於 4。初始時 last=0，找第 1 個與 last 距離大於或等於 4 的位置，找到 11，放置第 1 塊石頭，更新 last=2。

繼續找第 1 個與 last 距離大於或等於 4 的位置，找到 17，放置第 2 塊石頭，更新 last=4。

繼續找第 1 個與 last 距離大於或等於 4 的位置，找到 21，放置第 3 塊石頭，可以放置 3 塊石頭，滿足條件。增加距離，令 left=mid=4，繼續搜尋。

（6）left=4，right=6，mid=(right+left)/2=5，判斷是否滿足移除兩塊石頭之後，任意間距都不小於 5。初始時 last=0，找第 1 個與 last 距離大於或等於 5 的位置，找到 11，放置第 1 塊石頭，更新 last=2。

繼續找第 1 個與 last 距離大於或等於 5 的位置，找到 17，放置第 2 塊石頭，更新 last=4。

繼續找第 1 個與 last 距離大於或等於 5 的位置，未找到，說明無法滿足條件。縮小距離，令 right=mid=5，繼續搜尋。

（7）left=4，right=5，此時 right–left=1，演算法結束，輸出答案 left=4。

3．演算法實現

判斷函數相當於將 *n–m* 區塊石頭放置在開始位置和結束位置之間，且任意間距都不小於 *x*。

```
bool judge(int x){ // 使移除 m 區塊石頭之後，任意間距都不小於 x
    int num=n-m; // 減掉 m 區塊石頭，放置 num 區塊石頭，迴圈 num 次
    int last=0; // 記錄前一個已放置石頭的索引
    for(int i=0;i<num;i++){ // 對於這些石頭，要使任意間距都不小於 x
        int cur=last+1;
        while(cur<=n&&dis[cur]-dis[last]<x) // 放在第 1 個與 last 距離大於或等於 x 
的位置
            cur++; // 由 cur 累計位置
        if(cur>n||dis[n+1]-dis[cur]<x)
            return 0; // 如果在這個過程中大於 n 了，則說明放不開
        last=cur; // 更新 last 位置
    }
    return 1;
}

int main(){
    cin>>L>>n>>m;
    if(n==m){
        cout<<L<<endl;
        return 0;
    }
    for(int i=1;i<=n;i++)
        cin>>dis[i];
    dis[0]=0;// 增加開始點
    dis[n+1]=L;// 增加結束點
    sort(dis,dis+n+2);
```

```
    int left=0,right=L;
    while(right-left>1){
        int mid=(right+left)/2;
        if(judge(mid))
            left=mid;// 如果放得開，則說明 x 還可以更大
        else
            right=mid;
    }
    cout<<left<<endl;
    return 0;
}
```

訓練 2　烘乾衣服

題目描述（POJ3104）：可以使用散熱器烘乾衣服。但散熱器很小，所以它一次只能容納一件衣服。簡有 n 件衣服，每件衣服在洗滌過程中都帶有 a_i 的水。在自然風乾的情況下，每件衣服的含水量每分鐘減少 1（只有當物品還沒有完全乾燥時）。當含水量變為零時，布料變幹並準備好包裝。在散熱器上烘乾時，衣服的含水量每分鐘減少 k（如果衣服含有少於 k 的水，則衣服的含水量變為零）。請有效地使用散熱器來最小化烘乾的總時間。

輸入：第 1 行包含一個整數 n（$1 \le n \le 10^5$）；第 2 行包含 a_i（$1 \le a_i \le 10^9$，$1 \le i \le n$）；第 3 行包含 k（$1 \le k \le 10^9$）。

輸出：單行輸出烘乾所有衣服所需的最少時間。

輸入範例	輸出範例
3 2 3 9 5 3 2 3 6 5	3 2

題解：假設烘乾所有衣服所需的最少時間為 mid，如果所有衣服的含水量 $a[i]$ 都小於 mid，則不需要用烘乾機，自然風乾的時間也不會超過 mid。 如果有的衣服 $a[i]$ 大於 mid，則讓所有 $a[i]$ 大於 mid 的衣服使用烘乾機，讓 $a[i]$ 不大於 mid 的衣服自然風乾即可。

假設衣服 $a[i]$>mid，用了 t 時間的烘乾機，對剩餘的時間 mid–t 選擇自然風乾，那麼 $a[i]=k\times t+\text{mid}-t$，$t=(a[i]-\text{mid})/(k-1)$。只需判斷這些 $a[i]$ 大於 mid 的衣服使用烘乾機的總時間有沒有超過 mid，如果超過，則不滿足條件。

1．演算法設計

（1）按照 $a[i]$ 從小到大排序。

（2）如果 k=1，則直接輸出 $a[n-1]$，演算法結束。

（3）進行二分搜尋，l=1，$r=a[n-1]$，mid=$(l+r)$>>1，判斷最少烘乾時間為 mid 是否可行，如果可行，則 r=mid–1，減少時間繼續搜尋；否則 l=mid+1，增加時間繼續搜尋。當 $l>r$ 時停止。

（4）判斷最少烘乾時間為 mid 是否可行。對所有 $a[i]$>mid 的衣服使用烘乾機，用 sum 累加使用烘乾機的時間，如果 sum>mid，則說明不可行，傳回 0。當所有衣服都處理完畢時，傳回 1。

要特別注意以下事項。

（1）對 t 的結果需要向上取整數，因為如果有餘數，再用一次烘乾機無非就是多 1 個時間，但是如果自然風乾，則至少用 1 個時間。

（2）公式中的分母是 k–1，因此在 k=1 時需要單獨判斷特殊情況，直接輸出最大的含水量即可，不然會逾時。

2．演算法實現

```
int judge(int x){
    int sum=0;
    for(int i=0;i<n;i++){
        if(a[i]>x)
            sum+=(a[i]-x+k-2)/(k-1);// 向上取整數，或 ceil((a[i]-x)*1.0/(k-1));
        if(sum>x)
            return 0;
    }
    return 1;
}

void solve(){
    int l=1,r=a[n-1],ans;
```

```
    while(l<=r){
        int mid=(l+r)>>1;
        if(judge(mid)){
            ans=mid;
            r=mid-1;// 減小
        }
        else
            l=mid+1;// 增加
    }
    cout<<ans<<endl;
}

int main(){
    while(~scanf("%d",&n)){
        for(int i=0;i<n;i++)
            scanf("%d",&a[i]);
        scanf("%d",&k);
        sort(a,a+n);
        if(k==1){
            printf("%d\n",a[n-1]);
            continue;
        }
        solve();
    }
    return 0;
}
```

訓練 3　花環

題目描述（POJ1759）：新年花環由 N 個燈組成，每個燈都懸掛在比兩個相鄰燈的平均高度低 1 毫米的高度處。最左邊的燈掛在地面以上 A 毫米的高度處。必須確定最右側燈的最低高度 B，以便花環中的燈不會落在地面上，儘管其中一些燈可能會接觸地面。燈的編號為 1 ～ N，並以毫米為單位表示第 i 個燈的高度為 H_i，推導出以下等式：

$$H1=A；H_i=(H_i-1+H_i+1)/2-1，1<i<N；H_N=B；H_i \geq 0，1 \leq i \leq N。$$

下圖中所示的具有 8 個燈的花環，A=15 和 B=9.75。

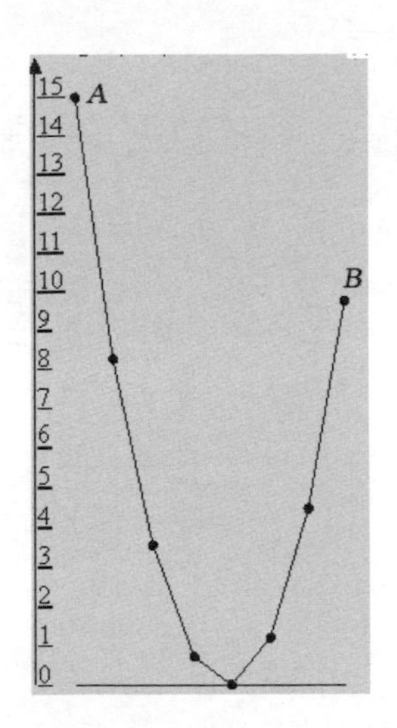

輸入：輸入包含兩個數字 N 和 A。N（$3 \le N \le 1000$）表示花環中燈的數量，A（$10 \le A \le 1000$）表示地面上最左邊的燈的高度（實數，以毫米為單位）。

輸出：單行輸出 B，精確到小數點右邊兩位數，表示最右邊燈的最低可能高度。

輸入範例	輸出範例
692 532.81	446113.34

1．演算法設計

根據高度公式 $H_i=(H_i-1+H_i+1)/2-1$，整理該公式得到 $H_{i+1}=2\times H_i-H_{i-1}+2$，也可以將其寫成目前項與前面兩項的關聯運算式：$H_i=2\times H_{i-1}-H_{i-2}+2$。

（1）二分搜尋。初始時，num[1]=A，l=0.0，r=inf（無限大，通常設為 0x3f3f3f3f），mid=(l+r)/2。判斷第 2 個燈的高度為 mid 是否可行，如果可行，則令 r=mid，縮小高度搜尋；否則 l=mid，增加高度搜尋。

（2）判斷 mid 是否可行。令 num[2]=mid，根據公式從左向右推導，num[i]=2×num[i–1]–num[i–2]+2，i=3…n。如果在推導過程中 num[i]<eps，則說明不可行，傳回 false。注意不要寫小於 0，否則由於精度問題會出錯。eps 是一個較小的數，例如 1e-7。

（3）可以用 $r-l$>eps 判斷迴圈條件，也可以搜尋到較大的次數時停止，例如 100 次，運行 100 次二分搜尋可以達到 $10-^{30}$ 的精度範圍。實際上對於輸入範例，運行 43 次已經找到答案，為保險起見，儘量執行較多的次數，時間相差不大。

2．演算法實現

```
bool check(double mid){// 判斷第 2 個燈的高度為 mid 是否可行
    num[2]=mid;
    for(int i=3;i<=n;i++){
        num[i]=2*num[i-1]-num[i-2]+2;
        if(num[i]<eps) return false; // 寫小於 0，由於精度問題會出錯
    }
    ans=num[n];
    return true;
}

void solve(){
    num[1]=A;
    double l=0.0;
    double r=A;//inf
    while(r-l>eps){//for(int i=0;i<100;i++)
        double mid=(l+r)/2;
        if(check(mid))
            r=mid;
        else
            l=mid;
    }
}
```

訓練 4　電纜切割

題目描述（POJ1064）：有 N 條電纜，長度分別為 L_i，如何從它們中切割出 K 條長度相同的電纜，每條電纜最長有多少米。

輸入：輸入的第 1 行包含兩個整數 N 和 K（$1 \le N,K \le 10000$）。N 是電纜的數量，K 是要求切割的數量。後面是 N 行，每行一個數字 L_i（$1 \le L_i \le 100000$），表示每條電纜的長度。

輸出：單行輸出電纜切割的最大長度（在小數點後保留兩位數字）。如果不能切割所要求數量的電纜，則輸出 "0.00"（不帶引號）。

輸入範例	輸出範例
4 11 8.02 7.43 4.57 5.39	2.00

題解：本題求解切割出的 K 條電纜的最大可能長度，因為一條電纜有可能切割出多筆，因此第 K 條的電纜長度並不是答案。可以假設最大長度為 x，採用二分搜尋求解答案。

1．演算法設計

（1）二分搜尋。初始時，l=0.0，r=inf，r 也可以被初始化為 N 條電纜中的最大長度。mid=(l+r)/2，判斷切割出來電纜的長度為 mid，是否可以切割 K 條。如果可以，則令 l=mid，增加長度搜尋，否則 r=mid，減少長度搜尋。

（2）判斷 mid 是否可行。列舉 N 條電纜，累加每條電纜可以切割出的數量，注意該數量要取整數 (int)(L[i]/mid)，如果數量大於或等於 K，則表示可行。

（3）可以用 r–l>eps 判斷迴圈條件，也可以在搜尋較大的次數時停止，例如 100 次。結束時傳回 l。

（4）輸出答案。本題要求保留兩位小數，切割後不可四捨五入，因此可以擴大 100 倍取下限，然後縮小 100 倍，捨去 2 位小數之後的數字。但是存在特殊情況，例如 1.599 999 99，這樣的數近似於 1.60，可以加上一個特別小的數處理該問題，因此傳回答案 ans 加上 eps（1e-7）即可。還有一種解決辦法是直接傳回 r 作為答案，因為迴圈條件 r–l>eps，r 比 l 大 eps。

2．演算法實現

```
bool judge(double x){// 假設切割出來的繩子的長度為 x，判斷夠不夠切割
    int num=0;
    for(int i=0;i<n;i++)
        num+=(int)(L[i]/x);
    return num>=k;
}

double solve(){
```

```
    double l=0;
    double r=*(max_element(L,L+n));//inf;
    while(r-l>eps){//for(int i=0;i<100;i++){
        double mid=(l+r)/2;
        if(judge(mid))
            l=mid;
        else
            r=mid;
    }
    return l;
}

int main(){
    while(~scanf("%d%d",&n,&k)){
        for(int i=0;i<n; i++)
            scanf("%lf",&L[i]);
        double ans=solve()+eps;
        printf("%.2lf\n", floor(ans*100)/100); // 取下限，或 int(ans*100)/100.0
    }
    return 0;
}
```

9.2 深度優先搜尋

回溯法是一種選優搜尋法，按照選優條件深度優先搜尋，以達到目標。當搜尋到某一步時，發現原先的選擇並不是最佳或達不到目標，就退回一步重新選擇，這種走不通就退回再走的技術被稱為回溯法，而滿足回溯條件的某個狀態被稱為 " 回溯點 "。

📖 9.2.1 回溯法

回溯法指從初始狀態出發，按照深度優先搜尋的方式，根據產生子節點的條件約束，搜尋問題的解，當發現目前節點不滿足求解條件時，就回溯，嘗試其他路徑。回溯法是一種 " 能進則進，進不了則換，換不了則退 " 的搜尋方法。

1．算法要素

用回溯法解決實際問題時，首先要確定解的組織形式，定義問題的解空間。

1）解空間

解的組織形式：回溯法的解的組織形式可以被規範為一個 n 元組 $\{x1,x2,\cdots,x_n\}$，例如對 3 個物品的 0–1 背包問題，解的組織形式為 $\{x1,x2,x3\}$。

顯約束：對解分量的設定值範圍的限定。

比如有 3 個物品的 0–1 背包問題，解的組織形式為 $\{x1,x2,x3\}$。它的解分量 x_i 的設定值範圍很簡單，x_i=0 或 x_i=1。x_i=0 表示將第 i 個物品不放入背包，x_i=1 表示將第 i 個物品放入背包，因此 $x_i \in \{0,1\}$。3 個物品的 0–1 背包問題，其所有可能解是 {0,0,0}、{0,0,1}、{0,1,0}、{0,1,1}、{1,0,0}、{1,0,1}、{1,1,0}、{1,1,1}。

解空間：顧名思義，就是由所有可能解組成的空間。二維解空間如下圖所示。假設圖中的每一個點都有可能是我們要的解，這些可能解就組成了解空間，而我們需要根據問題的限制條件，在解空間中尋找最佳解。解空間越小，搜尋效率越高。解空間越大，搜尋效率越低。這猶如大海撈針，在大海裡撈針相當困難，如果把解空間縮小到一平方公尺的海底就容易得多了。

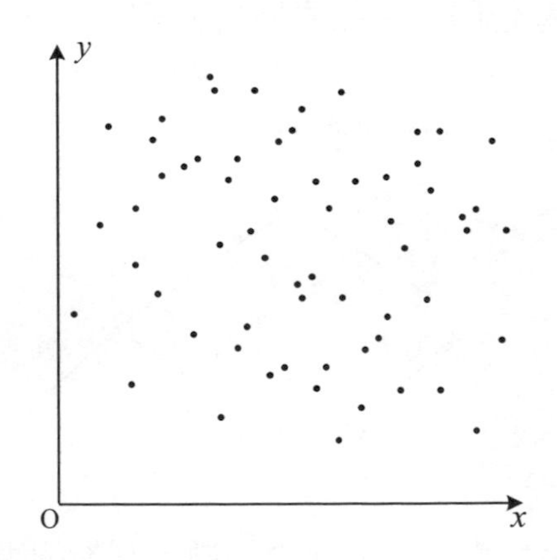

2）解空間的組織結構

一個問題的解空間通常由很多可能解組成，不能像無頭蒼蠅一樣亂飛亂撞去尋找最佳解，盲目搜尋的效率太低了，需要按照一定的策略即一定的組織結構搜尋最佳解。如果把這種組織結構用樹狀象地表達出來，就是解空間樹。例如對 3 個物品的 0–1 背包問題，解空間樹如下圖所示。

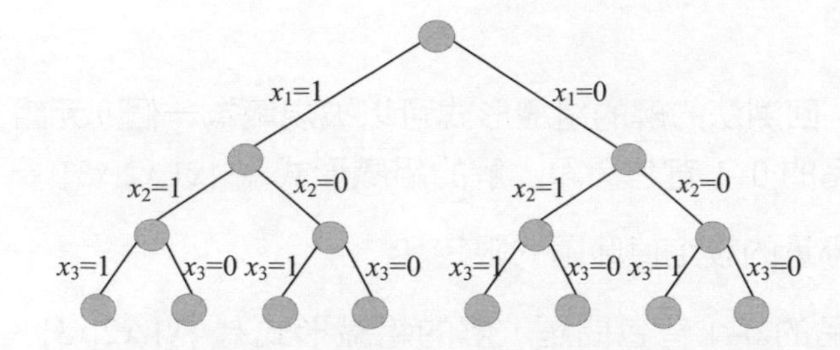

解空間樹只是解空間的形象表示，有利於解題時對搜尋過程有直觀瞭解，並不是真的要生成一棵樹。有了解空間樹，不管是寫程式還是手工搜尋求解，都能看得非常清楚，更能直接看到整個搜尋空間的大小。

3）搜尋解空間

隱約束：指對能否得到問題的可行解或最佳解做出的約束。

如果不滿足隱約束，就説明得不到問題的可行解或最佳解，就沒必要再沿著該節點的分支進行搜尋了，相當於把這個分支剪掉了。因此隱約束也被稱為剪枝函數，實質上不是剪掉該分支，而是不再搜尋該分支。

例如對 3 個物品的 0–1 背包問題，如果將前兩個物品放入 ($x1$=1,$x2$=1) 後，背包超重了，就沒必要再考慮是否將第 3 個物品放入背包的問題，如下圖所示。即對圈中的分支不再搜尋了，相當於剪枝了。

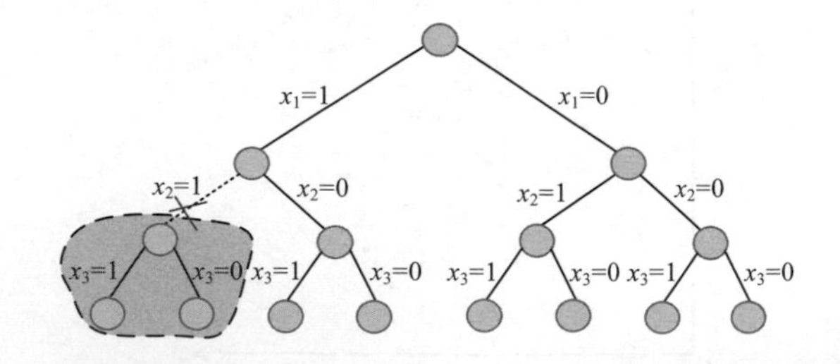

隱約束（剪枝函數）包括約束函數和限界函數。判斷能否得到可行解的函數被稱為約束函數，判斷能否得到最佳解的函數被稱為限界函數。有了剪枝函數，就可以剪掉得不到可行解或最佳解的分支，避免無效搜尋，提高搜尋效率。剪枝函數設計得好，搜尋效率就高。

解空間的大小和剪枝函數的好壞都直接影響搜尋效率。因此這兩項是搜尋演算法的關鍵。

在搜尋解空間時，有以下幾個術語需要說明。

- 擴充節點：一個正在生成子節點的節點。
- 活節點：一個自身已生成，但子節點還沒有全部生成的節點。
- 死節點：一個所有子節點都已經生成的節點。
- 子孫：節點 e 的子樹上所有節點都是 e 的子孫。
- 祖宗：從節點 e 到樹根路徑上的所有節點都是 e 的祖宗。

2．解題秘笈

（1）定義解空間。因為解空間的大小對搜尋效率有很大的影響，因此使用回溯法時首先要定義合適的解空間，包括解的組織形式和顯約束。

- 解的組織形式：將解的組織形式都規範為一個 n 元組 $\{x1,x2,\cdots,x_n\}$，只是對具體問題表達的含義不同而已。
- 顯約束：顯約束是對解分量的設定值範圍的限定，可以控制解空間的大小。

（2）確定解空間的組織結構。解空間的組織結構通常以解空間樹狀象地表達，根據解空間樹的不同，解空間分為子集樹、排列樹、m 元樹等。

（3）搜尋解空間。按照深度優先搜尋策略，根據隱約束（約束函數和限界函數），在解空間中搜尋問題的可行解或最佳解。當發現目前節點不滿足求解條件時，就回溯，嘗試其他路徑。如果問題只是求可行解，則只需設定約束函數即可，如果要求最佳解，則需要設定約束函數和限界函數。解的組織形式都是通用的 n 元組形式，是解空間的形象表達。解空間和隱約束是控制搜尋效率的關鍵。顯約束可以控制解空間的大小，約束函數決定剪枝的效率，限界函數決定是否得到最佳解。所以回溯法解題的關鍵是設計有效的顯約束和隱約束。

🕮 9.2.2 子集樹

假設有 n 個物品和 1 個背包，每個物品 i 對應的價值都為 v_i，重量都為 w_i，背包的容量為 W。每個物品只有一件，不是載入，就是不載入，不可拆分。如何選取物品載入背包，使背包所載入的物品的總價值最大？要求輸出最佳值（載入物品的最大價值）和最佳解（載入了哪些物品）。

1．問題分析

從 n 個物品中選擇一些物品，相當於從 n 個物品組成的集合 S 中找到一個子集，這個子集內所有物品的總重量都不超過背包容量，並且這些物品的總價值最大。S 的所有子集都是問題的可能解，這些可能解組成解空間。我們在解空間中找總重量不超過背包容量且價值最大的物品集作為最佳解。這些由問題的子集組成的解空間，其解空間樹被稱為子集樹。

2．演算法設計

（1）定義問題的解空間。該問題屬於典型的 0–1 背包問題，問題的解是從 n 個物品中選擇一些物品，使其在不超過容量的情況下價值最大。每個物品都有且只有兩種狀態：不是載入背包，就是不載入背包。那麼第 i 個物品被載入背包能夠達到目標，還是不被載入背包能夠達到目標呢？可以用變數 x_i 表示第 i 種物品是否被載入背包，"0" 表示不被載入背包，"1" 表示被載入背包，則 x_i 的設定值為 0 或 1。第 i（i=1,2,⋯,n）個物品被載入背包，x_i=1；不被載入背包，x_i=0。該問題解的形式是一個 n 元組，且每個分量的設定值都為 0 或 1。由此可得，問題的解空間為 $\{x1,x2,\cdots,x_i,\cdots,x_n\}$，其中顯約束 x_i =0 或 1（i=1,2,⋯,n）。

（2）確定解空間的組織結構。問題的解空間描述了 2^n 種可能解，也可以說是由 n 個元素組成的集合的所有子集的個數。比如 3 個物品的背包問題，解空間是 {0,0,0}、{0,0,1}、{0,1,0}、{0,1,1}、{1,0,0}、{1,0,1}、{1,1,0}、{1,1,1}。該問題有 2^3 個可能解。可見，問題的解空間樹為子集樹，解空間樹的深度為問題的規模 n，如下圖所示。

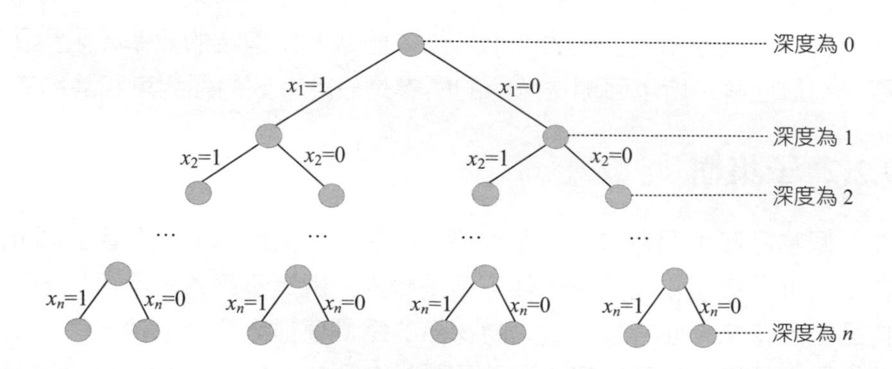

（3）搜尋解空間。根據解空間的組織結構，對於任何一個中間節點 z（中間狀態），從根節點到 z 節點的分支所代表的狀態（是否載入背包）已經確定，

從 z 到其子孫節點的分支的狀態待確定。也就是說，如果 z 在解空間樹中所處的層次是 t，則說明第 1 種物品到第 t–1 種物品的狀態已經確定了，只需沿著 z 的分支擴充來確定第 t 種物品的狀態，那麼前 t 種物品的狀態就確定了。在前 t 種物品的狀態確定後，對目前已被載入背包的物品的總重量用 cw 表示，對總價值用 cp 表示。

- 限制條件。判斷第 i 個物品被載入背包後總重量是否超出背包容量，如果超出，則為不可行解；否則為可行解。限制條件為 cw+$w[i] \leq W$。其中，$w[i]$ 為第 i 個物品的重量，W 為背包容量。
- 限界條件。已被載入物品的價值高不一定就是最佳的，因為還有剩餘物品未確定。目前還不確定第 t+1 種物品到第 n 種物品的實際狀態，因此只能用估計值。假設第 t+1 種物品到第 n 種物品都被載入背包，對第 t+1 種物品到第 n 種物品的總價值用 rp 來表示。因此 cp+rp 是所有從根出發經過中間節點 z 的可行解的價值上界，如下圖所示。

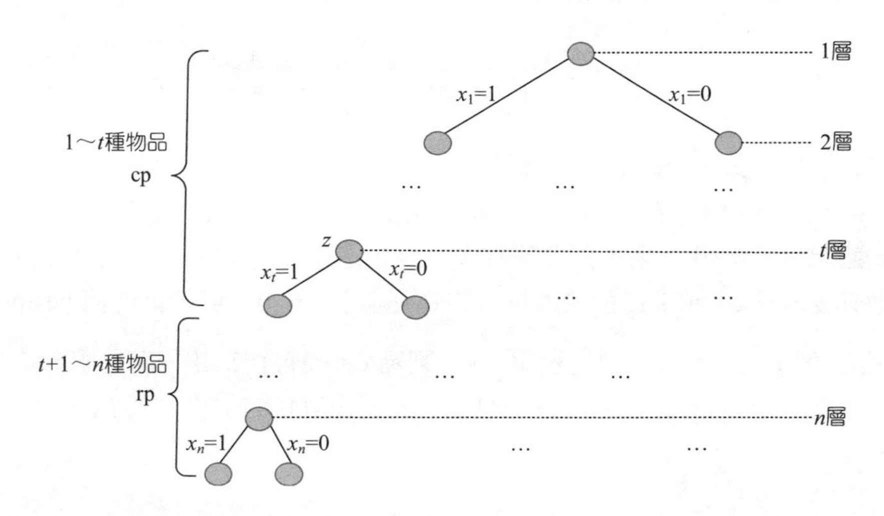

如果價值上界小於或等於目前搜尋到的最佳值（最佳值用 bestp 表示，初值為 0），則說明從中間節點 z 繼續向子孫節點搜尋不可能得到一個比目前更優的可行解，沒有繼續搜尋的必要；反之，繼續向 z 的子孫節點搜尋。

限界條件為：cp+rp>bestp。

這裡講解搜尋過程。從根節點開始，以深度優先的方式進行搜尋。根節點首先成為活節點，也是目前的擴充節點。由於在子集樹中約定左分支上的值為

"1"，因此沿著擴充節點的左分支擴充，則代表載入物品。此時需要判斷能否載入該物品，即判斷限制條件成立與否，如果成立，即生成左子節點，左子節點成為活節點，並且成為目前的擴充節點，繼續向縱深節點擴充；如果不成立，則剪掉擴充節點的左分支，沿著其右分支擴充，右分支代表物品不被載入背包，肯定有可能導致可行解。但是沿著右分支擴充有沒有可能得到最佳解呢？這一點需要由限界條件來判斷。如果限界條件滿足，則說明有可能得到最佳解，即生成右子節點，右子節點成為活節點，並成為目前的擴充節點，繼續向縱深節點擴充；如果不滿足限界條件，則剪掉擴充節點的右分支，向最近的祖宗活節點回溯，繼續搜尋。直到所有活節點都變成死節點，搜尋結束。

3．完美圖解

假設現在有 4 個物品和 1 個背包，每個物品的重量 w 都為 (2,5,4,2)，價值 v 都為 (6,3,5,4)，背包的容量為 10（W=10）。求在不超過背包容量的前提下把哪些物品放入背包，才能獲得最大價值。

	1	2	3	4
w[]	2	5	4	2

	1	2	3	4
v[]	6	3	5	4

（1）初始化。sumw 和 sumv 分別用來統計所有物品的總重量和總價值。sumw=13，sumv=18，如果 sumw ≤ W，則說明可以全部載入，最佳值為 sumv。如果 sumw>W，則不能全部載入，需要透過搜尋求解。初始化目前放入背包的物品重量 cw=0；目前放入背包的物品價值 cp=0；目前最佳值 bestp=0。

（2）搜尋第 1 層（t=1）。擴充節點 1，判斷 cw+w[1]=2<W，滿足限制條件，擴充左分支，令 x[1]=1，cw=cw+w[1]=2，cp=cp+v[1]=6，生成節點 2，如下圖所示。

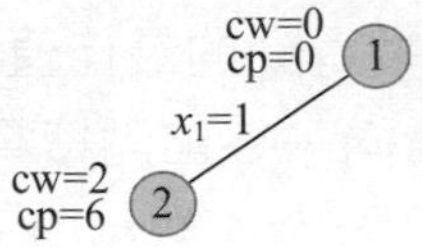

cw=0
cp=0
1
x_1=1
cw=2
cp=6
2

（3）擴充節點 2（t=2）。判斷 cw+w[2]=7<W，滿足限制條件，擴充左分支，令 x[2]=1，cw=cw+w[2]=7，cp=cp+v[2]=9，生成節點 3。

（4）擴充節點 3（t=3）。判斷 cw+w[3]=11>W，超過了背包容量，第 3 個物品不能被放入。那麼判斷 bound(t+1) 是否大於 bestp。bound(4) 中剩餘的物品只有第 4 個，rp=4，cp+rp=13，bestp=0，滿足限界條件，擴充右子樹。令 x[3]=0，生成節點 4，如下圖所示。

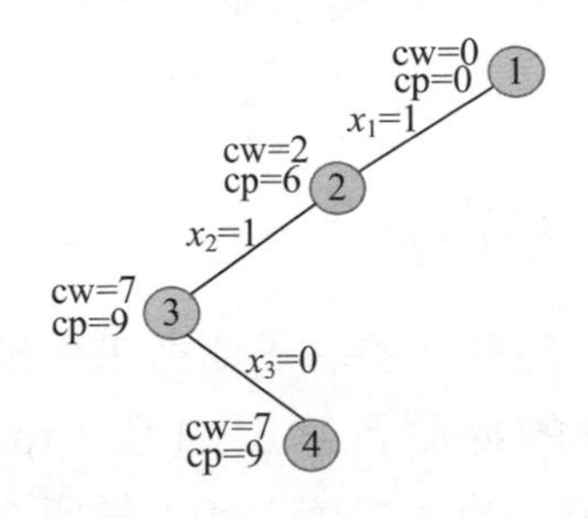

（5）擴充節點 4（t=4）。判斷 cw+w[4]=9<W，滿足限制條件，擴充左分支，令 x[4]=1，cw=cw+w[4]=9，cp=cp+v[4]=13，生成節點 5，如下圖所示。

（6）擴充節點 5（t=5）。t>n，找到一個目前最佳解，用 bestx[] 保存目前最佳解 {1,1,0,1}，保存目前最佳值 bestp=cp=13，節點 5 成為死節點，如下圖所示。

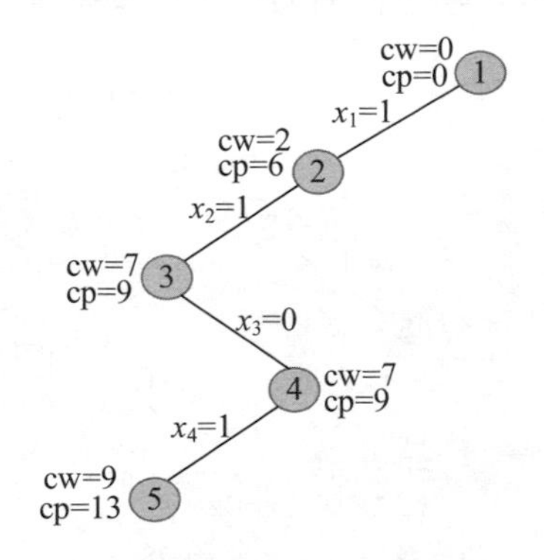

（7）回溯到節點 4（t=4），一直向上回溯到節點 2。向上回溯到節點 4，回溯時 cw=cw−w[4]=7，cp=cp−v[4]=9。怎麼加上的，怎麼減回去。節點 4 的右子樹還未生成，考驗 bound(t+1) 是否大於 bestp，在 bound(5) 中沒有剩餘的物品，rp=0，cp+rp=9，bestp=13，因此不滿足限界條件，不再擴充節點 4 的右子樹。節點 4 成為死節點。向上回溯，回溯到節點 3，節點 3 的左右子節點均已被考驗過，是死節點，繼續向上回溯到節點 2。回溯時，cw=cw−w[2]=2，cp=cp−v[2]=6。怎麼加上的，怎麼減回去，如下圖所示。

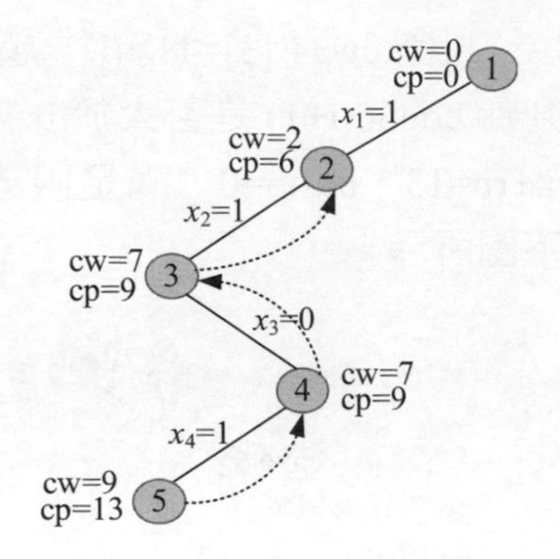

（8）擴充節點 2（t=2）。節點 2 的右子樹還未生成，考驗 bound(t+1) 是否大於 bestp，bound(3) 中剩餘的物品為第 3、4 個，rp=9，cp+rp=15，bestp=13，因此滿足限界條件，擴充右子樹。令 x[2]=0，生成 6 號節點。

（9）擴充節點 6（t=3）。判斷 cw+w[3]=6<W，滿足限制條件，擴充左分支，令 x[3]=1，cw=cw+w[3]=6，cp=cp+v[3]=11，生成節點 7。

（10）擴充節點 7（t=4）。判斷 cw+w[4]=8<W，滿足限制條件，擴充左分支，令 x[4]=1，cw=cw+w[4]=8，cp=cp+v[4]=15，生成節點 8，如下圖所示。

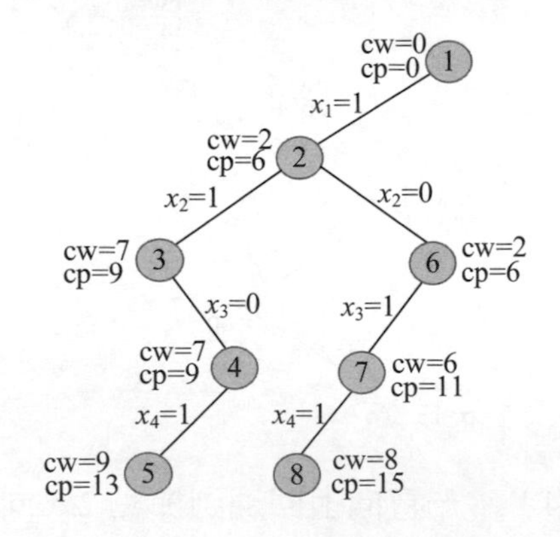

（11）擴充節點 8（t=5）。t>n，找到一個目前最佳解，用 bestx[] 保存目前最佳解 {1,0,1,1}，保存目前最佳值 bestp=cp=15，節點 8 成為死節點。向上回溯到節點 7，回溯時 cw=cw−w[4]=6，cp=cp−v[4]=11。怎麼加上的，怎麼減回去。

（12）擴充節點 7（t=4）。節點 7 的右子樹還未生成，考驗 bound(t+1) 是否大於 bestp，在 bound(5) 中沒有剩餘的物品，rp=0，cp+rp=11，bestp=15，因此不滿足限界條件，不再擴充節點 7 的右子樹。節點 7 成為死節點。向上回溯，回溯到節點 6，回溯時， cw=cw−w[3]=2，cp=cp−v[3]=6，怎麼加上的，怎麼減回去。

（13）擴充節點 6（t=3）。節點 6 的右子樹還未生成，考驗 bound(t+1) 是否大於 bestp，bound(4) 中剩餘的物品是第 4 個，rp=4，cp+rp=10，bestp=15，因此不滿足限界條件，不再擴充節點 6 的右子樹。節點 6 成為死節點。向上回溯，回溯到節點 2，節點 2 的左右子節點均已被考驗過，是死節點，繼續向上回溯到節點 1。回溯時，cw=cw−w[1]=0，cp=cp−v[1]=0。怎麼加上的，怎麼減回去。

（14）擴充節點 1（t=1）。節點 1 的右子樹還未生成，考驗 bound(t+1) 是否大於 bestp，bound(2) 中剩餘的物品是第 2、3、4 個，rp=12，cp+rp=12，bestp=15，因此不滿足限界條件，不再擴充節點 1 的右子樹，節點 1 成為死節點。所有節點都是死節點，演算法結束。

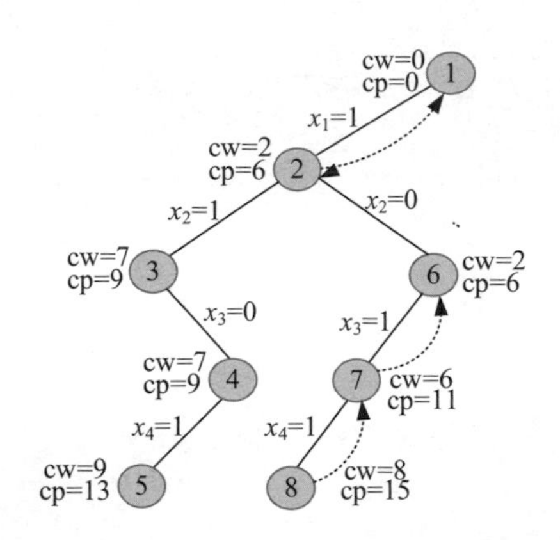

4．演算法實現

（1）計算上界。計算上界指計算已載入物品的價值 cp 及剩餘的物品價值的總價值 rp。我們已經知道已被載入背包的物品價值 cp，對剩餘的物品不確定要載入哪些，按照假設都被載入的情況計算，即按最大值計算（剩餘的物品的總價值），因此得到的值是可載入物品價值的上界。

```
double Bound(int i) {// 計算上界（即已載入物品價值 + 剩餘物品的總價值）
    int rp=0; // 剩餘的物品為第 i ～ n 種物品
    while(i<=n) {// 依次計算剩餘的物品價值
        rp+=v[i];
        i++;
    }
```

```
    return cp+rp;// 傳回上界
}
```

（2）按限制條件和限界條件搜尋求解。t 表示目前擴充節點在第 t 層，cw 表示目前已被放入物品的重量，cp 表示目前已被放入物品的價值。如果 $t>n$，則表示已經到達葉子，記錄最佳值的最佳解，返回；不然判斷是否滿足限制條件，滿足則搜尋左子樹。因為左子樹表示放入該物品，所以令 $x[t]=1$，表示放入第 t 個該物品。cw+=$w[t]$，表示目前已被放入物品的重量增加 $w[t]$。cp+=$v[t]$，表示目前已被放入物品的價值增加 $v[t]$。Backtrack(t+1) 表示遞推，深度優先搜尋第 t+1 層。回歸時即在上回溯時，把增加的值減去，cw−=$w[t]$，cp−=$v[t]$。判斷是否滿足限界條件，滿足則搜尋右子樹。因為右子樹表示不放入該物品，所以令 $x[t]=0$，目前已被放入物品的重量、價值均不改變。Backtrack(t+1) 表示深度優先搜尋第 t+1 層。

```
void Backtrack(int t){//t 表示目前擴充節點在第 t 層
    if(t>n)// 已經到達葉子 {
        for(j=1;j<=n;j++){
            bestx[j]=x[j];
        }
        bestp=cp;// 保存目前最佳解
        return ;
    }
    if(cw+w[t]<=W) {// 如果滿足限制條件，則搜尋左子樹
        x[t]=1;
        cw+=w[t];
        cp+=v[t];
        Backtrack(t+1);
        cw-=w[t];
        cp-=v[t];
    }
    if(Bound(t+1)>bestp) {// 如果滿足限界條件，則搜尋右子樹
        x[t]=0;
        Backtrack(t+1);
    }
}
```

5．演算法分析

時間複雜度：回溯法的執行時間取決於它在搜尋過程中生成的節點數。而限界函數可以大大減少所生成的節點個數，避免無效搜尋，加快搜尋速度。

左子節點需要判斷約束函數，右子節點需要判斷限界函數，那麼在最壞情況下有多少個左子節點和右子節點呢？規模為 n 的子集樹在最壞情況下的狀態如下圖所示。

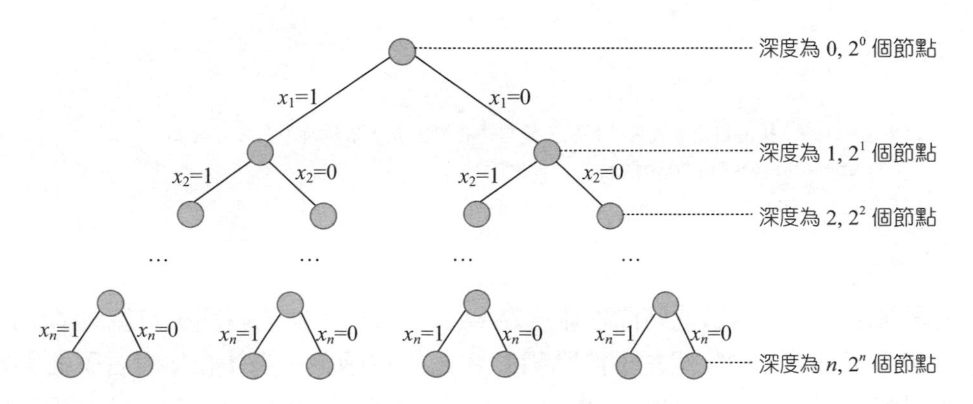

整體節點個數為 $2^0+2^1+\cdots+2^n=2^{n+1}-1$，減去樹根再除以 2，就獲得了左右子節點的個數，左右子節點的個數為 $(2^{n+1}-1-1)/2=2^n-1$。

約束函數的時間複雜度為 $O(1)$，限界函數的時間複雜度為 $O(n)$。在最壞情況下有 $O(2^n)$ 個左子節點呼叫約束函數，有 $O(2^n)$ 個右子節點呼叫限界函數，所以採用回溯法解決背包問題的時間複雜度為 $O(1\times2^n+n\times2^n)=O(n\times2^n)$。

空間複雜度：在搜尋過程中的任何時刻，僅保留從開始節點到目前擴充節點的路徑，從開始節點到葉子最長的路徑長度為 n。在程式中使用 bestx[] 陣列記錄該最長路徑作為最佳解，所以該演算法的空間複雜度為 $O(n)$。

6．演算法最佳化拓展

在上面的程式中，上界函數是目前價值 cp 加剩餘物品的總價值 rp，這個估值過高，因為剩餘物品的重量很有可能是超過背包容量的。可以縮小上界，加快剪枝速度，提高搜尋效率。

上界函數 Bound()：目前價值 cp+ 剩餘容量可容納的剩餘物品的最大價值 brp。

為了更進一步地計算和運用上界函數剪枝，先將物品按照其單位重量價值（價值 / 重量）從大到小排序，然後按照排序後的順序檢查各個物品。

```
double Bound(int i) {// 計算上界（將剩餘的物品裝滿剩餘的背包容量獲得的最大價值）
    // 剩餘的物品為第 i ～ n 種物品
    double cleft=W-cw;// 剩餘的背包容量
    double brp=0.0;
    while(i<=n &&w[i]<cleft){
        cleft-=w[i];
        brp+=v[i];
        i++;
    }
    if(i<=n) // 採用切割方式裝滿背包，這裡是在求上界，求解時不允許切割
        brp+=v[i]/w[i]*cleft;
    return cp+brp;
}
```

時間複雜度：約束函數的時間複雜度為 $O(1)$，限界函數的時間複雜度為 $O(n)$。在最壞情況下有 $O(2^n)$ 個左子節點需要呼叫約束函數，有 $O(2^n)$ 個右子節點需要呼叫限界函數，回溯演算法 Backtrack 的時間複雜度為 $O(n2^n)$。排序函數的時間複雜度為 $O(n\log n)$。這考慮了最壞情況，實際上，經過上界函數最佳化後，剪枝速度很快，根本不需要生成所有節點。

空間複雜度：這裡除了記錄了最佳解陣列，還使用了一個結構陣列用於排序，兩個輔助陣列傳遞排序後的結果，這些陣列的規模都是 n，因此空間複雜度仍是 $O(n)$。

🕮 9.2.3 *m* 元樹

指定無向連通圖 G 和 m 種顏色，找出所有不同的著色方案，使相鄰的區域有不同的顏色。如果把地圖上的每一個區域都退化成一個點，將相鄰的區域用線連接起來，地圖就變成了一個無向連通圖，給地圖著色相當於給該無向連通圖的每個點都著色，要求有連線的點不能有相同的顏色，這就是圖的 m 著色問題。

如下圖為例：

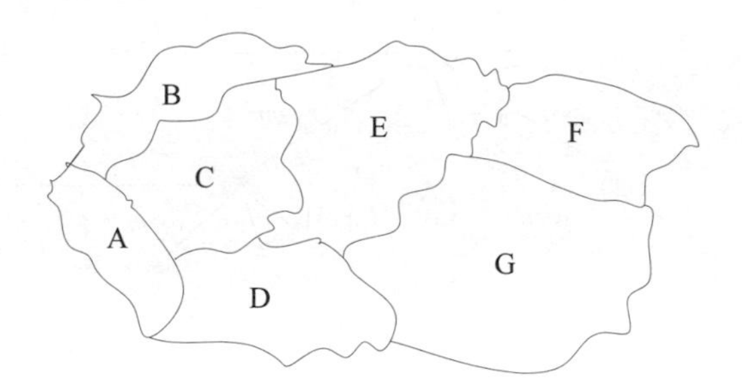

該地圖共有7個區域，分別是A、B、C、D、E、F、G，按上面的順序編號1～7，對每個區域都用一個節點表示，相鄰的區域有連線，地圖就轉化成了一個無向連通圖，如下圖所示。

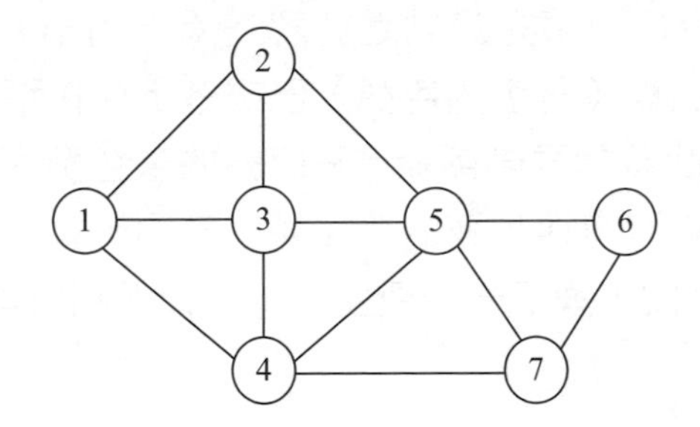

如果用3種顏色給該地圖著色，那麼該問題中每個節點所著的顏色均有3種選擇，7個節點所著的顏色號組合是一個可能解，例如{1,2,3,2,1,2,3}。

每個節點都有 m 種選擇，即在解空間樹中每個節點都有 m 個分支，稱之為 m 元樹。

1．演算法設計

1）定義問題的解空間

定義問題的解空間及其組織結構是很容易的。圖的 m 著色問題的解空間形式為 n 元組 $\{x1,x2,\cdots,x_i,\cdots,x_n\}$，每一個分量的設定值都為 $1,2,\cdots,m$，即問題的解是一個 n 元向量。由此可得，問題的解空間為 $\{x1,x2,\cdots$，$x_i,\cdots,x_n\}$，其中顯約束 $x_i = 1,2,\cdots,m$（i=1,2,3,$\cdots$,n）。x_i =2 表示在圖 G 中將第 i 個節點著色為2號色。

2）確定解空間的組織結構

問題的解空間組織結構是一棵滿 m 元樹，樹的深度為 n，如下圖所示。

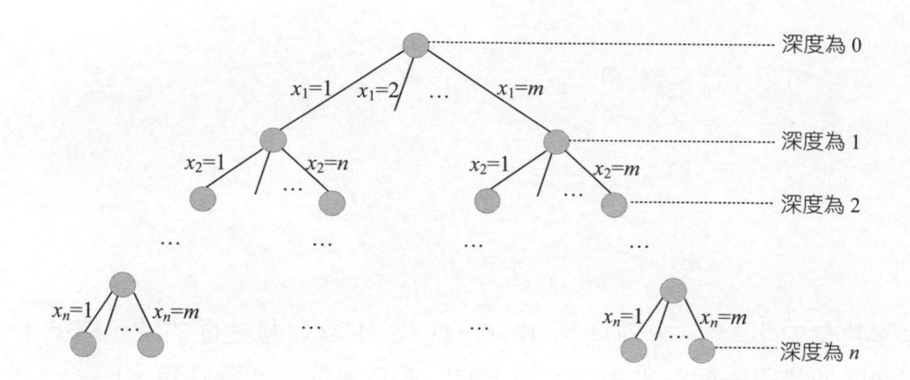

3）搜尋解空間

（1）限制條件。假設目前擴充節點處於解空間樹的第 t 層，那麼從第 1 個節點到第 t–1 個節點的狀態（著色的色號）已經確定。接下來沿著擴充節點的第 1 個分支進行擴充，此時需要判斷第 t 個節點的著色情況。第 t 個節點的顏色要與前 t–1 個節點中與其有邊相連的節點顏色不同，如果有顏色相同的，則第 t 個節點不能用這個色號，換下一個色號嘗試，如下圖所示。

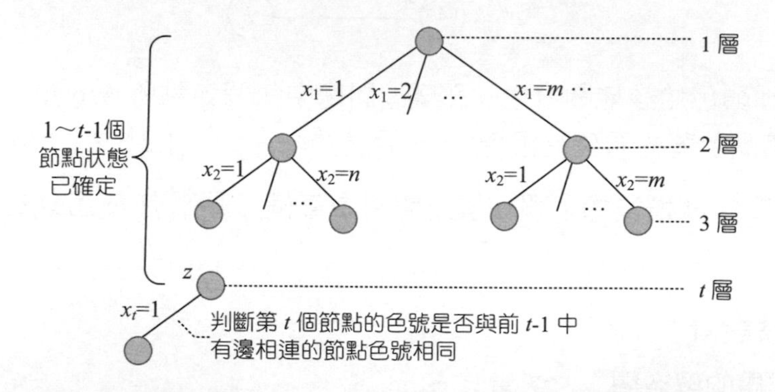

舉例來説，假設目前擴充節點 z 在第 4 層，則説明前 3 個節點的色號已經確定，如下圖所示。

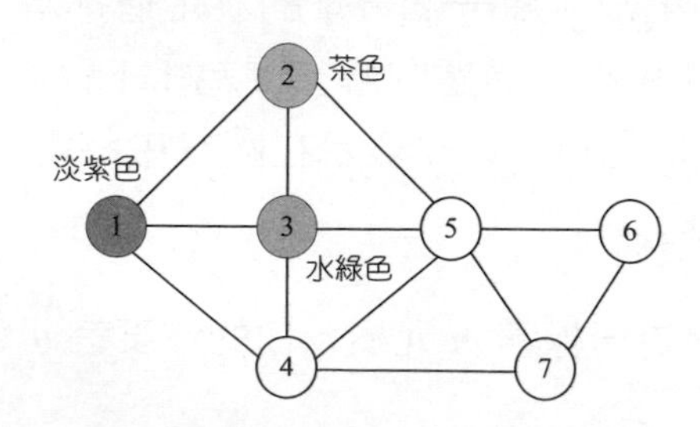

在前 3 個已著色的節點中，節點 4 與節點 1、3 有邊相連，那麼節點 4 的色號不可以與節點 1、3 的色號相同。

（2）限界條件。因為只找可行解就可以了，不是求最佳解，因此不需要限界條件。

（3）搜尋過程。擴充節點沿著第 1 個分支擴充，判斷限制條件，如果滿足，則進入深一層繼續搜尋；如果不滿足，則擴充生成的節點被剪掉，換下一個色號嘗試。如果所有的色號都嘗試完畢，則該節點變成死節點，向上回溯到離其最近的活節點，繼續搜尋。搜尋到葉子節點時，找到一種著色方案。搜尋到全部活節點都變成死節點時為止。

2．完美圖解

地圖的 7 個區域轉化成的無向連通圖如下圖所示。如果現在用 3 種顏色（淡紫、茶色、水綠色）給該地圖著色，那麼該問題中每個節點所著的顏色均有 3 種選擇（m=3），7 個節點所著的顏色組合是一個可能解。

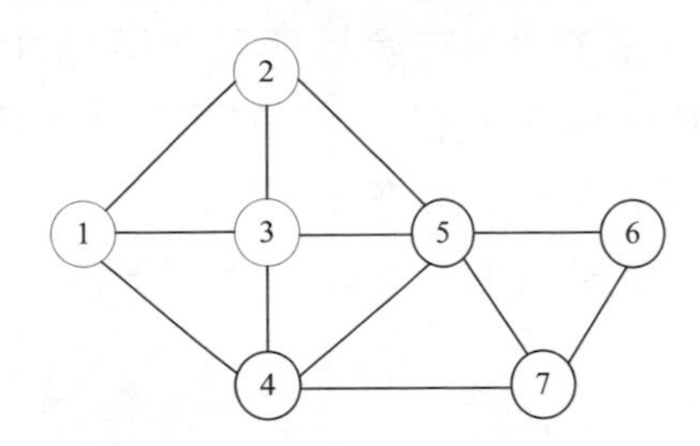

（1）開始搜尋第 1 層（t=1）。擴充節點 A 的第 1 個分支，首先判斷是否滿足限制條件，因為之前還未著色任何節點，所以滿足限制條件。然後擴充該分支，令節點 1 著 1 號色（淡紫），即 $x[1]$=1，生成節點 B。搜尋過程和著色方案如下圖所示。

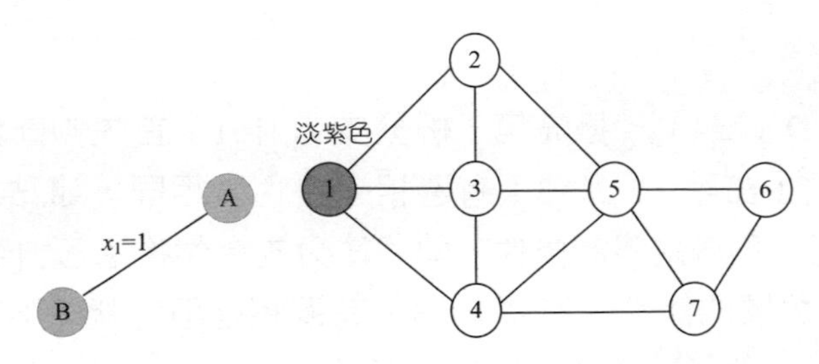

（2）擴充節點 B（t=2）。擴充第 1 個分支 x[2]=1，首先判斷節點 2 是否與前面已確定色號的節點（1 號）有邊相連且色號相同，不滿足限制條件，剪掉該分支。然後沿著 x[2]=2 擴充，節點 2 與前面已確定色號的節點（1 號）有邊相連但色號不相同，滿足限制條件，擴充該分支，令節點 2 著 2 號色（茶色），即 x[2]=2，生成節點 C。搜尋過程和著色方案如下圖所示。

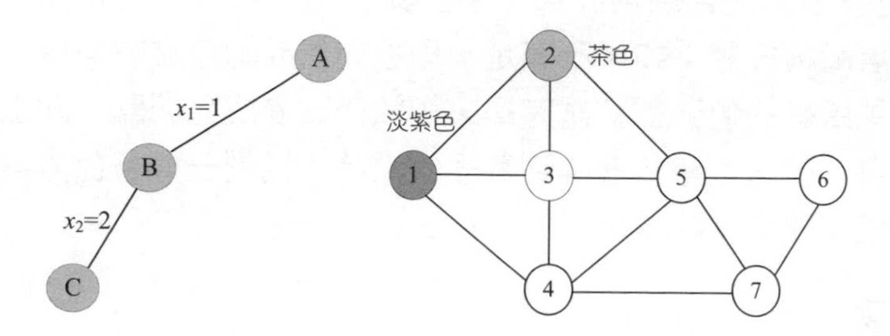

（3）擴充節點 C（t=3）。擴充第 1 個分支 x[3]=1，首先判斷節點 3 是否與前面已確定的節點（1、2 號）有邊相連且色號相同，節點 3 與節點 1 有邊相連且色號相同，不滿足限制條件，剪掉該分支。然後沿著 x[3]=2 擴充，節點 3 與前面已確定色號的節點（節點 2）有邊相連且色號相同，不滿足限制條件，剪掉該分支。然後沿著 x[3]=3 擴充，節點 3 與前面已確定色號的節點（節點 1、2）有邊相連且色號均不相同，滿足限制條件，擴充該分支，令節點 3 著 3 號色（水綠色），即令 x[3]=3。生成節點 D。搜尋過程和著色方案如下圖所示。

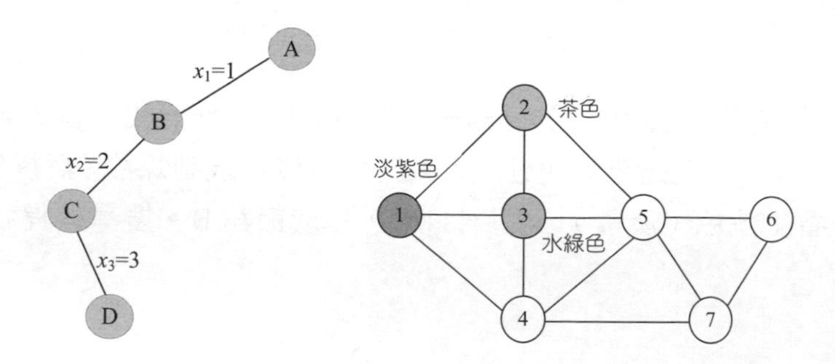

（4）擴充節點 D（t=4）。擴充第 1 個分支 x[4]=1，首先判斷節點 4 是否與前面已確定的節點（節點 1、2、3）有邊相連且色號相同，節點 4 和節點 1 有邊相連且色號相同，不滿足限制條件，剪掉該分支。然後沿著 x[4]=2 擴充，節點 4 與前面已確定色號的節點（節點 1、3）有邊相連但色號均不同，滿足限制條件，擴充該分支，令節點 4 著 2 號色（茶色），令 x[4]=2。生成節點 E。搜尋過程和著色方案如下圖所示。

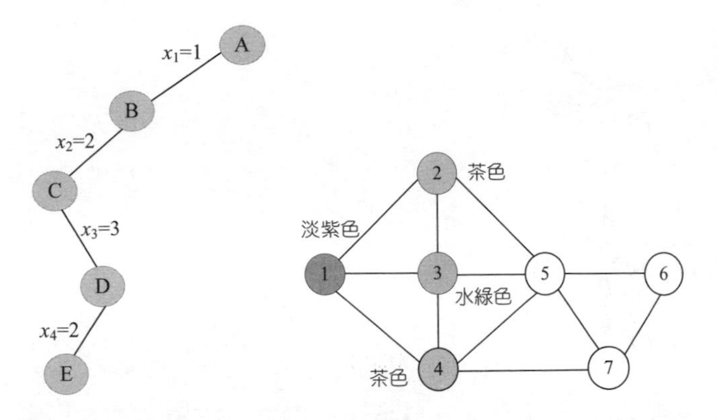

（5）擴充節點 E（t=5）。擴充第 1 個分支 $x[5]$=1，首先判斷節點 5 是否與前面已確定的節點（節點 1、2、3、4）有邊相連且色號相同，節點 5 與前面已確定色號的節點（節點 2、3、4）有邊相連但色號均不同，滿足限制條件，擴充該分支，令節點 5 著 1 號色（淡紫色），令 $x[5]$=1，生成節點 F。搜尋過程和著色方案如下圖所示。

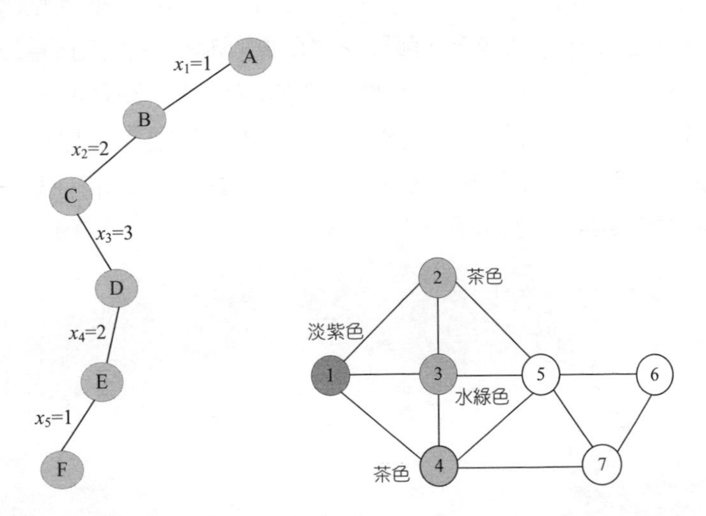

（6）擴充節點 F（t=6）。擴充第 1 個分支 $x[6]$=1，首先判斷節點 6 是否與前面已確定的節點（節點 1、2、3、4、5）有邊相連且色號相同，節點 6 與前面已確定色號的節點（節點 5）有邊相連且色號相同，不滿足限制條件，剪掉該分支。然後沿著 $x[6]$=2 擴充，節點 6 和前面已確定色號的節點（節點 5）有邊相連但色號不同，滿足限制條件，擴充該分支，令節點 6 著 2 號色（茶色），令 $x[6]$=2。生成節點 G。搜尋過程和著色方案如下圖所示。

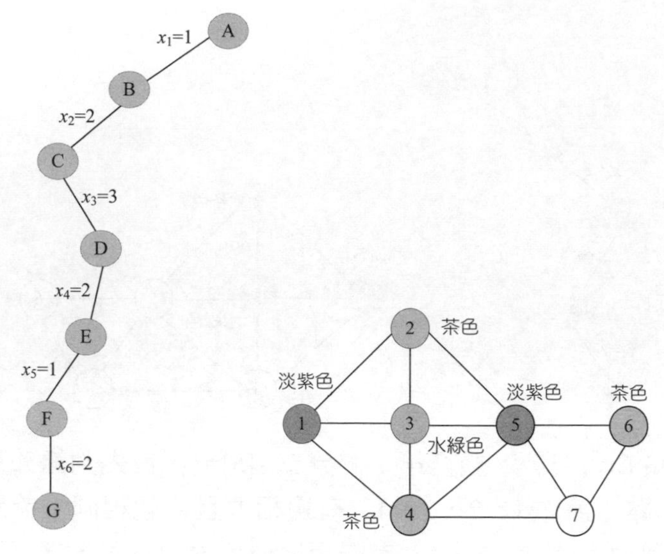

（7）擴充節點 G（t=7）。擴充第 1 個分支 $x[7]=1$，首先判斷節點 7 是否與前面已確定的節點（節點 1、2、3、4、5、6）有邊相連且色號相同，節點 7 與前面已確定色號的節點（節點 5）有邊相連且色號相同，不滿足限制條件，剪掉該分支。然後沿著 $x[7]=2$ 擴充，節點 7 與前面已確定色號的節點（節點 4、6）有邊相連且色號相同，不滿足限制條件，剪掉該分支。接著沿著 $x[7]=3$ 擴充，節點 7 與前面已確定色號的節點（節點 4、5、6）有邊相連但色號不同，滿足限制條件，擴充該分支，令節點 7 著 3 號色（水綠色），令 $x[7]=3$。生成節點 H。搜尋過程和著色方案如下圖所示。

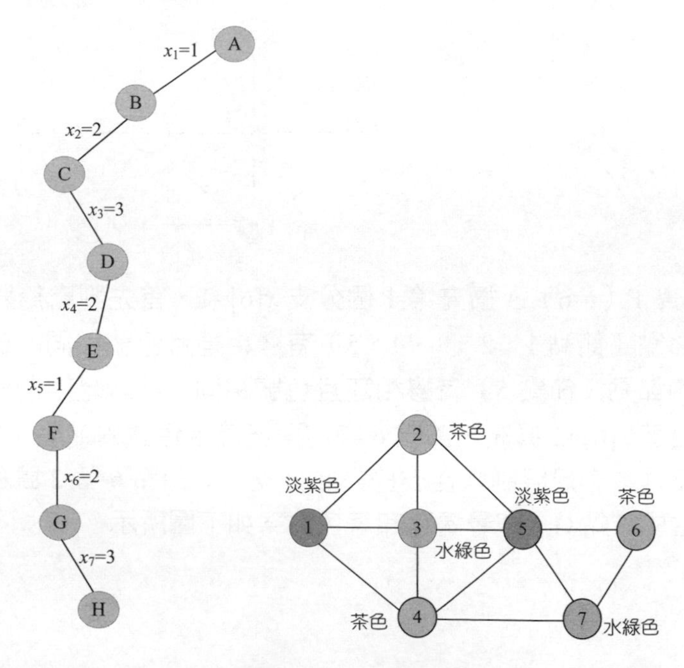

（8）擴充節點 H（t=8）。t>n，找到一個可行解，輸出該可行解 {1,2,3,2,1,2,3}。回溯到最近的活節點 G。

（9）重新擴充節點 G（t=7）。節點 G 的 m（m=3）個子節點均已檢查完畢，成為死節點。回溯到最近的活節點 F。

（10）繼續搜尋，又找到第 2 種著色方案，輸出該可行解 {1,3,2,3,1,3,2}。搜尋過程和著色方案如下圖所示。

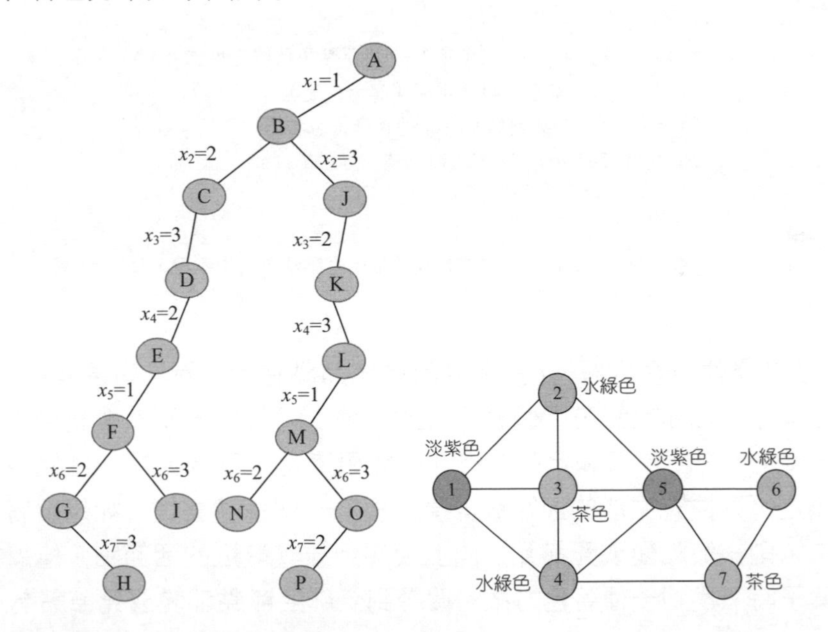

（11）繼續搜尋，又找到 4 個可行解，分別是 {2,1,3,1,2,1,3}、{2,3,1,3,2,3,1}、{3,1,2,1,3,1,2}、{3,2,1,2,3,2,1}。

1．演算法實現

（1）約束函數。假設目前擴充節點處於解空間樹的第 t 層，那麼從第 1 個節點到第 t–1 個節點的狀態（著色的色號）已經確定。接下來沿著擴充節點的第 1 個分支進行擴充，此時需要判斷第 t 個節點的著色情況。第 t 個節點的顏色號要與前 t–1 個節點中與其有邊相連的節點顏色不同，如果有一個顏色相同的，則第 t 個節點不能用這個色號，換下一個色號嘗試，如下圖所示。

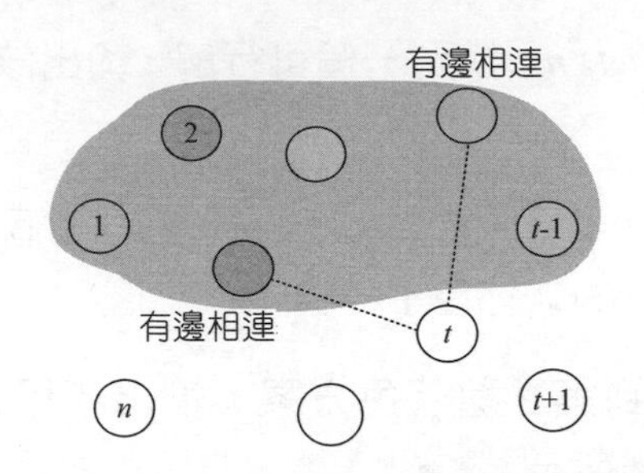


```
bool OK(int t){ // 限制條件
    for(int j=1;j<t;j++){ // 依次判斷前 t-1 個節點（已確定色號）
        if(map[t][j]) { // 如果 t 與 j 鄰接（有邊相連）
            if(x[j]==x[t]) // 判斷 t 與 j 的色號是否相同
                return false; // 有相同色號，傳回 false
        }
    }
    return true; // 與前 t-1 個節點中與其有邊相連的節點顏色均不同，傳回 true
}
```

（2）按限制條件搜尋求解。*t* 表示目前擴充節點在第 *t* 層。如果 *t*>*n*，則表示已經到達葉子，sum 累計第幾個著色方案，輸出可行解。不然擴充節點沿著第 1 個分支擴充，判斷是否滿足限制條件，如果滿足，則進入深一層繼續搜尋；如果不滿足，則擴充生成的節點被剪掉，換下一個色號嘗試。如果所有色號都嘗試完畢，則該節點變成死節點，向上回溯到離其最近的活節點，繼續搜尋。搜尋到葉子時，找到一種著色方案。搜尋到全部活節點都變成死節點為止。

```
void Backtrack(int t){ // 搜尋函數
    if(t>n) {// 到達葉子，找到一個著色方案
        sum++;
        cout<<" 第 "<<sum<<" 種方案：";
        for(int i=1;i<=n;i++) // 輸出該著色方案
            cout<<x[i]<<" ";
        cout<<endl;
    }
    else{
        for(int i=1;i<=m;i++){ // 對每個節點都嘗試 m 種顏色
            x[t]=i;
            if(OK(t))
                Backtrack(t+1);
        }
    }
```

```
}
```

4．演算法分析

時間複雜度：在最壞情況下，除了最後一層，有 $1+m+m^2+\cdots+m^{n-1}=(m^n-1)/(m-1)\approx m^{n-1}$ 個節點需要擴充，而這些節點每個都要擴充 m 個分支，整體分支個數為 m^n，每個分支都判斷約束函數，判斷限制條件需要 $O(n)$ 時間，因此耗時 $O(nm^n)$。在葉子節點處輸出可行解需要耗時 $O(n)$，在最壞情況下會搜尋到所有葉子，葉子個數為 m^n，故耗時 $O(nm^n)$。因此，時間複雜度為 $O(nm^n)$，如下圖所示。

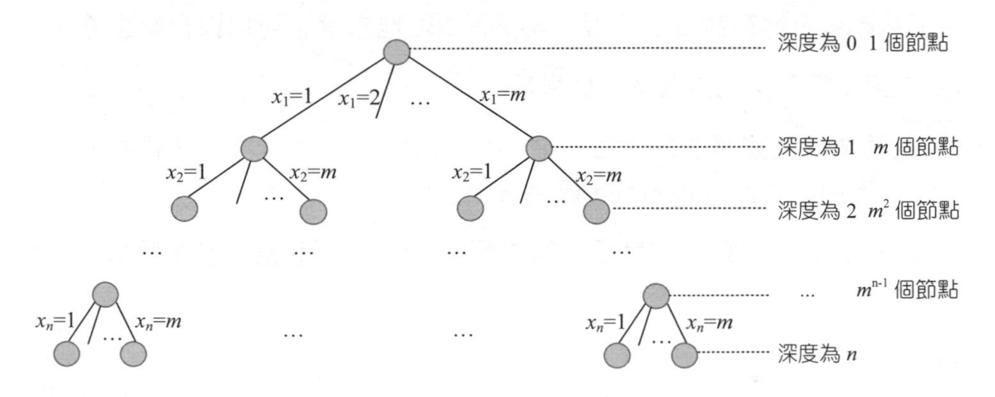

空間複雜度：回溯法的另一個重要特性就是在搜尋執行的同時產生解空間。在搜尋過程中的任何時刻，僅保留從開始節點到目前擴充節點的路徑，從開始節點起最長的路徑為 n。在程式中使用 x[] 陣列記錄該最長路徑作為可行解，所以該演算法的空間複雜度為 $O(n)$。

📖 9.2.4 排列樹

在 $n\times n$ 的棋盤上放置了彼此不受攻擊的 n 個皇后。按照西洋棋的規則，皇后可以攻擊與之在同一行、同一列、同一斜線上的棋子。請在 $n\times n$ 的棋盤上放置 n 個皇后，使其彼此不受攻擊。

如果棋盤如下圖所示，我們在第 i 行第 j 列放置一個皇后，那麼第 i 行的其他位置（同行）、第 j 列的其他位置（同列）、同一斜線上的其他位置，都不能再放置皇后。

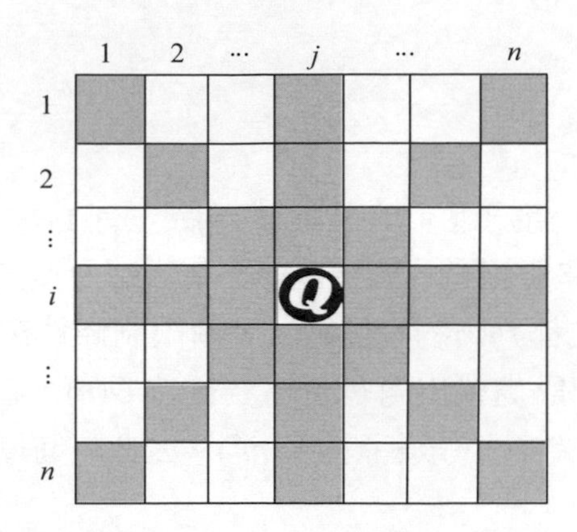

不可能雜亂無章地嘗試每個位置，需要有策略地求解，可以以行為主導。

（1）在第 1 行第 1 列放置第 1 個皇后。

（2）在第 2 行放置第 2 個皇后。第 2 個皇后的位置不能與第 1 個皇后同列、同斜線，不用再判斷是否同行，因為每行只放置一個，本來就已經不同行。

（3）在第 3 行放置第 3 個皇后，第 3 個皇后的位置不能與前 2 個皇后同列、同斜線。

（4）……

（5）在第 t 行放置第 t 個皇后，第 t 個皇后的位置不能與前 t–1 個皇后同列、同斜線。

（6）……

（7）在第 n 行放置第 n 個皇后，第 n 個皇后的位置不能與前 n–1 個皇后同列、同斜線。

1．演算法設計

（1）定義問題的解空間。n 皇后問題的解的形式為 n 元組：$\{x1,x2,\cdots,x_i,\cdots,x_n\}$，分量 x_i 表示第 i 個皇后被放置在第 i 行第 x_i 列，x_i 的設定值為 $1,2,\cdots,n$。例如 $x2=5$，表示第 2 個皇后被放置在第 2 行第 5 列。顯約束為不同行。

（2）解空間的組織結構。n 皇后問題的解空間是一棵 m（$m=n$）叉樹，樹的深度為 n，如下圖所示。

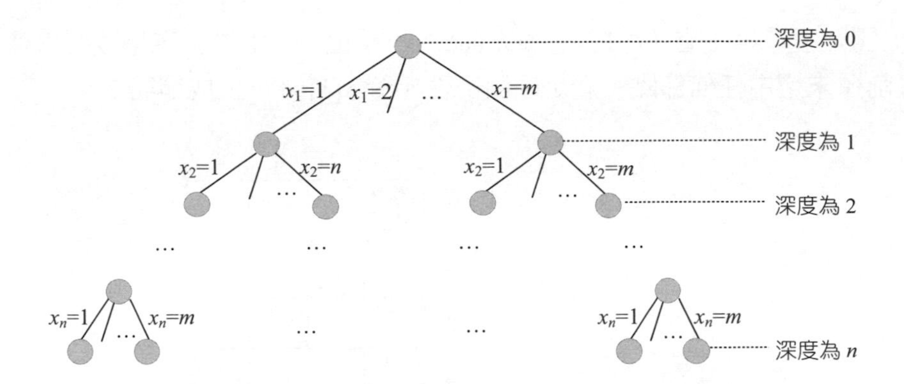

（3）搜尋解空間。

- 限制條件。在第 t 行放置第 t 個皇后時，第 t 個皇后的位置不能與前 $t-1$ 個皇后同列、同斜線。第 i 個皇后與第 j 個皇后不同列，即 $x_i!=x_j$，並且不同斜線 $|i-j| != |x_i-x_j|$。
- 限界條件。該問題不存在放置方案是否好壞的情況，所以不需要設定限界條件。
- 搜尋過程。從根開始，以深度優先搜尋的方式進行搜尋。根節點是活節點並且是目前擴充節點。在搜尋過程中，目前擴充節點沿縱深方向移向一個新節點，判斷該新節點是否滿足隱約束，如果滿足，則新節點成為活節點，並且成為目前擴充節點，繼續深一層的搜尋，如果不滿足，則換到該新節點的兄弟節點繼續搜尋；如果新節點沒有兄弟節點，或其兄弟節點已全部搜尋完畢，則擴充節點成為死節點，搜尋回溯到其父節點處繼續進行。搜尋到問題的根節點變成死節點時為止。

2．完美圖解

在 4×4 的棋盤上放置 4 個皇后，使其彼此不受攻擊。

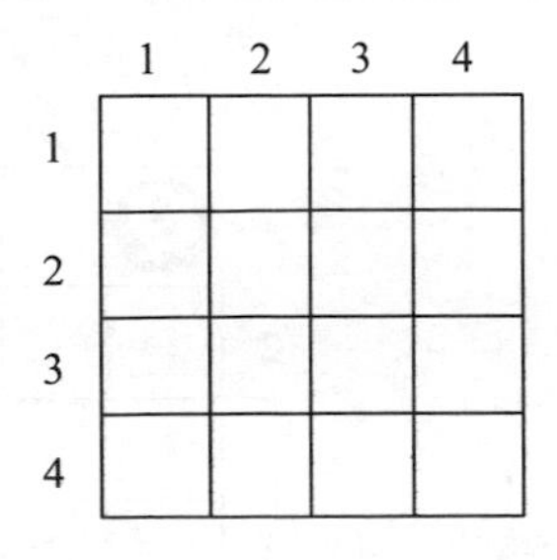

（1）開始搜尋第 1 層（t=1）。擴充節點 1，判斷 x1=1 是否滿足限制條件，因為之前還未選中任何節點，滿足限制條件。令 x[1]=1，生成節點 2。

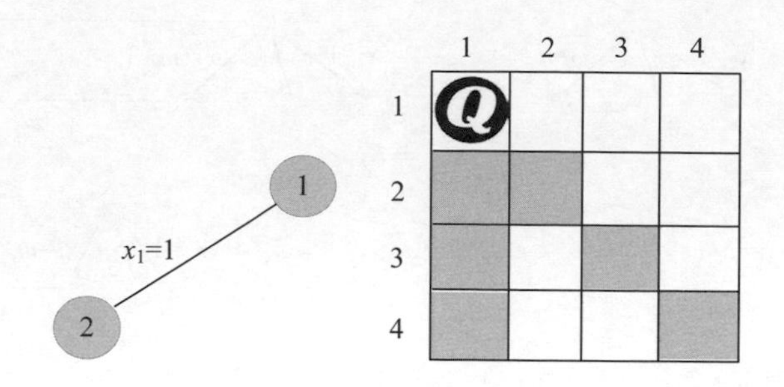

（2）擴充節點 2（t=2）。判斷 x2=1 不滿足限制條件，因為與之前放置的第 1 個皇后同列；檢查 x2=2 也不滿足限制條件，因為與之前放置的第 1 個皇后同斜線；檢查 x2=3 滿足限制條件，因為與之前放置的皇后不同列、不同斜線，令 x[2]=3，生成節點 3。

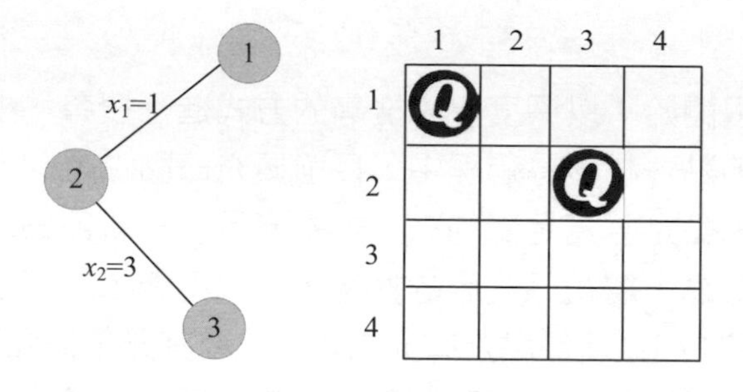

（3）擴充節點 3（t=3）。判斷 x_3=1 不滿足限制條件，因為與之前放置的第 1 個皇后同列；檢查 x_3=2 也不滿足限制條件，因為與之前放置的第 2 個皇后同斜線；檢查 x_2=3 不滿足限制條件，因為與之前放置的第 2 個皇后同列；檢查 x_3=4 也不滿足限制條件，因為與之前放置的第 2 個皇后同斜線；對節點 3 的所有子節點均已檢查完畢，節點 3 成為死節點。向上回溯到節點 2。

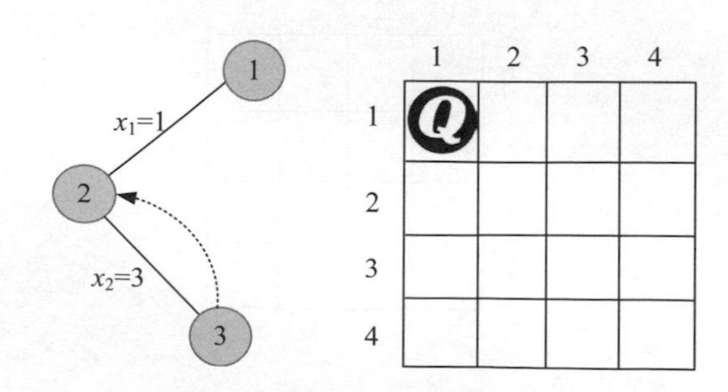

（4）重新擴充節點 2（t=2）。判斷 x_2=4 滿足限制條件，因為與之前放置的第 1 個皇后不同列、不同斜線，令 x[2]=4，生成節點 4。

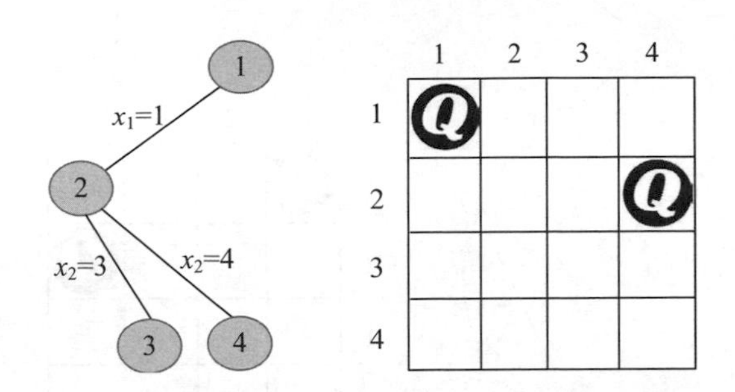

（5）擴充節點 4（t=3）。判斷 x_3=1 不滿足限制條件，因為與之前放置的第 1 個皇后同列；檢查 x_3=2 滿足限制條件，因為與之前放置的第 1、2 個皇后不同列、不同斜線，令 x[3]=2，生成節點 5。

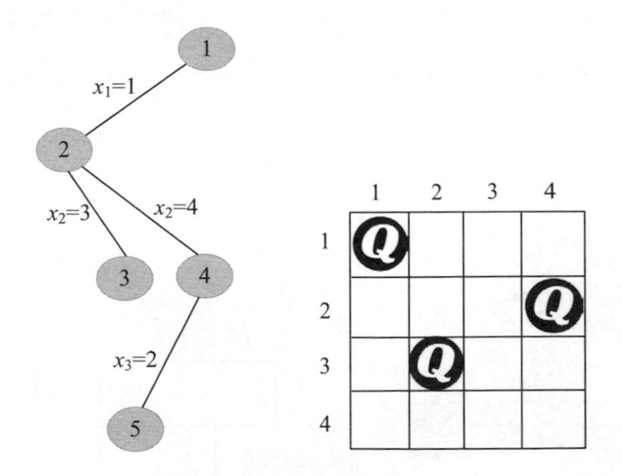

（6）擴充節點 5（t=4）。判斷 x_4=1 不滿足限制條件，因為與之前放置的第 1 個皇后同列；檢查 x_4=2 也不滿足限制條件，因為與之前放置的第 3 個皇后同列；檢查 x_4=3 不滿足限制條件，因為與之前放置的第 3 個皇后同斜線；檢查 x_4=4 也不滿足限制條件，因為與之前放置的第 2 個皇后同列；對節點 5 的所有子節點均已檢查完畢，節點 5 成為死節點。向上回溯到節點 4。

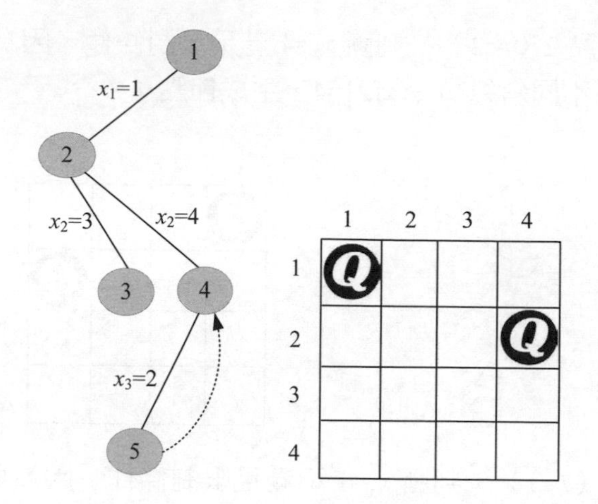

（7）繼續擴充節點 4（t=3）。判斷 x_3=3 不滿足限制條件，因為與之前放置的第 2 個皇后同斜線；檢查 x_3=4 也不滿足限制條件，因為與之前放置的第 2 個皇后同列；節點 4 的所有子節點均已檢查完畢，節點 4 成為死節點。向上回溯到節點 2。對節點 2 的所有子節點均已檢查完畢，節點 2 成為死節點。向上回溯到節點 1。

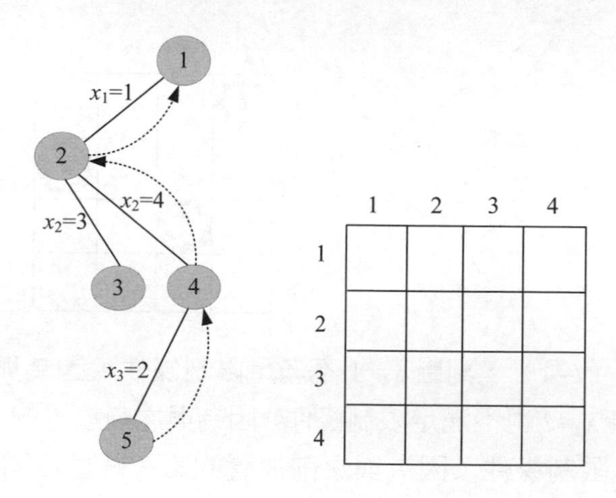

（8）繼續擴充節點 1（t=1）。判斷 x_1=2 是否滿足限制條件，因為之前還未選中任何節點，滿足限制條件。令 $x[1]$=2，生成節點 6。

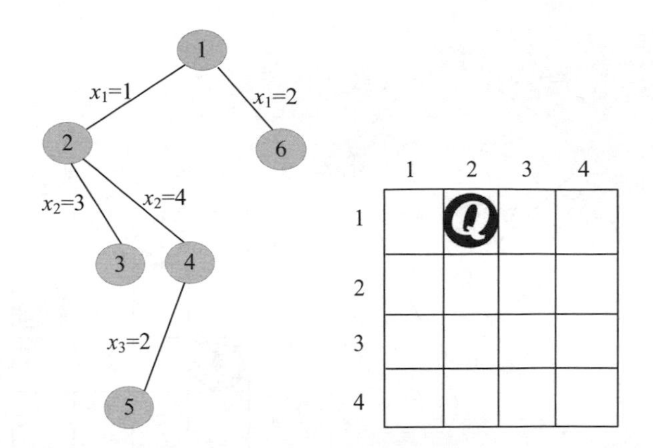

（9）擴充節點 6（t=2）。判斷 x_2=1 不滿足限制條件，因為與之前放置的第 1 個皇后同斜線；檢查 x_2=2 也不滿足限制條件，因為與之前放置的第 1 個皇后同列；檢查 x_2=3 不滿足限制條件，因為與之前放置的第 1 個皇后同斜線；檢查 x_2=4 滿足限制條件，因為與之前放置的第 1 個皇后不同列、不同斜線，令 $x[2]$=4，生成節點 7。

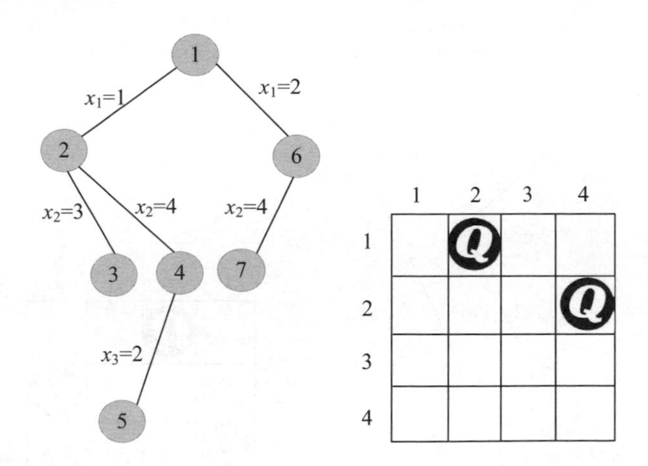

（10）擴充節點 7（t=3）。判斷 x_3=1 滿足限制條件，因為與之前放置的第 1、2 個皇后不同列、不同斜線，令 $x[3]$=1，生成節點 8。

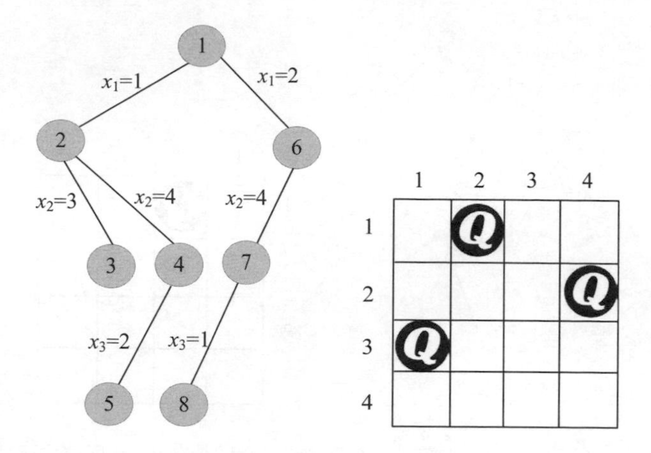

（11）擴充節點 8（t=4）。判斷 x_4=1 不滿足限制條件，因為與之前放置的第 3 個皇后同列；檢查 x_4=2 也不滿足限制條件，因為與之前放置的第 1 個皇后同列；檢查 x_4=3 滿足限制條件，因為與之前放置的第 1、2、3 個皇后不同列、不同斜線，令 $x[4]$=3，生成節點 9。

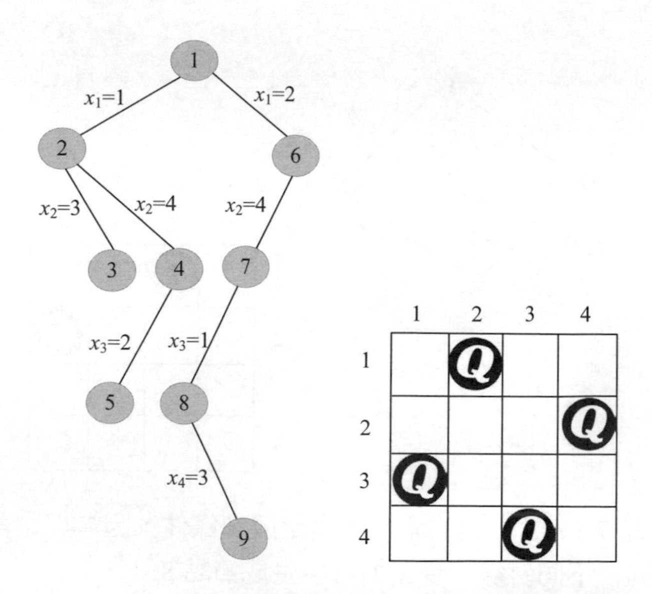

（12）擴充節點 9（t=5）。$t>n$，找到一個可行解，用 bestx[] 保存目前可行解 {2,4,1,3}。節點 9 成為死節點。向上回溯到節點 8。

（13）繼續擴充節點 8（t=4）。判斷 x_4=4 不滿足限制條件，因為與之前放置的第 2 個皇后同列；對節點 8 的所有子節點均已檢查完畢且成為死節點。向上回溯到節點 7。

（14）繼續擴充節點 7（t=3）。判斷 x_3=2 不滿足限制條件，因為與之前放置的第 1 個皇后同列；判斷 x_3=3 不滿足限制條件，因為與之前放置的第 2 個皇后同斜線；判斷 x_3=4 不滿足限制條件，因為與之前放置的第 2 個皇后同列；對節點 7 的所有子節點均已檢查完畢成為死節點。向上回溯到節點 6。節點 6 的所有子節點均已檢查完畢並成為死節點。向上回溯到節點 1。

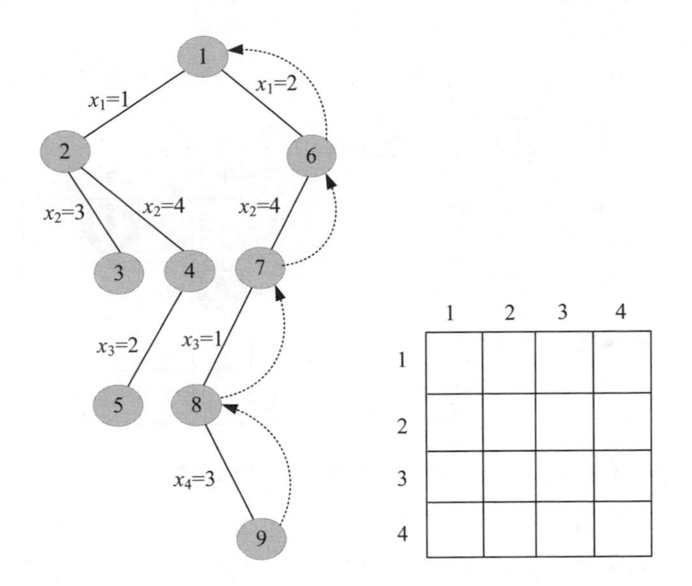

（15）繼續擴充節點 1（t=1）。判斷 x_1=3 是否滿足限制條件，因為之前還未選中任何節點，滿足限制條件。令 $x[1]$=3，生成節點 10。

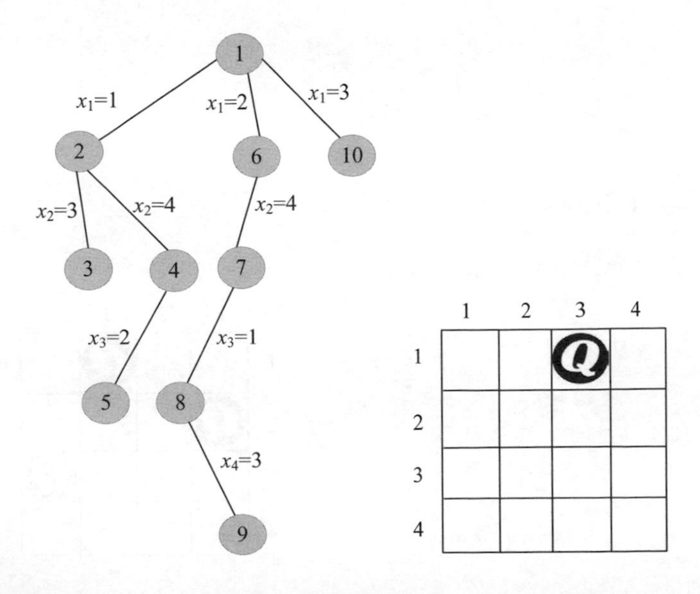

（16）擴充節點 10（t=2）。判斷 $x2$=1 滿足限制條件，因為與之前放置的第 1 個皇后不同列、不同斜線，令 $x[2]=1$，生成節點 11。

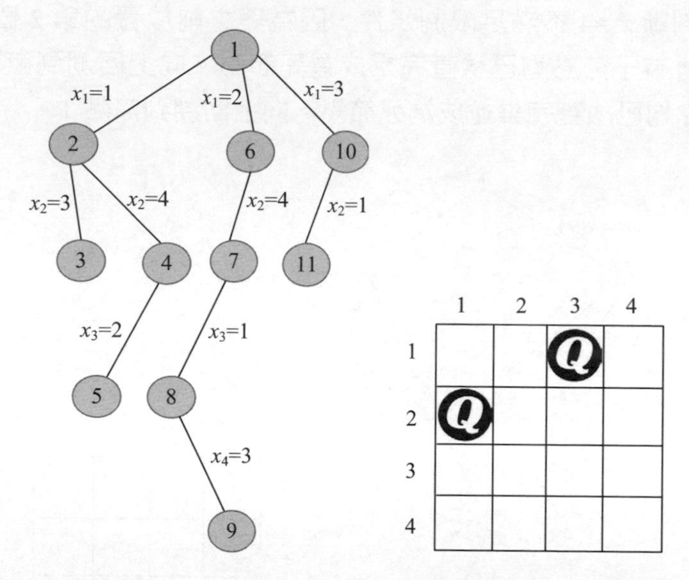

（17）擴充節點 11（t=3）。判斷 x_3=1 不滿足限制條件，因為與之前放置的第 2 個皇后同列；檢查 x_3=2 也不滿足限制條件，因為與之前放置的第 2 個皇后同斜線；檢查 x_3=3 不滿足限制條件，因為與之前放置的第 1 個皇后同列；檢查 x_3=4 滿足限制條件，因為與之前放置的第 1、2 個皇后不同列、不同斜線，令 $x[3]=4$，生成節點 12。

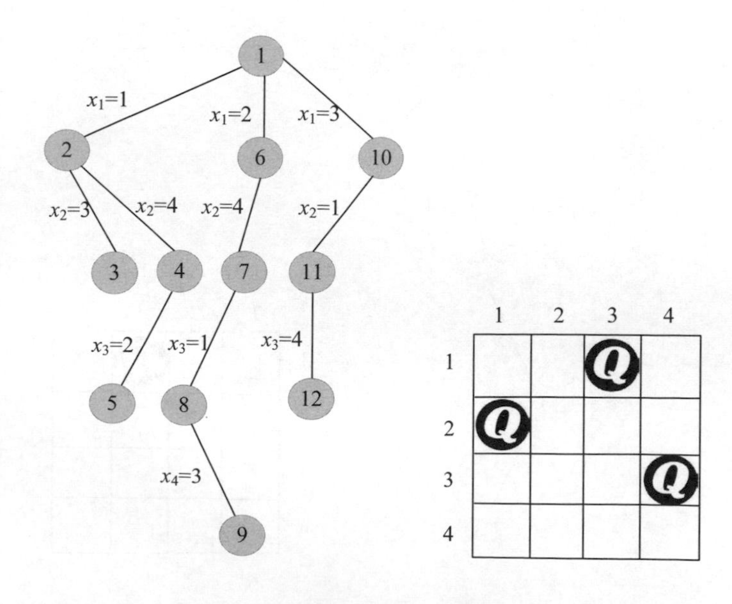

（18）擴充節點 12（t=4）。判斷 x_4=1 不滿足限制條件，因為與之前放置的第 2 個皇后同列；檢查 x_4=2 滿足限制條件，因為與之前放置的第 1、2、3 個皇后不同列、不同斜線，令 x[4]=2，生成節點 13。

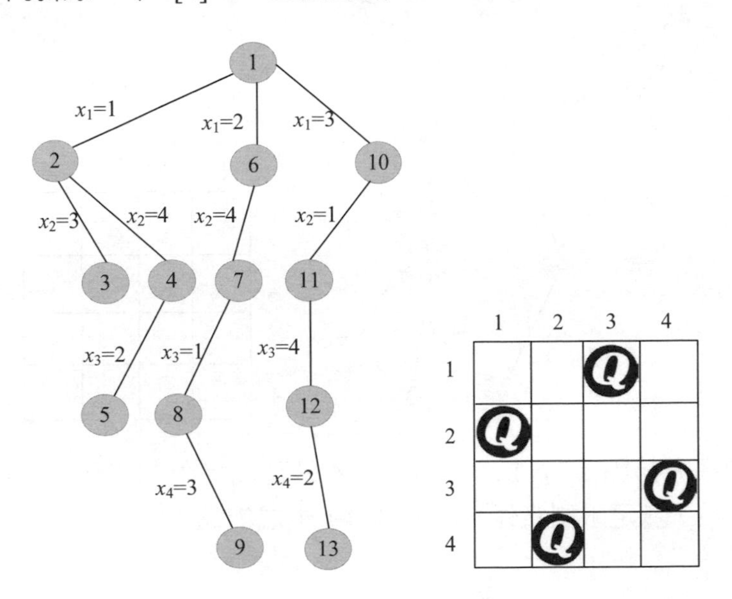

（19）擴充節點 13（t=5）。t>n，找到一個可行解，用 bestx[] 保存目前可行解 {3,1,4,2}。節點 13 成為死節點。向上回溯到節點 12。

（20）繼續擴充節點 12（t=4）。判斷 x_4=3 不滿足限制條件，因為與之前放置的第 1 個皇后同列；判斷 x_4=4 不滿足限制條件，因為與之前放置的第 3 個皇后同列；對節點 12 的所有子節點均已檢查完畢並成為死節點。向上回溯到節點 11。對節點 11 的所有子節點均已檢查完畢並成為死節點。向上回溯到節點 10。

（21）繼續擴充節點 10（t=2）。判斷 x_2=2 不滿足限制條件，因為與之前放置的第 1 個皇后同斜線；判斷 x_2=3 不滿足限制條件，因為與之前放置的第 1 個皇后同列；判斷 x_2=4 不滿足限制條件，因為與之前放置的第 1 個皇后同斜線；對節點 10 的所有子節點均已檢查完畢並成為死節點，向上回溯到節點 1。

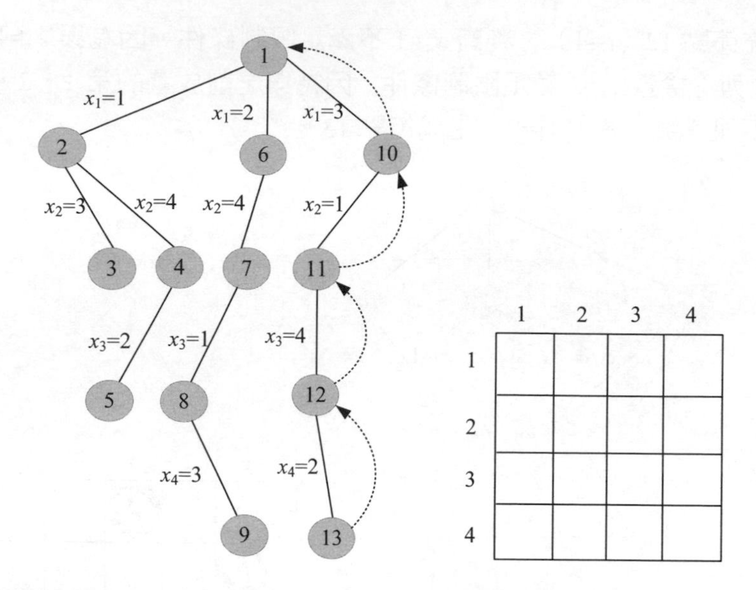

（22）繼續擴充節點 1（t=1）。判斷 x_1=4 是否滿足限制條件，因為之前還未選中任何節點，滿足限制條件。令 x[1]=4，生成節點 14。

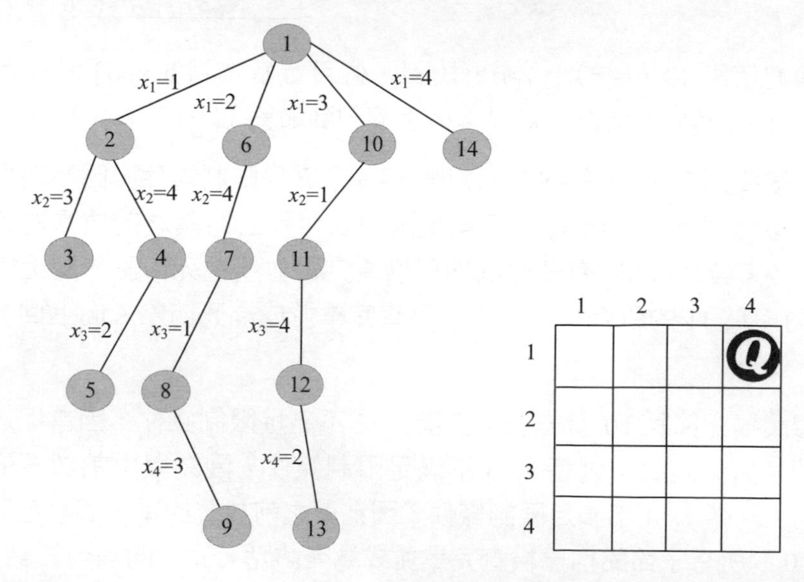

（23）擴充節點 14（t=2）。判斷 x_2=1 滿足限制條件，因為與之前放置的第 1 個皇后不同列、不同斜線，令 x[2]=1，生成節點 15。

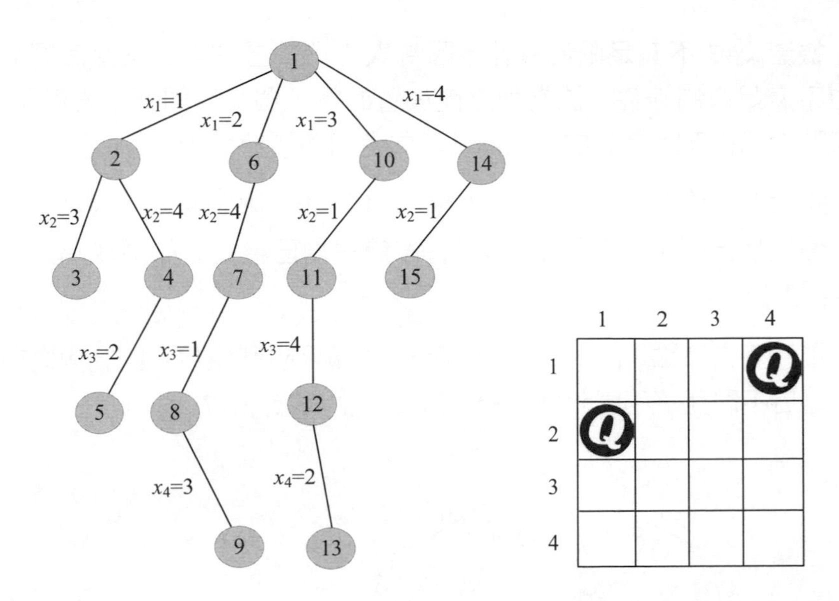

（24）擴充節點 15（t=3）。判斷 x_3=1 不滿足限制條件，因為與之前放置的第 2 個皇后同列；檢查 x_3=2 也不滿足限制條件，因為與之前放置的第 2 個皇后同斜線；檢查 x_3=3 滿足限制條件，因為與之前放置的第 1、2 個皇后不同列、不同斜線，令 $x[3]$=3，生成節點 16。

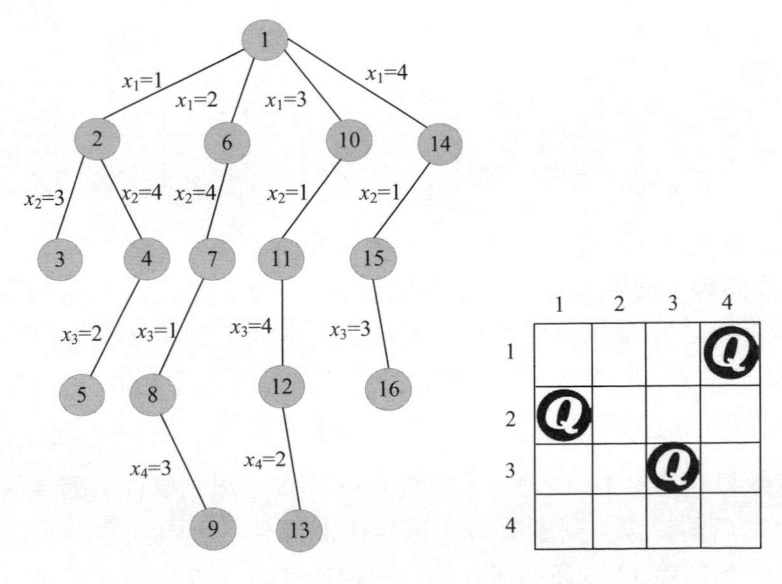

（25）擴充節點 16（t=4）。判斷 x_4=1 不滿足限制條件，因為與之前放置的第 2 個皇后同列；檢查 x_4=2 也不滿足限制條件，因為與之前放置的第 3 個皇后同

斜線；檢查 x_4=3 不滿足限制條件，因為與之前放置的第 3 個皇后同列；檢查 x_4=4 也不滿足限制條件，因為與之前放置的第 1 個皇后同列；對節點 16 的所有子節點均已檢查完畢並成為死節點。向上回溯到節點 15。

（26）繼續擴充節點 15（t=3）。判斷 x_3=4 不滿足限制條件，因為與之前放置的第 1 個皇后同列；對節點 15 的所有子節點均已檢查完畢並成為死節點。向上回溯到節點 14。

（27）繼續擴充節點 14（t=2）。判斷 x_2=2 滿足限制條件，因為與之前放置的第 1 個皇后不同列、不同斜線，令 $x[2]$=2，生成節點 17。

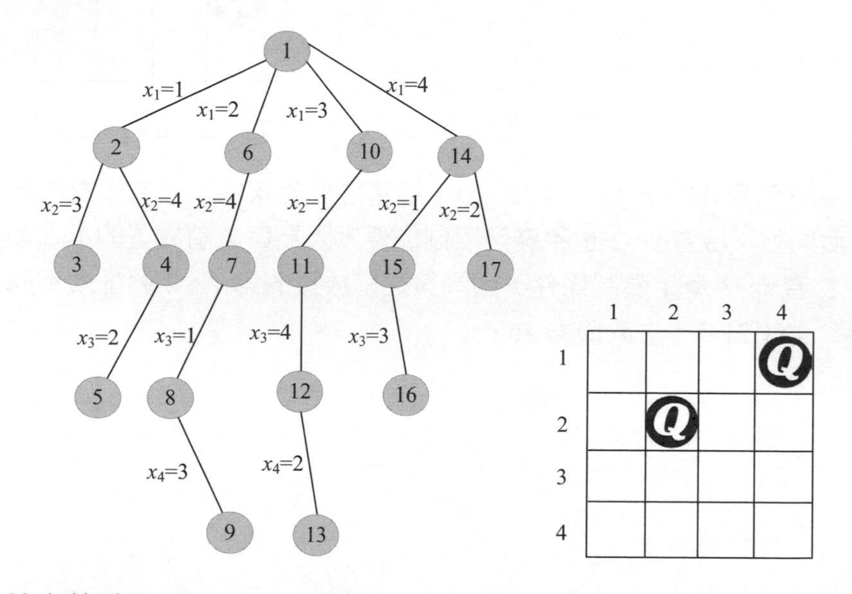

（28）擴充節點 17（t=3）。判斷 x_3=1 不滿足限制條件，因為與之前放置的第 2 個皇后同斜線；檢查 x_3=2 也不滿足限制條件，因為與之前放置的第 2 個皇后同列；檢查 x_3=3 不滿足限制條件，因為與之前放置的第 2 個皇后同斜線；檢查 x_3=4 也不滿足限制條件，因為與之前放置的第 1 個皇后同列；對節點 17 的所有子節點均已檢查完畢並成為死節點。向上回溯到節點 14。

（29）繼續擴充節點 14（t=2）。判斷 x_3=3 不滿足限制條件，因為與之前放置的第 2 個皇后同斜線；判斷 x_3=4 不滿足限制條件，因為與之前放置的第 1 個皇后同列；對節點 14 的所有子節點均已檢查完畢並成為死節點。向上回溯到節點 1。

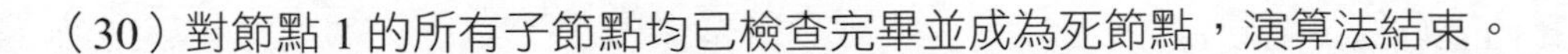

（30）對節點 1 的所有子節點均已檢查完畢並成為死節點，演算法結束。

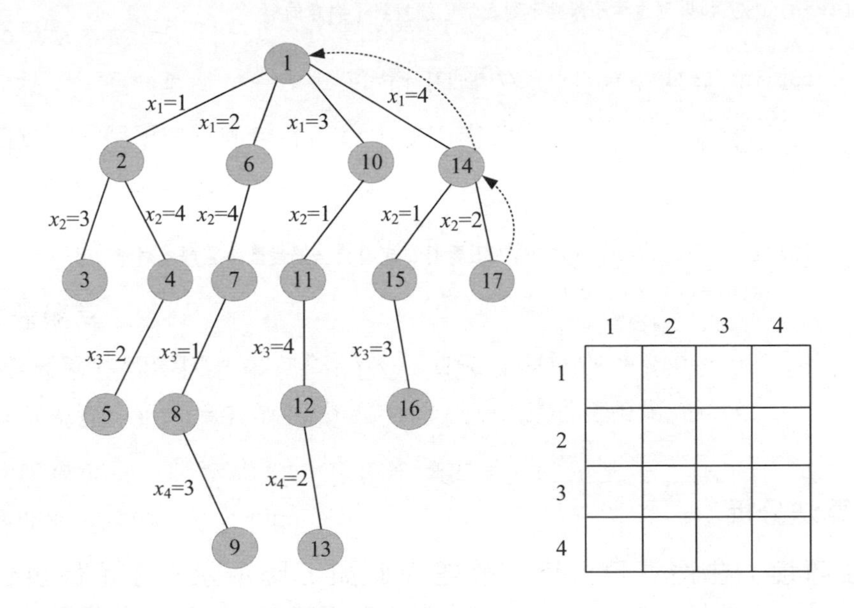

3．演算法實現

（1）約束函數。在第 t 行放置第 t 個皇后時，第 t 個皇后與前 $t-1$ 個已放置好的皇后不能同列或同斜線。如果有一個成立，則第 t 個皇后不可以被放置在該位置。$x[t]==x[j]$ 表示第 t 個皇后與第 j 個皇后同列，$t-j==\text{abs}(x[t]-x[j])$ 表示第 t 個皇后與第 j 個皇后同斜線。abs 是求絕對值的函數，使用該函數時要引入標頭檔 #include<cmath>。

```
bool check(int t){ //判斷第t個皇后能否被放置在第i個位置
    for(int j=1;j<t;j++){//判斷該位置的皇后是否與前面t-1個已被放置的皇后衝突
        if((x[t]==x[j])||(t-j==abs(x[t]-x[j]))) //判斷列、對角線是否衝突
            return false;
    }
    return true;
}
```

（2）按限制條件搜尋求解。t 表示目前擴充節點在第 t 層。如果 $t>n$，則表示已經到達葉子節點，記錄最佳值和最佳解，返回。不然分別判斷 $n(i=1\cdots n)$ 個分支，$x[t]=i$；判斷每個分支是否滿足限制條件，如果滿足，則進入下一層 Backtrack(t+1)，否則檢查下一個分支（兄弟節點）。

```
void Backtrack(int t){
    if(t>n) {// 如果到達葉子節點，則表示已經找到了問題的解
        ans++;
        for(int i=1; i<=n;i++) // 輸出可行解
          cout<<x[i]<<" ";
        cout<<endl;
    }
    else
        for(int i=1;i<=n;i++) {// 不要將 i 定義為全域變數，否則遞迴呼叫有問題
            x[t]=i;
            if(check(t))
                Backtrack(t+1); // 如果不衝突，則進行下一行的搜尋
        }
}
```

4．演算法分析

時間複雜度：在最壞情況下，解空間樹如下圖所示。除了最後一層，有 $1+n+n^2+\cdots+n^{n-1}=(n^n-1)/(n-1)\approx n^{n-1}$ 個節點需要擴充，而這些節點的每一個都要擴充 n 個分支，整體分支個數為 n^n，每個分支都判斷約束函數，判斷限制條件需要 $O(n)$ 時間，因此耗時 $O(n^{n+1})$。在葉子節點處輸出目前最佳解需要耗時 $O(n)$，在最壞情況下會搜尋到每一個葉子節點，葉子個數為 n^n，故耗時 $O(n^{n+1})$。因此，時間複雜度為 $O(n^{n+1})$。

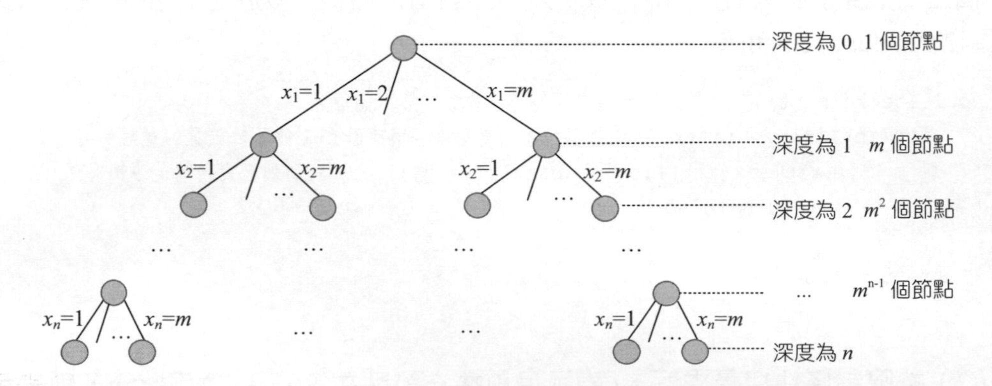

空間複雜度：回溯法的另一個重要特性就是在搜尋執行的同時產生解空間。在搜尋過程中的任何時刻，僅保留從開始節點到目前擴充節點的路徑，從開始節點起最長的路徑為 n。在程式中使用 $x[]$ 陣列記錄該最長路徑作為可行解，所以該演算法的空間複雜度為 $O(n)$。

5．演算法最佳化

在上面的求解過程中，我們的解空間過於龐大，所以時間複雜度很高，演算法效率當然會降低。解空間越小，演算法效率越高。

那麼能不能把解空間縮小呢？

n 皇后問題要求每一個皇后都不同行、不同列、不同斜線。上圖所示的解空間使用了不同的行作為顯約束。隱約束為不同列、不同斜線。對 4 皇后問題，顯約束為不同行的解空間樹如下圖所示。

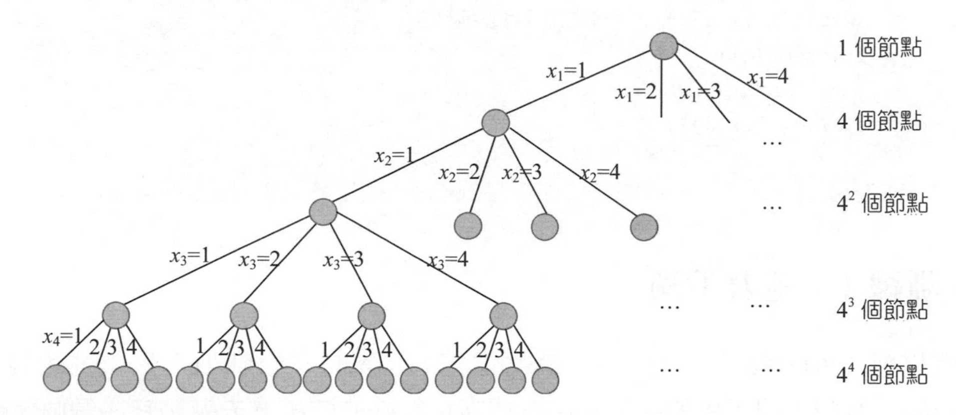

顯約束可以控制解空間大小，隱約束是在搜尋解空間過程中判定可行解或最佳解的。如果我們把顯約束定為不同行、不同列，把隱約束定義為不同斜線，那麼解空間是怎樣的呢？

例如 x_1=1 的分支，x_2 就不能再等於 1，因為這樣就同列了。如果 x_1=1，x_2=2，x_3 就不能再等於 1、2。也就是說，x_t 的值不能與前 t–1 個解的設定值相同。每層節點產生的子節點數都比上一層少 1。4 皇后問題，顯約束為不同行、不同列的解空間樹如下圖所示。

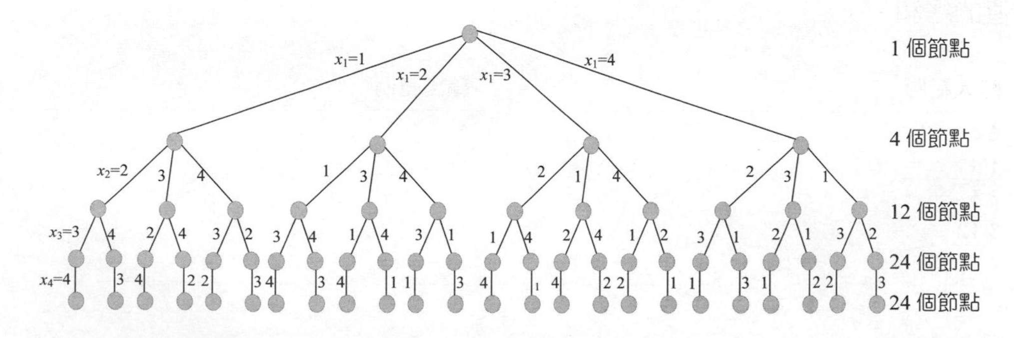

我們可以清楚地看到解空間變小許多，仔細觀察就會發現，上圖中，從根到葉子的每一個可能解其實都是一個排列，該解空間樹是一棵排列樹。使用排列樹求解 n 皇后問題的程式如下。

```
void Backtrack(int t){
    if(t>n){
        ans++;
        return;
    }
    for(int i=t;i<=n;i++){
        swap(x[t],x[i]);//透過交換得到全排列
        if(check(t))
            Backtrack(t+1);
        swap(x[t],x[i]);
    }
}
```

∴ 訓練 1　魅力手鐲

題目描述（POJ3624）：貝西在商場的珠寶店發現一個魅力手鐲。她想從 n（$1 \le n \le 3402$）個可用的裝飾物中選擇盡可能好的裝飾物去裝飾它。每個裝飾物都有一個重量 w_i（$1 \le w_i \le 400$），以及一個期望值 d_i（$1 \le d_i \le 100$），最多可以使用一次。貝西希望裝飾物的總重量不超過 m（$1 \le m \le 12880$）。指定 n 和 m，並列出裝飾物的重量和期望值列表，計算可能的最大期望值之和。

輸入：第 1 行包含兩個整數 n 和 m。接下來的 n 行，每行都包含兩個整數，分別表示裝飾物的重量和期望值。

輸出：單行輸出一個整數，它是在指定權重約束的情況下可以達到的最大期望值的總和。

輸入範例	輸出範例
4 6 1 4 2 6 3 12 2 7	23

1．演算法設計

本題為 01 背包問題，可以採用動態規劃解決，也可以採用回溯法（子集樹）解決，但是不帶最佳化就會逾時，需要剪枝最佳化。約束函數為 $cw+w[i] \le m$，其中 $w[i]$ 為第 i 個物品的重量，m 為背包容量。限界函數為 cp+brp>bestp，其中，cp 表示目前載入背包的物品價值，brp 表示剩餘容量可容納的剩餘物品的最大價值，bestp 表示目前最佳值。

2．演算法實現

```
struct goods{
    int id; // 序號
    double d;// 單位重量價值
}a[maxn];

bool cmp(goods a,goods b){// 按照物品單位重量價值由大到小排序
    return a.d>b.d;
}

double Bound(int i){// 目前背包的總價值 cp  剩餘容量可容納的最大價值
    int cleft=m-cw;// 剩餘的背包容量
    double brp=cp*1.0;
    while(i<=n&&w[a[i].id]<=cleft){
        cleft-=w[a[i].id];
        brp+=1.0*v[a[i].id];
        i++;
    }
    if(i<=n)
        brp+=cleft*a[i].d;
    return brp;
}

void Backtrack(int t){
    if(t>n){
        bestp=cp;
        return;
    }
    if(cw+w[a[t].id]<=m){// 約束
        cw+=w[a[t].id];
        cp+=v[a[t].id];
```

```
            Backtrack(t+1);
            cw-=w[a[t].id];
            cp-=v[a[t].id];
        }
        if(Bound(t+1)>1.0*bestp)// 限界
            Backtrack(t+1);
}

int main(){
    scanf("%d%d",&n,&m);
    for(int i=1;i<=n;i++)
        scanf("%d%d",&w[i],&v[i]);
    for(int i=1;i<=n;i++){
        a[i].id=i;
        a[i].d=1.0*v[i]/w[i];
    }
    sort(a+1,a+n+1,cmp);
    Backtrack(1);
    printf("%d\n",bestp);
    return 0;
}
```

訓練 2　圖的 *m* 著色問題

題目描述（P2819）：指定無向連通圖 G 和 m 種不同的顏色。用這些顏色為圖 G 的各節點著色，對每個節點都著一種顏色。如果有一種著色方案可以使圖 G 中每條邊的兩個節點著不同的顏色，則稱這個圖是 m 可著色的。計算圖的不同的著色方案數。

輸入：第 1 行包含 3 個正整數 n、k 和 m，表示有 n 個節點、k 條邊和 m 種顏色。節點編號為 1 ～ n。在接下來的 k 行中，每行都有兩個正整數 u、v，表示在 u、v 之間有一條邊。$N \leq 100$，$k \leq 2500$，保證答案不超過 20000。

輸出：單行輸出不同的著色方案數。

輸入範例	輸出範例
5 8 4 1 2 1 3 1 4 2 3 2 4 2 5 3 4 4 5	48

題解：本題為圖的 *m* 著色問題，可採用回溯法（*m* 元樹）解決。

訓練 3　*N* 皇后問題

題目描述（**HDU2553**）：在 $N \times N$ 的方格棋盤上放置 *N* 個皇后，使得它們不相互攻擊（即任意兩個皇后都不允許同行、同列，也不允許在與棋盤邊框成 45° 角的斜線上。求有多少種合法的放置方案。

輸入：輸入包含多個測試使用案例，每個測試使用案例都包含一個正整數 *N*（$N \leq 10$），表示棋盤和皇后的數量，如果 N=0，則表示結束。

輸出：對每個測試使用案例，單行輸出一個正整數，表示有多少種合法的放置方案。

輸入範例	輸出範例
1 8 5 0	1 92 10

題解：本題為 *N* 皇后問題，可採用回溯法（*m* 元樹或排列樹）解決。

9.2.5 DFS+ 剪枝最佳化

在深度優先搜尋過程中，如果沒有剪枝，就屬於暴力窮舉，往往會逾時。剪枝函數包括約束函數（能否得到可行解的約束）和限界函數（能否得到最佳解的約束）。有了剪枝函數，就可以剪掉得不到可行解或最佳解的分支，避免無效搜尋，提高搜尋效率。在深度優先搜尋演算法中，剪枝最佳化是關鍵。剪枝函數設計得好，會大大提高搜尋效率。

訓練 1　數獨遊戲

題目描述（POJ2676）：數獨是一項非常簡單的任務。如下圖所示，一張 9 行 9 列的表被分成 9 個 3×3 的小方格。在一些儲存格中寫上十進位數字 1 ～ 9，其他儲存格為空。目標是用 1 ～ 9 的數字填充空儲存格，每個儲存格一個數字，這樣在每行、每列和每個被標記為 3×3 的子正方形內，所有 1 ～ 9 的數字都會出現。編寫一個程式來解決指定的數獨任務。

1		3				5		9
		2	1		9	4		
			7		4			
3			5		2			6
	6						5	
7			8		3			4
			4		1			
		9	2		5	8		
8		4				1		7

輸入：輸入資料將從測試使用案例的數量開始。對於每個測試使用案例，後面都跟 9 行，對應表的行。在每一行上都列出 9 個十進位數字，對應這一行中的儲存格。如果儲存格為空，則用 0 表示。

輸出：對於每個測試使用案例，程式都應該以與輸入資料相同的格式列印解決方案。空儲存格必須按照規則填充。如果解決方案不是唯一的，那麼程式可以列印其中任何一個。

輸入範例	輸出範例
1	143628579
103000509	572139468
002109400	986754231
000704000	391542786
300502006	468917352
060000050	725863914
700803004	237481695
000401000	619275843
009205800	54396127
804000107	

題解：本題為數獨遊戲，為典型的九宮格問題，可以採用回溯法搜尋。把一個 9 行 9 列的網格再細分為 9 個 3×3 的子網格，要求在每行、每列、每個子網格內都只能使用一次 1 ～ 9 的數字，即在每行、每列、每個子網格內都不允許出現相同的數字。

0 表示空白位置，其他均為已填入的數字。要求填完九宮格並輸出（如果有多種結果，則只需輸出其中一種）。如果指定的九宮格無法按要求填出來，則輸出原來所輸入的未填的九宮格。

用 3 個陣列標記每行、每列、每個子網格已用的數字。

- row[i][x]：用於標記第 i 行中的數字 x 是否出現。
- col[j][y]：用於標記第 j 列中的數字 y 是否出現。
- grid[k][z]：標記第 k 個 3×3 子網格中的數字 z 是否出現。

row 和 col 的標記比較好處理，關鍵是找出 grid 子網格的序號與行 i、列 j 的關係，即要知道第 i 行 j 列的數字屬於哪個子網格。

把一個 9 行 9 列的網格再細分為 9 個 3×3 的子網格，在每個子網格內都不允許出現相同的數字，那麼我們將 9 個子網格編號為 1 ～ 9，在同一個子網格內不允許出現相同的數字。觀察子網格的序號 k 與行 i、列 j 的關係：

- 如果把第 1 ～ 3 行轉為 0，第 4 ～ 5 行轉為 1，第 7 ～ 9 行轉為 2，則 $a=(i-1)/3$；
- 如果把第 1 ～ 3 列轉為 0，第 4 ～ 5 列轉為 1，第 7 ～ 9 列轉為 2，則 $b=(j-1)/3$。

行 i、列 j 對應的子網格編號 $k=3\times a+b+1=3\times((i-1)/3)+(j-1)/3+1$，如下圖所示。

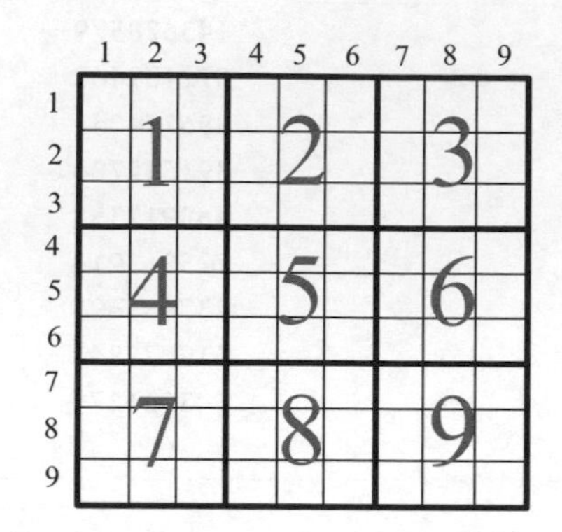

1・演算法設計

（1）前置處理輸入資料。

（2）從左上角 (1,1) 開始按行搜尋，如果行 $i=10$，則說明找到答案，傳回 1。

（3）如果 map[i][j] 已填數字，則判斷如果列 $j=9$，則說明處理到目前行的最後一列，繼續下一行第 1 列的搜尋，即 dfs(i+1,1)，否則在目前行的下一列搜尋，即 dfs(i, j+1)。如果搜尋成功，則傳回 1，否則傳回 0。

（4）如果 map[i][j] 未填數字，則計算目前位置 (i,j) 所屬子網格 $k=3\times((i-1)/3)+(j-1)/3+1$。列舉數字 1 ～ 9 填空，如果目前行、目前列、目前子網格均未填該數字，則填寫該數字並標記該數字已出現。如果判斷列 $j=9$，則說明處理到目前行的最後一列，繼續下一行第 1 列的搜尋，即 dfs(i+1,1)，否則在目前行的下一列搜尋，即 dfs(i, j+1)。如果搜尋失敗，則回溯歸位，繼續搜尋，否則傳回 1。

2・演算法實現

```
bool dfs(int i,int j){
    if(i==10)
        return 1;
    bool flag=0;
    if(map[i][j]){
        if(j==9)
            flag=dfs(i+1,1);
        else
            flag=dfs(i,j+1);
```

```
        return flag?1:0;
    }
    else{
        int k=3*((i-1)/3)+(j-1)/3+1;
        for(int x=1;x<=9;x++){// 列舉數字 1 ~ 9 填空
            if(!row[i][x]&&!col[j][x]&&!grid[k][x]){
                map[i][j]=x;
                row[i][x]=1;
                col[j][x]=1;
                grid[k][x]=1;
                if(j==9)
                    flag=dfs(i+1,1);
                else
                    flag=dfs(i,j+1);
                if(!flag){ // 回溯，繼續列舉
                    map[i][j]=0;
                    row[i][x]=0;
                    col[j][x]=0;
                    grid[k][x]=0;
                }
                else
                    return 1;
            }
        }
    }
    return 0;
}
```

∴ 訓練 2　生日蛋糕

題目描述（POJ1190）：製作一個體積為 $N\pi$ 的 M 層生日蛋糕，每層都是一個圓柱體。設從下往上數第 i（$1 \le i \le M$）層蛋糕是半徑為 R_i、高度為 H_i 的圓柱。當 $i<M$ 時，要求 $R_i>R_i+1$ 且 $H_i>H_i+1$。 由於要在蛋糕上抹奶油，所以為了盡可能節省經費，希望蛋糕外表面（底層的下底面除外）的面積 Q 最小。令 $Q=S\pi$，對列出的 N 和 M，找出蛋糕的製作方案（適當的 R_i 和 H_i 的值），使 S 最小。除 Q 外，以上所有資料皆為正整數。

輸入：輸入包含兩行，第 1 行為 N（$N \le 10000$），表示製作的蛋糕的體積為 $N\pi$；第 2 行為 M（$M \le 20$），表示蛋糕的層數。

輸出：單行輸出一個正整數 S（若無解，則 S=0）。

輸入範例	輸出範例
100 2	68

提示：圓柱體積 $V=\pi R^2 H$，側面積 $A'=2\pi RH$，底面積 $A=\pi R^2$。

題解：本題為在體積和層數一定的情況下，找到合適的半徑和高度，使蛋糕表面積最小。可以採用回溯法搜尋求解。

1．前置處理

從頂層向下計算出最小體積和面積的最小可能值。在從頂層（即第 1 層）到第 i 層的最小體積 minv[i] 成立時，第 i 層的半徑和高度都為 i。此時只計算側面積，對上表面積只在底層計算一次，底層的底面積即整體上表面積。

```
void init(){
    minv[0]=mins[0]=0;
    for(int i=1;i<22;i++){
        minv[i]=minv[i-1]+i*i*i;
        mins[i]=mins[i-1]+2*i*i;
    }
}
```

2．演算法設計

dep 指目前深度；sumv、sums 分別指目前體積和、面積和；r、h 分別指目前層半徑、高度。

（1）從底層 m 層向上搜，當 dep=0 時，搜尋完成，更新最小面積。

（2）剪枝技巧：

- 如果目前體積加上剩餘上面幾層的最小體積大於總體積 n，則退出；
- 如果目前面積加上剩餘上面幾層的最小面積大於最小面積，則退出；
- 如果目前面積加上剩餘面積（剩餘體積折算）大於最小面積，則退出。

（3）列舉半徑 i，按遞減順序列舉 dep 層蛋糕半徑的每一個可能值 i，第 dep 層的半徑最小值為 dep。

- 如果 dep=m，sums=$i\times i$，底面積作為外表面積的初值（整體上表面積，以後只需計算側面積）。
- 計算最大高度 maxh，即 dep 層蛋糕高度的上限，(n–sumv–minv[dep–1]) 表示第 dep 層的最大致積。
- 列舉高度 j，按遞減順序列舉 dep 層蛋糕高度的每一個可能值 j，第 dep 層的最小高度值為 dep。
- 遞迴搜尋子狀態，層次為 dep–1，體積和為 sumv+$i\times i\times j$，面積和為 sums+$2\times i\times j$，半徑為 i–1，高度為 j–1，即 dfs(dep–1,sumv+$i\times i\times j$,sums+$2\times i\times j$,i–1,j–1)。

3．演算法實現

```
void dfs(int dep,int sumv,int sums,int r,int h){
    if(!dep){
        if(sumv==n&&sums<best) best=sums;
        return ;
    }
    if(sumv+minv[dep]>n||sums+mins[dep]>best||sums+2*(n-sumv)/r >best)
return;
    for(int i=r;i>=dep;i--){
        if(dep==m) sums=i*i;
        int maxh=min((n-sumv-minv[dep-1])/(i*i),h);
        for(int j=maxh;j>=dep;j--)
            dfs(dep-1,sumv+i*i*j,sums+2*i*j,i-1,j-1);
    }
}
```

說明：

（1）初始參數 r 和 h 均為 n。因為體積 $V=\pi R^2H$，因此體積為 $n\pi$ 時，$n=R^2H$，半徑和高度均不會超過 n，半徑和高度均大於或等於目前層。

（2）剩餘面積折算。體積 $V=\pi R^2H$，側面積 $A'=2\pi RH$，$2V/R=A'$，因此將剩餘體積折算成剩餘側面積為 $2\times(n-\text{sumv})/r$。

∵ 訓練 3　木棒

題目描述（POJ1011）：喬治拿來一組等長的木棒，將它們隨機砍斷，使得每一節木棒的長度都不超過 50 個長度單位。然後他又想把這些木棍恢復到原來的狀態，但忘記了初始時有多少木棒及木棒的初始長度。請計算初始時原木棒的最小可能長度。每一節木棒的長度均為大於零的整數。

輸入：輸入包含多組資料，每組資料都包括兩行。第 1 行是一個不超過 64 的整數，表示砍斷之後共有多少節木棒。第 2 行是截斷以後所得到的各節木棒的長度。在最後一組資料之後是一個 0。

輸出：對每組資料，都單行輸出原木棒的最小長度。

輸入範例	輸出範例
9 5 2 1 5 2 1 5 2 1 4 1 2 3 4 0	6 5

1．演算法設計

本題由切割後的木棒長度推測原木棒的最小長度，可以列舉原木棒的最小長度，使用回溯法搜尋及剪枝最佳化即可解決。可以用拼接的方法反向推測，根據現有木棒拼接成多個等長的原木棒。舉例來說，1 2 3 4，最多可以拼接成兩根等長木棒 4+1、3+2，原木棒的最小長度為 5。舉例來說，5 2 1 5 2 1 5 2 1，最多可以拼接成 4 根等長木棒 5+1、5+1、5+1、2+2+2，原木棒的最小長度為 6。

（1）列舉長度。木棒的總長度為 sumlen，最長木棒的長度為 maxlen。因為切割後最長為 maxlen，那麼原木棒的長度必然大於或等於 maxlen。如果原木棒只有一根，那麼原木棒的長度就是 sumlen。如果原木棒多於一根，那麼原木棒的長度一定小於或等於 sumlen/2。從 maxlen 到 sumlen/2，從小到大列舉所有可能的原木棒長度，透過深度優先搜尋嘗試能否組合成原木棒，如果嘗試成功，目前木棒的長度為原木棒的最小可能長度。

（2）組合順序。對木棒長度從大到小排序，如果從小到大排序則會逾時。因為小木棒比大木棒靈活性更好，所以先考慮較長的木棒，然後用較短的木棒組合成原棒，更容易成功。好比往箱子裝東西，儘量先裝大的，然後用小的填補空隙，如果先把小的裝進去，大的就可能放不下，或裝不滿。用一維陣列 used[] 標記目前狀態下木棒是否已使用組合原棒。

（3）剪枝技巧。

本題用了下面 4 個剪枝技巧。

- 剪枝技巧 1：從小到大列舉，第 1 個滿足條件的原木棒長度 InitLen 必然是最短的。
- 剪枝技巧 2：原木棒是等長的，因此 sumlen%InitLen=0。
- 剪枝技巧 3：如果目前木棒已使用或與前一個未使用的木棒長度相等，則無須再搜尋。
- 剪枝技巧 4：組合新木棒時，若搜尋完所有木棒後都無法組合，則説明該木棒無法在目前組合方式下組合，不用往下搜尋，直接返回上一層。

2．演算法實現

```
bool dfs(int len,int index,int num){// 目前組合長度、目前搜尋起點、已用的木棒數量
    if(num==n)
        return true;
    for(int i=index;i<n;i++){
        if(used[i]||(i&&!used[i-1]&&stick[i]==stick[i-1]))// 已使用或與上一個相同
            continue;
        used[i]=true;// 標記使用
        if(len+stick[i]<InitLen){// 還未組合成功
            if(dfs(len+stick[i],i+1,num+1)) // 選中 stick[i] 繼續組合
                return true;
        }
        else if(len+stick[i]==InitLen){// 組合成功一根
            if(dfs(0,0,num+1)) // 重新開始組合下一根木棒
                return true;
        }
        used[i]=false;// 回溯歸位
        if(len==0)// 嘗試完畢，仍然無法成功
            break;
    }
    return false;
}
```

9.3 廣度優先搜尋

在圖的應用中已講過圖的廣度優先搜尋，樹上的廣度優先搜尋實際上就是層次遍歷。首先遍歷第 1 層，然後第 2 層……同一層按照從左向右的循序存取，直到最後一層。一棵樹如下圖所示，首先遍歷第 1 層 A；然後遍歷第 2 層，從左向右遍歷 B、C；再遍歷第 3 層，從左向右遍歷 D、E、F；再遍歷第 4 層 G。

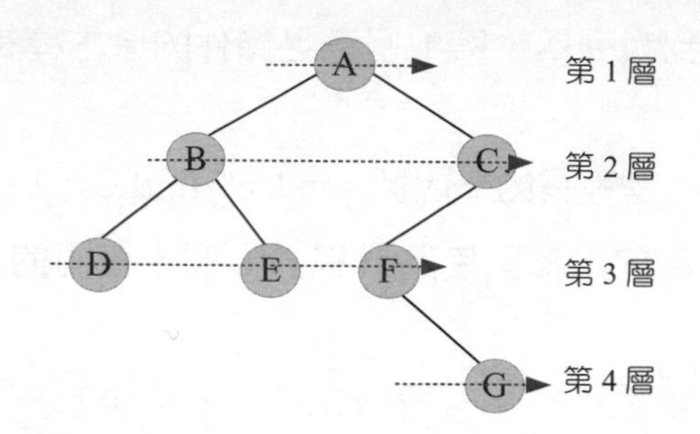

9.3.1 分支限界法

分支限界法通常以廣度優先或以最小耗費（最大效益）優先的方式搜尋問題的解空間樹。首先將根節點加入活節點表中，接著從活節點表中取出根節點，使其成為目前擴充節點，一次性生成其所有子節點，判斷對子節點是捨棄還是保留，捨棄那些得不到可行解或最佳解的節點，將其餘節點保留在活節點表中。再從活節點表中取出一個活節點作為目前擴充節點。重複上述過程，直到找到所需的解或活節點表為空時為止。每一個活節點最多只有一次機會成為擴充節點。活節點表的實現通常有兩種形式：一種是普通的佇列，即先進先出佇列；另一種是優先順序佇列，按照某種優先順序決定哪個節點為目前擴充節點。根據活節點表的不同，分支限界法分為以下兩種：佇列式分支限界法和優先佇列式分支限界法。

分支限界法的解題秘笈如下。

（1）定義解空間。解空間的大小對搜尋效率有很大的影響，首先要定義合適的解空間，確定解空間包括解的組織形式和顯約束。解的組織形式規範為一個 n 元組 $\{x_1,x_2,\cdots,x_n\}$，具體問題表達的含義不同。顯約束是對解分量的設定值範圍的限定。

（2）確定解空間的組織結構。對解空間的組織結構通常用解空間樹狀象地表達，根據解空間樹的不同，解空間分為子集樹、排列樹、*m* 元樹等。

（3）搜尋解空間。分支限界法指按照廣度優先搜尋策略，一次性生成所有子節點，根據約束函數和限界函數判定對子節點是捨棄還是保留，如果保留，則將其依次放入活節點表中，活節點表是普通佇列或優先佇列。然後從活節點表中取出一個節點，繼續擴充，直到找到所需的解或活節點表為空時為止。如果對該問題只求可行解，則只需設定約束函數即可；如果求最佳解，則需要設定約束函數和限界函數。在優先佇列分支限界法中還有一個關鍵問題，即優先順序的設定：選擇什麼值作為優先順序？如何定義優先順序？因為優先順序的設計直接決定演算法的效率。本節重點揭秘如何設定高效的優先順序。

📖 9.3.2 佇列式廣度優先搜尋

有 *n* 個物品和 1 個背包，每個物品 *i* 對應的價值都為 v_i、重量都為 w_i，背包的容量為 *W*（也可以將重量設定為體積）。每個物品只有一件，不是載入，就是不載入，不可拆分。如何選取物品載入背包，使背包所載入物品的總價值最大？

上述問題是典型的 01 背包問題，已經用回溯法求解過，在此先用普通佇列式分支界限法求解，然後用優先佇列式分支界限法求解，體會這兩種演算法的不同之處。

1．演算法設計

（1）定義問題的解空間。背包問題屬於典型的 01 背包問題，問題的解是從 *n* 個物品中選擇一些物品，使其在不超過容量的情況下價值最大。每個物品都有且只有兩種狀態：不是被載入背包，就是不被載入背包。那麼是第 *i* 個物品被載入背包能夠達到目標，還是不被載入能夠達到目標呢？顯然還不確定。因此，可以用變數 x_i 表示第 *i* 種物品是否被載入背包的狀態，如果用 "0" 表示不被載入背包，用 "1" 表示被載入背包，則 x_i 的設定值為 0 或 1。第 *i* 個物品被載入背包，$x_i=1$；不被載入背包，$x_i=0$。該問題解的形式是一個 *n* 元組，且每個分量的設定值都為 0 或 1。由此可得，問題的解空間為 $\{x_1,x_2,\cdots,x_i,\cdots,x_n\}$，其中顯約束 $x_i=0$ 或 1，$i=1,2,3\cdots n$。

（2）確定解空間的組織結構。問題的解空間描述了 2^n 種可能的解，也可以說是 n 個元素組成的集合的所有子集個數。解空間樹為子集樹，解空間樹的深度為問題的規模 n，如下圖所示。

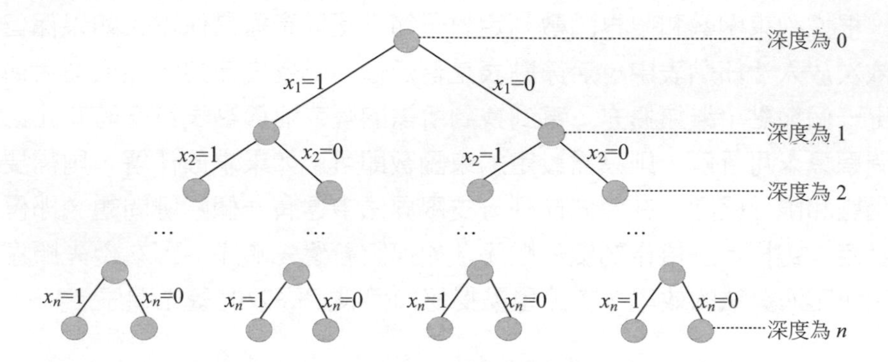

（3）搜尋解空間。根據解空間的組織結構，對於任何一個中間節點 z（中間狀態），從根節點到 z 節點的分支所代表的狀態（是否載入背包）已確定，從 z 到其子孫節點的分支的狀態待確定。也就是說，如果 z 在解空間樹中所處的層次是 t，則說明從第 1 種物品到第 t–1 種物品的狀態已確定，只需沿著 z 的分支擴充確定第 t 種物品的狀態，前 t 種物品的狀態就確定了。在前 t 種物品的狀態確定後，對目前已載入背包的物品的總重量用 cw 表示，對總價值用 cp 表示。

- 限制條件。判斷第 i 個物品被載入背包後總重量是否超出背包容量，如果超出，則為不可行解；否則為可行解。限制條件為 cw+$w[i] \leq W$。其中 $w[i]$ 為第 i 個物品的重量，W 為背包容量。
- 限界條件。已載入物品的價值高不一定就是最佳的，因為還有剩餘物品未確定。目前還不確定第 t+1 種物品到第 n 種物品的實際狀態，因此只能用估計值。假設第 t+1 種物品到第 n 種物品都被載入背包，對第 t+1 種物品到第 n 種物品的總價值用 rp 來表示，因此 cp+rp 是所有從根出發經過中間節點 z 的可行解的價值上界，如下圖所示。

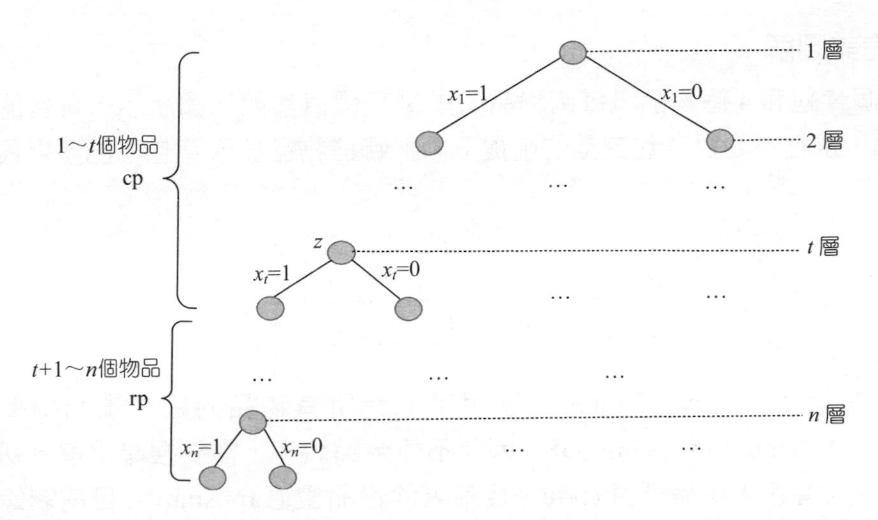

如果價值上界小於目前搜尋到的最佳值（對最佳值用 bestp 表示，初值為 0），則說明從中間節點 z 繼續向子孫節點搜尋不可能得到一個比目前更優的可行解，沒有繼續搜尋的必要；反之，繼續向 z 的子孫節點搜尋。

限界條件為 cp+rp ≥ bestp。

注意：回溯法中的背包問題，限界條件不帶等號，因為 bestp 被初始化為 0，第一次到達葉子時才會更新 bestp，因此只要有解，就必然存在至少一次到達葉子。而在分支限界法中，只要 cp>bestp，就立即更新 bestp，如果在限界條件中不帶等號，就會出現無法到達葉子的情況，比如解的最後一位是 0 時，例如 (1,1,1,0)，就無法找到這個解向量。因為在最後一位是 0 時，cp+rp=bestp，而非 cp+rp>bestp，如果限界條件不帶等號，就無法到達葉子，得不到解 (1,1,1,0)。該演算法均設定了到葉子節點判斷更新最佳解和最佳值。

這裡講解搜尋過程。從根節點開始，以廣度優先的方式進行搜尋。根節點首先成為活節點，也是目前擴充節點。一次性生成所有子節點，由於在子集樹中約定左分支上的值為 "1"，因此沿著擴充節點的左分支擴充，則代表載入物品；由於在子集樹中約定右分支上的值為 "0"，因此沿著擴充節點的右分支擴充，則代表不載入物品。此時判斷是否滿足限制條件和限界條件，如果滿足，則將其加入佇列中；反之，捨棄。然後從佇列中取出一個元素，作為目前擴充節點……直到搜尋過程佇列為空時為止。

2．完美圖解

有一個背包和 4 個物品，每個物品的重量和價值都如下圖所示，背包的容量 *W*=10。求在不超過背包容量的前提下，把哪些物品放入背包才能獲得最大價值。

goods[]		1	2	3	4
	weight	2	5	4	2
	value	6	3	5	4

（1）初始化。sumw 和 sumv 分別用來統計所有物品的總重量和總價值。sumw=13，sumv=18，sumw>*W*，因此不能全部裝完，需要搜尋求解。初始化目前放入背包的物品價值 cp=0，目前剩餘物品價值 rp=sumv，目前剩餘容量 rw=*W*，目前處理物品序號為 1 且目前最佳值 bestp=0。解向量 *x*[]=(0,0,0,0)，創建一個根節點 Node(cp,rp,rw,id)，將其標記為 A 並加入先進先出佇列 *q* 中。cp 為載入背包的物品價值，rp 為剩餘物品的總價值，rw 為剩餘容量，id 為物品號，*x*[] 為目前解向量，如下圖所示。

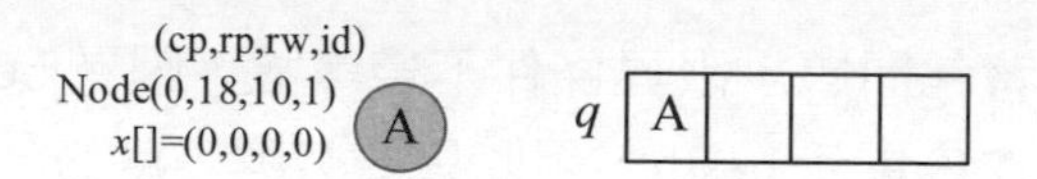

（2）擴充節點 A。佇列首元素 A 移出佇列，該節點的 cp+rp ≥ bestp，滿足限界條件，可以擴充。rw=10>goods[1].weight=2，剩餘容量大於 1 號物品的重量，滿足限制條件，可以被放入背包，cp=0+6=6，rp=18−6=12，rw=10−2=8，*t*=2，*x*[1]=1，解向量更新為 *x*[]=(1,0,0,0)，生成左子節點 B 並將其加入 *q* 佇列，更新 bestp=6。再擴充右分支，cp=0，rp=18−6=12，cp+rp ≥ bestp=6，滿足限界條件，不放入 1 號物品，cp=0，rp=12，rw=10，*t*=2，*x*[1]=0，解向量為 *x*[]=(0,0,0,0)，創建新節點 C 並將其加入 *q* 佇列中，如下圖所示。

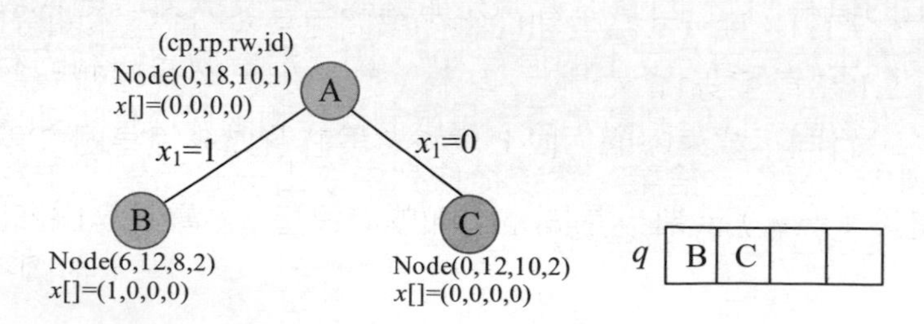

（3）擴充節點 B。佇列首元素 B 移出佇列，該節點的 cp+rp ≥ bestp，滿足限界條件，可以擴充。rw=8>goods[2]. weight=5，剩餘容量大於 2 號物品的重量，滿足限制條件，cp=6+3=9，rp=12−3=9，rw=8−5=3，t=3，x[2]=1，解向量更新為 x[]=(1,1,0,0)，生成左子節點 D 並將其加入 q 佇列中，更新 bestp=9。

再擴充右分支，cp=6，rp=12−3=9，cp+rp ≥ bestp=9，滿足限界條件，t=3，x[2]=0，解向量為 x[]=(1,0,0,0)，生成右子節點 E 並將其加入 q 佇列中，如下圖所示。

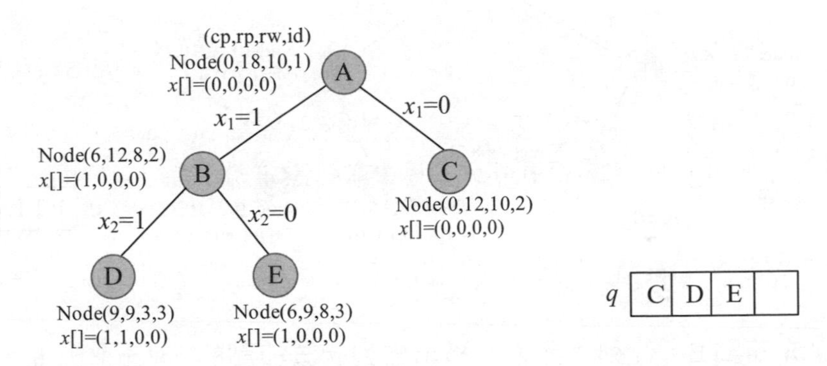

（4）擴充節點 C。佇列首元素 C 移出佇列，該節點的 cp+rp ≥ bestp，滿足限界條件，可以擴充。rw=10>goods[2].weight=5，剩餘容量大於 2 號物品的重量，滿足限制條件，cp=0+3=3，rp=12−3=9，rw=10−5=5，t=3，x[2]=1，解向量更新為 x[]=(0,1,0,0)，生成左子節點 F 並將其加入 q 佇列中。再擴充右分支，cp=0，rp=12−3=9，cp+rp ≥ bestp=9，滿足限界條件，rw=10，t=3，x[2]=0，解向量為 x[]=(0,0,0,0)，生成右子節點 G 並將其加入 q 佇列中，如下圖所示。

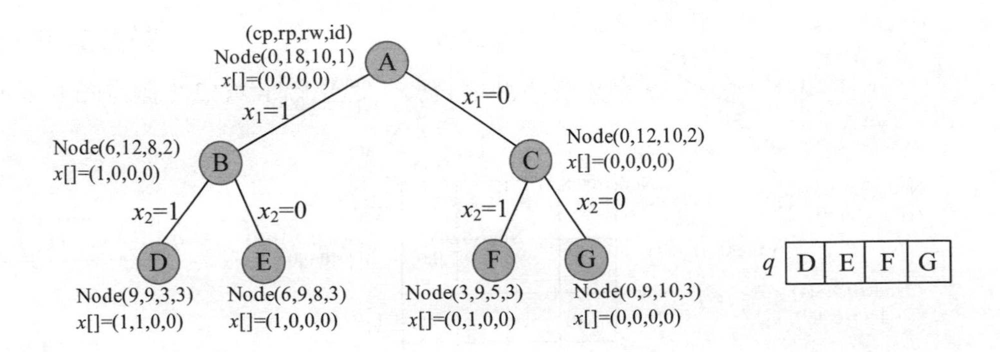

（5）擴充節點 D。佇列首元素 D 移出佇列，該節點的 cp+rp ≥ bestp，滿足限界條件，可以擴充。rw=3>goods[3]. weight=4，剩餘容量小於 3 號物品的重量，不滿足限制條件，捨棄左分支。再擴充右分支，cp=9，rp=9–5=4，cp+rp ≥ bestp=9，滿足限界條件，t=4，x[3]=0，解向量為 x[]=(1,1,0,0)，生成右子節點 H 並將其加入 q 佇列中，如下圖所示。

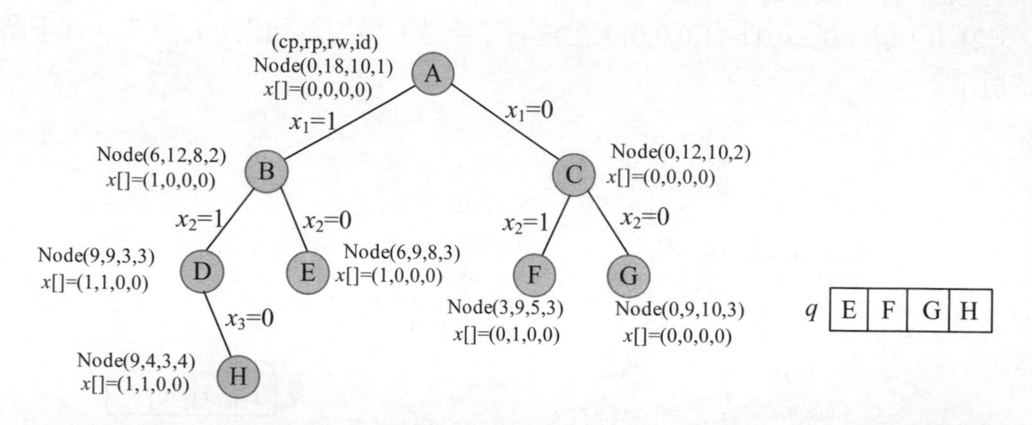

（6）擴充節點 E。佇列首元素 E 移出佇列，該節點的 cp+rp ≥ bestp，滿足限界條件，可以擴充。rw=8>goods[3].weight=4，剩餘容量大於 3 號物品的重量，滿足限制條件，cp=6+5=11，rp=9–5=4，rw=8–4=4，t=4，x[3]=1，解向量更新為 x[]=(1,0,1,0)，生成左子節點 I 並將其加入 q 佇列中，更新 bestp=11。再擴充右分支，cp=6，rp=9–5=4，cp+rp<bestp=11，不滿足限界條件，捨棄，如下圖所示。

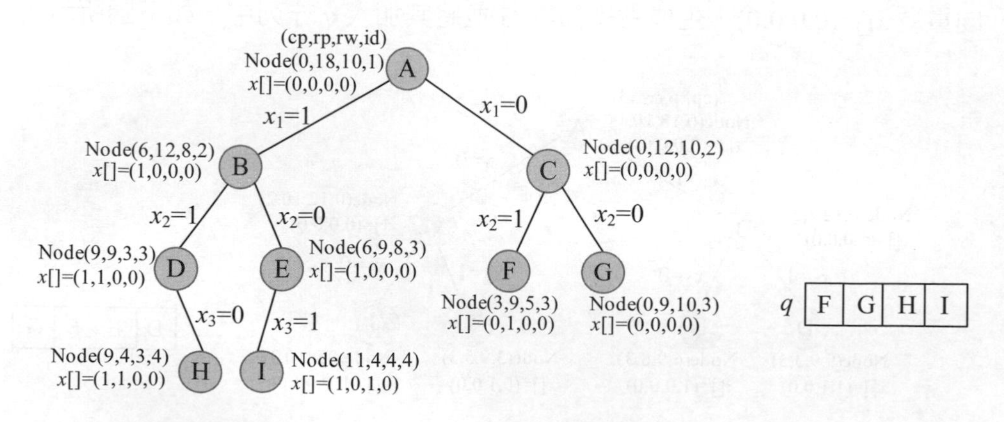

（7）擴充節點 F。佇列首元素 F 移出佇列，該節點的 cp+rp ≥ bestp，滿足限界條件，可以擴充。rw=5>goods[3].weight=4，剩餘容量大於 3 號物品的重量，滿足限制條件，cp=3+5=8，rp=9−5=4，rw=5−4=1，t=4，x[3]=1，解向量更新為 x[]=(0,1,1,0)，生成左子節點 J 並將其加入 q 佇列中。再擴充右分支，cp=3，rp=9−5=4，cp+rp<bestp=11，不滿足限界條件，捨棄，如下圖所示。

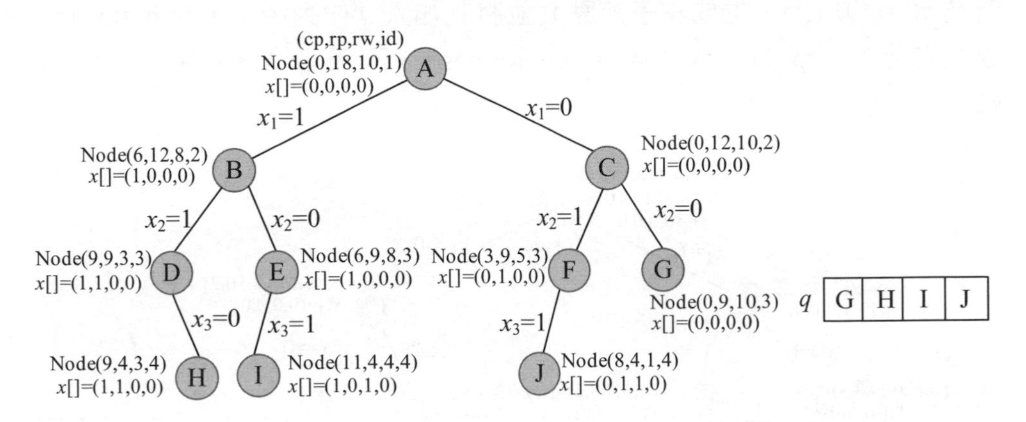

（8）擴充節點 G。佇列首元素 G 移出佇列，該節點的 cp+rp<bestp=11，不滿足限界條件，不擴充。

（9）擴充節點 H。佇列首元素 H 移出佇列，該節點的 cp+rp ≥ bestp，滿足限界條件，可以擴充。rw=3>goods[4].weight=2，剩餘容量大於 4 號物品的重量，滿足限制條件，令 cp=9+4=13，rp=4−4=0，rw=3−2=1，t=5，x[4]=1，解向量更新為 x[]=(1,1,0,1)，生成左子節點 K 並將其加入 q 佇列中，更新 bestp=13。再擴充右分支，cp=9，rp=4−4=0，cp+rp<bestp，不滿足限界條件，捨棄，如下圖所示。

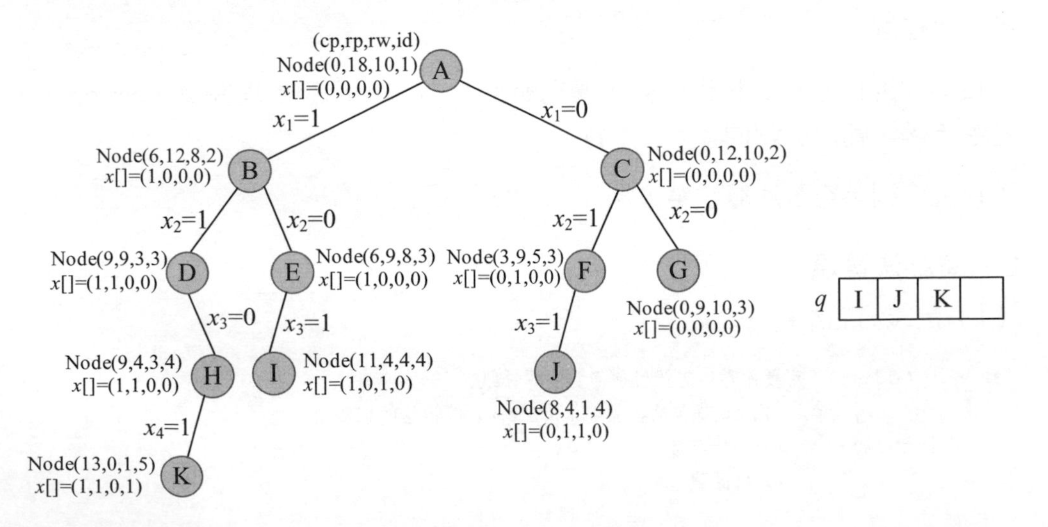

（10）擴充節點 I。佇列首元素 I 移出佇列，該節點的 cp+rp ≥ bestp，滿足限界條件，可以擴充。rw=4>goods[4].weight=2，剩餘容量大於 4 號物品的重量，滿足限制條件，cp=11+4=15，rp=4-4=0，rw=4–2=2，t=5，x[4]=1，解向量更新為 x[]=(1,0,1,1)，生成左子節點 L 並將其加入 q 佇列中，更新 bestp=15。再擴充右分支，cp=11，rp=4–4=0，cp+rp<bestp，不滿足限界條件，捨棄，如下圖所示。

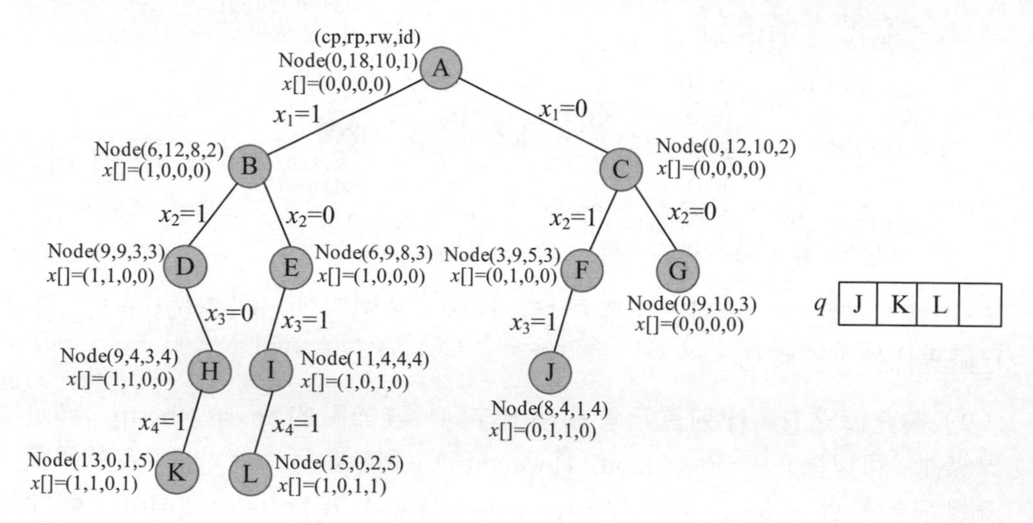

（11）佇列首元素 J 移出佇列，該節點的 cp+rp<bestp=15，不滿足限界條件，不再擴充。

（12）佇列首元素 K 移出佇列，擴充節點 K，t=5，已經處理完畢，cp<bestp，不是最佳解。

（13）佇列首元素 L 移出佇列，擴充節點 L，t=5，已經處理完畢，cp=bestp，是最佳解，輸出該解向量 (1,0,1,1)。

（14）佇列為空，演算法結束。

3．演算法實現

（1）定義節點結構。

```
struct Node{ // 定義節點，記錄目前節點的解資訊
    int cp, rp;  //cp 背包的物品總價值，rp 剩餘物品的總價值
    int rw;      // 剩餘容量
    int id;      // 物品號
```

```
    bool x[N];  //解向量
    Node() { memset(x, 0, sizeof(x)); }//將解向量初始化為0
    Node(int _cp, int _rp, int _rw, int _id){
        cp = _cp;
        rp = _rp;
        rw = _rw;
        id = _id;
    }
};
```

（2）定義物品結構。在前面處理背包問題時，使用了兩個一維陣列 w[]、v[] 分別儲存物品的重量和價值，在此使用一個結構陣列來儲存這些重量和價值。

```
struct Goods{//物品
    int weight;//重量
    int value;//價值
}goods[N];
```

（3）搜尋解空間。首先創建一個普通佇列（先進先出），然後將根節點加入佇列中，如果佇列不空，則取出佇列首元素 livenode，得到目前處理的物品序號，如果目前處理的物品序號大於 n，則說明搜到最後一個物品了，不需要往下搜尋。如果目前的背包沒有剩餘容量（已經裝滿）了，則不再擴充。如果目前放入背包的物品價值大於或等於最佳值（livenode.cp ≥ bestp），則更新最佳解和最佳值。判斷是否滿足限制條件，滿足則生成左子節點，判斷是否更新最佳值，左子節點加入佇列，不滿足限制條件則捨棄左子節點；判斷是否滿足限界條件，滿足則生成右子節點，右子節點加入佇列，不滿足限界條件則捨棄右子節點。

```
int bfs(){//佇列式分支限界法
    int t,tcp,trp,trw; //目前處理的物品序號t、載入背包的物品價值tcp、剩餘容量trw
    queue<Node> q; //創建一個普通佇列(先進先出)
    q.push(Node(0,sumv,W,1)); //存入一個初始節點
    while(!q.empty()){
        Node livenode,lchild,rchild;//定義3個節點型變數
        livenode=q.front();//取出佇列首元素作為目前擴充節點livenode
        q.pop(); //佇列首元素移出佇列
        t=livenode.id;//目前處理的物品序號
        if(t>n||livenode.rw==0){
            if(livenode.cp>=bestp){//更新最佳解和最佳值
```

```
                for(int i=1;i<=n;i++)
                    bestx[i]=livenode.x[i];
              bestp=livenode.cp;
            }
            continue;
        }
        if(livenode.cp+livenode.rp<bestp)// 如果不滿足，則不再擴充
            continue;
        tcp=livenode.cp; // 目前背包中的價值
        trp=livenode.rp-goods[t].value; // 不管目前物品載入與否，剩餘價值都會減少
        trw=livenode.rw; // 背包的剩餘容量
        if(trw>=goods[t].weight){ // 擴充左子節點，滿足限制條件，可以放入背包
            lchild.rw=trw-goods[t].weight;
            lchild.cp=tcp+goods[t].value;
            lchild=Node(lchild.cp,trp,lchild.rw,t+1);// 傳遞參數
            for(int i=1;i<t;i++)
                lchild.x[i]=livenode.x[i];// 複製以前的解向量
            lchild.x[t]=true;
            if(lchild.cp>bestp)// 比最佳值大才更新
              bestp=lchild.cp;
            q.push(lchild);// 左子節點加入佇列
        }
        if(tcp+trp>=bestp){// 擴充右子節點，滿足限界條件，不放入背包
            rchild=Node(tcp,trp,trw,t+1);// 傳遞參數
            for(int i=1;i<t;i++)
                rchild.x[i]=livenode.x[i];// 複製以前的解向量
            rchild.x[t]=false;
            q.push(rchild);// 右子節點加入佇列
        }
    }
    return bestp;// 傳回最佳值
}
```

4．演算法分析

時間複雜度：演算法的執行時間取決於它在搜尋過程中生成的節點數。而限界函數可以大大減少所生成的節點個數，避免無效搜尋，加快搜尋速度。左子節點需要判斷約束函數，右子節點需要判斷限界函數，那麼在最壞情況下有多少個左子節點和右子節點呢？規模為 n 的子集樹在最壞情況下的狀態如下圖所示。

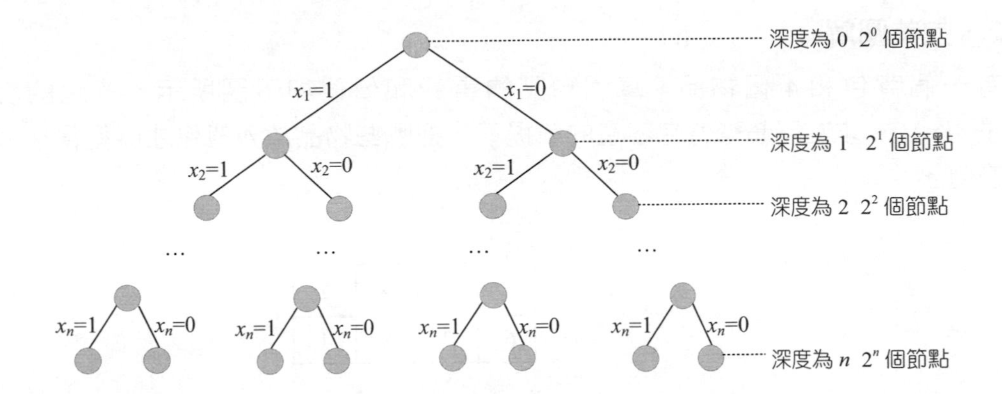

整體節點個數為 $2^0+2^1+\cdots+2^n=2^{n+1}-1$，減去樹根節點再除以 2，就得到左右子節點的個數，左右子節點的個數 $=(2^{n+1}-1-1)/2=2^n-1$。約束函數時間複雜度為 $O(1)$，限界函數時間複雜度為 $O(1)$。在最壞情況下有 $O(2^n)$ 個左子節點需要呼叫約束函數，有 $O(2^n)$ 個右子節點需要呼叫限界函數，所以計算背包問題的分支限界法的時間複雜度為 $O(2^{n+1})$。

空間複雜度：空間主要耗費在 Node 節點裡面儲存的變數和解向量上，因為最多有 $O(2^{n+1})$ 個節點，而每個節點的解向量都需要 $O(n)$ 個空間，所以空間複雜度為 $O(n\times 2^{n+1})$。其實讓每個節點都記錄解向量的辦法是很笨的，我們可以用指標記錄目前節點的左右子節點和父親，到達葉子時逆向找其父親，直到根節點，就獲得了解向量，這樣空間複雜度降為 $O(n)$。

🕮 9.3.3 優先佇列式廣度優先搜尋

優先佇列最佳化以目前節點的上界為優先值，把普通佇列改成優先佇列，這樣就獲得了優先佇列式分支限界法。

1．演算法設計

優先順序的定義為活節點代表的部分解所描述的已載入物品的價值上界，上界越大，優先順序越高。活節點的價值上界 up= 活節點的 cp+ 剩餘物品裝滿背包剩餘容量的最大價值 rp'。

限制條件：$cw+w[i]\leq W$。

限界條件：$up=cp+rp'\geq bestp$。

2．完美圖解

有一個背包和 4 個物品，每個物品的重量和價值如下圖所示，背包的容量 W=10。求在不超過背包容量的前提下，把哪些物品放入背包才能獲得最大價值。

goods[]	1	2	3	4
weight	2	5	4	2
value	6	3	5	4

（1）初始化。sumw 和 sumv 分別用來統計所有物品的總重量和總價值。sumw=13，sumv=18，sumw>W，因此不能全部裝完，需要搜尋求解。

（2）按價值重量比非遞增排序。排序後的結果如下圖所示。為了程式處理方便，把排序後的資料儲存在 w[] 和 v[] 陣列中。後面的程式在該陣列上操作即可，如下圖所示。

	1	2	3	4
w[]	2	2	4	5
v[]	6	4	5	3

（3）創建根節點 A。初始化目前放入背包的物品重量 cp=0，目前價值上界 up=sumv，目前剩餘容量 rw=W，目前處理物品序號為 1，目前最佳值 bestp=0。最佳解初始化為 x[]=(0,0,0,0)，創建一個根節點 Node(cp,up,rw,id)，標記為 A，加入優先佇列 q 中，如下圖所示。

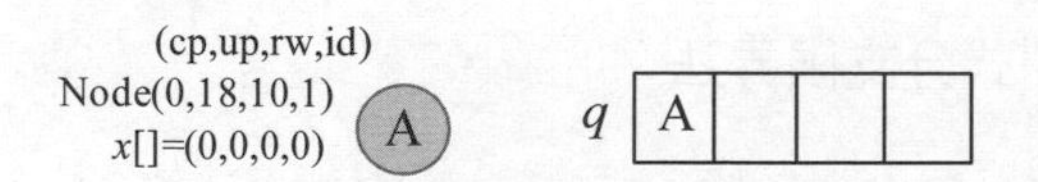

（4）擴充節點 A 。佇列首元素 A 移出佇列，該節點的 up ≥ bestp，滿足限界條件，可以擴充。rw=10>w[1]=2，剩餘容量大於 1 號物品的重量，滿足限制條件，可以放入背包，生成左子節點，令 cp=0+6=6，rw=10–2=8。那麼上界怎麼算呢？up=cp+rp′=cp+ 剩餘物品裝滿背包剩餘容量的最大價值 rp′。剩餘容量還有 8，可以載入 2、3 號物品，載入後還有剩餘容量 2，只能載入 4 號物品的一部分，載入的價值為剩餘容量 × 單位重量價值，即 2×3/5=1.2，rp'=4+5+1.2=10.2， up=cp+rp′= 16.2。在此需要注意，背包問題屬於 01 背包問題，物品不是載入，就是不載入，是不可以分割的，這裡為什麼還會有部分載入的問題呢？很多讀者看到這裡都有這樣的疑問，在此不是真的部分載入了，只是算上界而已。令 t=2，x[1]=1，解向量更新為 x[]=(1,0,0,0)，創建新節點 B 並將其加入 q 佇列中，更新 bestp=6，如下圖所示。

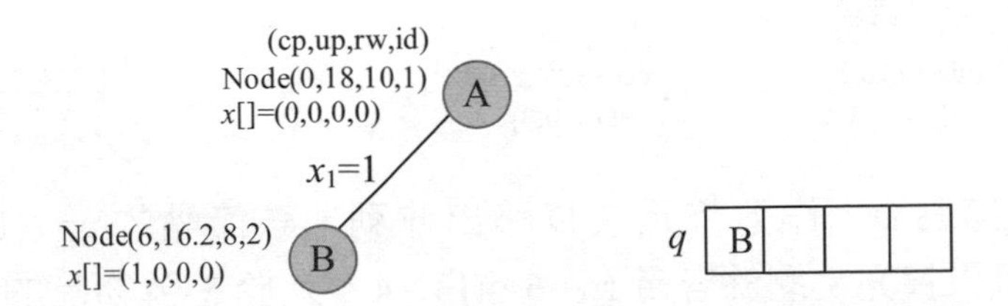

再擴充右分支，cp=0，rw=10，剩餘容量可以載入 2、3 號物品，載入後還有剩餘容量 4，只能載入 4 號物品的一部分，載入的價值為剩餘容量 × 單位重量價值，即 4×3/5=2.4，rp′=4+5+2.4= 11.4，up=cp+rp′=11.4，up>bestp，滿足限界條件，令 t=2，x[1]=0，解向量更新為 x[]=（0,0,0,0），生成右子節點 C 並將其加入 q 佇列中，如下圖所示。

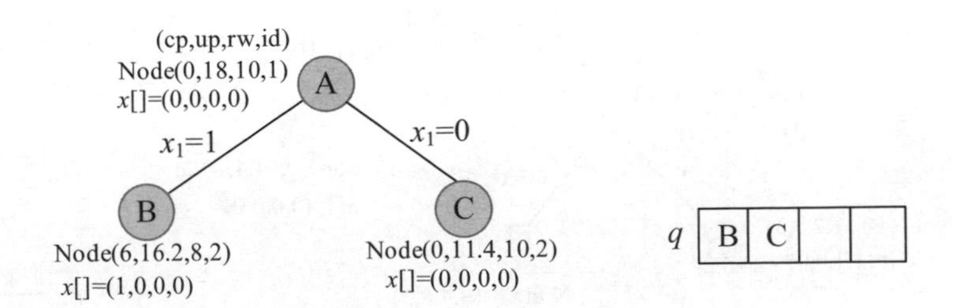

（5）擴充節點 B。佇列首元素 B 移出佇列，該節點的 up ≥ bestp，滿足限界條件，可以擴充。剩餘容量 rw=8>w[2]=2，大於 2 號物品的重量，滿足限制條件， 令 cp=6+4=10，rw=8−2=6，up=cp+rp′=10+5+2×3/5=16.2，t=3，x[2]=1，解向量更新為 x[]=(1,1,0,0)，生成左子節點 D 並將其加入 q 佇列中，更新 bestp=10。再擴充右分支，cp=6，rw=8，剩餘容量可以載入 3 號物品，4 號物品部分載入，up=cp+rp′=6+5+3×4/5=13.4，up>bestp，滿足限界條件，令 t=3，x[2]=0，解向量為 x[]=(1,0,0,0)，生成右子節點 E 並將其加入 q 佇列中。注意：q 為優先佇列，其實是用堆積實現的，如果不想搞清楚，則只需知道每次 up 值最大的節點移出佇列即可，如下圖所示。

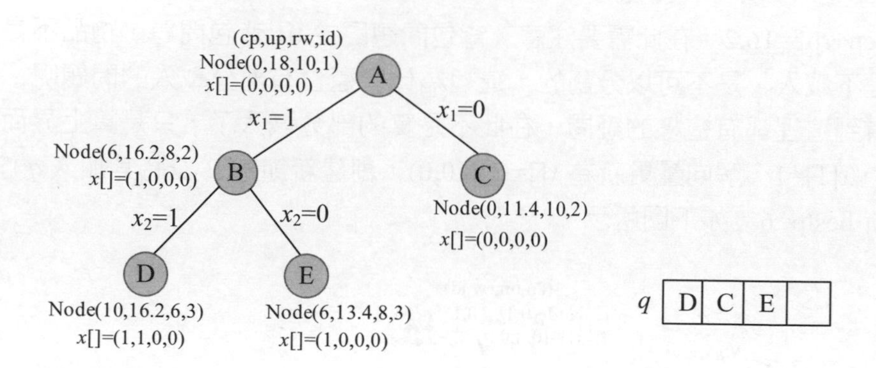

（6）擴充節點 D。佇列首元素 D 移出佇列，該節點的 up ≥ bestp，滿足限界條件，可以擴充。剩餘容量 rw=6>w[3]=4，大於 3 號物品的重量，滿足限制條件，令 cp=10+5=15，rw=6−4=2，up=cp+rp′=10+5+2×3/5=16.2，t=4，x[3]=1，解向量更新為 x[]=(1,1,1,0)，生成左子節點 F 並將其加入 q 佇列中，更新 bestp=15。再擴充右分支，cp=10，rw=8，剩餘容量可以載入 4 號物品，up=cp+rp′=10+3=13，up<bestp，不滿足限界條件，捨棄右子節點，如下圖所示。

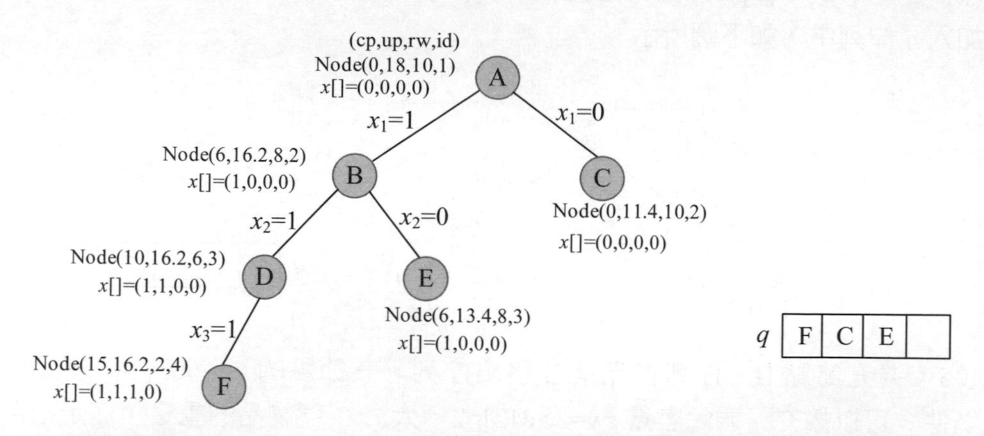

（7）擴充節點 F。佇列首元素 F 移出佇列，該節點的 up≥bestp，滿足限界條件，可以擴充。剩餘容量 rw=2<w[4]=5，不滿足限制條件，捨棄左子節點。再擴充右分支，cp=15，rw=2，雖然有剩餘容量，但物品已經處理完畢，已沒有物品可以載入，up=cp+rp′=15+0=15，up ≥ bestp，滿足限界條件，令 t=5，x[4]=0，解向量為 x[]=(1,1,1,0)，生成右子節點 G 並將其加入 q 佇列中，如下圖所示。

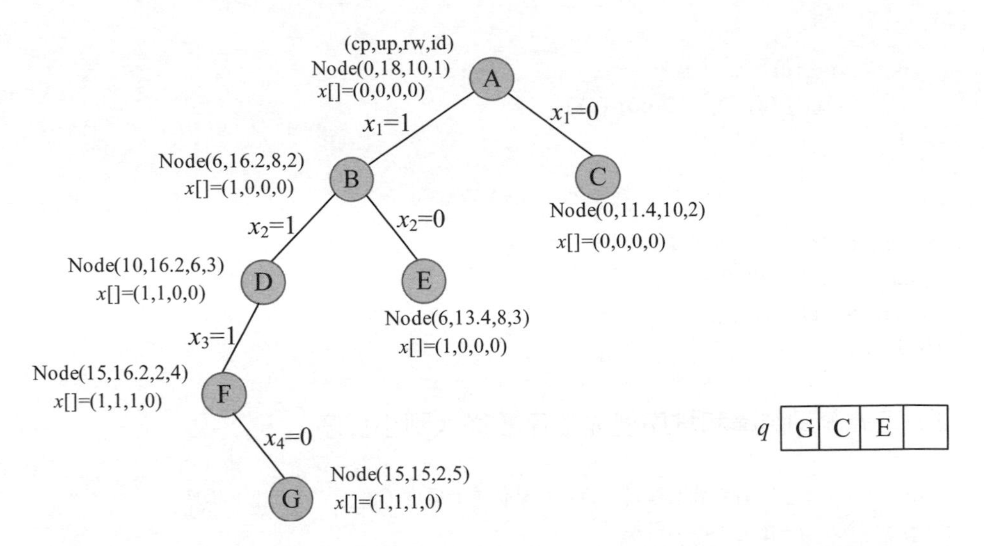

（8）擴充節點 G。佇列首元素 G 移出佇列，該節點的 up ≥ bestp，滿足限界條件，可以擴充。t=5，已經處理完畢，bestp=cp=15，是最佳解，解向量為 x[]=(1,1,1,0)。注意：雖然解是 (1,1,1,0)，但對應的物品原來的序號是 1、4、3。節點 G 移出佇列。

（9）佇列首元素 E 移出佇列，該節點的 up<bestp，不滿足限界條件，不再擴充。

（10）佇列首元素 C 移出佇列，該節點的 up<bestp，不滿足限界條件，不再擴充。

（11）佇列為空，演算法結束。

3．演算法實現

（1）定義節點和物品結構。

```
struct Node{// 定義節點，記錄目前節點的解資訊
    int cp; // 已載入背包的物品價值
    double up; // 價值上界
    int rw; // 背包剩餘容量
    int id; // 物品號
    bool x[N];
    Node() {}
    Node(int _cp,double _up,int _rw,int _id){
        cp=_cp;
        up=_up;
```

```
        rw=_rw;
        id=_id;
        memset(x, 0, sizeof(x));
    }
};

struct Goods{ //物品結構
    int weight;//重量
    int value;//價值
}goods[N];
```

（2）定義輔助結構和排序優先順序（從大到小排序）。

```
struct Object{//輔助物品結構，用於按單位重量價值（價值/重量比）排序
    int id; //序號
    double d;//單位重量價值
}S[N];

bool cmp(Object a1,Object a2){//排序優先順序，按照物品的單位重量價值由大到小排序
    return a1.d>a2.d;
}
```

（3）定義佇列的優先順序。

```
bool operator <(const Node &a, const Node &b){//佇列優先順序，up越大越優先
    return a.up<b.up;
}
```

（4）計算節點的上界。

```
double Bound(Node tnode){
    double maxvalue=tnode.cp;//已載入背包的物品價值
    int t=tnode.id;//排序後序號
    double left=tnode.rw;//剩餘容量
    while(t<=n&&w[t]<=left){
        maxvalue+=v[t];
        left-=w[t++];
    }
    if(t<=n)
        maxvalue+=double(v[t])/w[t]*left;
    return maxvalue;
```

```
}
```

（5）優先佇列分支限界法。

```
int priorbfs(){
    int t,tcp,trw;// 目前處理的物品序號t、目前載入背包的物品價值tcp、目前剩餘容量trw
    double tup; // 目前價值上界tup
    priority_queue<Node> q; // 創建一個優先佇列
    q.push(Node(0,sumv,W,1));// 初始化，將根節點加入優先佇列中
    while(!q.empty()){
        Node livenode, lchild, rchild;// 定義三個節點型變數
        livenode=q.top();// 取出佇列首元素作為目前擴充節點livenode
        q.pop(); // 佇列首元素移出佇列
        t=livenode.id;// 目前處理的物品序號
        if(t>n||livenode.rw==0){
            if(livenode.cp>=bestp){// 更新最佳解和最佳值
                for(int i=1;i<=n;i++)
                    bestx[i]=livenode.x[i];
                bestp=livenode.cp;
            }
            continue;
        }
        if(livenode.up<bestp)// 如果不滿足，則不再擴充
            continue;
        tcp=livenode.cp; // 目前背包中的價值
        trw=livenode.rw; // 背包的剩餘容量
        if(trw>=w[t]){ // 擴充左子節點，滿足限制條件，可以放入背包
            lchild.cp=tcp+v[t];
            lchild.rw=trw-w[t];
            lchild.id=t+1;
            tup=Bound(lchild); // 計算左子節點的上界
            lchild=Node(lchild.cp,tup,lchild.rw,lchild.id);
            for(int i=1;i<=n;i++)// 複製以前的解向量
                lchild.x[i]=livenode.x[i];
            lchild.x[t]=true;
            if(lchild.cp>bestp)// 比最佳值大才更新
                bestp=lchild.cp;
            q.push(lchild);// 左子節點加入佇列
        }
        rchild.cp=tcp;
        rchild.rw=trw;
```

```
        rchild.id=t+1;
        tup=Bound(rchild);// 計算右子節點的上界
        if(tup>=bestp){ // 擴充右子節點，滿足限界條件，不放入
            rchild=Node(tcp,tup,trw,t+1);
            for(int i=1;i<=n;i++)// 複製以前的解向量
                rchild.x[i]=livenode.x[i];
            rchild.x[t]=false;
            q.push(rchild);// 右子節點加入佇列
          }
    }
    return bestp;// 傳回最佳值
}
```

4．演算法分析

雖然在演算法複雜度數量級上，優先佇列的分支限界法演算法和普通佇列的演算法相同，但從圖解可以看出，採用優先佇列式的分支限界法演算法生成的節點數更少，找到最佳解的速度更快。

訓練 1　迷宮問題

題目描述（POJ3984）：用一個二維陣列表示一個迷宮，其中 1 表示牆壁，0 表示可以走的路，只能橫著走或豎著走，不能斜著走，編寫程式，找出從左上角到右下角的最短路線。

```
int maze[5][5] = {
0, 1, 0, 0, 0,
0, 1, 0, 1, 0,
0, 0, 0, 0, 0,
0, 1, 1, 1, 0,
0, 0, 0, 1, 0,
};
```

輸入：一個 5×5 的二維陣列，表示一個迷宮。資料保證有唯一解。

輸出：從左上角到右下角的最短路徑，格式如以下輸出範例所示。

輸入範例	輸出範例
0 1 0 0 0	(0, 0)
0 1 0 1 0	(1, 0)
0 0 0 0 0	(2, 0)
0 1 1 1 0	(2, 1)
0 0 0 1 0	(2, 2)
	(2, 3)
	(2, 4)
	(3, 4)
	(4, 4)

題解：本題為典型的迷宮問題，可以使用廣度優先搜尋解決。定義方向陣列 dir[4][2]= {{1,0},{–1,0},{0,1},{0,–1}}，定義前驅陣列 pre[][] 記錄經過的節點。

1 · 演算法設計

（1）定義一個佇列，將起點 (0, 0) 加入佇列，標記已走過。

（2）如果佇列不空，則佇列首移出佇列。

（3）如果佇列首正好是目標 (4, 4)，則退出。

（4）沿著 4 個方向搜尋，如果該節點未出邊界、未走過且不是牆壁，則標記走過並加入佇列，用前驅陣列記錄該節點。

（5）轉向步驟 2。

（6）根據前驅陣列輸出從起點到終點的最短路徑。

2 · 演算法實現

```
void bfs(){
    queue<node> que;
    node st;
    st.x=st.y=0;
    que.push(st);
    vis[0][0]=1;
    while(!que.empty()){
        node now=que.front();
        que.pop();
```

```
        if(now.x==4&&now.y==4)
            return;
        for(int i=0;i<4;i++){
            node next;
            next.x=now.x+dir[i][0];
            next.y=now.y+dir[i][1];
            if(next.x>=0&&next.x<5&&next.y>=0&&next.y<5&&!mp[next.x][next.y]
&&!vis[next.x][next.y]){
                vis[next.x][next.y]=1;
                que.push(next);
                pre[next.x][next.y]=now;
            }
        }
    }
}

void print(node cur){//輸出路徑
    if(cur.x==0&&cur.y==0){
        printf("(0, 0)\n");
        return;
    }
    print(pre[cur.x][cur.y]);//遞迴
    printf("(%d, %d)\n",cur.x,cur.y);
}
```

訓練 2　加滿油箱

題目描述（POJ3635）：城市之間的油價是不一樣的，編寫程式，尋找最便宜的城市間旅行方式。在旅行途中可以加滿油箱。假設汽車每單位距離使用一單位燃料，從一個空油箱開始。

輸入：輸入的第 1 行包含 n（$1 \le n \le 1000$）和 m（$0 \le m \le 10000$），表示城市和道路的數量。下一行包含 n 個整數 p_i（$1 \le p_i \le 100$），其中 p_i 表示第 i 個城市的燃油價格。接下來的 m 行，每行都包含 3 個整數 u、v（$0 \le u, v<n$）和 d（$1 \le d \le 100$），表示在 u 和 v 之間有一條路，長度為 d。接下來一行是查詢數 q（$1 \le q \le 100$）。再接下來的 q 行，每行都包含 3 個整數 c（$1 \le c \le 100$）、s 和 e，其中 c 是車輛的油箱容量，s 是起點城市，e 是終點城市。

輸出：對於每個查詢，都輸出指定容量的汽車從 *s* 到 *e* 的最便宜旅程的價格，如果無法從 *s* 到 *e*，則輸出 "impossible"。

輸入範例	輸出範例
5 5 10 10 20 12 13 0 1 9 0 2 8 1 2 1 1 3 11 2 3 7 2 10 0 3 20 1 4	170 impossible

題解：本題為加油站加油問題。指定 *n* 個節點、*m* 條邊，每走 1 單位的路徑都會花費 1 單位的油量，並且不同的加油站價格是不同的。現在有一些詢問，每一個詢問都包括起點、終點及油箱的容量，求從起點到達終點所需的最少花費。可以採用優先佇列分支限界法搜尋。

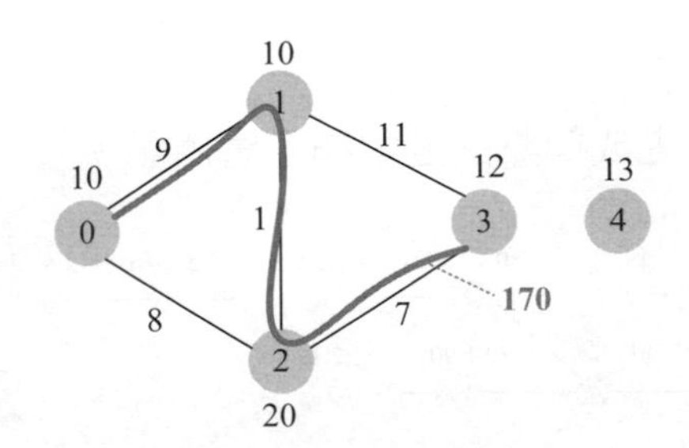

涉及兩個維度的圖最短路徑，一個是費用，一個是地點。可以把目前節點對應的油量抽象成多個節點（例如在位置 0 有 1 升油是一個節點，在位置 0 有 2 升油是一個節點），把費用看作邊，那麼最少費用就可以類似 Dijsktra 演算法那樣不斷地加入節點。於是得到一個擴充節點的策略：每次都加 1 升油；如果依靠加的油足夠走到下一個節點，就走到下一個節點（減去路上消耗的油，花費不變）；在廣度優先搜尋中將所有可擴充的節點都加入優先佇列中，如果到達終點，則傳回花費。

1．演算法設計

（1）定義一個優先佇列，將起點及目前油量、花費作為一個節點 (st,0,0) 加入佇列。

（2）如果佇列不空，則佇列首 (*u*,vol,cost) 移出佇列，並標記該節點油量已擴充，vis[*u*][vol]=1。

（3）如果 *u* 正好是目標 ed，則傳回花費 cost。

（4）如果目前油量小於油箱容量，且 *u* 的油量 vol+1 未擴充，則將該節點 (*u*,vol+1, cost+price[*u*]) 加入佇列。

（5）檢查 *u* 所有鄰接點 *v*，如果目前油量大於或等於邊權 *w*，且 *v* 節點的油量 vol−*w* 未擴充，則將該節點 (*v*,vol−*w*,cost) 加入佇列。

（6）轉向步驟 2。

2．演算法最佳化

用一個陣列 dp[*i*][*j*] 表示在節點 *i*、目前油量為 *j* 時的最小花費。在目前節點及油量對應的花費更小時才生成節點，生成的節點會少很多，但由於系統資料量不大，執行時間差不多。

採用最佳化後的演算法生成節點的過程如下圖所示。

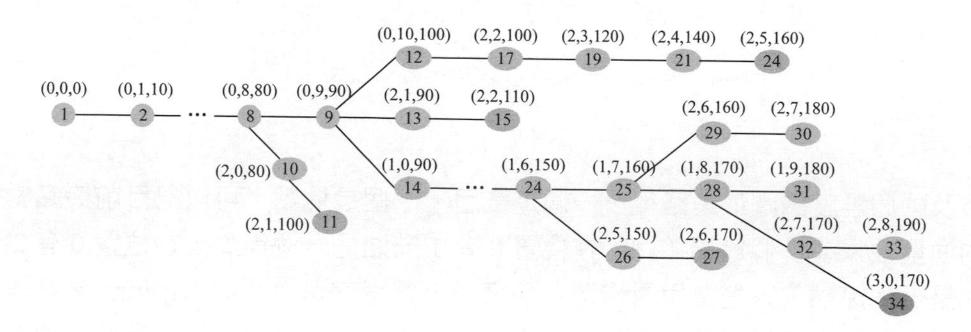

3．演算法實現

```
struct node{// 節點類型
    int u,vol,cost;// 節點、目前油量、花費
    node(int u_,int vol_,int cost_){u=u_,vol=vol_,cost=cost_;}// 建構函數
    bool operator < (const node &a) const{
```

```
        return cost>a.cost;// 最小值優先
    }
};

int bfs(){
    memset(vis,0,sizeof(vis));
    priority_queue<node>Q;
    Q.push(node(st,0,0));
    while(!Q.empty()){
        node cur=Q.top();
        Q.pop();
        int u=cur.u,vol=cur.vol,cost=cur.cost;
        vis[u][vol]=1;
        if(u==ed) return cost;
        if(vol<V&&!vis[u][vol+1])// 加 1 單位的油
            Q.push(node(u,vol+1,cost+price[u]));
        for(int i=head[u];~i;i=edge[i].next){
            int v=edge[i].v,w=edge[i].w;
            if(vol>=w&&!vis[v][vol-w])
                Q.push(node(v,vol-w,cost));
        }
    }
    return -1;
}

int bfs(){// 演算法最佳化
    memset(vis,0,sizeof(vis));
    memset(dp,0x3f,sizeof(dp));
    priority_queue<node>Q;
    Q.push(node(st,0,0));
    dp[st][0]=0;
    while(!Q.empty()){
        node cur=Q.top();
        Q.pop();
        int u=cur.u,vol=cur.vol,cost=cur.cost;
        vis[u][vol]=1;
        if(u==ed) return cost;
        if(vol<V&&!vis[u][vol+1]&&dp[u][vol]+price[u]<dp[u][vol+1]){
            dp[u][vol+1]=dp[u][vol]+price[u];
            Q.push(node(u,vol+1,cost+price[u]));
        }
```

```
        for(int i=head[u];~i;i=edge[i].next){
            int v=edge[i].v,w=edge[i].w;
            if(vol>=w&&!vis[v][vol-w]&&cost<dp[v][vol-w]){
                dp[v][vol-w]=cost;
                Q.push(node(v,vol-w,cost));
            }
        }
    }
    return -1;
}
```

9.3.4 巢狀結構廣度優先搜尋

在廣度優先搜尋裡面巢狀結構廣度優先搜尋的演算法被稱為巢狀結構廣度優先搜尋（或稱雙重廣度優先搜尋）。

訓練　推箱子

題目描述（POJ1475）：想像一下，你站在一個由方格組成的二維迷宮裡，這些格子可能被填滿岩石，也可能沒被填滿岩石。你可以一步一個格子地往北、往南、往東或往西移動。這樣的動作叫作 " 走 "。其中一個空儲存格包含一個箱子，你可以站在箱子旁邊，推動箱子到相鄰的自由儲存格。這樣的動作叫作 " 推 "。箱子除了用推的方式，不能移動，如果你把它推到角落裡，就再也不能把它從角落裡拿出來了。將其中一個空儲存格標記為目標儲存格。你的工作是透過一系列走和推把箱子帶到目標格子裡。由於箱子很重，所以要儘量減少推的次數。編寫程式，計算最好的移動（走和推）順序。

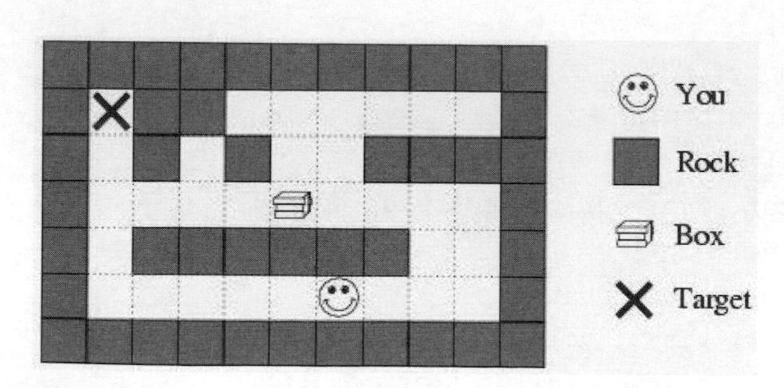

輸入：輸入包含多個測試使用案例。每個測試使用案例的第 1 行都包含兩個整數 *r* 和 *c*（均小於或等於 20），表示迷宮的行數和列數。接下來是 *r* 行，每行都包含 *c* 個字元，每個字元都描述迷宮中的格子，對被填滿岩石的格子用 "#" 表示，對空格用 "." 表示。對起始位置用 "S" 表示，對箱子的起始位置用 "B" 表示，對目標儲存格用 "T" 表示。輸入端以兩個 0 終止。

輸出：對於輸入中的每個迷宮，都首先輸出迷宮的編號。如果無法將箱子帶到目標儲存格裡，則輸出 "Impossible."，否則輸出一個最小推送次數的序列。如果有多個這樣的序列，則請選擇一個最小總移動（走和推）次數的序列。如果仍然有多個這樣的序列，則任何一個都可被接受。將序列輸出為由字元 N、S、E、W、n、s、e 和 w 組成的字串，大寫字母表示推，小寫字母表示走，字母分別表示北、南、東和西這 4 個方向。在每個測試使用案例之後都輸出一個空行。

輸入範例	輸出範例
1 7 SB....T 1 7 SB..#.T 7 11 ########### #T##......# #.#.#..#### #....B....# #.######..# #.....S...# ########### 8 4 .... .##. .#.. .#.. .#.B .##S .... ###T 0 0	Maze #1 EEEEE Maze #2 Impossible. Maze #3 eennwwWWWWeeeeeesswwwwwwwnNN Maze #4 swwwnnnnnneeeessSSS

題解：本題為推箱子問題，要求先保證推箱子的次數最少，在此基礎上再讓人走的總步數最少。推箱子時，人只有站在箱子反方向的前一個位置，才可以將箱子推向下一個位置，如下圖所示。很明顯，圖中的箱子無法向上移動，因為人無法到達箱子的下面位置。因此在移動箱子時，不僅需要判斷新位置有沒有岩石，還需要判斷人是否可到達反方向的前一個位置，在兩者均有效時，才會讓人移動。

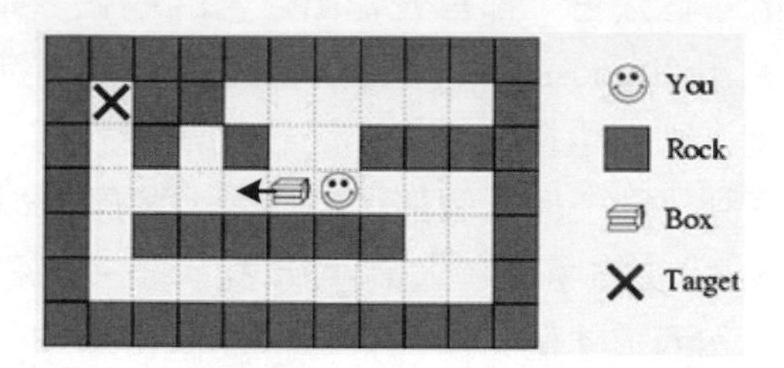

先求解箱子到目標位置的最短路徑（BFS1），在推箱子的過程中，每推一步，都根據推的方向和箱子的位置得到箱子的前一個位置，再求解人到達這個位置的最短路徑（BFS2）。在 BFS1 裡面巢狀結構了 BFS2，屬於巢狀結構廣度優先搜尋。

1．演算法設計

（1）定義一個標識陣列 vis[][] 並將其初始化為 0，標識所有位置都未被存取。

（2）創建一個佇列 q 維護箱子的狀態，將人的初始位置 (sx, sy)、箱子的初始位置 (bx, by) 和初始路徑 ("") 加入佇列，標記箱子的位置 vis[bx][by]=1。

（3）如果佇列不空，則佇列首 now 移出佇列，否則傳回 false。

（4）從箱子的目前位置開始，向北、南、東和西這 4 個方向擴充。

- 得到箱子的新位置：nbx=now.bx+dir[i][0]; nby=now.by+dir[i][1]。
- 得到箱子的前一個位置：tx=now.bx–dir[i][0]; ty=now.by–dir[i][1]。
- 如果這兩個位置有效，則執行 BFS2 搜尋人到達箱子的前一個位置 (tx, ty) 的最短路徑，並記錄路徑 path。如果 BFS2 搜尋成功，則判斷是否達到目標，如果是，則傳回答案 ans=now.path+path+dpathB[i]；否則標記箱子的新位置被存取 vis[nbx][nby]=1，將人的新位置 (now.bx,now.by)、箱子的新位置 (nbx,nby) 和已走過的路徑 (now.path+path+ dpathB[i]) 加入佇列。

（5）轉向步驟 3。

2．演算法實現

```
//bfs2 搜尋人到達箱子的前一個位置 (tx,ty) 的最短路徑
bool bfs2(int ppx,int ppy,int bbx,int bby,int tx,int ty,string &path){
    int vis[25][25];// 局部標識陣列，不要定義全域
    memset(vis,0,sizeof(vis));// 歸零
    vis[ppx][ppy]=1;// 人的位置
    vis[bbx][bby]=1;// 箱子的位置
    queue<person> Q;
    Q.push(person(ppx,ppy,""));
    while(!Q.empty()){
        person now=Q.front();
        Q.pop();
        if(now.x==tx&&now.y==ty){// 目標位置，即箱子的前一個位置
            path=now.path;
            return true;
        }
        for(int i=0;i<4;i++){
            int npx=now.x+dir[i][0];// 人的新位置
            int npy=now.y+dir[i][1];
            if(check(npx,npy)&&!vis[npx][npy]){
                vis[npx][npy]=1;
                Q.push(person(npx,npy,now.path+dpathP[i]));
            }
        }
    }
    return false;
}
//bfs1 搜尋箱子到目標位置的最短路徑
bool bfs1(){
    int vis[25][25];
    memset(vis,0,sizeof(vis));// 歸零
    vis[bx][by]=1;
    queue<node> q;
    q.push(node(sx,sy,bx,by,""));
    while(!q.empty()){
        node now=q.front();
        q.pop();
        for(int i=0;i<4;i++){
            int nbx=now.bx+dir[i][0];// 箱子的新位置
```

```
            int nby=now.by+dir[i][1];
            int tx=now.bx-dir[i][0];// 箱子的前一個位置
            int ty=now.by-dir[i][1];
            string path="";
            if(check(nbx,nby)&&check(tx,ty)&&!vis[nbx][nby]){
                if(bfs2(now.px,now.py,now.bx,now.by,tx,ty,path)){
                    if(mp[nbx][nby]=='T'){
                        ans=now.path+path+dpathB[i];
                        return true;
                    }
                    vis[nbx][nby]=1;
                    q.push(node(now.bx,now.by,nbx,nby,now.
path+path+dpathB[i]));
                }
            }
        }
    }
    return false;
}
```

9.3.5 雙向廣度優先搜尋

雙向搜尋指分別從初始狀態和目標狀態出發進行搜尋，在中間交會時即搜尋成功。從一個方向搜尋時，分支數會隨著深度的增加而快速增長，產生一個大規模的搜尋樹。而雙向搜尋從兩個方向搜尋，產生兩棵深度減半的搜尋樹，搜尋速度更快。雙向搜尋包括雙向 DFS 和雙向廣度優先搜尋。

訓練　魔鬼 II

題目描述（HDU3085）：小明做了一個可怕的噩夢，夢見他和他的朋友分別被困在一個大迷宮裡。更可怕的是，在迷宮裡有兩個魔鬼，他們會殺人。小明想知道他能否在魔鬼找到他們之前找到他的朋友。小明和他的朋友可以朝四個方向移動。在每秒內，小明都可以移動 3 步，他的朋友可以移動 1 步。魔鬼每秒都會分裂成幾部分，佔據兩步之內的網格，直到佔據整個迷宮。假設魔鬼每秒都會先分裂，然後小明和他的朋友開始移動，如果小明或他的朋友到達一個有魔鬼的格子，就會死（新的魔鬼也可以像原來的魔鬼一樣分裂）。

輸入：輸入以整數 T 開頭，表示測試使用案例的數量。每個測試使用案例的第 1 行都包含兩個整數 n 和 m（$1<n,m<800$），表示迷宮的行數和列數。接下來的 n 行，每行都包含 m 個字元，字元 "." 表示一個空地方，所有人都可以走；"X" 表示一堵牆，只有人不能走；"M" 表示小明；"G" 表示小明的朋友；"Z" 表示魔鬼，保證包含一個字母 M、一個字母 G 和兩個字母 Z。

輸出：如果小明和他的朋友能夠見面，則單行輸出見面的最短時間，否則輸出 –1。

輸入範例

```
3
5 6
XXXXXX
XZ..ZX
XXXXXX
M.G...
......
5 6
XXXXXX
XZZ..X
XXXXXX
M.....
..G...

10 10
..........
..X.......
..M.X...X.
X.........
.X..X.X.X.
.........X
..XX....X.
X....G...X
...ZX.X...
...Z..X..X
```

輸出範例

```
1
1
-1
```

題解：已知起點（小明）、終點（小明的朋友），兩者在中間遇到即見面成功，可以採用雙向廣度優先搜尋。使用雙向廣度優先搜尋時需要創建兩個佇列，分別從小明的初始位置、小明的朋友的初始位置開始，輪流進行廣度優先搜尋。

在本題中，小明每次都可以移動 3 步，小明的朋友每次都可以移動 1 步，因此在每一輪迴圈中，小明都擴充 3 層，小明的朋友都擴充 1 層。在擴充時，需要檢查與魔鬼的距離，判斷該節點是否會被魔鬼波及。

1．演算法設計

（1）定義兩個佇列 q[0]、q[1]，分別將小明的起始位置 mm 和小明的朋友的起始位置 gg 加入佇列，秒數 step=0。

（2）如果兩個佇列均不空，則執行步驟 3，否則傳回 –1。

（3）step++，小明擴充 3 步，如果搜尋到小明的朋友的位置，則傳回 true；否則小明的朋友擴充 1 步，如果搜尋到小明的位置，則傳回 true。如果在兩個方向搜尋時發現有一個方向為 true，則傳回秒數 step，否則執行步驟 2。

2．演算法實現

```
int solve(){
    while(!q[0].empty()) q[0].pop();// 清空佇列
    while(!q[1].empty()) q[1].pop();
    q[0].push(mm);
    q[1].push(gg);
    step=0;
    while(!q[0].empty()&&!q[1].empty()){
        step++;
        if(bfs(0,3,'M','G')||bfs(1,1,'G','M'))
            return step;
    }
    return -1;
}

bool check(int x,int y){
    if(x<0||y<0||x>=n||y>=m||mp[x][y]=='X') return false;
    for(int i=0;i<2;i++)
        if(abs(x-zz[i].x)+abs(y-zz[i].y)<=2*step) return false;
    return true;
}

int bfs(int t,int num,char st,char ed){
    queue<node> que=q[t];
    for(int k=0;k<num;k++){
```

```
        while(!que.empty()){
            node now=que.front();
            que.pop();
            q[t].pop();
            if(!check(now.x,now.y)) continue;
            for(int j=0;j<4;j++){
                int fx=now.x+dir[j][0];
                int fy=now.y+dir[j][1];
                if(!check(fx,fy)||mp[fx][fy]==st) continue;
                if(mp[fx][fy]==ed)
                    return true;
                mp[fx][fy]=st;
                q[t].push(node(fx,fy));
            }
        }
        que=q[t];
    }
    return false;
}
```

9.4 啟發式搜尋

儘管廣度優先搜尋、深度優先搜尋加上有效的剪枝方法，可以解決很多問題，但這兩種搜尋都是盲目的，它們不管目標在哪裡，只管按照自己的方式搜尋，會存在很多沒必要的搜尋。有沒有一種啟發式搜尋演算法，可以啟發程式朝著目標的方向搜尋，從而提高搜尋效率呢？

啟發式搜尋演算法對每一個搜尋狀態都進行評估，選擇估值最好的狀態，從該狀態進行搜尋直到目標。如何對一個狀態進行評估呢？一個狀態的目前代價最小，只能說明從初始狀態到目前狀態的代價最小，不代表整體代價最小，因為剩餘的路還很長，未來的代價有可能更高。因此評估需要考慮兩部分：目前代價和未來估價。

評估函數 $f(x)$：$f(x)=g(x)+h(x)$，其中，$g(x)$ 表示從初始狀態到目前狀態 x 的代價，$h(x)$ 表示從目前狀態到目標狀態的估價，$h(x)$ 被稱為啟發函數。

常用的啟發式搜尋演算法有很多，例如 A*、IDA*、模擬退火演算法、蟻群演算法、遺傳演算法等。

📖 9.4.1 A* 演算法

A* 演算法是帶有評估函數的優先佇列式廣度優先搜尋演算法。在廣度優先搜尋時維護一個優先佇列，每次都從優先佇列中取出評估值最佳的狀態進行擴充。第 1 次從優先佇列中取出目標狀態時，即可得到最佳解。A* 演算法提高搜尋效率的關鍵在於啟發函數的設計，不同的啟發函數，其搜尋效率不同。啟發函數 $h(x)$ 越接近目前狀態到目標狀態的實際代價 $h'(x)$，A* 演算法的效率就越高。啟發函數的估值不能超過實際代價，即 $h(x) \leq h'(x)$。

如果啟發函數的估值超過實際代價，則失去意義。舉例來說，如果目前節點到目標的實際最短距離為 30，目前節點的啟發函數估值為 50，另一個節點的啟發函數估值為 100，則在兩個節點已走過路徑長度 $g(x)$ 相同的情況下，不能說明目前節點就一定比另一個節點優，也沒有比較的意義，反正兩個都不優。

如果令所有狀態的 $h(x)$ 都為 0，則退化為普通的優先佇列式廣度優先搜尋演算法，不再有啟發式搜尋的作用。

📖 9.4.2 IDA* 演算法

IDA* 演算法是帶有評估函數的迭代加深 DFS 演算法。深度優先搜尋有可能跌入一個無底深淵，搜尋了很多步也無法找到問題的解，因此要對搜尋的深度加以限制，超過該深度便不再搜尋，立即回溯。迭代加深 DFS 演算法是深度優先搜尋演算法的一種變形，事先限定一個深度 depth，在不超過該深度的情況下進行深度優先搜尋，如果找不到解，則增加深度限制，重新進行搜尋，直到找到目標。IDA* 演算法設定了一個評估函數 $f(x)$：目前深度 + 未來估計步數，當 $f(x)>\text{depth}$ 時立即回溯，避免無效搜尋，提高效率。在很多情況下，IDA* 演算法的效率更高，程式更少。

訓練 1　八數字

題目描述（HDU1043）：十五數字問題是由 15 塊滑動的方塊組成的，在每一方塊上都有一個 1 ～ 15 的數字，所有方塊都是一個 4×4 的排列，其中一塊方塊遺失，稱之為 "x"。拼圖的目的是排列方塊，使其按以下順序排列：

```
1  2  3  4
5  6  7  8
9  10 11 12
13 14 15 x
```

其中唯一合法的操作是將 "x" 與相鄰的方塊之一交換。下面的移動序列解決了一個稍微混亂的拼圖：

```
 1  2  3  4     1  2  3  4     1  2  3  4     1  2  3  4
 5  6  7  8     5  6  7  8     5  6  7  8     5  6  7  8
 9  x 10 12     9 10  x 12     9 10 11 12     9 10 11 12
13 14 11 15    13 14 11 15    13 14  x 15    13 14 15  x
            r->            d->            r->
```

上一行中的字母表示在每個步驟中 "x" 方塊的哪個鄰居與 "x" 交換；合法值分別為 "r""l""u" 和 "d"，表示右、左、上和下。

在這個問題中，編寫一個程式來解決八數字問題，它由 3×3 的排列組成。

輸入：輸入包含多個測試使用案例，描述是初始位置的方塊列表，從上到下列出行，在一行中從左到右列出方塊，其中的方塊由數字 1 ～ 8 加上 "x" 表示。例如以下拼圖

```
1 2 3
x 4 6
7 5 8
```

由以下列表描述：

```
1 2 3 x 4 6 7 5 8
```

輸出：如果沒有答案，則輸出 "unsolvable"，否則輸出由字母 "r""l""u" 和 "d" 組成的字串，描述產生答案的一系列移動。字串不應包含空格，並從行首開始。

輸入範例	輸出範例
2 3 4 1 5 x 7 6 8	ullddrurdllurdruld

題解：本題為八數字問題，包含多個測試使用案例，同一題目的 POJ1077 資料較弱，只有 1 個測試使用案例。要求透過 x 方塊上下左右四個方向移動，經過最少的步數達到目標狀態。舉例來說，初始狀態 1 2 3 x 4 6 7 5 8，經過 r、d、r 等 3 步後達到目標狀態。

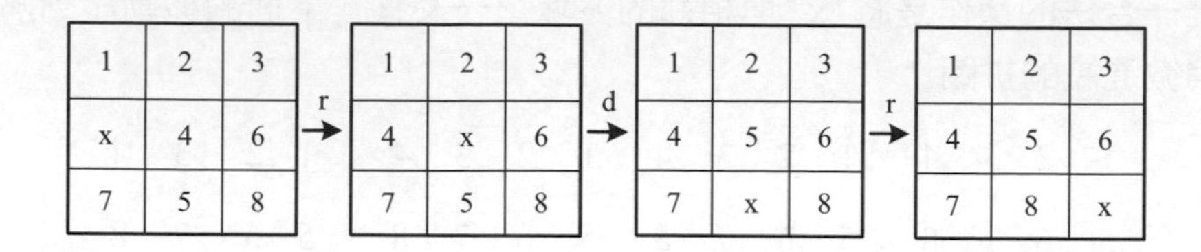

注意：答案不唯一，任一正確答案均可。可以採用 A* 演算法、IDA* 演算法或打表解決。

1．A* 演算法

本題採用康托展開判斷重複狀態，以目前狀態和目標狀態的曼哈頓距離作為啟發函數，評估函數為已走過的步數＋啟發函數，評估函數值越小越優先。從初始狀態開始，根據優先佇列廣度優先搜尋目標狀態。

1）前置處理

首先將字串讀取，舉例來說，1 2 3 x 4 6 7 5 8，將 *x* 轉為數字 8，其他字元 1 ～ 8 轉換成數字 0 ～ 7。轉換之後的棋盤如下圖所示。用 start.*x* 記錄 *x* 所在位置的索引，方便以後移動。

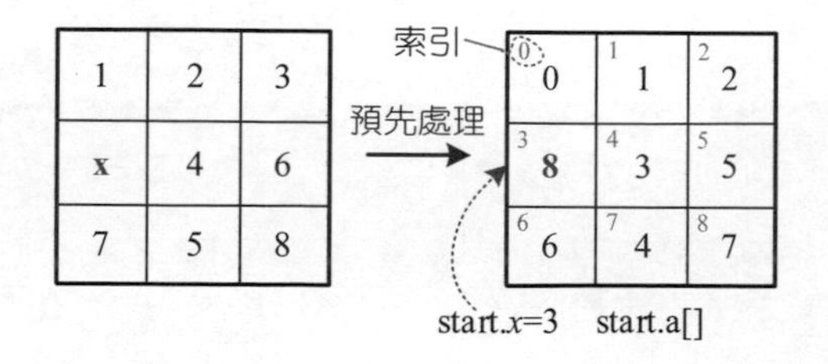

2）可解性判斷

把除 x 外的所有數字排成一個序列，求序列的反在對數。反向對數指對第 *i* 個數，後面有多少個數比它小。舉例來說，對於 1 2 3 x 4 6 7 5 8，6 後面有一個數 5 比它小，6 和 5 是一個反向對，7 後面有一個數 5 比它小，7 和 5 是一個反向對，該序列共兩個反向對。數字問題可以被看作 $N\times N$ 的棋盤，八數字問題 $N=3$，十五數字問題 $N=4$。對於每一次交換操作，左右交換都不改變反向對數，上下交換時反向對數增加 $(N-1)$、減少 $(N-1)$ 或不變。

- N 為奇數時：上下交換時每次增加或減少的反向對數都為偶數，因此每次移動反向對數，交錯性不變。若初態的反向對數與目標狀態的反向對數的交錯性相同，則有解。
- N 為偶數時：上下交換時每次增加或減少的反向對數都為奇數，上下交換一次，交錯性改變一次。因此需要計算初態和目標狀態 x 相差的行數 k，若初態的反向對數加上 k 與目標狀態反向對數交錯性相同，則有解。

八數字問題 $N=3$，若初態的反向對數與目標狀態反向對數交錯性相同，則有解。本題目標狀態的反向對數為 0，因此初態的反向對數必須為偶數才有解。注意：統計反向對數時 x 除外。

演算法程式：

```
bool check(node s){// 判斷是否有解（初態的反向對數為偶數）
    int cnt=0;
    for(int i=0;i<9;i++){
    if(s.a[i]==8) continue;
    for(int j=i+1;j<9;j++)
            if(s.a[j]<s.a[i]) cnt++;
    }
    if(cnt%2) return 0;
    return 1;
}
```

3）康托展開判重

在 A* 演算法中，每種狀態只需在第一次取出時擴充一次。如何判斷這種狀態已經擴充過了呢？可以設定雜湊函數或使用 STL 中的 map、set 等方法。有一個很好的雜湊方法是 "康托（Cantor）展開"，它可以將每種狀態都與 0 ～ (9!–1) 的整數建立一一映射，快速判斷一種狀態是否已擴充。狀態是數字 0 ～ 8 的全排列，共 362 880 個。將所有排列都按照從小到大的順序映射到一個整數（位序），將排列最小的數 012345678 映射到 0，將排列最大的數 876543210 映射到 362880–1，如下圖所示。

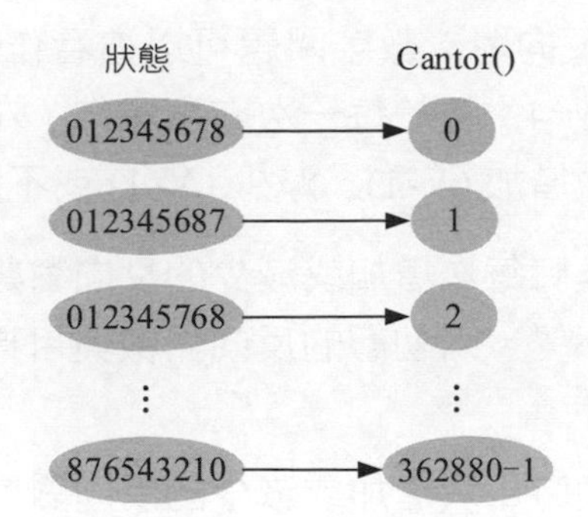

如果採用排序演算法，則最快 $O(n!\log(n!))$，其中 n=9。而康托展開可以在 $O(n^2)$ 時間內將一種狀態映射到這個整數。康托展開是怎麼計算的呢？舉例來說，2031，求其在 {0,1,2,3} 全排列中的位序，其實就是計算排在 2031 前面的排列有多少個，可以逐位元統計，如下所述。

- 第 0 位的數字 2：在 2031 中，2 後面比 2 小的有兩個數字 {0,1}。以 0 開頭，其他 3 個數字全排列有 3! 個，即 (0123,0132,0213,0231,0312,0321)；以 1 開頭，其他 3 個數字全排列有 3! 個 (1023,1032,1203,1230,1302,1320)。因此排在以 2 開頭的數字之前共 2×3! 個數字。
- 第 1 位的數字 0：在 2031 中，0 後面沒有比 0 小的數字。
- 第 2 位的數字 3：在 2031 中，3 後面比 3 小的有 1 個數字 {1}，前兩位 20 已確定，以 1 開頭，剩餘 1 個數字的全排列有 1! 個數字，即 2013。排在 3 之前的共 1×1! 個數字。
- 第 3 位的數字 1：在 2031 中，1 後面沒有比它小的數字。

因此 2031 的位序為 2×3!+1=13。

位序計算公式：$\text{code}=\sum_{i=0}^{n-1}\text{cnt}[i]\times(n-i-1)!$ 其中，cnt[i] 為 a[i] 後面比 a[i] 小的數字個數，n 為數字個數。

8 數字問題包含 0～8 共 9 個數字，首先求出 0～8 的階乘並將其保存到陣列中。然後統計在每一個數字後面有多少個數字比它小，累加 cnt*fac[8−i] 即可得到該狀態的位序。狀態與位序之間是一一映射的，無須處理雜湊衝突問題。

演算法程式：

```
fac[0]=1;
for(int i=1;i<9;i++) fac[i]=fac[i-1]*i;
int cantor(node s){//康托判重
    int code=0;
    for(int i=0;i<9;i++){
        int cnt=0;
        for(int j=i+1;j<9;j++)
            if(s.a[j]<s.a[i]) cnt++;
        code+=cnt*fac[8-i];
    }
    return code;
}
```

4）曼哈頓距離

A* 演算法的啟發函數有多種設計方法，可以選擇目前狀態與目標狀態位置不同的數字個數，也可以選擇目前狀態的反向對數（目標狀態反向對數為 0），還可以選擇目前狀態與目標狀態的曼哈頓距離。本題選擇目前狀態和目標狀態的曼哈頓距離作為啟發函數。曼哈頓距離又被稱為 " 計程車距離 "，指行列差的絕對值之和，即從一個位置到另一個位置的最短距離。舉例來說，從 A 點到 B 點，無論是先走行後走列，還是先走列後走行，走的距離都為行列差的絕對值之和。如下圖所示，A 和 B 的曼哈頓距離為 2+1=3。

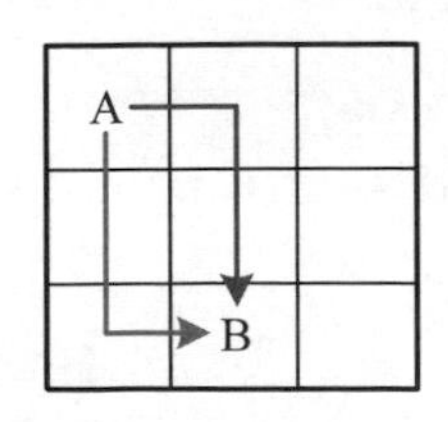

求目前狀態與目標狀態的曼哈頓距離，需要將兩種狀態上的數字位置轉為行、列，然後求行、列差的絕對值之和。舉例來說，目前狀態和目標狀態如下圖所示，將位置索引 i 轉為行 $(i/3)$，轉為列 $(i\%3)$。目前狀態的數字 4 的位置索引為 7，轉為 7/3 行、7%3 列，即 2 行、1 列。目標狀態的數字 4 的位置索引為 4，轉為 4/3 行、4%3 列，即 1 行、1 列。兩個位置的曼哈頓距離為 $|2-1|+|1-1|=1$。

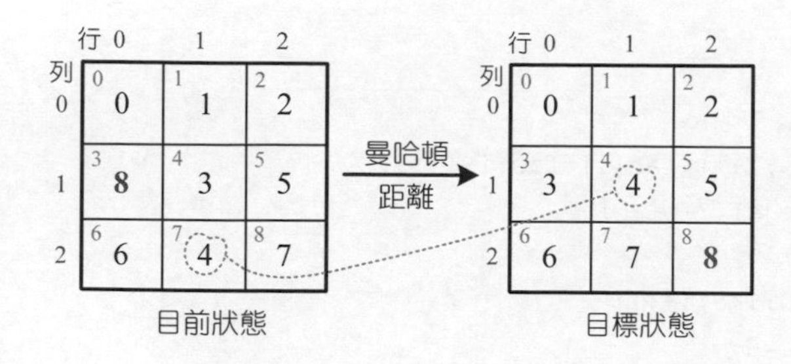

除了 8（x 滑動桿），計算目前狀態和目標狀態中每個位置的曼哈頓距離之和。曼哈頓距離為什麼不需要計算 8（x 滑動桿）？因為其他數字都是透過和滑動桿交換達到目標狀態的。例如下圖中，目前狀態只有數字 7，與目標狀態的數字 7 位置不同，差一個曼哈頓距離，與滑動桿交換一次，7 即可歸位。當所有數字都與目標狀態的位置相同時，滑動桿自然跑到了它應該在的位置。如果計算 8（x 滑動桿）的曼哈頓距離，那麼目前狀態和目標狀態的曼哈頓距離為 2，很明顯是錯誤的，進行一步交換就可以達到目標狀態。

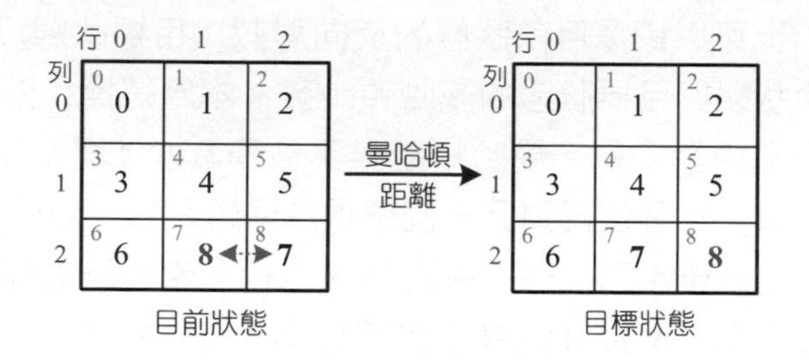

演算法程式：

```
int h(node s){// 啟發函數，曼哈頓距離（行列差的絕對值之和）
    int cost=0;
    for(int i=0;i<9;i++){
        if(s.a[i]!=8)
            cost+=abs(i/3-s.a[i]/3)+abs(i%3-s.a[i]%3);
    }
    return cost;
}
```

5）A* 演算法

演算法步驟：

（1）創建一個優先佇列，將評估函數 $f(t)=g(t)+h(t)$ 作為優先佇列的優先順序，$g(t)$ 為已走過的步數，$h(t)$ 為目前狀態與目標狀態的曼哈頓距離，$f(t)$ 越小越優先。計算初始狀態的啟發函數 h(start)，計算初始狀態的康托展開值 cantor(start) 並標記已存取，初始狀態加入佇列。

（2）如果佇列不空，則佇列首 t 移出佇列，否則演算法結束。

（3）計算康托展開值 k_s=cantor(t)，從 t 出發向 4 個方向擴充。

計算 x 新位置的行列值。

```
int row=t.x/3+dir[i][0];// 行
int col=t.x%3+dir[i][1];// 列
int newx=row*3+col;// 轉為索引
```

舉例來說，如下圖所示，目前狀態 x（數字 8）的位置 t.x=3，將其轉為 3/3=1 行、3%3=0 列，向右移動一格後，x 的新位置為 1 行、1 列，轉為索引為 4。

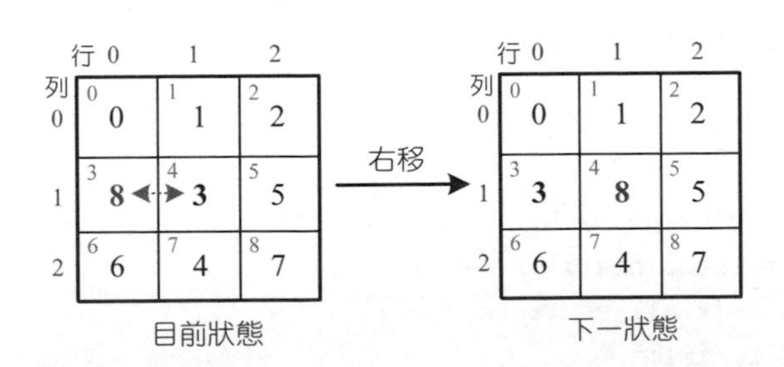

如果新位置超出邊界，則繼續下一迴圈，否則令新舊位置上的數字交換，記錄新狀態 x 的位置。計算新狀態的評估函數，nex.g++; nex.h=h(nex); ex.f=nex.g+nex.h; 計算新狀態的康托展開值 k_n=cantor(nex)，如果該狀態已被存取，則繼續下一迴圈；否則標記已存取，並將新狀態加入佇列。

```
pre[k_n]=k_s; // 記錄新狀態的前驅，康托展開值唯一標識該狀態
ans[k_n]=to_c[i]; // 記錄移動方向字元
```

如果 k_n=0，則說明已找到目標（目標狀態康托展開值為 0），返回。

演算法程式：

```
void Astar(){
    int k_s,k_n;
    priority_queue<node>q;
    while(!q.empty()) q.pop();
    memset(vis,0,sizeof(vis));
    start.g=0;start.f=start.h=h(start);
    vis[cantor(start)]=1;
    q.push(start);
    while(!q.empty()){
        node t=q.top();
        q.pop();
        k_s=cantor(t);
        for(int i=0;i<4;i++){
            nex=t;
            int row=t.x/3+dir[i][0];
            int col=t.x%3+dir[i][1];
            int newx=row*3+col;//轉為索引
            if(row<0||row>2||col<0||col>2) continue;
            swap(nex.a[t.x],nex.a[newx]);
            nex.x=newx;
            nex.g++;
            nex.h=h(nex);
            nex.f=nex.g+nex.h;
            k_n=cantor(nex);
            if(vis[k_n]) continue;
            vis[k_n]=1;
            q.push(nex);
            pre[k_n]=k_s;
            ans[k_n]=to_c[i];
            if(k_n==0) return;
        }
    }
    return;
}
```

2．IDA* 演算法

IDA* 演算法是帶有評估函數的迭代加深 DFS 演算法，本題設計評估函數 $f(t)=g(t)+h(t)$，$g(t)$ 為已走過的步數，$h(t)$ 為目前狀態與目標狀態的曼哈頓距離。

演算法步驟：

（1）從 depth=1 開始進行深度優先搜尋。

（2）計算目前狀態與目標狀態的曼哈頓距離 $t=h()$，如果 $t=0$，則說明已找到目標，ans[d]='\0'，傳回 1。如果 $d+t>$ depth，則傳回 0。

（3）從目前狀態出發，沿 4 個方向擴充。

（4）如果沒有找到目標，則增加深度，++depth，繼續搜尋。

演算法程式：

```
bool dfs(int x,int d,int pre){
    int t=h();
    if(!t){
        ans[d]='\0';
        return 1;
    }
    if(d+t>depth) return 0;
    for(int i=0;i<4;i++){
        int row=x/3+dir[i][0];
        int col=x%3+dir[i][1];
        int newx=row*3+col;// 轉為數字
        if(row<0||row>2||col<0||col>2||newx==pre) continue;
        swap(a[newx],a[x]);
        ans[d]=str[i];
        if(dfs(newx,d+1,x)) return 1;
        swap(a[newx],a[x]);
    }
    return 0;
}

void IDAstar(int x){
    depth=0;
    while(++depth){
        if(dfs(x,0,-1))
            break;
    }
}
```

IDA* 演算法最佳化演算法：上面的 IDA* 演算法深度從 1 開始，每次都增加 1，這樣搜尋的速度不快。其實可以從初始狀態到目標狀態的曼哈頓距離開始，每次都增加上一次搜尋失敗的最小深度，從而提高搜尋效率。HDU1043 的提交執行時間在最佳化前為 202ms，在最佳化後為 124ms。

演算法步驟：

（1）從 depth=h() 開始進行深度優先搜尋。

（2）計算目前狀態與目標狀態的曼哈頓距離 $t=h()$，如果 $t=0$，則說明已找到目標，ans[d]='\0'，傳回 1。如果 $d+t$ depth，則更新 mindep=min(mindep,$d+t$)，傳回 0。

（3）從目前狀態出發，沿著 4 個方向擴充。

（4）如果沒有找到目標，則增加深度，depth=mindep，繼續搜尋。

演算法程式：

```
bool dfs(int x,int d,int pre){
    int t=h();
    if(!t){
        ans[d]='\0';
        return 1;
    }
    if(d+t>depth){
        mindep=min(mindep,d+t);
        return 0;
    }
    for(int i=0;i<4;i++){
        int row=x/3+dir[i][0];
        int col=x%3+dir[i][1];
        int newx=row*3+col;// 轉為數字
        if(row<0||row>2||col<0||col>2||newx==pre) continue;
        swap(a[newx],a[x]);
        ans[d]=to_c[i];
        if(dfs(newx,d+1,x)) return 1;
        swap(a[newx],a[x]);
    }
    return 0;
}
```

```
void IDAstar(int x){
    depth=h();
    while(1){
        mindep=inf;
        if(dfs(x,0,-1))
            break;
        depth=mindep;
    }
}
```

3．打表

打表是一種典型的用空間換時間的技巧，一般指將所有可能需要用到的結果都事先計算出來，在後面需要用到時可以直接查表。當所有的可能狀態都不多時，用打表的辦法速度更快。從目標狀態開始進行廣度優先搜尋，反向搜尋所有狀態，記錄該狀態的前驅及方向字元。記錄方向字元時，因為是倒推的，所以左移相當於前一狀態到目標狀態的右移，因此方向字元為 r，如下圖所示。

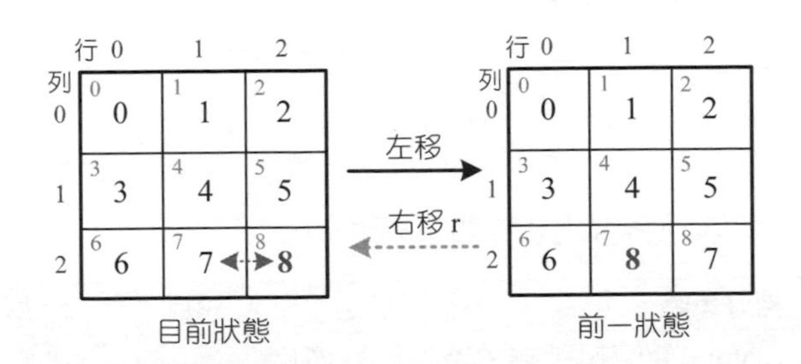

對每一個狀態都用康托展開值作為唯一標識，如果求解從某一個狀態到目標狀態，則可以直接根據該狀態的前驅陣列找到目標狀態。如果初始狀態沒被標記過，則說明從該狀態無法到達目標狀態。

演算法程式：

```
void get_all_result(){//打表求解所有答案
    int k_s,k_n;
    memset(vis,0,sizeof(vis));
    for(int i=0;i<9;i++)
    st.a[i]=i;
    st.x=8;
    vis[cantor(st)]=1;
```

```
    q.push(st);
    while(!q.empty()){
        node t=q.front();
        q.pop();
        k_s=cantor(t);
        for(int i=0;i<4;i++){
            node nex=t;
            int row=t.x/3+dir[i][0];
            int col=t.x%3+dir[i][1];
            int newx=row*3+col;//轉為索引
            if(row<0||row>2||col<0||col>2) continue;
            nex.a[t.x]=t.a[newx];
            nex.a[newx]=8;
            nex.x=newx;
            k_n=cantor(nex);
            if(vis[k_n]) continue;
            vis[k_n]=1;
            q.push(nex);
            pre[k_n]=k_s;
            ans[k_n]=to_c[i];
        }
    }
}
```

4 種演算法的執行時間及空間比較如下表所示。

演算法	搜尋策略	題目	執行時間	佔用空間
A* 演算法	cantor+ 曼哈頓距離 + 優先佇列廣度優先搜尋	HDU1043	733ms	6.9MB
IDA* 演算法	曼哈頓距離 + 迭代加深深度優先搜尋	HDU1043	202ms	1.2MB
IDA* 最佳化演算法	曼哈頓距離 + 迭代加深深度優先搜尋	HDU1043	124ms	1.2MB
打表	cantor+ 廣度優先搜尋	HDU1043	93ms	5.6 MB

訓練 2　八數字 II

題目描述（HDU3567）：八數字，也叫作 " 九宮格 "，來自一個古老的遊戲。在這個遊戲中，你將得到一個 3×3 的棋盤和 8 個方塊。方塊的編號為 1 ～ 8，其中一塊方塊遺失，稱之為 "X"。"X" 可與相鄰的方塊交換位置。用符號 "r"

表示將 "X" 與其右側的方塊進行交換，用 "l" 表示左側的方塊，用 "u" 表示其上方的方塊，用 "d" 表示其下方的方塊。

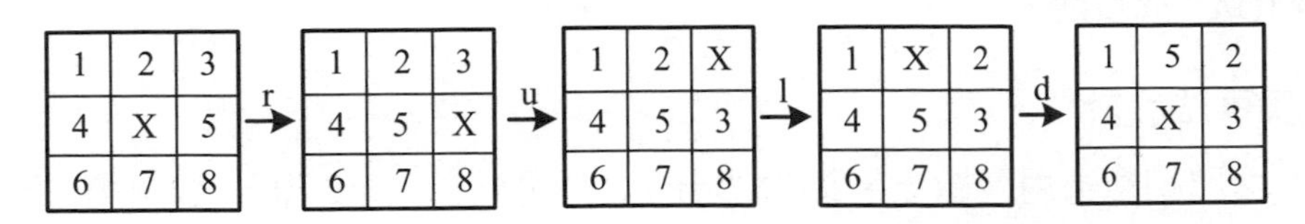

棋盤的狀態可以用字串 S 表示，使用下面顯示的規則。

1	2	3
4	X	5
6	7	8

用“1234X5678”表示

問題是使用 "r""u""l""d" 操作清單可以將棋盤的狀態從狀態 A 轉到狀態 B，需要找到滿足以下約束的結果：

（1）在所有可能的解決方案中，它的長度最小；

（2）它是所有最小長度解中詞典序最小的。

輸入：第 1 行是 T（$T \leq 200$），表示測試使用案例數。每個測試使用案例的輸入都由兩行組成，狀態 A 位於第 1 行，狀態 B 位於第 2 行。保證從狀態 A 到狀態 B 都有有效的解決方案。

輸出：對於每個測試使用案例，都輸出兩行。第 1 行是 "Case x:d" 格式，其中 x 是從 1 開始計算的案例號，d 是將 A 轉換到 B 的操作列表的最小長度。第 2 行是滿足限制條件的操作列表。

輸入範例	輸出範例
2	Case 1: 2
12X453786	dd
12345678X	Case 2: 8
564178X23	urrulldr
7568X4123	

題解：本題為八數字問題，與前面八數字問題（HDU1043）不同的是，本題的終態（目標狀態）不是固定不變的，而是由輸入確定的。要求從初態 A 到終態

B，輸出最少的步數和操作序列，而且如果最小步數相同，則輸出字典序最小的。本題保證有解，無須可解性判斷，可以採用 A*、IDA* 演算法解決，在此採用 IDA* 演算法。

1．演算法設計

（1）讀取初態，用變數 x 記錄 "X" 出現的位置 i，令 $a[i]=0$，將其他位置減去 "0" 轉換成數字。舉例來說，初態為 564178X23，用變數 x 記錄 "X" 出現的位置 6，轉換之後的棋盤如下圖所示。

5	6	4
1	7	8
X	2	3

預先處理 → $x=6$

5	6	4
1	7	8
0	2	3

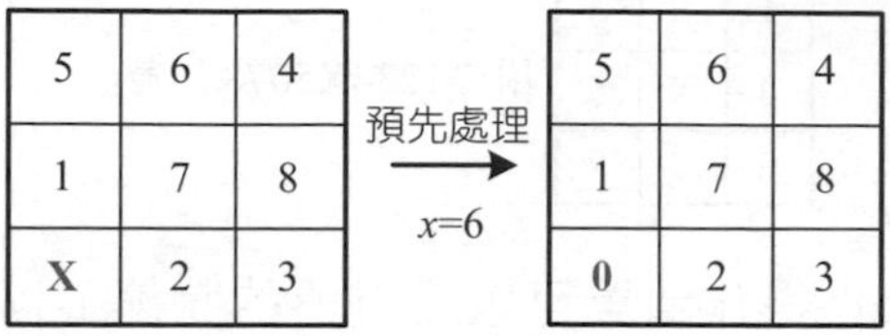

（2）讀取終態，"X" 出現的位置為 i，令 $goal[i]=0$，其他位置減去 "0" 轉換成數字。上題（HDU1043）中目標狀態數字正好等於位置索引，本題中的目標狀態是根據輸入資料確定的，為了方便計算啟發函數，對目標狀態建立一個從數字到位置索引的映射。將 $goal[i]$ 映射到位置索引 i，$m[goal[i]]=i$。

舉例來說，終態為 7568X4123，轉換之後的棋盤如下圖所示，$m[7]=0$，$m[6]=2$。

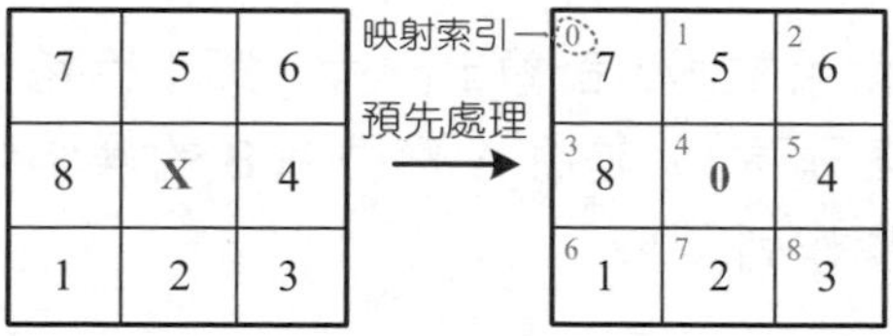

7	5	6
8	X	4
1	2	3

映射索引 (0)　預先處理 →

(0) 7	(1) 5	(2) 6
(3) 8	(4) 0	(5) 4
(6) 1	(7) 2	(8) 3

（3）計算初態啟發函數並初始化深度 depth=h()。如下圖所示，初始狀態中數字 7 的位置索引為 4，轉為 4/3 行、4%3 列，即 1 行、1 列。目標狀態中數字 7 的映射位置索引為 0，轉為 0/3 行、0%3 列，即 0 行、0 列。兩個位置的曼哈頓距離為 $|1-0|+|1-0|=2$。除了 0（X 滑動桿），計算目前狀態和目標狀態中每個位置的曼哈頓距離之和。

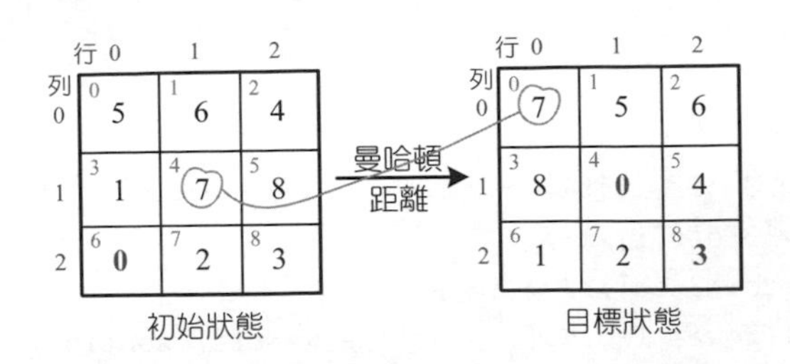

（4）深度優先搜尋，計算目前狀態的啟發函數 $h()$，如果正好為 0，則找到目標輸入答案，傳回 1。如果 $d+t$>depth，則更新 mindep=min(mindep, $d+t$)，傳回 0。

（5）沿著 4 個方向搜尋，如果 x 的新位置未出邊界、不是前一個位置，則交換原位置和新位置，記錄操作序列，從新位置開始深度加 1，進行深度優先搜尋，如果找到答案，則傳回 1，否則交換原位置和新位置，還原現場並回溯。

（6）如果未找到答案，則深度為 depth=mindep，繼續進行迭代加深搜尋。

2．演算法實現

定義方向陣列及操作序列，操作序列字母按字典序排序。

```
const int dir[4][2]={{1,0},{0,-1},{0,1},{-1,0}};// 方向陣列
const char str[]={'d','l','r','u'};// 保證字母按字典序排序
int h(){// 啟發函數，歐氏距離（行列差絕對值之和）
    int cost=0;
    for(int i=0;i<9;i++){
        if(a[i])
            cost+=abs(i/3-m[a[i]]/3)+abs(i%3-m[a[i]]%3);
    }
    return cost;
}

bool dfs(int x,int d,int pre){
    int t=h();
    if(!t){
        printf("%d\n",d);
        ans[d]='\0';
        printf("%s\n",ans);
        return 1;
    }
    if(d+t>depth){
        mindep=min(mindep,d+t);
```

```
            return 0;
        }
        for(int i=0;i<4;i++){
            int row=x/3+dir[i][0];
            int col=x%3+dir[i][1];
            int newx=row*3+col;// 轉為數字
            if(row<0||row>2||col<0||col>2||newx==pre) continue;
            swap(a[newx],a[x]);
            ans[d]=str[i];
            if(dfs(newx,d+1,x)) return 1;
            swap(a[newx],a[x]);
        }
        return 0;
}

void IDAstar(int x){
    depth=h();
    while(1){
        mindep=inf;
        if(dfs(x,0,-1))
            break;
        depth=mindep;
    }
}
```

訓練 3　第 *K* 短路

題目描述（POJ2449）：指定一個有方向圖，N 個節點，M 條邊。求從原點 S 到終點 T 的第 K 短路。路徑可能包含兩次或兩次以上的同一節點，甚至是 S 或 T。具有相同長度的不同路徑將被視為不同。

輸入：第 1 行包含兩個整數 N 和 M（$1 \le N \le 1000$，$0 \le M \le 100000$）。節點編號為 1 ～ N。以下 M 行中的每一行都包含 3 個整數 A、B 和 T（$1 \le A, B \le N$，$1 \le T \le 100$），表示從 A 到 B 有一條直達的路徑，需要時間 T。最後一行包含 3 個整數 S、T 和 K（$1 \le S, T \le N$，$1 \le K \le 1000$）。

輸出：單行輸出第 K 短路徑的長度（所需時間）。如果不存在第 K 短路，則輸出 –1。

輸入範例	輸出範例
2 2 1 2 5 2 1 4 1 2 2	14

題解：本題求第 K 短路。如果採用優先佇列式廣度優先搜尋演算法，則記錄目前節點 v 和原點 s 到 v 的最短路徑長度 (v, dist)。首先將 (s, 0) 加入佇列，然後每次都從優先佇列中取出 dist 最小的二元組 (x, dist)，對 x 的每一個鄰接點 y 都進行擴充，將新的二元組 (y, dist+$w(x, y)$) 加入佇列。第 1 次從優先佇列中取出 (x, dist) 時，就得到從原點 s 到 x 的最短路徑長度 dist。那麼在第 i 次從優先佇列中取出 (x, dist) 時，就得到從原點 s 到 x 的第 i 短路徑長度 dist。

實際上，從原點 s 到目前節點 x 的最短路徑長度最小，並不代表經過 x 就能夠得到從原點 s 到終點 t 的最短路徑長度。因為剩餘的路有可能很長，並不知道從 x 到終點 t 的最短路徑長度是多少。因此可以考慮採用 A* 演算法，設定評估函數 $f(x)=g(x)+h(x)$，其中 $g(x)$ 表示從原點 s 到節點 x 的最短路徑長度，$h(x)$ 表示從節點 x 到終點 t 的最短路徑長度。將 $f(x)$ 作為優先佇列的優先順序，$f(x)$ 越小，得到從起點到終點最短路徑長度的可能性越大。

1．演算法設計

（1）在原圖的反向圖中，採用 Dijkstra 演算法求出從終點 t 到所有節點 x 的最短路徑長度 dist[x]。實際上，dist[x] 就是原圖中從節點 x 到終點 t 的最短路徑長度。

（2）如果 dist[s]=inf，則說明從原點無法到達終點，傳回 –1，演算法結束。

（3）在原圖中，採用 A* 演算法求解。用三元組 (v, g, h) 記錄狀態，第 1 個參數為目前節點編號，後兩個參數分別代表從原點到目前節點的最短路徑長度和從目前節點到終點的最短路徑長度。優先順序為 g+h，其值越小，優先順序越高。初始時，將 (s, 0, 0) 加入優先佇列中。

（4）如果佇列不空，則佇列首 p 移出佇列，u=$p.v$，節點 u 的存取次數加 1，即 times[u]++。如果 u 正好是終點且存取次數為 k，則傳回最短路徑長度 $p.g$+$p.h$，演算法結束。

（5）如果 times[u]>k，則不再擴充，否則擴充 u 的所有鄰接點 E[i].v，將 (E[i].v, p.g+E[i].w, dist[E[i].v]) 加入佇列。

2．演算法實現

```
int Astar(int s,int t){
    if(dist[s]==inf) return -1;
    memset(times,0,sizeof(times));
    priority_queue<point> Q;
    Q.push(point(s,0,0));
    while(!Q.empty()){
        point p=Q.top();
        Q.pop();
        int u=p.v;
        times[u]++;
        if(times[u]==k&&u==t)
            return p.g+p.h;
        if(times[u]>k)
            continue;
        for(int i=head[u];~i;i=E[i].nxt)
            Q.push(point(E[i].v,p.g+E[i].w,dist[E[i].v]));
    }
    return -1;
}
```

訓練 4　冪運算

題目描述（POJ3134）：從 x 開始，反覆乘以 x，可以用 30 次乘法計算 x^{31}：

$x^2=x\times x$，$x^3=x^2\times x$，$x^4=x^3\times x$，⋯，$x^{31}=x^{30}\times x$。

平方運算可以明顯地縮短乘法序列，以下是用 8 次乘法計算 x^{31} 的方法：

$x^2=x\times x$，$x^3=x^2\times x$，$x^6=x^3\times x^3$，$x^7=x^6\times x$，$x^{14}=x^7\times x^7$，$x^{15}=x^{14}\times x$，$x^{30}=x^{15}\times x^{15}$，$x^{31}=x^{30}\times x$。

這不是計算 x^{31} 的最短乘法序列。有很多方法只有 7 次乘法，以下是其中之一：

$x^2=x\times x$，$x^4=x^2\times x^2$，$x^8=x^4\times x^4$，$x^{10}=x^8\times x^2$，$x^{20}=x^{10}\times x^{10}$，$x^{30}=x^{20}\times x^{10}$，$x^{31}=x^{30}\times x$。

如果除法也可用，則可以找到一個更短的操作序列。可以用 6 個運算（5 乘 1 除）計算 x^{31}：

$x^2=x\times x$，$x^4=x^2\times x^2$，$x^8=x^4\times x^4$，$x^{16}=x^8\times x^8$，$x^{32}=x^{16}\times x^{16}$，$x^{31}=x^{32}\div x$。

如果除法和乘法一樣快，則這是計算 x^{31} 最有效的方法之一。

編寫一個程式，透過從 x 開始的乘法和除法，為指定的正整數 n 找到計算 x^n 的最少運算次數。在序列中出現的乘積和商應該是 x 的正整數冪。

輸入：輸入是由一行或多行組成的序列，每行都包含一個整數 n（$0<n\leq 1000$）。以輸入 0 結束。

輸出：單行輸出從 x 開始計算 x^n 所需的最小乘法和除法總數。

輸入範例	輸出範例
1	0
31	6
70	8
91	9
473	11
512	9
811	13
953	12
0	

題解：本題從 x 開始計算 x^n 所需的最小乘法和除法總數，可以採用 IDA* 演算法解決。

1．演算法設計

（1）初始化，指數 ex[0]=1，深度 depth=0。

（2）進行深度優先搜尋，如果 ex[d]=n，則傳回 1。如果 $d\geq$ depth，則傳回 0。如果目前指數在倍增 depth−d 之後還小於 n，則傳回 0。

（3）從 0 到 d 執行乘法，ex[d+1]=ex[d]+ex[i]，深度優先搜尋 dfs(d+1)，如果成功，則傳回 1；執行除法，ex[d+1]=abs(ex[d]−ex[i])，進行深度優先搜尋 dfs(d+1)，如果成功，則傳回 1。

（4）如果搜尋失敗，則深度 depth++，重新開始搜尋。

2．演算法實現

```
bool dfs(int d){
    if(ex[d]==n) return 1;
    if(d>=depth) return 0;
    if(ex[d]<<(depth-d)<n) return 0;
    for(int i=0;i<=d;i++){
        ex[d+1]=ex[d]+ex[i];// 乘法
        if(dfs(d+1)) return 1;
        ex[d+1]=abs(ex[d]-ex[i]);// 除法
        if(dfs(d+1)) return 1;
    }
    return 0;
}
void IDAstar(){
    ex[0]=1;
    for(depth=0;;depth++){
        if(dfs(0)){
            printf("%d\n",depth);
            break;
        }
    }
}
```

M e m o

Memo

Deepen Your Mind

Deepen Your Mind